PHP学习笔记

从入门到实战

甘长春◎编著

中国铁道出版社有限公司
CHINA RAILWAY PUBLISHING HOUSE CO., LTD.

内容简介

本书精炼而系统地讲述了PHP基础语法和基本操作，在此基础上侧重于PHP开发实践的阐述，例如PHP MVC程序设计、PHP错误与异常处理、PHP操作MySQL数据库等，旨在帮助Web开发初级读者系统快速地掌握PHP开发技能，积累实践开发经验。

图书在版编目（CIP）数据

PHP学习笔记：从入门到实战/甘长春编著. —北京：中国铁道出版社有限公司，2020.10

ISBN 978-7-113-27130-5

Ⅰ.①P… Ⅱ.①甘… Ⅲ.①PHP语言-程序设计 Ⅳ.①TP312.8

中国版本图书馆CIP数据核字(2020)第141930号

书　　名：PHP 学习笔记：从入门到实战
PHP XUEXI BIJI: CONG RUMEN DAO SHIZHAN

作　　者：甘长春

责任编辑：荆　波　　读者热线：(010) 51873026　　邮箱：the-tradeoff@qq.com

封面设计：MXK DESIGN STUDIO

责任校对：孙　玫

责任印制：赵星辰

出版发行：中国铁道出版社有限公司（100054，北京市西城区右安门西街 8 号）

印　　刷：北京铭成印刷有限公司

版　　次：2020 年 10 月第 1 版　2020 年 10 月第 1 次印刷

开　　本：787 mm×1 092 mm 1/16　印张：28.75　字数：700 千

书　　号：ISBN 978-7-113-27130-5

定　　价：79.00 元

前 言

■ 谁更适合 Web 开发

要说 Web 开发语言，数不胜数，CGI、PERL、RUBY 所代表的脚本语言，PHP、Java、.NET 所代表的类 C 语言，ASP 所代表的 Basic 语言等。经过这么多年互联网应用中的大浪淘沙，当前主流的也就属 PHP、Java、.NET 三大阵营了。

在 PHP、Java、.NET 这三者中，Java 更适合企业级应用（开发成本高昂、业务逻辑复杂，比如类似银行系统的应用等），而 PHP 在 Web 应用前景将超越 Java 及 .NET，一方面它们都可以跨平台部署，另一方面 PHP 比起 .NET 更轻巧和简装。一个 PHP 安装包，加上 Apache，也就几十兆；Java 更是只需 JDK 和 APPSERVER 即可，一共也就一二百兆，还可以自由选择 APPSERVER。相比而言，.NET 安装包动辙上 G，且只能部署在 Windows 环境，需要 .NET framework 的支持。

为什么 PHP 比 Java 更合适 Web 应用呢？一方面，Web 应用要求更丰富的客户体验、更快捷的客户响应；另一方面要求更低的开发门槛和开发成本。由于 Java 基于“万能”的原因而显得庞大、臃肿，其开发框架相对 PHP 增加了使用难度，其灵活性也不如 PHP。PHP 也有两个不足：

一是缺乏 IDE 支持，无法重构与测试。

二是处理不同数据库的语句各不相同，在更换数据库时需要修改大量的代码（到目前为止，PHP 本身仍然无法对 MySQL 使用事务操作，但 PHP 所支持的第三方 PDO 可以）。而 Java 则可以通过封装数据库操作来解决，PHP 目前还没有好的解决办法。

尽管如此，作为一门快速开发语言，在 Web 开发上，PHP 还是有着相当大的优势及潜力的，如果出现一个类似 Rails 的框架并解决跨数据库的问题，那么更是如虎添翼。目前已经出现的 PHP For Rails，如 CodeIgniter（CI）、Yii、ThinkPHP（TP）等各有千秋，都很优秀，这将是 Web 开发的福音。

PHP 既然在 Web 开发方面有其独特的优势，也拥有一个庞大的开发群体，通过本书可以让 PHP 的爱好者、初学者、进阶者找到适合自己的良师益友，为职业生涯打下坚实的基础。

■ 写作宗旨

（1）贴近实战，书中提供的示例、范例、实例基本囊括了 PHP 的开发技术细节且大部分来自实践，读者完全可以在自己实际的开发环境中使用。同时又不乏对基础知识及实用技术的解析。

（2）既要照顾到初学者，又要满足自学者进阶、提高的需要。本书从开发的最基础讲起，然后是循序渐进的过程。在其他章节也提供了很多实用技术，PHP 挂接 Oracle、PHP 缓存管理（memcache）的实现以及 PHP 通过 Sphinx 构建自己的搜索引擎等，在此就不一一列举了。

（3）每一个知识点都要给出至少一个以上的举例且必须经过实地测试通过后才能纳入书中，实例运行结果也要纳入书中。这样，确保书中的例子都是可行的，便于读者自己的测试结果与书中结果对照。

■ 读者对象

本书力求结构紧凑、文风简练，对于具有较浅开发经验的入门级 Web 开发人员较有帮助，可帮助其系统掌握 PHP 开发技能，并对 PHP 关联技术从实践角度进行学习应用，提升整体项目落地能力。

■ 配套资源下载包

为了让读者切实学习好本书，随书提供下列配套资料。

（1）书中示例或综合实例源代码。下载包源代码的代码号与书中的代码号是一一对应的；这样就省去了读者敲写的麻烦，通过复制粘贴操作就可在自己的环境下执行了。

（2）书中图表展示案例源代码，图表中的数据来自数据库，因此图表的形态变化将依赖数据库数据的变化。也就是说该图表是动态的，其效果可堪比股市 K 线图。往往大多应用都存在图表展示的需求，如果读者的系统有此需求，那通过这个案例，读者可以借鉴其中的技术和做法并运用于自己的系统中，这也是本书提供此案例的初心。

（3）本书附录

- 附录 1 使用 PHP 开发图表案例
- 附录 2 PHP 实用技术
- 附录 3 Sphinx.conf 配置文件注释

（4）PHP 对 Excel 文件的各种读写操作，基本囊括了人工模式下对 Excel 表格的各种操作。

本书的整体下载包读者可通过下面的链接地址获取使用。

http://www.m.crphdm.com/2020/0927/14288.shtml

备用网盘链接：https://pan.baidu.com/s/1K6hzXDVifXqbN6TR6INCtA

提取码：0tlr

■ 致谢

写作和出版过程中得到了编辑老师的悉心帮助，借此向中国铁道出版社有限公司表示感谢！

面对当今信息科技的日新月异，笔者也深感才疏学浅，难免有疏漏和不足的地方，敬请读者朋友批评指正。

■ 关于示例代码运行的说明

示例代码需运行在 Apache 的服务模式下，将示例代码做成 PHP 文件，其文件名形如 xxxx.php，放在 WWW（网站根目录）下，在浏览器地址中输入 http://localhost/xxxx.php 即可运行。

甘长春

2020 年 6 月

目　录

第 1 章　PHP 基本语法

第 4 章　PHP MVC 程序设计

第 5 章 PHP 错误与异常处理

第 6 章 PHP 操作 MySQL 数据库

第 7 章 PHP mysqli 扩展与 PDO 驱动

第 1 章

PHP 基本语法

PHP（Hypertext Preprocessor，超文本预处理器）是一种服务器端 HTML 嵌入式脚本描述语言，语言风格类似于 C 语言，其最强大和最重要的特征就是跨平台、面向对象。PHP 语法结构简单，易于入门，比较容易学习和掌握，自 1995 年起源至今已经历了二十几年的时间洗涤，成为全球最受欢迎的脚本语言之一。目前全球已有数千万个网站采用了 PHP 技术，其中不乏 Yahoo!、Google、新浪、百度、腾讯、阿里巴巴、奇虎等业界的翘楚。

学习任何一门开发语言，都要从基础的基本语法学起，这是了解和掌握一门开发语言的必由之路，PHP 也不例外。本章将主要讲解以下内容。

- 集成化 WAMP 服务器的配置
- PHP 语法所涉及的标记
- PHP 数据类型
- PHP 数据类型转换
- PHP 常量与变量
- PHP 运算符
- PHP 流程控制语句
- PHP 变量的应用场景分析

1.1 PHP 的优势与特点

PHP 起源于自由软件，既开放源代码，使得 PHP 的发展迅速，也具备很多优势。

1. 开放的源代码

所有的 PHP 源代码事实上都可以得到。

2. 免费性

PHP 是免费的。在流行的企业 LAMP 平台中，Linux、Apache、MySQL、PHP 都是免费软件。

3. 跨平台性

PHP 可以运行在 UNIX、Linux、Windows 等几乎所有的操作系统平台，并且支持 Apache、Nginx 及 IIS 等多种 Web 服务器。

4. 执行速度快

PHP 消耗相当少的系统资源，代码执行速度快。

5．支持广泛的数据库

PHP 可操纵多种不同类型的数据库，如 MySQL、Informix、Oracle、Sybase、Solid、PostgreSQL、Generic ODBC 等，其中 PHP 与 MySQL 是目前的最佳组合。

6．易学习

因为 PHP 可以嵌入 HTML 语言，它相对于其他语言，编辑简单，实用性强，更适合初学者。

7．支持面向对象

在 PHP5 以上版本中，面向对象方面都有了很大的改进，能更好地应用于大型商业网站开发。

从 Web 开发的历史来看，PHP、Python 和 Ruby 几乎是同时出现的，都是十分有特点的、优秀的开源语言，但 PHP 却获得比 Python 和 Ruby 更多的关注度，超过了 C++、JAVA 和其他语言。PHP 的快速、开发成本低、周期短，后期维护费用低，开源产品丰富，这些都是另外两种语言无法比拟的。

PHP 正吸引着越来越多的 Web 开发人员，也成为国内大部分 Web 项目的首选。据最新数据统计，全世界网站有超过 2 200 万的网站使用 PHP 语言。PHP 技术和相关的人才，在迎合目前互联网的发展趋势，PHP 作为非常优秀的、简便的 Web 开发语言，和 Linux/Windows，Apache/Nginx，MySQL 紧密结合，形成 LAMP、LNMP、WAMP、WNMP 的开源黄金组合，不仅降低使用成本，还提升了开发速度，满足更多 Web 网站开发的应用。

1.2 PHP 脚本运行方式

所谓脚本，就是程序代码，使用 Java 编写的程序代码，称为 Java 脚本，PHP 也是一样，也包括 JavaScript（不要把 Java 和 JavaScript 混淆，它们是两种完全不同的开发语言，彼此没有任何关联。Java 一般用于写后台，而 JavaScript 用于写前台）等。

所谓脚本运行方式，就是如何让脚本运行起来。脚本自身是不能运行的，必须借助某种载体才能运行，可以把这些载体理解为脚本运行方式。

那么，PHP 的脚本运行方式主要有 CGI、FastCGI、APACHE2HANDLER、CLI 4 种，把这 4 种运行方式统称为 SAPI，下面分别介绍。

注：SAPI（Server Application Programming Interface，服务器应用程序编程端口）。它就是 PHP 与其他应用交互的接口，PHP 脚本执行有很多种方式，通过 Web 服务器，或者直接在命令行下，也可以嵌入其他程序中。SAPI 提供了一个和外部通信的接口，常见的 SAPI 有：CGI、FastCGI、APACHE2HANDLER、CLI 等。

1．CGI

CGI（Common Gateway Interface，通用网关接口），是一段程序，通俗地讲，CGI 就像一座桥，把网页和 Web 服务器中的执行程序连接起来，它把 HTML 接收的指令传递给服务器的执行程序，再把服务器执行程序的结果返还给 HTML 页。CGI 的跨平台性能极佳，几乎可以在任何操作系统上实现。

CGI 方式在遇到连接请求（用户请求）时，先要创建 CGI 的子进程，激活一个 CGI 进程，然后处理请求，处理完后结束这个子进程。这就是 fork-and-execute 模式。所以用 CGI 方式的服务器有多少连接请求就有多少 CGI 子进程，子进程反复加载是 CGI 性能低下的主要原因。

当用户请求数量非常多时，会大量挤占系统的资源，如内存、CPU 时间等，造成效能低下。

2. FastCGI

FastCGI 是 CGI 的升级版本，FastCGI 像一个常驻（long-live）型的 CGI，它可以一直执行着。PHP 使用 PHP-FPM（PHP FastCGI Process Manager），全称 PHP FastCGI 进程管理器进行管理。

Web Server 启动时载入 FastCGI 进程管理器（IIS ISAPI 或 Apache Module）。FastCGI 进程管理器自身初始化，启动多个 CGI 解释器进程（可见多个 PHP-CGI）并等待来自 Web Server 的连接。

当客户端请求到达 Web Server 时，FastCGI 进程管理器选择并连接到一个 CGI 解释器。Web Server 将 CGI 环境变量和标准输入发送到 FastCGI 子进程 PHP-CGI。

FastCGI 子进程完成处理后将标准输出和错误信息从同一连接返回 Web Server。当 FastCGI 子进程关闭连接时，请求便告处理完成。FastCGI 子进程接着等待并处理来自 FastCGI 进程管理器（运行在 Web Server 中）的下一个连接。在 CGI 模式中，PHP-CGI 在此便退出了。

在上述情况中，可以想象 CGI 通常有多慢。每一个 Web 请求 PHP 都必须重新解析 PHP、INI、重新载入全部扩展并重新初始化全部数据结构。使用 FastCGI，所有这些都只在进程启动时发生一次。另外的好处是，持续数据库连接（Persistent Database Connection）可以工作。

3. APACHE2HANDLER

PHP 作为 Apache 模块，Apache 服务器在系统启动后，预先生成多个进程副本驻留在内存中，一旦有请求出现，就立即使用这些空余的子进程进行处理，这样就不存在生成子进程造成的延迟。这些服务器副本在处理完一次 HTTP 请求之后并不立即退出，而是停留在计算机中等待下次请求。对于客户浏览器的请求反应更快，性能较高。

4. CLI

CLI 是 PHP 的命令行运行模式，经常会使用它，但是可能并没有注意到，例如，在 linux 下经常使用“PHP -m”查找 PHP 安装了哪些扩展就是 PHP 命令行运行模式。

在本节介绍了 PHP 脚本的几种运行方式，下面将以 APACHE2HANDLER 运行方式为主进行讲解，首先介绍集成化 WAMP 服务器的配置。

1.3　集成化 WAMP 服务器的配置

WAMP 是 Windows-Apache-MySQL-PHP 的缩写，即 Window 操作系统 + Apache 的 Web 服务 + MySQL 数据库 + PHP 开发语言，通常把 WAMP 称为 Web 应用的集成开发环境。

PHP 可以运行在绝大多数的操作系统上，包括 Windiws、Linux、MAC 等，可以选择 Apache 或者 Nginx 以及 IIS 作为服务器。本文选取 Apache 作为 Web 服务，下面介绍 WAMP 环境的搭建。

本文选取“wampserver3.1.7_x64.exe”或“wampserver3.1.7_x86.exe”，前者为 64 位，后者为 32 位，依据自己 Windows 操作系统位数（32 或 64），从网上下载对应的安装文件。

注：WAMP 的安装比较简单，此略，读者可以到网上查阅安装方法。

本节将主要讲解 WAMP 环境配置、客户端浏览器与服务器的互动过程以及 Apache、MySQL、PHP 三者之间的关系。

1.3.1 WAMP 环境配置

初次安装 WAMP 集成化开发环境后，根据不同的需求，需要改变一些设置，如外部网络访问设置、自定义网站目录、配置域名及自定义端口号等，下面分别介绍。

1. 外部网络访问设置

安装后默认只限于本机访问，外部网络不能访问本机的 Apache。通过更改 httpd.conf 文件设置让外部网络也能访问到本机。httpd.conf 文件的位置在“安装目录 \bin\apache\apache2.4.9\conf”。

将 Apache2.2 或 Apache2.4 的 httpd.conf 文件的外部网络访问设置调整为下面的设置即可。

（1）Apache2.2 的外部网络设置

```
Order deny,allow
Deny from all
```

（2）Apache2.4 的外部网络设置

```
Require all denied  （对应 2.2 的 Deny from all）
Require all granted （对应 2.2 的 Allow from all）
```

2. 自定义网站目录

安装 WAMP 后，默认的网站根目录为安装文件夹下的“www”目录（如 C:/wamp64/www），如果拟使用这个默认网站根目录，是可以的，可往往由于某种需求或者说原因（本节对此不做分析），不使用这个默认的网站根目录，而使用自己定义的。如果这样的话，就需要自行创建网站根目录，即自定义。接下来介绍自定义网站根目录的整个过程，具体步骤如下。

（1）创建网站根目录

首先创建一个拟用作网站根目录的文件夹，比如“f:/gchch”。

（2）打开 Apache 的 httpd.conf 配置文件

使用记事本或其他文本编辑工具（如 Notepad++）打开 httpd.conf 文件，位置在“WAMP 安装目录 \bin\apache\apache2.4.9\conf”，或通过以下方式打开，如图 1-1 所示。

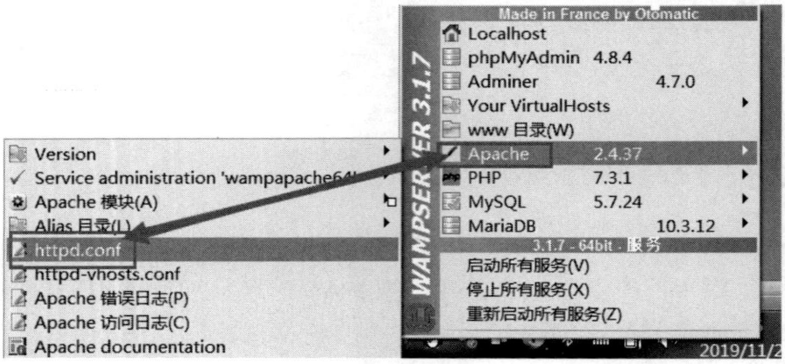

图 1-1

（3）查找 DocumentRoot，如图 1-2 所示。

```
# DocumentRoot: The directory out of which you will serve your
# documents. By default, all requests are taken from this directory, but
# symbolic links and aliases may be used to point to other locations.
#
DocumentRoot "d:/wamp/www/"
```

图 1-2

将图 1-2 中的“d:/wamp/www/”改为“f:/gchch”（自定义网站根目录）。

（4）查找 <Directory“d:/wamp/www/”>，如图 1-3 所示，将图中的“d:/wamp/www/”改为“f:/gchch”。

```
<Directory "d:/wamp/www/">
    #
    # Possible values for the Options directive are "None", "All",
    # or any combination of:
    #   Indexes Includes FollowSymLinks SymLinksifOwnerMatch ExecCGI MultiViews
```

图 1-3

（5）重启 Apache 服务。

（6）测试。打开浏览器，输入 localhost/test.php（test.php 为 gchch 目录下新建的测试文件）

注：笔者的安装与目录是“C:\WAMP64”，网站根目录是“C:/WAMP64/www”。如果读者已重设了网站根目录（www 目录），在这里需要将 wampmanager.ini 文件中的所有“C:/WAMP64/www”调为读者的，如前述的“f:/gchch”。

3. 配置域名

读者是否注意到，有没有人在浏览器地址栏直接输入 IP 的，如 http://10.69.30.6/xxxx，几乎没有，为什么？一方面，互联网上服务器的物理 IP 不能暴露，否则，安全上将带来极大隐患；另一方面，IP 地址不好记忆。那怎么办呢，输入域名，互联网上有专门的域名服务器，由 ISP（互联网服务提供商，即国内几大电信运营商，中国电信、中国联通、中国移动等）负责运维，最终域名被解析为物理 IP。

假如 WAMP 集成环境安装好并配置了域名，那么无论是本机访问还是外部访问，在浏览器地址栏就不用输入类似 http://localhost/xxxx 或 http://127.0.0.1/xxxx 了，比如，可以输入 http://www.gcc.com/xxxx，这个 www.gcc.com 就是配置的域名。当然，互联网上的域名都是已经规划好的，要付费才能得到。

对于局域网中自己的机器（服务器）来讲，这个域名如何配置呢，具体步骤如下。

（1）打开 WAMP 安装目录下的 bin\apache\apache2.4.37\conf\extra\httpd-vhosts.conf 文件。（虚拟目录配置文件），如图 1-4 所示。

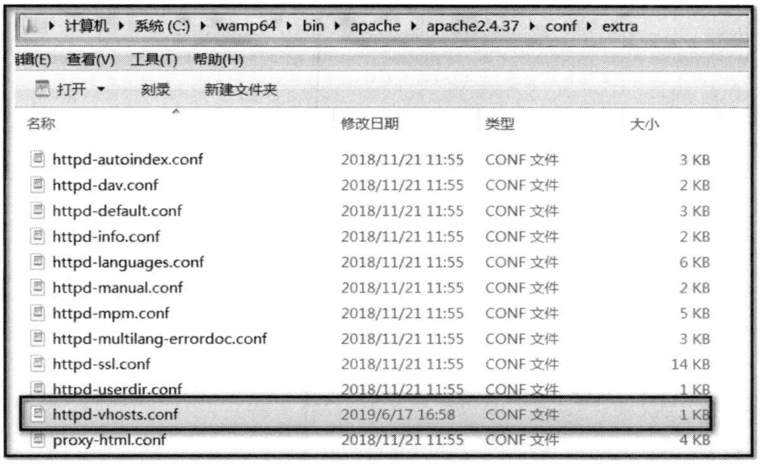

图 1-4

在文档最后，将黑框内的字码复制粘贴到黑框的上面，如图 1-5 所示。

图 1-5

（2）修改粘贴后代码，修改为域名绑定站点根目录。修改的内容如下。

注意：D:/wamp/www 为网站根目录。如果读者的不是 D:/wamp/www，则改为自己的，如前述 f:/gchch。

```
DocumentRoot "D:/wamp/www"
ServerName "gcc.com"
ServerAlias "www.gcc.com"
```

修改后如图 1-6 所示。

图 1-6

（3）模拟 DNS 域名解析。在本地 C:\Windows\System32\drivers\etc 目录下，打开 hosts 文件。若修改后没有权限保存，可将文件剪切到桌面，修改后再复制回去，如图 1-7 所示。

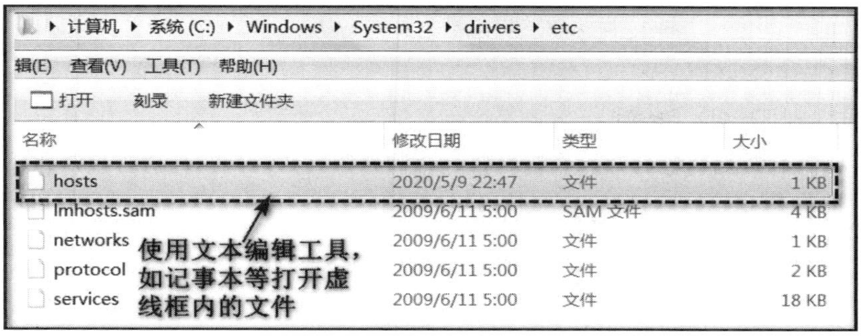

图 1-7

在文件最后加上如下内容，如图 1-8 所示。

```
127.0.0.1 gcc.com # 上一步修改的域名
127.0.0.1 www.gcc.com # 上一步修改的域名
```

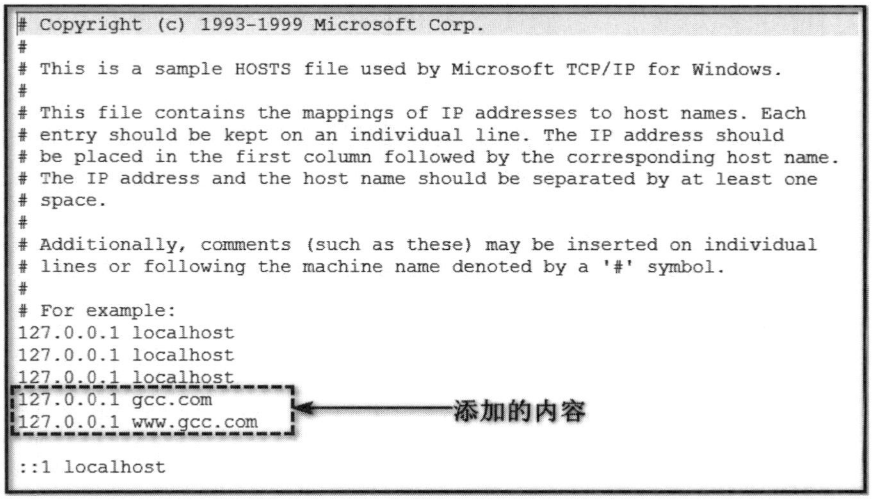

图 1-8

（4）重启 Apache 服务。

（5）再次打开 httpd.conf 文件，将“#Include conf/extra/httpd-vhosts.conf”前面的“#”去掉，如图 1-9 所示。

（6）重启 Apache 服务。

4. 自定义端口号

Apache 默认为 80 端口，像 IIS 默认端口也是 80，假如 Apache 和 IIS 共存，都侦听 80 端口，这不就冲突了吗，要么 Apache 改，要么 IIS 改，下面介绍 Apache 如何更改自己的侦听端口。

打开 httpd.conf 文件，做如下修改：

（1）将“Listen 80”替换为：“Listen 8080”（或改成其他未被占用端口号）。

（2）将“ServerName localhost:80”替换为：“ServerName localhost:8080”（与上面修改的端口号要一致）。

（3）重启 Apache 服务。

```
# Server-pool management (MPM specific)
#Include conf/extra/httpd-mpm.conf

# Multi-language error messages
#Include conf/extra/httpd-multilang-errordoc.conf

# Fancy directory listings
Include conf/extra/httpd-autoindex.conf

# Language settings
#Include conf/extra/httpd-languages.conf

# User home directories
#Include conf/extra/httpd-userdir.conf

# Real-time info on requests and configuration
#Include conf/extra/httpd-info.conf

# Virtual hosts
Include conf/extra/httpd-vhosts.conf

# Local access to the Apache HTTP Server Manual
#Include conf/extra/httpd-manual.conf
```

图 1-9

注意：Apache 服务的端口号一旦修改，则访问路径中必须加入端口号，修改前的访问路径可能是“http://localhost/...”，则修改后的访问路径必须是“http://localhost:8080/...”。

1.3.2 客户端浏览器与服务器的互动过程

目前，网站页面主要分为静态页面和动态页面，纯静态页面组成的网站相对比较少见，大型网站一般使用动态网站建站技术，还有一部分网站是静态网页与动态网页共存。本节以 Apache 服务器、PHP 语言为例，详细介绍动态网站的访问过程，如图 1-10 所示为浏览器与服务器互动示意图。

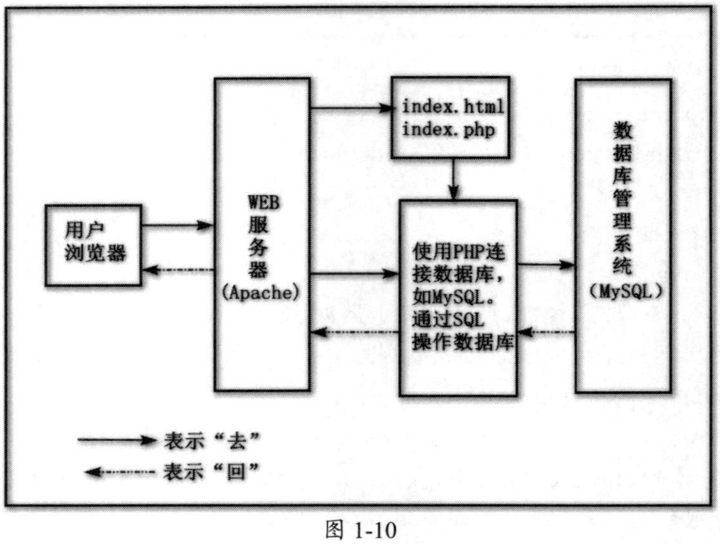

图 1-10

1. 用户浏览器访问服务器端的 html 文件

工作机制和流程如下。

（1）通过本机配置好的 DNS 域名服务器地址寻找 DNS 服务器，DNS 服务器将网站 URL 中的 Web 主机域名解析为 Web 服务器所在的操作系统（Apache 通常与 Linux 操作系统组合使用）中对应的 IP 地址。即将 URL 的域名解析为 Web 服务器主机的 IP 地址。

（2）通过 HTTP 协议（超文本传输协议）连接上述 IP 地址的服务器系统，通过默认 80 端口（默认的端口是 80，也有其他端口，输入 URL 时一般不用输入端口）请求 Apache 服务器上相应目录下的 html 文件（如 index.htm）。

（3）Apache 服务器收到用户的访问请求后，在它管理的文档目录（网站目录）中找到并打开相应的 html 文件（如 index.htm），将文件内容响应给客户端浏览器（用户）。

（4）浏览器收到 Web 服务器的响应后，接收并下载服务器端的 html 静态代码，然后浏览器解读代码，最终将网页呈现出来（由于不同的浏览器对于代码的解读规则不一样，所以不同浏览器对于相同的网页呈现的最终页面效果会有所差异）。

2. 用户端访问服务器端的 PHP 文件

工作机制和流程如下。

（1）与上面访问 html 静态网页相同，通过 DNS 服务器解析出相应的 Web 服务器的 IP 地址。

（2）与上面访问 html 静态页面相似，不过最后请求的是 Apache 服务器上相应目录下的 PHP 文件，如 index.php。

（3）Apache 服务器本身不能处理 PHP 动态语言脚本文件，就寻找并委托 PHP 应用服务器来处理（服务器端事先要安装 PHP 应用服务器），Apache 服务器将用户请求访问的 PHP 文件（如 index.php）文件交给 PHP 应用服务器。

（4）PHP 应用服务器接收 PHP 文件（如 index.php），打开并解释 PHP 文件，最终翻译成 html 静态代码，再将 html 静态代码交还给 Apache 服务器，Apache 服务器将接收到的 html 静态代码输出到客户端浏览器（用户）。

（5）与上面访问 html 静态页面相同，浏览器收到 Web 服务器的响应后，接收并下载服务器端的 html 静态代码，然后浏览器解读代码，最终将网页呈现出来。

3. 用户端访问服务器端的 MySQL 数据库

如果用户需要对 MySQL 数据库中的数据进行操作，那么就要在服务器端安装数据库管理软件 MySQL 服务器，用来存储和管理网站数据。由于 Apache 服务器无法连接和操作 MySQL 服务器，所以还需要安装 PHP 应用服务器，这样 Apache 服务器就委托 PHP 应用服务器去连接和操作数据库，在对数据库中的数据进行管理时，一般都需要用到结构化查询语句，即 SQL 语句，工作机制和流程如下。

（1）与上面访问 PHP 文件相同，通过 DNS 服务器解析出相应的 Web 服务器的 IP 地址。

（2）与上面访问 PHP 文件相同，请求访问 Apache 服务器上相应目录下的 PHP 文件。

（3）与上面访问 PHP 文件相同，PHP 应用服务器接收 Apache 服务器的委托，收到相应的 PHP 文件。

（4）PHP 应用服务器打开 PHP 文件，在 PHP 文件中通过对数据库连接的代码来连接本机或者网络上其他机器上的 MySQL 数据库，并在 PHP 程序中通过执行标准的 SQL 查询语句来获取数据库中的数据，再通过 PHP 应用服务器将数据生成 html 静态代码。

（5）浏览器收到 Web 服务器的响应后，接收并下载服务器端的 html 静态代码，然后浏览器解读代码，最终将网页呈现出来。

1.3.3 Apache、MySQL、PHP 三者之间的关系

Apache Web 是服务器软件，其同类产品有微软的 IIS 等，功能是让某台计算机可以提供 www 服务。

PHP 是服务端语言解释软件，由 Apache 加载以后，使 Apache 增加解释 PHP 文件的功能，以便这台服务器可以运行 PHP 程序。

注意：该 PHP 文件必须在 Apache 配置的工作目录中，不是安装目录。

MySQL 是关系数据库软件，为各种软件提供数据库支持。PHP 站点保存的数据一般都存储在 MySQL 数据库中。当然也可以选择其他数据库，不一定是 MySQL，只是 MySQL 和 PHP 的兼容性非常好。

一台运行了 Apache 的计算机，并且该 Apache 已经加载了 PHP。数据库不是必装软件，如果不需要数据库可以不装。

本节主要讲解了 WAMP 环境配置、客户端浏览器与服务器的互动过程以及 Apache、MySQL、PHP 三者之间的关系，接下面将进入纯 PHP 技术规范，首先介绍 PHP 语法所涉及的标记。

1.4 PHP 语法所涉及的标记

所谓标记，是指为了与其他内容或者语言区分所使用的一种特殊符号，只有有了这个特殊符号，PHP 的 4 种脚本运行方式（CGI、FastCGI、APACHE2HANDLER 及 CLI）才能知道脚本是 PHP 的，而非其他的。另外一个应用场景是：PHP 的脚本嵌入到 HTML 代码中，如何才能让这些载体（PHP 的 4 种脚本运行方式）识别出这是 PHP 的代码而非其他的，这就是标记或者说标识的作用。其他开发语言，如 Java、JavaScript 以及 Python 等，与 PHP 一样，也有属于自己的标记且标记可以定义。

在本节将主要讲解如下内容。

- PHP 的标记风格。
- PHP 与 HTML 混编。
- PHP 脚本中的分号（“;”）。
- PHP 中的空格、换行符及跳格。
- PHP 中的注释规则及规范。

1.4.1 PHP 的标记风格

PHP 共支持 4 种标记风格，分别是 XML 标记风格、简短标记风格、脚本标记风格和 ASP 标记风格。

（1）XML 标记风格

```
<?php
    echo "this is xml style";
 ?>
```

XML 风格以 <?php 标记开始，以 ?> 标记结束，中间书写 PHP 代码。这是书写 PHP 脚本最常用的标记风格。

（2）简短标记风格

```
<?
   echo "this is short tag style";
?>
```

这是短标记风格，PHP 安装完以后短标记风格默认关闭状态。若想开启，可以在配置文件 PHP.INI（安装目录 \bin\apache\apache2.4.9\bin\php.ini）中设置 short_open_tag=on，如图 1-11 所示。

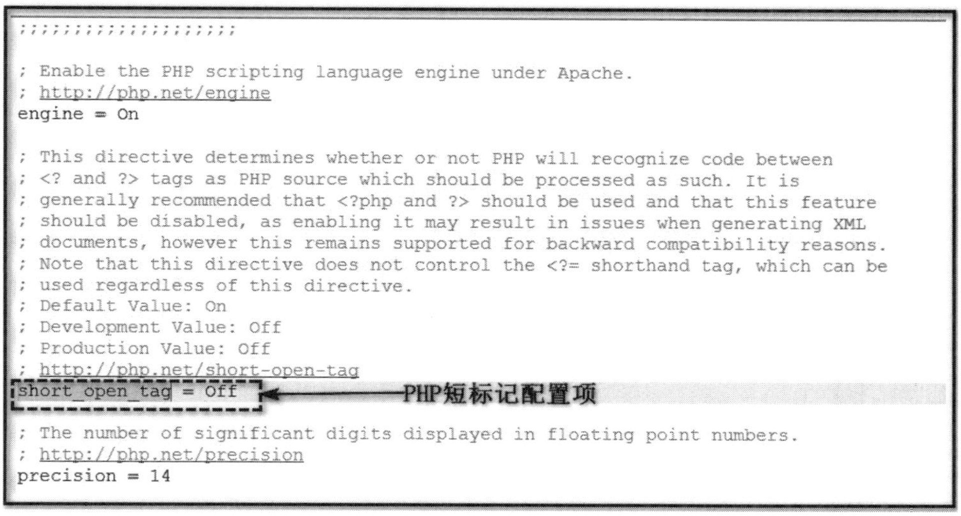

```
;;;;;;;;;;;;;;;;;;;;

; Enable the PHP scripting language engine under Apache.
; http://php.net/engine
engine = On

; This directive determines whether or not PHP will recognize code between
; <? and ?> tags as PHP source which should be processed as such. It is
; generally recommended that <?php and ?> should be used and that this feature
; should be disabled, as enabling it may result in issues when generating XML
; documents, however this remains supported for backward compatibility reasons.
; Note that this directive does not control the <?= shorthand tag, which can be
; used regardless of this directive.
; Default Value: On
; Development Value: Off
; Production Value: Off
; http://php.net/short-open-tag
short_open_tag = Off

; The number of significant digits displayed in floating point numbers.
; http://php.net/precision
precision = 14
```


图 1-11

（3）脚本标记风格

```
<script LANGUAGE="php">
   echo "this is script style";
</script>
```

脚本标记风格，以 <script ....> 开头，以 </script> 结束。

（4）ASP 标记风格

```
<%
   echo "this is asp style";
%>
```

以“<%”标记开头，以“%>”标记结束。若要关闭 ASP 标记风格可配置 PHP.INI 文件 asp_tags=off，如图 1-12 所示。

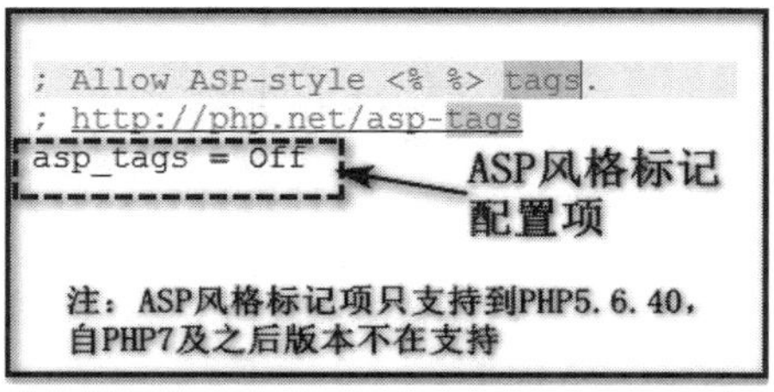

```
; Allow ASP-style <% %> tags.
; http://php.net/asp-tags
asp_tags = Off
```


图 1-12

1.4.2 PHP 与 HTML 混编

PHP 主要用来写后台，但在前台 HTML 页面中也可以嵌入 PHP 脚本，以达到单纯靠 HTML 语言无法呈现信息的目的，但这样做有一个前提，即文件名扩展名必须是 php，这样服务器才会编译里面的 php 语句，而不是直接输出。换句话说，就是 PHP 文件中可以写 HTML 标签，呈现效果和文件名扩展名为 html 的文件一样。两种前端页面呈现唯一的不同就是文件名扩展名不一样，一个是 XXX.php，另一个是 xxxx.html。如果 PHP 与 HTML 混编，则文件名必须是形如 xxxx.php。下面介绍 3 种 PHP/HTML 混编方法。

（1）单 / 双引号包围法

示例代码如下：

```
<?php
echo '
 <!DOCTYPE html>
 <html>
   <head>
     <title> </title>
   </head>
   <body>
     <span>测试页面</span>
   </body>
 </html>
 ';
?>                                                        [代码号 0001]
```

通过“echo ‘...’ ”，直接将要输出的 html 脚本用“ ‘” 包裹上即可。

双引号和单引号的区别是前者解析引号内的变量，而后者不解析引号内的变量。例如，将下面的脚本创建为 test1.php，代码如下：

```
<?php
 $Content='Hello!';
 echo "$Content";
 echo '<br>';
 echo '$Content';
 ?>?>                                                     [0002]
```

输出：

```
Hello!
$Content
```

由此可见，用双引号包围的字符串中的变量名自动解析为变量值，而用单引号包围则依然显示原始的字码。

（2）使用“<<< 标签”和“<<<‘标签’”

“<<<”是 PHP5.3 开始支持的一种新特性，它允许在程序中使用一种自定义的标识符来包围文本，即在“<<<”之后紧跟一个标识符，然后是字符串，最后是同样的标识符结束字符串。

结束标识符必须从行的第一列开始。同样，标识符也必须遵循 PHP 中其他任何标签的命名规则，只能包含字母数字下画线，而且必须以下画线或非数字字符开始。

另外，“<<< 标签”和“<<<‘标签’”，前者解析区块内的变量，相当于用““”双引号包裹起来；而后者不解析区块内的变量，相当于用“ ‘”单引号包括起来。

下面介绍“<<< 标签”和“<<<‘标签’”的用法。例如，将下面的脚本创建为 test2.php，代码如下。

```
<?php
```

```
    $Content='Hello! 你好 ';
    //"<<< 标签 "
    // 下面写出了一个“<<< 标签”，其中标识 LABEL 可以自定义为任何字符串，但要保证开头的标识和结尾
的标识一样
     echo <<<LABEL
     $Content
    LABEL;
    // 结尾的方法：另起一行，打上 LABEL。注意结尾的标识前面和后面不要插入任何字符，空格也不行。
     echo '<br>';// 为了演示方便换行。
    //"<<<' 标签 '"
     echo <<<' LABEL'
    $Content
    LABEL;
    //****************** 下面是页面跳转 ****************************
    $js = <<<eof
    <script type="text/javascript">
    //'$Content' 变量值被引入到 JavaScript 脚本中
    alert('$Content'  +  ', \$Content 变量值被引入到 JavaScript 脚本中，单击“确定”按钮，跳转
到 shopNC 页面 ');
    //top：作用使得整个 frameset 框架集都跳转
    window.top.location.href = "http://www.shopnc.net";
    </script>
    eof;
    echo $js;
    ?>                                                                          [0003]
```

（3）HTML 中嵌入 PHP 程序块（推荐）

这是一种非常合适的办法，书写起来也较为方便，在需要输出的地方写上相关的代码即可。例如，将下面的脚本创建为 test3.php，代码如下：

```
    <?php
     // 首先在这里写好相关的调用代码
    function OutputTitle(){
       echo 'TestPage';
     }
    function OutputContent(){
       echo 'Hello!';
    }
     // 然后在下面调用相关函数就可以了
    ?>
     <!DOCTYPE html>
     <html>
       <head>
         <title><?php OutputTitle(); ?></title>
       </head>
       <body>
         <span><?php OutputContent(); ?></span>
       </body>
     </html>                                                                    [0004]
```

但是这样做的缺点是，如果这样的代码块多了就会影响程序阅读。

除了前面讲到的 3 种方法外，由于前端的重要性在整个 Web 开发中日益上升，前 / 后端工程师逐渐地分离成两个职业。所以，为了确保前 / 后端工程师能够相互配合，使前端开发和后端开发出来的东西对接更完美，逐渐催生出一系列前端模板引擎，比如 SMARTY。使用 SMARTY 书写的实现代码可读性非常高，这使前 / 后端的分离也更加的高效和便捷。关于 SMARTY，本书将在后面章节重点说明。

1.4.3 PHP 脚本中的分号（“;”）

PHP 脚本中的分号“;”代表一行语句的结束，这里顺便提一下 JavaScript（JS）脚本中的分号（“;”），因为前端网页开发离不开 JS。JS 脚本语句结尾的分号（“;”）可以省略，虽然大多情况编译器可以正确识别一行语句的结束，但偶尔也有例外。在 PHP 脚本中，这个分号“;”是不能省略的，这是 PHP 与 JS 关于分号（“;”）使用的最大不同。

不论是 PHP，还是 JS，在书写各自脚本的过程中，尤其是 JS，建议还是加分号“;”，明确地告诉编译器这句话至此的确结束了，尽量地不要让编译器去“猜闷”，编译器猜出来的很有可能违背了原来的意愿。当然，作为 PHP 是必须加的。

1.4.4 空格、换行符及跳格

PHP 中的空格、换行符及跳格说明如表 1-1 所示。

表 1-1

PHP 中的空格、换行符及跳格	描述
\n 软回车	在 Windows 中表示换行且返回下一行的最开始位置。在 Linux、UNIX 中只表示换行，但不会返回下一行的开始位置
\r 软空格	在 Linux、UNIX 中表示返回当行的最开始位置。在 Mac OS 中表示换行且返回返下一行的最开始位置，相当于 Windows 里的 \n 的效果
\t 跳格	移至下一列

关于 PHP 中的空格、换行符及跳格的补充说明：
1．它们在双引号或定界符表示的字符串中有效，在单引号表示的字符串中无效。
2．\r\n 一般一起用，用来表示键盘上的回车键（Linux、UNIX、Windows）；在 Mac OS 中用 \r 表示回车。
3．\t 表示键盘上的“Tab”键。
4．文件中的换行符号：Windows、Linux、UNIX 为“\r\n”，Mac OS 为“\”

我们将通过下面的示例来展示 PHP 中的空格、换行符、跳格的使用差异，将下面的脚本创建为 test4.php，代码如下：

```
<?php
$myfile = fopen('C:\WAMP64\www\test\newfile.txt','w') or die("Unable to open file!");
$dir = 'C:\WAMP64\www\test';
if($handle = opendir($dir)){
    echo "目录路径是:$dir \r\n";
    echo "包含的文件:\r\n";
    fwrite($myfile, "目录路径是:$dir \r\n");
    fwrite($myfile, "包含的文件:\r\n");
}
//这是正确的遍历目录的方法
while(false !==($file=readdir($handle))) {
    echo "$file \r\n";
    fwrite($myfile, "$file \r\n");
}
fclose($myfile);
?>                                                    [0005]
```

浏览器输出结果：“目录路径是:C:\WAMP64\www\test 包含的文件:...newfile.txt、test1.php、test2.php、test3.php。”

分析：浏览器识别不了“\n”或“\r\n”，这两个换行符是文本换行符，只对文本文件有效，如例子创建的 newfile.txt 文本内容。如果需要将结果输出到浏览器或打印到显示器，代码中需使用 <br/>; 如果只是在文本中换行，则使用 \n 或 \r\n。例如，将下面的脚本创建为 test5.

php，代码如下：

```
<?php
$myfile = fopen('C:\WAMP64\www\test\newfile.txt','w') or die("Unable to open file!");
$dir = 'C:\WAMP64\www\test';
if($handle = opendir($dir)){
    echo "目录路径是:$dir </br>"; //用的是</br>而非\r\n，这样，浏览器输出就换行了。
    echo "包含的文件:</br>"; //用的是</br>而非\r\n，这样，浏览器输出就换行了。
    fwrite($myfile, "目录路径是:$dir \r\n");
    fwrite($myfile, "包含的文件:\r\n");
}
//这是正确的遍历目录的方法
while(false !==($file=readdir($handle))) {
    echo "$file </br>"; //用的是</br>而非\r\n，这样，浏览器输出就换行了。
    fwrite($myfile, "$file \r\n");
}
fclose($myfile);
?>                                                                    [0006]
```

运行结果如图 1-13 所示。

图 1-13

1.4.5　PHP 中的注释规则及规范

任何优秀的程序不可或缺的一个重要元素就是注释。使用注释不仅可以提高程序的可读性，还有利于开发人员之间的沟通和后期的维护。注释不会影响程序的执行，因为在执行时，注释部分会被解释器忽略不计。PHP 支持 3 种不同风格的程序注释。

（1）C++ 语言风格的单行注释（//）

```
<?php
echo '使用 C++ 风格的注释';     // 这就是 C++ 注释风格
?>
```

在“//”之后，本行结束之前或者 PHP 结束标记之前的内容都是注释部分。

（2）Shell 脚本风格的单行注释（#）

```
<?php
echo '使用 Shell 脚本风格的注释';    # 这里的内容将不会被执行
?>
```

在“#”之后，本行结束之前或者 PHP 结束标记之前的内容都是注释部分。

（3）C 语言风格的多行注释

```
<?php
/*
    这里使用的是多行注释
    这部分内容执行时都不会被看到
*/
echo '只会看到这一句话';
?>
```

以上 3 种注释需要注意，注释标记与注释内容必须放在 PHP 开始标记（如“<?PHP”）及结束标记（如“?>”）之间，否则注释功能不起作用；而且在单行注释里的内容不要出现“?>”标志，因为解释器会认为 PHP 脚本结束。

在本节讲解了“PHP 的标记风格”“PHP 与 HTML 混编”“PHP 脚本中的分号（“;”）”“PHP 中的空格、换行符及跳格”及“PHP 中的注释规则及规范”等，接下来讲解 PHP 的数据类型。

1.5 PHP 数据类型

人类可以很容易地分清数字与字符的区别，但是计算机不能，计算机虽然很强大，但从某种角度说又很笨、很傻，除非明确地告诉它：1 是数字，“汉”是文字，否则它是分不清 1 和“汉”的区别的。因此，在每种编程语言里都有一个叫“数据类型”的东西，其实就是对数据的种类进行了明确的划分，划分的结果就是数据类型，如数值型、字符型以及布尔型等。假如想让计算机进行数值运算，就把数值型的数据给它；想让计算机处理文字，就把字符串类型的数据给它；想让计算机判断处理结果是否成功，就把布尔型的数据给它；等等。

PHP 语言中共支持 8 种原始数据类型，其中包括 4 种基本数据类型，分别为 boolean（布尔型）、integer（整型）、float/double（浮点型）和 string（字符串）；2 种复合类型，分别为 array（数组）和 object（对象），以及两种特殊类型，分别为 resource（资源）与 NULL（空）。

PHP 是一种弱类型的语言，在定义时无须事先声明其数据类型，PHP 会自动在运行时将其转换为相应的数据类型。

在本节将主要讲解以下内容。

- 基本数据类型
- 复合数据类型
- 特殊数据类型

1.5.1 基本数据类型

基本数据类型是绝大多数程序语言的基本数据类型，下面依次来介绍 4 种基本数据类型。

1. 布尔型（boolean）

布尔型是 PHP 中较为常用的数据类型之一，它保存一个逻辑真（true）或者逻辑假（false），其中 true 和 false 是 PHP 的内部关键字。设定一个布尔型的变量，只需将 true 或者 false 赋值给变量即可。我们通过下面的小例子来介绍布尔数据类型的用法，代码如下：

```
<?php
$bar = true;                            // 声明 boolean 类型变量，赋初始值为 true
if($bar == true) {                      // 判断变量 $bar 是否为真
    echo '变量 bar 值为真';
}
else{
    echo '变量 bar 值为假';
```

```
}
?>
                                                                 [0007]
```

注意：在 PHP 中不是只有 false 值才为假的，在进行自动类型转换时，以下类型会被转换为 false：整型值 0，浮点值 0.0，字符串“0”，空白字符串（“”），空数组，特殊类型 null。

2. 整型（integer）

整型数据类型只能包含整数，在 32 位的操作系统中，有效的取值范围为 −2 147 483 648~ + 2 147 483 647；在 64 位操作系统中，有效的取值范围为 −9 223 372 036 854 775 808~ 9 223 372 036 854 775 807。整型数可以用十进制、八进制、十六进制来表示，如果使用八进制，数字前面必须加“0”，如果用十六进制，数字前面必须加“0x”。我们通过下面的代码来看一下整型数据类型的用法：

```
<?php
$a = 1000;                          // 十进制正整数 1000
echo $a . "<br/>";
$b = 0100;                          // 八进制正整数，相当于 2 的 6 次方 = 64
echo $b . "<br/>";
$c = 0x100;                         // 十六进制正整数 相当于 2 的 8 次方 = 256
echo $c . "<br/>";
?>
                                                                 [0008]
```

注意：如果在八进制中出现了非法数字（8 和 9），则后面的数字会被忽略。

3. 浮点型（float/double）

浮点数据类型用来存储包括小数在内的数字，其有效取值范围与操作系统平台的位数（32 或 64）无关，为 1.7E-308~1.7E+308。在 PHP 4.0 以前的版本中，浮点型的标识为 double，也称双精度浮点数，float 和 double 两者没有区别。

PHP 浮点数遵循 IEEE 754 规定，是定长的，一定是 64bits，通常最大值是 1.7E308，并且具有 14 位十进制数字的精度。在应用浮点数时，尽量不要将一个很大的数和一个很小的数相加减，因为那个很小的数可能会忽略。

浮点型数据默认有两种书写格式，一种是标准格式，如 3.1415，-68.4；另一种是科学计数法格式，如 3.58E1，54.6E-3。通过一个小例子来介绍浮点型数据类型的用法，代码如下。

注意：不同的机器，不同的操作系统，不同的语言存储和表示浮点数的规则不一定相同。浮点数的精度（小数点后面的位数）是有限的，这取决于系统平台，但 PHP 通常使用 IEEE 754 双精度格式，由于取整而导致的最大相对误差为 1.11e-16。如果是非基本数学运算，可能会出现更大的误差，并且还要考虑进行复合运算时的误差传递。

此外，以十进制能够精确表示的有理数如 0.1 或 0.7，无论有多少尾数都不能被内部所使用的二进制精确表示，因此不能在不丢失一点点精度的情况下转换为二进制的格式，这就是造成混乱结果的原因。例如，(int)((0.1+0.7)*10) 通常会返回十进制“7 ”，而不是预期中的十进制“ 8”，因为该结果在 PHP 内部的表示其实是类似 7.9999999999999991118…，然后取整结果就等于 7。所以在 PHP 中，尽可能不要比较两个浮点数是否相等。如果确实需要更高的精度，应该使用任意精度数学函数或者以“gmp（The GNU Multiple Precision Arithmetic Library) 又称 GNU 多精度算术库，是一个提供了很多操作高精度的大整数、浮点数的运算的算术库，几乎没有什么精度方面的限制，功能丰富。）”为前缀的 PHP 算术运算函数（若使用 PHP 的 GMP，则需要安装 PHP 的 GMP 扩展。）。

事实上，并不是PHP会有这种现象，对于其他计算机语言，类似的浮点数问题也是存在的。

```
<?php
$a = 101.1;                              // 以小数形式表示浮点数
$b = 10.1e10;                            // 以科学计数法形式表示浮点数
$c = 10.1E-10;                           // 以科学计数法形式表示浮点数
$num = 9.2;
echo 'var_dump($num)的输出结果：' ;
var_dump($num);                          // 9.2
echo 'printf("%.14f", $num)的输出结果：' ;
printf("%.14f", $num);                   // 9.20000000000000
echo "<BR/>";
echo 'printf("%.15f", $num)的输出结果：' ;
printf("%.15f", $num);                   // 9.199999999999999
echo "<BR/>";
echo 'printf("%.16f", $num)的输出结果：' ;
printf("%.16f", $num);                   // 9.1999999999999993
echo "<BR/>";
echo 'printf("%.53f", $num)的输出结果：' ;
printf("%.53f", $num);    //  9.1999999999999999289457264239899814128875732421875O
0000
//PHP Notice:  printf(): 请求的 54 位精度被截断，最大值为 53 位
echo "<BR/>";
/*-----------------------------------------------------------------------
serialize() 函数用于序列化对象或数组，并返回一个字符串。
serialize() 函数序列化对象后，可以很方便地将它传递给其他需要它的地方，
且其类型和结构不会改变。
如果想要将已序列化的字符串变回 PHP 的值，可使用 unserialize()。
PHP 版本要求 : PHP 4, PHP 5, PHP 7
-----------------------------------------------------------------------*/
echo 'var_dump(serialize($num))的输出结果：' ;
var_dump(serialize($num));    // string(21) "d:9.1999999999999993;"
echo 'var_dump(json_decode($num))的输出结果：' ;
var_dump(json_decode($num)); // string(3) "9.2"
/*-----------------------------------------------------------------------
//json_decode($v) 函数将 JSON 格式的字符串 $v 转换为对象
//json_decode($v,true) 函数将 JSON 格式的字符串 $v 转换为数组
$json = '{"a":1,"b":2,"c":3,"d":4,"e":5}';
var_dump(json_decode($json));
echo "<BR/>";
var_dump(json_decode($json,true));
echo "<BR/>";
-----------------------------------------------------------------------*/
?>                                                                  [0009]
```

运行结果如图 1-14 所示。

```
var_dump($num)的输出结果：
C:\wamp64\www\gcc1.php:7:float 9.2
printf("%.14f", $num)的输出结果：9.20000000000000
printf("%.15f", $num)的输出结果：9.199999999999999
printf("%.16f", $num)的输出结果：9.1999999999999993
printf("%.53f", $num)的输出结果：9.19999999999999992894572642398998141288757324218750000O
var_dump(serialize($num))的输出结果：
C:\wamp64\www\gcc1.php:29:string 'd:9.1999999999999993;' (length=21)
var_dump(json_decode($num))的输出结果：
C:\wamp64\www\gcc1.php:31:float 9.2
```

图 1-14

关于上面示例代码的几点说明。

（1）为什么 var_dump($num) 只打出 9.2，而没有打出更多的位？

在 php 的配置文件里有一个选项：precision，这个选项控制着 PHP 对浮点数的显示精度，默认值为 14。如上面代码，在显示 9.2 的近似值时，其实还是按照精度的要求进行四舍五入后得到的。默认的 precision=14，指示 var_dump() 将 9.2 看作 9.2（13 个 0），由于后面都是 0，var_dump() 将其略去不显示。如果将 php.ini 中的 precision 设置为 15 或更大的值，即可用 var_dump() 打出后面的位。

（2）既然默认精度是 14 位，平时使用也用不到更多的位，那么会有什么 BUG 出现在这里呢？

笔者目前经历的 BUG 出现在累加处理上。假定默认精度为 14 位，可见的不精确位在第 16 位，那么当多个浮点数相加时，第 16 位的误差就有可能累加到第 14 位。这时再输出这个浮点数，就会有可见的误差出现。

另外，由于不同语言及平台对浮点数的显示和存储的规定可能有所不同，一个在 PHP 里看起来正常的浮点数，传给别的平台或语言程序，对方看到的数据不一定和当前 PHP 的一样。因此，通过这个示例看透 9.2 的本质，而不是 9.2 的表面。

（3）关于序列化。在 php.ini 里还有一个参数 serialize_precision，默认值为 17。这个值规定在对浮点数进行序列化时使用的精度，以下有几点需要注意。

- 小数点后 17 以后的数据在序列化时会被抛弃。
- 浮点数序列化以后小数点后面最多有可能是 17 位。
- 在使用 json_encode() 时，不会使用这个精度，而是使用上面那个通用精度，即默认精度是 14 位。

（4）字符串型（string）。字符串型用来表示一连串的字符，可以采用 3 种方式来表示：单引号（'）、双引号（"）和界定符（<<<）。

采用单引号的方式来表示字符串，代码如下：

```
<?php
$a = 'this is a simple string';              // 使用单引号表示字符串
echo $a;
$b = 'what\' s this?';                       // 显示字符串中的单引号
$c = 'name:'.'Simon.';                   // 显示字符串，多个字符串之间可以使用“.”连接
?>                                                                        [00010]
```

还可以使用双引号的方式来表示，代码如下：

```
<?php
$a = "this is a simple string";   // 使用单引号表示字符串
echo $a;
$b = "what' s this? ";            // 显示字符串中的单引号
$c = "name:"."Mick. ";            // 显示字符串，多个字符串之间可以使用“.”连接
?>                                                                        [00011]
```

两者之间不同点是对转义字符的使用。使用单引号方式时，需要对字符串中的单引号“，”进行转义；但使用双引号方式时，要表示单引号，可以直接写出，无须使用反斜线来进行转义。采用双引号表示字符串可以使用更多的转义字符，表 1-2 列出了所有支持的转义字符。

表 1-2

转义字符	输出
\n	换行（LF 或者 ASCII 字符 0x0A(10)）
\r	回车（LF 或者 ASCII 字符 0x0A(10)）
\t	水平制表符（HT 或者 ASCII 字符 0x09(9)）
\\	反斜杠
\$	美元符号
\’	单引号
\”	双引号
\[0-7]{1,3}	此正则表达式匹配一个使用八进制符号表达的字符串
\x[0-9A-Fa-f]{1,2}	此正则表达式匹配一个使用十六进制符号表达的字符串

另外，单引号方式和双引号方式最大的区别在于，双引号中所包含的变量会自动被替换成实际数值，而单引号中包含的变量则按普通字符串输出。我们看一下字符串型数据类型单双引号方式的差别，代码如下。

```
<?php
$a = ' 只会看到一遍 ';                    // 声明一个字符串变量
echo "$a";                               // 用双引号输出，输出内容为 " 只会看到一遍 "
echo "<p>";                              // 输出段落标记
echo '$a';                               // 用单引号输出，输出内容为 "$a"
?>
                                                                        [00012]
```

界定符（<<<）是从 PHP 4.0 开始支持的。在使用时后接一个标识符，然后是字符串，最后是同样的标识符结束字符串。

使用界定符可以在脚本中插入大篇幅的文本，并且文本中还可以直接使用单引号和双引号，无须对它们进行转义处理。

使用界定符可以在脚本中插入大篇幅的文本，并且文本中还可以直接使用单引号和双引号，无须对它们进行转义处理。采用界定符的方式来表示字符串的示例代码如下。

```
<?php
$a = 'this is a simple string';          // 使用单引号表示字符串
$b = "this is a simple string";          // 使用双引号表示字符串
$c = <<<str
This is a delimiter example.<br/>
$a<br/>
$b
str;
echo $c;
?>
                                                                        [00013]
```

注意：结束标识符必须单独另起一行，并且不允许有空格。该行除了末尾的一个分号表示字符串结束外，不能包含任何其他字符。

上面代码段的运行结果如图 1-15 所示。

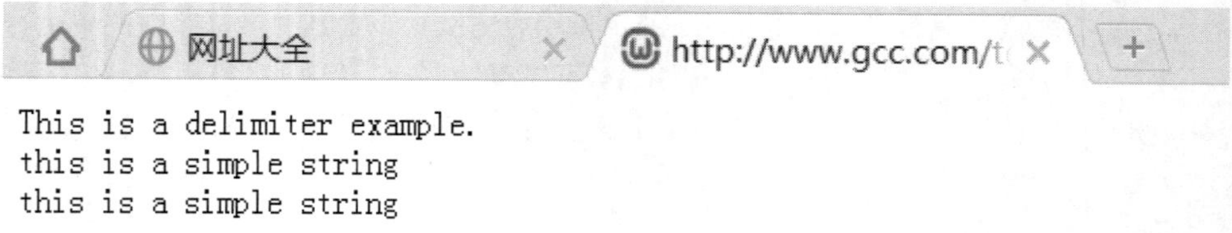

图 1-15

从程序运行结果可以看出，在界定符方式中，变量名将同样被变量值所取代。

1.5.2　复合数据类型

复合数据类型就是将简单数据类型的数据组合起来，表示一组特殊数据的数据类型。PHP 提供了 array（数组）和 object（对象）两种复合数据类型，它们都可以包含一种或多种简单数据类型。

1. 数组（array）

数组是一组数据的集合，它把一系列数据组织起来，形成一个整体。数组中的每一个数据称为一个元素，元素的值可以是任何类型，甚至是其他的一个数组。下面看一个示例，代码如下。

```
<?php
$users1[] = "user01";
$users1[] = "user02";
$users1[] = "user03";
$users1[] = "user04";
var_dump($users1);
//--------------------------------------------------------------
$users2 = array ("user01", "user02", "user03", "user04");
var_dump($users2);
//--------------------------------------------------------------
$arr1 = array('wctc' => " 网城天创 ", 'rcrt' => " 融创软通 ", 'rjxy' => " 软件学院 ");
var_dump($arr1);
//--------------------------------------------------------------
$r = array('r'=>1,2,3,4,5,6);
$e = array('r'=>7,8,9,10);
print_r($e+$r);
print "<br/>";
print_r(array_merge($r,$e));
//--------------------------------------------------------------
echo "<br/>";
$cars = array
(
    array(" 小张 ",78,95),
    array(" 小王 ",65,99),
    array(" 小李 ",76,88),
    array(" 小赵 ",120,110),
);
echo "<pre>";
print_r($cars);
echo "<pre>";
echo $cars[0][0]." 语文: ".$cars[0][1]." 数学: ".$cars[0][2].".<br>";
echo $cars[1][0]." 语文: ".$cars[1][1]." 数学: ".$cars[1][2].".<br>";
echo $cars[2][0]." 语文: ".$cars[2][1]." 数学: ".$cars[2][2].".<br>";
echo $cars[3][0]." 语文: ".$cars[3][1]." 数学: ".$cars[3][2].".<br>";
?>                                                              [00014]
```

运行结果如图 1-16 所示。

```
C:\wamp64\www\gcc1.php:12:
array (size=3)
  'wctc' => string '网城天创' (length=12)
  'rcrt' => string '融创软通' (length=12)
  'rjxy' => string '软件学院' (length=12)

Array ( [r] => 7 [0] => 8 [1] => 9 [2] => 10 [3] => 5 [4] => 6 )
Array ( [r] => 7 [0] => 2 [1] => 3 [2] => 4 [3] => 5 [4] => 6 [5] => 8 [6] => 9 [7] => 10 )

Array
(
    [0] => Array
        (
            [0] => 小张
            [1] => 78
            [2] => 95
        )

    [1] => Array
        (
            [0] => 小王
            [1] => 65
            [2] => 99
        )

    [2] => Array
        (
            [0] => 小李
            [1] => 76
            [2] => 88
        )

    [3] => Array
        (
            [0] => 小赵
            [1] => 120
            [2] => 110
        )

)
小张 语文：78 数学：95.
小王 语文：65 数学：99.
小李 语文：76 数学：88.
小赵 语文：120 数学：110.
```

图 1-16

2. 对象（object）

现实生活中的任何事物，如一本书，一张桌子，它可以表示具体的事务，也可以表示某种抽象的规则、事件等。下面看一个示例，代码如下：

```
<?php
    //改编码
    header("content-type:text/html;charset=utf-8");
    date_default_timezone_set("PRC");
    class Person{
            //常量 只能用 const 定义，不能用 define
            const COLOR='yello';
            //静态变量变量
            static $count=0;
            var $name;
            var $age;
            var $car;
            function drive(){
                    echo "<br>";
                    echo "你是否开着{$this->car}上下班";
                    echo "<br>";
            }
            static function skinColor(){
                    echo "<br>";
                    echo "我们的肤色是".self::COLOR;
            }
            function __construct($p1,$p2,$p3){
                    $this->name=$p1;
                    $this->age=$p2;
                    $this->car=$p3;
                    echo "<br>";
                    self::$count++;
                    echo "已经有".self::$count."人进来";
```

```
            }
            function __destruct(){
                    echo "<br>";
                    echo "析构函数 destruct 方法中";
                    echo "<br>";
            }
    }
    $p1=new Person("tom",23,"广汽传祺");
    $p2=new Person("jerry",23,"大众");
    $p3=new Person("amy",23,"奥迪");
     $p1::skinColor();
     $p2::skinColor();
     $p3::skinColor();
     $p1->drive();
     $p2->drive();
     $p3->drive();
?>                                                                    [00015]
```

运行结果如图 1-17 所示。

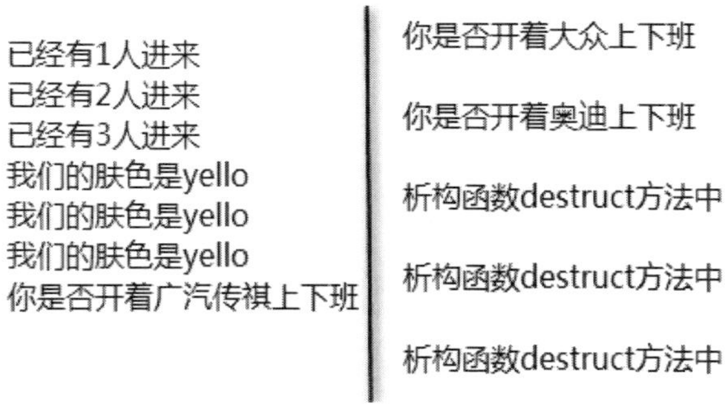

图 1-17

1.5.3　特殊数据类型

PHP 提供的最后两种数据类型是特殊数据类型：resource（资源）和 null（空值）。

1. resource（资源）

资源是一种特殊的变量，它保存着对外部资源的引用，如打开文件，数据库连接等许多特殊句柄，是一个个体。无法将其他数据类型转换为资源类型。在使用资源时，系统会自动启用垃圾回收机制，释放不再使用的资源，避免内存消耗殆尽。因此，资源很少需要手动释放。

注意：数据库持久连接是一种比较特殊的资源，它不会被垃圾回收系统释放，需要手动释放。

2. null（空值）

null（空值）表示没有为该变量设置任何值，空值 null 不区分大小写，null 和 NULL 效果相同，以下 3 种情况均被看作空值：

- 被赋值为 null；
- 变量没有被赋值；
- 变量赋值后，对其使用了 UNSET() 函数。

is_null() 函数是判断变量是否为 null，该函数返回一个 boolean 值型，如果变量为 null，则返回 true，否则返回 false。UNSET() 函数用来销毁变量。

【示例 1-1】判断变量是否为 null 空值并进一步处理。

具体实现代码如下：

```
<?php
$s1 = null;
$s2 = 'string';
if(is_null($s1)) {
    echo 's1 = null <br/> ';
    echo '变量$s1未被赋值。<p>';
}
if(is_null($s2)) {
    echo 's2 = null<br/>';
    echo '变量$s2被赋值。<p>';
}
echo '变量$s2使用unset()函数处理之后：';
unset($s2);
if(is_null($s2)) {
    echo 's2 = null<br/>';
}
?>
```

[00016]

运行结果如图 1-18 所示。

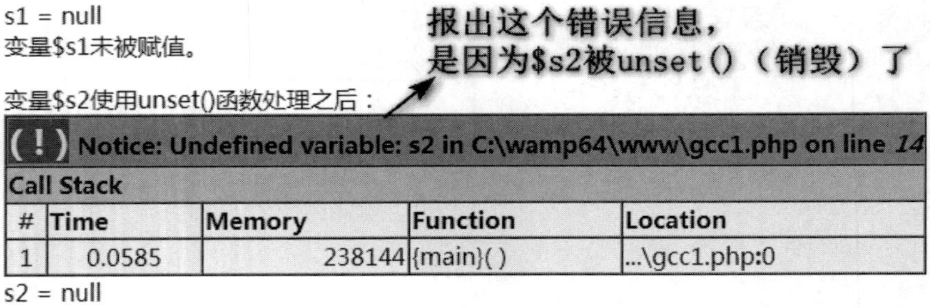

图 1-18

1.6 PHP 数据类型转换

PHP 在变量定义中不需要（或不支持）明确的类型定义，这就是所谓的弱类型；变量类型是根据使用该变量的上下文所决定的。也就是说，如果把一个字符串值赋给变量 var，var 就变成了一个字符串；如果把一个整型值赋给 var，那它又变成一个整数。

PHP 的自动类型转换的一个明显例子是“+（加）”“-（减）”“*（乘）”及“/（除）”等算术运算。如果任何一个操作数是浮点数，则所有的操作数都被当作浮点数，结果也是浮点数，否则操作数会被解释为整数，结果也是整数。注意：这并没有改变这些操作数本身的类型，所改变的只是这些操作数如何被求值以及表达式本身的类型。

PHP 是一种弱类型的语言，在定义时无须事先声明其数据类型，PHP 会自动在运行时将其转换为相应的数据类型。虽然如此，但有时仍然需要用到强制类型转换，比如，通过 URL 传递一个参数过去，URL 形如“…/xxxx.php?id=n”，其中“n”表示分页中的第几页，这个参数要求必须为 INT 型，这时，就必须用到强制类型转换，要将这个“n”强制转换为 INT 后再放到 URL 里的传递参数“id=n”上。PHP 需要数据类型强制转换的应用场景很多，在此就不逐一说明了。

PHP 中的强制类型转换可以使用 3 种方式来实现：第一种方式是在需要转换类型的变量前加上用括号括起来的数据类型名称即可；第二种转换方式是通过 intval() 、floatval()、strval() 转换函数来实现；第三种转换方式是使用 settype() 函数来实现。

1.6.1　基本转换（自动转换）

在进行类型转换时，如果转换成 boolean 类型，null、0 和未赋值的变量或数组都会被转换为 false，其他为 true；当 boolean 类型转换为 int 类型时，false 转换为 0，true 转换为 1；当字符串转化为 int 类型时，字符串如果以数字开头就截取到非数字部分，否则输出 0；其他数据类型转换为 object 类型时，其中名为 scalar（标量）的成员变量将包含原变量的值。

另外，PHP 中的自动数据类型转换一般出现在算术运算符参与的环境中，算术运算符是比较常见的数字操作符，被操作的内容一般称为运算对象或操作数。

算术运算符通常用于整形或双精度（又称为浮点或实数）类型的数据。如果参与算术运算的对象中有字符串，PHP 会试图将这些字符串转换成一个数字，如果其中包含“e”或“E”字符，它就会被当作是科学表示法并被转换成浮点数，否则将会被转换成整数。PHP 会在字符串开始处寻找数字，并且使用这些数字作为该字符串转换后的值，如果没有找到数字，该字符串转换后的值为 0。

1.6.2　强制转换

PHP 的强制数据类型转换有以下三种方式。

- 括号法：即在需要转换类型的变量前加上用括号括起来的数据类型名称。
- PHP 内置转换函数法；即通过 intval() 、floatval()、strval() 转换函数实现。
- 设置类型法：即使用 settype() 函数来设置新的数据类型。

1. 括号法

括号法，即在需要转换类型的变量前加上用括号括起来的数据类型名称。

允许强制转换的数据类型如表 1-3 所示。

表 1-3

转换操作符	转换类型	举例
(boolean) 或 (bool)	转换成布尔型	(boolean)$num、(boolean)$str
(string)	转换成字符串型	(string)$boo、(string)$flo
(integer) 或 (int)	转换成整型	(integer)$boo、(integer)$str
(float) 或 (double)	转换成浮点型	(float)$str、(double)$str
(array)	转换成数组	(array)$str
(object)	转换成对象	(object)$str

【示例 1-2】将字符串强制转换为 float 单精度、int 整型、bool 布尔、数组以及对象等数据类型。

具体现实代码如下：

```
<?php
$a = "123";
$b = "123aa";
$c = "abc";
$d = TRUE;
```

```
$e = FALSE;
$f = 123;
echo(float)$a.'<br/>';
echo(float)$b.'<br/>';
echo(float)$c.'<br/>';
echo(int)$d.'<br/>';
echo(int)$e.'<br/>';
echo(bool)$f.'<br/>';
var_dump((array)$b);
echo"<br/>";
var_dump((object)$b);
echo"<br/>";
$o=(object)$b;
echo $o->scalar;
echo"<br/>";
?>                                                              [00017]
```

2. PHP 内置转换函数法

PHP 内置转换函数法，即通过 intval()、floatval() 及 strval() 转换函数实现，其中 intval() 将字符串转换为整型；floatval() 将字符串转换为单精度浮点型；strval() 将数值型（int 整型、float 单精度浮点型及 double 双精度浮点型）转换为字符串型。

我们来看一个字符串型与数值型相互转换小例子，代码如下：

```
<?php
$str="123.9abc";
$int=intval($str);
echo $int ."<br/>";    //转换后数值：123
$float=floatval($str);
echo $float ."<br/>"; //转换后数值：123.9
$str=strval($float);
echo $str ."<br/>";   //转换后字符串："123.9"
?>                                                              [00018]
```

3. 设置类型法

设置类型法，即使用 settype() 函数来设置新的数据类型。

在 PHP 中进行数据类型转换时，还可以使用 settype() 函数，语法如下：

```
bool settype(mix var, string type)
```

将变量 var 的类型设置成 type，type 的值不包括资源类型。

下面的代码演示了使用 settype() 函数将字符串型转换为 int 整型。

```
<?php
$a = "1.9";
echo settype($a,"int").'<br/>';
?>
```

PHP 提供了检测数据类型的函数 gettype()，语法如下：

```
string gettype(mixed var)
```

返回 var 的数据类型，为字符串。

我看一下如何使用 gettype() 函数来获取各种数据类型（双精度 double、string 字符串、integer 整型、布尔以及数组等数据类型），代码如下：

```
<?php
$a = 1.9;
$b = "123";
$c = 123;
$d = TRUE;
$e = array(10,20,30);
echo gettype($a).'<br/>';          //输出 double
```

```
echo gettype($b).'<br/>';          //输出 string
echo gettype($c).'<br/>';          //输出 integer
echo gettype($d).'<br/>';          //输出 boolean
echo gettype($e).'<br/>'; //输出 array
?>                                                          [00019]
```

1.7　PHP 常量与变量

常量与变量是构成程序的基础，每种程序设计语言都有自己语言所对应的常量和变量。在 PHP 中根据程序运行过程中，数据的值是否发生改变，可将数据分为常量与变量。常量就是在脚本执行期间值始终不会发生改变的量。变量是在程序执行过程中值可以发生改变。

在本节，将主要讲解以下内容。

- 定义常量
- 系统预定义常量
- 定义变量
- 变量作用域
- 可变变量（嵌套变量）

1.7.1　定义常量

常量在使用前必须先定义，常量值被定义后，在脚本的其他任何地方都不能改变。一个常量的名称就是标识符。标识符要遵循 PHP 的命名规范，即以字母或下画线开头，后面可以跟任何字母、数字或下画线。

在 PHP 中使用 Define() 函数来定义常量，语法如下。

```
bool define(string name, mixed value[,bool case_insensitive])
```

其中第一个参数“name”为常量的名字，第二个参数“value”为常量的值，这两个参数为必须参数，第三个参数“case_insensitive”可选，表示常量名字是否区分大小写，如果设定为 true，表示不区分大小写，默认为 false。

【示例 1-3】使用 Define() 函数定义常量 DEFAULT_PATH。

具体实现代码如下：

```
<?php
define('DEFAULT_PATH','/var/www/');
define('NORMAL_USER' ,'0');
echo DEFAULT_PATH.'<br/>';
echo NORMAL_USER.'<br/>';
echo default_path.'<br/>';
// 常量定义时名字是大写，这里使用小写，程序不把 default_path 作为常量处理
?>                                                          [00020]
```

运行结果如图 1-19 所示。

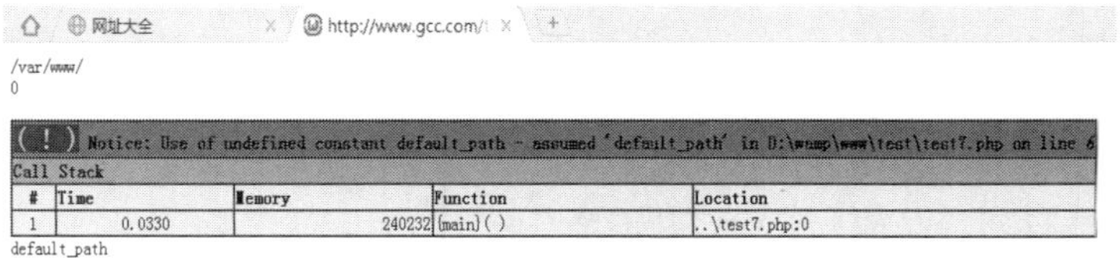

图 1-19

从运行结果看，常量默认区分大小写，按照惯例，常量名均采用大写形式。

要判断一个常量是否已经定义，可以使用 Defined() 函数，语法格式如下：

```
bool defined(string name)
```

参数 name 为要判断的常量的名称，常量已定义则返回 true，否则返回 false。

1.7.2 系统预定义常量

PHP 提供了大量的系统预定义常量，在脚本运行过程中可以用来获取一些 PHP 信息。常用的预定义常量如表 1-4 所示。

表 1-4

常量名	功能
__FILE__	文件的完整路径和文件名
__LINE__	当前行号
__CLASS__	类的名称
__METHOD__	类的方法名
PHP_VERSION	PHP 版本
PHP_OS	运行 PHP 程序的操作系统
DIRECTORY_SEPARATOR	返回操作系统分隔符
TRUE	逻辑真
FALSE	逻辑假
NULL	一个 null 值
E_ERROR	最近的错误之处
E_WARNING	最近的警告之处
E_PARSE	解析语法有潜在的问题之处
E_NOTICE	发生不同寻常的提示之处，但不一定是错误处

注意：“__FILE__”“__LINE__”“__CLASS__”以及“__METHOD__”中的“__”是指两个下画线，不是指一个下画线。

通过一个小例子来看一下 __FILE__、__LINE__、PHP_OS 及 PHP_VERSION 如何预定义常量，代码如下：

```
<?php
echo '本文件路径和文件名为：'.__FILE__.'<br />';
echo '当前行数为：'.__LINE__.'<br />';
echo '当前的操作系统为：'.PHP_OS.'<br />';
echo '当前的 PHP 版本为：'.PHP_VERSION.'<br />';
?>                                                    [00021]
```

1.7.3 定义变量

在前面的一些程序实例中已经用到了变量，变量在程序执行的过程中值可以发生改变。在 PHP 中，变量采用美元符号（$）加一个变量名的方式来表示。

在 PHP 中，变量在使用前不需要预先定义，可以直接在使用时定义变量。同时在定义变量时，也可以不用初始化变量，变量会有默认值。

变量赋值，是指给变量一个具体的数据值。为变量赋值有两种方式：传值赋值和引用赋值（传址赋值），这两种赋值方式在对数据的处理上存在很大差别。

（1）传值赋值，这种赋值方式使用“=”直接将一个变量（或表达式）的值赋给变量。

使用这种赋值方式，等号两边的变量值互不影响，任何一个变量值的变化都不会影响另一个变量。

（2）引用赋值（传址赋值），引用赋值（传址赋值）同样也是使用“=”将一个变量的值赋给另一个变量，但是需要在等号右边的变量前面加上一个“&”符号。在使用引用赋值时，两个变量将会指向内存中同一存储空间。因此任何一个变量的变化都会引起另外一个变量的变化。

【示例 1-4】传值赋值与引用赋值（传址赋值）方式的差异。

具体实现代码如下：

```
<?php
echo "使用传值方式赋值：<br/>";
$a = "hello";
$b = $a;                                        // 将变量$a的值赋值给$b
echo "变量a的值为".$a."<br/>";
echo "变量b的值为".$b."<br/>";
$a = "hello world!";                            // 改变变量$a的值
echo "变量a的值为".$a."<br/>";
echo "变量b的值为".$b."<p>";

echo "使用引用方式赋值：<br/>";
$a = "world";
$b = &$a;                                       // 将变量$a的引用赋值(传址赋值)给$b
echo "变量a的值为".$a."<br/>";
echo "变量b的值为".$b."<br/>";
$a = "world hello!";                            // 改变变量$a的值
echo "变量a的值为".$a."<br/>";
echo "变量b的值为".$b."<p>";
?>
                                                                   [00022]
```

运行结果如图 1-20 所示。

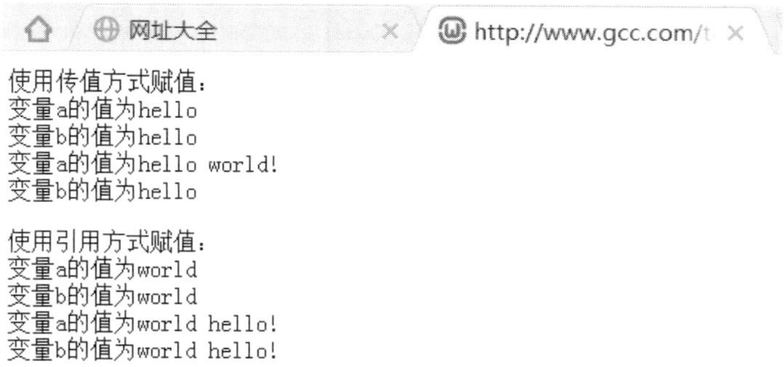

图 1-20

从程序运行结果来看，采用传值赋值方式时，当改变了变量 $a 的值，$b 的值并没有发生改变；而采用引用赋值（传址赋值）方式时，变量 $a 的值发生改变，变量 $b 的值也改变了。

另外，变量名是区分大小写的，这一点需要注意。来看下面变量名称区分大小写示例，代码如下。

```
<?php
$var = "Hello";
$Var = "world";
echo "var :".$var."<br/>";
echo "Var :".$Var."<br/>";
?>
                                                                   [00023]
```

1.7.4 变量作用域

变量的作用域是指变量的有效范围。如果变量超出有效范围，则变量就失去了意义。

在 PHP 中，按照变量作用域的不同可将变量分为局部变量、全局变量和静态变量。

（1）局部变量

在函数内部定义的变量，其作用域是所在函数（将在第 3 章中介绍函数）。

（2）全局变量

被定义在所有函数以外的变量，其作用域是整个 PHP 文件，但在用户自定义函数内部是不可用的。如果希望在用户自定义函数内部使用全局变量，则要使用 Global 关键词声明。下面介绍函数内局部变量与函数外全局变量对比示例，代码如下：

```
<?php
$str = "函数外部定义的变量";                    // 全局变量
function fun() {                               // 定义函数 fun()
    $str = "... 在函数内部定义的变量 ... ";     // 局部变量，仅在该函数内部有效
    echo "函数内部输出变量值：".$str."<br/><br/>";
}
fun();                                          // 函数调用
echo "在函数外部输出变量值：".$str;  // 输出全局变量值
?>
```
[00024]

运行结果如图 1-21 所示。

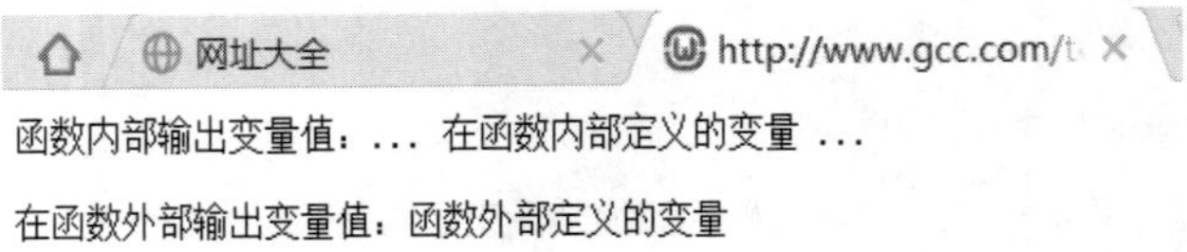

图 1-21

从运行结果可以看出，分别在函数内外定义的变量 $str，在函数内部使用的是自定义的局部变量 $str，而函数调用结束后，函数内部定义的局部变量 $str 值销毁，输出的是全局变量 $str 的值。

如果想要在函数内改变外部变量 $str 的值，可以使用 Global 关键字。下面介绍在函数内部通过 Global 声明全局变量来改变函数外部全局变量值示例，代码如下：

```
<?php
$str = "函数外部定义的变量";
function fun() {
    global $str;                                         // 声明全局变量
    echo "函数内部：".$str."<br/>";
    $str = "... 在函数内部改变变量的值 ... ";
    echo "改变后，函数内部：".$str."<br/><br/>";
}
fun();
echo "函数调用结束后变量值：".$str;
?>
```
[00025]

运行结果如图 1-22 所示。

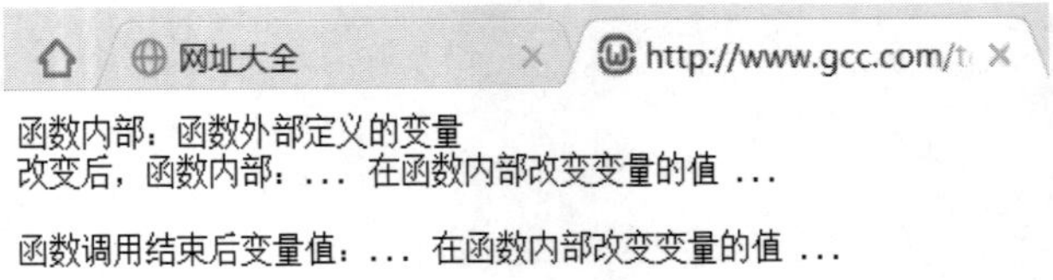

图 1-22

从运行结果可以看出，在函数内部声明并调用全局变量，然后改变全局变量的值，在调用函数后，在函数外显示的变量的值为函数内所修改的值。

（3）静态变量

静态变量是一种特殊的局部变量，它仅在局部函数中存在，但当函数调用结束后，变量值仍然保留，当再次调用该函数时，又可以继续使用原来的值。而一般局部变量在函数调用结束后，其存储的数据值将被清除。使用静态变量时，先要用关键字 static 来声明变量。

静态变量在很多地方能用到，如在聊天室中可以使用静态变量来记录用户的聊天内容。下面介绍在函数内通过 static 声明静态变量，使得该静态变量的值一直保持存在示例，代码如下。

```
<?php
function fun() {
    static $num = 0;                    // 初始化静态变量
    $num += 1;
    echo $num."  ";
}
function fun2() {
    $num = 0;                           // 函数内部局部变量
    $num += 1;
    echo $num."  ";
}
echo "fun() 中 num 的值：";
for($i = 0; $i < 10; $i++) {
    fun();
}
echo "<br/>";
echo "fun2() 中 num 的值：";
for($i = 0; $i < 10; $i++) {
    fun2();
}
?>                                                              [00026]
```

运行结果如图 1-23 所示。

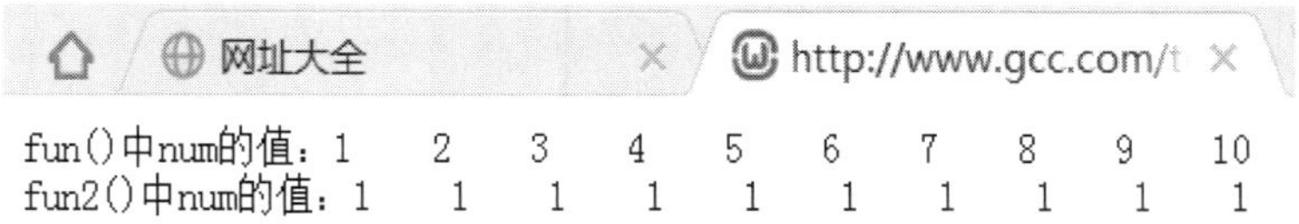

图 1-23

从运行结果可以看出，静态变量的初始化只在函数第一次被调用时被执行，以后就不再对其进行初始化操作。

1.7.5　可变变量（嵌套变量）

可变变量是指使用一个变量的值作为这个变量的名称，因此该变量名可以被动态地命名和使用。在语法上采用两个美元符号（$$）来进行定义。

在这里说明一下可变变量的简单应用，即通过可变变量接收表单提交过来的数据。先来看一个简单的示例，代码如下。

```
<?php
$a = 'hello';                // 声明变量 $a
$$a = 'world';               // 声明变量 $hello
echo $a."<br/>";
echo $hello."<br/>";
echo $$a."<br/>";
```

```
?>                                                                    [00027]
```

下面说明一下简单应用，首先写一段表单代码，取名为 show.html，代码如下：

```
<!doctype html>
 <html>
 <head>
 <meta charset="UTF-8">
 </head>
 <body>
 <form action="show.php" method="post">
 <input name="user"><br>
 <input name="age" ><br>
 <input name="email"><br>
 <input name="cellphone"><br>
 <input type="submit"><br>
 </form>
 </body>
 </html>                                                              [00028]
```

接收表单数据，通常的 PHP 处理代码如下：

```
<?php
$user = $_POST['user'];
$age = $_POST['age'];
$email = $_POST['email'];
$cellphone = $_POST['cellphone'];
echo '姓名：'.$user ."<br/>";
echo '年龄：'.$age ."<br/>";
echo '邮箱：'.$email ."<br/>";
echo '手机号：'.$cellphone ."<br/>";
?>                                                                    [00029]
```

看上面的代码，如果表单内容过多，这个赋值操作是不是很麻烦，这里可以使用可变变量 + foreach 循环，这样一来就方便很多了。下面的 PHP 代码，取名为 show.php（这个名字不能随便取，表单的“action”已经指明了要调用“show.php”。），代码如下。

```
<?php
foreach($_POST as $key => $value){
    $$key = $value;
}
echo '姓名：'.$user ."<br/>";
echo '年龄：'.$age."<br/>";
echo '邮箱：'.$email."<br/>";
echo '手机号：'.$cellphone."<br/>";
?>                                                                    [00030]
```

然后，在浏览器地址栏中输入 http://localhost/show.html，如图 1-24 所示。

图 1-24

单击图 1-24 中的“提交查询内容”按钮，查询结果如图 1-25 所示。

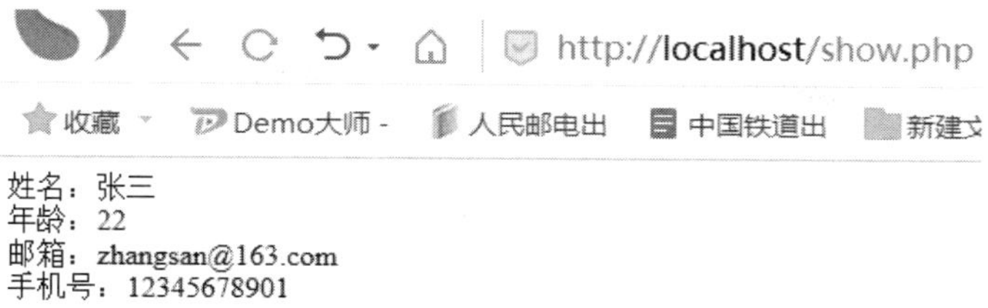

图 1-25

1.8　PHP 运算符

运算符是指在 PHP 中对数据进行运算操作的符号，它对一个值或一组值执行一个指定的操作。

不同的运算符可执行不同的操作，根据运算符所执行的操作不同，可将运算符分为以下几类：赋值运算符、算术运算符、比较运算符、逻辑运算符、位运算符、字符串连按运算符、错误控制运算符和三元运算符，下面分别进行介绍。

1.8.1　赋值运算符

赋值运算符是一种最简单的运算符，就是把基本赋值运算符（“=”）右边的值赋给左边的变量或者常量。PHP 中的赋值运算符如表 1-5 所示。

表 1-5

运算符	举例	展开形式	功能
=	$a = 100	$a = 100	将左边的值赋值给左边
+=	$a += 100	$a = $a + 100	将左边的值加上右边的值赋值给左边
-=	$a -= 100	$a = $a - 100	将左边的值减去右边的值赋值给左边
*=	$a *= 100	$a = $a * 100	将左边的值乘以右边的值赋值给左边
/=	$a /= 100	$a = $a / 100	将左边的值除以右边的值赋值给左边
.=	$a .= 100	$a = $a . 100	将左边的字符串连接到右边赋值给左边
%=	$a %= 100	$a = $a % 100	将左边的值对右边的值取余赋值给左边

1.8.2　算术运算符

算术运算符用来执行数学上的算术运算，PHP 中的算术运算符如表 1-6 所示。

表 1-6

运算符	名称	举例
-	取反运算	-$a
+	加法运算	$a + $b
-	减法运算	$a - $b
*	乘法运算	$a * $b
/	除法运算	$a / $b
%	取模（余数）运算	$a % $b

续上表

运算符	名称	举例
++	自增运算	$a++,++$a
--	自减运算	$a--,--$a

下面介绍算术运算符（取反、加、减、乘、除、取模、自增及自减等）的使用示例，代码如下：

```
<?php
$a = -100;
$b = 50;
$c = 30;
echo '$a = '.$a.',';
echo  ‘$b = '.$b.',';
echo  ‘$c = '.$c.'<p/>';
echo '$a + $b = '.($a + $b).'<br/>';      // 计算变量 $a 加 $b 的值
echo '$a - $b = '.($a - $b).'<br/>';      // 计算变量 $a 减 $b 的值
echo '$a * $b = '.($a * $b).'<br/>';      // 计算变量 $a 乘 $b 的值
echo '$b / $a = '.($b / $a).'<br/>';      // 计算变量 $b 除以 $a 的值
echo '$a % $c = '.($a % $c).'<br/>';      // 计算变量 $a 除以 $c 的余数值
echo '$b % $a = '.($b % $a).'<br/>';      // 计算变量 $a 除以 $c 的余数值
echo '$a++ = '.($a++).'  ';     // 对变量 $a 进行后置自增运算
echo '运算后 $a 的值为：'.$a.'<br/>';
echo '$b-- = '.($b--).'  ';     // 对变量 $b 进行后置自减运算
echo '运算后 $b 的值为：' .$b.' <br/>' ;
echo '++$c = '.(++$c).'  ';     // 对变量 $c 进行前置自增运算
echo '运算后 $c 的值为：'.$c.'<br/>';
?>
```
[00031]

运行结果如图 1-26 所示。

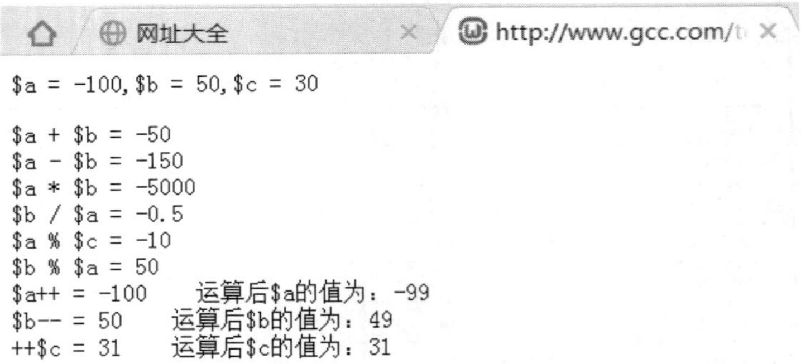

图 1-26

从运行结果可以看出，在算术运算符中使用“%”取余，如果被除数（%运算符前面表达式）是负数，那么运算结果也是负数。除号（“/”）总是返回浮点数，即使两个运算数是整数也是如此。

自增 / 自减运算符是针对单独一个变量来操作的，使用方法有两种：一种是先将变量的值增加或者减少 1，然后再将值赋给原变量，这种方式称为前置自增或自减运算符；另一种是将运算符放在变量后面，先返回变量的当前值，然后再将变量的值增加或者减少 1，这种方式称为自增或自减运算符。

1.8.3 比较运算符

比较运算符用于对两个变量或者表达式进行比较，如果比较结果为真，则返回 true；如果比较结果为假，则返回 false。PHP 中的比较运算符如表 1-7 所示。

表 1-7

运算符	名称	举例	功能
==	等于	$a == $b	如果 $a 等于 $b，返回 true
===	全等于	$a === $b	如果 $a 等于 $b，并且它们的类型也相同，返回 true
!= <>	不等	$a!= $b $a <> $b	如果 $a 不等于 $b，返回 true
!==	不全等	$a !== $b	如果 $a 不等于 $b，或者它们的类型不同，返回 true
<	小于	$a < $b	如果 $a 小于 $b，返回 true
>	大于	$a > $b	如果 $a 小于 $b，返回 true
<=	小于或等于	$a <= $b	如果 $a 小于或者等于 $b，返回 true
>=	大于或等于	$b >= $a	如果 $a 大于或者等于 $b，返回 true

如果比较一个整数和字符串，则字符串会被转换为整数。如果比较两个数字字符串，则作为整数比较。下面介绍比较运算符的使用示例，代码如下：

```
<?php
$a = 100;
echo '$a :' ;                   var_dump($a);
echo '<br/>$a == 100 :';        var_dump($a == 100);
echo '<br/>$a == "100" :';      var_dump($a == "100");
echo '<br/>$a === 100 :'; var_dump($a === 100);
echo '<br/>$a === "100" :';     var_dump($a === "100");
echo '<br/>0 == "a" :';         var_dump(0 == "a");    // 字符串 a 转换为整数 0
echo '<br/>0 === "a" :';        var_dump(0 === "a");
echo '<br/>"1" == "01" :';      var_dump("1" == "01");
?>                                                                  [00032]
```

1.8.4　逻辑运算符

逻辑运算符用于组合逻辑运算的结果。PHP 中的逻辑运算符如表 1-8 所示。

表 1-8

运算符	名称	举例	功能
and、&&	逻辑与	$a && $b	如果 $a 和 $b 都为 true，返回 true
or、||	逻辑或	$a || $b	如果 $a和 $b 其中一个为 true，返回 true
xor	逻辑异或	$a xor $b	如果 $a 和 $b 一真一假时，返回 true
!	逻辑非	! $a	如果 $a 不为 true，返回 true

我们通过一个简单的示例来演示逻辑运算符的具体用法，代码如下：

```
<?php
$a = true;
$b = false;
echo '$a = ' ; var_dump($a);
echo ',$b = ' ; var_dump($b);
echo '<br/>$a && $b :' ; var_dump($a&&$b);
echo '<br/>$a || $b :'; var_dump($a || $b);
echo '<br/>$a xor $b :'; var_dump($a xor $b);
echo '<br/>!$a :'; var_dump(!$a);
echo '<br/>!$b :'; var_dump(!$b);
?>                                                                  [00033]
```

1.8.5　位运算符

PHP 中的位运算符允许对整数型数值进行二进制位从低位到高位对齐后进行运算。PHP 中的位运算符如表 1-9 所示。

表 1-9

运算符	名称	举例	功能
&	按位与	$a & $b	如果 $a 和 $b 的相对应的位都为 1，则结果的该位为 1
|	按位或	$a | $b	如果 $a 和 $b 的相对应的位有一个为 1，则结果的该位为 1
^	按位异或	$a ^ $b	如果 $a 和 $b 的相对应的位不同，则结果的该位为 1
~	按位取反	~$a	将 $a 中为 0 的位改为 1，为 1 的位改为 0
<<	左移	$a << $b	将 $a 中的位向左移动 $b 位（每移动一位相当于乘以 2）
>>	右移	$a >> $b	将 $a 中的位向右移动 $b 位（每移动一位相当于除以 2）

下面的示例体现了位运算符的具体使用，代码如下：

```
<?php
$a = 5;                                        // 5 的二进制代码是 101
$b = 3;                                        // 3 的二进制代码是 011
echo '$a & $b = '  .($a & $b)  . '<br/>'; // 运算结果为二进制代码 001，即 1
echo '$a | $b = '  .($a | $b)  . '<br/>'; // 运算结果为二进制代码 111，即 7
echo '$a ^ $b = '  .($a ^ $b)  . '<br/>'; // 运算结果为二进制代码 110，即 6
?>
```
[00034]

1.8.6 字符串连接运算符

字符串连接运算符只有一个，即英文的句号“.”。它的作用是将两个字符串连接起来，组成一个新的字符串，在前面的示例中已多次用到。例如：

```
<?php $a='A';$b='B';$c='C'; echo $a.$b.$c;?>
```

1.8.7 错误控制运算符

PHP 支持一个错误控制运算符“@”，将其放置在一个 PHP 表达式之前，该表达式可能产生的任何错误信息都被忽略。例如：

```
"$err=10/0;"
```

执行这条语句时，屏幕上会显示如下的错误消息：

```
"Division by zero in D:\phpdemo\demo.php on line 2"
```

如果不想显示这个错误，即可在表达式前加上“@”，代码如下：

```
"$err=@(10/0)"
```

这样一来，输出时就什么错误都不显示。

1.8.8 三元运算符

PHP 中还存在一个三元运算符（如果一个运算符需要三个表达式，则该运算符就是一个三元运算符）“?:”，语法形式如下：

```
(expr1)?(expr2):(expr3); 如果条件“expr1”成立，则执行语句“expr2”，否则执行“expr3”。
```

我们通过一个小例子了解三元运算符的应用，代码如下：

```
<?php
$a = 100;
echo($a == "100") ? "exp2" :"exp3"; echo "<br/>";
echo($a === "100") ? "exp2" :"exp3"; echo "<br/>";
?>
```
[00035]

1.8.9　运算符的优先级

运算符的优先级是指在一个语句中出现多个运算符时的先后运算顺序。与数学的四则运算中“先乘除、后加减”一样的原理。

在 PHP 中，运算符的运算规则是：先计算优先级别高的后运算优先级别低的，同一优先级别的运算符，则采用从左向右的方向进行运算，可以使用小括号来强制提高运算的优先级别。PHP 运算符的优先级如表 1-10 所示。

表 1-10

结合方向	运算符	优先级
非结合	new	1
非结合	[]	2
非结合	++,--	3
右	!,~,(float),(int),(string),(object),@	4
左	*,/,%	5
左	+,-,.	6
左	<<,>>	7
非结合	<,<=,>,>=	8
非结合	==,!=,<>,===,!==	9
左	&	10
左	^	11
左	|	12
左	&&	13
左	||	14
左	?:	15
右	赋值运算符	16
左	And	17
左	Xor	18
左	Or	19
左	,	20

1.9　PHP 流程控制语句

PHP 脚本文件在执行时都是一条语句一条语句的顺序执行。但是在实际操作时，不可能所有脚本都是顺序执行，常常会存在因某种需求，脚本有选择性地执行或者根据条件执行某一段脚本代码，这就要用到 PHP 的流程控制。主要内容包括：条件控制语句、循环控制语句、跳转控制语句。

PHP 中的流程控制语句如表 1-11 所示。

表 1-11

语句	描述
if 和 switch	条件控制语句
while、do-while、for 和 foreach	循环控制语句
break、continue 和 return	跳转控制语句

1.9.1 条件控制语句

条件控制语句是根据表达式的判定结果，选择性地执行指定的语句，常用到的有 if 语句和 switch 语句两种。

1. if 语句

if 语句是最常用的条件控制语句，主要包括以下几种形式。

（1）单分支 if 语句

语法格式如下：

```
if(expr)
    statement;
```

判定 expr 表达式的布尔值，如果为真，那么执行 statement 语句；如果为假，则跳过 statement 语句。

如果要执行的 statement 语句为多条时，把语句放在“{}”中，在“{}”中的语句成为语句块，代码如下：

```
<?php
$score = 70;
if($score >= 60) {
    echo "成绩 :" . $ score;
    echo "<br/>合格";
}
?>                                                                    [00036]
```

（2）双分支 if-else 语句

语法格式如下：

```
if(expr) {
    statement1 ;
} else {
    statement2;
}
```

判定 expr 表达式的布尔值，如果为真，那么执行 statement1 语句；如果为假，则执行 statement2 语句，代码如下：

```
<?php
$ score = 50;
if($score >= 60) {
    echo "成绩 :" . $ score;
    echo "<br/>合格";
} else {
    echo "成绩 :" . $ score;
    echo "<br/>不合格";
}
?>                                                                    [00037]
```

（3）多分支 if-elseif-else 语句

语法格式如下：

```
if(expr1) {
    statement1 ;
} elseif(expr2) {
    statement2;
} …
else {
    statementn;
}
```

判定 expr1 表达式的布尔值，如果为真，那么执行 statement1 语句，如果为假，判断 expr2 表达式的布尔值，如果为真，执行 statement2 语句，如果为假，继续判断下面的表达式真假性，如果所有的表达式布尔值都为假，则执行 statementn 语句。通过下面的小例子，介绍多分支 if-elseif-else 语句的具体使用，代码如下：

```
<?php
$score  = 90;
echo "成绩 :" . $score ;
if($score  >= 90) {
    echo "<br/>优秀";
} elseif($a >= 80) {
    echo "<br/>良好";
} elseif($a >= 60) {
    echo "<br/>合格";
} else {
    echo "<br/>不合格";
}
?>                                                                        [00038]
```

2. switch 语句

switch 语句也是一种多分支结构，虽然使用 elseif 语句可以进行多重判断，但是书写非常烦琐，可以使用 switch 分支结构来进行多重选择判断。

语法格式如下：

```
switch(expr) {
    case value1 :
            statement1;
            break;
    case value2 :
            statement2;
            break;
    …
    default :
            statementn;
}
```

首先计算 expr 表达式的值，然后依次用 expr 的值和 value 值进行比较，如果相等，就执行该 case 下的 statement 语句，直到 switch 语句结束或者遇到第一个 break 语句为止；如果不相等，继续查找下一个 case；一般 switch 语句都有一个默认 default，表示如果前面的 value 值如果都和 expr 值不匹配，则执行 statementn 语句。

注意：在 switch 语句中，不论 statement 是一条语句还是若干条语句构成的语句块，都不适用“{}”。

通过下面的小例子，体会 switch 语句的特点，代码如下：

```
<?php
$score  = 70;
echo "成绩 :" . $score ;
switch($score) {
    case $score >= 90 :
            echo "<br/>优秀";
            break;
    case $score >= 80 :
            echo "<br/>良好";
            break;
    case $score >= 60 :
            echo "<br/>合格";
            break;
    default:
```

```
        echo "<br/>不合格";
}
?>                                                        [00039]
```

1.9.2 循环控制语句

在脚本执行过程中，有时需要将某一段代码反复执行，如计算“1+2+3+…+100”，这时就要用到循环控制语句；在 PHP 中有 while 循环、do…while 循环、for 循环和 foreach 循环 4 种循环语句可供选择。

1. while 循环

while 循环是 PHP 中最见的循环语句，语法格式如下：

```
while(expr) {
    statement ;
}
```

如果 expr 表达式的值为真，就执行 statement 语句，执行结束后，再返回判断 expr 表达式的值是否为真，为真还要执行 statement 语句，直到 expr 表达式的值为假，才跳出循环，执行 while 循环后面的语句。

这里与 if 语句一样，如果 statement 语句有多条时，可以使用“{}”将多条语句组成语句块，代码如下：

```
<?php
$num = 10;
echo "10以内的正整数有 :<br/>";
while($num > 0) {
    echo $num . "  ";
    $num--;
}
?>                                                        [00040]
```

在上面的程序中，变量 $num 的值每循环一次，值减小 1，直到“$num>0”条件不成立退出循环。如果在循环体内不改变变量 $num 的值，循环体将无限循环下去，形成死循环，在程序开发中使用循环要避免死循环的发生。另外，如果开始 $num 是 0 或者负数，循环体一次也不执行。

2. do…while 循环

do…while 循环与 while 循环的差别在于，do…while 循环，循环体至少执行一次，语法格式如下：

```
do{
    statement ;
} while(expr) ;
```

首先执行循环体 statement 语句，然后判断 expr 表达式的值，如果 expr 表达式的值为真，重复执行 statement 语句，如果为假，跳出循环，执行 do…while 循环后面的语句。

通过下面的小例子，可以体会 do…while 循环和 while 循环使用的差异，代码如下：

```
<?php
$num = 10;
echo "10以内的正整数有 :<br/>";
do{
    echo $num . "  ";
    $num--;
}while($num > 0) ;
?>                                                        [00041]
```

3. for 循环

语法格式如下：

```
for(expr1; expr2; expr3) {
  statement ;
}
```

表达式 expr1 在循环开始前无条件计算一次。表达式 expr2 在每次循环开始前求值，如果值为真，则执行循环体，如果值为假，则终止循环。expr3 在每次循环体执行之后被执行。每个表达式都可以为空。如果表达式 exp2 为空，则会无限循环下去，需要在循环体 statement 中使用 break 语句来结束循环。同样是上面的小例子，用 for 循环来实现，代码如下：

```
<?php
echo "10 以内的正整数有 :<br/>";
for($num = 10 ; $num > 0 ; $num--){
    echo $num . "  ";
};
?>                                                          [00042]
```

4. foreach 循环

foreach 循环是 PHP 4 引进来的，只能用于数组。在 PHP 5 中，又增加了对对象的支持，语法格式如下：

```
foreach(array_expr as $value) {
  statement ;
}
或
foreach(array_expr as $key=>$value) {
  statement ;
}
```

foreach 语句将遍历数组 array_expr，每次循环时，将当前数组元素的值赋给 $value，如果是第二种方式，将当前数组元素的键赋给 $key，直到数组最后一个元素。当 foreach 循环结束后，数组指针将自动被重置。，代码如下：

```
<?php
$arr = array('this','is','an','example');   // 声明一个数组并初始化
// 使用第一种 foreach 循环形式输出数组所有元素的值
foreach($arr as $value){
    echo $value."  ";
}
echo "<br/>";
// 使用第二种 foreach 循环形式输出数组所有的键值和元素值
foreach($arr as $key=>$value){
    echo $key . "=>" . $value."  ";
}
?>                                                          [00043]
```

1.9.3 跳转控制语句

PHP 提供了 break 语句及 continue 语句用于实现循环跳转（结束当前循环并跳到指定的循环）或循环中断（结束当前循环并跳出）的语句，下面分别介绍各自的用法。

1. break 语句

break 语句用于中断循环的执行。对于没有设置循环条件的循环语句，可以在语句任意位置加入 break 语句来结束循环。在多层循环嵌套时，还可以通过在 break 后面加上一个整型数字“n”，终止当前循环体向外计算的“n”层循环。下面使用 break 终止内层循环和 n 层循环示例，代码如下。

```
<?php
//第 1 个双重循环语句
for($a=1;$a<=5;$a++){                    //外层循环开始
    for($b=1;$b<=5;$b++){                //内层循环开始
            echo $a.$b."<br>";
            break;                       //只终止内层循环
    }
}
echo "<br>";
//第 2 个双重循环语句
for($a=1;$a<=5;$a++){                    //外层循环开始
    for($b=1;$b<=5;$b++){
            echo $a.$b."<br>";
                    break 2;             //终止双重循环
    }
}
?>                                                                    [00044]
```

2. continue 语句

continue 语句用于中断本次循环，进入下一次循环，在多重循环中也可以通过在 continue 后面加上一个整型数字“n”，告诉程序重新跳到当前循环体（当前循环体的 n 为 1）向外计算的 n 层循环中。下面使用 continue 终止及跳转循环并输出一个直角三角形示例，代码如下。

```
<?php
$arr = array(1,2,3,4,5,6,7,8,9,10);
for($i = 0; $i < 10; $i++) { ///******* 第 3 层循环 /*******
    echo "<br/>";
    if($i % 2 == 0) {// 如果 $i 的值为偶数，则跳出本次循环，进入下次循环
            continue;  //结束本次循环（其下面的代码将不被执行），重新回到当前循环体的开始处，
即第一个 for 循环
    }
    for(;;) {        //  /******* 第 2 层循环 /*******，如果执行了这个 for(;;) 无限循环，则
说明 $i 的值为奇数，并且该循环无限执行
            for($j = 0 ; $j < 10 ; $j++) { //******* 第 1 层循环 ********
                    if($j == $i) {
                            continue 3;    //  跳到当前循环体（当前循环体的循环层 n 为 1）
向外计算的 3 层循环中，即跳到最外层循环（第一个 for 循环）
                    } else {
                            echo $arr[$j]."  ";
                    }
            }
    }
}
?>                                                                    [00045]
```

运行结果如图 1-27 所示。

图 1-27

1.10　PHP 变量的应用场景分析

关于 PHP 的变量，很重要，且上面已有详细表述，大部分都是基础概念性的讲解，属于基础。而对于 PHP 变量的使用场景，这已经涉及应用层面了，也是很多读者非常关心和在意的，因此，本节特意把“PHP 变量的使用场景分析”作为一节单独讲解，内容侧重场景分析，但在讲解过程中，也涉及基础和概念性的东西，只是一带而过。因此，可能存在或多或少与前述重复的现象，希望读者不要误会。

1.10.1　可变变量与应用场景

PHP 的可变变量在应用开发中被普遍使用，通过它可以极大地增加程序的灵活性，但它不是很好理解，在前面已对它进行了概念性的介绍，但还不够具体详细。接下来我们用一个专题来说明 PHP 可变变量的具体使用方法及其应用场景。

1.PHP 可变变量

所谓可变变量，就是一个变量的变量名可以被动态地设置和使用。语法形式是 PHP 的特殊语法，在某些特定的场合，使用可变变量名是很方便的。也就是说，一个变量的变量名可以动态地设置和使用。一个普通的变量通过声明来设置，例如：

```
<?php $a = 'hello'; ?>
```

一个可变变量获取了一个普通变量的值作为这个可变变量的变量名。在上面的例子中，若 hello 使用两个美元符号（$）后，即可作为一个可变变量的变量。例如：

```
<?php $a = 'hello'; $$a = 'world'; ?>
```

这时，两个变量都被定义了：$a 的值是“hello”并且 $hello 的值是“world”。因此，以下语句：

```
<?php echo "$a ${$a}";?>
```

与以下语句输出完全相同的结果。

```
<?php echo "$a $hello"; ?>
```

它们都会输出：hello world。

要将可变变量用于数组，必须解决一个模棱两可的问题。这就是当写下 $$a[1] 时，解析器需要知道是想要 $a[1] 作为一个变量，还是想要 $$a 作为一个变量并取出该变量中索引为 [1] 的值。解决此问题的语法是，对第一种情况用 ${$a[1]}，对第二种情况用 ${$a}[1]。

类的属性也可以通过可变属性名来访问。可变属性名将在该调用所处的范围内被解析。例如，对于 $oof->$bar 表达式（未使用可变变量的访问对象属性表达式为 $oof->bar，其中 bar 为对象属性），则会在本地范围来解析 $bar 并且其值将被用于 $oof 的属性名。对于 $bar 是数组单元时也是一样。

也可使用花括号给属性名清晰定界。最有用是在属性位于数组中，或者属性名包含有多个部分或者属性名包含有非法字符时。例如，下面的可变对象属性代码示例。

（1）使用花括给属性名清晰定界

示例代码如下：

```
<?php
class oof {
  var $bar = 'I am bar.';
  var $arr = array('I am A.', 'I am B.', 'I am C.');
  var $r  = 'I am r.';
}
$oof = new oof();
$bar = 'bar';
$baz = array('oof', 'bar', 'baz', 'quux');
echo $oof->$bar . "</br>";
echo $oof->{$baz[1]}."</br>";
$start = 'b';
$end  = 'ar';
echo $oof->{$start . $end} . "</br>";
$arr = 'arr';
echo $oof->$arr[1] . "</br>";
echo $oof->{$arr}[1] . "</br>";
?>
```
[00046]

（2）变量值作为变量名

示例代码如下：

```
<?php
 //You can even add more Dollar Signs
 $Bar = "a";
 $Oof = "Bar";
 $World = "Oof";
 $Hello = "World";
 $a = "Hello";
 echo $a ."</br>"; //Returns Hello
 echo $$a."</br>"; //Returns World
 echo $$$a."</br>"; //Returns Oof
 echo $$$$a."</br>"; //Returns Bar
 echo $$$$$a."</br>"; //Returns a
 echo $$$$$$a."</br>"; //Returns Hello
 echo $$$$$$$a."</br>"; //Returns World
 //... and so on ...//
$nameTypes  = array("first", "last", "company");
$name_first  = "John";
$name_last  = "Doe";
$name_company = "php.net";
foreach($nameTypes as $type)
print ${"name_$type"} . "</br>";
print "$name_first </br> $name_last </br> $name_company </br>";
?>
```
[00047]

2. PHP 的可变参数

所谓可变参数，就是传递任意多个参数的形式，把这种形式称为可变参数。为了说明可变参数的使用，首先编写一个 PHP 函数来计算两个数的和，代码如下：

```
/**
 * 计算两个数的和，并返回计算的结果
 * @param number $a
 * @param number $b
 * @return number
 */
function sum($a, $b){
  return $a + $b;
}
```

同样，如果需要计算三个数的和，可以如下编写。

```
/**
 * 计算两个或三个数的和，并返回计算的结果
 * @param number $a
 * @param number $b
 * @return number $c 该参数可以不传入值，默认为 0
 */
function sum($a, $b, $c = 0){
  return $a + $b + $c;
}
```

上面两段代码的 sum() 函数，其参数分别是 2 个和 3 个。假如需要计算任意多个数的和，那么 sum() 求和函数应如何编写呢？当然，可能会考虑用数组作为函数的传递参数来实现这样的功能，代码如下：

```
/**
 * 计算任意多个数的和，函数参数 params 必须为 array 类型
 * @param array params
 */
function sum($params){
  $total = 0;
  foreach($params as $i){
    $total += $i;
  }
  return $total;
}
```

这样的做法确实可以，因为在可变参数诞生之前的程序开发过程中，遇到需要传递任意多个参数时，都是使用数组或其他类似的集合来表示的。但是，这样的传递是不是显得不够清晰直观呢？作为一名 PHP 程序员，应该知道在 PHP 中有一个用于显示变量详细信息的函数 var_dump()，例如：

```
$age = 18;
var_dump($age); // 显示变量 $age 的详细信息
```

在需要显示多个变量的信息时，还可以这样使用：

```
$name = '张三';
$age = 18;
$gender = true;
var_dump($name, $age, $gender);
```

众所周知，var_dump() 可以同时接收任意多个变量，而且不需要以数组的形式进行传递，这样的参数传递方式显得更加直观。这种传递任意多个参数的形式称为可变参数。当然，sum() 函数也可以用这种方式来实现，代码如下：

```
<?php
/**
 * 计算任意多个数的和，并返回计算后的结果
 */
function sum(){ // 这里的括号中没有定义任何参数
  $total = 0;
  // 使用 func_get_args() 来获取当前函数的所有实际传递参数，返回值为 array 类型
  $varArray = func_get_args();
  foreach($varArray as $var){
    $total += $var;
  }
  return $total;
}
/***** 下面是调用示例 *****/
echo sum(1, 3, 5)."</br>"; // 计算 1+3+5
echo sum(1, 2)."</br>"; // 计算 1+2
```

```
    echo sum(1, 2, 3, 4)."</br>";  // 计算 1+2+3+4
    ?>                                                    [00048]
```

如上例所示，只要在当前求和函数 sum() 中使用 PHP 内置函数 func_get_args()，就可以在调用该求和函数 sum() 时，获取 sum() 函数传递过来的实际参数并形成数组，然后只需处理该数组即可，上面代码的解释如下。

解释 1

（1）如果调用时，没有传入任何参数，那么函数 func_get_args() 返回的仍然是 array 类型，只不过是一个空的数组（数组不包含任何元素）。

（2）func_get_args() 只能在函数中调用，否则将显示一个警告信息。

（3）func_get_args() 函数可以接收一个索引参数，用于获取源参数，如 sum(1, 3, 5) 中的“1，3, 5”中指定索引位置的参数值。例如，如果想获取传递进来的第一个参数，可以这样写：:func_get_args(1)，结果是 array(1)。

（4）此外，还可以在函数中调用 func_num_args()，可以返回当前函数调用传递进来的参数个数。

解释 2

PHP 可变参数的实现方式与 JavaScript 可变参数的实现方式非常相似，PHP 使用内置函数 func_get_args() 来实现，JavaScript 使用函数内置变量 arguments 来实现。

解释 3

在最后的 sum() 函数代码中，sum() 函数没有定义任何形式参数，所以调用该函数时可以传入 0、1、2~n 个参数。但是，在一般情况下，求和运算至少需要两个参数来参与计算。因此，可以在 sum() 函数的定义处，定义两个形式参数，例如，sum($a,$b)，其他代码保持不变。这样，在调用该函数时，必须传入至少两个参数。

解释 4

由于 PHP 已经内置了计算数组中所有元素的和的函数 array_sum()，因此上述代码的最终版本如下：

```
    <?php
    /**
     * 计算任意多个数的和，并返回计算后的结果
     */
    function sum($a, $b){
      return array_sum(func_get_args());
    }
    echo sum(1, 3, 5)."</br>"; // 计算 1+3+5
    echo sum(1, 2)."</br>"; // 计算 1+2
    echo sum(1, 2, 3, 4)."</br>";  // 计算 1+2+3+4
    ?>                                                    [00049]
```

1.10.2 PHP 变量引用（传址）赋值使用场景分析

关于 PHP 变量引用（传址）赋值，在前面，只是说明了其基本概念及简单用法。在此，将侧重其应用方面的分析。

PHP 的引用问题，很多人对它的理解有所偏差，在讨论这个问题之前，再说明一下引用的基本概念，明确什么是“引用传递”。

在 PHP 中引用意味着用不同的名字访问同一个变量内容，不论改变了哪个名字的变量值，

其他名字变量值也将改变。

下面通过代码来加深对 PHP 变量引用（传址）赋值的理解，代码如下：

```
<?php $a = 23; $b = &$a; $b = 95;
var_dump($a); // int(95)
var_dump($b); // int(95)
?>
                                                    [00050]
```

现在 $a 的值也改变成95。事实上，$a 和 $b 没有任何区别，它们都使用同一个变量容器（又名：zval）。将这两者分开的唯一方法是使用 unset() 函数销毁其中任何一个变量。

上面代码的执行过程是：把 $b 指向 $a 的地址空间，即 $b、$a 指向同一个地址，两把钥匙指向同一个房间，且这两把钥匙都能打开这个房间的锁。

在 PHP 中，引用不仅能用在普通语句中，还能用于函数参数和返回值，代码如下：

```
<?php
function &oof(&$param) {
 $param = 95;
 return $param;
}
$a = 23;
echo "\$a 在呼叫 oof() 之前 : $a" . "<br/>";   // 输出 23
$b = oof($a);
echo "\$a 在呼叫 oof() 之后 : $a" ."<br/>" ;   // 输出 95
$b = 23;
echo "\$a 在改变 \$b 变量值之后 : $a"."<br/>";   // 输出 95
?>
                                                    [00051]
```

上面的代码，初始化了一个变量，并把它作为一个引用参数传给一个函数。函数改变了这个引用参数值（$a）。该函数返回 $param 变量值，且用 $param 的值 95 更改了引用参数 $a 的原始值 23，最后的结果是 $a 的值变成 95。如果使得 $a 的值还是原来的值 23 或非 95 的值，可以将“$b = oof($a)”改为“$b = &oof($a)”，修改后的完整代码如下：

```
<?php
function &oof(&$param) {
 $param = 95;
 return $param;
}
$a = 23;
echo "\$a 在呼叫 oof() 之前 : $a" . "<br/>";   // 输出 23
$b = &oof($a);
echo "\$a 在呼叫 oof() 之后 : $a" ."<br/>" ;   // 输出 95
$b = 23;
echo "\$a 在改变 \$b 变量值之后 : $a"."<br/>";   // 输出 23
?>
                                                    [00052]
```

总结一下：PHP 的引用就是同一个变量的别名，想要正确地使用它们比较困难，因为变量的引用实在是很难把控。

注意：在笔者使用 PHP 5 及之后版本开发的代码中禁用了“引用”。在这里，把对于“引用”的理解与读者分享。

PHP 5 发布时最大的变动是“对象处理方式”。在 PHP 4 中，对象被当成变量来对待，所以当对象作为函数传参时，它们是被复制的。但在 PHP 5 及之后版本中，它们永远是“引用传参”，其主要目的是遵循“面对对象模式”，对象传参给函数或者方法后，这个函数或方法发送一个指令给对象（如使用了一个方法）以此来改变对象的状态（如对象的属性）。因此，传参进去的对象必须为同一个。PHP 4 的面向对象，使用“引用传参”来解决这个“同一个”的问题。PHP 5 引进了独立于变量容器的“对象存储器”的概念，当把一个对象赋值给变量时，变量不再存储整个对象（属性表和其他的“类”信息），而是存储这个对象所在的存储器引用，当复制一个对象变量时，复制的是这个“存储器的引用”，这很容易被误解为使用了“引用”，但是“存储器的引用”与 PHP 4 使用的“引用”是完全不同的概念，下面的代码有助于更好的理解。

```
<?php
// 创建一个对象和此对象的引用变量
$a = new stdclass;
$b = $a;
$c = &$a;
// 对对象进行操作
$a->oof = 95;
var_dump($a->oof); // 输出: int(95)
var_dump($b->oof); // 输出: int(95)
var_dump($c->oof); // 输出: int(95)
// 现在直接改变变量的类型
$a = 95;
var_dump($a); // 输出: int(95)
var_dump($b); // 输出: object(stdClass)[1] public 'oof' => int 95
var_dump($c); // 输出: int(95)
?>
                                                                    [00053]
```

在以上代码中，修改对象的属性会影响复制的变量 $b 和引用的变量 $c。但是，当修改 $a 的类型时，引用的 $c 发生了变化，而变量 $b 并没有发生改变。

综上所述，在 PHP 5 及之后的版本中，尽量不要使用“引用”，也不要对使用“引用”能提升代码效率抱有任何希望。

1.10.3 PHP 外部超全局变量场景分析

PHP 外部超全局变量是一个很重要的概念，在应用开发中，它是一定会被用到的，比如获取网址参数值、网站服务器信息以及提交表单数据等。下面我们进行详细说明。

1. $GLOBALS

全局变量就是在函数外面定义的变量，不能在函数中直接使用。因为它的作用域不会到函数内部，所以在函数内部使用时常常看到类似 Global $a;。

超全局变量作用域在当前正在运行的脚本下有效。所以，在函数内可直接使用，无须 Global 声明。比如，PHP 预定义的这些超全局变量：$_GET，$_SERVER 等，除 $_GET，$_POST，$_SERVER，$_COOKIE 等之外的超全局变量保存在 $GLOBALS 数组中。注意，不要误写成 $_GLOBALS。

$GLOBAL 是一个特殊的 PHP 自定义的数组。与 $_SERVER 一样，都属于超全局变量，变量名就是该数组中的键。假如在函数外面定义了一个变量 $a。那么在函数中可用通过 $GLOBALS[‘a’] 获取这个变量的值。所以，$GLOBALS 数组里面就是用户定义的所有全局变量。

对比 $_POST，在函数里面可直接使用，不需要使用 Global 语句。$GLOBALS 也是这样的原理，只是 $_POST 保存的是 post 方式传递的变量。$GLOBALS 保存的是用户定义的全局变量。

超全局变量在所有脚本下有效，这样表述是不对的。如果在所有脚本下有效，那么是不是 $GLOBALS 保存的超全局变量，在一个 PHP 文件中定义后，在另一个文件中还能获取到，显然不是这样的。正确的表述应该是——针对当前正在运行的 PHP 脚本或者当前线程是有效的，其他正在运行的 PHP 脚本或线程无效。

PHP 脚本接收 post 数据，只能是当前线程的或者当前正在运行脚本的。超全局变量可以这样理解：因为它是相对于全局变量而言的，比全局变量更高一个层次，全局变量不能作用到函数内部，它就解决了这个问题。在其他语言中，全局变量都能作用到函数内部。PHP 语言设计就不是这样的。

如果让全局变量可以直接在函数内使用，那么总得提供一种手段来解决这个问题，因此，PHP 提出了超全局变量的概念。

我们先通过下面这段代码来简单了解 PHP 外部超全局变量的使用。

```
<?php
$x = 75;
$y = 25;
function addition() {
  $GLOBALS['z'] = $GLOBALS['x'] + $GLOBALS['y'];
}
addition();
echo $z;
?>
                                                                [00054]
```

或

```
<?php
$x = 75;
$y = 25;
function addition() {
  global $x,$y;
  $GLOBALS['z'] = $x + $y;
}
addition();
echo $z;
?>
                                                                [00055]
```

输出 $z 为 100。

2. $_SERVER

$_SERVER 这种超全局变量保存关于报头、路径和脚本位置的信息。

下面的例子展示了如何使用 $_SERVER 中的某些元素。

```
<?php
error_reporting(E_ALL ^ E_NOTICE);
function addition() {
echo $_SERVER['PHP_SELF'];
echo "<br>";
echo $_SERVER['SERVER_NAME'];
echo "<br>";
echo $_SERVER['HTTP_HOST'];
echo "<br>";

if(isset($_SERVER['HTTP_REFERER'])) {
    echo @$_SERVER['HTTP_REFERER']; // 获取前一个页面 URL 地址
    echo "<br>";
}

echo $_SERVER['HTTP_USER_AGENT'];
echo "<br>";
echo $_SERVER['SCRIPT_NAME'];
}
addition();
?>
                                                                [00056]
```

表 1-12 列出了能够在 $_SERVER 中访问的最重要的元素。

表 1-12

元素 / 代码	描述
$_SERVER['PHP_SELF']	返回当前执行脚本的文件名
$_SERVER['GATEWAY_INTERFACE']	返回服务器使用的 CGI 规范的版本
$_SERVER['SERVER_ADDR']	返回当前运行脚本所在的服务器的 IP 地址
$_SERVER['SERVER_NAME']	返回当前运行脚本所在的服务器的主机名（如 www.w3school.com.cn）
$_SERVER['SERVER_SOFTWARE']	返回服务器标识字符串（如 Apache/2.2.24）
$_SERVER['SERVER_PROTOCOL']	返回请求页面时通信协议的名称和版本（如“HTTP/1.0”）
$_SERVER['REQUEST_METHOD']	返回访问页面使用的请求方法（如 POST）
$_SERVER['REQUEST_TIME']	返回请求开始时的时间戳（如 1577687494）
$_SERVER['QUERY_STRING']	返回查询字符串，如果是通过查询字符串访问此页面
$_SERVER['HTTP_ACCEPT']	返回来自当前请求的请求头
$_SERVER['HTTP_ACCEPT_CHARSET']	返回来自当前请求的 Accept_Charset 头（如 UTF-8,ISO-8859-1）
$_SERVER['HTTP_HOST']	返回来自当前请求的 Host 头
$_SERVER['HTTP_REFERER']	返回当前页面的完整 URL（不可靠，因为不是所有用户代理都支持）
$_SERVER['HTTPS']	是否通过安全 HTTP 协议查询脚本
$_SERVER['REMOTE_ADDR']	返回浏览当前页面的用户的 IP 地址
$_SERVER['REMOTE_HOST']	返回浏览当前页面的用户的主机名
$_SERVER['REMOTE_PORT']	返回用户机器上连接到 Web 服务器所使用的端口号
$_SERVER['SCRIPT_FILENAME']	返回当前执行脚本的绝对路径
$_SERVER['SERVER_ADMIN']	该值指明了 Apache 服务器配置文件中的 SERVER_ADMIN 参数
$_SERVER['SERVER_PORT']	Web 服务器使用的端口。默认值为“80”
$_SERVER['SERVER_SIGNATURE']	返回服务器版本和虚拟主机名
$_SERVER['PATH_TRANSLATED']	当前脚本所在文件系统（非文档根目录）的基本路径
$_SERVER['SCRIPT_NAME']	返回当前脚本的路径
$_SERVER['SCRIPT_URI']	返回当前页面的 URI

3. $_REQUEST

$_REQUEST 用于收集 HTML 表单提交的数据。

下面的例子展示了一个包含输入字段及提交按钮的表单。当用户通过单击“提交”按钮来提交表单数据时，表单数据将发送到 <form> 标签的 action 属性中指定的脚本文件。在这个例子中，指定文件本身来处理表单数据。如果需要使用其他的 PHP 文件来处理表单数据，修改为选择的文件名即可。然后，可以使用超全局变量 $_REQUEST 来收集 input 字段的值具体实现代码如下：

```
<html>
<body>
<form method="post" action="<?php echo $_SERVER['PHP_SELF'];?>">
Name:<input type="text" name="fname">
<input type="submit">
</form>
<?php
$name = @$_REQUEST['fname'];
echo $name;
?>
</body>
```

```
</html>                                                          [00057]
```

4. $_POST

PHP $_POST 广泛用于收集提交 method=“post”的 HTML 表单后的表单数据。$_POST 也常用于传递变量。

下面的例子展示了一个包含输入字段和提交按钮的表单。当用户单击“提交”按钮来提交数据后，表单数据会发送到 <form> 标签的 action 属性中指定的文件。在本例中，指定文件本身来处理表单数据。如果希望使用另一个 PHP 页面来处理表单数据，更改为选择的文件名。然后，可以使用超全局变量 $_POST 来收集输入字段的值，具体实现代码如下：

```
<html>
<body>
<form method="post" action="<?php echo $_SERVER['PHP_SELF'];?>">
Name:<input type="text" name="fname">
<input type="submit">
</form>
<?php
$name = $_POST['fname'];
echo $name;
?>
</body>
</html>                                                          [00058]
```

5. $_GET

PHP $_GET 也可用于收集提交 HTML 表单 (method=“get”) 之后的表单数据。

$_GET 也可以收集 URL 中发送的数据。

假设有一张页面含有带参数的超链接：

```
<html>
<body>
<a href="test47.php?subject=php&web=W3school.com.cn">测试 $GET</a>
</body>
</html>                                                          [00059]
```

当用户单击链接“测试 $GET”，参数“subject”和“web”被发送到“test47.php”，然后就能够通过 $_GET 在“test47.php”中访问这些值了，test47.php 代码如下：

```
<html>
<body>
<?php
echo "Study " . $_GET[‘subject’] . " at " . $_GET['web'];
?>
</body>
</html>                                                          [00060]
```

1.10.4　PHP 预定义系统常量场景分析

在 PHP 中，除了可以自定义常量外，还预定了一系列常量，可以在程序中直接使用来完成一些特殊的功能。不过很多常量都是由不同的扩展库定义的，只有在加载了这些扩展库时才会出现，或者动态加载后，或者在编译时已经包括进去了。这些预定义的常量有多种不同的开头，决定了各种不同的类型，有些常量会根据它们使用的位置来改变。例如，__LINE__ 的值就依赖于它在脚本中所处的行来决定。这些特殊的常量不区分大小写。常见的预定义常量如表 1-13 所示。

表 1-13

常量名	常量值	说明
__FILE__	当前的文件名	在哪个文件中使用，就代表哪个文件名称
__LINE__	当前的行数	在代码的哪行使用，就代表哪行的行号
__FUNCTION__	当前的函数名	在哪个函数中使用，就代表哪个函数名
__CLASS__	当前的类名	在哪个类中使用，就代表哪个类的类名
__METHOD__	当前对象的方法名	在对象中的哪个方法使用，就代表这个方法名
PHP_OS	UNIX 或 WINNT 等	执行 PHP 解析的操作系统名称
PHP_VERSION	5.5	当前 PHP 服务器的版本
TRUE	TRUE	代表布尔值，真
FALSE	FALSE	代表布尔值，假
NULL	NULL	代表空值
DIRECTORY_SEPARATOR	\ 或 /	根据操作系统决定目录的分隔符
PATH_SEPARATOR	: 或 ;	在 Linux 上是一个“:”号，WIN 上是一个“;”号
E_ERROR	1	错误，导致 PHP 脚本运行终止
E_WARNING	2	警告，不会导致 PHP 脚本运行终止
E_PARSE	4	解析错误，由程序解析器报告
E_NOTICE	8	非关键的错误，例如变量未初始化
M_PI	3.141592653	π 圆周率

通过下面的代码，我们具体了解一下 PHP 预定义系统常量，代码如下：

```
<?php
echo 'php 常用的预定义常量'.'<br>';
echo '当前 php 的版本为 (php_VERSION):'.php_VERSION.'</br>';
echo '当前所使用的操作系统类型 (php_OS):'.php_OS.'</br>';
echo 'web 服务器与 php 之间的接口为 (php_sapi):'.php_sapi.'</br>';
echo '最大的整型数 (php_INT_MAX):'.php_INT_MAX.'</br>';
echo 'php 默认的包含路径 (DEFAULT_INCLUDE_PATH):'.DEFAULT_INCLUDE_PATH.'</br>';
echo 'pear 的安装路径 (PEAR_INSTALL_DIR):'.PEAR_INSTALL_DIR.'</br>';
echo 'pear 的扩展路径 (PEAR_EXTENSION_DIR):'.PEAR_EXTENSION_DIR.'</br>';
echo 'php 的执行路径 (php_BINDIR):'.php_BINDIR.'</br>';
echo 'php 扩展模块的路径为 (php_LIBDIR):'.php_LIBDIR.'</br>';
echo '指向最近的错误处 (E_ERROR):'.E_ERROR.'</br>';
echo '指向最近的警告处 (E_WARNING):'.E_WARNING.'</br>';
echo '指向最近的注意处 (E_NOTICE):'.E_NOTICE.'</br>';
echo '自然对数 e 值 (M_E):'.M_E.'</br>';
echo '数学上的圆周率的值 (M_PI):'.M_PI.'</br>';
echo '逻辑真值 (TRUE):'.TRUE.'</br>';
echo '逻辑假值 (FALSE):'.FALSE.'</br>';
echo '当前文件行数 (__LINE__):'.__LINE__.'</br>'; // 是两个下划线
echo '当前文件路径名 (__FILE__):'.__FILE__.'</br>';
echo '<br>'.'当前被调用的函数名 (__FUNCTION__):'.__FUNCTION__.'</br>';
echo '类名 (__CLASS__):'.__CLASS__.'</br>';
echo '类的方法名 (__METHOD__):'.__METHOD__.'</br>';
?>                                                              [00061]
```

1.10.5 PHP 变量检测与销毁（删除）

PHP 变量的销毁是在应用开发中必须要注意的问题。虽然 PHP 本身具备变量的自动销毁机制（其目的是释放内存），但我们不能完全依赖它（有时这个机制的表现并不好），还需要人为销毁那些不再需要的内存变量，达到即时释放内存的目的；这样做除了释放内存外，也有程序的需要。我们通过先销毁再赋予空值（NULL）就把该变量占用内存释放了。下面进行详细说明。

1. 判断变量是否存在

isset（变量名），其作用是判断该变量是否存在，或该变量是否有数据值。

2. 变量的删除

UNSET（变量名），其作用是删除一个变量，并不是指将该变量从程序中删除，而是，“断开”该变量名跟该变量原有数据值之间的引用关系，此时 isset 返回的是 false。

当程序里不再使用某些大体积的变量时（如数组或对象），有必要删除它们：

第一种方法：$varname=null

第二种方法：UNSET($varname)

这两种方法都可以删除变量，但结果有些差别，代码如下：

```
<?php
$a = array('a' => 'a','b' => 'b');
$b = array('a' => 'a','b' => 'b');
$a['b'] = null;
unset($b['b']);
print('<pre>');
//var_dump($a);
var_dump($a);
print('<br />');
//var_dump($b);
var_dump($b);
print('</pre>');
?>
                                                        [00062]
```

说明：“$a[‘b’]=null;”删除，这个变量依然存在，其值为 null；“UNSET($b[‘b’]);”删除，这个变量不存在了。

3. 符号“&”的使用

符号“&”表示引用或者称为传址。

（1）不使用“&”引用的情况

```
$a = "hello world";//定义一个变量，下面赋值给 $b
$b = $a;// 这一步没有在 $a 之前加符号 &，像 "$b=$a"。没有加“&”，实际上原理是将变量 $a 复制一份，也就是内存中重新申请一个地址存储变量 $b。
```

在 PHP 中，使用“=”直接赋值，其实就是复制一份右边的变量给 b，会生成一份内存空间，结果可能是同样的内容在内存中有两份。在有些关于 PHP 性能方面提到，这样会多占内存空间。

（2）使用“&”进行引用

```
$a="hello world";
$b=&$a;
```

使用引用，PHP 不会复制一份变量，其实就是将指针指向了 $a 在内存中的地址，$b 中就是保存了这个指针。所以使用引用时，把 $b 的值改变，$a 也会跟着改变。比如：

```
$a="hello world";
$b= &$a;
$b = "test new value";// 把 b 的值改掉，a 的值也会跟着改变
echo $a;// 输出 test new value，因为改变了 b 的值也会改变 a 的值。
```

经常在定义函数时看到像这样的情况：

```
function test(&$param)
{
// 函数定义的内容
```

```
$param++;
}
```

解释：$param 前面带有引用，由于传入进来的参数并不会在内存中复制一份，而是直接对原来的内存空间进行引用。所以，如果对使用符号“&”传入进来的变量值进行修改，那么也会改变原来内存空间中的值，做个测验，代码如下：

```
<?php
function test(&$param)
{
//函数定义的内容
$param++;
}
$k = 8;
test($k);
echo '结果 $k 的原值 8 被函数里面改变了，其值变为了'. $k; //输出 9。
?>
[00063]
```

有可能会看到这样的函数调用。

```
$return=&test_func();
```

这种函数调用方式，称为函数引用调用方式。前面讲解了 PHP 引擎的机制是——“=”会把右边的内容复制一份给予左边的变量。所以使用“&”就是将函数的结果不会进行复制一份，实际上是把指针给了左边的变量。关于指针，应该这样理解——就是内存的地址空间，有了指针，计算机就知道去内存什么位置找数据了。

例如下面的代码，就是一个函数引用的示例。

```
<?php
function &test() {
    static $b=0;//申明一个静态变量
    $b=$b+1;
    return $b;
}
$a=test();
echo $a ."<br/>";  //输出 $b 的值为 1
$a=5;
$a=test();
echo $a ."<br/>"; //输出 $b 的值为 2
$a=&test();
echo $a ."<br/>"; //输出 $b 的值为 3
$a=15;
$a=test();
echo $a ."<br/>"; //输出 $b 的值为 16
?>
[00064]
```

上面代码分析如下。

$a=test() 方式调用函数，只是将函数的值赋给 $a，而 $a 做任何改变，都不会影响函数中的 $b，而通过 $a=&test() 方式调用函数呢，其作用是将 return（返回）$b 变量的内存地址与 $a 变量的内存地址，且这两个内存地址都指向了同一个地方，即产生了相当于“$a=&$b;”这样的效果，改变 $a 的值，也同时改变了 $b 的值，所以在执行“$a=&test();”和“$a=15;”以后，$b 的值变为 16。这里是为了让读者理解函数的引用返回才使用静态变量的，其实函数的引用返回多用在对象中。下面这个函数的引用返回用在对象中，代码如下：

```
<?php
class talker{
    private $data = '嗨!';
    public function &get(){
        return $this->data;
```

```
    }
    public function out(){
        echo $this->data ;
    }
}
$aa = new talker();
$d = &$aa->get();
$aa->out();  // 输出 $this->data 的值为 " 嗨！ "
$d = ' 亲爱的 ';
$aa->out(); // 输出 $this->data 的值为 " 亲爱的 "
$d = ' 读者 ';
$aa->out(); // 输出 $this->data 的值为 " 读者 "
$d = ' 你好 ';
$aa->out(); // 输出 $this->data 的值为 " 你好 "
?>
```

[00065]

上面代码分析如下：

在执行了“$d = &$aa->get();”和“$d = ' 亲爱的 ';、$d = ' 读者 '、$d = ' 你好 ';”以后，类中私有变量 $data 的值依次变为 ' 亲爱的 '、' 读者 '、' 你好 '。最后输出结果为“嗨！亲爱的读者你好”。

另外，通过上面这段代码，又说明了另一个问题，即类内部的私有变量值通过类外部的引用传值被改变了，应该说这，违背了初衷。为什么这么说呢，之所以在类内部定义私有属性，目的是防止类外部篡改，然而，类内部私有属性值却被外部篡改了，因此，这段代码应引起读者的注意。

注意：上面的示例代码为函数引用使用在对象中的例子，不了解 PHP 对象的读者可能看不懂这段代码，没关系。关于“PHP 面向对象的编程”被安排在后续章节，此示例代码先放在这里，待阅读完“PHP 面向对象的编程”后，再回过头来看这段代码就没问题了。

（3）销毁变量并不会改变原来的值。

试验 :$b=&$a;

既然改变 $b 的值，$a 的值也跟着改变，那么，如果把 $b 销毁（内存中不占用空间了），$a 的值是不是也会跟着被销毁呢？

```
<?php
$a = 'd';
$b = &$a;
$b = 8;// 因为是引用了，所以把 b 的值改掉，a 的值也跟着改为 8 了。
var_dump($b,$a);
unset($b);// 调用 unset 删除 b 变量，a 变量不会删除
@var_dump($b,$a);// 输出 null 和 8，但 $b 在内存中已经不存在了。
?>
```

[00066]

调用 UNSET 删除 $b 变量时，PHP 引擎从变量符号表中发现：要删除的变量 $b 原来是引用了变量 $a，这不好删除啊，因为一删除导致 $a 变量也没了，所以就先把 $a 变量复制一份后再删除 $b 变量。

关于 PHP 符号表，运行中所有变量名称都记录在里面，PHP 来维护，具体的数据当然是存储在内存中，PHP 就是根据这个符号表去回收没有用到的变量空间的，释放内存空间。PHP 的垃圾回收机制（释放不再使用的内存空间），就是根据符号表进行的。

（4）嵌套变量与引用

所谓嵌套变量，形如“$$a”就是嵌套变量。假如 $a= ‘shopnc’，那么“$$a”就相当于“$shopnc”。下面的示例代码将使用嵌套变量并加入引用。

```
<?php
$long="big_long_variable_name";
$$long="php"; /* 用存放在变量$long里的字符串作为新变量的变量名，等同于$big_long_
variable_name="php"; */
$short=&$big_long_variable_name;  /* 取变量$big_long_variable_name的值赋给变量
$short，此时$short的值为"php"，等同于$short=&$$long; */
print "变量\$short的值是：$short</br>"; /* "\$"是转义序列，表示输出一个美元符号$，下同。
本语句的作用是输出变量$short 的值php. */
print "变量\$Long的值是：$big_long_variable_name</br>"; /* 输出：变量$Long的值是：
php. */
?>
```
[00067]

代码分析如下：

当执行“$$long="php";”以后，就相当于“&$big_long_variable_name="php"”了；当执行“$short=&$big_long_variable_name;”以后，就相当于引用了变量“$big_long_variable_name”，这意味着“$big_long_variable_name”和“$short”这两个变量值互为改变，换句话说，一方改变将导致另一方同时改变。

下面示例的代码主要用来演示常规变量（普通变量）、可变变量、变量引用以及它们的销毁等，读者可上机运行一下，该示例的代码分析已含在代码中。

【示例 1-5】变量检测与销毁（删除）

代码如下：

```
<?php
$long="big_long_variable_name";
$$long="php";
/* 用存放在变量$long里的字符串作为新变量的变量名，等同于$big_long_variable_
name="php"; */
$short=&$big_long_variable_name;
/* 取变量$big_long_variable_name的值赋给变量$short，此时$short的值为"php"，等同于
$short=&$$long; */
print "01变量\$short的值是：$short</br>";
/* "\$"是转义序列，表示输出一个美元符号$，下同。本语句的作用是输出：变量$short 的值是：
php. */
print "02变量\$Long的值是：$big_long_variable_name</br>";
/* 输出：变量$Long的值是：php. */
$big_long_variable_name.=" rocks!";
/* 重新对$big_long_variable_name赋值。重新赋值过程中，由于在$big_long_variable_name
的后面添加了.(点号)，因而变量
$big_long_variable_name此时的值应为原值("php")+新值(" rocks!")，即变量$big_long_
variable_name当前完整的值为"php
rocks!"。下同。*/
print "03变量\$short的值是：$short</br>";
/* 输出：变量$short的值是：php rocks! */
print "04变量\$Long的值是：$big_long_variable_name</br>";
/* 输出：变量$Long的值是：php rocks! */
$short.="Programming $short";
/* 重新对变量$short赋值。由于在$short后面添加了.(点号)，因此请参考上例分析$short的值。*/
print "05变量\$short的值是：$short</br>";
/* 输出：变量$short的值是php rocks!Programming php rocks! */
print "06变量\$Long的值是：$big_long_variable_name</br>";
/* 由于变量$short被重新赋值为Programming php rocks!，因而变量$big_long_variable_
name的值也与$short一同被改变为"php rocks!Programming php rocks!"。本语句输出：变量$Long
的值是：php rocks!Programming php rocks! 注意，如果是对具有相同值的一个变量进行销毁unset()，
则另一个变量不会随之被一同销毁。
*/
$big_long_variable_name.="Web Programming $short";
/* 变量$big_long_variable_name被重新赋值，此时它完整的值应为php rocks!Programming
```

```
php rocks!Web Programming phprocks!Programming php rocks!。变量$short的值此时与变量$big_
long_variable_name一致。请分别参考第5处、第10处注释进行分析。
    */
    print "07 变量\$short的值是: $short</br>";
    /* 输出：变量$short的值是: php rocks!Programming php rocks!Web Programming php
rocks!Programming php rocks! */
    print "08 变量\$Long的值是: $big_long_variable_name</br>";
    unset($big_long_variable_name);
    /* 用unset()销毁变量$big_long_variable_name，变量$short不会因此受到任何影响。*/
    print "09 变量\$short的值是: $short</br>";
    /* 虽然销毁了变量$big_long_variable_name，但$short没有受到影响，它的值仍是最近一次被赋
予的php rocks!Programming php rocks!Web Programming php rocks!Programming php rocks!
    */
    print "10 变量\$Long的值是: $big_long_variable_name</br>"; /* 变量$big_long_
variable_name已被销毁，此句会报出错误信息。 */
    $short="No point TEST1";
    /* 重新对变量$short赋值。由于这次没有在$short后面添加.(点号)，因此$short当前的值为"No
point TEST1"。*/
    print "11 变量\$short的值是: $short</br>";
    /* 输出：11 变量$short的值是: No point TEST1 */
    $short="No point TEST2 $short";
    /* 重新对变量$short赋值。没在$short的后面添加.(点号)，但引用了它自身最近一次的值"No
point TEST1"。*/
    print "12 变量\$short的值是: $short</br>";
    /* 输出：12 变量$short的值是: No point TEST2 No point TEST1. */
    ?>                                                                      [00068]
```

运行结果如图 1-28 所示。

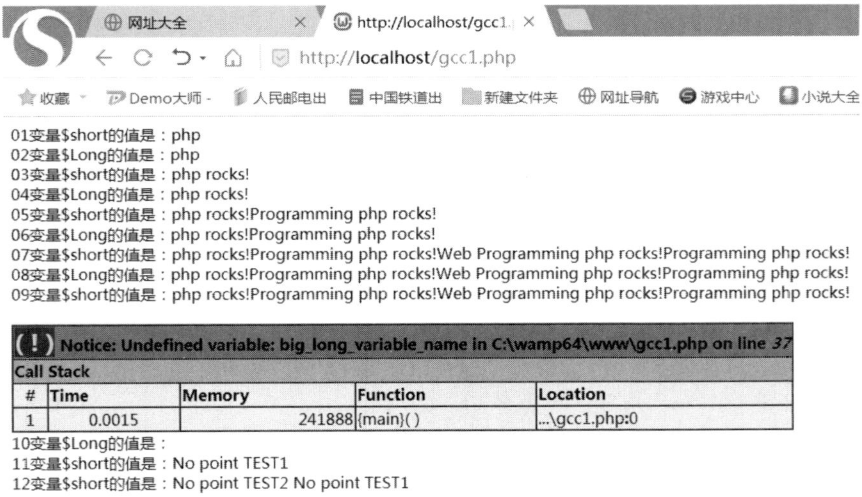

图 1-28

1.10.6 PHP 常量的定义与检测场景分析

在实际项目开发过程中，有些情况确实需要对自定义常量进行处理。当对需求进行再次开发时，之前定义了大量的常量，为了避免重复定义，这时就需要判断自定义的常量是否已经被定义。

下面列出除判断常量是否存在外，还有变量及函数是否存在的示范。

1. 判断常量是否存在

```
<?php
if(defined('MYCONSTANT')) {
    echo MYCONSTANT;
}else{
    echo '常量：MYCONSTANT 不存在。';
}
?>
```

2. 判断变量是否存在

```
<?php
if(isset($myvar)) {
     echo "存在变量 $myvar.";
}
?>
```

3. 判断函数是否存在

```
<?php
if(function_exists('imap_open')) {
     echo "存在函数 imag_open</br>";
} else {
   echo "函数 imag_open 不存在 </br>";
}
?>
```

4. 自定义常量注意事项

- 必须用函数 Define() 定义。
- 定义完后其值不能再改变了。
- 使用时直接用常量名，不能像变量一样在前面加 $。

例如：

```
<?php
define("PI",3.14);定义一个常量
$area = PI*R*R; 计算圆的面积
define("URL","http://www.gcc.net");
echo "的网址是："．URL;
?>                                                    [00069]
```

5. 系统常量

请参阅前面的介绍。

系统常量可以直接使用，例如，要查看执行当前 PHP 版本的操作系统名称，即可写成 echo PHP_OS。

6. PHP 类常量

可以在类中定义常量。常量的值将始终保持不变。在定义和使用常量时不需要使用 $ 符号。

常量的值必须是一个定值，不能是变量。

PHP 5.3.0 之后，可以用一个变量来动态调用类常量。

（1）定义和使用一个类常量，代码如下：

```
<?php
class MyClass
{
const constant = 'constant value';
function showConstant() {
echo '03-'.self::constant . "<br>";
}
}
echo '01-'.MyClass::constant . "<br>";
```

```
$classname = "MyClass";
echo '02-'.$classname::constant ."<br>"; // PHP 5.3.0之后
$class = new MyClass();
$class->showConstant();
echo '04-'.$class::constant."<br>"; // PHP 5.3.0之后
?>
                                                    [00070]
```

（2）静态数据示例，代码如下：

```
<?php
class oof
{
// PHP 5.3.0之后
const bar = <<<'EOT'
bar
EOT;
function showbar() {
echo '03-'.self::bar . "<br>";
}
}
echo '01-'.oof::bar . "<br>";
$cname = "oof";
echo '02-'.$cname::bar ."<br>"; // PHP 5.3.0之后
$class = new $cname;
$class->showbar();
echo '04-'.$class::bar."<br>"; // PHP 5.3.0之后
?>
                                                    [00071]
```

1.11　本章小结

本章首先介绍了 PHP 的发展状况、所处的大背景以及大环境，然后进入 PHP 技术规范部分。在技术规范部分，本着循序渐进的原则，分别介绍了集成化 WAMP 服务器的配置、PHP 语法所涉及的标记、PHP 数据类型、PHP 数据类型转换、PHP 常量与变量、PHP 运算符、PHP 流程控制语句以及 PHP 变量的应用场景分析等。

本章中关于 PHP 引用使用的问题，阐明了作者的观点，即：在 PHP5 及之后的版本中，尽量不要使用“引用”，它只会惹事生非；也不要对使用“引用”能提升代码效率抱有任何希望”，读者可以在学习和实践中得出自己的观点和看法。

本章是 PHP 开发语言的基础章节，要求深刻理解并牢牢掌握，这是后面学习 PHP 的基础。

接下来，进入 PHP 基础篇的第 2 章 PHP 数组。

第 2 章

PHP 数组

在程序设计中，为了处理方便，可以把若干数据类型相同的变量有序地组织起来构成一个数组，通过数组可以对大量同类型的数据进行存储、排序、删除等操作，从而可以更方便有效地处理数据。

PHP 中的数组是丰富的且是复杂的，也是使用最普遍的。其特点是灵活多样，变化多端，也可以把 PHP 的数组形象地比喻为“魔方”。在本章将主要讲解以下内容。

- 数组的声明及类型
- 数组的构造
- 数组遍历方法
- 数组常用操作
- PHP 预定义数组

2.1 数组的声明及类型

数组就是一组数据的集合，把一系列数据组织起来，形成一个可操作的整体。PHP 的数组 array 并不要求数据的数据类型相同，可以是任意类型的变量的集合体，其中每个变量被称为一个元素，每个元素由一个特殊的标识符来区分，这个标识符称为键（也称为下标）。数组中的每个元素（实体）都包括两项：键和值。

2.1.1 数组的声明

在 PHP 中声明数组的方式主要有两种：一种是使用 array() 函数声明数组，另一种是直接为数组元素赋值。

1. 使用 array() 函数声明数组

方式如下：

```
array([key=>]value,...)
```

key 可以是 integer 或者 string，key 如果是浮点数将被取整为 integer，value 可以是任何值。例如：

```
$arr1=array("k"=>"凯","s"=>瞬,"l"=>"科","j"=>"技");
$arr2=array(2,3,5,7,11,13,17);
```

2. 直接为数组元素赋值

如果在创建数组时不知所创建数组的大小，或在实际编写程序时数组的大小可能发生变化，采用这种数组创建的方法较好。例如：

```
$arr3[0]="KingSoft";
$arr3[1]=" 凯瞬科技 ";
$arr3[2]=” www.KingSoft.net” ;
```

【示例 2-1】数组的定义、赋值及取值。

代码如下：

```
<?php
$arr1=array("k"=>" 凯 ","s"=>" 瞬 ","l"=>" 科 ","j"=>" 技 ");
$arr2 = array(2,3,5,7,11,13);
$arr3[0] = "KingSoft";                                    // 数组元素下标从 0 开始
$arr3[1] = " 凯瞬科技 ";
$arr3[2] = "www.KingSoft.net";
$arr4["name"] = "KingSoft";
$arr4["url"] = "http://www.KingSoft.net";
echo " 打印数组键和值如下 :<br/>";
var_dump($arr1); echo "<br/>";
var_dump($arr2); echo "<br/>";
var_dump($arr3); echo "<br/>";
var_dump($arr4); echo "<br/><br/>";
echo " 打印单独某一数组元素 :<br/>";
echo  ‘$arr1["c"] :’ .$arr1["c"]."<br/>";
echo '$arr2[1] :'.$arr2[1]."<br/>";                       // 打印数组第二个元素
echo  ‘$arr3[1] :’ .$arr3[1]."<br/>";
echo '$arr4["url"] :'.$arr4["url"]."<br/>";               // 打印键值为 url 的元素
?>
```
[00072]

运行结果输出，如图 2-1 所示。

图 2-1

2.2.2 数组的类型

PHP 支持两种数组：索引数组（indexed array）和关联数组（associative array），前者使用数字作为键，后者使用字符串作为键。

1. 索引数组

PHP 的索引数组是使用数字作为下标或者“键”，默认索引值从数字 0 开始，不需要特别指定，PHP 会自动为索引数组的键名复制一个自动递增的整数。形如 array(“网”,” 城”,” 天”,” 创”)，再如上例中的数组 $arr2，$arr3。

2. 关联数组

关联数组的键名是字符串，也可以是数值和字符串混合的形式。在一个数组中只要有一个键名不是数字，那么这个数组就称为关联数组。形如 array(“w” =>” 网”, “c” => “城”, “t” => “天”, “h” => “创”)，再如上例中的数组 $arr1，$arr4。

2.2 数组的构造

数组的本质是存储、管理和操作一组变量，PHP 支持一维和多维数组（n 维数组，n ≥ 2）。

（1）一维数组

当一个数组的元素是变量时，则称为一维数组。以上示例中所用到的 4 个数组均为一维数组。

（2）二维数组（多维数组）

当一个数组的元素是一个一维数组时，则称为二维数组。

【示例 2-2】二维数组使用。

代码如下：

```
<?php
$arr = array(
    "KingSoft"=>array("name"=>"KingSoft","url"=>"http://www.KingSoft.net"),"introduce" => "电子商务");
var_dump($arr);
echo "<br/>";
echo $arr["KingSoft"]["name"];// 取二维数组某个值
echo "<br/>";
echo $arr["KingSoft"]["url"];// 取二维数组某个值
?>
```
[00073]

运行结果输出，如图 2-2 所示。

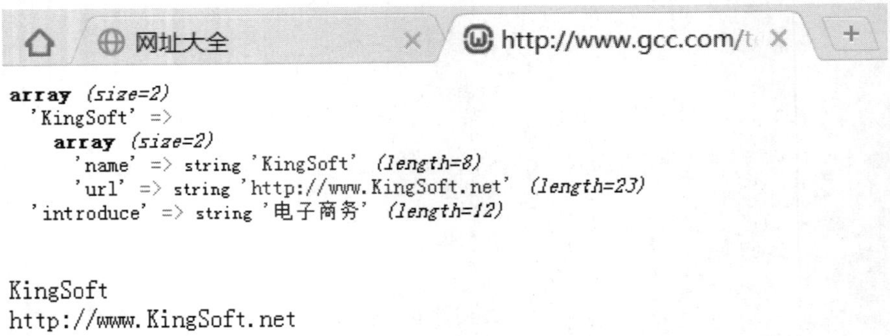

图 2-2

2.3 数组遍历方法

一个数组能存储大量数据，当试图逐一访问这些数据或者在这些数据中进行搜索时，这时就需要对数组进行遍历。遍历数组的方法有很多（使用 while，for 循环）或者 foreach 语句，最方便的是 foreach 语句。

2.3.1 使用 foreach 循环遍历数组

foreach 仅用于数组或对象，当试图将其用于其他数据类型或者一个未初始化的变量时会产生错误。foreach 结构有如下两种形式。

```
foreach(array_expr as $value) {
statement
}
或者
foreach(array_expr as $key => $value) {
statement
}
```

其中，第一种格式遍历数组 array_expr，把元素的每个值依次赋值给 $value，并且数组内部的指针下移到下一个元素至数组末尾。第二种格式不仅能遍历数组 array_expr 中的每个元素值，还能遍历键名，把键名赋值给 $key，把元素值赋值给 $value。

在实际操作时，如果需要访问数组的键名，可以采用第二种方式。

【示例 2-3】使用 foreach 遍历数组。

代码如下：

```
<?php
$arr1 = array(2,3,5,7,11,13);
$arr2 = array("w"=>" 凯 ","c"=>" 瞬 ","ch"=>" 科 ","x"=>" 技 ");
echo " 输出数组 arr1 所有元素值：<br/>";
foreach($arr1 as $value) {
   echo $value." ";
}
echo "<hr/>";
echo " 输出数组 arr2 所有键名和元素值：<br/>";
foreach($arr2 as $key=>$value) {
   echo $key . "=>" . $value." ";
}
echo "<hr/>";
$arr = array(
     "KingSoft" =>array( "name" =>" KingSoft" ," url" =>" http://www.KingSoft.
net"),
   "introduce" => " 电子商务 ");
echo " 使用 foreach 遍历二维数组：<br/>";
foreach($arr as $item) {
   if(is_array($item)) {          // 使用 is_array() 判断给定变量是否是一个数组
          foreach($item as $k=>$v) {
                 echo $k . "=>" . $v." ";
          }
   } else {
          echo $item;
   }
   echo "<br/>";
?>                                                                        [00074]
```

运行结果输出，如图 2-3 所示。

图 2-3

2.3.2 使用 list() 函数遍历数组

使用 list() 函数可以实现把数组中的值赋给一些变量，但该函数仅用于索引数组，且索引从 0 开始。语法形式如下。

```
void list(mixed varname, mixed ...)
```

【示例 2-4】使用 list() 函数遍历数组。

代码如下：

```
<?php
$arr = array("KingSoft","http://www.KingSoft.net");
list($name,$url) = $arr;            // 将数组 $arr 中两个元素的值分别赋给 $name 和 $url
echo "name :" . $name . "<br/>";
echo "url  :" . $url . "<br/>";
?>                                                                          [00075]
```

运行结果输出，如图 2-4 所示。

```
name: KingSoft
url: http://www.KingSoft.net
```

图 2-4

2.4 数组常用操作

数组由于其灵活性和方便性，在编程中普遍被使用，非常重要，要求读者必须把 PHP 数组学深学透。在本节将主要介绍以下内容。

- 数组与字符串的转换
- 数组的查找
- 数组的排序
- 数组的拆分与合并
- 数组键及键值的判断
- 数组元素的检索
- 数组元素的过滤
- 将数组分配到符号表
- PHP 数组的出栈与入栈

2.4.1 统计数组元素个数

在 PHP 中，可以使用 count() 函数对数组中的元素个数进行统计。语法形式如下。

```
int count(mixed var[,int mode])
```

其中参数 var 为必要参数；如果可选的 mode 参数设为 COUNT_RECURSIVE（或 1），count() 将递归地对数组计数，这在计算多维数组的所有单元时有用，mode 的默认值是 0。

【示例 2-5】使用 count() 函数统计数组 $arr1 和 $arr2 的元素个数。

代码如下：

```
<?php
```

```
    $arr1 = array(2,3,5,7,11,13);
    $arr2 = array(
        "KingSoft"=>array("name"=>"KingSoft","url"=>"http://www.KingSoft.net" ),
        "introduce" => "电子商务");
    echo "数组\$arr1元素个数为 :" . count($arr1) . "<br/>";
    echo "二维数组数组\$arr2元素个数为 :" . count($arr2) . "<br/>";
    echo "二维数组\$arr2递归所有元素个数为 :" . count($arr2,COUNT_RECURSIVE) .
"<br/>";?>                                                                    [00076]
```

运行结果输出，如图 2-5 所示。

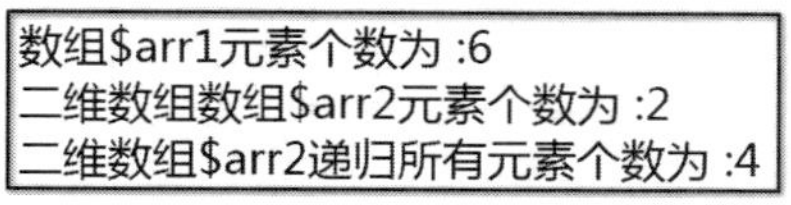

图 2-5

sizeof() 和 count() 具有同样的用途，这两个函数都可以返回数组元素个数，可以得到一个常规标量变量中的元素个数。如果传递给这个函数的数组是一个空数组，或者是一个没有经过设定的变量，返回的数组元素个数就是 0。

array_count_values()：统计每个特定的值在数组 $array 中出现过的次数，例如：

```
    <?php
    $array=array(4,5,1,2,3,1,2,1);
    echo "数组的个数: ".count($array)."</br>";
    echo "数组的个数: ".sizeof($array)."</br>";
    $ac=array_count_values($array);
    var_dump($ac);
    ?>                                                                        [00077]
```

运行结果输出，如图 2-6 所示。

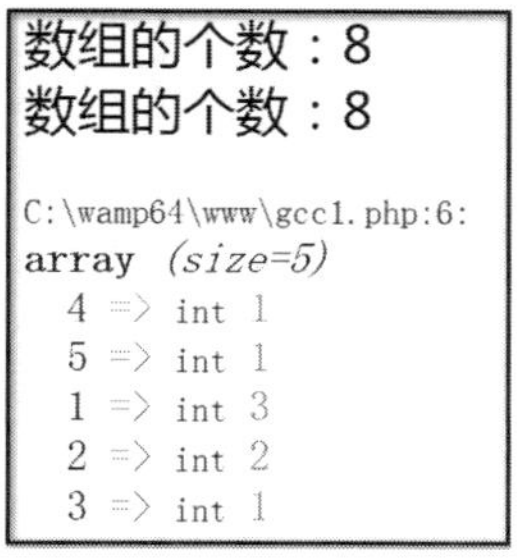

图 2-6

```
    <?php
    $arr = array('1011,1003,1008,1001,1000,1004,1012','1009','1011,1003,1111');
    $result = array();
    foreach($arr as $str) {
      $str_arr = explode(',', $str);
      foreach($str_arr as $v) {
        $result[$v] = isset($result[$v]) ? $result[$v] :0;
        $result[$v] = $result[$v] + 1;
      }
    }
    var_dump($rsult);
    ?>                                                                        [00078]
```

运行结果输出，如图 2-7 所示。

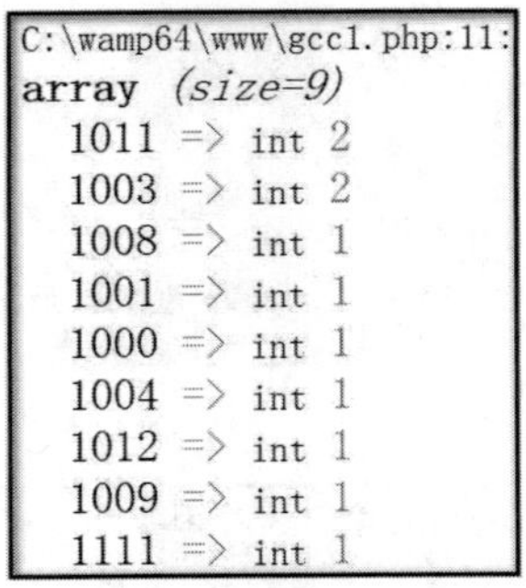

图 2-7

2.4.2 数组与字符串的转换

关于数组与字符串之间相互转换的使用场景，要依据编程的实际需要来定，有的人喜欢把字符串转换为数组，也有的人喜欢把数组转换为字符串，但大的原则是编程逻辑要简洁和清晰，写出来的代码可阅读性要高。

数组与字符串的转换，在程序开发过程中经常使用，主要通过使用 explode() 和 implode() 函数来实现。

1. explode() 函数

使用一个字符串分割另一个字符串——explode() 函数。

语法形式如下：

```
array explode(string separator, string string[,int limit])
```

此函数返回由字符串组成的数组，字符串 string 被字符串 separator 作为边界点分割出若干个子串，这些子串构成一个数组。如果设置了 limit 参数，则返回的数组包含最多 limit 个元素，而最后那个元素将包含 string 的剩余部分。

【示例 2-6】过滤敏感字。

论坛管理的后台管理员可以设置若干过滤字符，当访问者发表留言时可以将一些敏感字符过滤掉。管理员输入的若干字符构成的是一个字符串，在后台处理时需要将这个字符串转换为数组，这时可以使用 explode() 函数。

把数组保存起来，每当有访问者发表留言时，可以逐一判断数组中的元素在用户留言中是否存在，如果存在则进行相应的处理以屏蔽。

第 1 步：先完成一个表单页面 explode.html，代码如下：

```
<html>
<head>
<title>explode() 使用举例 </title>
</head>
<body>
<form name="form1" method="post" action="demo.php">
  <p> 请输入要过滤的字符串，使用 &quot;、&quot; 隔开：
</p>
  <p>
    <textarea name="words" cols="30" rows="5" id="words"></textarea>
  </p>
  <p>
    <input type="submit" name="submit" id="submit" value=" 确  定 ">
  </p>
```

```
</form>
</body>
</html>
```

[00079]

第 2 步：表单处理页面 demo.php，代码如下：

```
<?php
if($_POST['submit'] != '') {
    $content = $_POST['words'];
    $words = explode("、",$content);
    var_dump($words);
    echo "<br/>";
    echo $words[0];
}
?>
```

[00080]

第 3 步：运行。

在浏览器地址栏中输入 http://localhost/explode.html，运行结果如图 2-8 所示。

图 2-8

单击 2-8 中的“确定”按钮，即表单提交，如图 2-9 所示。

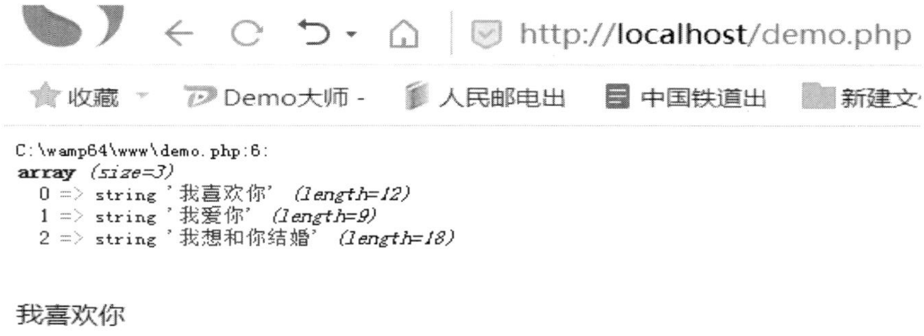

图 2-9

2. implode 函数

将数组元素连接为一个字符串——implode() 函数。

语法形式如下。

```
string implode(string glue, array pieces)
```

把 pieces 的数组元素使用 glue 指定的字符串作为间隔符连成一个字符串。

【示例 2-7】使用 implode() 函数将数组转换为字符串。

代码如下：

```
<?php
$arr = array("name"=>"KingSoft","url"=>"http://www.KingSoft.net");
echo implode(': ',arr);
?>                                                            [00081]
```

运行结果输出，如图 2-10 所示。

KingSoft: http://www.KingSoft.net

图 2-10

2.4.3 数组的查找

（1）在数组中查找某个键名或者元素是否存在，可以遍历数组进行查找，也可以使用 PHP 提供的函数，查找起来更为方便。

检查数组中是否存在某个值——in_array() 函数。

语法形式如下。

```
bool in_array(mixed needle, array haystack[,bool strict])
```

（2）在 haystack 中搜索 needle，如果找到则返回 TRUE，否则返回 FALSE。如果第三个参数 strict 的值为 TRUE，则 in_array() 函数还会检查 needle 的类型是否和 haystack 中的相同。

在数组中搜索给定的值——array_search() 函数。

语法形式如下。

```
mixed array_search(mixed needle, array haystack[,bool strict])
```

在 haystack 中搜索 needle 参数并在找到的情况下返回键名，否则返回 FALSE。如果第三个参数 strict 的值为 TRUE，则 array_search 函数还会检查 needle 的类型是否和 haystack 中的相同。

（3）该函数和 in_array() 的不同之处在于 needle 如果找到，返回值不同。

检查给定的键名或索引是否存在于数组中——array_key_exists() 函数。

语法形式如下。

```
bool array_key_exists(mixed key, array search)
```

在 search 中搜索是否存在为 key 的键名或索引，如果找到则返回 TRUE，否则返回 FALSE。

【示例 2-8】在数组中查找元素的键名及键值。

代码如下：

```
<?php
$arr = array("name"=>"KingSoft" ,"url"=>"http://www.KingSoft.net","introduce"
=> "电子商务");
echo "数组中是否存在 'KingSoft'<br/>";
var_dump(in_array("KingSoft",$arr));
echo "数组中是否存在 'Kingsoft'<br/>";
var_dump(in_array("Kingsoft",$arr));
echo "返回数组中 'KingSoft' 的键名：<br/>";
var_dump(array_search("KingSoft",$arr));
echo "返回数组中 'Kingsoft' 的键名：<br/>";
var_dump(array_search("Kingsoft",$arr));
```

```
echo "键名 'name' 是否存于数组中。<br/>";
var_dump(array_key_exists("name",$arr));
echo "键名 'Name' 是否存于数组中。<br/>";
var_dump(array_key_exists("Name",$arr));
echo "<r/>";
?>
```

[00082]

运行结果输出，如图 2-11 所示。

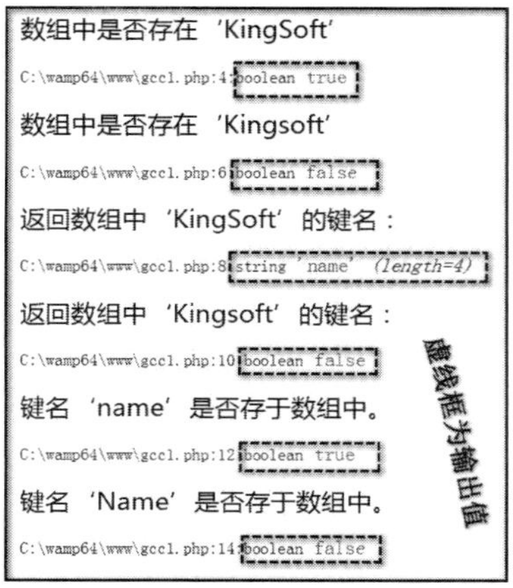

图 2-11

从运行结果可以看出，以上 3 个函数在进行查找时，如果查找值是字符串，是区分大小写的，这是尤为需要注意的地方。

2.4.4　数组的排序

对于数组而言，常用的操作除了遍历和查找外，另一项比较重要的操作就是排序。下面介绍 3 个比较重要且常用的对数组进行排序的函数。

对数组进行升序排序——sort() 函数。

语法形式如下：

```
bool sort(array &array[,int sort_flags])
```

可选第二个参数 sort_flags 用以下值改变排序的行为。

- SORT_REGULAR：正常比较元素（不改变类型）。
- SORT_NUMERIC：元素被作为数字来比较。
- SORT_STRING：元素被作为字符串来比较。
- SORT_LOCALE_STRING：根据当前的 locale 设置来把元素当作字符串比较。

对数组进行降序排序——rsort() 函数。

语法形式如下。

```
bool rsort(array &array[,int sort_flags])
```

【示例 2-9】数组的升序与降序排列。

代码如下：

```
<?php
$arr = array(56,9,12,100,32);
echo "<br/>数组未排序前元素依次为 :<br/>";
foreach($arr as $v) {
```

```
    echo $v . "  ";
}
echo "<hr/>";
sort($arr);
echo "<br/>数组升序排序后元素依次为 :<br/>";
foreach($arr as $v) {
    echo $v . "  ";
}
sort($arr,SORT_STRING);    // 把数组元素作为字符串类型排序
echo "<br/>数组元素被作为字符串升序排序后依次为 :<br/>";
foreach($arr as $v) {
    echo $v . "  ";
}
echo "<hr/>";
rsort($arr);
echo "<br/>数组降序排序后元素依次为 :<br/>";
foreach($arr as $v) {
    echo $v . "  ";
}
rsort($arr,SORT_STRING);    // 把数组元素作为字符串类型排序
echo "<br/>数组元素被作为字符串降序排序后依次为 :<br/>";
foreach($arr as $v) {
    echo $v . " &nbs;";
}
?>?>                                                              [00083]
```

运行结果输出，如图 2-12 所示。

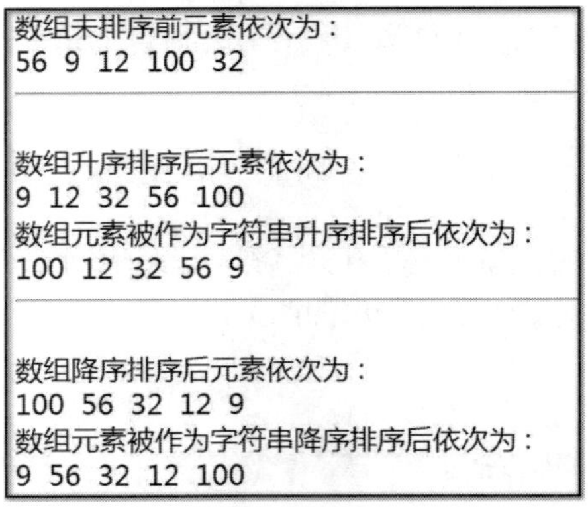

图 2-12

对关联数组排序——ksort() 和 asort() 函数。

如果使用关联数组，在排序后还要保持键和值的排序一致，这时就需要使用 ksort() 函数和 asort() 函数。

语法形式如下。

```
bool asort(array &array[,int sort_flags]) 对数组进行排序并保持索引关系
bool ksort(array &array[,int sort_flags]) 对数组按照键名排序
```

【示例 2-10】关联数组按键值及键名并保持键值对应关系。

代码如下：

```
<?php
$fruits = array("d" => "lemon", "a" => "orange", "b" => "banana", "c" => "apple");
echo "<br/>数组没有排序前元素依次为 :<br/>";
foreach($fruits as $key => $val) {
    echo "$key = $val\n";
}
```

```
    echo "<hr/>";
    asort($fruits);
    echo "<br/>数组排序后元素依次为 :<br/>";
    foreach($fruits as $key => $val) {
        echo "$key = $val\n";
    }
    echo "<hr/>";
    echo "<br/>数组按键名排序后元素依次为 :<br/>";
    ksort($fruits);
    foreach($fruits as $key => $val) {
        echo "$key = $valn";
    }
?>                                                                    [00084]
```

运行结果输出，如图 2-13 所示。

数组没有排序前元素依次为 :
d = lemon a = orange b = banana c = apple

数组排序后元素依次为 :
c = apple b = banana d = lemon a = orange

数组按键名排序后元素依次为 :
a = orange b = banana c = apple d = lemon

图 2-13

2.4.5　数组的拆分与合并

在 PHP 开发过程中，还会经常用到将两个数组合并为一个或者取出数组中的某一部分构成一个新的数组，这时可以使用数组的拆分与合并函数。

关于数组的拆分与合并使用场景，要根据实际需要而定，或者依据开发者的构思而定。但大的原则是编程逻辑要简洁和清晰，写出来的代码可阅读性要高。

1. 从数组中取出一段——array_slice() 函数

语法形式如下：

```
array array_slice(array array, int offset[,int length[,bool preserve_keys]])
```

返回根据 offset 和 length 参数所指定的 array 数组中的一段序列。$offset 为获取数组子集开始的位置（正着数，从 0 开始数）；如果为负，则将从数组 $array 中距离末端开始（相当于倒着数，从 1 开始）。可选参数 length 为获取子元素的个数，如果 length 为负，则将终止在距离数组 $array 末端（相当于倒着数，从 1 开始）。如果省略，则序列将从 offset 开始一直到 array 的末端。

array_slice() 默认将重置数组的键。自 PHP 5.0.2 起，可以通过将 preserve_keys 设为 TRUE 来改变此行为。

2. 把数组中的一部分去掉并用其他值取代——array_splice() 函数

语法形式如下：

```
array array_splice(array &input, int offset[,int length[,array replacement]])
```

array_splice() 把 input 数组中由 offset 和 length 指定的单元去掉，如果提供了 replacement 参数，则用 replacement 数组中的单元取代。返回一个包含有被移除单元的数组。其中 input

中的数字键名不被保留。

如果要使用 replacement 来替换从 offset 到数组末尾所有的元素时，可以用 count($input) 作为 length。

【示例 2-11】数组元素的取出和替换。

代码如下：

```
<?php
$arr = array("d" => "lemon", "a" => "orange", "b" => "banana", "c" => "apple");
echo " 数组原有元素依次为 :<br/>";
foreach($arr as $key => $val) {
    echo "$key => $val\n";
}
echo "<hr/> 取出数组中指定部分 :<br/>";
$part = array_slice($arr, 2);
foreach($part as $key=>$value) {
    echo $key . "=>" . $value . "  ";
}
echo "<br/>";
$part = array_slice($arr, -2, 1);
foreach($part as $key=>$value) {
    echo $key . "=>" . $value . "  ";
}
echo "<br/>";
$part = array_slice($arr, 0, 3);
foreach($part as $key=>$value) {
    echo $key . "=>" . $value . "  ";
}
echo "<hr/> 替换数组中一部分元素: <br/>";
array_splice($arr, 1, count($arr), "fruit");
foreach($arr as $key=>$value) {
    echo $key . "=>" . $value . "  ";
}
?>
```
[00085]

运行结果输出，如图 2-14 所示。

数组原有元素依次为：
d => lemon a => orange b => banana c => apple

取出数组中指定部分：
b=>banana c=>apple
b=>banana
d=>lemon a=>orange b=>banana

替换数组中一部分元素：
d=>lemon 0=>fruit

图 2-14

3. 合并一个或多个数组——array_merge() 函数

语法形式如下。

```
array array_merge(array array1[,array array2[,array ...]])
```

返回一个或多个数组合并后的新数组，一个数组中的值附加在前一个数组的后面。如果输入的数组中有相同的字符串键名，则后面键名的值会覆盖前一个。如果是数字键名，后面的值将不会覆盖原来的值，而是附加到后面，并且合并后的数组的键名将会以连续的方式重新进行键名索引。

【示例 2-12】两个或两个以上含有相同键与不同键的数组合并。

代码如下：

```
<?php
$arr1 = array("name"=>"KingSoft","url"=>"http://www.KingSoft.net","300072");
$arr2 = array("name"=>" 凯瞬科技 "," 慧谷大厦 719");
$arr3 = array("ch_name"=>" 凯瞬科技 "," 慧谷大厦 719");
$result = array_merge($arr1,$arr2);
$result2 = array_merge($arr1, $arr3);
echo " 合并数组含有相同的字符串键值：<br/>";
foreach($result as $key=>$value) {
    echo $key . "=>" . $value . "  ";
}
echo "<br/> 合并数组没有相同的字符串键值：<br/>";
foreach($result2 as $key=>$value) {
    echo $key . "=>" . $value . "  ";
}
?>                                                                    [00086]
```

运行结果输出，如图 2-15 所示。

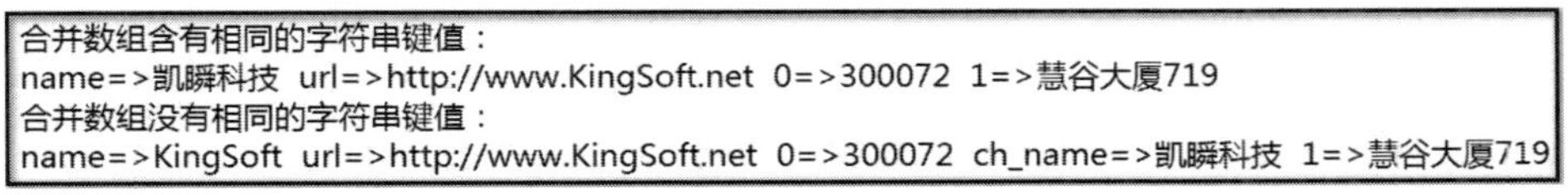

图 2-15

2.4.6　数组键及键值的判断

PHP 数组键及键值的判断，主要针对关联数组，针对索引数组（数字键数组）不多。

关于数组键及键值的判断，在开发中使用也较多，主要用来判断关联数组中某个键或键值是否存在，详细介绍如下。

1. 数组键的判断

PHP 中有两个函数用来判断数组中是否包含指定的键，分别是 array_key_exists 和 isset。

array_key_exists 语法如下。

```
array_key_exists($key,$array)
```

如果键存在返回 true。

isset 函数语法如下。

```
isset($array[$key])
```

如果键存在返回 true。

【示例 2-13】判断数组键“one”“1”“two”及“2”是否存在。

代码如下：

```
<?php
$array = array("Zero"=>"php", "One"=>"Perl", "Two"=>"Java");
print("Is 'One' defined? ".array_key_exists("One", $array)."\n");
print("Is '1' defined? ".array_key_exists("1", $array)."\n");
print("Is 'Two' defined? ".isset($array["Two"])."\n");
print("Is '2' defined? ".isset($array[2])."\n");
?>                                                                    [00087]
```

运行结果输出，如图 2-16 所示。

图 2-16

2. 数组键值的判断

PHP 判断数组键值是否存在，有 empty、isset 和 array_key_exists 三种方式选择。

（1）三种方式的语法区别

- empty：参数为 0 或为 NULL 时（如下面示例），empty 均返回 TRUE，详细情况参见 empty 官方手册。
- isset：参数为 NULL 时，返回 FALSE，0 与 NULL 在 PHP 中是有区别的，isset(0) 返回 TRUE。
- array_key_exists：纯粹的判断数组键是否存在，无论值是多少。

所以从准确性的角度来看，array_key_exists 是最准确的。

（2）三种方式的性能比较

在大数据情况下，empty 和 isset 的性能要比 array_key_exists 快，差别还是很大。如果频繁判断，还需要优化。产生这么大性能差别的原因是：isset 和 empty 作为 PHP 语法结构，不是函数，PHP 解释器做了优化，而 array_key_exists 作为函数，没有相关优化。

（3）三种方式的使用建议

鉴于 empty 与 isset 性能类似，但是 isset 准确性较高，这里只比较 isset 与 array_key_exists。

- 如果数组不可能出现值为 NULL 的情况，建议使用 isset。
- 如果数组中经常出现值为 NULL 的情况，建议使用 array_key_exists。
- 如果数组中可能出现值为 NULL，但是较少的情况，建议结合 isset 与 array_key_exists 使用，例如：

```
if(isset($arr['key']) || array_key_exists('key', $arr)){/*do somthing*/}
```

此方法兼顾了性能和准确性。

下面介绍 empty、isset 和 array_key_exists 的使用示例。

【示例 2-14】通过 array_key_exists() 函数测试数组键是否存在，通过 empty() 和 isset() 测试数组键的键值是否存在。

具体实现代码如下：

```
<?php
$a = array('a'=>1, 'b'=>0, 'c'=>NULL);
echo '判断数组：'."\$a = array('a'=>1,'b'=>0,'c'=>NULL)"."键值是否存在</br>";
echo "===========判断结果如下：===============</br>"."</br>";
echo '通过empty测试a键键值是否存在：' .(empty($a['a']) ? 'not exist(不存在)' :'exist(存在)')."</br>"."</br>";
echo '通过isset测试a键键值是否存在：' .(isset($a['a']) ? 'exist(存在)' :'not exist(不存在)')."</br>"."</br>";
```

```
    echo  '通过 array_key_exists 测试 a 键键值是否存在：' .(array_key_exists('a', $a) ?
'exist（存在）' :'not exist（不存在）')."</br>"."</br>";
    echo '通过empty测试b键键值是否存在：' .(empty($a['b']) ? 'not exist(不存在)' :'exist
（存在）')."</br>"."</br>";
    echo '通过isset测试b键键值是否存在：' .(isset($a['b']) ? 'exist(存在)' :'not exist(不
存在）')."</br>"."</br>";
    echo  '通过 array_key_exists 测试 b 键键值是否存在：' .(array_key_exists('b', $a) ?
'exist（存在）' :'not exist（不存在）')."</br>"."</br>";
    echo '通过empty测试c键键值是否存在：' .(empty($a['c']) ? 'not exist(不存在)' :'exist
（存在）')."</br>"."</br>";
    echo '通过isset测试c键键值是否存在：' .(isset($a['c']) ? 'exist(存在)' :'not exist(不
存在）')."</br>"."</br>";
    echo  '通过 array_key_exists 测试 c 键键值是否存在：' .(array_key_exists('c', $a) ?
'exist（存在）' :'not exist（不存在）')."</br>"."</br>";
    ?>                                                                         [00088]
```

运行结果输出，如图 2-17 所示。

图 2-17

2.4.7　数组元素的检索

PHP 在数组中查找指定值是否存在的方法有很多，下面主要介绍用 PHP 内置的 3 个数组函数来查找指定值是否存在于数组中，这 3 个函数分别是：in_array()、array_search()、array_key_exists()。

下面分别介绍各自的定义与作用。

1. 函数 in_array(value,array,type)

该函数的作用是在数组 array 中搜索指定的 value 值，type 是可选参数，如果设置该参数为 true，则检查搜索的数据与数组的值的类型是否相同，即恒等于。

该函数返回 true 或 false。

【示例 2-15】使用 in_array() 函数在数组 array 中搜索指定的 value 值。

代码如下：

```
<?php
$people = array("Peter", "Joe", "Glenn", "Cleveland");
if(in_array("Glenn",$people)){
  echo "Match found";
}else{
  echo "Match not found";
}
?>                                                          [00089]
```

2. 输出：Match found

函数 array_key_exists(key,array)

该函数是判断某个数组 array 中是否存在指定的 key，如果该 key 存在，则返回 true，否则返回 false。

【示例 2-16】使用 array_key_exists() 函数判断某个数组 array 中是否存在指定的 key（键）。

代码如下：

```
<?php
$a=array("a"=>"Dog","b"=>"Cat");
if(array_key_exists("a",$a)){
 echo "Key exists!";
}else{
 echo "Key does not exist!";
}
?>                                                          [00090]
```

3. 输出：Key exists!

函数 array_search(value,array,strict)

array_search() 与 in_array() 函数相同，在数组中查找一个键值。如果找到该值，则返回匹配该元素所对应的键名。如果没找到，则返回 false。注意，在 PHP 4.2.0 之前，函数在失败时返回 null 而不是 false。同样，如果第三个参数 strict 被指定为 true，则只有在数据类型和值都一致时才返回相应元素的键名。

【示例 2-17】使用 array_search() 函数在数组中查找一个键值，若找到则返回键名；如果未找到则返回 false。

代码如下：

```
<?php
$a=array("a"=>"Dog","b"=>"Cat","c"=>5,"d"=>"5");
echo array_search("Dog",$a);
echo array_search("5",$a);
?>                                                          [00091]
```

输出：ac

经过实际性能对比，在数据量不大时，比如小于 1 000，查找用哪一种都行，都不会成为性能上的瓶颈。但当数据量比较大时，用 array_key_exists 比较合适。据测试，array_key_exist 要比 in_array 效率高十几甚至几十倍。

2.4.8 数组元素的过滤

对于数组中存在的毫无意义的空值（null），往往需要剔除。数组中产生空元素的途径之一是来自数据库，假如数据库中某表数据存在很多空值，由该表数据生成的数组也会存在很多空值，如果确认这些空值毫无意义，那就需要剔除，免去好多无谓的处理。

过滤或者说剔除数组中的空元素，可通过 PHP 的 array_filter() 函数和 unset() 函数实现，详细说明如下。

1. array_filter() 函数

PHP 中使用 array_filter() 函数过滤空数组，所有为 false 的元素将会被剔除。

【示例 2-18】使用 array_filter() 函数过滤空数组，所有为 false 的元素将会被移除。

代码如下：

```
<?php
$entry = array(
             0 => '的精彩博客',
             1 => false,
             2 => 1,
             3 => null,
             4 => '',
             5 => 'http://www.gcc.net',
             6 => '0',
             7 => array(),
             8 => 0
         );
$validarr = array_filter($entry);
var_dump($validarr);
var_dump(array_values($validarr)); // 重新索引数组
?>
```
[00092]

运行结果输出，如图 2-18 示。

```
C:\wamp64\www\gcc1.php:14:
array (size=3)
  0 => string '的精彩博客' (length=15)
  2 => int 1
  5 => string 'http://www.gcc.net' (length=18)

C:\wamp64\www\gcc1.php:15:
array (size=3)
  0 => string '的精彩博客' (length=15)
  1 => int 1
  2 => string 'http://www.gcc.net' (length=18)
```

图 2-18

在开发过程中，判断数组为空时用什么方法呢？首先想到的应该是 empty() 函数，但是直接用 empty() 函数判断为空是不完全对的，因为当这个值是多维数时，empty 结果是有值的。

可以利用 array_filter() 函数去掉多维空值，而数组的下标没有改变。

array_filter() 函数用回调函数过滤数组中的元素，如果自定义过滤函数返回 true，则被操作的数组的当前值就被包含在返回的结果数组中，并将结果组成一个新的数组。如果原数组是一个关联数组，键名保持不变。

【示例 2-19】使用 array_filter() 函数去掉多维空值，而数组的下标没有改变。

代码如下：

```
<?php
function delEmpty($v){
    if($v==="" || $v==="Cat") //当数组中存在空值和 PHP 值时，换回 false，也就是去掉该数组
中的空值和 Cat 值
      {return false;}
return true;
}
$a=array(0=>"pig",1=>"Cat",2=>"",3=>"php");
var_dump(array_filter($a,"delEmpty"));
var_dump(array_values(array_filter($a,"delEmpty"))); // 重新索引数组
?>
```
[00093]

运行结果输出，如图 2-19 所示。

```
C:\wamp64\www\gcc1.php:8:
array (size=2)
  0 => string 'pig' (length=3)
  3 => string 'php' (length=3)

C:\wamp64\www\gcc1.php:9:
array (size=2)
  0 => string 'pig' (length=3)
  1 => string 'php' (length=3)
```

图 2-19

2. unset() 函数

unset() 函数也是较为常用的，用于销毁变量，但并不释放内存（销毁变量并释放内存的操作需通过赋值 null 实现）。unset() 函数也可以在这里使用，即过滤或者说剔除数组中的空元素。

【示例 2-20】使用 foreach() 语句及 unset() 函数去掉数组的空值，而数组的下标没有改变。

代码如下：

```
<?php
$array = array("",'','2','','',11,13,14,15,16);
foreach( $array as $v =>$vc){
 if( $vc =='' ){
  unset($array[$v]);
 }
}
var_dump( $array);
var_dump(array_values($array)); // 重新索引数组
?>                                                          [00094]
```

运行结果输出，如图 2-20 所示。

```
C:\wamp64\www\gcc1.php:8:
array (size=6)
  2 => string '2' (length=1)
  5 => int 11
  6 => int 13
  7 => int 14
  8 => int 15
  9 => int 16

C:\wamp64\www\gcc1.php:9:
array (size=6)
  0 => string '2' (length=1)
  1 => int 11
  2 => int 13
  3 => int 14
  4 => int 15
  5 => int 16
```

图 2-20

上面的示例是使用 foreach() 并结合 unset() 函数剔除数组空元素，接下来的示例是使用 for() 语句并结合 unset() 函数来剔除数组空元素。

【示例 2-21】使用 for() 语句及 unset() 函数去掉数组的空值，而数组的下标没有改变。

代码如下：

```
<?php
$tarray = array('','11','','www.111cn.net','','','cn.net');
$len = count( $tarray);
for( $i=0;$i<$len;$i++){
 if( $tarray[$i] == '') {
  unset( $tarray[$i]);
 }
}
var_dump($tarray);
var_dump(array_values($tarray)); // 重新索引数组                    [00095]
```

运行结果输出，如图 2-21 所示。

```
C:\wamp64\www\gcc1.php:9:
array (size=3)
  1 => string '11' (length=2)
  3 => string 'www.111cn.net' (length=13)
  6 => string 'cn.net' (length=6)

C:\wamp64\www\gcc1.php:10:
array (size=3)
  0 => string '11' (length=2)
  1 => string 'www.111cn.net' (length=13)
  2 => string 'cn.net' (length=6)
```

图 2-21

2.4.9　将数组分配到符号表

首先说明 PHP 符号表的概念，PHP 的符号表是指当前 PHP 页面中，所有变量名称的集合，也可以理解为当前 PHP 页面的变量花名册。更为专业的说法是：符号表是一张哈希表，里面存储了变量名到变量的 zval（zval 是 PHP 的核心底层，可以理解为一个容器，是 PHP 中最重要的数据结构之一，另一个比较重要的数据结构是 hash table，它包含了 PHP 中的变量值和类型的相关信息）结构体的地址映射。可以使用函数 get_defined_vars 直接获得当前所有已定义变量列表的多维数组。

在 PHP 程序中，所有被定义的变量均自动加入这个符号表，如果将数组分配到符号表，就意味着数组的键和值（键值对）加入了 PHP 符号表中，相当于定义了这些变量（数组的键）在内存中，这些变量的值就是数组键各自对应的值。这样做以后，这些变量（数组键）就可以直接使用，具体实现方法如下。

为了加入 PHP 当前内存中的变量，我们需要从数组中将变量（数组键）导入到当前的符号表，在 PHP 中就需要用到 extract() 函数。

（1）extract() 函数语法如下：

```
extract(array,extract_rules,prefix)
```

该函数返回成功导入符号表中的变量数目。

（2）extract() 函数定义和用法

extract() 函数使用数组键名作为变量名，使用数组键值作为变量值。针对数组中的每个元素，将在当前符号表中创建对应的一个变量。

extract () 函数语法中的第二个参数“extract_rules”用于指定当某个变量已经存在，而数组中又有同名元素时，extract() 函数如何对待这样的冲突。extract() 函数参数说明如表 2-1 所示。

表 2-1

参数	描述
array	必需。规定要使用的数组
extract_rules	可选。extract() 函数将检查每个键名是否为合法的变量名，同时也检查和符号表中已存在的变量名是否冲突。对不合法和冲突的键名的处理将根据此参数决定。 可能的值： EXTR_OVERWRITE：默认。如果有冲突，则覆盖已有的变量。 EXTR_SKIP：如果有冲突，不覆盖已有的变量。 EXTR_PREFIX_SAME：如果有冲突，在变量名前加上前缀 prefix。 EXTR_PREFIX_ALL：给所有变量名加上前缀 prefix。 EXTR_PREFIX_INVALID：仅在不合法或数字变量名前加上前缀 prefix。 EXTR_IF_EXISTS：仅在当前符号表中已有同名变量时，覆盖它们的值。其他的都不处理。 EXTR_PREFIX_IF_EXISTS：仅在当前符号表中已有同名变量时，建立附加了前缀的变量名，其他的都不处理。 EXTR_REFS- 将变量作为引用提取。导入的变量仍然引用数组参数的值
prefix	可选，前缀字符串。请注意 prefix 仅在 extract_rules 的值是：EXTR_PREFIX_SAME、EXTR_PREFIX_ALL、EXTR_PREFIX_INVALID 或 EXTR_PREFIX_IF_EXISTS 时需要。如果附加了前缀后的结果不是合法的变量名，将不会导入符号表中。 前缀和数组键名之间会自动加上一个下画线

下面通过一个示例来了解 extract() 函数的应用。

【示例 2-22】使用关联数组，将键值"Cat""Dog"和"Horse"赋值给变量 $a1、$b1 和 $c1。

代码如下：

```
<?php
$a = "Original";
$my_array = array("a1" => "Cat","b1" => "Dog", "c1" => "Horse");
extract($my_array);
echo "\$a1 = $a1</br>";
echo "\$b1 = $b1</br>";
echo "\$c1 = $c1</br>";
?>
                                                                    [00096]
```

运行结果输出，如图 2-22 所示。

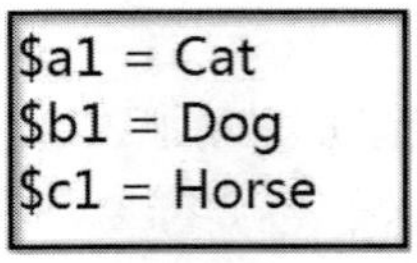

图 2-22

【示例 2-23】使用索引数组，变量名前缀为"gcc"。

代码如下：

```
<?php
$my_array = array("Cat","Dog","Horse");
extract($my_array, EXTR_PREFIX_ALL, "gcc");  // EXTR_PREFIX_ALL：给所有变量名加上前缀 prefix
//extract($my_array, EXTR_PREFIX_INVALID, "gcc"); EXTR_PREFIX_INVALID：仅在不合法或数字变量名前加上前缀 prefix
echo "$gcc_0,$gcc_2,$gcc_1";
?>
输出：Cat, Horse, Dog                                                [00097]
```

2.4.10　PHP 数组的出栈与入栈

除前述的 PHP 操作数组以外，PHP 还可以用栈（队列）的方式来操作数组，提供的操作函数有 array_pop()、array_push()、array_shift() 及 array_unshift()，下面分别介绍。

1. array_pop() 函数

array_pop(array $array) 函数，将 $array 数组的最后一个元素移出，也就是出栈，并返回这个删除的元素值，原数组 $array 将保留剩下的元素。函数的参数只有一个，就是欲操作的数组 $array。我们看一下下面的例子。

【示例 2-24】在给定一个数组的 3 个元素中，移除最后一个元素（索引最大的元素）并返回这个被移除的元素值。

代码如下：

```
<?php
header("content-type:text/html;charset=utf-8");
$stack = array("orange", "banana", "apple");
$fruit = array_pop($stack);
var_dump($stack);
echo "被移除的最后元素值：".$fruit."<BR/>";
?>
                                                    [00098]
```

上面的代码，效果相当于出栈，运行结果输出，如图 2-23 所示。

图 2-23

可以看到数组索引最大的那个值被移除，而且赋值给了 $fruit。当数组是一个空数组时，会返回一个 NULL。

2. array_push() 函数

语法如下：

```
int array_push ( array $array , mixed $value1 [, mixed $... ] )
```

该函数第一个参数 $array 是目标数组，其他参数是要入栈的值。

与 array_pop() 函数执行相反的操作，即从数组的末尾添加一个或多个元素，也就是入栈，并返回入栈后数组的长度。我们来看下面的示例，代码如下：

```
<?php
header("content-type:text/html;charset=utf-8");
$stack = array("orange", "banana");
$l=array_push($stack, "apple");
var_dump($stack);
echo "入栈后数组的长度：".$l."<BR/>";
?>
                                                    [00099]
```

上面的代码，效果相当于进栈，运行结果如图 2-24 所示。

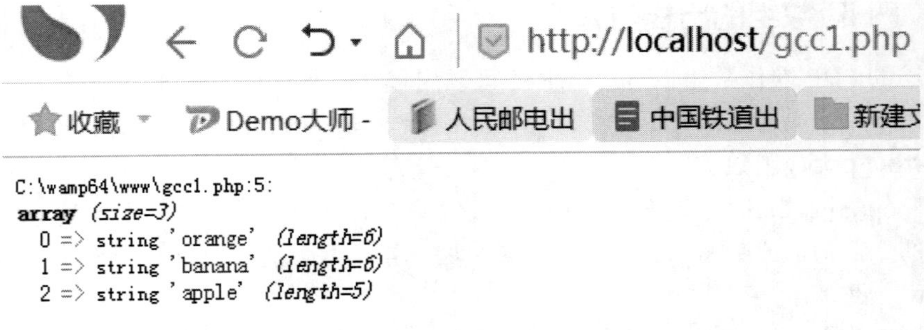

图 2-24　数组的出栈与入栈示例——array_push() 函数

3. array_shift() 函数

array_shift() 函数移出数组的第一个元素，数组的数字键都从零开始重新计数，非数字键不会。函数的参数只有一个，就是目标数组。该函数返回移出的那个元素值，如果没有就返回 null。来看下面的示例，代码如下：

```
<?php
header("content-type:text/html;charset=utf-8");
$stack = array("orange", "banana", "apple", "raspberry");
$fruit = array_shift($stack);
var_dump($stack);
echo "被移除的第一个元素值：".$fruit."<BR/>";
?>
```
[000100]

上面的代码，实现效果相当于取出队列首元素，运行结果如图 2-25 所示。

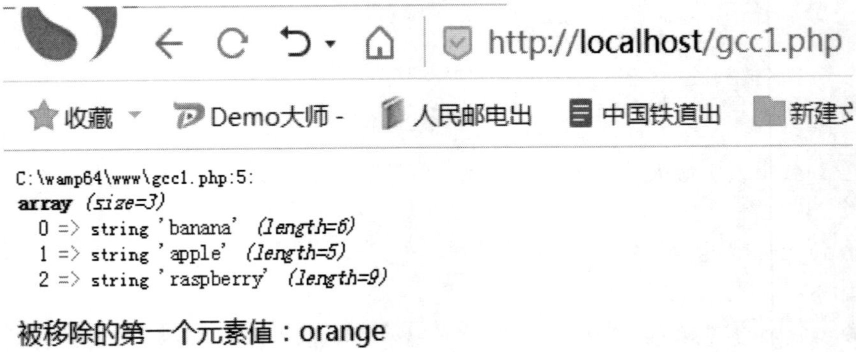

图 2-25

4. array_unshift() 函数

语法如下：

```
int array_unshift (array $array [, mixed $... ])
```

array_unshift() 函数第一个参数 $array 是目标数组，其他参数是要插入的值，返回新元素插入后数组的长度。

array_unshift() 函数，从数组的开头插入一个或多个值，数组中新插入元素的顺序就是传值的顺序。来看下面的示例，代码如下。

```
<?php
header("content-type:text/html;charset=utf-8");
$queue = array("orange", "banana");
```

```
    $l=array_unshift($queue, "apple", "raspberry");
    var_dump($queue);
    echo "插入后数组的长度: ".$l."<BR/>";
    ?>
                                                              [000101]
```

上面的代码，实现的效果相当于元素进入队列（入栈），运行结果如图 2-26 所示。

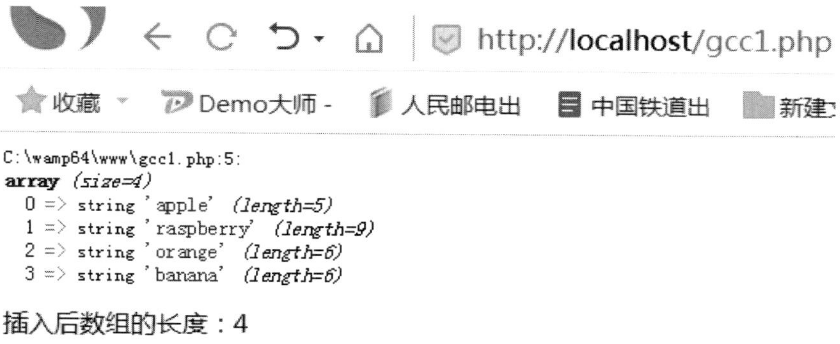

图 2-26

2.5　PHP 预定义数组

所谓 PHP 预定义数组，就是事先已经定义好的数组，开发者直接使用即可。

使用数组可以非常方便地操纵一组变量，这些都属于自定义的数组。PHP 除了自定义数组外，还提供了一些预定义数组，这些预定义数组包含了来自 Web 服务器、运行环境、和用户输入等信息，这些预定义数组在全局范围内自动生效，因此也称它们为自动全局变量或者超全局变量。

常用的预定义数组如表 2-2 所示。

表 2-2

PHP 预定义数组名称	描述
$_SERVER[]	当前与 PHP 服务器相关的信息会自动存放到该数组中，如 $_SERVER[‘REMOTE_ADDR’] 获取浏览当前页面的用户 IP 地址
$GLOBALS[]	正在执行脚本所有超全局变量的引用内容，会自动存放到该数组中
$_ENV[]	当前 PHP 自身的信息，如环境变量等，会自动存放到该数组中
$_GET[]	获得以 GET 方法提交的变量数组，即前端表单网页以 GET 方法提交给服务器的数据会自动存放在 $_GET 数组里
$_POST[]	获得以 POST 方法提交的变量数组，即前端表单网页以 POST 方法提交给服务器的数据会自动存放在 $_POST 数组里
$_REQUEST[]	当前脚本提交的全部数据会自动存放到该数组中，即该数组将包含 $_GET[]、$_POST[] 及 $_COOKIE 等数据，也可以理解为 $_GET[] 及 $_POST[] 及 $_COOKIE 等数据的汇总
$_COOKIE[]	当前网站的 COOKIE 标识会自动存放到该数组中
$_SESSION[]	与会话变量相关的所有信息会自动存放到该数组中
$_FILES[]	与上传文件相关的所有变量信息会自动存放到该数组中

在本节将详细介绍表 2-2 中前三个预定义数组。

- $_SERVER[] 数组
- $GLOBALS[] 数组

- $_ENV[] 数组

预定义数组通用查询代码如下：

```
<html>
<head>
<meta charset="UTF-8">
<title> 查看 $_SERVER[] 数组变量包含的具体信息 </title>
</head>
<body>
<?php
header("content-type:text/html;charset=utf-8");
foreach($_SERVER as $key=>$value) {   // 输出 $_SERVER：当前与 PHP 服务器相关的信息会自动存放到该数组中，如 $_SERVER['REMOTE_ADDR'] 获取浏览当前页面的用户 IP 地址。
//foreach($GLOBALS as $key=>$value) { // 输出 $GLOBALS：正在执行脚本所有超全局变量的引用内容，会自动存放到该数组中。
//foreach($_ENV as $key=>$value) { // 输出 $_ENV：当前 PHP 自身的信息，如环境变量等，会自动存放到该数组中。
//foreach($_GET as $key=>$value) { // 输出 $_GET：获得以 GET 方法提交的变量数组，即前端表单网页以 GET 方法提交给服务器的数据会自动存放在 $_GET 数组里。
//foreach($_POST as $key=>$value) { // 输出 $_POST：获得以 POST 方法提交的变量数组，即前端表单网页以 POST 方法提交给服务器的数据会自动存放在 $_POST 数组里。
//foreach($_REQUEST as $key=>$value) { // 输出 $_REQUEST：当前脚本提交的全部数据会自动存放到该数组中，即该数组将包含 $_GET[] 及 $_POST[] 等数据，也可以理解为 $_GET[] 及 $_POST[] 等数据的汇总。
//foreach($_COOKIE as $key=>$value) { // 输出 $_COOKIE：当前网站的 COOKIE 标识会自动存放到该数组中。
//foreach($_SESSION as $key=>$value) {   // 输出 $_SESSION：与会话变量相关的所有信息会自动存放到该数组中。
//foreach($_FILES as $key=>$value) {      // 输出 $_FILES：与上传文件相关的所有变量信息会自动存放到该数组中。
    echo "键：$key 的值如下：" ."<BR/>";
    var_dump($value);
}
?>
</body>
</html>                                                        [000102]
```

在上面的代码中，想查哪个预定义数组，就把含有该预定义数组“foreach”前面的双斜杠“//”去掉，然后在刚才查询的“foreach”的前面加上双斜杠“//”。假如刚刚查询完“$_SERVER”，现在想查 $_GLOBALS，则把含有“$_GLOBALS”的“foreach”前面的双斜杠“//”去掉，然后在刚才查询的“$_SERVER”的“foreach”前面加上双斜杠“//”，即去掉一个双斜杠“//”，然后必须再加上一个双斜杠“//”。

2.5.1 $_SERVER[] 数组

通过表 2-2 可以看出，$_SERVER[] 数组是当前 PHP 服务器变量数组，下面讲解如何查看 $_SERVER[] 数组变量包含的具体信息以及这些信息都代表什么含义。

1. 查看 $_SERVER[] 数组变量包含的具体信息

```
<html>
<head>
<title> 查看 $_SERVER[] 数组变量包含的具体信息 </title>
</head>
<body>
<?php
foreach($_SERVER as $key=>$value) {
    echo $key . "=>" . $value . "  </br>;";
}
?>
```

```
</body>
</html>
```

[000103]

2. $_SERVER[] 数组变量声明

通过上面代码，能得到 $_SERVER[] 数组的数据信息，这些信息都与当前 PHP 服务器相关，如表 2-3 所示。

至于如何使用这些信息，读者可以根据实际需要来定。比如，想获取当前用户的 IP 地址，就可以在你的代码中这样写："$userIP=$_SERVER['REMOTE_ADDR'];"，$userIP 就是你想要的当前用户的 IP 地址，其他同理。

表 2-3

$_SERVER[]	描述
$_SERVER['HTTP_ACCEPT_LANGUAGE']	浏览器语言
$_SERVER['REMOTE_ADDR']	当前用户 IP
$_SERVER['REMOTE_HOST']	当前用户主机名
$_SERVER['REQUEST_URI']	URL
$_SERVER['REMOTE_PORT']	端口
$_SERVER['SERVER_NAME']	服务器主机的名称
$_SERVER['PHP_SELF']	在执行脚本的文件名
$_SERVER['argv']	传递给该脚本的参数
$_SERVER['argc']	传递给程序的命令行参数的个数
$_SERVER['GATEWAY_INTERFACE']	CGI 规范的版本
$_SERVER['SERVER_SOFTWARE']	服务器标识的字串
$_SERVER['SERVER_PROTOCOL']	请求页面时通信协议的名称和版本
$_SERVER['REQUEST_METHOD']	访问页面时的请求方法
$_SERVER['QUERY_STRING']	查询（query）的字符串
$_SERVER['DOCUMENT_ROOT']	当前运行脚本所在的文档根目录
$_SERVER['HTTP_ACCEPT']	当前请求的 Accept: 头部的内容
$_SERVER['HTTP_ACCEPT_CHARSET']	当前请求的 Accept-Charset: 头部的内容
$_SERVER['HTTP_ACCEPT_ENCODING']	当前请求的 Accept-Encoding: 头部的内容
$_SERVER['HTTP_CONNECTION']	当前请求的 Connection: 头部的内容。例如"Keep-Alive"
$_SERVER['HTTP_HOST']	当前请求的 Host: 头部的内容
$_SERVER['HTTP_REFERER']	链接到当前页面的前一页面的 URL 地址
$_SERVER['HTTP_USER_AGENT']	当前请求的 User_Agent: 头部的内容
$_SERVER['HTTPS']	如果通过 HTTPS 访问，则被设为一个非空的值（on），否则返回 off
$_SERVER['SCRIPT_FILENAME']	当前执行脚本的绝对路径名
$_SERVER['SERVER_ADMIN']	管理员信息
$_SERVER['SERVER_PORT']	服务器所使用的端口
$_SERVER['SERVER_SIGNATURE']	包含服务器版本和虚拟主机名的字符串
$_SERVER['PATH_TRANSLATED']	当前脚本所在文件系统（不是文档根目录）的基本路径
$_SERVER['SCRIPT_NAME']	包含当前脚本的路径。这在页面需要指向自己时非常有用
$_SERVER['PHP_AUTH_USER']	当 PHP 运行在 Apache 模块方式下，并且正在使用 HTTP 认证功能，这个变量便是用户输入的用户名
$_SERVER['PHP_AUTH_PW']	当 PHP 运行在 Apache 模块方式下，并且正在使用 HTTP 认证功能，这个变量便是用户输入的密码
$_SERVER['AUTH_TYPE']	当 PHP 运行在 Apache 模块方式下，并且正在使用 HTTP 认证功能，这个变量便是认证的类型

2.5.2 $GLOBALS[] 数组

$GLOBALS[] 数组可以引用全局作用域中可用的全部变量（一个包含了全部变量的全局组合数组。变量的名字就是数组的键），与所有其他超全局变量不同，$GLOBALS[] 数组在 PHP 代码中任何地方总是可用的，可以通过打印 $GLOBALS[] 数组这个变量的结果就知道了。

在 PHP 生命周期中，定义在函数体外部的所有全局变量，函数内部是不能直接获得的。如果要在函数体内访问外部定义的全局变量，可以通过 Global 声明或者直接使用 $GLOBALS[] 数组来进行访问，例如下面的代码：

```
<?php
 $var1='www.phpernote.com';
 $var2='www.google.cn';
 test();
 function test(){
     $var1='taobao';
     echo "函数内部局部变量\$var1: ".$var1."<br/>";
     global $var1;
     echo "函数外部全局变量\$var1: ".$var1."<br/>";
     echo "函数外部全局变量\$var2: ".$GLOBALS['var2']."<br/>";
 }
?>                                                                    [000104]
```

运行结果输出，如图 2-27 所示。

图 2-27

$GLOBALS[‘var’] 是外部的全局变量本身，而 Global $var 是外部 $var 的同名引用或者指针。也就是说，Global 在函数内产生一个指向函数外部变量的别名变量，而不是真正的函数外部变量，而 $GLOBALS[] 确确实实调用的是外部的变量，函数内外始终保持一致。下面通过例子说明一下。

【示例 2-25】函数内通过 Global 声明全局变量与 $GLOBALS[] 调用外部变量。

代码如下：

```
<?php
$var1=1;
$var2=2;
function test(){
     $GLOBALS['var2']=&$GLOBALS['var1'];
 }
 test();
 echo $var2;
?>                                                                    [000105]
```

输出结果为 1。

```
<?php
$var1=1;
```

```
$var2=2;
function test(){
     global $var1,$var2;
     $var2=&$var1;
 }
 test();
 echo $var2;
?>
```
[000106]

输出结果为 2。

为什么打印结果为 2 呢？因为 $var1 的引用指向了 $var2 的引用地址。导致实质的值没有改变。再来看一个例子，代码如下。

```
<?php
$var1=1;
 function test(){
     unset($GLOBALS['var1']);
 }
 test();
 echo $var1;
?>
```
[000107]

因为 $var1 被删除了，所以什么东西都没有打印，代码还会报错。再看下面的例子，同样是销毁变量，而这个示例销毁的是全局变量的别名，但真正的物理存在的变量并没有销毁，没有受到任何影响。

```
<?php
$var1=1;
function test(){
     global $var1;
     unset($var1);
 }
test();
echo $var1;
?>
```
[000108]

输出结果为 1。

声明删除的只是别名引用，其本身的值没有受到任何改变。也就是说，Global $var 其实就是 $var=&$GLOBALS['var'] 调用外部变量的一个别名。

2.5.3　$_ENV[] 数组

$_ENV[] 数组包含的信息是：当前 PHP 自身的信息，如环境变量等，会自动存放到该数组中，其内容如表 2-4 所示。

表 2-4

$_ENV[] 数组	值
$_ENV['ALLUSERSPROFILE']	C:\Documents and Settings\All Users
$_ENV['ClusterLog']	C:\WINDOWS\Cluster\cluster.log
$_ENV['CommonProgramFiles']	C:\Program Files\Common Files
$_ENV['COMPUTERNAME']	LIUBO
$_ENV['ComSpec']	C:\WINDOWS\system32\cmd.exe
$_ENV['FP_NO_HOST_CHECK']	NO
$_ENV['NUMBER_OF_PROCESSORS']	1
$_ENV['OS']	Windows_NT

续上表

$_ENV[] 数组	值
$_ENV['Path']	C:\WINDOWS\system32;C:\WINDOWS;C:\WINDOWS\System32\Wbem;E:\Program Files\MySQL\MySQL Server 5.0\bin;c:\php;c:\php\ext
$_ENV['PATHEXT']	.COM;.EXE;.BAT;.CMD;.VBS;.VBE;.JS;.JSE;.WSF;.WSH
$_ENV['PROCESSOR_ARCHITECTURE']	x86
$_ENV['PROCESSOR_IDENTIFIER']	x86 Family 15 Model 4 Stepping 1, GenuineIntel
$_ENV['PROCESSOR_LEVEL']	15
$_ENV['PROCESSOR_REVISION']	0401
$_ENV['ProgramFiles']	C:\Program Files
$_ENV['SystemDrive']	C:
$_ENV['SystemRoot']	C:\WINDOWS
$_ENV['TEMP']	d:\
$_ENV['TMP']	d:\
$_ENV['USERPROFILE']	C:\Documents and Settings\Default User
$_ENV['windir']	C:\WINDOWS

2.6 本章小结

关于数组的类型，在 PHP 中就这两种：索引（数字作为键）数组和关联数组（字符串作为键），务必把这两种数组类型的数据形态弄清楚。

关于数组的维数，即一维或多维（超过一维的均视为多维，PHP 对数组维数没有限制），务必把数组维数的概念和多维数组的数据形态搞清楚。在实际开发过程中，使用最多的还是多维数组，尤其是从数据库返回的数据集数组，一般都是二维的。

本章中的“PHP 数组的遍历”及“PHP 数组常用操作”是重中之重，请读者务必掌握。

总之，本章属必知必会，须牢牢掌握，只有这样，才能进一步学习 PHP，为从事 PHP 开发打下坚实的基础。

接下来，将进入 PHP 的开发篇。

第 3 章

面向对象的程序开发

面向对象程序设计（Object Oriented Programming, OOP）是一种计算机编程架构，OOP 的一条基本原则是计算机程序是由单个能够起到子程序作用的单元或对象组合而成，OOP 达到了软件工程的 3 个目标：重用性、灵活性和扩展性。

面向对象一直是软件开发领域比较热门的话题，首先，面向对象符合人类看待事物的一般规律。其次，采用面向对象方法可以使系统各部分各司其职、各尽所能。为编程人员敞开了一扇大门，使其编程的代码更简洁、更易于维护，并且具有更强的可重用性。

从 OOP 的视角看，不应区分语言。无论是 C++、Java，.NET，还有更多面向对象的语言，只要了解了 OOP 的真谛，便可以跨越语言，让人的思想轻松地跳跃，也就没有对于 Java、.NET、PHP 之间谁强谁弱的争执了。

本章将对 PHP 的类和对象、继承类、类特性、接口、魔术方法、魔术变量及方法的使用等进行讲解。

3.1　类和对象

类（class）和对象（object）是面向对象方法的核心概念。

类是对一类事物描述，是抽象的、概念上的定义，类好像是在图纸上设计的楼房，楼房设计出来了，但这个楼房并不存在。

对象是实际存在的该类事物的每个个体，因而也称实例（instance）。对象是实实在在存在的，照着楼房的设计图纸，高楼盖起来，可以住进去了。在计算机中可以理解为，在内存中创建了实实在在存在的一个内存区域存储这个对象。

创建对象的过程称为“创建对象”，也称为实例化。

本节将重点讲解类和对象的定义、类的属性、PHP 的引用变量、类的方法、构造方法、析构函数与 PHP 的垃圾回收机制等内容。

3.1.1　类和对象的定义

PHP 中使用关键字 class 来定义一个类。类的命名一般使用首字符大写，每个单词首字符大写连接的方式方便阅读。例如：

```
<?php
class Product{}
?>
```

这样就创建了一个 PHP 类，如果继续使用这个类，需使用 new 关键字创建对象。

```
<?php
class Product{}
$p = new Product();
?>
```

定义了一个变量 $p，使用 new 关键字创建了一个 Product 的对象 $p。

3.1.2 类的属性解释

属性是用来描述对象的数据元素（也称为数据 / 状态）。

在 PHP 5 中，属性是指在 class 中声明的变量。在声明变量时，必须使用 public、private、protected 之一进行修饰，定义变量的访问权限。

- Public（公开）：可以自由地在类的内部和外部读取、修改。
- Private（私有）：只能在当前类的内部读取、修改。
- Protected（受保护）：能够在这个类和类的子类中读取和修改。

属性的使用：在类的外部，通过引用变量（实例化类后的那个变量即对象）后跟“->”符号表明调用该变量（实例化类后的那个变量即对象）所指向的属性或方法。而在类内部通过“$this->”符号调用对象的属性或方法。

其访问模型：$p->var1 或 $p->fun1()。

其中：

- $p 为实例化类后的那个变量即对象——称为对象；
- var1 为类中的变量即属性——称为属性；
- fun1 为类中函数即方法——称为方法。

下面对类的属性进行示例。

1.Public（公共）修饰的属性示例

（1）原样输出 Public 修饰的属性

```
<?php
class Product{
  public $name = "lenvovo";                   //定义public属性 $name
     public $price = 2000;                    // 定义 public 属性 $price;
}
$p = new Product();                           // 创建对象
echo $p."<br>";                               // 输出对象
echo "商品名称是 ".$p->name;              // 输出对象 $p 的属性 $name;
echo  “<br>”;
echo '商品价格是 '.$p->price;             //输出 price 属性 .
?>
                                                                    [000109]
```

Product 类有两个属性，$name 和 $price，在实例化后，使用 $p->name 和 $p->age 输出属性的内容。当然，可以在属性定义时不设置初始值，那样就输出不了任何结果了。

下面修改一下对象的属性。

（2）在外部修改后输出 Public 修饰的属性

```
<?php
class Product{
    public $name = "lenvovo";                 //定义public属性 $name.
    public $price = 2000;                     // 定义 public 属性 $price;
}
$p = new Product();                           // 创建对象
$p->name = 'IBM';                             //更改属性
```

```
$p->price = 3000;                          // 更改属性
echo " 商品名称是  ".$p->name;         // 输出对象 $p 的属性 $name;
echo "<br>";
echo " 商品价格是   ".$p->price;       // 输出 price 属性 .
?>
```
[000110]

2. Private（私有）修饰的属性示例

Private 修饰的属性，在当前对象以外不能访问。设置私有属性是为了进行数据的隐藏，这样外部的程序就不能直接访问这些属性。

如果创建的类对象直接访问 name 属性，会发生错误，看下面的例子。

访问私有属性提示错误，代码如下：

```
<?php
class Product{
    private $name = "lenvovo";
    public function getName(){
        return $this->name;
    }
}
$p = new Product();                        // 创建对象
echo '商品名称是  '.$p->name;
?>
```
[000111]

将会出错如下错误：

```
Fatal error:Cannot access private property Product::$name in......
```

提示没有权限访问私有属性，如果使用 getName() 方法取得 name 属性则可以，如下面示例。

通过访问内部公共方法输出私有属性，代码如下。

```
<?php
class Product{
    private $name = "lenvovo";
    public function getName(){
        return $this->name;
    }
}
$p = new Product();                        // 创建对象
echo '商品名称是  '.$p->getName();
?>
```
[000112]

注：在 PHP 5 的类内部使用“$this->”调用一个未定义的属性时，PHP 5 会自动创建一个属性供使用。这个被创建的属性，默认的权限是 public。

3.1.3　PHP 的引用变量

PHP 5 中，指向对象的变量，是一个引用变量。在这个变量中存储的是所指向对象的内存地址。引用变量传值时，传递的是这个对象的指向，而非复制这个对象，如下面的示例。

```
$p = new Product();
$p1 = $p;
```

这里是引用传递，$p1 与 $p 指向的是同一个内存地址，看下面的例子。

通过引用变量输出属性，代码如下：

```
<?php
class Product{
    public $name = "lenvovo";
}
```

```
$p = new Product(); // 创建对象
$p1 = $p;
$p1->name='IBM';     //改变 $p1 的 name 值
echo '$p1 的属性 name = '.$p1->name;
echo '<br>';
echo '$p 的属性 name = '.$p->name;
?>
```
[000113]

输出结果：

```
$p1 的属性 name=IBM
$p 的属性 name=IBM
```

结果显示都为 IBM，说明 $p，$p1 指的是同一个对象。

3.1.4 类的方法

通过方法定义时的参数，可以向方法内部传递变量。如下面的示例，定义方法时定义了方法参数 $name，使用这个方法时，可以向方法内传递参数变量。方法内接收到的变量是局部变量，仅在方法内部有效。可以通过向属性传递变量值的方式，让这个变量应用于整个对象，看下面的例子。

在外部向内部传递变量值并输出属性，代码如下：

```
<?php
class Product{
   public $name = "lenvovo";
   public function setName($name){
        $this->name=$name;
   }
   public function getName(){
        return $this->name;
   }
}
$p = new Product(); // 创建对象
$p->setName('IBM');     // 改变 $p 的 name 值
echo $p->getName();
?>
最后输出：IBM。
```
[000114]

如果声明这个方法有参数，而调用这个方法时没有传递参数，或者参数个数不足，系统会报出错误，看下面的例子。

在外部访问内部方法无传参错误，代码如下：

```
<?php
class Product{
   public $name = "lenvovo";
   public function setName($name){
        $this->name=$name;
   }
   public function getName(){
        return $this->name;
   }
}
$p = new Product(); // 创建对象
$p->setName();     //改变 $p 的 name 值
echo $p->getName();
?>
```
[000115]

结果提示如下：

```
Warning:Missing argument 1 for Product::setName(), called in ......
```

如果传递的参数个数超过方法定义的参数个数，PHP 就忽略多余的参数，不会报错。换句话说就是多了行（实参比形参多），少了不行（实参比形参少），看下面的例子。

【示例 3-1】在外部访问内部方法传参（实参）个数多于设定的参数个数（形参）。

代码如下：

```
<?php
class Product{
   public $name = "levovo";

   public function setName($name){
        $this->name=$name;
   }
   public function getName(){
        return $this->name;
   }
}
$p = new Product(); // 创建对象
$p->setName('a','b');     // 改变 $p 的 name 值
echo $p->getName();
?>                                                              [000116]
```

结果输出：

```
a
```

【示例 3-2】在外部访问内部方法传参（实参）个数多于设定的参数个数（形参）。

代码如下：

```
<?php
class Math{
    // 两个数值比较大小 .
    public function Max($a,$b){
            return $a>$b?$a:$b;
    }
}
$math = new Math();
echo "最大值是 ".$math->Max(99,100,100,100);
?>                                                              [000117]
```

结果输出：

```
最大值是 100。
```

可以在函数定义时为参数设定默认值。在调用方法时，如果没有传递参数，将使用默认值填充这个参数变量。

可以向一个方法内部传递另外一个对象的引用变量。在方法内部，这个引用可以一直传递，在需要时，调用这个对象的属性和方法。

这个操作称为“跨类访问”或“跨类互访”，例如下面这段代码。

```
<?php
class A {
     public $value = 'yes';
}
class Product{
   public function getValue($a){
        return $a->value;
   }
}
$a = new A();
$p = new Product();
echo $p->getValue($a);
?>                                                              [000118]
```

结果输出：

```
yes
```

3.1.5 构造方法

构造方法是对象被创建时自动调用的方法（实例化时立即被执行的方法），用来完成类初始化的工作。构造函数和其他函数一样，可以传递参数，可以设定参数默认值。构造函数可以调用属性，可以调用方法。构造函数可以被其他方法显式调用。在 PHP 4 中使用与类名同名的方法为构造函数。在 PHP 5 中规定构造方法使用 __construct()，同时也支持 PHP 4 的这种写法，建议采用 PHP 5 的“__construct()”写法。

重点说明：实例化时设定的参数值只能被“__construct()”接收，不能被其他方法接收，这一点要特别注意。

在上述的示例代码中，实例化类都没有设定参数值，而下面的示例在实例化类时设定参数值并由构造方法接收。

【示例 3-3】实例化类时设定参数值并由构造方法接收。

代码如下：

```
<?php
class Product{
   public function __construct($name){
         echo '在类初始化时执行此代码<br>';
         echo  $name.'<br>';
   }
}
$p = new Product('lenvovo');
$p1 = new Product('IBM');
?>
结果输出：在类初始化时执行此代码  lenvovo  在类初始化时执行此代码  IBM          [000119]
```

3.1.6 析构函数与 PHP 的垃圾回收机制

析构方法是指当某个对象成为垃圾或者当对象被显式销毁时所要执行的方法。在 PHP 中，没有任何变量指向这个对象时（这个类始终没有被实例化），这个对象就成为垃圾。PHP 将其在内存中销毁。这就是 PHP 的垃圾处理机制，防止内存溢出。

当一个 PHP 线程结束时，当前占用的所有内存空间都会被销毁，当前程序中的所有对象同样被销毁。在 PHP 5 中析构方法规定使用 __destruct()。析构函数也可以被显式调用，但不要这样做。析构函数是由系统自动调用的，不要在程序中调用一个对象的析构函数，析构函数不能带有参数。

程序结束前，所有对象会被销毁，析构函数被调用例如下面这段代码。

```
<?php
classProduct{
   public function __destruct(){
         echo '析构函数在这里执行，这里一般用来放置关闭数据库等收尾工作。';
   }
}
$p = new Product();
for($i=0;$i<4;$i++){
    echo $i.' <br>' ;
}
?>
最后输出：0 1 2 3 析构函数在这里执行，这里一般用来放置关闭数据库等收尾工作。      [000120]
```

当对象没有指向时，对象同样被销毁，如下面的代码：

```
<?php
class Product{
   public function __destruct(){
        echo '析构方法在这里执行，这里一般用来放置关闭数据库等收尾工作。';
   }
}
$p = new Product();
$p=null;     //$p='abc'时，析构方法也会执行
echo '<br>看到这里，析构方法被执行了。';
for($i=0;$i<4;$i++){
    echo $i.' <br>' ;
}
?>                                                              [000121]
```

结果输出如下：

```
析构方法在这里执行，这里一般用来放置关闭数据库等收尾工作。   看到这里，析构方法被执行了。
```

在本节讲解了类和对象的概念及定义使用，接下来探讨类继承使用的问题。

3.2　继承类

继承是面向对象编程的重要特征之一，其宗旨是避免代码重复使用并提升代码效率。继承类很重要，作为程序员几乎每天都要和它打交道，但 PHP 的继承与传统的面向对象继承也存在着一些区别，大家在使用时要严格遵守其规则。

在本节将讨论类继承方法、类的属性及方法修饰符的使用、类方法重写、parent:: 关键字的使用及类方法重载等内容。

3.2.1　怎样继承一个类

继承是面向对象最重要的特点之一，继承可以实现对类的复用。通过“继承”一个现有的类，可以使用已经定义的类中的方法和属性，继承而产生的类称为子类，被继承的类称为父类，也被称为超类。

PHP 是单继承的，一个类只可以继承一个父类，但一个父类却可以被多个子类所继承。从子类的角度看，它继承自父类；而从父类的角度看，它派生出子类。它们指的都是同一个动作，只是角度不同。

子类不能继承父类的私有属性和私有方法。在 PHP 5 中类的方法可以被继承，类的构造函数也能被继承。

下面的 man 类继承自 human 类，当实例化 human 类的子类 man 类时， 父类的方法 setHeight() 和 getHeight() 被继承。可以直接调用父类的方法设置其属性 $height，取得其属性 $height，下面是一个类继承的小例子。

```
<?php
//父类
class human{
    private  $height;
    public function  getHeight()
    {
            return $this->height;
    }
    public function  setHeight($h)
```

```
    {
            $this->height = $h;
    }
}
//子类
class man extends human
{
    /**
    * 子类新增方法
    */
    public function say()
    {
            echo "My Height is ".$this->height."<br>";
    }
}
$man = new man();
$man->setHeight(170);
echo $man->getHeight();
echo '<br>';
echo $man->say();
?>
结果输出：170 My Height is                                              [000122]
```

因为子类不能继承父类的私有属性，所以 say() 方法不能取得父类的 $height 值，如果将父类的属性 $height 声明为 public 或 protected，则可以。

PHP5 的构造方法也中可以被继承的，例如下面的例子。

```
<?php
//父类
class human{
     public function __construct() {
         echo '父类的构造方法被执行了。';
     }
}
//子类
class man extends human
{
}
$man = new man();
?>                                                                      [000123]
```

结果输出：

```
父类的构造方法被执行了。
```

继承类的私有属性和方法不被继承，否则会出现错误，如下面的代码：

```
<?php
//父类
class human{
     private function getName() {
         echo 'name';
     }
}
//子类
class man extends human{}
$man = new man();
$man->getName();
?>
```

结果会出错，提示无权限调用：

```
Fatal error:Call to private method human::getName() from ......
```

3.2.2　类的属性及方法修饰符的使用

在 PHP 5 中，可以在类的属性和方法前面加上一个修饰符，对类进行一些访问上的控制。表 3-1 显示了各修饰符的访问权限。

表 3-1

修饰符	同一个类中	子类中	全局
private	Y	N	N
protected	Y	Y	N
public	Y	Y	Y

表 3-1 中的修饰符有如下特点：

- private 不能直接被外部调用，只能在当前类的内部调用；
- protected 修饰的属性和方法只能被当前类内部或子类调用，外界无法调用；
- public 修饰的属性和方法，可以被无限制地调用。

3.2.3　类重写

如果从父类继承的方法不能满足子类的需求，可以对父类进行改写，这个过程称为方法的重写。当对父类的方法进行重写时，子类中的方法必须和父类中对应的方法具有相同的方法名称，在 PHP 5 中不限制输入参数类型、参数数量和返回值类型，（这点和 Java 不同）。子类中的覆盖方法（重写父类中的某方法）不能使用比父类中被覆盖方法（父类中被重写的方法）更严格的访问权限，重写后只限于该子类方法调用，其他子类不受影响，事实上父类中的属性并没有改变。声明方法时，如果不定义访问权限，默认权限为 public。

我们来看一个父类被重写的示例，代码如下：

```
<?php
// 父类
class human{
    private $height = '175CM';
     private $weight = '70kg';
    public function getHeight(){
            return $this->height;
    }
// 在子类中将重写这个方法，重写后将覆盖此方法。注：只限于重写该方法的子类。
    public function getWeight() {
            return $this->weight;
    }
}
// 子类
class man extends human{
     private $weight = '60kg';
    /**
     * 重写 getWeight 方法
     */
    public function getWeight(){
            return $this->weight;
    }
}
// 子类 2
class man2 extends human{
     private $weight = '65kg';
    /**
     * 重写 getWeight 方法
```

```
    */
    public function getWeight(){
            return $this->weight;
    }
}
$human = new human();
echo $human->getHeight();
echo '<br>';
echo $human->getWeight();
echo '<br>';
$man = new man();
echo $man->getWeight();
echo '<br>';
$man2 = new man2();
echo $man2->getHeight();
echo '<br>';
echo $man2->getWeight();
?>                                                    [000124]
```

结果输出：

```
175CM  70kg  60KG  175CM  65kg。
```

子类中的覆盖方法不能使用比父类中被覆盖方法更严格的访问权限，否则会出错，如下面的代码。

```
<?php
//父类
class human{
    private $height = '175CM';
     private $weight = '70kg';
    public function getHeight()
    {
            return $this->height;
    }
    public function getWeight()
    {
            return $this->weight;
    }
}
//子类
class man extends human
{
     private $weight = '60kg';
    /**
    * 重写getWeight方法
    */
    protected function getWeight()
    {
            return $this->weight;
    }
}
?>                                                    [000125]
```

结果输出：

```
Fatal error:Access level to man::getWeight() must be public(as in class human) ...
```

子类可以拥有与父类不同的参数个数，例如下面的例子。

```
<?php
//父类
class human{
     private $weight = '70kg';
    public function getWeight()
```

```
    {
            return $this->weight;
    }
}
// 子类
class man extends human
{
    private $weight;
    /**
    * 重写 getWeight 方法
    */
    public function getWeight($w)
    {
         $this->weight = $w;
            return $this->weight;
    }
}
$man = new man();
echo $man->getWeight('60kg');
?>
将会输出：60kg。                                                   [000126]
```

构造方法也可以重写。下面这段代码中，父类和子类都有自己的构造函数，当子类被实例化时，子类的构造函数被调用，而父类的构造函数没有被调用。

```
<?php
// 父类
class human{
    public function __construct()
    {
            echo 'human';
    }
}
// 子类
class man extends human
{
    /**
    * 重写构造方法
    */
    public function __construct()
    {
         echo 'man';
    }
}
$man = new man();
?>                                                                 [000127]
```

结果输出：

```
man。
```

3.2.4　使用 parent:: 关键字

PHP 5 中使用 parent:: 来引用父类的方法，它可用于调用父类中定义的成员方法。parent:: 的追溯不仅于直接父类。

在下面的示例中，读者不必关注这段代码的实际意义，而要关注这段代码的工作原理，尤其是“parent::”关键字的使用。首先定义一个父类 human，然后再定义一个子类 man 并继承父类 human，在类外部实例化子类 man，然后调用 man 子类中的方法。在这个示例中，父类的方法被重载。

注意：“parent::”关键字写在了 man 子类的方法中，在类内部必须这样写，这是 PHP 的规定。

```
<?php
//父类
class human{
    private $weight = '70kg';
   public function getWeight()
   {
          return $this->weight;
   }
}
//子类
class man extends human
{
    private $weight;
   /**
   * 重载getWeight方法
   */
   public function getWeight($w)
   {
       echo parent::getWeight();
       echo '<br>';
       $this->weight = $w;
          echo $this->weight;
   }
}
$man = new man();
$man->getWeight('60kg');
?>
```
[000128]

结果输出：

```
70kg  60kg。
```

3.2.5 类方法重载

当类中的方法名相同时，称为方法的重载，重载是 Java 等面向对象语言中重要的一部分，但在 PHP 5 中不支持重载，不支持有多个相同名称的方法。即在一个类中，方法不能重名。

在下面的代码中，max 方法是重复的，即在一个类中出现了两个 max 方法，这在 PHP 中是不允许的。

```
<?php
class Math{
   //两个数值比较大小 .
   public function Max($a,$b){
          return $a>$b?$a:$b;
   }
    //三个数值比较大小 .
   public function Max($a,$b,$c){
          $a = $this->Max($a,$b);
          return $this->Max($a,$c);
   }
}
$math = new Math();
echo "最大值是 ".$math->Max(99,100,88);
?>
```
[000129]

结果输出：

```
Fatal error:Cannot redeclare Math::Max() in ......
```

本节讲解了类继承的有关知识，接下来讨论有关类特性的问题。

3.3　类特性

PHP 的类特性，总结起来主要有以下 3 点。

1. 对象向下传递特性

当一个对象调用一个实例方法，然后在该方法中去静态调用另一个类的方法时，则在被静态调用的方法中获得源方法中的对象（this）。

2. 类静态（static）特性

包括函数中的静态变量、类中的静态成员以及方法中的动态指定“当前类”，关于方法中的动态指定“当前类”，与 self 不同，static 所代表的是调用本方法的类（动态），self 指其代码所在的类（静态）。如：static::$a，将输出被指定的当前类中 $a 的值：self::$a，将输出“self::$a”这个代码所在类里的 $a 的值。例如下面的代码：

```
<?PHP
class bee{
    static public $a = 10;
    static public function f(){
        echo get_class().':';
        echo self::$a.'-';
        echo static::$a;
    }
}
class lig extends bee{
    static public $a = 20;
}
echo bee::f();
echo '<br>';
echo lig::f();
?>
```

上面代码输出结果为：bee:10-10 bee:10-20，其中“bee”为类名，重点关注“20”这个输出值，搞清为什么。

3. 面向对象的三大思想

（1）封装：就是把数据封装起来尽量不给别人看，可以认为最基本的封装是把很多的数据封装到类里面；但更严格地讲，是尽量将属性做成私有的，并通过共有的方法向外提供操作。

（2）继承：继承的宗旨是避免代码重复使用并提升代码效率。

（3）多态：通常指的是一个对象用同样的方法得到不同的结果，或者不同的对象使用相同的方法得到不同的结果。

在本节，将重点讲解静态变量和方法、final 类、final 方法和常量，以及 abstract 类和 abstract 方法。

3.3.1　静态变量和方法

在 PHP 5 中，static 关键字用来声明静态属性和方法。static 关键字声明一个属性或方法是和类相关的，而不是和类的某个特定的实例相关，因此，这类属性或方法也称为“类属性”或“类方法”。如果访问控制权限允许，可不必创建该类对象而直接使用类名加两个冒号“::”调用，即不需经过实例化就可以访问类中的静态属性与方法。

静态属性与方法只能访问静态的属性和方法，不能类访问非静态的属性和方法。因为静态属性和方法被创建时，可能还没有任何这个类的实例可以被调用。

static 属性，在内存中只有一份，为所有的实例共用，一个类的所有实例，共用类中的静态属性。也就是说，在内存中即使有多个实例，静态的属性也只有一份。

下面例子中设置了一个计数器 $count 属性，设置 private 和 static 修饰，这样，外界并不能直接访问 $count 属性。而程序运行的结果也看到多个实例在使用同一个静态的 $count 属性。

注意：关于 PHP 中“::”和“->”操作符及“self”和“$this”属性或方法，代表它们在访问 PHP 类中的成员变量或方法时，如果被引用的变量或者方法被声明成 const（定义常量）或者 static（声明静态），那么在外部或内部访问就必须使用操作符“::”；反之，如果被引用的变量或者方法没有被声明成 const 或者 static，那么在外部或内部访问就必须使用操作符“->”。

另外，如果从类的内部访问 const 或者 static 变量或者方法，那么就必须使用自引用的“self”；反之，如果从类的内部访问不为 const 或者 static 变量或者方法，那么就必须使用自引用的“$this”。

“::”和“->”可以用于类内部或外部，代表的是操作符；而“self”和“$this”只限于类内部访问使用，代表的是某属性或方法。

对于类中被定义为 const（定义常量）的常量或者 static（声明静态）的变量或方法，访问它们无论是在内部或者外部，必须使用“::”，否则使用“->”。

对于 const（定义常量）或者 static（声明静态）必须使用“::”，否则使用“->”。

PHP 中“::”和“->”操作符及“self”和“$this”属性或方法代表具体使用格式如表 3-2 所示。

表 3-2

访问方式	内部访问格式	外部访问格式
const（定义常量）或者 static（声明静态）的属性或方法	self:: 属性或方法	类名 :: 属性或方法
非 const（定义常量）或者非 static（声明静态）的属性或方法	$this -> 属性或方法	实例化类对象 -> 属性或方法

表 3-2 解释如下：

- 内部访问 const（定义常量）或者 static（声明静态）则使用格式为“self:: 属性或方法”；
- 内部访问非 const（定义常量）或者非 static（声明静态）则使用格式为“$this -> 属性或方法”；
- 外部访问 const（定义常量）或者 static（声明静态）则使用格式为“类名 :: 属性或方法”。
- 外部访问非 const（定义常量）或者非 static（声明静态）则使用格式为“实例化类对象 -> 属性或方法”。

product 类的构造函数都会被自动执行，静态变量 $count 最后的值是 3。如果销毁任意一个实例对象，则 product 类中的 __destruct 方法被自动执行，静态变量 $count 的值变为 2。我们看下面的代码。

```
<?php
class Product{
    private static $count = 0 ; //记录商品的访问量 .
    public function __construct(){
            self::$count = self::$count + 1;
    }
    public function getCount(){
            return self::$count;
```

```
    }
    public function __destruct(){
        self::$count = self::$count -1;
    }
}
//创建三个类的实例
$p1 = new Product();
$p2 = new Product();
$p3 = new Product();
echo "count is ".$p1->getCount();
echo "<br>";
unset( $p3);
echo "count is ".$p1->getCount();
?>
最后输出：count is 3 count is 2。                                [000130]
```

静态属性不需要实例化就可以直接使用，在类还没有实例化时就可以直接使用，调用格式为：

```
类名 :: 静态属性名
```

看下面的示例。

首先在 product 类中定义一个公共的静态变量 $count，然后在类外部通过“类名 :: 属性或方法”来访问类中的成员。重点关注 Product::$count，代码如下：

```
<?php
class Product{
    public static $count = 3 ; //记录商品的访问量 .
}
echo Product::$count;
?>                                                               [000131]
```

结果输出：

```
3。
```

静态方法也不需要所在类被实例化就可以直接使用，调用格式为：

```
类名：：静态方法名
```

下面的 Math 类，用来进行数学计算。设计一个方法用来算出其中的最大值。既然是数学运算，也没有必要去实例化这个类，如果这个方法可以直接使用就方便多了，我们还是看一下小例子。

首先在 math 类中定义一个公共的静态方法 max，然后在类外部通过“类名 :: 属性或方法”来访问类中的成员。重点关注 Math::Max($a,$b)，代码如下：

```
<?php
class Math{
    public static function Max($num1,$num2){
        return $num1 > $num2 ? $num1 :$num2;
    }
}
$a = 10;
$b = 20;
echo "$ a 和 $ b 中的最大值是 ";
echo Math::Max($a,$b);
echo "<br>";
$a = 30;
$b = 20;
echo "$ a 和 $ b 中的最大值是 ";
echo Math::Max($a,$b);
?>                                                               [000132]
```

结果输出：

```
$a 和 $b 中的最大值是 20   $a 和 $b 中的最大值是 30。
```

下面使用静态方法调用静态属性，看下面的示例。

首先在 math 类中定义一个公共的静态变量 $pr 和一个公共的静态方法 area，在 area 方法中，通过“self:: 静态变量”获取该静态变量的值。最后，在类外部通过“类名 :: 属性或方法”来访问类中的成员。重点关注 self::$pr” 及“Math::area(3)，代码如下：

```
<?php
class Math{
    public static $pr = 3.14;
    public static function area($r){
        return self::$pr * $r * $r;
    }
}
echo Math::area(3);
?>                                                                    [000133]
```

结果输出：

```
28.26。
```

静态方法不能调用非静态属性，我们来看下面的代码。

```
<?php
class Math{
    public $pr = 3.14;
    public static function area($r){
      return self::$pr * $r * $r;//同样此处使用return $this->$pr * $r * $r也是不对的；
    }
}
echo Math::area(3);
?>
会提示如下错误：Fatal error:Access to undeclared static property:Math::$pr ......
                                                                      [000134]
```

关于类内部成员访问以及类外部访问，下面做一个总结。

（1）类内部

访问父类静态成员属性或方法，使用 parent::method() 或 self::method()。

注意：$this->staticProperty（父类的静态属性不可以通过 $this（子类实例））来访问。

（2）类外部

访问类静态成员属性或方法，使用：

- 类名 ::method()。
- 类实例 ->method()（静态方法也可以通过普通对象的方式访问）。

注意：类实例 ->staticProperty（父类的静态属性不可以通过类实例来访问）。

下面的示例主要用来说明类内部成员如何互访以及类外部如何访问类内部成员，具体细节请看代码中的解释说明。

```
<?php
/*
    1. 子类内部：
            访问父类静态成员属性或方法，使用 parent::method()/self::method()。
            注意：$this->staticProperty(父类的静态属性不可以通过$this(子类实例)，来访问。
    2. 子类外部：
            1) 子类名 ::method() 。
            2) 子类实例 ->method()(静态方法也可以通过普通对象的方式访问) 。
            注意：子类实例 ->staticProperty( 父类的静态属性不可以通过子类实例来访问)。
*/
```

```
    //父类
    class human{
        private  $height;
        public $var1='abcd';
        static public $var2='efgh';
        static public function  gettiz()
        {
                return self::$var2;
        }
        public function  getHeight()
        {
                return $this->height;
        }
        public function  setHeight($h)
        {
                $this->height = $h;
        }
    }
    //子类
    class man extends human
    {
        /**
        * 子类新增方法
        */
        public function say(){
                echo "My Height is ".$this->height."<br>";
                echo  "子类访问父类非静态方法写法 1: ".$this->getHeight()."<br>";//在子类
中访问父类中的非静态方法，可以用 this-> 父类的方法。
                echo "子类访问父类非静态方法写法 2: ".parent::getHeight()."<br>";//在子类
中访问父类中的非静态方法，可以用 parent:: 父类的方法。
                echo "子类访问父类非静态属性写法 1: ".$this->var1."<br>";//在子类中访问父类
中的非静态属性，可以用 this-> 父类的属性。
    //echo "子类访问父类非静态属性写法 2: ".parent::var1."<br>";//这样写是不允许的。
                echo "子类访问父类静态方法写法 1: ".parent::gettiz()."<br>";//在子类中访问
父类中的静态方法，可以用 parent:: 父类的静态方法。
                echo "子类访问父类静态方法写法 2: ".self::gettiz()."<br>";//在子类中访问父
类中的静态方法，可以用 self:: 父类的方法。
                echo "子类访问父类静态属性写法 1: ".parent::$var2."<br>";//在子类中访问父类
中的静态方法，可以用 parent:: 父类的静态方法。
                echo "子类访问父类静态属性写法 2: ".self::$var2."<br>";//在子类中访问父类中
的静态方法，可以用 self:: 父类的方法。
        }
    }
    $man = new man();
    $man->setHeight(170);
    echo $man->getHeight();
    echo '<br>';
    echo $man->say();
    echo '<br>';
    echo "在类外部，用非静态的普通的对象访问方式访问静态的方法: ".$man->gettiz();//用非静态的
普通的对象访问方式访问静态的方法。
    echo '<br>';
    echo "在类外部，用静态的对象访问方式访问静态的方法: ".man::gettiz();//用静态的对象访问方
式访问静态的方法。
    echo '<br>';
    //echo "在类外部，用非静态的普通的对象访问方式访问静态的属性: ".$man->var2;//用非静态的普
通的对象访问方式访问静态的属性，这是不允许的。
    echo '<br>';
    echo "在类外部，用静态的对象访问方式访问静态的属性: ".man::$var2;//用静态的对象访问方式访
问静态的属性。
    echo '<br>';
    ?>
```

[000135]

3.3.2 final 类、final 方法和常量

如果不希望类被继承及类中的方法被重写，则使用“final”修饰符进行修饰，起到安全保护作用。

1. final 类不能被继承

如果不希望一个类被继承，可以使用 final 来修饰这个类。下面设定一个 Math 类，涉及要做的数学计算方法，这些算法也没有必要修改，也没有必要被继承，把它设置成 final 类型，我们看会出现什么结果。

```
<?php
final class Math{
    public $pr = 3.14;
}
$math = new Math();
echo $math->pr;
// 声明 A 类，它继承自 Math 类，但执行时会出错，final 类不能被继承。
class A extends Math {
}
?>                                                              [000136]
```

结果输出：

```
Fatal error:Class A may not inherit from final class(Math) .......
```

2. final 方法不能被重写

final 方法不能被重写，如果不希望类中的某个方法被子类重写，可以设置这个方法为 final 方法，只需在这个方法前加上 final 修饰符。如果这个方法被子类重写，将会出现错误，例如下面的代码。

```
<?php
class Math{
   // 两个数值比较大小 .
   public final function Max($a,$b){
          return $a>$b?$a:$b;
    }

}
class A extends Math {
    public function Max($a,$b) {
        echo 'test';
    }
}
$math = new A();
echo $math->Max(99,100);
?>                                                              [000137]
```

结果输出：

```
Fatal error:Cannot override final method Math::Max()...
```

3. PHP 5 中的常量

在 PHP 5 中使用 const 定义常量，定义的这个常量不能被改变。const 定义的常量与定义变量的方法不同，不需要加 $ 修饰符，像 const PI = 3.14; 这样就可以。使用 const 定义的常量名称一般都大写。

在类中的常量使用起来类似静态变量，不同的是它的值不能被改变。使用“类名 :: 常量名”来调用这个常量，代码如下：

```
<?php
```

```
class Math{
    const PI = 3.14;
    public static function area($r){
       return self::PI * $r * $r; //此处使用 return $this->$PI*?*pr * $r * $r 是不
对的；
    }
}
echo Math::area(3);
?>                                                                     [000138]
```

结果输出：

```
28.26。
```

3.3.3 abstract 类和 abstract 方法

可以使用 abstract 来修饰一个类或者方法，称为抽象类或者抽象方法。抽象类不能被实例化。抽象方法只有方法声明，没有方法体。

1. abstract 抽象类

用 abstract 修饰的类表示这个类是一个抽象类，这个类不能被实例化。

下面是一个简单抽象的方法，如果它被直接实例化，系统会报错，代码如下：

```
<?php
 abstract class Product{
    public function getName() {
    }
}
$p = new Product();
?>                                                                     [000139]
```

结果输出：

```
Fatal error:Cannot instantiate abstract class Produc......
```

下面的 A 类继承自 Product 类，即可被实例化，代码如下。

```
<?php
 abstract class Product{
    public function getName() {
    }
}
class A extends Product {
}
$p = new A();
?>                                                                     [000140]
```

单独设置一个抽象类没有意义，只有有了抽象方法，抽象类才有了血肉。

2. abstract 抽象方法

用 abstract 修饰的类表示这个方法是一个抽象方法。抽象方法只有方法的声明部分，没有方法体。

在一个类中，只要有一个抽象方法，这个类就必须被声明为抽象类。抽象方法在子类中必须被重写，例如下面的小例子。

```
<?php
 abstract class human{
     //这两个方法必须在子类中继承
    abstract function getHeight();
    abstract function getWeight();
}
class man extends human {
```

```
        public function getHeight() {
        }
        public function getWeight() {
        }
    }
    $p = new man();
    ?>                                                                    [000141]
```

在本节主要讲解了类特性，这些类特性包括静态变量和方法、final 类、final 方法和常量及 abstract 类和 abstract 方法等，接下来讨论 PHP 的一个很重要的概念——接口。

3.4 接口

父类可以派生出多个子类，但一个子类只能继承自一个父类，PHP 不支持多重继承，接口有效地解决了这一问题。

接口是一种类似于类的结构，可用于声明实现类所必须声明的方法，它只包含方法原型，不包含方法体。这些方法原型必须被声明为 public，不可以为 private 或 protected。

如果一个抽象类里面的所有方法都是抽象方法，且没有声明变量，而且里面所有的成员都是 public 权限的，那么这种特殊的抽象类称为接口。接口也可以看作是一个模型的规范，接口与抽象类大致区别如下。

一个子类如果 implements 一个接口，就必须实现接口中的所有方法（不管是否需要）；如果继承一个抽象类，只需实现需要的方法即可。

如果一个接口中定义的方法名改变了，那么所有实现此接口的子类需要同步更新方法名；而抽象类中如果方法名改变了，其子类对应的方法名将不受影响，只是变成了一个新的方法。

抽象类只能单继承，当一个子类需要实现的功能需要继承多个父类时，就必须使用接口。

接口使用 interface 关键字定义。

```
Interface Ihuman{}
```

与继承使用 extends 关键字不同的是，实现接口使用的是 implements 关键字。

```
class man implements Ihuman{}
```

实现接口的类必须实现接口中声明的所有方法，除非这个类被声明为抽象类。我们通过下面两个小例子来说明一下接口的引用。

（1）引用一个接口，代码如下：

```
<?php
 interface Ihuman{
     //这两个方法必须在子类中继承，修饰符必须为public
    public function getHeight();
    public function getWeight();
}
class man implements Ihuman{
   private $height = '170CM';
   private $weight = '70kg';
   //具体实现接口声明的方法
   public function getHeight(){
          return $this->height;
   }
   public function getWeight(){
          return $this->weight;
   }
   //这里还可以有自己的方法
```

```
    public function getOther(){
            return 'other ...';
    }
}
$man = new man();
echo $man->getHeight();
echo '<br>';
echo $man->getWeight();
echo '<br>';
echo $man->getOther();
?>
最后输出：170CM  70kg  other ...。
```
[000142]

（2）同时引用多个接口，代码如下：

```
<?php
/**
 * 声明接口 gcctest
*/
interface gcctest
{
 const NAME = "wangzhengyi";
 const AGE = 25;
 function fun1 (); // 声明方法默认是 public abstract
 function fun2 ();
}
/**
 * 声明接口 gcctest2 并继承 gcctest
*/
interface gcctest2 extends gcctest
{
 function fun3 ();
 function fun4 ();
}
/**
 * 声明接口 gcctest3
*/
interface gcctest3
{
 function fun5 ();
 function fun6 ();
}
/**
 * 声明父类 ParentClass
*/
class ParentClass
{
 function fun7 ();
  function fun8 ();
}
/**
 * 子类必须实现接口中所有的方法
 *
 * @author wzy
 */
class ChildClass extends ParentClass implements gcctest2, gcctest3
{
 function fun1 ();
 function fun2 ();
 function fun3 ();
 function fun4 ();
 function fun5 ();
 function fun6 ();
}
```
[000143]

在本节简要描述了 PHP 接口的概念，其应用是非常广泛的，大多 PHP 应用项目都离不开接口的运用，由于篇幅的限制，本书在此只提供两个简单的示例。下面讨论 PHP5 中的魔术方法。

3.5 PHP 5 中的魔术方法简介

PHP 5 中以两个下划“__”开头的方法都是 PHP 中保留的魔术方法，包括 __set 方法、__get 方法、 __call 方法和 __toString 方法，将它们称为魔术方法是对它们一个形象的称呼，因为这些方法就像变魔术一样，将程序中的 bug 找出来以便于开发人员纠错码，主要用于代码维护，下面分别进行介绍。

3.5.1 __set 魔术方法

当给一个未定义的属性赋值时，函数 __set($property,$value) 会被自动调用，传递的参数就是被设置的属性名和值示例如下：

```
<?php
error_reporting(7); //错误级别函数
class A {
    public function __set($key,$value) {
        echo '__set 函数被调用了 <br>';
        echo "\$key={$key},\$value={$value}<br>";//\$ 转义
        $this->$key = $value;
    }
}
$a = new A();
$a->name = 'value2';
echo $a->name;
?>                                                          [000144]
```

结果输出：

```
__set 函数被调用了 $key=name,$value=value2。
```

当试图给一个没有访问权限的属性赋值时，也会自动调用 __set 方法示例如下：

```
<?php
error_reporting(7); // 错误级别函数
header("Content-type:text/html; charset=GBK");
// header("Content-type:text/html; charset=UTF-8");
class A {
    //此处修饰符为 private、protected 时，都会调用 __set 方法。
    private $name = 'value1';
    public function __set($key,$value) {
        echo '__set 函数被调用了 <br>';
        echo "\$key={$key},\$value={$value}";
        $this->$key = $value;
    }
}
$a = new A();
$a->name = 'value2';
echo $a->name;
?>                                                          [000145]
```

结果输出：

```
    __set 函 数 被 调 用 了 $key=name,$value=value2 Fatal error:Cannot access private
property A::$name in …。
```

看到 __set 函数被调用了，但使用 $name 属性访问权限为 private，所以 $a->name 访问时会出错，这里需要使用 __get 方法。

3.5.2　__get 魔术方法

当调用一个未定义的属性时，方法 __get（$property）会被自动调用，示例如下：

```
<?php
error_reporting(7); //错误级别函数
header("Content-type:text/html; charset=GBK");
// header("Content-type:text/html; charset=UTF-8");
class A {
    public function __get($key) {
        echo '__get 方法被调用了 ';
    }
}
$a = new A();
$a->name;
?>                                                          [000146]
```

最后输出：

```
__get 方法被调用了。
```

当试图访问一个没有权限的属性时，也会调用 __get 方法，示例如下：

```
<?php
error_reporting(7);//错误级别函数
header("Content-type:text/html; charset=GBK");
// header("Content-type:text/html; charset=UTF-8");
class A {
    //此处修饰符为 private、protected 时，都会调用 __get 方法。
    private $name = 'value1';
    public function __get($key) {
        echo '__get 方法被调用了 <Br>';
        return $this->$key;
    }
}
$a = new A();
echo $a->name;
?>                                                          [000147]
```

最后输出：

__get 方法被调用了 value1。

3.5.3　__call 魔术方法

当调用一个未定义的方法时，方法 __call($method,$arg_array) 会被自动调用。这里的未定义的方法不包括没有权限访问的方法，示例如下：

```
<?php
error_reporting(7); //错误级别函数
header("Content-type:text/html; charset=GBK");
// header("Content-type:text/html; charset=UTF-8");
class A {
    public function __call($method,$arg) {
        echo '__call 方法被调用了 <Br>';
      echo $method . "<Br>";
      var_dump($arg);
    }
}
$a = new A();
```

```
echo $a->getName(5,6,7);
?>
```
[000148]

最后输出：

```
__call 方法被调用了。
```

3.5.4 __toString 魔术方法

__toString 方法在将一个对象当作字符串使用时自动调用，比如使用 echo 输出对象时。示例如下：

```
<?php
error_reporting(7); // 错误级别函数
header("Content-type:text/html; charset=GBK");
// header("Content-type:text/html; charset=UTF-8");
class A {
    public function __toString() {
        echo '__toString 方法被调用了';
    }
}
$a = new A();
echo $a;
?>
```
[000149]

最后输出：

```
__toString 方法被调用了。
```

再看下面的示例，该示例是这些魔术方法的综合运用。

```
<?php
header("Content-type:text/html; charset=GBK");
// header("Content-type:text/html; charset=UTF-8");
class String1
{
    public $value;// 字符串的值
    public function __construct($str)
    {
        $this->value = $str;
    echo '构造方法内执行：'.$this->value . "<br>";
    }
    public function __call($method, $args)
    {
        array_push($args,$this->value);
        $this->value = call_user_func_array($method,$args);
    echo  '__call 方法内执行：'.$this->value . "<br>";
        return $this;
    }
    // 打印对象时返回对象的 value 值
    public function __toString()
    {
    echo  '__toString 方法内执行：'.$this->value . "<br>";
        return  strval($this->value);
    }
}
$str = new String1('     20200413     ');
$rq = $str->trim()->strtotime()->date('Y 年 m 月 d 日');
echo $rq;
?>
```
[000150]

输出结果：

```
构造方法内执行：  20200413
__call 方法内执行：20200413
__call 方法内执行：1586728800
```

```
__call 方法内执行：2020 年 04 月 13 日
__toString 方法内执行：2020 年 04 月 13 日
2020 年 04 月 13 日
```

在上面结果中为什么 __call 方法被执行了 3 次，请读者自己分析，算作一个小问题。

3.6 PHP 魔术变量、魔术方法、常规函数以及回调函数的使用

PHP 语言中的魔术变量、魔术方法、常规函数以及回调函数在实际应用开发中也是比较常用的，这里的“魔术”概念，是指由于某个事件的发生而导致 PHP 自动执行某些模块代码，这些模块代码是内嵌在 PHP 系统里而非后天开发的。而某个事件代码则是后天开发的，即由开发人员书写。也就是说一旦后天代码被执行，则 PHP 的内嵌模块代码将被自动激活或触发。

关于回调函数的概念，可以理解为函数的嵌套，即函数中包裹着函数。典型的嵌套模式是函数的变量值不是具体的某个值，而是另外一个函数，这就形成了函数的嵌套调用模式，我们把这种调用模式称为函数的回调。关于 PHP 语言中的魔术变量、魔术方法、常规函数以及回调函数等的适用场景及示例，我们接下来会具体说明。

- PHP 魔术变量

主要介绍 __CLASS__、__FILE__、__LINE__、__FUNCTION__、__METHOD__、__DIR__ 以及 __NAMESPACE__ 的使用。

- 魔术方法

主要介绍 __toString()、__call()、__set()、__get()、__isset()、__unset() 以及 __autoload() 的使用。

- 常规函数

主要介绍 get_class_methods()、get_class_vars()、call_user_func_array()、get_object_vars() 以及 method_exists() 的使用。

- PHP 函数检测与回调综合运用

主要介绍回调函数 call_user_func() 和 call_user_func_array() 及检测函数是否允许被调用等。

3.6.1 PHP 魔术变量

PHP 的魔术变量记录并收集应用程序运行过程中的细节信息，如“__DIR__”魔术变量记录当前执行的 PHP 文件所在的目录。这些细节信息可以根据需要拿来用就可以了。但在拿来用之前，必须了解这些魔术变量到底记录的都是什么信息，下面将进行详细说明。

1. __CLASS__ 魔术变量的使用

该魔术变量返回被调用方法所属类的类名，该类名可能是父类名，也可能是子类名。PHP 5 返回的结果区分大小写，示例如下：

```
<?php
error_reporting(7); //错误级别函数
header("Content-type:text/html; charset=GBK");
// header( “Content-type:text/html; charset=UTF-8” );
```

```
class base_class{
 function say_a(){
 echo "'say_a()'- 当前类名 1  :  '__CLASS__'  :  " . __CLASS__ . "<br/>";
 echo "'say_a()'- 当前类名 2  :  'get_class()'  :  " . get_class($this) . "<br/>";
 }
 function say_b(){
 echo "'say_b()'- 当前类名 3  :  '__CLASS__'  :  " . __CLASS__ . "<br/>";
 echo "'say_b()'- 当前类名 4  :  'get_class()'  :  " . get_class($this) . "<br/>";
 }
}
class derived_class extends base_class{
 function say_a(){
 parent::say_a();
 echo "'say_a()'- 当前类名 5  :  '__CLASS__'  :  " . __CLASS__ . "<br/>";
 }
 function say_b(){
 parent::say_b();
 echo "'say_b()'- 当前类名 6  :  '__CLASS__'  :  " . __CLASS__ . "<br/>";
 }
}
$obj_b = new derived_class();
$obj_b->say_a();
echo "<br/>";
$obj_b->say_b();
?>                                                           [000151]
```

输出结果：

```
'say_a()'- 当前类名 1 : '__CLASS__' : base_class
'say_a()'- 当前类名 2 : 'get_class()' : derived_class
'say_a()'- 当前类名 5 : '__CLASS__' : derived_class

'say_b()'- 当前类名 3 : '__CLASS__' : base_class
'say_b()'- 当前类名 4 : 'get_class()' : derived_class
'say_b()'- 当前类名 6 : '__CLASS__' : derived_class
```

上面的输出结果说明返回的当前类名称既有父类也有子类。

在上面示例中用到 get_class() 函数，该函数和 __CLASS__ 魔术变量功能差不多，__CLASS__ 魔术变量有时返回父类名称，有时返回子类名称，但 get_class() 函数只返回最先（当前）执行类的名称，因此，get_class() 函数才是真正意义的返回当前执行类的名称。建议采用 get_class() 函数来代替 __CLASS__，示例如下：

```
<?php
error_reporting(7); //错误级别函数
header("Content-type:text/html; charset=GBK");
// header("Content-type:text/html; charset=UTF-8");
//php5.3
class Model
{
 public static function find()
 {
 echo __CLASS__;
 }
}
class Product extends Model {}
class User extends Model {}
Product::find(); // "Model"
echo "</br>"; //换行
User::find(); // "Model"
?>                                                           [000152]
```

输出结果：

```
Model
Model
```

输出结果返回的都是父类名称而非子类名称 Product 及 User。

2. __FILE__ 魔术变量的使用

__FILE__ 魔术变量返回文件的完整路径和文件名。如果用在被包含文件中，则返回被包含的文件名。自 PHP 4.0.2 起，__FILE__ 总是包含一个绝对路径（如果是符号连接，则是解析后的绝对路径），而在此之前的版本有时会包含一个相对路径。

这个变量，用的是最多的。

Web 服务器都会指定一个 documentroot 的，但是不同的服务器，设置的 documentroot 有可能不同。在这种情况下，把一个网站从一个服务器搬家到另一个服务器，就有可能因为路径的不同，造成网站跑不起来，示例如下：

```
<?php
/**
在公用的配置文件中，来设置的根目录，这样就不用担心经常搬家了。
*/
define('ROOT_PATH', dirname(__FILE__) . DIRECTORY_SEPARATOR);
echo ROOT_PATH;
echo "<br>";
echo __FILE__;
echo "<br>";
echo dirname(__FILE__);
echo "<br>";
echo dirname(dirname(__FILE__));
?>                                                              [000153]
```

将上面代码取名为 gcc1.php，在浏览器网址中输入 http://localhost/gcc1.php，输出结果如下：

```
C:\wamp64\www\
C:\wamp64\www\gcc1.php
C:\wamp64\www
C:\wamp64
```

在上面的输出结果中，“C:\wamp64\www\gcc1.php”为“__FILE__”的输出结果。

3.__LINE__ 魔术变量的使用

__LINE__ 是文件中的当前行号。这个变量在调试错误时，还是比较有作用的，其他的时候没什么用处。

```
<?php
echo __LINE__;  //显示，__LINE__ 所在的行号
?>                                                              [000154]
```

4. __FUNCTION__ 和 __METHOD__ 魔术变量的使用

__FUNCTION__ 和 __METHOD__ 函数都是取得方法的函数名称，PHP5 中返回的结果都区分大小写。但是它们之间有什么不同呢？我们来看一下下面的代码。

```
<?php
class test
{
 function a()
 {
 echo __FUNCTION__;
 echo "<br>";
 echo __METHOD__;
 }
```

```
}
function good(){
 echo __FUNCTION__;
 echo "<br>";
 echo __METHOD__;
}
$test = new test();
$test->a();
echo "<br>";
good();
?>                                                              [000155]
```

相对于孤立的函数来说，二者都可以取出函数名，没什么区别，如果是 class 中的方法时，__FUNCTION__ 只能取出 class 的方法名，而 __METHOD__ 不但能取出方法名，还能取出 class 名。

5. __DIR__ 魔术变量的使用

__DIR__ 魔术变量返回文件所在的目录。如果用在被包括文件中，则返回被包括的文件所在的目录。它等价于 dirname(__FILE__)。除非是根目录，否则目录中名不包括末尾的斜杠。（PHP 5.3.0 中新增）。

如果在 5.3 以前的版本中想用 __DIR__，可以这样：

```
<?php
if(!defined('__DIR__')) {
 $iPos = strrpos(__FILE__, "/");
 define("__DIR__", substr(__FILE__, 0, $iPos) . "/");
}
?>                                                              [000156]
```

6. __NAMESPACE__ 魔术变量的使用

__NAMESPACE__ 魔术变量返回当前命名空间的名称（大小写敏感）。这个常量是在编译时定义的（PHP 5.3.0 新增）。

下面简单介绍 PHP 5 命名空间的使用。

什么是命名空间？从广义上来说，命名空间是一种封装事物的方法。在很多地方都可以见到这种抽象概念。例如，在操作系统中目录用来将相关文件分组，对于目录中的文件来说，目录就扮演了命名空间的角色。举个例子，文件 gcc.txt 可以同时在目录 \home\1 和 \home\1 中存在，但在同一个目录中不能存在两个 gcc.txt 文件。另外，在目录 \home\1 外访问 gcc.txt 文件时，必须将目录名以及目录分隔符放在文件名之前得到 \home\1\foo.txt。这个原理应用到程序设计领域就是命名空间的概念。

在 PHP 中，命名空间用来解决在编写类库或应用程序时创建可重用的代码（类或函数）时碰到的两类问题：

（1）用户编写的代码与 PHP 内部的类 / 函数 / 常量或第三方类 / 函数 / 常量之间的名称冲突。

（2）为很长的标识符名称（通常为了解决第一类问题而定义）创建一个别名（简短的名称）以提高源代码的可读性。

PHP 命名空间提供了一种将相关的类、函数和常量组合到一起的途径。

【示例 3-4】PHP 命名空间的使用。

有 3 个文件，分别是 s1.php，s2.php，u.php，放在同一目录里。

文件 s1.php 的代码如下：

```
<?php
namespace MyNamespace\Factory;
echo __NAMESPACE__ . "<br/>";
class Employees{
  private $name;
  function __construct($nameStr){
    $this->name = $nameStr;
  }
  function getName(){
    return 'Factory : '.$this->name;
  }
}
?>
```
[000157]

文件 S2.php 的代码如下：

```
<?php
namespace MyNamespace\Company;
echo __NAMESPACE__ . "<br/>";
class Employees{
  private $name;
  function __construct($nameStr){
    $this->name = $nameStr;
  }
  function getName(){
    return 'Company : '.$this->name;
  }
}
?>
```
[000158]

文件 u.php 的代码如下：

```
<?php
//假如有两个 PHP 文件，文件里都有一个 Employees 类。在同一个文件里创建两个 Employees 对象，肯定是不行的，此时就可以用上命名空间。
$DIR = dirname(__FILE__);
include($DIR.' /s1.php' );
include($DIR.' /s2.php' );
$obj = new MyNamespace\Factory\Employees( 'gcc1' );
$myName = $obj->getName();
echo "<p>$myName</p>";
$obj = new MyNamespace\Company\Employees( 'gcc2' );
$myName = $obj->getName();
echo "<p>$myName</p>";
?>
```
[000159]

在浏览器网址中输入 http://localhost/u.php，输出结果如下。

```
MyNamespace\Factory
MyNamespace\Company
Factory : gcc1
Company : gcc2
```

3.6.2 PHP 魔术方法使用

PHP 的魔术方法依据应用程序的动作而相应地被触发执行。例如：__call() 方法，当应用程序中调用的方法不存在时，PHP 会自动触发这个魔术方法的执行；因此，为了避免当调用的方法不存在时产生错误，可以使用 __call() 方法来避免。因此在使用这些魔术方法之前，必须了解应用程序的哪些动作或者说事件会触发相应魔术方法的执行，下面将进行详细说明。

1. __toString() 魔术方法的使用

__toString() 方法是自动被调用的，是在直接输出对象引用时而自动被调用的。

比如："$p=new Person()"中，$p 就是一个引用，不能使用 echo 直接输出 $p，会输出"Catchablefatal error:Object of class Person could not be converted to string"这样的错误。如果在类里面定义了"__toString()"方法，在直接输出对象引用时，就不会产生错误，而是自动调用了"__toString()"方法，输出"__toString()"方法中返回的字符，所以"__toString()"方法一定要有个返回值（return 语句），示例如下：

```
<?php
    // Declare a simple class
    class TestClass
    {
        public $foo;
        public function __construct($foo) {
        $this->foo = $foo;
        }
       //定义一个 __toString 方法，返加一个成员属性 $foo
        public function __toString() {
        return $this->foo;
        }
    }
    $class = new TestClass('Hello');
    //直接输出对象
    echo $class;
?>                                                          [000160]
```

__toString() 是快速获取对象的字符串信息的便捷方式，似乎魔术方法都有一个"自动"的特性，如自动获取，自动打印等，__toString() 也不例外，它是在直接输出对象引用时自动调用的方法。

在调试程序时，需要知道是否得出正确的数据。比如打印一个对象时，看看这个对象都有哪些属性，其值是什么。如果类定义了 toString 方法，就能在测试时，echo 打印对象体，对象就会自动调用它所属类定义的 toString 方法，格式化输出这个对象所包含的数据。

下面再来看一个 __toString() 的示例，代码如下。

```
<?php
 class Person{
     private $name = "";
     function __construct($name = ""){

         $this->name = $name;
     }
     function say(){

         echo "Hello,".$this->name."!<br/>";
     }
     function __tostring(){//在类中定义一个 __toString 方法
         return  "Hello,".$this->name."!<br/>";
     }
 }
 $WBlog = new Person('WBlog');
 echo $WBlog;//直接输出对象引用则自动调用了对象中的 __toString() 方法
 $WBlog->say();//试比较一下和上面的自动调用有什么不同
 ?>                                                         [000161]
```

程序输出：

```
Hello,WBlog! Hello,WBlog!。
```

如果不定义"__tostring()"方法会怎么样呢？例如在上面代码的基础上，把"__tostring()"方法屏蔽掉，再看一下程序输出结果：

```
Catchable fatal error:Object of class Person could not be converted to string
```

由此可知，如果在类中没有定义“__tostring()”方法，则直接输出对象的引用时就会产生语法错误，另外 __tostring() 方法体中需要有一个返回值。

2. __call() 魔术方法的使用

__call() 方法用于监视错误的方法调用。

为了避免当调用的方法不存在时产生错误，可以使用 __call() 方法来避免。该方法在调用的方法不存在时会自动调用，程序仍会继续执行下去。

语法如下：

```
function __call(string $function_name, array $arguments)
{
    ......
}
```

该方法有两个参数，第一个参数 $function_name 会自动接收不存在的方法名，第二个参数 $args 则以数组的方式接收不存在方法的多个参数，示例如下：

```
<?php
class Person{
    function __call($function_name, $args)
    {
            echo "所调用的函数：$function_name(参数：<br />";
            var_dump($args);
            echo ")不存在！ ";
    }
}
$p1=new Person();
$p1->test(2,"test"); //调用不存在的方法 test()
?>                                                              [000162]
```

3. __set()、 __get()、 __isset() 与 __unset() 魔术方法的使用

实际应用中，经常把类的属性设置为私有（private），那么需要对属性进行访问时，就会变得麻烦。虽然可以将对属性的访问写成一个方法来实现，但 PHP 提供了一些特殊方法来方便此类操作。

（1） __set()

__set() 方法用于设置私有属性值。该方法在 3.5 节有介绍，在此从“用于设置私有属性值”这一角度进行介绍。

例如：

```
Function __set($property_name,$value)
{
    $this->$property_name = $value;
}
```

在类里面使用了 __set() 方法后，当使用 $p1->name= “张三” 这样的方式去设置对象私有属性的值时，就会自动调用 __set() 方法来设置私有属性的值。

（2） __get()

__get() 方法用于获取私有属性值。该方法也在 3.5 节有介绍，在此从“获取私有属性值”这一角度进行介绍。

例如：

```
Function __get($property_name,$value)
{
    return isset($this->$property_name) ? $this->$property_name :null;
```

```
    }
```

下面通过一个小例子比较以上两种方法的使用差别，代码如下。

```
    <?php
    error_reporting(7); //错误级别函数
    header("Content-type:text/html; charset=GBK");
    // header("Content-type:text/html; charset=UTF-8");
    class Person {
        private $name;
        private $sex;
        private $age;
        //__set() 方法用来设置私有属性
        function __set($property_name, $value) {
                echo "在直接设置私有属性值的时候，自动调用了这个 __set() 方法为私有属性赋值
<br />";
            $this->$property_name = $value;
        }
        //__get() 方法用来获取私有属性
        function __get($property_name) {
            echo "在直接获取私有属性值的时候，自动调用了这个 __get() 方法<br />";
            return isset($this->$property_name) ? $this->$property_name :null;
        }
    }
    $p1=new Person();
    //直接为私有属性赋值的操作， 会自动调用 __set() 方法进行赋值
    $p1->name = "张三";
    //直接获取私有属性的值， 会自动调用 __get() 方法，返回成员属性的值
    echo "我的名字叫："．$p1->name;
    ?>
```

[000163]

运行结果：

```
    在直接设置私有属性值的时候，自动调用了这个 __set() 方法为私有属性赋值
    在直接获取私有属性值的时候，自动调用了这个 __get() 方法
    我的名字叫：张三
```

从上面的例子可以看到，在直接设置私有属性值时，自动调用了这个 __set() 方法为私有属性赋值。在直接获取私有属性值时，则自动调用了这个 __get() 方法。

（3） __isset()

__isset() 方法用于检测私有属性值是否被设定。如果对象里面成员是公有的，可以直接使用 isset() 函数。如果是私有的成员属性，那就需要在类里面加上一个 __isset() 方法，代码如下：

```
private function __isset($property_name)
{
    return isset($this->$property_name);
}
```

这样，当在类外部使用 isset() 函数来测定对象里面的私有成员是否被设定时，就会自动调用 __isset() 方法来检测。

(4)__unset()

__unset() 方法用于删除私有属性。同 isset() 函数一样，UNSET() 函数只能删除对象的公有成员属性，当要删除对象内部的私有成员属性时，需要使用 __unset() 方法，代码如下：

```
private function __unset($property_name)
{
    unset($this->$property_name);
}
```

4. __autoload() 魔术方法的使用

在 PHP 开发过程中，如果希望从外部引入一个 class，通常会使用 include 和 require 方法，去把定义这个 class 的文件包含进来，但是这样可能会使得在引用文件的新脚本中，存在大量的 include 或 require 方法调用，如果一时疏忽遗漏则会产生错误，使得代码难以维护。

自 PHP 5 后，引入了 __autoload 这个拦截器方法，可以自动对 class 文件进行包含引用，通常会这么写：

```
function __autoload($className) {
include_once $className . '.class.php';
}
$user = new User();
```

此时，$className=‘User’，包含文件名为“User.class.php”。

当 PHP 引擎试图实例化一个未知类的操作时，会调用 __autoload() 方法，在 PHP 出错失败前有了最后一个机会加载所需的类。因此，上面的这段代码执行时，PHP 引擎实际上执行了一次 __autoload 方法，将 User.class.php 这个文件包含进来。

在 __autoload 函数中抛出的异常不能被 catch 语句块捕获并导致致命错误。

如果使用 PHP 的 CLI 交互模式时，自动加载机制将不会执行。

当希望使用 PEAR 风格的命名规则，例如需要引入 User/Register.php 文件，也可以这么实现：

```
function __autoload($className) {
$file = str_replace('_', DIRECTORY_SEPARATOR, $className);
include_once $file . '.php';
}
$userRegister = new User_Register();
```

这种方法虽然方便，但是在一个大型应用中如果引入多个类库时，可能会因为不同类库的 autoload 机制而产生一些莫名其妙的问题。在 PHP 5 引入 SPL 标准库后，又多了一种新的解决方案，spl_autoload_register() 函数。

此函数的功能就是把函数注册至 SPL 的 __autoload 函数栈中，并移除系统默认的 __autoload() 函数。一旦调用 spl_autoload_register() 函数，当调用未定义类时，系统会按顺序调用注册到 spl_autoload_register() 函数的所有函数，而不是自动调用 __autoload() 函数。下例调用的是 User/Register.php，而不是 User_Register.class.php，代码如下。

```
//非加载函数
function __autoload($className) {
include_once $className . '.class.php';
}
//加载函数
function autoload($className) {
$file = str_replace('/', DIRECTORY_SEPARATOR, $className);
include_once $file . '.php';
}
//开始加载
spl_autoload_register('autoload');
$userRegister = new User_Register();
```

在使用 spl_autoload_register() 时，还可以考虑采用一种更安全的初始化调用方法。

（1）系统默认 __autoload 函数

```
function __autoload($className) {
```

```
include_once $className . '.class.php';
}
$userRegister = new User_Register();
```

（2）可供 SPL 加载的 __autoload 函数

```
function __autoload($className) {
$file = str_replace('_', DIRECTORY_SEPARATOR, $className);
include_once $file . '.php';
}
$userRegister = new User_Register();
```

（3）不小心加载错了函数名，同时又把默认 __autoload 机制给取消了

```
function __autoload($className) {
$file = str_replace('_', DIRECTORY_SEPARATOR, $className);
include_once $file . '.php';
}
spl_autoload_register('_autoload', false);
$userRegister = new User_Register();
```

（4）容错机制

```
function __autoload($className) {
$file = str_replace('_', DIRECTORY_SEPARATOR, $className);
include_once $file . '.php';
}
if(false === spl_autoload_functions()) {
    if(function_exists('__autoload')) { //判断函数'__autoload'是否存在
            spl_autoload_register('__autoload', false);
            $userRegister = new User_Register();
    }
}
```

下面的示例代码是通过 __autoload 魔术方法实现自动加载 PHP 文件，然后实例化相应类的典型模式。该模式使用较多，读者应重点关注示例代码的工作原理。当执行 new Cache 时，__autoload($_cm) 中的 $_cm 变量值自动变为 Cache 字符串，然后对 $_cm 变量值进行处理并依据处理结果决定加载哪个 PHP 文件；当执行 new Templates 时，处理过程也是一样。“require ROOT_PATH.’/includes/’.$_cm.’.class.php’;”将被执行，执行结果是：/includes/cache.class.php 和 /includes/templates.class.php 这两个 PHP 文件被加载。具体代码如下：

```
<?PHP
error_reporting(0);
define('ROOT_PATH', str_replace('\\','/',dirname(__FILE__)));
//引入配置信息
require ROOT_PATH.'/config/profile.inc.php';
//设置中国时区
date_default_timezone_set('Asia/Shanghai');
//自动加载类
//php 魔术函数 __autoload() 此函数可以与实例化对象一起使用，此函数的参数变量值就是 NEW 后跟的类名字符串。在这里，$_cm='cache' 和 'Templates'，用来实例化类。
function __autoload($_cm) {
    if(substr($_cm, -6) == 'Action') {
            require ROOT_PATH.'/action/'.$_cm.'.class.php';
    } elseif(substr($_cm, -5) == ‘Model’ ) {
            require ROOT_PATH.'/model/'.$_cm.'.class.php';
    } else {
            require ROOT_PATH.'/includes/'.$_cm.'.class.php';
    }
}
//设置不缓存  cache 括号中的字符串被用来传给构造函数。
```

```
    $_cache = new Cache(array('code','ckeup','static','upload','register','feedback',
'cast','friendlink','search'));
    /* 实例化模板类 */
    $_tpl = new Templates($_cache);
    // 初始化
    require 'common.inc.php';
    ?>                                                                    [000164]
```

在 UNIX/Linux 环境下，如果有多个规模较小的类，都写在一个 PHP 文件中，通过以 ln-s 命令做软链接的方式快速分发成多个不同类名的拷贝，再通过 autoload 机制进行加载。

3.6.3 PHP 典型函数的使用

PHP 典型函数很多，这里只介绍常用的 get_class_methods()、get_class_vars()、call_user_func_array()、get_object_vars() 和 method_exists() 等。当然，这几个函数属于常规函数而非魔术函数，不会自动执行，需人为地调用使用。下面进行详细介绍说明。

1. get_class_methods() 函数的使用

PHP 使用 get_class_methods() 函数获取类中的方法，即返回由类的方法名组成的数组。

```
array get_class_methods(mixed class_name)
```

返回由 class_name 指定的类中定义的方法名所组成的数组。

示例如下：

```
<?php
error_reporting(7); //错误级别函数
header("Content-type:text/html; charset=GBK");
// header("Content-type:text/html; charset=UTF-8");
class Window     //首先定义一个类
{
 var $state;     //窗户的状态
 function close_window()    //关窗户方法
 {
 $this->state="close";    //窗户的状态为关
 }
 function open_window()    //开窗户方法
 {
 $this->state="open";    //窗户的状态为开
 }
}
$temp=get_class_methods("Window");
echo "类 Window 中的方法有以下几个：";
echo "<p>";
for($i=0;$i<count($temp);$i++)
{
 echo $temp[$i].", ";
}
?>                                                                    [000165]
```

运行结果：

```
类 Window 中的方法有以下几个：
close_window, open_window,
```

2. get_class_vars() 函数使用

PHP 使用 get_class_vars() 函数获取类的默认属性，即返回由类的默认属性组成的数组。

语法如下：

```
array get_class_vars(string class_name)
```

返回由类的默认属性组成的关联数组，此数组的元素以 varname=>value 的形式存在。我们通过例子来看一下。

```
<?php
class myclass {
    var $var1; // 此变量没有默认值……
    var $var2 = "xyz";
    var $var3 = 100;
    // constructor
    function myclass() {
        return(TRUE);
    }
}
$my_class = new myclass();
$class_vars = get_class_vars(get_class($my_class));
foreach($class_vars as $name => $value) {
    echo "$name :$value\n";
}
?>
```
[000166]

运行结果：

```
var1:var2:xyz var3:100
```

3. call_user_func_array() 函数使用

call_user_func() 函数类似于一种特殊的调用函数的方法，其特殊性体现在将调用函数名做成了变量，也就是被调用的函数是变化的。使用方法如下：

```
<?php
function a($b,$c)
{
echo $b;
echo $c;
}
call_user_func('a', "111","222");
call_user_func('a', "333","444");
//显示 111 222 333 444
?>
```
[000167]

在上面的代码中，“a”即 call_user_func() 函数的第一个参数，这个参数可以是一个变量，调用的函数就是这个变量值对应的函数名。该示例中，这个变量值为“a”，即调用“a”这个实体函数。call_user_func() 函数的最后两个参数为被调用函数的实参值。

调用类内部的方法，用的是 array，代码如下：

```
<?php
class a{
    function b($c)
    {
            echo $c;
    }
}
@call_user_func(array('a','b'),'111');
//显示 111
?>
```
[000168]

在上面的代码中，call_user_func(array(‘a’ ,’ b’),’ 111’) 的意思是调用“a”这个类中的“b”方法。其中“a”和“b”可以是变量，如果是变量的话，则调用各自变量值对应的类及方法。

call_user_func_array() 函数和 call_user_func() 很相似，只不过是换了一种方式传递参数，让参数的结构更清晰，示例如下。

```
<?php
```

```
function a($b, $c)
{
echo $b;
echo $c;
}
call_user_func_array('a', array("111", "222"));
// 显示 111 222
?>                                                          [000169]
```

call_user_func_array() 函数调用类内部的方法，示例如下：

```
<?php
Class ClassA
{
    function bc($b, $c) {
    $bc = $b + $c;
    echo $bc;
    }
}
@call_user_func_array(array('ClassA','bc'), array("111", "222"));
// 显示 333
?>                                                          [000170]
```

call_user_func() 函数和 call_user_func_array() 函数都支持引用，这让它们和普通的函数调用更趋于功能一致，示例如下：

```
<?php
function a(&$b)
{
$b++;
}
$c = 0;
call_user_func_array('a',array(&$c));
echo $c;// 显示 1
call_user_func_array('a',array(&$c));
echo $c;// 显示 2
?>                                                          [000171]
```

4. get_object_vars() 函数使用

语法如下：

```
get_object_vars($object)
```

返回 $object 中所有的非静态方法及属性，并组成一个关联数组。

我们下面通过 3 个例子说明 get_object_vars() 函数的使用。

（1）get_object_vars() 函数返回由对象所有属性组成的关联数组，代码如下：

```
<?php
header("Content-type:text/html; charset=GBK");
// header("Content-type:text/html; charset=UTF-8");
class person{
 public $name=" 王美人 ";
 public $age = 25;
 public $birth;
}
$p = new person();
print_r(get_object_vars($p));
?>                                                          [000172]
```

输出结果：

```
Array([name]=> 王美人 [age]=>25[birth]=>)。
```

（2）get_object_vars() 函数返回由部分对象属性值组成的关联数组，代码如下：

```
<?php
class object1 {
private $a = NULL;
public  $b = 123;
public  $c = 'public';
private  $d = 'private';
static  $e = 'static';
public function test(){
echo "<pre>";
print_r(get_object_vars($this));
echo "<pre>";
}
}
$test = new object1();
//print_r(get_object_vars($test));
$test->test();
?>
```
[000173]

输出结果：

```
Array([a] =>[b] => 123 [c] => public [d] => private)
```

如果把 //print_r(get_object_vars($test)); 的注释打开，则输出：

```
Array([b] => 123 [c] => public)
```

也就是说，在外面只会输出 public 非静态的属性。

（3）get_object_vars() 函数返回对象属性值被改变后组成的关联数组，代码如下：

```
<?php
class Point2D{
    public  $x,$y;
    public $label;
    public function __construct($x,$y){
    $this->x=$x;
    $this->y=$y;
    }
    public function setLabel($label){
    $this->label=$label;
    }
    public function getPoint(){
    return array('x'=>$this->x,'y'=>$this->y,'label'=>$this->label);
    }

}
$p1=new Point2D('1.2333','3.445');
print_r(get_object_vars($p1));
echo "</br>";
$p1->setLabel("point#1");
print_r(get_object_vars($p1));
echo "</br>";
$a=$p1->getPoint();
print_r($a);
?>
```
[000174]

输出结果：

```
Array([x] => 1.2333 [y] => 3.445 [label] =>)  Array([x] => 1.2333 [y] => 3.445
[label] => point#1)
```

上面三个示例，第一个示例返回全部属性；第二个示例返回部分属性；第三个示例返回改变后的属性。

关于 get_object_vars() 函数的内外部调用，外部调用只返回非静态的 Public 属性，内部调用返回所有修饰的属性，即全部属性。在返回之前可以改变属性值，返回的结果是改变后的属性值。

5. method_exists() 函数使用

method_exists() 和 is_callable() 方法用来判断对象中的方法是否存在。

类似下面的类代码：

```
class Student{
    private $alias=null;
    private $name='';
    public function __construct($name){
    $this->name=$name;
    }
    private function setAlias($alias){
    $this->alias=$alias;
    }
    protected function setAlias2($alias){
    $this->alias=$alias;
    }
    public function getName(){
    return $this->name;
    }
}
```

当方法被 private，protected 修饰的，method_exists 会报错，is_callable 会返回 false。

下面的示例是判断某一对象中是否存在方法 setAlias、setAlias2 和 getName。

（1）通过 method_exists 判断

```
<?php
class Student{
    private $alias=null;
    private $name='';
    public function __construct($name){
    $this->name=$name;
    }
    private function setAlias($alias){
    $this->alias=$alias;
    }
    protected function setAlias2($alias){
    $this->alias=$alias;
    }
    public function getName(){
    return $this->name;
    }
}
    $xiaoming=new Student('xiaoming');
    if(method_exists($xiaoming,'getName')) {
    echo 'public 属性的方法 getName-exist- 存在 '."</br>";
    }else{
    echo ' public 属性的方法 getName-not exist- 不存在 '."</br>";
    }

    if(method_exists($xiaoming,'setAlias')) {
    echo 'method_exists-private 属性的方法 setAlias-exist- 存在 '."</br>";
    }else{
    echo 'method_exists-private 属性的方法 setAlias-not exist- 不存在 '."</br>";
    }

    if(method_exists($xiaoming,'setAlias2')) {
    echo 'method_exists-protected 属性的方法 setAlias2-exist- 存在 '."</br>";
    }else{
    echo 'method_exists-protected 属性的方法 setAlias2-not exist- 不存在 '."</br>";
    }
```

```
    exit();
?>                                                          [000175]
```

（2）通过 is_callable 判断

```
<?php
class Student2{
    private $alias=null;
    private $name='';
    public function __construct($name){
    $this->name=$name;
    }
    private function setAlias($alias){
    $this->alias=$alias;
    }
    protected function setAlias2($alias){
    $this->alias=$alias;
    }
    public function getName(){
    return $this->name;
    }
}
    $xiaoming=new Student2('xiaoming');
    if(is_callable(array($xiaoming,'getName'))) {
    echo 'is_callable-public属性的方法getName-exist-存在'."</br>";
    }else{
    echo 'is_callable-public属性的方法getName-not exist-不存在'."</br>";
    }

    if(is_callable(array($xiaoming,'setAlias'))) {
    echo 'is_callable-private属性的方法setAlias-exist-存在'."</br>";
    }else{
    echo 'is_callable-private属性的方法setAlias-not exist-不存在'."</br>";
    }

    if(is_callable(array($xiaoming,'setAlias2'))) {
    echo 'is_callable-protected属性的方法setAlias2-exist-存在'."</br>";
    }else{
    echo 'is_callable-protected属性的方法setAlias2-not exist-不存在'."</br>";
    }
    exit();
?>                                                          [000176]
```

3.6.4 PHP 函数检测与回调综合运用

在 3.6.3 节的常规函数中简单介绍了 call_user_func() 和 call_user_func_array() 函数使用，其实这两个函数是用来回调其他函数的。这里所说的“回调”，想必接触过 JavaScript 的人都不会陌生，PHP 也拥有回调函数和闭包的概念。在回调其他函数之前，一个必做的检测是这个即将被调用的函数是否允许调用，因此，在 PHP 中如何检查它是一个可调用的函数呢？下面介绍一些方法，来说明这个问题。

检查函数是否存在，如果存在，那么就调用该函数，同时将参数附加进去，示例如下：

```
<?php
function invoke($name){
  if(function_exists($name)){
     $args = array_slice(func_get_args(),0,1);
     call_user_func_array($name,$args);
  }
  die("no function");
}
```

```
function test(){
    echo 1;
}
invoke("test");    // 1
invoke("test2"); // no function
?>
```
[000177]

该示例通过 function_exists() 来检测是否为一个函数，如果为函数的话就立即调用函数。如果不为函数则 die。

如果把函数切换成一个类方法，那该如何检验呢？下面说明这个问题。

首先，检查类的方法是否存在，示例如下：

```
<?php
class A{
    public function foo(){
        echo 'foo';
    }
    protected static function bar(){
        echo 'bar';
    }
}
function isValidMethod($class,$method){
     return method_exists($class,$method) === true ?  'true' :'false';
}
function invoke($class,$method){
    return call_user_func(array($class,$method));
}
print isValidMethod('A','foo');
print isValidMethod('A','bar');
$a = new A();
print isValidMethod($a,'foo');
print isValidMethod($a,'bar');
?>
```
[000178]

在上面的示例中，method_exists() 能检查出对象是否存在指定的方法，该方法不管是 static 还是 final 还是 abstract 还是默认状态，也不管是否为 public，private 还是 protected，只要符合语法的类方法都能够被检测出。

通过 method_exists() 函数检测自定义方法是否存在并回调，示例如下：

```
<?php
header("Content-type:text/html; charset=GBK");
// header("Content-type:text/html; charset=UTF-8");
class A{
    public function exists(){
    echo "</br>";
    echo "被回调...";
    echo "</br>";
         return true;
    }
    public function __call($name,$param =array()){
            echo "</br>";
            echo '$name:'."$name";
         if(strpos($name,"no") !== -1){

                 $action = lcfirst(substr($name, 2));
            echo "</br>";
            echo '$action:' ."$action";
                 if(method_exists($this, $action)){
                     return !call_user_func_array(array($this,$action),$param);
                  }
         }
```

```
            return null;
        }
    }
    function isValidMethod($class,$method){
         return method_exists($class,$method) === true ?  'true' :'false';
    }
    function invoke($class,$method){
        return call_user_func(array($class,$method));
    }
    $a = new A();
    print isValidMethod($a,'exists'); // 输出 true
    echo "</br>";
    print isValidMethod($a,'noExists'); // 输出 false
    echo "</br>";
    var_dump(invoke($a,'exists')); //  输出 true
    echo "</br>";
    var_dump(invoke($a,'noExists')); // 输出 false
    ?>                                                              [000179]
```

输出结果：

```
true
false
被回调 ...
bool(true)
$name:noExists
$action:exists
被回调 ...
bool(false)
```

从上面的示例可以看出，method_exists() 能检测出用户定义的方法，但不能使用 call_user_func 之类的方法回调那些被 protected 和 private 的方法。为了测试这一说法，可以将上面代码中的"public function exists()"改为"private function exists()"或"protected function exists()"，再看运行结果，代码如下：

```
True
False
$name:exists
$action:istsNULL
$name:noExists
$action:exists
被回调 ...
bool(false)
```

上面结果中的"$action:istsNULL"，说明不能使用 call_user_func 之类的方法回调那些被 protected 和 private 的方法。

下面，介绍一个具有丰富功能的检测函数 is_callable。凡能够被 is_callable 检测出的方法都具备回调的能力。

使用 is_callable 判断方法是否存在，示例如下：

```
<?php
header("Content-type:text/html; charset=GBK");
// header("Content-type:text/html; charset=UTF-8");
class A{
public function exists(){
    echo "</br>";
    echo "exists 被回调 ...";
    echo "</br>";
        return true;
    }
    private function foo(){
```

```
    echo "</br>";
    echo "foo 被回调 ...";
    echo "</br>";
    return true;
     }
     public static function bar(){
    echo "</br>";
    echo "bar 被回调 ...";
    echo "</br>";
    return true;
     }
}
function invoke($class,$method){
    return call_user_func(array($class,$method));
}
echo "bar 方法 - 类内部处理 ";
echo "</br>";
var_dump(is_callable('A::bar')); // true
echo "</br>";
echo "exists 方法 - 类内部处理 ";
echo "</br>";
var_dump(is_callable('A::exists')); // true
echo "</br>";
echo "invoke 方法 - 类内部处理 ";
echo "</br>";
var_dump(is_callable('invoke')); // true

$a = new A();
echo "</br>";
echo "exists 方法 - 类外部处理 ";
echo "</br>";
var_dump(is_callable(array($a,'exists'))); // true
echo "</br>";
if (is_callable(array($a,'exists'))) var_dump(invoke($a,'exists')); //  输出 true

echo "</br>";
echo "foo 方法 - 类外部处理 ";
echo "</br>";
var_dump(is_callable(array($a,'foo'))); // false
echo "</br>";
var_dump(is_callable(array($a,'foo'),true)); // true
echo "</br>";
var_dump(is_callable(array($a,'foo'),false)); //false
echo "</br>";
if (is_callable(array($a,'foo'))) var_dump(invoke($a,'foo')); //invoke 方法不会被

执行

echo "</br>";
echo "bar 方法 - 类外部处理 ";
echo "</br>";
var_dump(is_callable(array($a,'bar'))); // true
echo "</br>";
var_dump(is_callable(array($a,'bar'),true)); // true
echo "</br>";
var_dump(is_callable(array($a,'bar'),false)); //true
echo "</br>";
if (is_callable(array($a,'bar'))) var_dump(invoke($a,'bar'));
?>
                                                                    [000180]
```

输出结果:

```
bar 方法 - 类内部处理
bool(true)
```

```
exists 方法 - 类内部处理
bool(true)
invoke 方法 - 类内部处理
bool(true)
exists 方法 - 类外部处理
bool(true)
exists 被回调 ...
bool(true)
foo 方法 - 类外部处理
bool(false)
bool(true)
bool(false)
bar 方法 - 类外部处理
bool(true)
bool(true)
bool(true)
bar 被回调 ...
bool(true)
```

从上面示例可以看出，is_callable() 可以判断出方法是否能够被调用。is_callable() 函数第二个参数默认为 false，表示该回调操作是有权限限制的，而如果为 true 的话，表示只要能检测出存在则具有回调的格式。通过改变上面代码中“exists”、“foo”和“bar”方法的“public”、“private”和“protected”这三种不同的修饰来看运行结果，这样可以加深理解。由于篇幅的限制，这里就不提供这三种不同修饰的运行结果。

另外，如果设置了 __call（当调用一个未定义的方法时自动调用该方法）函数 , 那么检测出来的任何方法都是返回 true 的。所以这一点需要注意 , 谨慎使用 __call，或者可以配合 method_exists 来缩小 is_callable 的范围。

3.7 本章小结

在本章开篇说明了面向对象概念，接下来介绍了 PHP 中类和对象的创建与使用、类的继承，以及类的基本特性，同时对 PHP 中的魔术方法、变量、常规函数以及 PHP 回调的综合运用进行了细致讲解。

有了这些基础才能更好地运用面向对象的编程方法或者说思维方式去从事应用开发工作，因此这些基础是必须要熟练掌握的。本章所涉及的示例代码都是较为直观且容易理解的，然而一个实实在在项目源代码不会是这样的，但万变不离其宗，只有理解了它们之后才能看懂别人的程序或者说别人的项目代码。

有了这些基础之后，接下来进入真正的面向对象的编程模式 M（模型）V（视图）C（控制器）。

第 4 章

PHP MVC 程序设计

PHP 中 MVC 模式也称为 Web MVC，MVC 的目的是实现一种动态的程序设计，便于简化后续对程序的修改和扩展，并且使程序某一部分的重复利用成为可能。除此之外，此模式通过化繁从简，使程序结构更加直观。软件系统通过将基本部分分开的同时，也赋予了各个基本部分应有的功能。

PHP 的 MVC 编程思想目前已经被广泛使用于各种大型项目的开发，很多成熟的 MVC 框架也逐渐被人们所熟知并广泛应用于各类项目中，比较常见的如 ThinkPHP（TP）、Codeigniter（CI）、Symfony（SF）、yii、cakePHP 等。

本章将从以下方面展开讲解。

- MVC 三大核心部件
- PHP 模板引擎 Smarty 概述
- Smarty 的部署与配置
- Smarty 的使用步骤
- Smarty 变量
- Smarty 流程控制
- Smarty 的缓存处理

4.1 MVC 三大核心部件

MVC 是一种使用 MVC（Model View Controller，模型—视图—控制器）设计创建 Web 应用程序的模式，它强制性地使应用程序的输入、处理和输出分开。使用 MVC 应用程序被分成 3 个核心部件：模型（M）、视图（V）、控制器（C），它们各自处理自己的任务。

- Model（模型）表示应用程序核心（如数据库记录列表）。
- View（视图）显示数据（数据库记录）。
- Controller（控制器）处理输入（查询和写入数据库记录）。

MVC 模式同时提供了对 HTML、CSS 和 JavaScript 的完全控制，其中 Model（模型）是应用程序中用于处理应用程序数据逻辑的部分，通常模型对象负责在数据库中存取数据。

View（视图）是应用程序中处理数据显示的部分，通常视图是依据模型数据创建的。

Controller（控制器）是应用程序中处理用户交互的部分，通常控制器负责从视图读取数据，控制用户输入，并向模型发送数据。

MVC 分层有助于管理复杂的应用程序，因为可以在一个时间内专门关注一个方面。例如，可以在不依赖业务逻辑的情况下专注于视图设计。同时也让应用程序的测试更加容易。

MVC 分层同时简化了分组开发，很适合团队开发，不同的开发人员可同时开发视图、控制器逻辑和业务逻辑。

4.1.1 数据和规则：模型

模型表示企业数据和业务规则。在 MVC 的 3 个部件中，模型拥有最多的处理任务。例如，它可能用 EJBs 和 ColdFusion Components 这样的构件对象来处理数据库。被模型返回的数据是中立的，也就是说模型与数据格式无关，这样一个模型能为多个视图提供数据。由于应用于模型的代码只需写一次就可以被多个视图重用，所以减少了代码的重复性。

4.1.2 交互界面：视图

视图是用户看到并与之交互的界面。对老式的 Web 应用程序来说，视图是由 HTML 元素组成的界面，在新式的 Web 应用程序中，HTML 依旧在视图中扮演着重要的角色，但一些新的技术已层出不穷，它们包括 Adobe Flash 和 XHTML、XML/XSL、WML 等一些标识语言和 Web Services。如何处理应用程序的界面变得越来越有挑战性。MVC 一个大的好处是它能为应用程序处理很多不同的视图。在视图中其实没有真正的处理发生，不管这些数据是联机存储的还是一个雇员列表，作为视图来讲，它只是作为一种输出数据并允许用户操纵的方式。

4.1.3 调用返回：控制器

控制器接受用户的输入并调用模型和视图去完成用户的需求。所以当单击 Web 页面中的超链接和发送 HTML 表单时，控制器本身不输出任何东西和做任何处理。它只是接收请求并决定调用哪个模型构件去处理请求，然后确定用哪个视图来显示模型处理返回的数据。

现在总结 MVC 的处理过程，首先控制器接收用户的请求，并决定应该调用哪个模型来进行处理；然后模型用业务逻辑来处理用户的请求并返回数据；最后控制器用相应的视图格式化模型返回的数据，并通过表示层呈现给用户。

4.1.4 MVC 优缺点

1. 优点

（1）低耦合性

视图层和业务层分离，这样就允许更改视图层代码而不用重新编译模型和控制器代码。同样，一个应用的业务流程或者业务规则的改变只需改动 MVC 的模型层即可。因为模型与控制器和视图相分离，所以很容易改变应用程序的数据层和业务规则。

（2）高重用性和可适用性

随着技术的不断进步，现在需要用越来越多的方式来访问应用程序。MVC 模式允许使用各种不同样式的视图来访问同一个服务器端的代码。它包括任何 Web（HTTP）浏览器或者无线浏览器（WAP），比如，用户可通过计算机也可通过手机来订购某样产品，虽然订购的方式不同，但处理订购产品的方式相同。由于模型返回的数据没有进行格式化，所以同样的构件能被不同的界面使用。例如，很多数据可能用 HTML 来表示，但是也有可能用 WAP 来表示，而这些表示所需的命令是改变视图层的实现方式，而控制层和模型层无须做任何改变。

2. 缺点

MVC 并不适合小型甚至中等规模的应用程序，花费大量时间将 MVC 应用到规模并不是很大的应用程序通常会得不偿失。

4.2　PHP 模板引擎 Smarty 概述

在 PHP 开发的大型应用项目中，是离不开各类引擎支持的，我们可以把引擎理解为一种插件（或第三方技术），以封装的形式提供给使用者。如模板类引擎以及 PHP 中文分词引擎等，尤其是模板类引擎，是应用开发离不开的。我们可以把模板类引擎理解为前后台交互引擎。

由于 Smarty 在模板类引擎中使用较为普遍且与 MVC 开发模式较为紧密，因此，本节中选择它作重点说明。

4.2.1　什么是模板引擎

一个交互式的网站最主要的两部分就是界面美工和应用程序。然而无论是微软的 ASP 或是开放源码的 PHP，都是属于内嵌 Server Script 的网页伺服端语言。在模板引擎出现之前，前台界面显示代码与后台应用程序代码是写在一起的，所以开发大多数的项目一般都是根据需求由美工设计出网站的外观模型，由程序开发人员实现后台程序部分，然后项目再返回 HTML 页面设计者继续完善，这样可能在后台程序员和页面设计者之间来来回回好几次。由于后台程序员不喜欢干预任何有关 HTML 标签，同时也不需要美工们和后台程序代码混在一起。美工设计者只需配置文件、动态区块和其他的界面部分，不必去接触那些错综复杂的 PHP 代码。因此，这时候有一个很好的解决方案支持就显得很重要了。

于是许多解决方案应运而生，这些方案的目的，就是要达到上述提到的逻辑分离的功能，即将网站的页面设计和 PHP 应用程序几乎完全分离。它能让程序开发者专注于程序的控制或是功能的完成，而视觉设计师则可专注于网页排版，让网页看起来更具有专业感！它很适合公司的网站开发团队使用，使每个人都能发挥其专长，这些解决方案被称为“模板引擎”。

模板引擎技术的核心比较简单。只要将美工页面（不包含任何的 PHP 代码）指定为模板文件，并将这个模板文件中动态的内容，如数据库输出、用户交互等部分，定义成使用特殊“定界符”包含的“变量”，然后放在模板文件中相应的位置。当用户浏览时，由 PHP 脚本程序打开该模板文件，并将模板文件中定义的变量进行替换。这样，模板中的特殊变量被替换为不同的动态内容时，就会输出需要的页面，如图 4-1 所示。

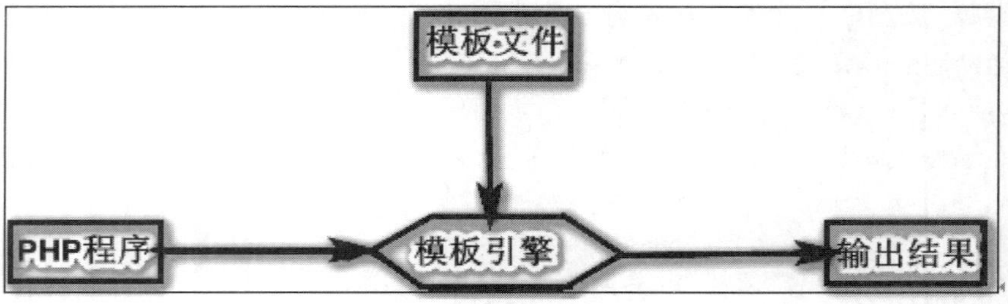

图 4-1

正是因为模板引擎的使用，可以很容易地将后台应用程序处理与前台表现层相分离，美工设计人员可以与应用程序开发人员独立工作。此外，因为大多数模板引擎使用的表现逻辑一般比应用程序所使用编程语言的语法更简单，所以，美工设计人员不需要为完成其工作而在程序语言上花费太多的精力。同时也带来了许多好处，比如，可以使用同样的代码基于不同目标生成数据，像生成打印的数据、生成 Web 页面或生成电子数据表等。如果不使用模板引擎，则需要针对每种输出目标复制并修改代码，这会带来非常严重的代码冗余，也增加了工作量。

目前，可以在 PHP 中应用的并且比较成熟的模板有很多，例如 Smarty、PHPLIB、IPB 等几十种。使用这些通过 PHP 编写的模板引擎，可以让代码脉络更加清晰，结构更加合理化。也可以让网站的维护和更新变得更容易，让开发和设计工作更容易结合在一起。每个模板引擎都有它自己的特点，所以选择使用哪个模板引擎时，对每个模板的特点应当有清楚的认识，充分认识到模板的优势与劣势，将优势充分发挥出来，这样就起到使用模板的效果。

4.2.2 Smarty 的优缺点

Smarty 是一个使用 PHP 写出来的模板 PHP 模板引擎，是目前业界最著名的 PHP 模板引擎之一。它分离了逻辑代码和外在的内容，提供了一种易于管理和使用的方法，用来将原本与 HTML 代码混杂在一起的 PHP 代码逻辑分离。

一般的模板引擎（如 PHPLib）都是在建立模板对象时取得要解析的模板，然后把变量套入后，通过 parse() 方法来解析模板，最后再将网页输出。对 Smarty 的使用者来说，程序里也不需要做任何解析的动作，这些 Smarty 自动会帮着做。而且已经编译过的网页，如果模板没有变动，Smarty 就自动跳过编译的动作，直接执行编译过的网页，以节省编译的时间。

注意，这里的编译过的网页仍然是一个动态页面，用户浏览该页时，仍需要 PHP 解析器去解析该页。如果开启了 Smarty 缓存，缓存的页面才是静态页面。

对 PHP 来说，有很多模板引擎可供选择。Smarty 像 PHP 一样拥有丰富的函数库，从统计字数到自动缩进、文字环绕以及正则表达式都可以直接使用，如果觉得不够，Smarty 还有很强的扩展能力，可以通过插件的形式进行扩充。另外，Smarty 也是一种自由软件，用户可以自由使用、修改，以及重新分发该软件。Smarty 的优点概括如下：

- 速度：相对于其他的模板引擎技术而言，采用 Smarty 编写的程序可以获得最大速度的提高。
- 编译型：采用 Smarty 编写的程序在运行时要编译成一个非模板技术的 PHP 文件，这个文件采用了 PHP 与 HTML 混合的方式，在下一次访问模板时将 Web 请求直接转换到这个文件中，而不再进行模板重新编译（在源程序没有改动的情况下），使用后续的调用速度更快。

- 缓存技术：Smarty 提供了一种可选择使用的缓存技术，它可以将用户最终看到的 HTML 文件缓存成一个静态的 HTML 页。当用户开启 Smarty 缓存时，并在设定的时间内，将用户的 Web 请求直接转换到这个静态的 HTML 文件中，这相当于调用一个静态的 HTML 文件。
- 插件技术：Smarty 模板引擎是采用 PHP 的面向对象技术实现，不仅可以在原代码中修改，还可以自定义一些功能插件（就是一些按规则自定义的函数）。
- 强大的表现逻辑：在 Smarty 模板中能够通过条件判断以及迭代地处理数据，它实际上就是一种程序设计语言，但语法简单，设计人员在不需要预备的编程知识前提下可以很快学会。

关于 Smarty 强大的表现逻辑，相信使用过 Smarty 的开发人员一定会感到欣喜。里面提供了流程控制语句如 If、While 及 Loop 等；还有形如“<{$title}>”接收后台传递过来的变量以及形如“<{include file=‘templates/center/head.html’}>”的文件包含（调取执行）；还有形如“<{$smarty.server.SERVER_NAME}>”的 Smarty 自身提供的保留变量；还有这些流程控制语句及变量可以直接写在 HTML 页面中，也可以嵌入到 JavaScript 脚本中等。众所周知，HTML 语言是没有逻辑的，即不能在 HTML 代码里面实现流程控制，也就是不能在 HTML 里面编程或者编写逻辑。而自从 Smarty 以及同类引擎出现以后，彻底解决了这个问题。也就是说，在前台 HTML 里面可以像写 PHP 后台程序一样随心所欲地书写逻辑，可以写出“之乎所以，因为那个”这样的代码语句，可以说这是在 Smarty 及同类引擎出现以前开发人员梦寐以求的。因为本应在前台轻轻松松就可以书写出的逻辑被迫改写在后台，然后再想方设法返回前台，这给开发人员带来了极大的不便及难度，因此 Smarty 及同类引擎的出现是极具划时代意义的一件事情。

当然，Smarty 也不是万能的，也有不适合使用的地方，例如，需要实时更新的内容，需要经常重新编译模板，所以这样类型的应用程序使用 Smarty 会使模板处理速度变慢。另外，在小项目中也不适合使用 Smarty 模板，小项目因为项目简单，而美工与程序员兼于一人或很少人完成，使用 Smarty 会在一定程度上丧失 PHP 迅速开发的优点。

4.3　Smarty 的部署与配置

Smarty 的部署比较容易，因为它是采用 PHP 的面向对象思想编写的软件，只要在 PHP 脚本中加载 Smarty 类，并创建一个 Smarty 对象，就可以使用 Smarty 模板引擎。像 Smarty 这种使用 PHP 语言编写的软件，并在 PHP 的项目中应用时，可以只在 Web 服务器的主机上安装一次，然后提供给该主机下所有设计者开发不同程序时直接引用，而不会重复安装太多的 SMARTY 复本。通常这种安装方法是将 Smarty 类库放置到 Web 文档根目录之外的某个目录中，然后在 PHP 的配置文件中将这个位置包含在 include_path 指令中。但如果某个 PHP 项目在多个 Web 服务器之间迁移时，每个 Web 服务器都必须有同样的 Smarty 类库配置。

下面主要介绍 Smarty 的部署、Smarty 的配置以及一个实践案例。

4.3.1 Smarty 的部署

Smarty 部署的具体操作方法如下：

（1）需要到 Smarty 官方网站 HTTP://www.smarty.net/download.php 下载最新的稳定版本，如图 4-2 和图 4-3 所示。所有版本的 Smarty 类库都可以在 UNIX 和 Windows 服务器上使用。例如，下载的软件包为 smarty-master.zip（Windows 最新版）、smarty-3.1.34.zip（Windows 版）、smarty-3.1.34.tar.gz（UNIX 版）。

图 4-2

图 4-3

（2）解压压缩包，解开后会看到很多文件，其中有个名称为 libs 的文件夹，就是存有 Smarty 类库的文件夹。安装 Smarty 只需这一个文件夹，其他的文件都没有必要使用。

（3）在 libs 中至少有 2 个 class.php（Smarty.class.php 和 SmartyBC.class.php）文件、1 个 debug.tpl 和 1 个 plugins 文件夹，直接将 libs 文件夹复制到程序主文件夹下，如图 4-4 所示。

图 4-4

（4）在执行的 PHP 脚本中，通过 require() 语句将 libs 目录中的 smarty.class.php 类文件加载进来，Smarty 类库就可以使用了。

上面提供的安装方式适合给程序被带过来移过去的开发者使用，这样就不用再考虑主机有没有安装 Smarty 了。

4.3.2　Smarty 的配置

通过前面对 Smarty 类库部署的介绍，调用 require() 方法将 smarty.class.php 文件包含到执行脚本中，并创建 Smarty 类的对象即可使用。但如果需要改变 Smarty 类库中一些成员的默认值，不仅可以直接在 Smarty 源文件中修改，也可以在创建 Smarty 对象以后重新为 Smarty 对象设置新值。Smarty 类中一些需要注意的成员属性如表 4-1 所示。

表 4-1

成员属性名	描　述
$template_dir	网站中的所有模板文件都需要放置在该属性所指定的目录或子目录中。 当包含模板文件时，如果不提供一个源地址，那么将在这个模板目录中寻找。默认情况下，目录是："./templates"，也就是说它将在和 PHP 执行脚本相同的目录下寻找模板目录。建议将该属性指定的目录放在 Web 服务器文档根目录之外的位置
$compile_dir	Smarty 编译过的所有模板文件都会被存储到这个属性所指定的目录中。 默认目录是："./templates_c"，也就是说它将在和 PHP 执行脚本相同的目录下寻找编译目录。除了创建此目录外，在 Linux 服务器上还需要修改权限，使 Web 服务器的用户能够对这个目录有写的权限。建议将该属性指定的目录放在 Web 服务器文档根目录之外的位置
$config_dir	该变量定义用于存放模板特殊配置文件的目录，默认情况下，目录是："./configs"，也就是说它将在和 PHP 执行脚本相同的目录下寻找配置目录。建议将该属性指定的目录放在 Web 服务器文档根目录之外的位置
$left_delimiter	用于模板语言中的左结束符变量，默认是"{"。但这个默认设置会和模板中使用的 JavaScript 代码结构发生冲突，通常需要修改其默认行为。例如："<{"
$right_delimiter	用于模板语言中的右结束符变量，默认是"}"。但这个默认设置会和模板中使用的 JavaScript 代码结构发生冲突，通常需要修改其默认行为。例如："}>"
$caching	告诉 SMARTY 是否缓存模板的输出。默认情况下，它设置为 0 或无效。 也可以为同一个模板设有多个缓存，当值为 1 或 2 时启动缓存。 • 1：告诉 Smarty 使用当前的 $cache_lifetime 变量判断缓存是否过期。 • 2：告诉 Smarty 使用生成缓存时的 cache_lifetime 值。用这种方式可以在获取模板之前设置缓存生存时间，以便较精确地控制缓存何时失效。建议在项目开发过程中关闭缓存，将值设置为 0
$cache_dir	在启动缓存的特性情况下，这个属性所指定的目录中放置 Smarty 缓存的所有模板。默认情况下，它是："./cache"，也就是说将在和 PHP 执行脚本相同的目录下寻找缓存目录。也可以用自己的自定义缓存处理函数来控制缓存文件，它将会忽略这项设置。除了创建此目录外，在 Linux 服务器上还需要修改权限，使 Web 服务器的用户能够对这个目录有写的权限。建议将该属性指定的目录放在 Web 服务器文档根目录之外的位置
$cache_lifetime	该变量定义模板缓存有效时间段的长度（单位秒）。一旦这个时间失效，则缓存将会重新生成。如果要想实现所有效果，$caching 必须因 $cache_lifetime 需要而设置为"true"。值为 -1 时，将强迫缓存永不过期。0 值将导致缓存总是重新生成（仅有利于测试，一个更有效的使缓存无效的方法是设置 $caching=0）

如果不修改 Smarty 类中的默认配置，也需要设置几个必要的 Smarty 路径，因为 Smarty 将在和 PHP 执行脚本相同的目录下寻找这些配置目录。为了系统安全，通常建议将这些目录放在 Web 服务器文档根目录之外的位置上，这样就只有通过 Smarty 引擎使用这些目录中的文件，而不能再通过 Web 服务器在远程访问它们。为了避免重复地配置路径，可以在一个文件里配置这些变量，并在每个需要使用 Smarty 的脚本中包含这个文件即可。

首先初始化 Smarty 的路径，将下面的文件命名为 main.php，并放置到主文件夹下，和

Smarty 类库所在的文件夹 libs 在同一个目录中。代码如下：

```
<?php
include "./libs/smarty.class.php";
//包含 Smarty 类库所在的文件
define('SITE_ROOT', '/usr/www');
//声明一个常量指定非 Web 服务器的根目录
$smarty = new smarty();
//创建一个 Smarty 类的对象 $smarty
$smarty->template_dir = SITE_ROOT . "/templates/";
//设置所有模板文件存放的目录
$smarty->compile_dir = SITE_ROOT . "/templates_c/";
//设置所有编译过的模板文件存放的目录
$smarty->config_dir = SITE_ROOT . "/config/";
//设置模板中特殊配置文件存放的目录
$smarty->cache_dir = SITE_ROOT . "/cache/";
//设置存放 Smarty 缓存文件的目录
$smarty->caching=1;
//设置开启 Smarty 缓存模板功能
$smarty->cache_lifetime=60*60*24*7;
//设置模板缓存有效时间段的长度为 7 天
$smarty->left_delimiter = '<{';
//设置模板语言中的左结束符
$smarty->right_delimiter = '}>';
//设置模板语言中的右结束符
?>                                                    [000181]
```

在 Smarty 类中并没有对成员属性使用 private 封装，所以创建 Smarty 类的对象以后即可直接为成员属性赋值。若按上面的设置，程序如果要移植到其他地方，只要改变 SITE_ROOT 值即可。

如果按上面规定的目录结构存放数据，所有的模板文件都存放在 templates 目录中，在需要使用模板文件时，模板引擎会自动到该目录中寻找对应的模板文件；如果在模板文件中需要加载特殊的配置文件，也会到 configs 目录中寻找；如果模板文件有改动或是第一次使用，通过模板引擎将编译过的模板文件自动写入 templates_c 目录中建立的一个文件中；如果在启动缓存的特性情况下，Smarty 缓存的所有模板还会被自动存储到 cache 目录中的一个文件或多个文件中。由于需要 Smarty 引擎去主动修改 cache 和 templates_c 两个目录，所以要让 PHP 脚本的执行用户有写的权限。

4.3.3 实践案例：替代模板文件中特定的 Smarty 变量

通过前面的介绍，如果了解了 Smarty 并学会部署，即可通过一个简单的示例测试，使用 Smarty 模板编写的大型项目也有同样的目录结构。按照 4.3.2 节的介绍需要创建一个项目的主目录 shop，并将存放 Smarty 类库的文件夹 libs 复制到这个目录中，还需要在该目录中分别创建 Smarty 引擎所需的各个目录。如果需要修改一些 Smarty 类中常用成员属性的默认行为，可以在该目录中编写一个类似 4.3.2 节中介绍的 main.php 文件。

在本例中，要执行的是在 PHP 程序中替代模板文件中特定的 Smarty 变量。首先在项目主目录下的 templates 目录中创建一个模板文件，这个模板文件的扩展名可以自定义。注意，在模板中声明了 $title 和 $content 两个 Smarty 变量，都放在大括号“<{ }>”中，大括号是 Smarty 的默认定界符，但为了在模板中嵌入 CSS 及 JavaScript 的关系，最好将它换掉，如改为“<{”和“}>”的形式。这些定界符只能在模板文件中使用，并告诉 Smarty 要对定界符所包围的内容完成某些操作。在 templates 目录中创建一个名为“shop.html”的模板文件，代码如下。

注意：下面创建的文件一律保存为 UTF-8 编码格式。

在项目的主目录中创建一个名为 main.php 的文件，代码如下：

```
<?php
include "./libs/smarty.class.php";
//包含 Smarty 类库所在的文件
define('SITE_ROOT', 'd:/amvc');
//声明一个常量指定非 Web 服务器的根目录，需事先创建好
$smarty = new smarty();
//创建一个 Smarty 类的对象 $smarty
$smarty->template_dir = SITE_ROOT . "/templates/";
//设置所有模板文件存放的目录，需事先创建好，即 d:/amvc/templates
$smarty->compile_dir = SITE_ROOT . "/templates_c/";
//设置所有编译过的模板文件存放的目录，需事先创建好，即 d:/amvc/templates_c
$smarty->config_dir = SITE_ROOT . "/config/";
//设置模板中特殊配置文件存放的目录 ，需事先创建好，即 d:/amvc/config
$smarty->cache_dir = SITE_ROOT . "/cache/";
//设置存放 Smarty 缓存文件的目录，需事先创建好，即 d:/amvc/cache
$smarty->caching=1;
//设置开启 Smarty 缓存模板功能
$smarty->cache_lifetime=60*60*24*7;
//设置模板缓存有效时间段的长度为 7 天
$smarty->left_delimiter = '<{';
//设置模板语言中的左结束符
$smarty->right_delimiter = '}>';
//设置模板语言中的右结束符
?>                                                                [000182]
```

在项目的主目录中创建一个名为 shop.php 的文件，代码如下：

```
<?php
include "main.php";
$smarty->assign("title", "ShopNC 综合多用户商城 ");
//第四步：用 assign() 方法将变量置入模板里
$smarty->assign("content", " ShopNC 综合多用户商城 V2.6 版上线了 ");
//也属于第四步，用 assign() 方法将变量置入模板里
$smarty->display("shop.html");
//利用 Smarty 的 display() 方法将网页输出
?>                                                                [000183]
```

在 SITE_ROOT . “/templates/” 文件夹内创建一个名为 shop.html 的文件，代码如下：

```
<html>
<head>
<meta http-equiv="Content-Type" content="text/html; charset=utf-8"> <!-- 申明文档
使用的字符编码 -->
<title> <{$title}>  </title>
</head>
<body>
<{$content}>
</body>
</html>                                                           [000184]
```

这里要注意，shop.html 模板文件一定要位于 SITE_ROOT . “/templates/” 即 templates 目录或它的子目录内，除非通过 Smarty 类中的 $template_dir 属性修改了模板目录。另外，模板文件只是一个表现层界面，还需要 PHP 变量值传入 Smarty 模板。直接在项目的主目录中创建一个名为 index.php 的 PHP 脚本文件，作为 templates 目录中 shop.html 模板的应用程序。

在项目的主目录中创建 index.php，代码如下：

```
<?php
header('Content-Type: text/html; charset=utf-8');
```

```
//第一步：加载 Smarty 模板引擎
include "./libs/smarty.class.php";
//第二步：建立 Smarty 对象
$smarty=new smarty();
//第三步：设定 Smarty 的默认属性（上面已举例，这里略过）
define('SITE_ROOT', 'd:/amvc');
//声明一个常量指定非 Web 服务器的根目录 ，需事先创建好
$smarty = new smarty();
//创建一个 Smarty 类的对象 $smarty
$smarty->template_dir = SITE_ROOT . "/templates/";
//设置所有模板文件存放的目录，需事先创建好，即 d:/amvc/templates
$smarty->compile_dir = SITE_ROOT . "/templates_c/";
//设置所有编译过的模板文件存放的目录，需事先创建好，即 d:/amvc/templates_c
$smarty->config_dir = SITE_ROOT . "/config/";
//设置模板中特殊配置文件存放的目录，需事先创建好，即 d:/amvc/config
$smarty->cache_dir = SITE_ROOT . "/cache/";
//设置存放 Smarty 缓存文件的目录，需事先创建好，即 d:/amvc/cache
$smarty->caching=1;
//设置开启 Smarty 缓存模板功能
$smarty->cache_lifetime=60*60*24*7;
//设置模板缓存有效时间段的长度为 7 天
$smarty->left_delimiter ='<{';
//设置模板语言中的左结束符
$smarty->right_delimiter = '}>';
//设置模板语言中的右结束符
$smarty->assign("title","ShopNC 综合多用户商城");
//第四步：用 assign() 方法将变量置入模板里
$smarty->assign("content","ShopNC 综合多用户商城 V2.6 版上线了");
//也属于第四步，用 assign() 方法将变量置入模板里
$smarty->display("shop.html");
//利用 Smarty 的 display() 方法将网页输出
?>                                                                    [000185]
```

或者在项目的主目录中创建 index2.php，代码如下：

```
<?php
header('Content-Type: text/html; charset=utf-8');
include "main.php";
$smarty->assign("title", "ShopNC 综合多用户商城");
//第四步：用 assign() 方法将变量置入模板里
$smarty->assign("content", " ShopNC 综合多用户商城 V2.6 版上线了");
//也属于第四步，用 assign() 方法将变量置入模板里
$smarty->display("shop.html");
//利用 Smarty 的 display() 方法将网页输出
?>                                                                    [000186]
```

这个实例展示了 Smarty 能够完全分离 Web 应用程序逻辑层和表现层。通过浏览器直接访问项目目录中的 index.php 文件（http://localhost/ 项目目录 /index.php|index2.php|shop.php），即可将模板文件 shop.html 中的变量替换后显示出来。在 d:/amvc/templates_c 目录里会看到一个经过 Smarty 编译生成的文件“82f2edbb9b7e6ccae5e64ceadffad67e2b5d478d_0.file.shop.html.cache.php”。打开该文件后的代码如下。

```
<?php
/* Smarty version 3.1.34-dev-7, created on 2020-04-15 03:12:29
  from 'd:\amvc\templates\shop.html' */

/* @var Smarty_Internal_Template $_smarty_tpl */
if ($_smarty_tpl->_decodeProperties($_smarty_tpl, array (
  'version' => '3.1.34-dev-7',
  'unifunc' => 'content_5e965f7d1b99c7_67484650',
  'has_nocache_code' => false,
  'file_dependency' =>
```

```
    array (
      '82f2edbb9b7e6ccae5e64ceadffad67e2b5d478d' =>
      array (
        0 => 'd:\\amvc\\templates\\shop.html',
        1 => 1586913122,
        2 => 'file',
      ),
    ),
    'includes' =>
    array (
    ),
  ),false)) {
  function content_5e965f7d1b99c7_67484650 (Smarty_Internal_Template $_smarty_
tpl) {
  $_smarty_tpl->compiled->nocache_hash = '1952570995e965f7d1659d3_57788363';
  ?>
  <html>
  <head>
  <meta http-equiv="Content-Type" content="text/html; charset=utf-8"> <!-- 申明文档
使用的字符编码 -->
      <title> <?php echo $_smarty_tpl->tpl_vars['title']->value;?>
    </title>
  </head>
  <body>
  <?php echo $_smarty_tpl->tpl_vars['content']->value;?>

  </body>
  </html>
  <?php }
  }
```

[000187]

这就是 Smarty 编译过的文件，是在第一次使用模板文件 shop.html 时由 Smarty 引擎自动创建的，它将在模板中由特殊定界符声明的变量转换成 PHP 的语法来执行，它是一个 PHP 动态脚本文件。下次再读取同样的内容时，Smarty 就会直接抓取这个文件来执行，直到模板文件 shop.html 有改动时，Smarty 才会重新编译生成编译文件。

在上节讲解了 Smarty 的部署及配置并给出了一个范例，目的是让读者对 Smarty 有一个总体的认识，下面介绍有关 Smarty 的更加详细的内容。

4.4　Smarty 的使用步骤

在 PHP 程序中，使用 Smarty 需要以下 5 个步骤。

（1）加载 Smarty 模板引擎，例如，require("Smarty.class.php");。

（2）建立 Smarty 对象，例如，$smarty=new smarty();。

（3）修改 Smarty 的默认行为，例如，开启缓存机制、修改模板默认存放目录等。

（4）将程序中动态获取的变量，通过 Smarty 对象中的 ASSIGN() 方法置入模板里。

（5）利用 Smarty 对象中的 DISPLAY() 方法将模板内容输出。

在这 5 个步骤中，可以将前 3 个步骤定义在一个公共文件中，像前面介绍的用于初始化 Smarty 对象的文件 main.php。因为前三步是 Smarty 在整个 PHP 程序中应用的初始设置，如常数定义、外部程序加载、共享变量建立等，都是从这里开始的。所以，通常都是先将前 3 个步骤做好放入一个公共文件中，之后每个 PHP 脚本中只要将这个文件包含进来即可。因此在程序流程规划期间，必须好好构思这个公用文件中设置的内容。后面的两个步骤是通过访问 Smarty 对象中的方法完成的，这里有必要介绍 ASSIGN() 和 DISPLAY() 方法。

（1）ASSIGN() 方法

在 PHP 脚本中调用该方法可以为 Smarty 模板文件中的变量赋值。它使用比较容易，原型如下。

```
void assign(string varname, mixed var)
```

它是 Smarty 对象中的方法，用来赋值到模板中，通过调用 Smarty 对象中的 ASSIGN() 方法，可以将任何 PHP 所支持的类型数据赋值给模板中的变量，包含数组和对象类型。使用的方式有两种，可以指定一对“名称 / 数值”或指定包含“名称 / 数值”的联合数组。代码如下。

```
$smarty->assign("name","shopnc");
//将字符串"shopnc"赋给模板中的变量{$name}
$smarty->assign("name1",$name);
//将变量$name的值赋给模板中的变量{$name1}
```

（2）DISPLAY() 方法

基于 Smarty 的脚本中必须用到这个方法，而且在一个脚本中只能使用一次，因为它负责获取和显示由 Smarty 引擎引用的模板。该方法的原型如下。

```
void display(string template[,string cache_id[, string compile_id]])
//用来获取和显示Smarty模板
```

第一个参数 template 是必选的，需要指定一个合法的模板资源的类型和路径。还可以通过第二个可选参数 cache_id 指定一个缓存标识符的名称，第三个可选参数 compile_id 在维护一个页面的多个缓存时使用。在下面的示例中使用多种方式指定一个合法的模板资源。

```
//获取和显示由Smarty对象中的$template_dir属性所指定目录下的模板文件index.html
$smarty->display("index.html");
//获取和显示由Smarty对象中的$template_dir变量所指定的目录下子目录admin中的模板文件
index.html
$smarty->display("admin/index.html");
//绝对路径，用来使用不在$template_dir模板目录下的文件
$smarty->display("/usr/local/include/templates/header.html");
//绝对路径的另外一种方式，在WINDOS平台下的绝对路径必须使用"file:"前缀
$smarty->display(“file:C:/www/pub/templates/header.html”);
```

在使用 Smarty 的 PHP 脚本文件中，除了基于 Smarty 的内容需要上面 5 个步骤外，程序的其他逻辑没有改变。例如，文件处理、图像处理、数据库连接、MVC 的设计模式等，使用形式都没有发生变化。

4.5 Smarty 变量

在 Smarty 模板中经常使用的变量有两种：一种是从 PHP 中分配的变量；另一种是从配置文件中读取的变量。但使用最多的还是从 PHP 中分配的变量。需要注意的是，模板中只能输出从 PHP 中分配的变量，不能在模板中为这些变量重新赋值。在 PHP 脚本中分配变量给模板，都是通过调用 Smarty 引擎中的 ASSIGN() 方法实现的，不仅可以向模板中分配 PHP 标量类型的变量，而且也可以将 PHP 中复合类型的数组和对象变量分配给模板。

4.5.1 模板中输出 PHP 分配的变量

在前面的示例中已经介绍了，在 PHP 脚本中调用 Smarty 模板的 ASSIGN() 方法，向模

板中分配字符串类型的变量，本节主要在模板中输出从 PHP 分配的复合类型变量。在 PHP 的执行脚本中，不管分配什么类型的变量到模板中，都是通过调用 Smarty 模板的 ASSIGN() 方法完成的，只是在模板中输出的处理方式不同。需要注意的是，在 Smarty 模板中变量预设是全域的。也就是说只要分配一次即可，如果分配两次以上，则变量内容以最后分配的为主。即使在主模板中加载了外部的子模板，子模板中同样的变量一样也会被替代，这样就不用再针对子模板做一次解析的动作。

通常，在模板中通过遍历输出数组中的每个元素，通过 Smarty 中提供的 foreach 或 section 语句完成，本节主要介绍在模板中单独输出数组中的某个元素。索引数组和关联数组在模板中输出方式略有不同，其中，索引数组在模板中的访问和在 PHP 脚本中的引用方式一样，而关联数组中的元素在模板中指定的方式是使用“.”访问的。

变量输出基本有以下几种情况，通过几个示例来说明。

注：下面的示例代码均在 4.3.3 节实践案例的基础上进行且保存为 UTF-8 编码格式。

（1）模板变量输出示例

Test.html 模板内容如下：

```
<html>
<head>
<meta http-equiv="Content-Type" content="text/html; charset=utf-8"> <!-- 申明文档使用的字符编码，该编码要和本文件存储编码格式一致，否则浏览器中文乱码 -->
<title> <{$name}>  </title>
</head>
<body>
<{$name}>
</body>
</html>
```

Test.php 脚本如下：

```
<?php
header('Content-Type: text/html; charset=utf-8');
include "./libs/smarty.class.php";
$smarty=new smarty();
define('SITE_ROOT', 'd:/amvc');
$smarty = new smarty();
$smarty->template_dir = SITE_ROOT . "/templates/";
$smarty->compile_dir = SITE_ROOT . "/templates_c/";
$smarty->config_dir = SITE_ROOT . "/config/";
$smarty->cache_dir = SITE_ROOT . "/cache/";
$smarty->caching=1;
$smarty->cache_lifetime=60*60*24*7;
$smarty->left_delimiter ='<{';
$smarty->right_delimiter = '}>';
$smarty->assign('name','shopnc');
$smarty->display('test.html');
?>                                                        [000188]
```

在浏览器地址栏中输入 http://localhost/ 你的项目目录 /test.php，结果输出：

```
shopnc
```

（2）模板数组输出示例

Test2.html 模板内容如下：

```
<html>
<head>
<meta http-equiv="Content-Type" content="text/html; charset=utf-8">
<title> <{$company.name}><{$company.ver}><{$company.content}> </title>
```

```
</head>
<body>
<{$company.name}> <{$company.ver}> <{$company.content}>
</body>
</html>
```

Test2.php 脚本如下：

```
<?php
header('Content-Type: text/html; charset=utf-8');
include "./libs/smarty.class.php";
$smarty=new smarty();
define('SITE_ROOT', 'd:/amvc');
$smarty = new smarty();
$smarty->template_dir = SITE_ROOT . "/templates/";
$smarty->compile_dir = SITE_ROOT . "/templates_c/";
$smarty->config_dir = SITE_ROOT . "/config/";
$smarty->cache_dir = SITE_ROOT . "/cache/";
$smarty->caching=1;
$smarty->cache_lifetime=60*60*24*7;
$smarty->left_delimiter ='<{';
$smarty->right_delimiter = '}>';
$smarty->assign('company',$company);
$smarty->display('test2.html');
?>                                                      [000189]
```

在浏览器地址栏中输入 http://localhost/ 你的项目目录 /test2.php，结果输出：

```
shopnc  v2.5  多用户商城
```

（3）循环示例

【示例 4-1】使用 section 对多维数组进行列表输出，数据源来自定义。

模板内容如下：

```
<{section name=i loop=$shopList}>
{$shopList[i].name} {$shopList[i].version} {$shopList[i].date} <Br>
{/section}
//section：标签功能
//name：标签名
//loop：循环数组
```

Main.php 文件如下：

注：此文件为 Smarty 设置文件，公共文件，保存在网站目录内（自行设置的，建议采用 4.3.3 节实践案例的设置）。

```
<?php
include "./libs/smarty.class.php";
//第一步：加载 Smarty 模板引擎
//第二步：建立 Smarty 对象
$smarty=new smarty();
//第三步：设定 Smarty 的默认属性（上面已举例，这里略过）
define('SITE_ROOT', 'd:/amvc');
//声明一个常量指定非 Web 服务器的根目录
$smarty = new smarty();
//创建一个 Smarty 类的对象 $smarty
$smarty->template_dir = SITE_ROOT . "/templates/";
//设置所有模板文件存放的目录
$smarty->compile_dir = SITE_ROOT . "/templates_c/";
//设置所有编译过的模板文件存放的目录
$smarty->config_dir = SITE_ROOT . "/config/";
//设置模板中特殊配置文件存放的目录
$smarty->cache_dir = SITE_ROOT . "/cache/";
//设置存放 Smarty 缓存文件的目录
$smarty->caching=1;
```

```
//设置开启Smarty缓存模板功能
$smarty->cache_lifetime=60*60*24*7;
//设置模板缓存有效时间段的长度为7天
$smarty->left_delimiter = '<{';
//设置模板语言中的左结束符
$smarty->right_delimiter = '}>';
//设置模板语言中的右结束符
?>                                                    [000190]
```

Shop2.html 文件如下：

注意：此文件为模板文件，保存在 $smarty->template_dir 指定的目录内（4.3.3 节实践案例为 templates）。

```
<html>
    <head>
            <meta http-equiv="Content-type" content="text/html; charset=utf-8">
            <title> <{$title}>  </title>
    </head>
    <body>
<{section name=i loop=$shopList}>
<{$shopList[i].name}> <{$shopList[i].version}> <{$shopList[i].date}> <Br>
<{/section}>
    </body>
</html>                                               [000191]
```

Shop2.php 文件如下：

注意：此文件为入口文件或称为启动文件，保存在网站目录内（自行设置的，建议采用 4.3.3 节实践案例的设置）。

```
<?php
include "main.php";
//定义数组数据
$shopList = array();
$shopList[] = array('name'=>'shopnc','version'=>'v2.4','date'=>'2018-01-01');
$shopList[] = array('name'=>'shopnc','version'=>'v2.5','date'=>'2018-02-01');
$shopList[] = array('name'=>'shopnc','version'=>'v2.6','date'=>'2018-03-01');
$smarty->assign('shopList',$shopList);
$smarty->assign("title", "ShopNC综合多用户商城");
$smarty->display("shop2.html");
?>                                                    [000192]
```

在浏览器地址栏中输入 http://localhost/ 你的项目目录 /shop2.php，结果输出：

```
shopnc v2.4 2018-01-01
shopnc v2.5 2018-02-01
shopnc v2.6 2018-03-01
```

【示例 4-2】使用 section 对多维数组进行列表输出，数据源来自数据库检索并分页显示。为了更好地展示下面的示例，需要在 MySQL 数据库中存在下列数据。

注：将完整的数据创建脚本复制粘贴到 Navicat for MySQL 中执行即可。

```
SET FOREIGN_KEY_CHECKS=0;
-- ----------------------------
-- Table structure for cms_jiayou
-- ----------------------------
DROP TABLE IF EXISTS `cms_jiayou`;
CREATE TABLE `cms_jiayou` (
  `id` varchar(30) NOT NULL,
  `qj` varchar(30) NOT NULL,
  `kh` varchar(50) NOT NULL,
  `clbh` varchar(30) NOT NULL,
  `clmc` varchar(50) NOT NULL,
  `gg` varchar(50) NOT NULL,
```

```
    `dw` varchar(10) NOT NULL,
    `km` varchar(50) NOT NULL,
    `kmmc` varchar(30) NOT NULL,
    `hsxs` decimal(10,3) NOT NULL DEFAULT 0.000,
    `sl` decimal(10,2) NOT NULL DEFAULT 0.00,
    `sl2` decimal(10,2) NOT NULL DEFAULT 0.00,
    `je` decimal(10,2) NOT NULL DEFAULT 0.00,
    `dj` decimal(10,2) NOT NULL DEFAULT 0.00,
    `dj2` decimal(10,2) NOT NULL DEFAULT 0.00,
    `lrr` varchar(20) NOT NULL,
    `lrrq` datetime DEFAULT NULL,
    `xgr` varchar(20) DEFAULT NULL,
    `xgrq` datetime DEFAULT NULL,
    `bz` varchar(100) DEFAULT NULL,
    PRIMARY KEY (`id`),
    KEY `fk_ykxt_jiayou_kh` (`kh`),
    KEY `fk_ykxt_jiayou_clbh` (`clbh`),
    KEY `fk_ykxt_jiayou_km` (`km`)
  ) ENGINE=InnoDB DEFAULT CHARSET=utf8;

  -- ----------------------------
  -- Records of cms_jiayou
  -- ----------------------------
  INSERT INTO `cms_jiayou` VALUES ('gdd-141020-010', '2014/08/16-2014/09/15',
'1788321', '131000000001', '汽油', '93#', '升', '5401-4-3609-1-1-3', '汽车用
油', '1.732', '192.80', '333.93', '1434.70', '7.44', '4.30', '张三', '2014-10-15
14:37:59', null, null, null);
  INSERT INTO `cms_jiayou` VALUES ('gdd-141020-011', '2014/08/16-2014/09/15',
'1788323', '131000000001', '汽油', '93#', '升', '5401-4-3609-1-1-3', '汽车用油',
'1.732', '70.19', '121.57', '502.31', '7.16', '4.13', '张三', '2014-10-17 14:40:38',
null, null, null);
  INSERT INTO `cms_jiayou` VALUES ('gdd-141020-012', '2014/08/16-2014/09/15',
'1788324', '131000000001', '汽油', '93#', '升', '5401-4-3609-1-1-3', '汽车用
油', '1.732', '269.53', '466.83', '2022.64', '7.50', '4.33', '张三', '2014-10-14
14:41:41', null, null, null);
  INSERT INTO `cms_jiayou` VALUES ('gdd-141020-013', '2014/08/16-2014/09/15',
'1788325', '131000000001', '汽油', '93#', '升', 'PE2102-2-7', '高铁汽车用油',
'1.732', '42.69', '73.94', '298.40', '6.99', '4.04', '张三', '2014-10-16 14:42:40',
'张三', '2014-11-19 14:00:51', null);
  INSERT INTO `cms_jiayou` VALUES ('gdd-141020-014', '2014/08/16-2014/09/15',
'1788326', '131000000001', '汽油', '93#', '升', '5401-4-3609-1-1-3', '汽车用
油', '1.732', '219.01', '379.33', '1496.07', '6.83', '3.94', '张三', '2014-10-08
14:43:24', null, null, null);
  INSERT INTO `cms_jiayou` VALUES ('gdd-141020-015', '2014/08/16-2014/09/15',
'1788327', '131000000001', '汽油', '93#', '升', '5401-4-3609-1-1-3', '汽车用
油', '1.732', '250.83', '434.44', '1770.49', '7.06', '4.08', '张三', '2014-10-23
14:44:07', null, null, null);
  INSERT INTO `cms_jiayou` VALUES ('gdd-141020-016', '2014/08/16-2014/09/15',
'1788328', '131000000001', '汽油', '93#', '升', 'PE2102-2-7', '高铁汽车用油',
'1.732', '469.93', '813.92', '3512.17', '7.47', '4.32', '张三', '2014-10-05
14:46:01', '张三', '2014-11-19 13:59:48', null);
  INSERT INTO `cms_jiayou` VALUES ('gdd-141020-017', '2014/08/16-2014/09/15',
'1788330', '131000000001', '汽油', '93#', '升', 'PE2102-2-7', '高铁汽车用油',
'1.732', '541.43', '937.76', '3818.16', '7.05', '4.07', '张三', '2014-10-12
14:51:41', '张三', '2014-11-19 13:59:52', null);
  INSERT INTO `cms_jiayou` VALUES ('gdd-141021-004', '2014/08/16-2014/09/15',
'1788329', '131000000001', '汽油', '93#', '升', 'PE2102-2-7', '高铁汽车用油',
'1.732', '109.16', '189.07', '784.40', '7.19', '4.15', '张三', '2014-10-14
07:21:57', '张三', '2014-11-19 13:59:56', null);
  INSERT INTO `cms_jiayou` VALUES ('gdd-141021-005', '2014/08/16-2014/09/15',
'1788332', '131000000001', '汽油', '93#', '升', 'PE2102-2-7', '高铁汽车用油',
'1.732', '645.84', '1118.59', '4814.77', '7.46', '4.30', '张三', '2014-10-08
07:23:04', '张三', '2014-11-19 13:59:46', null);
```

```
    INSERT INTO `cms_jiayou` VALUES ('gdd-141021-006', '2014/08/16-2014/09/15', '1788334', '131000000001', '汽油', '93#', '升', 'PE2102-2-7', '高铁汽车用油', '1.732', '116.42', '201.64', '867.08', '7.45', '4.30', '张三', '2014-10-27 07:25:15', '张三', '2014-11-19 13:59:37', null);
    INSERT INTO `cms_jiayou` VALUES ('gdd-141021-007', '2014/08/16-2014/09/15', '1788335', '131000000001', '汽油', '93#', '升', 'PE2102-2-7', '高铁汽车用油', '1.732', '109.66', '189.93', '771.98', '7.04', '4.06', '张三', '2014-10-24 07:26:19', '张三', '2014-11-19 14:00:57', null);
    INSERT INTO `cms_jiayou` VALUES ('gdd-141021-008', '2014/08/16-2014/09/15', '1788336', '131000000001', '汽油', '93#', '升', 'PE2102-2-7', '高铁汽车用油', '1.732', '122.13', '211.53', '856.98', '7.02', '4.05', '张三', '2014-10-10 07:26:50', '张三', '2014-11-19 14:00:53', null);
    INSERT INTO `cms_jiayou` VALUES ('gdd-141021-009', '2014/08/16-2014/09/15', '1788337', '131000000001', '汽油', '93#', '升', '5401-4-3609-1-1-3', '汽车用油', '1.732', '367.38', '636.30', '2751.65', '7.49', '4.32', '张三', '2014-10-05 07:27:24', null, null, null);
    INSERT INTO `cms_jiayou` VALUES ('gdd-141021-010', '2014/08/16-2014/09/15', '1788338', '131000000001', '汽油', '93#', '升', 'PE2102-2-7', '高铁汽车用油', '1.732', '73.27', '126.90', '508.61', '6.94', '4.01', '张三', '2014-10-21 07:28:32', '张三', '2014-11-19 14:00:47', null);
    INSERT INTO `cms_jiayou` VALUES ('gdd-141021-011', '2014/08/16-2014/09/15', '1788340', '131000000001', '汽油', '93#', '升', '5401-4-3609-1-1-3', '汽车用油', '1.732', '499.85', '865.74', '3896.67', '7.80', '4.50', '张三', '2014-10-09 07:29:06', null, null, null);
    INSERT INTO `cms_jiayou` VALUES ('gdd-141021-012', '2014/08/16-2014/09/15', '1788339', '131000000001', '汽油', '93#', '升', 'PE2102-2-7', '高铁汽车用油', '1.732', '125.85', '217.97', '886.26', '7.04', '4.07', '张三', '2014-10-08 07:30:30', '张三', '2014-11-19 14:01:23', null);
    INSERT INTO `cms_jiayou` VALUES ('gdd-141021-013', '2014/08/16-2014/09/15', '1788341', '131000000001', '汽油', '93#', '升', '5401-4-3609-1-1-3', '汽车用油', '1.732', '590.65', '1023.01', '4174.43', '7.07', '4.08', '张三', '2014-10-13 07:32:10', null, null, null);
    INSERT INTO `cms_jiayou` VALUES ('gdd-141021-014', '2014/08/16-2014/09/15', '1788342', '131000000001', '汽油', '93#', '升', '5401-4-3609-1-1-3', '汽车用油', '1.732', '762.14', '1320.03', '5708.51', '7.49', '4.32', '张三', '2014-10-12 07:32:45', null, null, null);
    INSERT INTO `cms_jiayou` VALUES ('gdd-141021-015', '2014/08/16-2014/09/15', '1788343', '131000000001', '汽油', '93#', '升', '5401-4-3609-1-1-3', '汽车用油', '1.732', '241.19', '417.74', '1782.02', '7.39', '4.27', '张三', '2014-10-21 07:38:52', null, null, null);
    INSERT INTO `cms_jiayou` VALUES ('gdd-141021-016', '2014/08/16-2014/09/15', '1788344', '131000000001', '汽油', '93#', '升', 'PE2102-2-7', '高铁汽车用油', '1.732', '385.64', '667.93', '2875.87', '7.46', '4.31', '张三', '2014-10-13 07:39:34', '张三', '2014-11-19 14:01:21', null);
    INSERT INTO `cms_jiayou` VALUES ('gdd-141021-017', '2014/08/16-2014/09/15', '1788345', '131000000001', '汽油', '93#', '升', 'PE2102-2-7', '高铁汽车用油', '1.732', '152.84', '264.72', '1139.56', '7.46', '4.30', '张三', '2014-10-02 07:40:14', '张三', '2014-11-19 13:59:30', null);
    INSERT INTO `cms_jiayou` VALUES ('gdd-141021-018', '2014/08/16-2014/09/15', '1788346', '131000000001', '汽油', '93#', '升', '5401-4-3609-1-1-3', '汽车用油', '1.732', '381.43', '660.64', '3019.54', '7.92', '4.57', '张三', '2014-10-24 07:40:45', null, null, null);
    INSERT INTO `cms_jiayou` VALUES ('gdd-141021-019', '2014/08/16-2014/09/15', '1788347', '131000000001', '汽油', '93#', '升', '5401-4-3609-1-1-3', '汽车用油', '1.732', '326.86', '566.12', '2440.23', '7.47', '4.31', '张三', '2014-10-03 07:41:41', null, null, null);
    INSERT INTO `cms_jiayou` VALUES ('gdd-141021-020', '2014/08/16-2014/09/15', '1788348', '131000000001', '汽油', '93#', '升', '5401-4-3609-1-1-3', '汽车用油', '1.732', '359.85', '623.26', '2689.63', '7.47', '4.32', '张三', '2014-10-25 07:42:52', null, null, null);
    INSERT INTO `cms_jiayou` VALUES ('gdd-141021-021', '2014/08/16-2014/09/15', '1788349', '131000000001', '汽油', '93#', '升', '5401-4-3609-1-1-3', '汽车用油', '1.732', '656.67', '1137.35', '4892.89', '7.45', '4.30', '张三', '2014-10-04 07:43:28', null, null, null);
```

```
    INSERT INTO `cms_jiayou` VALUES ('gdd-141021-022', '2014/08/16-2014/09/15',
'1788351', '131000000001', '汽油', '93#', '升', 'PE2102-2-7', '高铁汽车用油',
'1.732', '277.10', '479.94', '1956.69', '7.06', '4.08', '张 三', '2014-10-27
07:44:22', '张三', '2014-11-19 14:00:33', null);
    INSERT INTO `cms_jiayou` VALUES ('gdd-141021-023', '2014/08/16-2014/09/15',
'1788352', '131000000001', '汽油', '93#', '升', 'PE2102-2-7', '高铁汽车用油',
'1.732', '373.89', '647.58', '2789.61', '7.46', '4.31', '张 三', '2014-10-12
07:44:54', '张三', '2014-11-19 14:00:35', null);
    INSERT INTO `cms_jiayou` VALUES ('gdd-141021-024', '2014/08/16-2014/09/15',
'1788353', '131000000001', '汽油', '93#', '升', '5401-4-3609-1-1-3', '汽车用油',
'1.732', '57.46', '99.52', '401.64', '6.99', '4.04', '张三', '2014-10-08 07:45:29',
null, null, null);
                                                                      [000193]
```

d_shop.php 文件如下：

注意：此文件为入口文件或称为启动文件，保存在网站目录内（自行设置的，建议采用2.3.3节实践案例的设置）。

```
    <?php
    include "main.php"; // 在2.3.3节实践案例创建的文件
    //用assign()方法将变量置入模板里
    //$shopList = array();
    //$shopList[] = array('name'=>'shopnc1','version'=>'v2.4','da
te'=>'2018-01-01');
    //$shopList[] = array('name'=>'shopnc2','version'=>'v2.5','da
te'=>'2018-02-01');
    //$shopList[] = array('name'=>'shopnc3','version'=>'v2.6','da
te'=>'2018-03-01');
    //$shopList[] = array('name'=>'shopnc4','version'=>'v2.4','da
te'=>'2018-04-01');
    //$shopList[] = array('name'=>'shopnc5','version'=>'v2.5','da
te'=>'2018-05-01');
    //$shopList[] = array('name'=>'shopnc6','version'=>'v2.6','da
te'=>'2018-06-01');

    //php7之前版本，连接mysql数据库
    //$link = @mysql_connect("localhost:3307", "root", "") or die("Could not
connect:" . mysql_error());
    //@mysql_select_db("jiaowglxt") or die("Could not use jiaowglxt:" . mysql_
error());
    //mysql_query("set names utf8");

    //php7及之后版本连接mysql数据库
    $mysqli=new mysqli();
    $mysqli->connect('localhost:3307','root','','jiaowglxt'); // root为MySQL数据库账
户，密码为空，jiaowglxt为MySQL数据库名
    $mysqli->set_charset("utf8");


    // 查询记录总数
    $sql = "select count(*) as jls from cms_jiayou";
    //php7及之后版本，执行查询
    $rs=$mysqli->query($sql);
    $row=mysqli_fetch_array($rs,MYSQLI_ASSOC);
    $rowcounts=$row['jls'];

    //php7之前版本，执行查询
    //$result = mysql_query($sql);
    //$row = mysql_fetch_row($result);
    //$rowcounts=$row[0];
```

```
    $page = 1;     // 当前页
    if(isset($_GET['page' ]) && is_numeric($_GET['page' ])) {                    // 获取要
显示的页码
        $page = $_GET['page' ];
                }
                $pagesize = 15; // 每页长度
                $offset =($page - 1) * $pagesize; // 计算得到跳过行数
                $pagecount = ceil($rowcounts / $pagesize); // 计算总页数
                $sql = "select id as clbh,qj as clmc,kh as gg,clbh as dw,sl as csdj
from cms_jiayou limit $offset,$pagesize";

    //php7 及之后版本，执行查询并循环输出为数组
    $rs=$mysqli->query($sql);
    $mysqli->close();
    while($row=mysqli_fetch_array($rs,MYSQLI_ASSOC)){
        $shopList[]=$row;
    }

    //php7 之前版本，执行查询并循环输出为数组
    //$result = mysql_query($sql);
    //mysql_close($link);
    //while($row = mysql_fetch_assoc($result)) {
    //$shopList[]=$row;
    //}

    //echo "<pre>";
    //print_r($shopList);
    //echo "<pre>";

    $smarty->assign('shopList',$shopList);
    $smarty->assign("title", "分库材料卡片");
    $smarty->assign("rowcounts", $rowcounts);
    $smarty->display("d_shop.html");
    ?>

     <!-- 实现分页功能部分 -->
         <tr><td colspan="4" align="center">
            <?php echo $page ." / ". $pagecount; ?>  
            <?php if($page == 1) { ?>
            <font color="grey">首页</font>
            <?php } else { ?>
            <a href="d_shop.php?page=1">首页</a>
            <?php } ?>
             
            <?php if($page == 1) { ?>
            <font color="grey">上一页</font>
            <?php } else { ?>
            <a href="d_shop.php?page=<?php echo $page-1 ?>">上一页</a>
            <?php } ?>
             
            <?php if($page == $pagecount) { ?>
            <font color="grey">下一页</font>
            <?php } else { ?>
            <a href="d_shop.php?page=<?php echo $page+1 ?>">下一页</a>
            <?php } ?>
            <?php if($page == $pagecount) { ?>
            <font color="grey">尾页</font>
            <?php } else { ?>
            <a href="d_shop.php?page=<?php echo $pagecount ?>">尾页</a>
            <?php } ?>
          </td></tr>                                                          [000194]
```

D_shop.html 文件如下：

注意：此文件为模板文件，保存在 $smarty->template_dir 指定的目录内（2.3.3 节实践案例为 templates）。

```
<html>
   <head>
          <meta http-equiv="Content-type" content="text/html; charset=gb2312">
          <title> <{$title}>  </title>
   </head>
   <body id="cssSignature">
<div id="container">
   <div id="count">
   <div class="count1">共有<b><{$rowcounts}> </b>条记录</div>
   </div>
   <div class="clear"></div>
   <div id="content">
    <table width="100%" border="0" cellspacing="0" cellpadding="0">
      <tr  class="firstLine">
       <td width="16%"><strong>序号</strong></td>
        <td width="16%"><strong>记录ID</strong></td>
        <td width="16%"><strong>录入日期</strong></td>
        <td width="16%"><strong>油卡编号</strong></td>
        <td width="16%"><strong>汽油编号</strong></td>
        <td width="16%"><strong>加油数量(升)</strong></td>
      </tr>
<{section name=i loop=$shopList}>
             <tr class="contentLine">
        <td align="center"> <{$smarty.section.i.index}> </td>
        <td><{$shopList[i].clbh}></td>
        <td><{$shopList[i].clmc}></td>
        <td><{$shopList[i].gg}></td>
        <td><{$shopList[i].dw}></td>
        <td><{$shopList[i].csdj}></td>
     </tr>
<{/section}>
</table>
</div>
</div>
  </body>
</html>                                                               [000195]
```

在浏览器地址栏中输入 http://localhost/你的项目目录/d_shop.php，结果输出如图 4-5 所示。

共有**2744** 条记录

序号	记录ID	录入日期	油卡编号	汽油编号	加油数量(升)
0	gdd-141020-010	2014/08/16-2014/09/15	1788321	131000000001	192.80
1	gdd-141020-011	2014/08/16-2014/09/15	1788323	131000000001	70.19
2	gdd-141020-012	2014/08/16-2014/09/15	1788324	131000000001	269.53
3	gdd-141020-013	2014/08/16-2014/09/15	1788325	131000000001	42.69
4	gdd-141020-014	2014/08/16-2014/09/15	1788326	131000000001	219.01
5	gdd-141020-015	2014/08/16-2014/09/15	1788327	131000000001	250.83
6	gdd-141020-016	2014/08/16-2014/09/15	1788328	131000000001	469.93
7	gdd-141020-017	2014/08/16-2014/09/15	1788330	131000000001	541.43
8	gdd-141021-004	2014/08/16-2014/09/15	1788329	131000000001	109.16
9	gdd-141021-005	2014/08/16-2014/09/15	1788332	131000000001	645.84
10	gdd-141021-006	2014/08/16-2014/09/15	1788334	131000000001	116.42
11	gdd-141021-007	2014/08/16-2014/09/15	1788335	131000000001	109.66
12	gdd-141021-008	2014/08/16-2014/09/15	1788336	131000000001	122.13
13	gdd-141021-009	2014/08/16-2014/09/15	1788337	131000000001	367.38
14	gdd-141021-010	2014/08/16-2014/09/15	1788338	131000000001	73.27

1 / 183 首页 上一页 下一页 尾页

图 4-5

4.5.2 模板中输出非 PHP 分配的变量

Smarty 保留变量不需要从 PHP 脚本中分配，是可以在模板中直接访问的数组类型变量，通常被用于访问一些特殊的模板变量。例如，在模板中访问页面请求变量、获取访问模板时的时间戳、在模板中访问 PHP 中的常量、从配置文件中读取变量等。该保留变量中的部分访问介绍如下。

1．在模板中访问页面请求变量

在 PHP 脚本中，通过超全局数组 $_GET、$_POST、$_REQUEST 获取在客户端以不同方法提交给服务器的数据，也可以通过 $_COOKIE 或 $_SESSION 在多个脚本之间跟踪变量，或是通过 $_ENV 和 $_SERVER 获取系统环境变量。如果在模板中需要这些数组，可以调用 Smarty 对象中的 ASSIGN() 方法分配给模板。但在 Smarty 模板中，可以通过 {$smarty} 保留变量访问这些页面请求变量。在模板中使用的示例如下。

```
{$smarty.get.page}              {* 类似在 PHP 脚本中访问 $_GET["page"] *}
{$smarty.post.page}             {* 类似在 PHP 脚本中访问 $_POST["page"] *}
{$smarty.Cookies.username}      {* 类似在 PHP 脚本中访问 $_COOKIE["username"] *}
{$smarty.Session.id}            {* 类似在 PHP 脚本中访问 $_SESSION["id"] *}
{$smarty.server.SERVER_NAME}    {* 类似在 PHP 脚本中访问 $_SERVER["SERVER_NAME"] *}
{$smarty.env.PATH}              {* 类似在 PHP 脚本中访问 $_ENV["PATH"]*}
{$smarty.request.username}      {* 类似在 PHP 脚本中访问 $_REQUEST["username"] *}
```

2．在模板中访问 PHP 中的常量

在 PHP 脚本中有系统常量和自定义常量两种，同样这两种常量在 Smarty 模板中也可以被访问，而且不需要从 PHP 中分配，只要通过 {$smarty} 保留变量就可以直接输出常量的值。在模板中输出常量的示例如下。

```
{$smarty.const._MY_CONST_VAL}  {* 在模板中输出在 PHP 脚本中用户自定义的常量 *}
{$smarty.const.__FILE__}       {* 在模板中通过保留变量数组直接输出系统常量 *}
```

在模板中的变量不能为其重新赋值，但是可以参与数学运算，只要在 PHP 脚本中可以执行的数学运算都可以直接应用到模板中。使用的示例如下。

```
{$foo+1}
{* 在模板中将 PHP 中分配的变量加 1 *}
{$foo*$bar}
{* 将两个 PHP 中分配的变量在模板中相乘 *}
{$foo->bar-$bar[1]*$baz->foo->bar()-3*7}
{* PHP 中分配的复合类型变量也可以参与计算 *}
{if($foo+$bar.test%$baz*134232+10+$b+10)}
{* 可以将模板中的数学运算在程序逻辑中应用 *}
```

另外，在 Smarty 模板中可以识别嵌入在双引号中的变量，只要此变量只包含数字、字母、下画线或中括号 []。对于其他的符号（句号、对象相关的等）此变量必须用两个反引号“`”（此符号和“~”在同一个键上，键盘的左上角位置）包住。使用的示例如下。

```
{* 在双引号中嵌入标量类型的变量 *}
{func var="test $foo test"}
{* 将索引数组嵌入到模板的双引号中 *}
{func var="test $foo[0] test"}
{* 也可以将关联数组嵌入到模板的双引号中 *}
{func var="test $foo[bar] test"}
{* 嵌入对象中的成员时将变量使用反引号 "`" 包住 *}
{func var="test `$shopList[i].name`"}
```

4.5.3　变量调节器

在 PHP 中提供了非常全面的处理文本函数，通过这些函数将文本修饰后，再调用 Smarty 对象中的 ASSIGN() 方法分配到模板中输出。而有可能想在模板中直接对 PHP 分配的变量进行调解，Smarty 开发人员在库中集成了这方面的特性，而且允许对其进行任意扩展。

在 Smarty 模板中使用变量调解器修饰变量，和在 PHP 中调用函数处理文本相似，只是 Smarty 中对变量修饰的语法不同。变量在模板中输出以前如果需要调解，可以在该变量后面跟一个竖线“|”，在后面使用调解的命令。而且对于同一个变量，可以使用多个修改器，它们将从左到右按照设定好的顺序被依次组合使用，使用时必须要用“|”字符作为它们之间的分隔符。语法如下。

```
{* 在模板中的变量后面多个调解器组合使用的语法 *}
{$var|modifier1|modifier2|modifier3|...}
```

另外，变量调节器由赋予的参数值决定其行为，参数由冒号“:”分开，有的调解器命令有多个参数。使用变量调节器的命令和调用 PHP 函数有点相似，其实每个调解器命令都对应一个 PHP 函数。每个函数独自占用一个文件，存放在和 Smarty 类库同一个目录下的 plugins 目录中。还可以按 Smarty 规则在该目录中添加自定义函数，对变量调解器的命令进行扩展。还可以按照自己的需求，修改原有的变量调解器命令对应的函数。在下面的示例中使用变量调解器命令 truncate，将变量字符串截取为指定数量的字符。

```
{* 截取变量值的字符串长度为 40，并在结尾使用 "…" 表示省略 *}
{$topic|truncate:40:"..."}
```

truncate 函数默认截取字符串的长度为 80 个字符，但可以通过提供的第一个可选参数来改变截取的长度，例如上例中指定截取的长度为 40 个字符。还可以指定一个字符串作为第二个可选参数的值，追加到截取后的字符串后面，如省略号（…）。此外，还可以通过第三个可选参数指定到达指定的字符数限制后立即截取，或是还需要考虑单词的边界，这个参数默认为 FALSE 值，则截取到达限制后的单词边界。

如果给数组变量应用单值变量的调节，结果是数组的每个值都被调节。如果只想要调节器用一个值调节整个数组，必须在调节器名字前加上“@”符号。例如：

```
{$articleTitle|@count}{* 这将会在 $articleTitle 数组里输出元素的数目 *}
```

下面通过一个简单的小例子来看一下几个调节器的用法，模板内容如下：

```
<html>
<head><title>smarty 的模板调节器示例 </title></head>
<body>
1. 第一句首字母要大写：<tpl>$str1|capitalize</tpl><br>
2. 第二句模板变量 + 张三：<tpl>$str2|cat:张三"</tpl><br>
3. 第三句输出当前日期：<tpl>$str3|date_format:"%Y 年 %m 月 %d 日 "</tpl><br>
4. 第四句 .PHP 程序中不处理，它显示默认值：<tpl>$str4|default:" 没有值！ "</tpl><br>
5. 第五句要让它缩进 8 个空白字母位，并使用 "*" 取替这 8 个空白字符：
<br><tpl>$str5|indent:8:"*"</tpl><br>
6. 第六句把 JaDDy@oNCePlAY.CoM 全部变为小写：<tpl>$str6|lower</tpl><br>
7. 第七句把变量中的 teacherzhang 替换成：张三：<tpl>$str7|replace:"teacherzhang":" 张三
"</tpl><br>
8. 第八句为组合使用变量修改器：<tpl>$str8|capitalize|cat:" 这里是新加的时间：" |date_
format:"%Y 年 %m 月 %d 日 "|lower</tpl>
</body>
</html>
```

然后设计 PHP 脚本，内容如下：

```
<?php
require_once("./lib/smarty/Smarty.class.php"); // 包含 smarty 类文件
$smarty = new smarty(); // 建立 smarty 实例对象 $smarty
$smarty->template_dir = "./templates";// 设置模板目录
$smarty->compile_dir = "./templates_c"; // 设置编译目录
//----------------------------------------------------
// 左右边界符，默认为 {}，但实际应用当中容易与 JavaScript 相冲突，所以建议设成其他。
```

```
    //--------------------------------------------------
    $smarty->left_delimiter = "<tpl>";
    $smarty->right_delimiter = "</tpl>";
    $smarty->assign("str1", "my name is zhangsan."); // 将 str1 替 换 成 My Name Is
Zhangsan.
    $smarty->assign("str2", "的名字叫："); // 输出：的名字叫：张三
    $smarty->assign("str3", "公元"); // 输出公元 2010 年 5 月 6 日（的当前时间）
    //$smarty->assign("str4", ""); // 第四句不处理时会显示默认值，如果使用前面这一句则替换为
""
    $smarty->assign("str5", "前边 8 个 *"); // 第五句输出：******** 前边 8 个 *
    $smarty->assign("str6", "JaDDy@oNCePlAY.CoM"); // 这里将输出 jaddy@onceplay.com
    $smarty->assign("str7", "this is teacherzhang"); // 在模板中显示为：this is 张三
    $smarty->assign("str8", "HERE IS COMBINING:”);
    // 编译并显示位于 ./templates 下的 index.html 模板
    $smarty->display(“index.html”);
    ?>                                                                    [000196]
```

结果输出：

```
    1. 第一句首字母要大写：My Name Is Zhangsan.<br>
    2. 第二句模板变量 + 张三：的名字叫：张三 <br>
    3. 第三句输出当前日期：公元 2010 年 5 月 6 日 <br>
    4. 第四句 .PHP 程序中不处理，它显示默认值：没有值！ <br>
    5. 第五句要让它缩进 8 个空白字母位，并使用 "*" 取替这 8 个空白字符：<br>******** 前边 8 个 *<br>
    6. 第六句把 JaDDy@oNCePlAY.CoM 全部变为小写：jaddy@onceplay.com<br>
    7. 第七句把变量中的 teacherzhang 替换成：张三：this is 张三 <br>
    8. 第八句为组合使用变量修改器：Here is Combining：这里是新加的时间：2004 年 5 月 6 日
```

Smarty 模板中常用的变量调解函数如表 4-2 所示。

表 4-2

成员方法名	描　述
capitalize	将变量里的所有单词首字母大写，参数值 boolean 型决定带数字的单词是否首字母大写，默认不大写
count_characters	计算变量值里的字符个数，参数值 boolean 型决定是否计算空格数，默认不计算空格
cat	将 cat 里的参数值连接到给定的变量后面，默认为空
count_paragraphs	计算变量里的段落数量
count_sentences	计算变量里句子的数量
count_words	计算变量里的词数
date_format	日期格式化，第一个参数控制日期格式，如果传给 date_format 的数据是空的，将使用第二个参数作为默认时间
default	为空变量设置一个默认值，当变量为空或者未分配时，由给定的默认值替代输出
escape	用于 html 转码、url 转码，在没有转码的变量上转换单引号、十六进制转码、十六进制美化转码，或者 javascript 转码。默认是 html 转码
indent	在每行缩进字符串，第一个参数指定缩进多少个字符，默认是四个字符；第二个参数，指定缩进用什么字符代替
lower	将变量字符串小写
nl2br	所有的换行符将被替换成 . 功能同 PHP 中的 nl2br() 函数一样
regex_replace	寻找和替换正则表达式，必须有两个参数，参数 1 是替换正则表达式，参数 2 使用什么文本字串来替换
replace	简单的搜索和替换字符串，必须有两个参数，参数 1 是将被替换的字符串，参数 2 是用来替换的文本
spacify	在字符串的每个字符之间插入空格或者其他的字符串 .，参数表示将在两个字符之间插入的字符串，默认为一个空格
string_format	是一种格式化浮点数的方法，例如十进制数，使用 sprintf 语法格式化。参数是必的，规定使用的格式化方式。%d 表示显示整数，%.2f 表示截取两个浮点数

续上表

成员方法名	描　述
strip	替换所有重复的空格，换行和 tab 为单个或者指定的字符串。如果有参数则是指定的字符串
strip_tags	去除所有 html 标签
truncate	从字符串开始处截取某长度的字符，默认是 80 个
upper	将变量改为大写
wordwrap	可以指定段落的宽度（也就是多少个字符一行，超过这个字符数换行），默认 80。第二个参数可选，可以指定在约束点使用什么字符（默认是换行符 \n）。默认情况下 smarty 将截取到词尾，如果想精确到设定长度的字符，将第三个参数设置为 TURE

下面详细讲解这些变量调解函数，有些重点的函数会辅以示例。

（1）Capitalize：将变量里的所有单词首字母大写。

（2）count_characters：字符计数。

示例如下：

```
//PHP 程序
$smarty->assign('articleTitle','ABC');
// 模板内容
{$articleTitle}<Br>
{$articleTitle|count_characters}<Br>
{$articleTitle|count_characters:true} // 决定是否计算空格字符。是
输出：A B C  3  5。
```

（3）cat：连接字符串，将 cat 里的值连接到给定的变量后面。

示例如下：

```
//PHP 程序
$smarty->assign('articleTitle', "hello");
// 模板内容：
{$articleTitle|cat:"kevin"}
输出：hello kevin。
```

（4）date_format：格式化日期。

格式化从函数 strftime() 获得的时间和日期，UNIX 或者 MySQL 等的时间戳记（parsable by strtotime）都可以传递到 smarty，设计者可以使用 date_format 完全控制日期格式，如果传给 date_format 的数据是空的，将使用第二个参数作为时间格式。

示例如下：

```
//PHP 程序
$smarty->assign('yesterday', strtotime('-1 day'));
// 模板内容
{$smarty.now|date_format}<Br>
{$smarty.now|date_format:"%A, %B %e, %Y"}<Br>
{$smarty.now|date_format:"%H:%M:%S"}<Br>
{$yesterday|date_format}<Br>
{$yesterday|date_format:"%A, %B %e, %Y"}<Br>
{$yesterday|date_format:"%H:%M:%S"}
输出：Feb 6, 2011  Tuesday, February 6, 2011  14:33:00   Feb 5, 2011  Monday, 
February 5, 2011  14:33:00。
```

（5）default：默认值，为空变量设置一个默认值，当变量为空或者未分配时，将由给定的默认值替代输出。

示例如下：

```
//PHP 程序
$smarty->assign( 'articleTitle', 'A');
// 模板内容
{$articleTitle|default:"no title"}
```

```
{$myTitle|default:"no title"}
输出：A no title
```

（6）escape：编码，用于 html 转码，url 转码，在没有转码的变量上转换单引号，十六进制转码，十六进制美化转码，或者 javascript 转码。默认是 html 转码。

（7）indent：缩进，在每行缩进字符串，默认是 4 个字符，作为可选参数，可以指定缩进字符数，作为第二个可选参数，可以指定缩进用什么字符代替。注意：使用缩进时如果是在 HTML 中，则需要使用 （空格）来代替缩进，否则没有效果。

（8）Lower：小写，将变量字符串小写。

（9）nl2br：换行符替换成
，所有的换行符将被替换成
，功能同 PHP 中的 nl2br() 函数一样。

（10）regex_replace：正则替换，寻找和替换正则表达式，欲使用其语法，请参考 PHP 手册中的 preg_replace() 函数。

示例如下：

```
//PHP 程序
$smarty->assign('articleTitle', "A\nB");
// 模板内容
{* replace each carriage return, tab & new line with a space *}{* 使用空格替换每个回车 ,tab, 和换行符 *}
{$articleTitle}<Br>
{$articleTitle|regex_replace:"/[\r\t\n]/":" "}
输出：A  B  A B。
```

（11）replace：替换，简单的搜索和替换字符串 。

```
//PHP 程序
$smarty->assign('articleTitle', "ABCD");
// 模板内容
{$articleTitle}<Br>
{$articleTitle|replace:"D":"E"}
输出：ABCD  ABCE。
```

（12）spacify：插空，是一种在字符串的每个字符之间插入空格或者其他的字符（串）。

示例如下：

```
//PHP 程序
$smarty->assign('articleTitle', 'Something');
// 模板内容
{$articleTitle}<Br>
{$articleTitle|spacify}<Br>
{$articleTitle|spacify:"^^"}
输 出：Something Went Wrong in Jet Crash, Experts Say.  S o m e t h i n g S^^o^^m^^e^^t^^h^^i^^n^^g。
```

（13）string_format：字符串格式化，是一种格式化字符串的方法，例如格式化为十进制数等，使用 sprintf 语法格式化。

示例如下：

```
//PHP 程序
$smarty->assign('number', 23.5787446);
// 模板内容
{$number}<Br>
{$number|string_format:"%.2f"}<Br>
{$number|string_format:"%d"}
输出：23.5787446   23.58   24。
```

在本节讲解了 Smarty 变量，包括在模板中输出 PHP 分配的变量及自身提供的保留变量以及变量调节器。按照编程语言规范，有变量就必须有流程控制，因此，Smarty 也提供了流程控制语句，下面开始介绍 Smarty 流程控制。

4.6 Smarty 流程控制

Smarty 提供了几种可以控制模板内容输出的结构，包括能够按条件判断决定输出内容的 if-elseif-else 结构，也有迭代处理传入数据的 foreach 和 section 结构。本节将介绍这些在 Smarty 模板中使用的控制结构。

4.6.1 条件选择结构 if-else

Smarty 模板中的 {if} 语句和 PHP 中的 if 语句一样灵活易用，并增加了几个特性以适宜模板引擎。Smarty 中 {if} 必须和 {/if} 成对出现，当然也可以使用 {else} 和 {elseif} 子句。另外，在 {if} 中可以使用表 4-3 中给出的全部条件修饰词。

表 4-3

条件修饰符	描 述	条件修饰符	描 述	条件修饰符	描 述
Gte	大于等于	is not even	是否不为偶数	==	相等
Eq	相等	neq	不相等	mod	求模
Gt	大于	is even	是否为偶数	not	非
Ge	大于等于	is odd	是否为奇数	!=	不相等
Lt	小于	is not odd	是否不为奇数	>	大于
Lte	小于等于	div by	是否能被整除	<	小于
Le	小于等于	even by	商是否为偶数	<=	小于等于
Ne	不相等	odd by	商是否为奇数	>=	大于等于

Smarty 模板中在使用这些修饰词时，它们必须和变量或常量用空格隔开。此外，在 PHP 标准代码中，必须把条件语句包围在小括号中，而在 Smarty 中小括号的使用则是可选的。

一些常见的选择控制结构用法如下。

```
{if $name eq "Fred"}
{* 判断变量 $name 的值是否为 Fred *}
   Welcome Sir.
   {* 如果条件成立则输出这个区块的代码 *}
{elseif $name eq "Wilma"}
{* 否则如果变量 $name 的值是否为 Wilma *}
   Welcome Ma’am.
   {* 如果条件成立则输出这个区块的代码 *}
{else}
{* 否则从句，在其他条件都不成立时执行 *}
   Welcome, whatever you are.
   {* 如果条件成立则输出这个区块的代码 *}
{/if}
{* 是条件控制的关闭标记，if 必须成对出现 *}

{if $name eq "Fred" or $name eq "Wilma"}
{* 使用逻辑运算符"or"的一个例子 *}
   ...
   {* 如果条件成立则输出这个区块的代码 *}
{/if}
{* 是条件控制的关闭标记，if 必须成对出现 *}
```

```
{if $name == "Fred" || $name == "Wilma"}
{* 和上面的例子一样，"or" 和 "||" 没有区别 *}
    ...
    {* 如果条件成立则输出这个区块的代码 *}
{/if}
{* 是条件控制的关闭标记，if 必须成对出现 *}

{if $name=="Fred" || $name=="Wilma"}
{* 错误的语法，条件符号和变量要用空格隔开 *}
    ...
    {* 如果条件成立则输出这个区块的代码 *}
{/if}
{* 是条件控制的关闭标记，if 必须成对出现 *}
```

4.6.2　Smarty 中与数组下标无关的 foreach 循环结构

在 Smarty 模板中，可以使用 foreach 或 section 方式重复一个区块。而在模板中则需要从 PHP 中分配过来的一个数组，这个数组也可以是多维数组。foreach 标记作用与 PHP 中的 foreach 相同，但它们的使用语法大不相同，因为在模板中增加了几个特性以适宜模板引擎。它的语法格式虽然比较简单，但只能用来处理简单数组。在模板中 {foreach} 必须和 {/foreach} 成对使用，它有 4 个参数，其中 from 和 item 两个是必要的，如表 4-4 所示。

表 4-4

参数名	描　述	类　型	默认值
from	待循环数组的名称，该属性决定循环的次数，必要参数	数组变量	无
item	确定当前元素的变量名称，必要参数	字符串	无
key	当前处理元素的键名，可选参数	字符串	无
name	该循环的名称，用于访问该循环，这个名是任意的，可选参数	字符串	无

也可以在模板中嵌套使用 foreach 遍历二维数组，但必须保证嵌套中的 foreach 名称唯一。此外，在使用 foreach 遍历数组时与下标无关，所以在模板中关联数组和索引数组都可以使用 foreach 遍历。

考虑一个使用 foreach 遍历数组的示例。假设 PHP 从数据库中读取一张表的所有记录，并保存在一个声明好的二维数组中，而且需要将这个数组中的数据在网页中显示。可以在脚本文件 index.php 中，直接声明一个二维数组保存三个人的联系信息，并通过 Smarty 引擎分配给模板文件。

注意：这里同样使用 4.3.3 节实践案例的目录结构及 main 公共程序，下面的代码保存为 UTF-8 编码格式。

创建 shop3.php，为入口或启动文件，代码如下，将该文件保存在 4.3.3 节实践案例的项目主目录中。

```
<?php
include "./main.php";
$contact=array(
// 声明一个保存三个联系人信息的二维数组
array('name'=>' 王某 ','fax'=>'1','email'=>'w@shopnc.net','phone'=>'4'),
array('name'=>' 张某 ','fax'=>'2','email'=>'z@shopnc.net','phone'=>'5'),
array('name'=>' 李某 ','fax'=>'3','email'=>'l@shopnc.net','phone'=>'6'));
$smarty->assign('contact', $contact);
// 将关联数组 $contact 分配到模板中使用
$smarty->display('shop3.html');
// 查找模板替换并输出
?>                                                          [000197]
```

创建一个模板文件 shop3.html，使用双层 foreach 嵌套遍历从 PHP 中分配的二维数组，并以表格的形式在网页中输出，代码如下，保存在 $smarty->template_dir 指定的目录中（4.3.3 节实践案例是 d:/amvc/ templates）。

```
<html>
    <head>
            <title>联系人信息列表</title>
    </head>
    <body>
    <table border="1" width="80%" align="center">
            <caption><h1>联系人信息</h1></caption>
            <tr>
                    <th>姓名</th><th>传真</th><th>电子邮件</th><th>联系电话</th>
            </tr>
            <{foreach from=$contact item=row}>
            {* 外层 foreach 遍历数组 $contact *}
            <tr>
            {* 输出表格的行开始标记 *}
                    <{foreach from=$row item=col}>
                    {* 内层 foreach 遍历数组 $row *}
                    <td><{$col}></td>
                    {* 以表格形式输出数组中的每个数据 *}
                    <{/foreach}>
                    {* 内层 foreach 区块结束标记 *}
            </tr>
            {* 输出表格的行结束标记 *}
            <{/foreach}>
            {* 外层 foreach 区域的结束标记 *}
    </table>
    </body>
</html>
```
[000198]

在浏览器地址栏中输入 http://localhost/ 你的项目目录 /shop3.php，结果输出如图 4-6 所示。

联系人信息

姓名	传真	电子邮件	联系电话
王某	1	w@shopnc.net	4
张某	2	z@shopnc.net	5
李某	3	l@shopnc.net	6

图 4-6

创建 d_shop3.php 文件，为入口或启动文件，保存在 4.3.3 节实践案例项目主目录中。

```
<?php
include "main.php"; // 在 2.3.3 实践案例创建的文件
//$shopList = array();
//$shopList[] = array('name'=>'shopnc1','version'=>'v2.4','date'=>'2018-01-01');
//$shopList[] = array('name'=>'shopnc2','version'=>'v2.5','date'=>'2018-02-01');
//$shopList[] = array('name'=>'shopnc3','version'=>'v2.6','date'=>'2018-03-01');
//$shopList[] = array('name'=>'shopnc4','version'=>'v2.4','date'=>'2018-04-01');
//$shopList[] = array('name'=>'shopnc5','version'=>'v2.5','date'=>'2018-05-01');
//$shopList[] = array('name'=>'shopnc6','version'=>'v2.6','date'=>'2018-06-01');

//php7 之前版本，连接 mysql 数据库
//$link = @mysql_connect("localhost:3307", "root", "") or die("Could not
connect:" . mysql_error());
//@mysql_select_db("jiaowglxt") or die("Could not use jiaowglxt:" . mysql_
error());
//mysql_query("set names utf8");

//php7 及之后版本连接 mysql 数据库
```

```
    $mysqli=new mysqli();
    $mysqli->connect('localhost:3307','root','','jiaowglxt'); // root 为 MySQL 数据库账
户，密码为空，jiaowglxt 为 MySQL 数据库名
    $mysqli->set_charset("utf8");


    // 查询记录总数
    $sql = "select count(*) as jls from cms_jiayou";
    //php7 及之后版本，执行查询
    $rs=$mysqli->query($sql);
    $row=mysqli_fetch_array($rs,MYSQLI_ASSOC);
    $rowcounts=$row['jls'];

    //php7 之前版本，执行查询
    //$result = mysql_query($sql);
    //$row = mysql_fetch_row($result);
    //$rowcounts=$row[0];


    $page = 1;      // 当前页
    if(isset($_GET['page']) && is_numeric($_GET['page'])) {          // 获取要显示的页码
        $page = $_GET['page'];
                }
                $pagesize = 15; // 每页长度
                $offset =($page - 1) * $pagesize; // 计算得到跳过行数
                $pagecount = ceil($rowcounts / $pagesize); // 计算总页数
                $sql = "select id as clbh,qj as clmc,kh as gg,clbh as dw,sl as csdj
from cms_jiayou limit $offset,$pagesize";

    //php7 及之后版本，执行查询并循环输出为数组
    $rs=$mysqli->query($sql);
    $mysqli->close();
    while($row=mysqli_fetch_array($rs,MYSQLI_ASSOC)){
        $shopList[]=$row;
    }

    //php7 之前版本，执行查询并循环输出为数组
    //$result = mysql_query($sql);
    //mysql_close($link);
    //while($row = mysql_fetch_assoc($result)) {
    //$shopList[]=$row;
    //}

    //echo "<pre>";
    //print_r($shopList);
    //echo "<pre>";

    $smarty->assign('shopList',$shopList);
    $smarty->assign("title", "分库材料卡片");
    $smarty->assign("rowcounts", $rowcounts);
    $smarty->display("d_shop3.html");
    ?>

     <!-- 实现分页功能部分 -->
        <tr><td colspan="4" align="center">
            <?php echo $page ." / ". $pagecount; ?>  
            <?php if($page == 1) { ?>
            <font color="grey">首页</font>
            <?php } else { ?>
            <a href="d_shop.php?page=1">首页</a>
            <?php } ?>
             
            <?php if($page == 1) { ?>
```

```
        <font color="grey">上一页</font>
        <?php } else { ?>
        <a href="d_shop3.php?page=<?php echo $page-1 ?>">上一页</a>
        <?php } ?>
         
        <?php if($page == $pagecount) { ?>
        <font color="grey">下一页</font>
        <?php } else { ?>
        <a href="d_shop3.php?page=<?php echo $page+1 ?>">下一页</a>
        <?php } ?>
        <?php if($page == $pagecount) { ?>
        <font color="grey">尾页</font>
        <?php } else { ?>
        <a href="d_shop3.php?page=<?php echo $pagecount ?>">尾页</a>
        <?php } ?>
    </td></tr>                                                    [000199]
```

创建模板文件 d_shop3.html，使用双层 foreach 嵌套遍历从 PHP 中分配的二维数组，并以表格的形式在网页中输出，代码如下，保存在 $smarty->template_dir 指定的目录中（4.3.3 节实践案例是 d:/amvc/ templates）。

```
<html>
    <head>
            <meta http-equiv="Content-type" content="text/html; charset=utf-8">
            <title> <{$title}>  </title>
    </head>
    <body id="cssSignature">
<div id="container">
   <div id="count">
    <div class="count1">共有<b><{$rowcounts}> </b>条记录</div>
   </div>
   <div class="clear"></div>
   <div id="content">
    <table width="100%" border="3" cellspacing="0" cellpadding="0">
      <tr  class="firstLine">
        <td width="16%"><strong>记录ID</strong></td>
        <td width="20%"><strong>录入日期</strong></td>
        <td width="18%"><strong>油卡编号</strong></td>
        <td width="18%"><strong>油品编号</strong></td>
        <td width="18%"><strong>加油数量(升)</strong></td>
      </tr>

<{foreach from=$shopList item=row}>
    <tr>
            <{foreach from=$row item=col}>
            <td align="center"><{$col}></td>
            <{/foreach}>
    </tr>
<{/foreach}>
</table>
</div>
</div>
</body>
</html>                                                           [000200]
```

在浏览器地址栏中输入 http://localhost/ 你的项目目录 /d_shop3.php，结果输出如图 4-7 所示。

共有29 条记录

记录ID	录入日期	油卡编号	油品编号	加油数量(升)
gdd-141020-010	2014/08/16-2014/09/15	1788321	131000000001	192.80
gdd-141020-011	2014/08/16-2014/09/15	1788323	131000000001	70.19
gdd-141020-012	2014/08/16-2014/09/15	1788324	131000000001	269.53
gdd-141020-013	2014/08/16-2014/09/15	1788325	131000000001	42.69
gdd-141020-014	2014/08/16-2014/09/15	1788326	131000000001	219.01
gdd-141020-015	2014/08/16-2014/09/15	1788327	131000000001	250.83
gdd-141020-016	2014/08/16-2014/09/15	1788328	131000000001	469.93
gdd-141020-017	2014/08/16-2014/09/15	1788330	131000000001	541.43
gdd-141021-004	2014/08/16-2014/09/15	1788329	131000000001	109.16
gdd-141021-005	2014/08/16-2014/09/15	1788332	131000000001	645.84
gdd-141021-006	2014/08/16-2014/09/15	1788334	131000000001	116.42
gdd-141021-007	2014/08/16-2014/09/15	1788335	131000000001	109.66
gdd-141021-008	2014/08/16-2014/09/15	1788336	131000000001	122.13
gdd-141021-009	2014/08/16-2014/09/15	1788337	131000000001	367.38
gdd-141021-010	2014/08/16-2014/09/15	1788338	131000000001	73.27

1 / 2　首页　上一页　下一页 尾页

图 4-7

在 Smarty 模板中还为 foreach 标记提供了一个扩展标记 foreachelse，这个语句在 from 变量没有值时被执行，就是在数组为空时 foreachelse 标记可以生成某个候选结果。在模板中 foreachelse 标记不能独自使用，一定要与 foreach 一起使用。而且 foreachelse 不需要结束标记，它嵌入在 foreach 中，与 elseif 嵌入在 if 语句中很类似。一个使用 foreachelse 的模板示例如下：

```
{foreach key=key item=value from=$array}
{* 使用 foreach 遍历数组 $array 中的键和值 *}
    {$key} => {$item} <br>
    {* 在模板中输出数组 $array 中元素的键和值对 *}
{foreachelse}
    {* foreachelse 在数组 $array 没有值的时候被执行 *}
    <p> 数组 $array 中没有任何值 </p>
    {* 如果看到这条语句，说明数组中没有任何数据 *}
{/foreach}
{* foreach 需要成对出现，是 foreach 的结束标记 *}
```

4.6.3　Smarty 中与数组下标有关的 section 循环结构

我们先来看一段 PHP 向模板传递数组的代码，如下：

```
$pc_id = array(1000,1001,1002);
$smarty->assign('pc_id',$pc_id);
```

模板中的 section 输出这个数组中所有元素的值。

```
{* 该例同样输出数组 $pc_id 中的所有元素的值 *}
{section name=i loop=$pc_id}
  id:{$pc_id[i]}<br>
{/section}
```

在上面的模板代码中使用了 Smarty 的 section 遍历 $pc_id 数组并输出 $pc_id 数组信息。

section 用于遍历数组中的数据，section 标签必须成对出现，必须设置 name 和 loop 属性，名称可以是包含字母、数字和下画线的任意组合，可以嵌套但必须保证嵌套的 name 唯一，变量 loop（通常是数组）决定循环执行的次数，当需要在 section 循环内输出变量时，必须在变量后加上中括号包含的 name 变量，sectionelse 当 loop 变量无值时被执行。

section 语法参数如下：

```
    {section name = name loop = $varName[start = $start  step = $step  max = $max
show = true]}
```

其各项参数解释如表 4-5 所示。

表 4-5

section 参数	解释说明
name	section 的名称，不用加 $
$loop	要循环的变量，在程序中要使用 ASSIGN 对这个变量进行操作
$start	开始循环的下标，循环下标默认由 0 开始
$step	每次循环时下标的增数
$max	最大循环下标
$show	boolean 类型，决定是否对这个块进行显示，默认为 true

注意：这里有个名词需要解释一下。

循环下标：实际它的英文名称为 index，是索引的意思，这里将它译成“下标”，主要是为了好理解。它表示在显示这个循环块时当前的循环索引，默认从 0 开始，受 $start 的影响，如果将 $start 设置为 5，它将从 5 开始计数，在模板设计部分使用过它，这是当前 {section} 的一个属性，调用方式为 <{$smarty.section.sectionName.index}>，这里的 sectionName 是指函数原型中的 name 属性，下面例子的“sectionName”为“i”，因此调用方式为 <{$smarty.section.i.index}>。

{section} 块具有不同的属性值，如表 4-6 所示。

表 4-6

序号	section 属性	解释说明	模板中调用方式
sectionName 是指函数原型中的 name，假如 sectionName 为 i，假如 Smarty 的标识符号为“<{”（左）和“}>”（右），这些属性在模板中的调用方式如最右侧列说明			
1	index	循环下标，默认为 0	<{$smarty.section. i.index}>
2	index_prev	当前下标的前一个值，默认为 -1	<{$smarty.section. i.index_prev }>
3	index_next	当前下标的下一个值，默认为 1	<{$smarty.section. i.index_next }>
4	first	是否为第一次循环	<{$smarty.section. i.first }>
5	last	是否为最后一次循环	<{$smarty.section. i.last }>
6	iteration	循环次数	<{$smarty.section. i.iteration }>
7	rownum	当前的行号，iteration 的另一个别名	<{$smarty.section. i.rownum }>
8	loop	最后一个循环号，可用在 section 块后统计 section 的循环次数	<{$smarty.section. i.loop }>
9	total	循环次数，可用在 section 块后统计循环次数	<{$smarty.section. i.total }>
10	show	在函数的声明中有它，用于判断 section 是否显示	<{$smarty.section. i.show }>

下面给出 section 示例。

注意：这里同样使用 4.3.3 节实践案例的目录结构及 main 公共程序，下面的代码保存为 UTF-8 编码格式。

创建 d_shop4.php，为入口或启动文件，代码如下，将该文件保存在 4.3.3 节实践案例的项目主目录中。

```
<?php
include "main.php"; // 在 2.3.3 实践案例创建的文件
//php7 之前版本，连接 mysql 数据库
//$link = @mysql_connect("localhost:3307", "root", "") or die("Could not connect:" . mysql_error());
//@mysql_select_db("jiaowglxt") or die("Could not use jiaowglxt:" . mysql_error());
```

```
    //mysql_query("set names utf8");

    //php7 及之后版本连接 mysql 数据库
    $mysqli=new mysqli();
    $mysqli->connect('localhost:3307','root','','jiaowglxt'); // root 为 MySQL 数据库账
户，密码为空，jiaowglxt 为 MySQL 数据库名
    $mysqli->set_charset("utf8");


    // 查询记录总数
    $sql = "select count(*) as jls from cms_jiayou";
    //php7 及之后版本，执行查询
    $rs=$mysqli->query($sql);
    $row=mysqli_fetch_array($rs,MYSQLI_ASSOC);
    $rowcounts=$row['jls'];

    //php7 之前版本，执行查询
    //$result = mysql_query($sql);
    //$row = mysql_fetch_row($result);
    //$rowcounts=$row[0];


    $page = 1;      // 当前页
    if(isset($_GET['page']) && is_numeric($_GET['page'])) {          // 获取要显示的页码
       $page = $_GET['page'];
               }
               $pagesize = 15; // 每页长度
               $offset =($page - 1) * $pagesize; // 计算得到跳过行数
               $pagecount = ceil($rowcounts / $pagesize); // 计算总页数
               $sql = "select id as clbh,qj as clmc,kh as gg,clbh as dw,sl as csdj
from cms_jiayou limit $offset,$pagesize";

    //php7 及之后版本，执行查询并循环输出为数组
    $rs=$mysqli->query($sql);
    $mysqli->close();
    while($row=mysqli_fetch_array($rs,MYSQLI_ASSOC)){
       $shopList[]=$row;
    }

    //php7 之前版本，执行查询并循环输出为数组
    //$result = mysql_query($sql);
    //mysql_close($link);
    //while($row = mysql_fetch_assoc($result)) {
    //$shopList[]=$row;
    //}

    //echo "<pre>";
    //print_r($shopList);
    //echo "<pre>";

    $smarty->assign('shopList',$shopList);
    $smarty->assign("title", "加油信息");
    $smarty->assign("rowcounts", $rowcounts);
    $smarty->display("d_shop4.html");
    ?>

     <!-- 实现分页功能部分 -->
        <tr><td colspan="4" align="center">
           <?php echo $page ." / ". $pagecount; ?>  
           <?php if($page == 1) { ?>
           <font color="grey">首页</font>
           <?php } else { ?>
           <a href="d_shop.php?page=1">首页</a>
```

```
            <?php } ?>
             
            <?php if($page == 1) { ?>
            <font color="grey">上一页</font>
            <?php } else { ?>
            <a href="d_shop3.php?page=<?php echo $page-1 ?>">上一页</a>
            <?php } ?>
             
            <?php if($page == $pagecount) { ?>
            <font color="grey">下一页</font>
            <?php } else { ?>
            <a href="d_shop3.php?page=<?php echo $page+1 ?>">下一页</a>
            <?php } ?>
            <?php if($page == $pagecount) { ?>
            <font color="grey">尾页</font>
            <?php } else { ?>
            <a href="d_shop3.php?page=<?php echo $pagecount ?>">尾页</a>
            <?php } ?>
        </td></tr>                                                    [000201]
```

创建模板文件 d_shop4.html，使用 section 遍历从 PHP 中分配的二维数组，并以表格的形式在网页中输出，代码如下，保存在 $smarty->template_dir 指定的目录中（4.3.3 节实践案例是 d:/amvc/ templates）。

```
<html>
    <head>
            <meta http-equiv="Content-type" content="text/html; charset=gb2312">
            <title> <{$title}>  </title>
    </head>
<body id="cssSignature">
<div id="container">
   <div id="count">
    <div class="count1">共有<b><{$rowcounts}> </b>条记录</div>
   </div>
   <div class="clear"></div>
   <div id="content">
     <table width="100%" border="3" cellspacing="0" cellpadding="0">
       <tr  class="firstLine">
         <td align="center" width="4%"><strong>序号</strong></td>
         <td width="16%"><strong>记录ID</strong></td>
         <td width="20%"><strong>录入日期</strong></td>
         <td width="18%"><strong>油卡编号</strong></td>
         <td width="18%"><strong>油品编号</strong></td>
         <td width="18%"><strong>加油数量(升)</strong></td>
       </tr>
<{section name=i loop=$shopList start=0 step=1 max=1000000 show=true}>
!<{$smarty.section.i.index_prev}>
@<{$smarty.section.i.index_next}>
#<{$smarty.section.i.iteration}>
$<{$smarty.section.i.index}>
       <tr class="contentLine">
         <td align="center"><{$smarty.section.i.rownum}></td>
         <td align="center"><{$shopList[i].clbh}></td>
         <td align="center"><{$shopList[i].clmc}></td>
         <td align="center"><{$shopList[i].gg}></td>
         <td align="center"><{$shopList[i].dw}></td>
         <td align="center"><{$shopList[i].csdj}></td>
      </tr>
<{/section}>
%<{$smarty.section.i.loop}>
^<{$smarty.section.i.total}>
&<{$smarty.section.i.first}>
*<{$smarty.section.i.last}>
```

```
?<{$smarty.section.i.show}>
</table>
</div>
</div>
</body>
</html>                                                      [000202]
```

在浏览器地址栏中输入 http://localhost/ 你的项目目录 /d_shop4.php，结果输出如图 4-8 所示。

共有29 条记录
!-1 @1 #1 $0 !0 @2 #2 $1 !1 @3 #3 $2 !2 @4 #4 $3 !3 @5 #5 $4 !4 @6 #6 $5 !5 @7 #7 $6 !6 @8 #8 $7 !7 @9 #9 $8 !8 @10 #10 $9 !9 @11 #11 $10 !10 @12 #12 $11 !11 @13 #13 $12 !12 @14 #14 $13 !13 @15 #15 $14 %15 ^15 & *1 ?

序号	记录ID	录入日期	油卡编号	油品编号	加油数量(升)
1	gdd-141020-010	2014/08/16-2014/09/15	1788321	131000000001	192.80
2	gdd-141020-011	2014/08/16-2014/09/15	1788323	131000000001	70.19
3	gdd-141020-012	2014/08/16-2014/09/15	1788324	131000000001	269.53
4	gdd-141020-013	2014/08/16-2014/09/15	1788325	131000000001	42.69
5	gdd-141020-014	2014/08/16-2014/09/15	1788326	131000000001	219.01
6	gdd-141020-015	2014/08/16-2014/09/15	1788327	131000000001	250.83
7	gdd-141020-016	2014/08/16-2014/09/15	1788328	131000000001	469.93
8	gdd-141020-017	2014/08/16-2014/09/15	1788330	131000000001	541.43
9	gdd-141021-004	2014/08/16-2014/09/15	1788329	131000000001	109.16
10	gdd-141021-005	2014/08/16-2014/09/15	1788332	131000000001	645.84
11	gdd-141021-006	2014/08/16-2014/09/15	1788334	131000000001	116.42
12	gdd-141021-007	2014/08/16-2014/09/15	1788335	131000000001	109.66
13	gdd-141021-008	2014/08/16-2014/09/15	1788336	131000000001	122.13
14	gdd-141021-009	2014/08/16-2014/09/15	1788337	131000000001	367.38
15	gdd-141021-010	2014/08/16-2014/09/15	1788338	131000000001	73.27

1 / 2　首页　上一页　下一页 尾页

图 4-8

在本节讲解了 Smarty 流程控制语句的使用，包括条件选择结构 if-else、Smarty 中与数组下标无关的 foreach 循环结构以及 Smarty 中与数组下标有关的 section 循环结构，这些都是在模板（HTML 页面）里书写逻辑的流程控制语句，要求熟练运用。

相信大家对缓存并不陌生，对于 Web 应用离不开各类缓存的处理。缓存的目的就是尽最大可能减少数据库直接访问、程序的再编译以及重复使用等等处理环节，从而提高系统运行效率。

对于 Smarty 来说，也提供了缓存方面的处理，请看接下来的介绍。

4.7　Smarty 的缓存处理

由于 HTTP 协议的无状态，用户在每次访问 PHP 应用程序时，都会建立新的数据库连接并重新获取一次数据，再经过操作处理形成 HTML 等代码响应给用户。所以功能越强大的应用程序，执行时的开销就会越大。对于每次页面的请求，都要重复地执行相同的操作，如果数据是不经常变化的，这样显示浪费资源的。如果不想每次都重复执行相同的操作，则在第一次访问 PHP 应用程序时，将动态获取的 HTML 代码保存为静态页面，形成缓存文件。在以后每次请求该页面时，直接去读取缓存的数据，而不用每次都重复执行获取和处理操作带来的开销。这样，不仅可以加快页面的显示速度，而且在保存时通过指定下次更新的时间，也能达到缓存被动态更新的效果。比如需要 60 分钟更新一次，就可以根据记录的上次更新时间和当前时间比较，如果大于 60 分钟，重新读取数据库并更新缓存，否则还是直接读取缓存数据。所以，让 Web 应用程序运行得更高效，缓存技术是一种比较有效的解决方案。

4.7.1　在 Smarty 中控制缓存

Smarty 缓存与前面介绍的 Smarty 编译是两个完全不同的机制，Smarty 的编译功能在默认情况下是启用的，而缓存则必须由开发人员开启。编译的过程是将模板转换为 PHP 脚本，虽然 Smarty 模板在没被修改过的情况下，不会再重新执行转换过程，直接执行编译过的模板。但这个编译过的模板还是一个动态的 PHP 页面，运行时需要 PHP 来解析，如果涉及数据库，还会去访问数据库，这也是开销最大的。所以它只是减少了模板转换的开销。缓存则不仅将模板转换为 PHP 脚本执行，而且将模板内容转换成为静态页面，所以不仅减少了模板转换的开销，也没有了在逻辑层执行获取数据所需的开销。

1. 建立缓存

如果需要使用缓存，首先要做的就是让缓存可用，这就要设置 Smarty 对象中的缓存属性，代码如下：

```
<?php
require('libs/smarty.class.php');                    // 包含 Smarty 类库
$smarty = new Smarty;                                // 创建 Smarty 类的对象
$smarty->caching = true;                             // 启用缓存
$smarty->cache_dir = "./cache/";                     // 指定缓存文件保存的目录
$smarty->display('index.tpl')                        // 也会把输出保存
?>
                                                                [000203]
```

在上面的 PHP 脚本中，通过设置 Smarty 对象中的 $caching=true（或 1）启用缓存。这样，当第一次调用 Smarty 对象中的 DISPLAY('index.tpl') 方法时，不仅会把模板返回原来的状态（没缓存），也会把输出复制到由 Smarty 对象中的 $cache_dir 属性指定的目录下，保存为缓存文件。下次调用 DISPLAY('index.tpl') 方法时，保存的缓存会被再用来代替原来的模板。

2. 处理缓存的生命周期

如果被缓存的页面永远都不更新，就会失去动态数据更新的效果。但对一些经常需要改变的信息，可以通过指定一个更新时间，让缓存的页面在指定的时间内更新一次。缓存页面的更新时间（以秒为单位）通过 Smarty 对象中 $cache_lifetime 属性指定，默认的缓存时间为 3 600s。如果希望修改此设置，就可以设置这个属性值。一旦指定的缓存时间失效，则缓存页面将会重新生成，代码如下。

```
<?php
require('libs/smarty.class.php');                    // 包含 Smarty 类库
$smarty = new Smarty;                                // 创建 Smarty 类的对象
$smarty->caching = 2; // 启用缓存，在获取模板之前设置缓存生存时间
$smarty->cache_dir = "./cache/";                     // 指定缓存文件保存的目录
$smarty->cache_lifetime = 60*60*24*7;                // 设置缓存时间为 1 周
$smarty->display('index.tpl');                       // 也会把输出保存
?>
                                                                [000204]
```

如果想给某些模板设定它们自己的缓存生存时间，可以在调用 DISPLAY() 或 fetch() 函数之前，通过设置 $caching=2，然后设置 $cache_lifetime 为一个唯一值来实现。$caching 必须因 $cache_lifetime 需要而设置为 true，值为 1 时将强迫缓存永不过期，0 值将导致缓存总是重新生成（建议仅测试使用，这里也可以设置 $caching=false 来使用缓存无效）。

大多数强大的 Web 应用程序功能都体现在其动态特性上，哪些文件加了缓存，缓存时间多长都是很重要的。例如，站点的首页内容不是经常更改，那么对首页缓存一个小时或是更长都可以得到很好的效果。相反，几分钟就要更新信息的天气地图页面，用缓存就不好了。所以一方面考虑性能提升，另一方面也要考虑缓存页面的时间设置是否合理，要在这二者之间进行权衡。

ShopNC 综合多用户商城同样使用了缓存机置，对于经常用到的信息，系统生成缓存文

件到 cache 文件夹下，对于商品详细页面则是生成了静态页面，这些是使用商城自身的缓存机制完成的，而没有使用 Smarty 的缓存。如果想在商城使用 Smarty 强大的缓存功能，建议可缓存个别页面，而非整个商城系统，如会员注册、登录等页面，可为每个页面设定不同的缓存时间，可以将 $caching 属性设置为 2，然后结合 $cache_lifetime 属性进行缓存。有些页面则不适合使用缓存，如商品搜索结果页面、使用 Ajax 调用的顶部页面等。

4.7.2　一个页面多个缓存

例如，同一个新闻页面模板，是发布多篇新闻的通用界面。这样，同一个模板在使用时就会生成不同的页面实现。如果开启缓存，则通过同一个模板生成的多个实例都需要被缓存。Smarty 实现这个问题比较容易，只要在调用 DISPLAY() 方法时，通过在第二个可选参数中提供一个值，这个值是为每一个实例指定的一个唯一标识符，有几个不同的标识符就有几个缓存页面，代码如下。

```
<?php
require('libs/smarty.class.php');
// 包含 Smarty 类库
$smarty = new Smarty;
// 创建 Smarty 类的对象
$smarty->caching = 1;
// 启用缓存
$smarty->cache_dir = "./cache/";
// 指定缓存文件保存的目录
$smarty->cache_lifetime = 60*60*24*7;
// 设置缓存时间为 1 周
/*
$news=$db->getNews($_GET["newsid"]);
// 通过表单获取的新闻 ID 返回新闻对象
$smarty->assign("newsid", $news->getNewTitle());
// 向模板中分配新闻标题
$smarty->assign("newsdt", $news->getNewDataTime());
// 向模板中分配新闻时间
$smarty->assign("newsContent", $news->getNewContent);
// 向模板中分配新闻主体内容
*/
$smarty->display('index.tpl', $_GET["newsid"]);
// 将新闻 ID 作为第二个参数提供
?>                                                    [000205]
```

在上面代码中，假设该脚本通过在 GET 方法中接收的新闻 ID，从数据库中获取一篇新闻，并将新闻的标题、时间、内容通过 ASSIGN() 方法分配给指定的模板。在调用 DISPLAY() 方法时，通过在第二个参数中提供的新闻 ID，将这篇新闻缓存为单独的实例。采用这种方式，可以轻松地为每一篇新闻都缓存为一个唯一的实例。

4.7.3　为缓存实例消除处理开销

所谓的处理开销，是指在 PHP 脚本中动态获取数据和处理操作等的开销，如果启用了模板缓存就要消除这些处理开销。因为页面已经被缓存了，直接请求的是缓存文件，不需要再执行动态获取数据和处理操作。如果禁用缓存，这些处理开销总是会发生的。解决的办法是通过 Smarty 对象中的 is_cached() 方法，判断指定模板的缓存是否存在。使用的方式如下。

```
<?php
$smarty->caching = true;                              // 开启缓存
```

```
if(!$smarty->is_cached("index.tpl")) {
// 判断模板文件 imdex.tpl 是否已经被缓存了
    // 调用数据库，并对变量进行赋值                              // 消除了处理数据库的开销
}
$smarty->display("index.tpl");                                  // 直接寻找缓存的模板输出
?>                                                                              [000206]
```

如果同一个模板有多个缓存实例，则每个实例都要消除访问数据库和操作处理的开销，可以在 is_cached() 方法中通过第二个可选参数指定缓存号，代码如下。

```
<?php
require('libs/smarty.class.php');
// 包含 Smarty 类库
$smarty = new Smarty;
// 创建 Smarty 类的对象
$smarty->caching = 1;
// 启用缓存，
$smarty->cache_dir = "./cache/";
// 指定缓存文件保存的目录
$smarty->cache_lifetime = 60*60*24*7;
// 设置缓存时间为 1 周
if(!$smarty->is_cached('news.tpl', $_GET["newsid"])) {
// 判断 news.tpl 的某个实例是否被缓存
    /*
    $news=$db->getNews($_GET["newsid"]);
    // 获取的新闻 ID 返回新闻对象
    $smarty->assign("newsid", $news->getNewTitle());
    // 向模板中分配新闻标题
    $smarty->assign("newsdt", $news->getNewDataTime());
    // 向模板中分配新闻时间
    $smarty->assign("newsContent", $news->getNewContent);
    // 向模板中分配新闻主体内容
    */
}
$smarty->display('news.tpl', $_GET["newsid"]);
// 将新闻 ID 作为第二个参数提供
?>                                                                              [000207]
```

在上面代码中，is_cache() 和 DISPLAY() 方法使用的参数相同，都是对同一个模板中的特定实例进行操作。

4.7.4　清除缓存

如果开启了模板缓存并指定了缓存时间，则页面在缓存的时间内输出结果不变。在程序开发过程中应关闭缓存，因为程序员需要通过输出结果跟踪程序的运行过程，决定程序的下一步编写或用来调试程序等。但在项目开发结束时，在应用过程中就应当认真地考虑缓存，模板缓存大大提升了应用程序的性能。而用户在应用时，需要对网站内容进行管理，经常需要更新缓存，立即看到网站内容更改后的输出结果。

缓存的更新过程就是先清除缓存，然后重新创建一次缓存文件。可以用 clear_all_cache() 来清除所有缓存，或用 clear_cache() 来清除单个缓存文件。使用 clear_cache() 方法不仅清除指定模板的缓存，如果这个模板有多个缓存，可以用第二个参数指定要清除缓存的缓存号。

清除缓存的示例如下。

```
<?php
require('libs/smarty.class.php');
$smarty = new smarty();
$smarty->caching = true;
```

```
$smarty->clear_all_cache();
// 清除所有的缓存文件
$smarty->clear_cache("index.tpl");
// 清除某一模板的缓存
$smarty->clear_cache("index.tpl","CACHEID");
// 清除某一模板的多个缓存中指定缓存号的一个
$smarty->display('index.tpl');                                [000208]
```

4.7.5 关闭局部缓存

对模板引擎来说，缓存是必不可少的，而局部缓存的作用也很明显，主要用于同一页中既有需要缓存的内容，又有不适宜缓存内容的情况，有选择的缓存某一部分内容或某一部分内容不被缓存。例如，在页面中如果需要显示用户的登录名称，很明显不能为每个用户都创建一个缓存页面，这就需要将显示用户名地方的缓存关闭，而页面的其他地方缓存。Smarty 也提供了这种缓存控制能力，主要有以下 3 种处理方式。

（1）使用 {insert} 使模板的一部分不被缓存。

（2）使用 $smarty->register_function($params,&$smarty) 阻止插件从缓存中输出。

（3）使用 $smarty->register_block($params,&$smarty) 使整篇页面中的某一块不被缓存。

如果使用 register_function 和 register_block，则能够方便地控制插件输出的缓冲能力。但一定要通过第三个参数控制是否缓存，默认是缓存的，需要显示设置为 false。例如，“$smarty->register_block('name','smarty_block_name',false);”。而 insert 函数默认是不缓存的，并且这个属性不能修改。从这个意义上讲，insert 函数对缓存的控制能力似乎不如 register_function 和 register_block 强。这 3 种方法都可以很容易实现局部关闭缓存，本节将介绍另一种最常用的方式，就是写成 block 插件的方式。

定义一个插件函数在 block.cacheless.php 文件中，并将其存放在 smarty 的 plugins 目录中，内容如下：

```
<?php
function smarty_block_cacheless($param, $content, &$smarty) {
return $content;
}
?>                                                            [000209]
```

编写所用的模板 cache.tpl 文件：

```
已经缓存的:{$smarty.now}
<br>
{cacheless}
没有缓存的:{$smarty.now}
{/cacheless}
编写程序及模板的示例程序 testCacheLess.php:
<?php
include('Smarty.class.php');
$tpl = new Smarty;
$tpl->caching=true;
$tpl->cache_lifetime = 6;
$tpl->display('cache.tpl');
?>                                                            [000210]
```

现在通过浏览器运行 testCacheLess.php 文件，发现不起作用，两行时间内容都被缓存了。这是因为 block 插件默认也是缓存的，所以还需要改写 Smarty 的源代码文件 Smarty_Compiler.class.php，在该文件中查找到下面一条语句：

```
$this->_plugins['block'][$tag_command]=array($plugin_func,null,null,null,true);
```

直接将原句的最后一个参数改成 false，即关闭默认的缓存。现在清除 template_c 目录里的编译文件，重新再运行 testCacheLess.php 文件即可。经过这几步的定义，以后只需要在模板定义中，不需要缓存的部分，例如，实时比分、广告、时间等，使用 {cacheless} 和 {/cacheless} 自定义的 Smarty 块标记，关闭缓存的内容即可。

4.8 本章小结

本章对 MVC 架构进行了较为详细的介绍，本章的核心是 Smarty 模板引擎，该引擎正是对 MVC 架构很好的体现。在 Smarty 中，对变量的处理及流程控制是核心，要求读者要熟练掌握，尤其是有关 Smarty 的示例代码，要求读者弄清其原理，这样才能达到熟练运用的目的。

接下来，将进入第 5 章 PHP 的错误与异常处理

第 5 章

PHP 错误与异常处理

关于 PHP 的错误，属于脚本自身的问题，大部分是由错误的语法以及服务器环境导致，使得编译器无法通过检查，甚至无法运行的情况。比如 Warning（警告）、Notice（通知）等都是错误，只是它们的错误级别不同，并且错误不能被 try-catch 捕获。

关于 PHP 的异常，程序在运行中出现不符合预期的情况，允许发生，但它是一种不正常的情况，按照正常逻辑不该出现的问题，但还是出现了，属于逻辑和业务流程上的问题，而不是编译或者语法上的错误。比如链接数据库，在参数都写上去且都正确的条件下，发现链接不上去，原因是服务器数据库没有启动，这就属于不符合预期；再如，性别只有“男”和“女”，标识分别为“0”和“1”，即“0”表示“男”，“1”表示“女”，在数据库中某张表“性别列（字段）”的值只能是“0”和“1”以内的值，即“0”或者“1”，不能有别的任何值，然而实际情况是出现“2”或“0”和“1”以外的值，这就不对了，这种错误属于逻辑错误，在 PHP 中把类似这些不符合预期错误以及逻辑错误视为异常。

对于错误和异常，不同的语言有不同的说法。在 PHP 中任何自身的错误或者是非正常的代码都会当作错误对待，并不会以异常的形式抛出。比如，在数据库连接失败时捕获这个异常，在 PHP 中是不可能的，因为 PHP 会把这个情况视为错误而不是异常。在 Java 中就不一样了，Java 会把很多和预期不一致的行为当作异常来进行捕获。

在 PHP 中错误与异常可以说是一对同胞兄弟，只不过这对同胞兄弟的性格不同，具体来说错误早于异常出现，且可以委托给全局错误处理器处理，有些错误是无法恢复的，导致脚本停止；而异常要先实例化（Exception 类），然后抛出，可以被捕获（try...catch），而捕获后可以就地处理，无须停止脚本（任何未被捕获的异常都会导致脚本停止）。

无论是初学者还是经验丰富的程序员，编写的程序都可能存在这样或那样的错误，以及程序在运行过程中可能出现这样或那样的异常，这些错误和异常会降低程序的稳定及可靠性。

如何捕捉程序中的这些错误和异常是本章讨论的主要内容，PHP 为此提供了完善的错误和异常处理机制。

在本章具体讨论内容如下。

- PHP 的错误处理机制
- 自定义错误处理
- PHP 的异常处理

5.1 PHP 的错误处理机制

在 PHP 中通过修改 PHP.INI 文件来配置用户端输出的错误信息。在 PHP.INI 中，一个分号“;”表示注释。PHP 常用的错误提示类型如表 5-1 所示。

表 5-1

错误类型	描述
E_ALL	所有的错误和警告
E_ERROR	致命的运行时错误
E_RECOVERABLE_ERROR	几乎致命的运行时错误
E_WARNING	运行时的警告（非致命错误）
E_PARSE	编译时解析错误
E_NOTICE	运行时的提示，这些提示常常是代码中的 bug 引起的

在 PHP.INI 中 error_reporting 控制输出到用户端的消息种类。可以把上面的类型自由组合，然后赋值给 error_reporting。例如：

- error_reporting=E_ALL

意思是输出所有的错误信息。

- error_reporting=E_ALL & ~E_NOTICE

意思是输出所有的错误，但除了 E_NOTICE（提示）这一种。

error_reporting=E_ALL & ~E_DEPRECATED & ~E_STRICT

报告所有的错误，但除了 E_DEPRECATED 和 E_STRICT 这两种。

在 PHP.INI 中，display_errors 可以设置是否将以上设置的错误信息输出到用户端。例如：

- display_errors=On

输出到用户端（调试代码时，打开这项更方便）。

- display_errors=Off

消息将不会输出到用户端（最终发布时应改成 Off）。

除了在 PHP.INI 文件中可以调整错误消息的显示级别外，在 PHP 代码中也可以自定义消息显示的级别。PHP 提供了下面这样一个方便的调整函数。

```
int error_reporting([int level])
```

该函数用来设置当前脚本的错误报告级别，即使用这个函数可以定义当前 PHP 脚本中错误消息的显示级别且立即生效。

关于 error_reporting() 函数参数 level，这个参数可选，规定新的 error_reporting 级别。其格式可以是一个位掩码，也可以是一个已命名的常量或者它们的组合方式，例如下列这些组合。

- error_reporting(E_ALL ^ E_NOTICE)

意思是除了 E_NOTICE 之外，报告所有的错误。

- error_reporting(E_ERROR)

意思是只报告致命错误。

- error_reporting(E_ERROR | E_WARNING | E_NOTICE)

意思是只报告 E_ERROR、E_WARNING 和 E_NOTICE 三种错误。

注：这里建议使用已命名的常量，以确保兼容将来的版本。

PHP 错误类型及对应值如表 5-2 所示。

表 5-2

错误类型常量	对应值	描述
0	0	禁用输出错误，也就是不显示错误
E_ERROR	1	致命的运行时错误，错误无法恢复过来，脚本的执行被暂停
E_WARNING	2	非致命的运行时错误，脚本的执行不会停止
E_PARSE	4	编译时解析错误，解析错误应该只由分析器生成
E_NOTICE	8	运行时间的通知
E_CORE_ERROR	16	在 PHP 启动时的致命错误，这就好比一个 E_ERROR 致命的运行时错误
E_CORE_WARNING	32	在 PHP 启动时的非致命错误，这就好比一个 E_WARNING 警告
E_COMPILE_ERROR	64	致命的编译时错误，由 Zend 脚本引擎生成的一个 E_ERROR
E_COMPILE_WARNING	128	非致命的编译时错误，由 Zend 脚本引擎生成的一个 E_WARNING 警告
E_USER_ERROR	256	致命的用户生成的错误
E_USER_WARNING	512	非致命的用户生成的警告
E_USER_NOTICE	1 024	用户生成的通知
E_STRICT	2 048	运行时间的通知
E_RECOVERABLE_ERROR	4 096	捕捉致命的错误
E_ALL	8 191	所有的错误和警告。注：8191 为 PHP 6 及以后版本，PHP 6 之前版本有几个号，这就是建议使用错误类型名的原因，类型名无论什么 PHP 版本都是统一的

下面列出几种 error_reporting 函数使用示例。

（1）显示所有错误。

```
<?php
//显示所有错误
error_reporting(E_ALL);
echo $a;
echo '<br>';
echo 'ok';
?>                                                              [000211]
```

结果提示 $a 变量未定义，输出：Notice:Undefined variable:a in ...ok

（2）显示所有的错误，除了 E_NOTICE（通知）之外。

```
<?php
//显示所有错误，除了提示
error_reporting(E_ALL^E_NOTICE);
echo $a;
echo '<br>';
echo 'ok';
?>                                                              [000212]
```

结果顺利通过编译，最后输出：ok

（3）显示所有错误，出现警告。

```
<?php
//显示所有错误
error_reporting(E_ALL);
echo 2/0;
?>                                                              [000213]
```

最后出现警告：Warning:Division by zero in ...ok

（4）显示所有错误，除了警告。

```
<?php
```

```
//显示所有错误，除了警告
error_reporting(E_ALL^E_WARNING);
echo 2/0;
echo '<br>';
echo 'ok';
?>                                                    [000214]
```

结果顺利通过编译输出：ok

上面几个示例演示了 error_reporting 函数的用法，函数参数中的 E_ALL 表示显示所有错误信息，符号“^”表示排除，E_NOTICE 表示提示信息，E_WARNING 表示警告信息。“^E_NOTICE”表示排除提示信息，“^E_WARNING”表示排除警告信息。下面我们用一个完整的示例把它们整合在一起，代码如下：

```
<html>
<meta http-equiv="Content-Type" content="text/html; charset=utf-8"> <!-- 申明文档
使用的字符编码 -->
    <head><title>测试错误报告</title></head>
    <body>
        <h2>测试错误报告</h2>
        <?php
      //header("Content-type:text/html; charset=GBK");
      header("Content-type:text/html; charset=UTF-8");
            /*开启php.ini中的display_errors指令，只有该指令开启错误报告才输出*/
            ini_set('display_errors', 1);
            /*通过error_reporting()函数设置在本脚本中，输出所有级别的错误报告*/
            error_reporting( E_ALL );
            /*注意错误级别notice（通知），不会阻止脚本的执行，并且可能不一定是一

个错误 */
            getType( $var ); //调用函数时参数变量没有被声明
            /*“警告 (warning)”的报告，指示一个问题，但是不会阻止脚本的执行 */
            getType(); //调用函数时没有提供必要的参数
            /*“错误 (error)”的报告，它会终止程序，脚本不会再向下执行 */
            get_Type();//调用一个没有被定义的函数
        ?>
    </body>
</html>                                               [000215]
```

请将上面的代码以 UTF-8 的字符集编码格式保存在网站目录下，文件名为 error1.php，然后在浏览器地址栏中输入 http://localhost/error1.php，运行结果如图 5-1 所示。

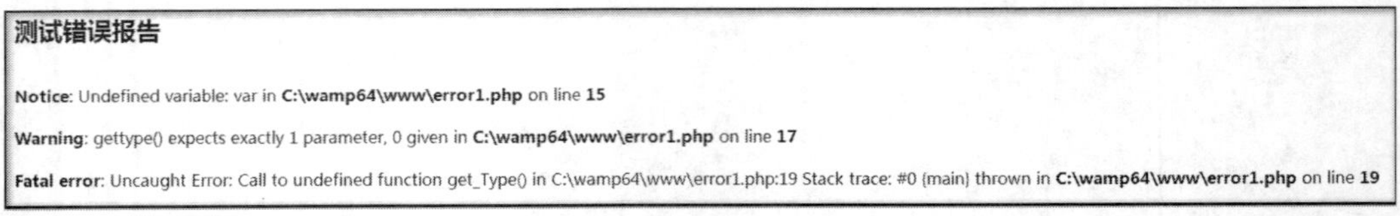

图 5-1

关于 error_reporting 函数使用示例，通过将错误常量组合出 *n* 种方式运用于 error_reporting 函数参数中，在此就不列举了，读者可根据实际需要进行参数调整。

5.2 自定义错误处理

开发人员写程序，难免会出现这样或那样的问题或者错误，而 PHP 遇到错误时，就会给出出错脚本的位置、行数和原因。在调试程序阶段，给出这些错误信息是必要的；但对于

投入运营的商用系统来说，在页面上给出这些信息是不允许的，容易泄露机密，尤其是应用程序的实际路径，这样就给了入侵者机会。

而事实上现在有很多 PHP 的服务器都存在这个问题。为了系统安全，把 PHP 配置文件中的 display_errors 设置为 Off 来解决，但这是过于消极且粗暴的处置方法，非常不可取。

对于已经上线且投入运营的商用系统来说，谁也不敢保证不出问题，因此，为了既保证安全（错误信息不在浏览器页面上显示），又要跟踪出错信息或者给用户一个最终交代，甚至导航到其他地方，那么通过什么办法来达到这一目的呢？通过使用 PHP 的 set_error_handler() 自定义错误处理句柄函数来定义一个错误处理函数。

关于 set_error_handler() 自定义错误处理句柄函数，PHP 从 PHP 4.0.1 开始提供，这个函数可以很好地防止错误路径泄露，当然还有其他更多的作用，比如。

- 可以用来屏蔽错误。
- 可以记下错误的信息， 及时发现一些生产环境出现的问题。
- 可以做相应的处理， 出错时可以显示跳转到预先定义好的出错页面，提供更好的用户体验。
- 可以作为调试工具，有时候必须在生产环境调试一些东西， 但又不想影响正在使用的用户。

通过使用 PHP 的 set_error_handler() 自定义错误处理句柄函数来定义一个错误处理函数（可以将这个错误处理函数称为回调函数），然后使用 trigger_error() 函数来触发这个自定义的错误处理函数。

下面详细介绍 PHP 的 set_error_handler() 自定义错误处理句柄函数的使用方法。

set_error_handler() 函数的语法格式如下：

```
    mixed set_error_handler ( callable $error_handler [, int $error_types = E_ALL |
E_STRICT ] )
```

其中 $error_handler 为回调函数，即自定义的错误处理函数，允许使用变量；$error_types 为错误类型级别范围（可以是组合的方式），即打算对哪些错误级别进行处理，允许使用变量，下面举例说明。

【示例 5-1】通过 trigger error() 函数触发自定义处理函数，但不隐蔽真实错误路径信息。

代码如下：

```
<?php
// 自定义错误处理函数
function customError($errno, $errstr, $errfile, $errline) {
    echo "<b>Custom error:</b> [$errno] $errstr<br />";
    echo " Error on line $errline in $errfile<br />";
    echo "Ending Script"; die();
}
//set error handler
set_error_handler("customError");
$test=0; //trigger error
if($test==0) {
    trigger_error("A custom error has been triggered");
}else{
    echo intval(100/$test);
}
?>                                                                  [000216]
```

结果输出：

```
Custom error:[1024] A custom error has been triggered
```

```
    Error on line 14 in D:\root\error.php
    Ending Script
```

【示例 5-2】通过 trigger error() 函数触发自定义处理函数并隐蔽真实错误路径信息。

```
    <?php
       //header("Content-type:text/html; charset=GBK");
       header("Content-type:text/html; charset=UTF-8");
    // 自定义错误处理函数
    function myErrorHandler($errno, $errstr, $errfile, $errline) {
        $errfile=str_replace(getcwd(),"",$errfile);
        $errstr=str_replace(getcwd(),"",$errstr);
        switch ($errno) {
                case E_USER_ERROR:
                        echo "<b>My ERROR</b> [$errno] $errstr<br />\n";
                        echo "  Fatal error on line $errline in file $errfile";
                        echo ", PHP " . PHP_VERSION . " (" . PHP_OS . ")<br />\n";
                        echo "Aborting...<br />\n";
                        exit(1);
                        break;
                case E_USER_WARNING:
                        echo "<b>My WARNING</b> [$errno] $errstr<br />\n";
                        break;
                case E_USER_NOTICE:
                        echo "<b>My NOTICE</b> [$errno] $errstr<br />\n";
                        break;
                default:
                        echo "Unknown error type: [$errno] $errstr<br />\n";
                        break;
        }
        /* Don' t execute PHP internal error handler */
        return true;
    }
        // 下面开始连接 MySQL 服务器，我们故意指定 MySQL 端口为 3333，实际为 3306。
        //php7 之前版本，连接 mysql 数据库
        //$link = @mysql_connect("localhost:3333", "root", "") or die("Could not
connect:" . mysql_error());
        //php7 及之后版本，连接 mysql 数据库
        $link_id=@mysqli_connect("localhost:3333","root","");
        set_error_handler("myErrorHandler");
        if (!$link_id) {
                trigger_error("出错了", E_USER_ERROR); // 指定 switch 中的 E_USER_ERROR
错误类型并执行其下的代码。
                //trigger_error("出错了",E_USER_WARNING); // 指定 switch 中的 E_USER_
WARNING 错误类型并执行其下的代码。
                //trigger_error("出错了",E_USER_NOTICE); // 指定 switch 中的 E_USER_
NOTICE 错误类型并执行其下的代码。
                //trigger_error("出错了",""); // 无指定，执行 switch 中的 default 中的代码。
        }
    ?>                                                                    [000217]
```

运行结果如图 5-2 所示。

图 5-2

注意：

（1）E_ERROR、E_PARSE、E_CORE_ERROR、E_CORE_WARNING、E_COMPILE_ERROR、E_COMPILE_WARNING 是不会被这个句柄处理的，也就是还会沿用 PHP 最原始

的处理方式显示出来。不过这些错误都是编译或 PHP 内核出错，正常的应用中很少会发生，即便发生了只会导致程序中断，敏感信息不会暴露。

（2）使用 set_error_handler() 后，error_reporting () 将失效。也就是所有的错误（除上述的错误以外）都会交给 set_error_handler() 函数处理。

5.3　PHP 的异常处理

在应用中一方面对错误需要处理，对异常也同样需要处理，不能听之任之。下面介绍 PHP 的异常处理内容，这些内容包括异常的抛出与捕获、基本异常（Exception）类介绍以及自定义异常。

5.3.1　异常的抛出与捕获

异常处理是 PHP 5 中新增的更高的错误处理机制，它会在指定的错误发生时改变脚本的正常流程，是 PHP 5 提供的一种新的面向对象的错误处理方法。

PHP 7 版本的异常处理比之前版本增加了捕获错误的能力，这在 PHP 7 之前版本是不行的，即 PHP 7 之前版本只能捕获异常，不能捕获错误。总体而言，PHP 7 异常处理机制是在 PHP 5 基础上的延伸和扩展，大同小异。

PHP 中使用 try catch 语句捕获并处理异常。使用异常的函数应该位于 try 代码块内。如果没有触发异常，则代码将照常继续执行。如果异常被触发，会抛出一个异常。Throw 规定如何触发异常。每一个 throw 必须对应至少一个 catch，catch 代码块会捕获异常，并创建一个包含异常信息的对象。语法如下：

```
try{
//可能引发异常的语句
}catch(异常类型 异常实例){
//异常处理语句
}
```

当异常被抛出时，其后的代码不会继续执行，PHP 会尝试查找匹配的 catch 代码块。

如果异常没有被捕获，而且又没使用 set_exception_handler() 做相应的处理，那么将发生一个严重的错误（致命错误），并且输出 Uncaught Exception（未捕获异常）的错误消息。下面介绍一个异常捕获与处理的例子。

【示例 5-3】异常被抛出但未被捕获，也未指定 set_exception_handler() 函数做相应的处理。

代码如下：

```
<?php
//创建可抛出一个异常的函数
function checkNum($number)
 {
 if($number>1)
  {
  throw new Exception("参数必须 <=1");  //抛出异常
  }
 return true;
 }
 checkNum(2);
?>                                                    [000218]
```

结果输出：

```
    Fatal error: Uncaught Exception: 参数必须 <=1 in C:\wamp64\www\error1.php:7 Stack
trace: #0 C:\wamp64\www\error1.php(13): checkNum(2) #1 {main} thrown in C:\wamp64\
www\error1.php on line
```

【示例 5-4】异常被抛出未被捕获，但通过指定 set_exception_handler() 函数做相应的处理。

代码如下：

```
<?php
//创建可抛出一个异常的函数
function checkNum($number)
 {
 if($number>100)
  {
  throw new Exception(" 参数必须 <=100");  // 抛出异常
  }
 return true;
 }
// 创建一个未被捕获的异常发生时被调用的函数，即回调函数。
function exception_handler($exception) {
  echo " 意外异常 :",$exception->getMessage(),"\n";
}
// 设置异常处理回调函数，即 exception_handler 函数
set_exception_handler('exception_handler');
 checkNum(101);
?>                                                                     [000219]
```

结果输出：

```
意外异常 : 参数必须 <=100
```

【示例 5-5】异常被抛出并被捕获且处理，不需要指定 set_exception_handler() 函数做相应的处理。

代码如下：

```
<?php
//创建可抛出一个异常的函数
function checkNum($number)
 {
 if($number>1)
  {
  throw new Exception(" 参数必须 <=1"); // 抛出异常
  }
 return true;
 }

// 在 "try" 代码块中触发异常
try
 {
 checkNum(2);
 }

// 捕获异常
// getMessage() 的结果是 "throw new Exception(" 参数必须 <=1")" 中 "" 参数必须 <=1"" 的值。
catch(Exception $e)
 {
 echo 'Message:' .$e->getMessage();
 }
?>                                                                     [000220]
```

结果输出：

```
Message: 参数必须 <=1
```

5.3.2　基本异常（Exception）类介绍

PHP 的基本异常类是一个基本内置类，该类用于脚本发生异常时，创建异常对象，该对象用于存储异常抛出和捕获的有关信息。Exception 类的构造方法需要接受两个参数，错误信息与错误代码如下：

```
class Exception
{
    protected $message = 'Unknown exception';     // 异常信息
    protected $code = 0;                          // 用户自定义异常代码
    protected $file;                              // 发生异常的文件名
    protected $line;                              // 发生异常的代码行号

function __construct($message = null, $code = 0);

    final function getMessage();         // 返回异常信息
    final function getCode();            // 返回异常代码
    final function getFile();            // 返回发生异常的文件名
    final function getLine();            // 返回发生异常的代码行号
    final function getTrace();           // backtrace() 数组
    final function getTraceAsString();   // 已格成化成字符串的 getTrace() 信息

    /* 可重载的方法 */
    function __toString();               // 可输出的字符串
}
```

注意：上述代码只为说明内置异常处理类的结构，它并不是一段有实际意义的可用代码。

5.3.3　自定义异常

为什么在应用开发中要自定义异常，这个问题通过下面的假设来说明。

假设做个读取微信用户信息并写入本地数据库的应用，如果出错就会抛出异常。

如果不自定义异常类，只知道出异常了，究竟是微信报出的异常还是数据库报出的异常，到底是谁报的就只能查看日志文案；而如果自定义了异常类，如自定义了 WxException 和 DbException 异常类，那么可通过如下代码判断到底是谁报出的异常。

```
try
{
// 书写抛出微信异常代码
…
// 书写抛出数据库异常代码
…
}
catch(WxException $wx)
{
// 书写捕获微信异常的代码
echo "微信错误："．$wx->message;
…
}
catch(DbException $db)
{
// 书写捕获数据库异常的代码
echo "数据库错误："．$db->message;
…
}
```

上述就是自定义异常的意义所在。在 PHP 5 中可以自定义异常，自定义异常必须继承自 Exception 类或者它的子类，通过下面的实例来说明自定义异常的运用。

【示例 5-6】判断非法 Email，即如果 Email 非法则抛出异常并处理，最后输出处理后的异常信息。

代码如下：

```
<?php
class emailException extends Exception{
 public function errorMessage()
  {
  //异常信息
// getMessage()的结果是"throw new emailException($email)"中"$email"的值。
   $errorMsg = 'Error on line '.$this->getLine().' in '.$this->getFile()
.':<br>'.$this->getMessage().'不是合法的 Email';
  return $errorMsg;
  }
 }
$email = "usrname@shopnc...com";
try
 {
// filter_var()是 php 的内置函数
 if(filter_var($email, FILTER_VALIDATE_EMAIL) === FALSE)
  {
  //邮件不合法，抛出异常
  throw new emailException($email);
  }
 }catch(emailException $e){
 //显示自定义的错误信息
 echo $e->errorMessage();
 }
?>                                                              [000221]
```

最后输出：

```
Error on line 18 in C:\wamp64\www\error1.php:
usrname@shopnc...com 不是合法的 Email
```

5.3.4 捕获多个异常

在 5.3.3 节中说明了自定义异常的意义，其实就是用来捕获多个异常，从而达到判断异常来自哪里的目的。

PHP 中可以使用多个 catch 来接收各自对应的异常，即谁抛接谁，来看下面的示例。

【示例 5-7】通过接收多个异常来判断 Email 是否合法。

代码如下：

```
<?php
class email_Exception_1 extends Exception{
 public function errorMessage()
  {
  //异常信息
  $errorMsg = 'Error on line '.$this->getLine().' in '.$this->getFile()
  .':<br>'.$this->getMessage().'不是合法的 Email';
  return $errorMsg;
  }
 }

class email_Exception_2 extends Exception{
 public function errorMessage()
  {
  //异常信息
  $errorMsg =$this->getMessage().'是合法的 Email';
  return $errorMsg;
```

```
    }
  }


$email = "shopnc@example..com";

try
 {
 if(filter_var($email, FILTER_VALIDATE_EMAIL) === FALSE)
  {
  //抛出异常
  throw new email_Exception_1($email);
  }
 //检测是否是示例邮件
 if(strpos($email, "example") !== FALSE)
  {
  throw new email_Exception_2("邮件是一个示例邮件");
  }
 }
catch(email_Exception_1 $e1)
 {
 echo $e1->errorMessage();
 }

catch(email_Exception_2 $e2)
 {
 echo $e2->errorMessage();
 }
?>                                                                    [000222]
```

输出结果：

```
Error on line 29 in D:\root\exception.php:shopnc@example..com 不是合法的 Email
```

如果将“$email = “shopnc@example..com”;”换成“$email = “shopnc@example.com”;”，即去掉“shopnc@example..com”中的 1 个“点”，输出结果：

```
邮件是一个示例邮件是合法的 Emai
```

5.4 本章小结

关于 PHP 错误与异常处理机制，任何 PHP 应用系统都离不开，非常重要。

在实际的应用项目中，错误与异常处理部分不可能像书中的示例或实例一样，直接将代码捆在一起呈现出来，一读就懂，往往都是“绕弯弯”，让人读起来不是很直观，也不能很快上手（掌握），但无论是直观的还是复杂的，它们的原理都是一样的，万变不离其宗，本章中那些直观简单的示例或实例就是“宗”，只有先弄清它们，才能读懂那些复杂的代码，才能真正做到读懂他人的代码，这对提高自身水平、增长见识及经验都是很有帮助的。

接下来进入 PHP 重中之重的第 6 章 PHP 操作 MySQL 数据库。

第 6 章

PHP 操作 MySQL 数据库

在开发以及应用过程中，大量的数据都存储在数据库中，因此任何一种应用开发语言，比如 C、C++、VB、PB、Java、.NET、Python（爬虫）以及 PHP 都需要对数据库进行操作。其中 PHP 具有强大的数据库支持能力，它所支持的数据库包括 Oracle、SQL Server、Sybase 以及 MySQL 等，并提供对这些数据库的操作手段。

关于 MySQL 数据库，它是广受欢迎的数据库产品之一，是开源软件，其市场占有率较高，备受 PHP 开发者的青睐。

关于 PHP 与 MySQL，可以说二者是一对黄金搭档，几乎有 PHP 的地方都能看到 MySQL 的存在，它们之间完美的融合以及牢靠稳固的集成是其他数据库无法比拟的，也是众多应用项目首选它们的原因，更是本书重点讲解的原因。具体来说，PHP 为 MySQL 数据库量身定制了强大的操作函数库，可以非常方便地实现数据的访问、读取等。

在本章将重点讲解以下内容。

- PHP 操作 MySQL 数据库的基本操作
- 获取数据库信息
- 一个实践案例
- PHP 获取 MySQL 数据库存储程序的输出（out）参数值

6.1 PHP 操作 MySQL 数据库的基本操作

为了说明 PHP 的基本操作，为此需要一些数据，数据如下：

```
SET FOREIGN_KEY_CHECKS=0;
-- ----------------------------
-- Table structure for cms_ykxt_bmb2
-- ----------------------------
DROP TABLE IF EXISTS `cms_ykxt_bmb2`;
CREATE TABLE `cms_ykxt_bmb2` (
  `syh` varchar(20) NOT NULL,
  `bm` varchar(30) DEFAULT NULL,
  `zd1` varchar(20) DEFAULT NULL,
  PRIMARY KEY (`syh`)
) ENGINE=InnoDB DEFAULT CHARSET=utf8;

-- ----------------------------
-- Records of cms_ykxt_bmb2
-- ----------------------------
INSERT INTO `cms_ykxt_bmb2` VALUES ('gdd0001', '小车班', 'gdd0001');
INSERT INTO `cms_ykxt_bmb2` VALUES ('gdd0002', '监管车间', 'gdd0002');
INSERT INTO `cms_ykxt_bmb2` VALUES ('gdd0003', '检修车间', 'gdd0003');
INSERT INTO `cms_ykxt_bmb2` VALUES ('gdd0004', '沧州车间', 'gdd0004');
```

```
    INSERT INTO `cms_ykxt_bmb2` VALUES ('gdd0005', '德州车间', 'gdd0005');
    INSERT INTO `cms_ykxt_bmb2` VALUES ('gdd0006', '天西车间', 'gdd0006');
    INSERT INTO `cms_ykxt_bmb2` VALUES ('gdd0007', '高铁车间', 'gdd0007');
    INSERT INTO `cms_ykxt_bmb2` VALUES ('gdd0008', '天津车间', 'gdd0008');
    INSERT INTO `cms_ykxt_bmb2` VALUES ('gdd0009', '塘沽车间', 'gdd0009');
    INSERT INTO `cms_ykxt_bmb2` VALUES ('gdd0010', '材料科', 'gdd0010');
    INSERT INTO `cms_ykxt_bmb2` VALUES ('gdd0011', '设备科', 'gdd0011');
    INSERT INTO `cms_ykxt_bmb2` VALUES ('gdd0012', '接触网检修', 'gdd0012' );
    INSERT INTO `cms_ykxt_bmb2` VALUES ('gdd0013', '动力车间', 'gdd0013');
    INSERT INTO `cms_ykxt_bmb2` VALUES ('gdd0014', '南环车间', 'gdd0014');
    INSERT INTO `cms_ykxt_bmb2` VALUES ('gdd0015', '万家码头', 'gdd0015');
    INSERT INTO `cms_ykxt_bmb2` VALUES ( 'gdd0016' , '检测车间', 'gdd0016'); [000223]
```

关于 PHP 操作 MySQL 数据库，无论是简单的还是复杂的，都离不开基本的操作，主要包含如下内容。

（1）连接 MySQL 服务器

（2）选择 MySQL 数据库

（3）执行 SQL 语句

（4）关闭 MySQL 服务器的连接

（5）处理查询结果集

下面，针对上述 5 项内容分别进行讲解。

注意：PHP 7 及其以后版本已经舍弃了 mysql_connect() 及与之配套的操作函数库，如 mysql_select_db()（选择数据库）、mysql_close()（关闭数据库连接）、mysql_query()（执行 SQL 语句）等，即舍弃了 mysql.dll 驱动库而改用 mysqli.dll 驱动库，MySQL 数据库的函数库与 mysql.dll 驱动库差不多，只不过开始贯以“mysqli”的前缀，在使用方式上略微有些区别，即有些函数必须指定资源，比如 mysqli_query(资源标识 ,SQL 语句)，并且资源标识的参数是放在前面且不能省略，而 mysql_query(SQL 语句 ,' 资源标识 ') 中的资源标识是放在后面且可以省略，默认上一个打开的连接或资源。

关于 mysqli 驱动库访问 MySQL 数据库的方式还有另外一种，即对象方式（前边介绍的是过程方式，和 mysql.dll 驱动库一样，但 mysql.dll 驱动库不提供对象方式访问），如“$conn=new mysqli('localhost', 'user', 'password','data_base');”，这里的“$conn”连接是 new 出来的，最后一个参数是直接指定数据库，不用 mysql_select_db()。也可以在 new mysqli 时不指定数据库，然后通过“$conn->select_db('data_base')”来指定。接下来的操作一般是执行 SQL 语句（$result= $conn -> query('select * from data_base');）→获取数据（$row = $result -> fetch_row();// 取一行数据）→处理数据（echo row[0]; // 输出第一个字段的值）。

下面给出 PHP 7 之前与之后操作数据库的示范代码，其中 PHP 7 及其之后操作数据库采用对象式写法。

```
    /*---------------------------------
     *php7 及之后版本连接 mysql 数据库
    -------------------------------*/
    $mysqli=new mysqli();
    $mysqli->connect('localhost:3307','root','','jiaowglxt'); // root 为 MySQL 数据库账
户，密码为空，jiaowglxt 为 MySQL 数据库名
    $mysqli->set_charset("utf8"); //设置字符集
    /*-------------------------------
     * php7 之前版本，连接 mysql 数据库
    -------------------------------*/
    $link = @mysql_connect("localhost:3307", "root", "") or die("Could not connect:"
. mysql_error());
```

```
    @mysql_select_db("jiaowglxt") or die("Could not use jiaowglxt:" . mysql_
error());
    mysql_query("set names utf8"); //设置字符集
    /*--------------------------------
     * 查询记录总数，只返回一行数据
    --------------------------------*/
    $sql = "select count(*) as jls from cms_ykxt_bmb2";
    /*------------------------------
     *php7 及之后版本，执行查询
    ------------------------------*/
    $rs=$mysqli->query($sql);
    $row=mysqli_fetch_array($rs,MYSQLI_ASSOC);
    $rowcounts=$row['jls'];
    /*--------------------------------
     *php7 之前版本，执行查询
    --------------------------------*/
    $result = mysql_query($sql);
    $row = mysql_fetch_row($result);
    $rowcounts=$row[0];
    /*--------------------------------
     * 查询表数据，返回多行数据
    --------------------------------*/
    $sql = "select syh ,bm ,zd1 from cms_ykxt_bmb2";
    /*--------------------------------
     *php7 及之后版本，执行查询并循环输出为数组
    --------------------------------*/
    $rs=$mysqli->query($sql);
    $mysqli->close();
    while($row=mysqli_fetch_array($rs,MYSQLI_ASSOC)){
       $shopList[]=$row;
    }
    /*------------------------------------------
     *php7 之前版本，执行查询并循环输出为数组
    ------------------------------------------*/
    $result = mysql_query($sql);
    mysql_close($link);
    while($row = mysql_fetch_assoc($result)) {
    $shopList[]=$row;
    }
    /*------------------------------------------
     * 显示数组内容
    ------------------------------------------*/
    echo "<pre>";
    print_r($shopList);
    echo "<pre>";                                                    [000224]
```

下面给出 PHP 7 及之后版本的 mysqli 将查询出的结果集绑定给变量示范代码。

```
    <?php
       //header("Content-type:text/html; charset=GBK");
       header("Content-type:text/html; charset=UTF-8");
       $mysqli = new mysqli("127.0.0.1:3307", "root","", "jiaowglxt");
       $mysqli->set_charset("utf8"); //设置字符集
       $query = "SELECT syh, bm, zd1 FROM cms_ykxt_bmb2 ORDER BY syh";
       $stmt = $mysqli->prepare($query);
       $stmt->execute();
       $stmt->bind_result($zd1, $zd2, $zd3); //将结果集中的 syh、bm、zd1 字段值依次绑定给
变量 $zd1, $zd2, $zd3。
       while($stmt->fetch()) {
          echo "$zd1, $zd2, $zd3<br />"; //输出变量 $zd1, $zd2, $zd3 的值
       }
       $stmt->close();
       $mysqli->close();
    ?>                                                               [000225]
```

在上面示范代码中，PHP 7 及其之后版本采用的是对象式写法。

在写作本书时，笔记根据工作经验做了充分的思考，虽然当前 PHP 7 版本逐渐成为主流，但在具体的工作实践中仍然有众多正在运行的项目当初开发时的版本是 PHP 5，而且升级到 PHP 7 困难很大。因此在本章中，笔者会分别给出 PHP 7 之前和 PHP 7 及其之后两种版本操作 MySQL 数据库的代码，供读者比较学习的同时，也希望能满足具体实践的需要。

6.1.1　连接 MySQL 服务器

数据访问的前提是首先要连接到数据库所在的服务器，要建立与 MySQL 服务器的连接可以使用 PHP 5 函数库中的 mysql_connect()。语法形式如下：

```
    resource mysql_connect([string server[,string username[,string password[,bool new_link[,int client_flags]]]]])
```

该函数建立一个到 MySQL 服务器的连接。当没有提供可选参数时使用以下默认值：server='localhost:3306'，username= 服务器进程所有者的用户名，password= 空密码。如果成功则返回一个 MySQL 连接标识，失败则返回 FALSE。

下面介绍 PHP 7 之前连接 MySQL 数据库服务器的小例子，代码如下：

```
    <?php
    //连接本地MySQL服务器，用户名和密码均为root
    $link=mysql_connect("localhost","root","root");
    ?>
                                                              [000226]
```

如果数据库服务器不可用，或连接数据库的用户名或密码错误，则可能会引起一条 PHP 警告信息，代码如下。

```
    Warning:mysql_connect()[function.mysql-connect]:Access denied for user
'root'@'localhost'(using password:YES) in D:\phpdemo\demo.php on line 2
```

在警告信息中提示使用 root 账号无法连接到数据库服务器，并且该警告并不能停止脚本的继续执行。这样的提示信息会暴露数据库连接的敏感信息，不利于数据库的安全性。因此在数据库连接时，一般在连接语句前使用“@”屏蔽错误信息的输出，并且加上由 die() 函数进行屏蔽的错误处理机制；下面的代码演示了如何安全地连接 MySQL 数据库服务器。

注：关于 PHP 7 及其之后版本连接 MySQL 数据库的方法，分为 mysqli 过程式、mysqli 对象式及 PDO 驱动库。

（1）PHP 7 以前的版本

代码如下：

```
    <?php
       //header("Content-type:text/html; charset=GBK");
       header("Content-type:text/html; charset=UTF-8");
    $link = @mysql_connect("localhost:3307", "root", "") or die("Could not connect:"
. mysql_error());
    if($link != true) {
       echo "数据库连接不成功…";
    }else{
       print("Connected successfully");
       mysql_close($link);
    }
    ?>
                                                              [000227]
```

在上面的代码中，首先建立一个数据库连接 $link，然后判断这个连接是否成功，如果不成功会输出“数据库连结不成功…”信息；如果连接成功，输出“Connected successfully”信息，然后关闭连接。

（2）PHP 7 及以后的版本

① mysqli 过程式，代码如下：

```
<?php
   //header("Content-type:text/html; charset=GBK");
   header("Content-type:text/html; charset=UTF-8");
$link=mysqli_connect("localhost:3307","root","","jiaowglxt");
// 检查连接
if($link != true) {
   //echo "数据库连接不成功…";
   die("Could not use 数据库: jiaowglxt，错误信息:  ".mysqli_connect_error());
}else{
   print("Connected successfully");
   mysqli_close($link);
}
?>                                                              [000228]
```

在上面的代码中，首先建立一个 MySqli 的数据库连接 $link，然后判断这个连接是否成功，如果不成功会输出有关错误信息；如果连接成功，则输出“Connected successfully”信息，然后关闭这个连接。

② mysqli 对象式，代码如下：

```
<?php
   $serve = 'localhost:3307'; //服务器主机: MySql 数据库端口号
   $username = 'root';// 用户名
   $password = 'root';// 用户密码
   $dbname = 'jiaowglxt'; // 数据库名
   $mysqli = new Mysqli($serve,$username,$password,$dbname); // 建立连接对象并连接
   // 或
   //$mysqli=new mysqli(); // 建立连接对象
   //$mysqli->connect($serve,$username,$password,$dbname); // 开始连接
if($mysqli->connect_error){ // 判断连接是否成功
   die('connect error:'.$mysqli->connect_errno); // 输出连接不成功信息
}else{ // 连接成功
   $mysqli->set_charset('UTF-8'); // 设置数据库字符集
   print("Connected successfully"); // 输出连接成功信息
   $mysqli->close(); // 关闭连接
}
?>                                                              [000229]
```

在上面的代码中，首先建立一个数据库连接对象 $mysqli 并连接，然后判断这个连接是否成功，如果不成功会输出有关错误信息；如果连接成功，设置数据库字符集，输出“Connected successfully”信息，然后关闭连接。

③ PDO 驱动，代码如下：

```
<?php
   $serve = 'mysql:host=localhost:3307;dbname=jiaowglxt;charset=utf8'; // 连接 DSN
   $username = 'root'; // 数据库用户
   $password = 'root'; // 用户密码
   try{ // PDO 连接数据库若错误则会抛出一个 PDOException 异常
           $PDO = new PDO($serve,$username,$password); // 开始连接
           if($PDO){ // 连接成功
                   $PDO->query('set names utf8;'); // 设置 PDO 字符集。
                   print("Connected successfully"); // 输出连接成功信息
                   $PDO = null; // 关闭连接
           }else{ // 连接失败
                   print("Connected fail"); // 输出连接失败信息
           }
   } catch (PDOException $error){ // 抛出异常
```

```
                echo 'connect failed:'.$error->getMessage(); // 输出异常信息
    }
?>
                                                                    [000230]
```

在上面的代码中，首先将 DSN 连接字符串赋值给变量 $serve，在 try 里进行数据库连接操作，即创建一个数据库连接对象 $PDO 并连接，然后判断这个连接是否成功，如果连接成功，设置 PDO 字符集，则输出“Connected successfully”信息，然后关闭连接；如果连接不成功会输出“Connected fail”信息，同时还输出抛出的异常信息。

6.1.2　选择 MySQL 数据库

当连接到 MySQL 服务器后，在 PHP 脚本中选择需要进行操作的 MySQL 数据库。可以使用函数 mysql_select_db()。语法形式如下：

```
bool mysql_select_db(string database_name[,resource link_identifier])
```

如果成功则返回 TRUE，失败则返回 FALSE。

【示例 6-1】连接 MySQL 数据库服务器后选择要访问的数据库。

（1）PHP 7 以前的版本

代码如下：

```
<?php
   //header("Content-type:text/html; charset=GBK");
   header("Content-type:text/html; charset=UTF-8");
$link=mysql_connect("localhost:3307","root",""); // 未加入数据库名参数
if($link != true) { // 判断数据库连接是否成功。
    echo"<script>alert('数据库连接不成功 ...')</script>";
}else{// 说明数据库连接成功
    //print("Connected successfully");
    echo"<script>alert('数据库连接成功 ...')</script>";
    $dbselect = @mysql_select_db("jiaowglxt") or die("Could not use jiaowglxt:"
. mysql_error());
    if($dbselect == true){ // 判断数据库选择是否成功，成功
            mysql_close($link);
            echo"<script>alert('数据库选择成功并已关闭 ...')</script>";
    }else{// 数据库选择不成功
            echo"<script>alert('数据库选择不成功 ...')</script>";
    }
}
?>
                                                                    [000231]
```

（2）PHP 7 及以后的版本

代码如下：

```
<?php
   //header("Content-type:text/html; charset=GBK");
   header("Content-type:text/html; charset=UTF-8");
$link=mysqli_connect("localhost:3307","root",""); // 未加入数据库名参数
if($link != true) { // 判断数据库连接是否成功。
    echo"<script>alert('数据库连接不成功 ...')</script>";
}else{// 说明数据库连接成功
    //print("Connected successfully");
    echo"<script>alert('数据库连接成功 ...')</script>";
    $dbselect = @mysqli_select_db($link,"jiaowglxt") ;
    if($dbselect == true){ // 判断数据库选择是否成功，成功
            mysqli_close($link);
            echo"<script>alert('数据库选择成功并已关闭 ...')</script>";
    }else{// 数据库选择不成功
            echo"<script>alert('数据库选择不成功 ...')</script>";
```

```
            die("Could not use 数据库：jiaowglxt，错误信息：  ".mysqli_connect_error());
        }
    }
    ?>                                                                    [000232]
```

上面的代码中首先建立了一个数据库连接 $link，然后判断这个连接是否成功，如果不成功，弹出“数据库连接不成功…”的提示框；如果连接成功，弹出“数据库连接成功…”的提示框，单击提示框上的“确定”按钮后选择数据库，然后判断数据库选择是否成功，如果成功，弹出“数据库选择成功并已关闭…”的提示框；如果数据库选择不成功，弹出“数据库选择不成功…”的提示框。

6.1.3 执行 SQL 语句

执行数据库操作，需要在 PHP 脚本中发送一条 SQL 指令。可以使用函数 mysql_query()。语法形式如下：

```
resource mysql_query(string query[,resource link_identifier])
```

其中，参数 query 是要执行的 SQL 语句，如果没有指定 link_identifier，则使用上一个执行的 SQL 语句打开的连接。

注意：这里的 SQL 语句结尾不再添加分号“;”。

如果 SQL 语句是 SELECT，SHOW，EXPLAIN 或 DESCRIBE，则返回一个资源标识符，如果查询执行不正确则返回 FALSE。对于其他类型的 SQL（delete、update、insert）语句，mysql_query() 在执行成功时返回 TRUE，出错时返回 FALSE。

【示例 6-2】执行 insert（插入）、update（更新）及 select（查询） SQL 语句。

（1）PHP 7 以前的版本

代码如下：

```
<?php
    //header("Content-type:text/html; charset=GBK");
    header("Content-type:text/html; charset=UTF-8");
  $link = @mysql_connect("localhost", "root", "root") or die("Could not connect:"
. mysql_error());
  @mysql_select_db("jiaowglxt") or die("Could not use demo:" . mysql_error());
  mysql_query("set names utf8"); //设置字符集
  // 执行 insert 操作
  $sql = "INSERT INTO `cms_ykxt_bmb2` VALUES ('gcc9', 'XX 部门 ', 'gcc0001')";
  $result = mysql_query($sql,$link);        // $result 为 boolean 类型
  if($result) {
     echo "Inserted ok!<br/>";
  } else {
     echo "Inserted fail!<br/>";
  }
  // 执行 update 操作
  $sql = "update cms_ykxt_bmb2 set bm=' 配件库 ' where syh='gcc9'";
  $result = mysql_query($sql,$link);
  if($result) {
     echo "Updated ok!<br/>";
  } else {
     echo "Updated fail!<br/>";
  }
  // 执行 select 查询操作
  $sql = "select * from cms_ykxt_bmb2";
  $result = mysql_query($sql,$link);  // 如果查询成功，$result 为资源类型，保存查询结果集
  mysql_close($link);
  ?>                                                                    [000233]
```

（2）PHP 7 及以后的版本

代码如下：

```
<?php
   //header("Content-type:text/html; charset=GBK");
   header("Content-type:text/html; charset=UTF-8");
$link=mysqli_connect("localhost:3307","root",""); // 未加入数据库名参数
if($link != true) { // 判断数据库连接是否成功。
    echo"<script>alert('数据库连接不成功 ...')</script>";
}else{// 说明数据库连接成功
    //print("Connected successfully");
    echo"<script>alert('数据库连接成功 ...')</script>";
    $dbselect = @mysqli_select_db($link,"jiaowglxt") ;
    if($dbselect == true){ // 判断数据库选择是否成功，成功
    // 开始写进一步处理代码
    mysqli_set_charset($link,"utf8"); // 设置字符集
// 执行 insert 操作
$sql = "INSERT INTO cms_ykxt_bmb2 VALUES ('gcc11', 'XX 部门 11', 'gcc0001')";
$result = mysqli_query($link,$sql);      // $result 为 boolean 类型
if($result) {
    echo "Inserted ok!<br/>";
} else {
    echo "Inserted fail!<br/>";
}
// 执行 update 操作
$sql = "update cms_ykxt_bmb2 set bm='配件库 11' where syh='gcc11'";
$result = mysqli_query($link,$sql);
if($result) {
    echo "Updated ok!<br/>";
} else {
    echo "Updated fail!<br/>";
}
// 执行 select 查询操作
$sql = "select * from cms_ykxt_bmb2";
$result = mysqli_query($link,$sql);   // 如果查询成功，$result 为资源类型，保存查询结
果集
           mysqli_close($link);
           //echo"<script>alert('数据库选择成功并已关闭 ...')</script>";
    }else{// 数据库选择不成功
           echo"<script>alert('数据库选择不成功 ...')</script>";
           die("Could not use 数据库：jiaowglxt， 错误信息："．mysqli_connect_
error());
    }
}
?>                                                              [000234]
```

上面两段代码都是先连接数据库，判断是否成功，若成功则实施 insert（插入）和 update（更新）操作。二者的不同体现在数据库连接方法及具体的 SQL 语句执行语法上。PHP 7 之前版本在执行 SQL 语句时，使用 mysql_query($sql,$link)；PHP 7 及其之后版本在执行 SQL 语句时，使用 mysqli_query($link,$sql)，$sql 变量值为具体的 insert（插入）或 update（更新）SQL 语句。

6.1.4　关闭 MySQL 数据库服务器的连接

在连接到 MySQL 数据库服务器并完成所有操作后，需要断开与 MySQL 数据库服务器的连接。可以使用函数 mysql_close()（PHP 7 之前版本）。语法形式如下：

```
bool mysql_close([resource link_identifier])
```

如果成功则返回 TRUE，失败则返回 FALSE。mysql_close() 关闭指定的连接标识所关联

的到 MySQL 服务器的连接。如果没有指定 link_identifier，则关闭上一个打开的连接。

PHP 7 及之后版本使用 mysqli_close()，其语法格式和 mysql_close() 一样，但 link_identifier 必须指定。

6.1.5 处理查询结果集

在成功执行 SELECT，SHOW，EXPLAIN 或 DESCRIBE 语句后，mysql_query() 函数总会返回一个结果集。

在 PHP 中处理这个 MySQL 数据库查询结果集的函数有 mysql_num_rows()、mysql_fetch_row()、mysql_fetch_assoc() 以及 mysql_fetch_object()，下面分别介绍。

1. 获取查询结果集行数：mysql_num_rows() 函数

语法形式如下：

```
int mysql_num_rows(resource result)
```

返回结果集中行的数目。此命令仅对 SELECT 语句有效。

【示例 6-3】执行查询，获取结果集行数。

（1）PHP 7 以前的版本

代码如下：

```
<?php
$link = @mysql_connect("localhost:3307", "root", "") or die("Could not connect:" . mysql_error());
@mysql_select_db("jiaowglxt") or die("Could not use jiaowglxt:" . mysql_error());
$sql = "select * from cms_ykxt_bmb2";
$result = mysql_query($sql);
echo "返回".mysql_num_rows($result)."条记录<br/>";          // 获取select查询所获取的行数
$sql = "delete from cms_ykxt_bmb2 where bm='小车班'";
$result = mysql_query($sql);
// 获取由insert,update,delete操作所影响的行数，使用mysql_affected_rows()函数
echo "删除了".mysql_affected_rows($link)."条记录";
mysql_close($link);
?>                                                              [000235]
```

（2）PHP 7 及之后的版本

代码如下：

```
<?php
$link = @mysqli_connect("localhost:3307", "root", "");
@mysqli_select_db($link ,"jiaowglxt");
$sql = "select * from cms_ykxt_bmb2";
$result = mysqli_query($link,$sql);
echo "返回".mysqli_num_rows($result)."条记录<br/>"; // 获取select查询所获取的行数
$sql = "delete from cms_ykxt_bmb2 where syh='gcc10'";
$result = mysqli_query($link,$sql);
// 获取由insert,update,delete操作所影响的行数，使用mysql_affected_rows()函数
echo "删除了".mysqli_affected_rows($link)."条记录";
mysqli_close($link);
?>                                                              [000236]
```

上面两段代码都是先连接数据库，判断是否成功，若成功则实施具体的 SQL 操作。二者的不同体现在数据库连接方法及具体的 SQL 语句执行语法上。PHP 7 之前版本在执行 SQL 语句时，使用 mysql_query($sql)；PHP 7 及其之后版本在执行 SQL 语句时，使用 mysqli_ query($link,$sql)，$sql 变量值为具体的 SQL 语句。

另外一个不同是：PHP 7 之前版本的 mysql_num_rows() 对应 PHP 7 及其之后版本的 mysqli_num_rows()，即把 mysql 换成了 mysqli，读者务必了解这个规律。PHP 7 之前版本的 mysql_affected_rows() 函数，到了 PHP 7 及其之后版本则变为 mysqli_affected_rows()。据此，mysql_num_rows() 对应 mysqli_num_rows()，mysql_affected_rows() 对应 mysqli_affected_rows()，它们的功能都是一样的，唯一的区别就是版本的不同。

2. 获取结果集中的一条记录作为枚举数组：mysql_fetch_row() 函数

执行 select 查询成功后，会返回一个查询结果集，要从查询结果集中取出数据，可以使用 mysql_fetch_row() 函数结合循环逐行取出每条记录，以枚举数组的方式（$row[下标]）访问记录中的内容。

语法形式如下：

```
array mysql_fetch_row(resource result)
```

从结果集中取得一行数据并作为数组返回。依次调用 mysql_fetch_row() 将返回结果集中的下一行，如果没有更多行则返回 FALSE。

【示例 6-4】通过获取结果集中的一条记录作为枚举数组逐行获取结果集记录并输出。

（1）PHP 7 以前的版本

代码如下：

```
<?php
$link = @mysql_connect("localhost:3307", "root", "") or die("Could not connect:" . mysql_error());
@mysql_select_db("jiaowglxt") or die("Could not use jiaowglxt:" . mysql_error());
mysql_query("set names utf8");            // 设置 mysql 的字符集，以屏蔽乱码
$sql = "select * from cms_ykxt_bmb2";
$result = mysql_query($sql);
?>
<table width="370" border="1" cellspacing="0" cellpadding="0">
  <tr><th>id</th><th> 本部门 </th><th> 上级部门 </th></tr>
<?php
  while($row = mysql_fetch_row($result)) {              // 逐行获取结果集中的记录，并显示在表格中
?>
  <tr>
    <td><?php echo $row[0] ?></td>                   <!-- 显示第一列 -->
<td><?php echo $row[1] ?></td>               <!-- 显示第二列 -->
    <td><?php echo $row[2] ?></td>                   <!-- 显示第三列 -->
  </tr>
 <?php
  }
  mysql_close($link);
?>
</table>                                                              [000237]
```

（2）PHP 7 及之后的版本

代码如下：

```
<?php
$link = @mysqli_connect("localhost:3307", "root", "");
@mysqli_select_db($link ,"jiaowglxt");
mysqli_set_charset($link,"utf8"); // 设置 mysql 的字符集，以屏蔽乱码
$sql = "select * from cms_ykxt_bmb2";
$result = mysqli_query($link ,$sql);
?>
```

```
<table width="370" border="1" cellspacing="0" cellpadding="0">
  <tr><th>id</th><th> 本部门 </th><th> 上级部门 </th></tr>
<?php
  while($row = mysqli_fetch_row($result)) { // 逐行获取结果集中的记录，并显示在表格中
?>
  <tr>
    <td><?php echo $row[0] ?></td>                          <!-- 显示第一列 -->
    <td><?php echo $row[1] ?></td>                          <!-- 显示第二列 -->
    <td><?php echo $row[2] ?></td>                          <!-- 显示第三列 -->
  </tr>
 <?php
  }
  mysqli_close($link);
?>
</table>                                                                [000238]
```

上面两段代码中，PHP 7 之前版本使用的是 mysql_fetch_row()；PHP7 及之后版本使用的是 mysqli_fetch_row()。

运行结果输出，如图 6-1 所示。

id	本部门	上级部门
gcc11	配件库11	gcc0001
gdd0001	小车班	gdd0001
gdd0002	监管车间	gdd0002
gdd0003	检修车间	gdd0003
gdd0004	沧州车间	gdd0004
gdd0005	德州车间	gdd0005
gdd0006	天西车间	gdd0006
gdd0007	高铁车间	gdd0007
gdd0008	天津车间	gdd0008
gdd0009	塘沽车间	gdd0009
gdd0010	材料科	gdd0010
gdd0011	设备科	gdd0011
gdd0012	接触网检修	gdd0012
gdd0013	动力车间	gdd0013
gdd0014	南环车间	gdd0014
gdd0015	万家码头	gdd0015
gdd0016	检测车间	gdd0016

图 6-1

3. 获取结果集一条记录作为关联数组：mysql_fetch_assoc() 函数

执行 select 查询成功后，会返回一个查询结果集，要从查询结果集中取出数据，可以使用 mysql_fetch_assoc() 函数结合循环逐行取出每条记录。与 mysql_fetch_row() 不同的是，返回的一条记录是一个关联数组，因此必须以关联数组的方式（$row[“字段名”]）访问记录中的内容。

语法形式如下：

```
array mysql_fetch_assoc(resource result)
```

注意：该函数返回的字段名区分大小写。

【示例 6-5】通过获取结果集看的一条记录作为关联数组逐行显示查询结果记录。

（1）PHP 7 以前的版本

代码如下：

```
<?php
```

```
    $link = @mysql_connect("localhost:3307", "root", "") or die("Could not connect:".
mysql_error());
    @mysql_select_db("jiaowglxt") or die("Could not use jiaowglxt:" . mysql_
error());
    mysql_query("set names utf8");           // 设置 mysql 的字符集，以屏蔽乱码
    $sql = "select * from cms_ykxt_bmb2";
    $result = mysql_query($sql);
    <?
    <table width="370" border="1" cellspacing="0" cellpadding="0">
      <tr><th>id</th><th> 本部门 </th><th> 上级部门 </th></tr>
    <?php
      mysql_close($link);
      while($row = mysql_fetch_assoc($result)) {              // 逐行获取结果集中的记录
    ?>
      <tr>
        <td><?php echo $row["syh"] ?></td>                   <!-- 获取当前行 "syh" 字段
值 -->
        <td><?php echo $row["bm"] ?></td>              <!-- 获取当前行 "bm" 字段值 -->
        <td><?php echo $row["zd1"] ?></td>             <!-- 获取当前行 "zd1" 字段值 -->
      </tr>
    <?php
      }
    ?>
    </table>                                                                    [000239]
```

（2）PHP 7 及之后的版本

代码如下：

```
    <?php
    $link = @mysqli_connect("localhost:3307", "root", "");
    @mysqli_select_db($link ,"jiaowglxt");
    mysqli_set_charset($link,"utf8"); // 设置 mysql 的字符集，以屏蔽乱码
    $sql = "select * from cms_ykxt_bmb2";
    $result = mysqli_query($link ,$sql);
    ?>
    <table width="370" border="1" cellspacing="0" cellpadding="0">
      <tr><th>id</th><th> 本部门 </th><th> 上级部门 </th></tr>
    <?php
      mysqli_close($link);
      while($row = mysqli_fetch_assoc($result)) {    // 逐行获取结果集中的记录
    ?>
      <tr>
        <td><?php echo $row["syh"] ?></td>   <!-- 获取当前行 "syh" 字段值 -->
        <td><?php echo $row["bm"] ?></td>    <!-- 获取当前行 "bm" 字段值 -->
        <td><?php echo $row["zd1"] ?></td>   <!-- 获取当前行 "zd1" 字段值 -->
      </tr>
    <?php
      }
    ?>
    </table>                                                                    [000240]
```

上面两段代码中，PHP 7 之前版本使用的是 mysql_fetch_assoc()；PHP 7 及之后版本使用的是 mysqli_fetch_assoc()。

4. 获取结果集中的一条记录作为对象：mysql_fetch_object() 函数

执行 select 查询成功后，会返回一个查询结果集，要从查询结果集中取出数据，可以使用 mysql_fetch_object() 函数结合循环逐行取出每条记录。与 mysql_fetch_assoc() 及 mysql_fetch_row() 不同的是返回的一条记录是一个对象，因此必须以对象的方式（$row-> 字段名）访问记录中的内容。

语法形式如下：

```
object mysql_fetch_object(resource result)
```

返回根据所取得的行生成的对象，如果没有更多行则返回 FALSE。

【示例 6-6】通过获取结果集中的一条记录作为对象逐行显示查询结果记录。

（1）PHP 7 以前的版本

代码如下：

```
<?php
$link = @mysql_connect("localhost:3307", "root", "") or die("Could not connect:"
. mysql_error());
@mysql_select_db("jiaowglxt") or die("Could not use jiaowglxt:" . mysql_
error());
mysql_query("set names utf8");          // 设置 mysql 的字符集，以屏蔽乱码
$sql = "select * from cms_ykxt_bmb2";
$result = mysql_query($sql);
<?
<table width="370" border="1" cellspacing="0" cellpadding="0">
  <tr><th>id</th><th> 本部门 </th><th> 上级部门 </th></tr>
<?php
  mysql_close($link);
  while($row = mysql_fetch_object($result)) {           // 逐行获取结果集中的记录
?>
  <tr>
    <td><?php echo $row->syh ?></td>            <!-- 获取当前行 "syh" 字段值 -->
    <td><?php echo $row->bm ?></td>             <!-- 获取当前行 "bm" 字段值 -->
    <td><?php echo $row->zd1 ?></td>            <!-- 获取当前行 "zd1" 字段值 -->
  </tr>
<?php
  }
?>
</table>                                                              [000241]
```

（2）PHP 7 及之后的版本

代码如下：

```
<?php
$link = @mysqli_connect("localhost:3307", "root", "");
@mysqli_select_db($link ,"jiaowglxt");
mysqli_set_charset($link,"utf8"); // 设置 mysql 的字符集，以屏蔽乱码
$sql = "select * from cms_ykxt_bmb2";
$result = mysqli_query($link ,$sql);
?>
<table width="370" border="1" cellspacing="0" cellpadding="0">
  <tr><th>id</th><th> 本部门 </th><th> 上级部门 </th></tr>
<?php
  mysqli_close($link);
  while($row = mysqli_fetch_object($result)) {   // 逐行获取结果集中的记录
?>
  <tr>
    <td><?php echo $row->syh ?></td>     <!-- 获取当前行 "syh" 字段值 -->
    <td><?php echo $row->bm ?></td>              <!-- 获取当前行 "bm" 字段值 -->
    <td><?php echo $row->zd1 ?></td>     <!-- 获取当前行 "zd1" 字段值 -->
  </tr>
<?php
  }
?>
</table>                                                              [000242]
```

上面两段代码中，PHP 7 之前版本使用的是 mysql_fetch_object()；PHP 7 及之后版本使用的是 mysqli_fetch_object()。

5. 获取结果集一条记录作为关联和枚举数组：mysql_fetch_array() 函数

执行 select 查询成功后，会返回一个查询结果集，要从查询结果集中取出数据，可以使用 mysql_fetch_array() 函数结合循环逐行取出每条记录。与 mysql_fetch_object()、mysql_fetch_assoc() 及 mysql_fetch_row() 不同的是，返回的一条记录是一个数组，因此必须以数组的方式（$row[“字段名”] 或 $row[下标]）访问记录中的内容。

语法形式如下：

```
array mysql_fetch_array(resource result[,int result_type])
```

从结果集中取得一行作为关联数组，或数字数组，或二者兼有，如果没有更多行则返回 FALSE。可选的第二个参数 result_type 是一个常量，可以接受以下值：MYSQL_ASSOC（关联数组），MYSQL_NUM（数字数组）和 MYSQL_BOTH（二者兼有），本参数的默认值是 MYSQL_BOTH。

【示例 6-7】通过获取结果集中的一条记录作为关联和枚举数组逐行显示查询结果记录。

```
<?php
  while($row = mysql_fetch_array($result)) {     // 逐行获取结果集中的记录
?>
  <tr>
    <td><?php echo $row["id"] ?></td>            // 使用字段名做索引显示字段值
    <td><?php echo $row[1] ?></td>               // 使用数字做索引显示字段值
    <td><?php echo $row["gender"] ?></td>
    <td><?php echo $row[3] ?></td>
  </tr>
 <?php
  }
?>                                                                    [000243]
```

（1）PHP 7 以前的版本

代码如下：

```
<?php
$link = @mysql_connect("localhost:3307", "root", "") or die("Could not connect:"
. mysql_error());
@mysql_select_db("jiaowglxt") or die("Could not use jiaowglxt:" . mysql_
error());
mysql_query("set names utf8");          // 设置 mysql 的字符集，以屏蔽乱码
$sql = "select * from cms_ykxt_bmb2";
$result = mysql_query($sql);
<?
<table width="370" border="1" cellspacing="0" cellpadding="0">
   <tr><th>id1</th> <th>id2</th> <th> 本部门 1</th> <th> 本部门 2</th> <th> 上级部门
1</th> <th> 上级部门 2</th></tr>
<?php
  mysql_close($link);
  while($row = mysql_fetch_array($result)) {          // 逐行获取结果集中的记录
?>
  <tr>
<td><?php echo $row["syh"] ?></td>       <!-- 获取当前行 "syh" 字段值 -->
<td><?php echo $row[0] ?></td>           <!-- 获取当前行下标为 0 的值 -->
<td><?php echo $row["bm"] ?></td>        <!-- 获取当前行 "bm" 字段值 -->
<td><?php echo $row[1] ?></td>           <!-- 获取当前行下标为 1 的值 -->
<td><?php echo $row["zd1"] ?></td>       <!-- 获取当前行 "zd1" 字段值 -->
<td><?php echo $row[2] ?></td>           <!-- 获取当前行下标为 2 的值 -->
  </tr>
<?php
  }
?>
</table>                                                              [000244]
```

（2）PHP 7 及之后的版本

具体实现代码如下：

```
<?php
$link = @mysqli_connect("localhost:3307", "root", "");
@mysqli_select_db($link ,"jiaowglxt");
mysqli_set_charset($link,"utf8"); // 设置 mysql 的字符集，以屏蔽乱码
$sql = "select * from cms_ykxt_bmb2";
$result = mysqli_query($link ,$sql);
?>
<table width="370" border="1" cellspacing="0" cellpadding="0">
  <tr><th>id1</th><th>id2</th><th> 本部门 1</th> <th> 本部门 2</th><th> 上级部门 1
</th><th> 上级部门 2</th></tr>
<?php
  mysqli_close($link);
  while($row = mysqli_fetch_array($result)) {    // 逐行获取结果集中的记录
?>
  <tr>
<td><?php echo $row["syh"] ?></td>          <!-- 获取当前行 "syh" 字段值 -->
<td><?php echo $row[0] ?></td>              <!-- 获取当前行下标为 0 的值 -->
<td><?php echo $row["bm"] ?></td> <!-- 获取当前行 "bm" 字段值 -->
<td><?php echo $row[1] ?></td>              <!-- 获取当前行下标为 1 的值 -->
<td><?php echo $row["zd1"] ?></td>          <!-- 获取当前行 "zd1" 字段值 -->
<td><?php echo $row[2] ?></td>              <!-- 获取当前行下标为 2 的值 -->
  </tr>
<?php
  }
?>
</table>                                                              [000245]
```

上面两段代码中，PHP 7 之前版本使用的是 mysql_fetch_array()；PHP 7 及之后版本使用的是 mysqli_fetch_array()。

在本节中讲解了 PHP 操作 MySQL 数据库的基本操作，并提供了 PHP 7 及其之后版本的示例，要求掌握这些示例。

在实际应用中需要获取数据库的一些信息，这些信息对于应用开发也起着至关重要的作用，下面介绍 PHP 获取 MySQL 数据库基本信息的方法。

6.2 获取数据库信息

在 PHP 中除了提供数据库数据访问的众多函数以外，还提供了获得 MySQL 数据库信息的一些函数，比如获得系统中所有的数据库名、表名等。下面将具体介绍这些函数的使用方法。

6.2.1 获取服务器所有数据库

如果需要获取所连接的 MySQL 服务器上的数据库列表，可以使用 mysql_list_dbs() 函数。语法形式如下。

```
resource mysql_list_dbs([resource link_identifier])
```

本函数将返回一个结果指针，包含了当前 MySQL 进程中所有可用的数据库。

【示例 6-8】获取当前 MySQL 服务器上的所有数据库。

（1）PHP 7 以前的版本

代码如下：

```
<?php
```

```
    $link = @mysql_connect("localhost:3307", "root", "") or die("Could not connect:"
. mysql_error());
    $db_list = mysql_list_dbs($link);         // 获取已连接服务器上所有数据库
    while($row = mysql_fetch_object($db_list)) {
        echo $row->Database . "<br/>";        // 显示数据库的名字
    }
    ?>                                                                    [000246]
```

使用该函数获取的结果集，和在 MySQL 命令行使用"show databases;"命令的结果是一样的。

（2）PHP 7 及之后的版本

代码如下：

```
    <?php
    $link = @mysqli_connect("localhost:3307", "root", "");
    @mysqli_select_db($link ,"jiaowglxt");
    mysqli_set_charset($link,"utf8"); // 设置 mysql 的字符集，以屏蔽乱码
    $result1 = mysqli_query($link,'show databases');
    $dbs2 =array();
    while($db =mysqli_fetch_row($result1)) $dbs2[] = $db[0];
    echo "<pre>";
    print_r($dbs2);
    echo "<pre>";
    echo "<br/>";
    $result2 = mysqli_query($link,'show databases');
    while($row = mysqli_fetch_object($result2)) {
        echo $row->Database . "<br/>"; // 显示数据库的名字
    }
    ?>                                                                    [000247]
```

上面两段代码的主要区别是：获取已连接服务器上所有数据库的方式不同，PHP 7 之前版本使用的是 mysql_list_dbs() 函数，这个函数在 PHP 7 及之后版本不存在了；PHP 7 及之后版本使用 show databases 命令，这个命令在 PHP 7 之前的版本中同样支持。

另一个不同是：结果集的访问方式不同，PHP 7 之前版本使用 mysql_fetch_object() 函数访问；PHP 7 及之后版本使用 mysqli_fetch_row() 函数访问。

6.2.2　获取数据库内的表

如果需要获取某个数据库下的所有表，可以使用 mysql_list_tables() 函数。语法形式如下：

```
    resource mysql_list_tables(string database[,resource link_identifier])
```

本函数接收一个数据库名，然后返回一个结果指针，包含了指定数据库下所有可用的数据表。

【示例 6-9】获取 jiaowglxt 数据库内的所有表。

（1）PHP 7 之前的版本

代码如下：

```
    <?php
    $link = @mysql_connect("localhost", "root", "root") or die("Could nct connect:"
. mysql_error());
    $table_list = mysql_list_tables("jiaowglxt");              // 获取数据库 jiaowglxt 内
的所有数据表
    while($row = mysql_fetch_array($table_list)) {
        echo $row[0] . "<br/>";                                // 显示表的名字
    }
    ?>                                                                    [000248]
```

使用该函数获取的结果集，和在 MySQL 命令行使用“show tables;”命令的结果是一样的。

（2）PHP 7 及之后的版本

具体实现代码如下：

```
<?php
$link = @mysqli_connect("localhost:3307", "root", "");
@mysqli_select_db($link ,"jiaowglxt");
mysqli_set_charset($link,"utf8"); // 设置 mysql 的字符集，以屏蔽乱码
$result1 = mysqli_query($link,'show tables');
$dbs3 =array();
while($t =mysqli_fetch_row($result1)) $dbs3[] = $t[0];
echo "<pre>";
print_r($dbs3);
echo "<pre>";
echo "<br/>";
$result2 = mysqli_query($link,'show tables');
while($row = mysqli_fetch_array($result2)) {
    echo $row[0] . "<br/>"; // 显示表的名字
}
?>                                                              [000249]
```

上面两段代码中，PHP 7 之前版本使用的是 mysql_list_tables()；PHP 7 及之后版本使用的是 show tables 命令。

6.2.3 获取数据表的字段信息

在开发过程中，如果需要获取数据表的列的信息，如列的个数、名称、长度、类型等可以分别使用 mysql_num_fields()、mysql_field_name()、mysql_field_len() 以及 mysql_field_type() 等函数。语法形式如下。

```
int mysql_num_fields(resource result)                          // 获取结果集中字段的数目
string mysql_field_name(resource result, int field_index) // 获取结果中指定字段的字段名
int mysql_field_len(resource result, int field_offset)     // 获取指定字段的长度
string mysql_field_type(resource result, int field_offset)// 获取结果集中指定字段的类型
```

下面通过一个示例介绍这些函数的具体用法。

【示例 6-10】获取数据表 cms_ykxt_bmb2 列的相关信息。

（1）PHP 7 之前的版本

代码如下：

```
<?php
$link = @mysql_connect("localhost", "root", "") or die("Could not connect:" . mysql_error());
@mysql_select_db("jiaowglxt") or die("Could not use jiaowglxt:" . mysql_error());
mysql_query("set names utf8");
$sql = "select * from cms_ykxt_bmb2";
$result = @mysql_query($sql) or die("Execued fail:" . mysql_error());
$fcount = mysql_num_fields($result) ;              // 获取列的个数
?>
<table width="370" border="1" cellspacing="0" cellpadding="0">
  <tr><th> 列名 </th><th> 类型 </th><th> 长度 </th>
<?php
   for($i = 0 ; $i < $fcount ; $i++) {
?>
  <tr>
```

```
        <td><?php echo mysql_field_name($result,$i)   ?></td>
        <td><?php echo mysql_field_type($result,$i)   ?></td>
        <td><?php echo mysql_field_len($result,$i)  ?></td>
    </tr>
  <?php
    }
    mysql_close($link);
?>
</table>
```
[000250]

（2）PHP 7 及之后的版本——过程式

代码如下：

```
<?php
$link = @mysqli_connect("localhost:3307", "root", "");
if(mysqli_connect_errno($link))
{
    Die(" 连接 MySQL 失败 : " . mysqli_connect_error());
}
@mysqli_select_db($link ,"jiaowglxt");
mysqli_set_charset($link,"utf8"); // 设置mysql的字符集，以屏蔽乱码
$sql = "select * from cms_ykxt_bmb2";
if ($result=mysqli_query($link,$sql))
{
?>
<table width="370" border="1" cellspacing="0" cellpadding="0">
  <tr><th> 列名 </th><th> 类型 </th><th> 长度 </th>
<?php
// 获取所有列的信息
    while ($fieldinfo = mysqli_fetch_field($result)) {
?>
  <tr>
    <td><?php echo $fieldinfo->table . '. '. $fieldinfo->name  ?></td>
    <td><?php echo $fieldinfo->type ?></td>
    <td><?php echo $fieldinfo->max_length ?></td>
  </tr>
<?php
 }
// 释放结果集
mysqli_free_result($result);
mysqli_close($link);
}
?>
</table>
```
[000251]

关于本例获取列信息还有其他方法，如表 6-1 所示。

表 6-1

获取列信息方法	描述	备注
mysqli_field_tell()	返回字段指针的位置	$currentfield=mysqli_field_tell($result) 获取当前字段指针位置
mysqli_data_seek()	调整结果指针到结果集中的一个任意行	mysqli_data_seek($result,2) 调整结果集指针到第 3 行
mysqli_num_fields()	返回结果集中的字段数（列数）	$fields =mysqli_num_fields($result)
mysqli_field_seek()	调整字段指针到特定的字段开始位置	mysqli_field_seek($result,0) 获取第一列的字段信息
mysqli_free_result()	释放与某个结果集相关的内存	mysqli_free_result($result) 释放 $result 结果集
mysqli_fetch_lengths()	返回结果集中当前行的列长度	$field_lengths=mysqli_fetch_lengths($result)
mysqli_num_rows()	返回结果集中的行数	$rows=mysqli_num_rows($result)

（3）PHP 7 及之后的版本——对象式

代码如下：

```
<?php
$mysqli=new mysqli();
// root 为 MySQL 数据库账户，密码为空，jiaowglxt 为 MySQL 数据库名
$mysqli->connect('localhost:3307','root','','jiaowglxt');
$mysqli->set_charset("utf8"); //设置字符集
$sql = "select * from cms_ykxt_bmb2";
$result=$mysqli->query($sql);
/*-----------------------
$n=0;
while(1){
if(!$row=$result->fetch_field_direct($n++)) break;
echo "循环值：". $n."  列名：".$row->name."  所在表：".$row->table."  数据类型：".$row->type."<br />";
}
//fetch_field_direct ($n) 只返回单个列，所以得不断调用该方法，没有该列时返回 false
--------------------------*/
/*------------------------------
while($row=$result->fetch_field()){
      echo "列名：".$row->name."所在表：".$row->table."数据类型：".$row->type."<br />";
}
//该方法检索所有的列
//以对象方式返回列信息
//返回对象属性如：name-列名，table-该列所在的表名，type-该列的类型，等
-----------------------------------*/
$row=$result->fetch_fields();
foreach($row as $val){
echo "字符集：".$val->charsetnr. "  数据库：".$val->db."  列名：".$val->name."  所在表：".$val->table."  数据类型：".$val->type."<br />";
}
//该方法功能与 fetch_field 一样
//不一样的是该方法返回一个对象数组（如：echo $row[0]->name;输出第一列的名字），而不是一次检索一列
//$result->free(); //释放结果集相关的内存
//$result->free_result();//释放结果集内存
$result->close();//关闭结果集并释放内存
?>
```
[000252]

关于本例 mysqli_result 类还有其他方法，如表 6-2 所示。

表 6-2

mysqli_result 类方法	描述	备注
field_tell()	返回字段指针的位置	$currentfield=$result->field_tell()
data_seek()	调整结果指针到结果集中的一个任意行	$result->data_seek(2) 调整结果集指针到第 3 行
num_fields()	返回结果集中的字段数（列数）	$row=$result->fetch_fields()
field_seek()	调整字段指针到特定的字段开始位置明确改变当前结果记录顺序	$result->field_seek(0) 字段指针调整到第一列
free()	释放结果集相关的内存	$result->free()
free_result()	释放结果集内存	$result-> free_result()
close()	关闭结果集并释放内存	$result->close()
fetch_lengths()	返回结果集中当前行的列长度	$row=$result->fetch_lengths()
num_rows	返回结果集中的行数	$row=$result->num_rows

上述 PHP 7 及之后版本的过程式及对象式两个示例中访问结果集返回对象的其他属性如

表 6-3 所示。

表 6-3

对象属性	描述
name	列名
orgname	原始的列名（如果指定了别名）
table	表名
orgtable	原始的表名（如果指定了别名）
def	保留作为默认值，当前总是为 “”
db	数据库（在 PHP 5.3.6 中新增的）
catalog	目录名称，总是为 “def” （自 PHP 5.3.6 起）
max_length	字段的最大宽度
length	在表定义中规定的字段宽度
charsetnr	字段的字符集号
flags	字段的位标志
type	用于字段的数据类型
decimals	整数字段，小数点后的位数

6.2.4　获取错误信息

如果要获取上一个 MySQL 操作产生的文本错误信息，可以使用 mysql_error() 函数。语法形式如下。

```
string mysql_error([resource link_identifier])
```

返回上一个 MySQL 函数的错误文本，如果没有出错，则返回空字符串（''）。

关于这个函数，在上面的示例中已经涉及到，在此就不举例了。在 PHP 7 及以后版本已经废弃掉这个函数，改用 mysqli_error()。mysqli_error() 函数的用法同 mysql_error()。

注意：本函数仅返回最近一次 MySQL 函数的执行错误信息。

在 6.1 和 6.2 节，较为详细地介绍了 PHP 操作和访问 MySQL 数据库的方法和手段，属于基础，还没有拿到实践中去应用。下面给出一个实践案例说明客户端（浏览器）和 Web 服务器（网站）之间如何交互以及 PHP 与 MySQL 之间如何联劳协作和相互配合的。

6.3　实践案例：实现一个留言板的简单管理

在 Web 应用项目开发过程中，PHP 操作 MySQL 数据库是核心部分。在操作过程中，一般由用户在浏览器上通过表单对数据库中的数据进行操作，如添加数据，更新数据，显示数据等。在本节中通过 Web 页面以及 PHP 和 MySQL 数据库实现一个留言板的简单管理，主要实现留言的发表、修改、删除和显示。

6.3.1　添加留言信息

首先，设计留言信息表 tb_message，表 6-4 中只包括基本信息，用户可根据需求加以调整。

表 6-4

字段名称	字段含义	备注
id	留言序号	自增长，主键
title	留言标题	
content	留言内容	
user	留言人	
time	留言时间	
pass	修改，删除留言时密码	

tb_message 表创建 SQL 如下：

```
CREATE TABLE IF NOT EXISTS `tb_message`(
  `id` int(4) NOT NULL AUTO_INCREMENT,
  `title` varchar(200) NOT NULL,
  `content` text NOT NULL,
  `username` varchar(50) NOT NULL,
  `password` varchar(10) DEFAULT NULL,
  `time` timestamp NOT NULL DEFAULT CURRENT_TIMESTAMP ON UPDATE CURRENT_
TIMESTAMP,
  UNIQUE KEY `unique_tb_message_id`(`id`)
) ENGINE=InnoDB  DEFAULT CHARSET=utf8 AUTO_INCREMENT=14 ;                [000253]
```

创建完数据表，创建一个发表留言页面 writemessage.php，该页面主体内容为一个表单，让用户可以输入相关的留言信息，一个提交按钮，一个充值按钮，设置表单 action 值为 writemessage_action.php。

用户发表留言表单页面 writemessage.php 表单部分，代码如下：

```
<html>
<meta http-equiv="Content-Type" content="text/html; charset=utf-8"> <!-- 申明文档
使用的字符编码 -->
<head><title>发表留言 </title></head>
<body id="cssSignature">
<div id="writeContent">
   <form action="wirtemessage_action.php" method="post" name="writeform">
        <table width="550" border="0" align="center" cellpadding="10"
cellspacing="0">
        <tr class="firstTr">
           <td colspan="2"><strong>发布留言 </strong> : </td>
         </tr>
         <tr>
            <td align="right">留言人: </td>
            <td><input name="user" type="text" id="user" /></td>
         </tr>
          <tr>
             <td align="right">标题 : </td>
             <td><input name="title" type="text" id="title" size="50" /></td>
          </tr>
          <tr>
            <td align="right">内容 : </td>
                 <td><textarea name="content" cols="50" rows="5" id="content"></
textarea></td>
             </tr>
             <tr>
               <td align="right">密码: </td>
               <td><input type="text" name="pass" id="pass" />（当编辑或删除留言时需
要此密码）</td>
             </tr>
             <tr>
               <td> </td>
```

```
                    <td><input class="bStyleCommon loginB" type="submit"
name="submitb" id="submitb" value="提交" />
                    <input class="bStyleCommon loginB" type="reset" name="button2"
id="button2" value="取消" /></td>
                </tr>
            </table>
    </form>
    </div>
    </body>
    </html>
                                                                    [000254]
```

表单提交页面 writemessage_action.php，通过 POST 方法获取表单传递过来的信息，然后连接 MySQL 数据库服务器，连接数据库，通过 insert 语句将表单信息添加到数据表，添加成功将弹出提示信息，页面定位到 index.php。用户发表留言表单提交页面 writemessage_action.php，代码如下：

```
    <?php
    header("Content-type:text/html; charset=UTF-8"); // 指定编码
    error_reporting(0);// 禁止错误显示
    if(isset($_POST['submitb'])) {                          // 判断是否有表单提交
        // 连接数据库部分
        //PHP7 之前版本连接数据库
        //$link = @mysql_connect("192.168.1.217:3307", "root", "tjgddwzk660601") or
die("Could not connect:" . mysql_error());
        //PHP7 及之后版本连接数据库
        $link=mysqli_connect("192.168.1.217:3307","root","tjgddwzk660601"); // 未加入
数据库名参数
        if($link){
                //PHP7 之前版本选择数据库
                //$sdb=@mysql_select_db("jiaowglxt") or die("Could not use
jiaowglxt:" . mysql_error());
                //PHP7 及之后版本选择数据库
                $sdb=@mysqli_select_db($link,"jiaowglxt") ;
                if($sdb){
                        //PHP7 之前版本设置字符集
                        //mysql_query("set names utf8");
                        //PHP7 及之后版本设置字符集
                        mysqli_set_charset($link,"utf8");
                        // 获取表单数据
                        $username = $_POST['user'];
                        $title = $_POST['title'];
                        $content = $_POST['content'];
                        $password = $_POST['pass'];
                        $sql = "insert into tb_message values(null,'$title','$conte
nt', '$username','$password',default)";
                        //PHP7 之前版本执行 SQL 语句
                        //$result = mysql_query($sql);
                        //PHP7 及之后版本执行 SQL 语句
                        $result = mysqli_query($link,$sql);
                        //PHP7 之前版本关闭连接
                        //mysql_close($link);
                        //PHP7 及之后版本关闭连接
                        mysqli_close($link);
                        echo '<script type="text/javascript">alert("留言发表成功!");</
script>';
                }else{
                        echo("<script type='text/javascript'> alert('数据库未能被设
置! ');history.go(-1);</script>");
                        exit;
                }
        }else{
                echo("<script type='text/javascript'> alert('数据库连接不成功! ');history.
go(-1);</script>");
```

```
            exit;
        }
    }
    // 页面跳转回首页
    echo '<script type="text/javascript">window.location.href="./index.php"</
script>';
    //echo("<script type='text/javascript'> alert('留 言 添 加 成 功');location.
href='index.php';</script>");
    ?>                                                          [000255]
```

注意：在上面代码中的数据库连接部分，其中““192.168.1.217:3307”，“root”，“tjgddwzk660601””换成自己的，192.168.1.217 为网站服务器 IP，一般为 localhost 或 127.0.0.1，表示本机；3307 为 MySQL 数据库端口号，默认为 3306；root 为数据库登录账户，默认为 root; tjgddwzk660601 为账户登录口令，默认为空; “jiaowglxt”为 MySQL 数据库名称，也要换成自己的。

下面的代码也是一样，特此说明。

6.3.2 分页显示留言信息

在实现了添加留言信息后，即可对留言信息执行查询操作。当留言内容很多时，需要使用分页显示。

分页显示留言 index.php 的代码如下：

```
    <html>
    <meta http-equiv="Content-Type" content="text/html; charset=utf-8"> <!-- 申明文档
使用的字符编码 -->
    <head><title>查看留言</title></head>
    <body id="cssSignature">
    <div id="container">
       <div id="header"><img src="image/logo.jpg"  class="floatLeft"  /></div>
    <?php
       error_reporting(0);// 禁止错误显示
       // 连接数据库部分
       //PHP7 之前版本
       //$link = @mysql_connect("192.168.1.217:3307", "root", "tjgddwzk660601") or
die("Could not connect:" . mysql_error());
       //PHP7 及之后版本
       $link=mysqli_connect("192.168.1.217:3307","root","tjgddwzk660601"); // 未加入
数据库名参数
       //PHP7 之前版本选择数据库
       //@mysql_select_db("jiaowglxt") or die("Could not use jiaowglxt:" . mysql_
error());
       //PHP7 及之后版本选择数据库
       @mysqli_select_db($link,"jiaowglxt") ;
       //PHP7 之前版本设置字符集
       //mysql_query("set names utf8");
       //PHP7 及之后版本设置字符集
       mysqli_set_charset($link,"utf8");
       $sql = "select count(*) from tb_message";
       // PHP7 之前版本 - 查询记录总数
       //$result = mysql_query($sql);
       //$row = mysql_fetch_row($result);
       // PHP7 及之后版本 - 查询记录总数
       $result = mysqli_query($link,$sql);
       $row = mysqli_fetch_row($result);
    ?>
       <div id="count">
```

```
        <div class="count1">共有<b><?php echo $rowcount=$row[0]; ?></b>条留言</div>
         <div class="count2"><a href="writemessage.php">发表留言</a></div>
        </div>
        <div class="clear"></div>
        <div id="content">
         <table width="50%" border="0" cellspacing="0" cellpadding="0">
           <tr  class="firstLine">
             <td width="4%"><strong>顺号</strong></td>
             <td width="4%"><strong>ID</strong></td>
             <td width="4%"><strong>留言人</strong></td>
             <td width="8%"><strong>标题</strong></td>
             <td width="8%"><strong>时间</strong></td>
           </tr>
               <?php
               $page = 1;     // 当前页
               if(isset($_GET['page']) && is_numeric($_GET['page'])) {
// 获取要显示的页码
                   $page = $_GET['page'];
               }
               $pagesize = 15; // 每页长度
               $offset =($page - 1) * $pagesize; // 计算得到跳过行数
               $pagecount = ceil($rowcount / $pagesize); // 计算总页数
               $sql  =  "select  *  from  tb_message  order  by  time  desc  limit
$offset,$pagesize";
          //PHP7之前版本-查询
            //$result = mysql_query($sql);
          //PHP7及之后版本-查询
            $result = mysqli_query($link,$sql);
               $num = 0;  // 计数器
               //PHP7之前版本-访问结果集
               //while($row = mysql_fetch_array($result)) {
               //PHP7及之后版本-访问结果集
               while($row = mysqli_fetch_array($result)) {
                ?>
           <tr class="contentLine">
             <td align="center"><?php echo ++$num; ?></td>
             <td><?php echo $row['id']; ?></td>
             <td><?php echo $row['username']; ?></td>
              <!-- 当单击标题时跳转到show.php，通过"?"传递当前留言的id，以使show.php 显示
该条留言详细内容 -->
              <td><a  href="show.php?mid=<?php  echo  $row['id']  ?>"><?php  echo
$row['title']; ?></a></td>
             <td><?php echo $row['time']; ?></td>
           </tr>
          <?php  }     ?>
      <!-- 实现分页功能部分 -->
          <tr><td colspan="4" align="center">
             <?php echo $page ." / ". $pagecount; ?>  
             <?php if($page == 1) { ?>
             <font color="grey">首页</font>
             <?php } else { ?>
             <a href="index.php?page=1">首页</a>
             <?php } ?>
              
             <?php if($page == 1) { ?>
             <font color="grey">上一页</font>
             <?php } else { ?>
             <a href="index.php?page=<?php echo $page-1 ?>">上一页</a>
             <?php } ?>
              
             <?php if($page == $pagecount) { ?>
             <font color="grey">下一页</font>
             <?php } else { ?>
```

```
            <a href="index.php?page=<?php echo $page+1 ?>">下一页</a>
            <?php } ?>
            <?php if($page == $pagecount) { ?>
            <font color="grey">尾页</font>
            <?php } else { ?>
            <a href="index.php?page=<?php echo $pagecount ?>">尾页</a>
            <?php } ?>
        </td></tr>
      </table>
    </div>
   <?php
   //PHP7之前版本释放结果集内存及关闭数据库连接
   //mysql_free_result($result);
   //mysql_close($link);
   //PHP7及之后版本释放结果集内存及关闭数据库连接
   mysqli_free_result($result);
   mysqli_close($link);
   ?>
</body>
</html>                                                           [000256]
```

上面的代码负责分页显示留言信息，为 HTML 与 PHP 混编，即在 HTML 页面中嵌入 PHP 代码。分页原理，简单地说就是通过动态获取 $page（当前页码值）值来决定查询记录的范围，首页的 $page 值为 1，上页的 $page 值为用当前 $page（当前页码值）值减 1，下页的 $page 值为用当前 $page（当前页码值）值加 1，尾页的 $page 值为事先计算好的总页数。

代码中规定每页显示 15 条记录，即 $pagesize = 15；计算查询跳过的行数公式为 $offset =($page - 1) * $pagesize。

假如单击了“首页”，即 $page=1，那么查询跳过的记录数 $offset=(1-1)*15=0，即查询从 0 行开始后的 15 行数据，通过“limit $offset（0）,$pagesize（15）”实现。

假如当前页码为 5，即 $page=5，然后单击“下页”，即 $page=5+1=6，那么查询跳过的记录数 $offset=(6-1)*15=75，即查询从 75 行开始后的 15 行数据，通过“limit $offset（75）,$pagesize（15）”实现。

假如当前页码为 6，即 $page=6，单击“上页”，即 $page= 当前 $page 值 6-1=5，那么查询跳过的记录数 $offset=(5-1)*15=60，即查询从 60 行开始后的 15 行数据，通过“limit $offset（60）,$pagesize（15）”实现。

假如总页码为 10 页，规定每页显示记录数是 15，即 $pagesize = 15，那么总记录数为 10*15=150，假如单击“尾页”，即 $page=10，那么查询跳过的记录数 $offset=(10-1)*15=135，即查询从 135 行开始后的 15 行数据，通过“limit $offset（135）,$pagesize（15）”实现。

上述就是分页原理。该案例不足的是将每页显示行数做成“死”的了，即 $pagesize = 15，在实际应用中应把它做成“活”的，即允许用户自己设定，然后直接使用。

以下是上面代码中分页显示的核心代码。

```
$pagesize = 15; // 每页长度
$offset =($page - 1) * $pagesize; // 计算得到跳过行数
$pagecount = ceil($rowcount / $pagesize); // 计算总页数
$sql = “select * from tb_message order by time desc limit $offset,$pagesize”;
```

注意：

在上面的代码中，加入了 PHP 7 及之后版本的写法，下面代码中有关对数据库操作部分都是 PHP 7 之前的写法，只能运行在 PHP 7 之前的版本，如果让代码运行在 PHP 7 及之后版本，请读者参照上面代码中的 PHP 7 及之后版本的写法自行完成加入。

6.3.3 查询单条留言详细信息

在 index.php 页面以列表形式分页显示了所有留言，但并未显示留言内容，因此将“标题”部分设置为超链接，通过单击标题可以跳转到 show.php 页面查看留言的详细内容。为了在 show.php 页面获知到底要查看哪一条留言的详细内容，因此需要在 index.php 页面将留言的 id 信息传递到 show.php 页面，这里采用“?”传参方式。

show.php 显示留言详细内容部分代码如下：

```
<html>
<meta http-equiv="Content-Type" content="text/html; charset=utf-8"> <!-- 申明文档使用的字符编码 -->
<head><title> 查看单条留言信息 </title></head>
<body id="cssSignature">
<table width="50%" border="0" cellspacing="0" cellpadding="0">

<?php
error_reporting(0);// 禁止错误显示
if(isset($_GET['mid']) && is_numeric($_GET['mid'])) {
    $showid = $_GET['mid'];          // 获取要显示留言信息的 id
} else {
    echo '<script type="text/javascript">window.location.href="./index.php"</script>';
}
 // 连接数据库部分
$sql = "select * from tb_message where id=$showid";
//PHP7 之前版本写法
//$link = @mysql_connect("192.168.1.217:3307", "root", "tjgddwzk660601") or die("Could not connect:" . mysql_error());
//@mysql_select_db("jiaowglxt") or die("Could not use jiaowglxt:" . mysql_error());
//mysql_query("set names utf8");
//$result = mysql_query($sql);
//$row = mysql_fetch_array($result);
//PHP7 及之后版本写法
$link = @mysqli_connect("192.168.1.217:3307", "root", "tjgddwzk660601");
@mysqli_select_db($link,"jiaowglxt");
mysqli_set_charset($link,"utf8");
$result = mysqli_query($link,$sql);
$row = mysqli_fetch_array($result);

?>

 <tr>
  <td width="15%" rowspan="2" align="center">
   <img src="userphoto/xixi.jpg" width="100" height="100" /><br />
   <?php echo $row['username']; ?><br />
  </td>
   <td width="15%">发表于 :<?php echo $row['time']; ?></td>
  <td width="10%" align="center">
  [<a href="editmessage.php?mid=<?php echo $showid ?>"> 编辑 </a>]
  [<a href="delmessage_action.php?mid=<?php echo $showid ?>"> 删除 </a>]
</td>
 </tr>
 <tr>
  <td><strong><?php echo $row['title']; ?></strong>
  <div style="text-indent:2em;"><?php echo $row['content']; ?></div></td>
  <td> </td>
 </tr>
</table>
</body>
</html>                                                        [000257]
```

6.3.4 编辑留言信息

留言信息发表后，也可能由于错字等原因要修改留言内容，这就需要用到编辑功能。在显示留言详细信息 show.php 页面，有“编辑”和“删除”的超链接，用于完成更新功能，但是需要用户输入发表留言时的密码进行验证。

editmessage.php 编辑留言内容代码如下：

```
<html>
<meta http-equiv="Content-Type" content="text/html; charset=utf-8"> <!-- 申明文档使用的字符编码 -->
<head><title>查看单条留言信息</title></head>
<body id="cssSignature">
<div id="writeContent">
<?php
error_reporting(0);// 禁止错误显示
// 获取要编辑信息的 id
if(isset($_GET['mid']) && is_numeric($_GET['mid'])) {
    $showid = $_GET['mid'];
} else {
    echo '<script type="text/javascript">window.location.href="./index.php"</script>';
}
$sql = "select * from tb_message where id=$showid";            // 查出本条信息的详细信息
  // 连接数据库部分
//PHP7 之前版本写法
//$link = @mysql_connect("192.168.1.217:3307", "root", "tjgddwzk660601") or die("Could not connect:" . mysql_error());
//@mysql_select_db("jiaowglxt") or die("Could not use jiaowglxt:" . mysql_error());
//mysql_query("set names utf8");
//$result = mysql_query($sql);
//$row = mysql_fetch_array($result);
//PHP7 及之后版本写法
$link = @mysqli_connect("192.168.1.217:3307", "root", "tjgddwzk660601");
@mysqli_select_db($link,"jiaowglxt");
mysqli_set_charset($link,"utf8");
$result = mysqli_query($link,$sql);
$row = mysqli_fetch_array($result);

?>
  <form action="editmessage_action.php?mid=<?php echo $showid?>" method="post" name="writeForm">
  <table width="550" border="0" align="center" cellpadding="10" cellspacing="0">
   <tr class="firstTr">
    <td colspan="2"><strong>编辑留言</strong> : </td>
   </tr>
   <tr>
    <td align="right">留言人: </td>
    <td><?php echo $row['username']?></td>
   </tr>
   <tr>
    <td align="right">标题 : </td>
    <td><input name="title" type="text" id="title" size="50"  value="<?php echo $row['title'];?>"/></td>
   </tr>
   <tr>
    <td align="right">内容 : </td>
     <td><textarea name="content" cols="50" rows="5" id="content" ><?php echo $row['content'];?></textarea></td>
   </tr>
```

```
        <tr>
         <td align="right">密码：</td>
         <td><input type="password" name="pass" id="pass" />（请输入发表留言时密码）</td>
        </tr>
        <tr>
         <td> </td>
           <td><input class="bStyleCommon loginB" type="submit" name="submitb"
id="submitb" value=" 提交 " />
                  <input class="bStyleCommon loginB" type="reset" name="button2"
id="button2" value=" 取消 " /></td>
         </tr>
        </table>
      </form>
    </div>
    </body>
    </html>
                                                                      [000258]
```

修改信息完成后，表单提交到 editmessage_edit.php 页面进行密码验证，密码验证通过，则使用 update 修改数据库内部的数据，从而完成信息的更新。更新留言信息表单提交页面 editmessage_action.php 的代码如下：

```
    <?php
    header("Content-type:text/html; charset=UTF-8"); // 指定编码
    error_reporting(0);// 禁止错误显示
    if(isset($_POST['submitb'])) {                          // 判断是否有表单提交
    // 连接数据库部分
    //PHP7 之前版本写法
    //$link = @mysql_connect("192.168.1.217:3307", "root", "tjgddwzk660601") or
die("Could not connect:" . mysql_error());
    //@mysql_select_db("jiaowglxt") or die("Could not use jiaowglxt:" . mysql_
error());
    //mysql_query("set names utf8");
    //PHP7 及之后版本写法
    $link = @mysqli_connect("192.168.1.217:3307", "root", "tjgddwzk660601");
    @mysqli_select_db($link,"jiaowglxt");
    mysqli_set_charset($link,"utf8");

    // 获取表单数据
        $username = $_POST['user'];
        $title = $_POST['title'];
        $content = $_POST['content'];
        $password = $_POST['pass'];
        // 获取要更新的留言 id
        $mid = $_GET['mid'];
        // 验证密码是否正确
        $sql = "select count(*) from tb_message where password='$password' and
id=$mid";
    //PHP7 之前版本写法
        //$result = mysql_query($sql);
        //$row = mysql_fetch_row($result);
    //PHP7 及之后版本写法
        $result = mysqli_query($link,$sql);
        $row = mysqli_fetch_array($result);
        if($row[0] > 0) {                         // 密码正确，执行 update 更新操作
                $sql = "update tb_message set title='$title',content='$content' where
id=$mid";
    //PHP7 之前版本写法
                //$result = mysql_query($sql);
    //PHP7 及之后版本写法
                $result = mysqli_query($link,$sql);
                echo '<script type="text/javascript">alert(" 更 新 成 功 "); location.
href="./show.php?mid='.$mid.'";</script>';
        } else {         // 密码错误，不更新
```

```
            echo '<script type="text/javascript">alert(" 密 码 错 误， 不 能 更
新！ ！");history.back();</script>';
        }
        mysql_close($link);
    }
    ?>                                                                   [000259]
```

如果留言更新成功，将有明确提示。

6.3.5 删除留言信息

关于删除部分，一般根据需求来选择，除了身份验证以外，可能还要确认是否真的将留言删除，读者可以根据自己需求来确定。这里给出删除部分的程序代码。删除留言信息 delmessage_action.php 删除部分的的代码如下：

```
    <?php
    header("Content-type:text/html; charset=UTF-8");                    // 指定编码
    error_reporting(0);// 禁止错误显示
    if(isset($_GET['mid']) && !is_null($_GET['mid'])) {                 // 判断是否获取了要
删除的留言 id
        // 连接数据库部分
    //PHP7 之前版本写法
    //$link = @mysql_connect("192.168.1.217:3307", "root", "tjgddwzk660601") or
die("Could not connect:" . mysql_error());
    //@mysql_select_db("jiaowglxt") or die("Could not use jiaowglxt:" . mysql_
error());
    //PHP7 及之后版本写法
    $link = @mysqli_connect("192.168.1.217:3307", "root", "tjgddwzk660601");
    @mysqli_select_db($link,"jiaowglxt");
    mysqli_set_charset($link,"utf8");
        $mid = $_GET['mid'];
        $sql = "delete from tb_message where id=$mid";
    //PHP7 之前版本写法
    //$result = mysql_query($sql);
    //PHP7 及之后版本写法
    $result = mysqli_query($link,$sql);
        echo '<script type="text/javascript">alert(" 删除成功！ ");</script>';
    //PHP7 之前版本写法
    //mysql_close($link);
    //PHP7 及之后版本写法
    mysqli_close($link);
        }
    echo '<script type="text/javascript">location.href="./index.php";</script>';
    ?>                                                                   [000260]
```

6.3.6 案例部分截图

1. 文件截图

将案例代码做成 UTF-8 格式的文件后存放在“./ly”网站子目录内，如图 6-2 所示。

2. index.php 主页面

在浏览器地址栏中输入 http://localhost/ly/index.php，界面如图 6-3 和图 6-4 所示。

3. 发表留言

单击主页面“发表留言”进入“发表留言”界面，如图 6-5 所示。

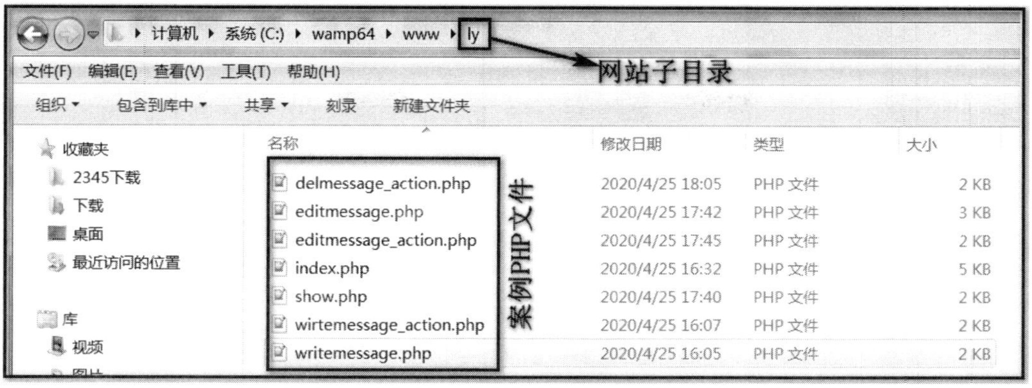

图 6-2

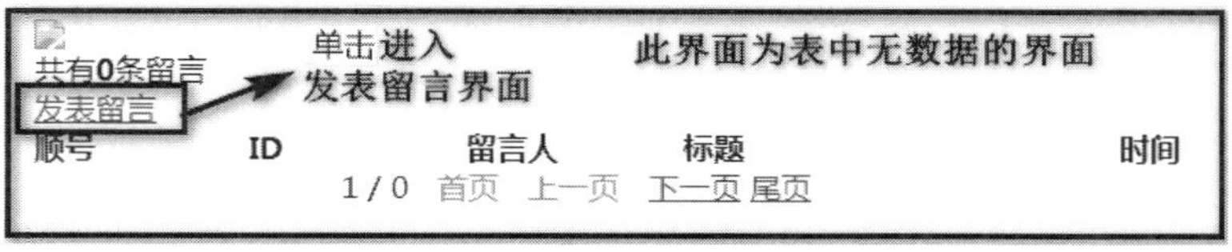

图 6-3

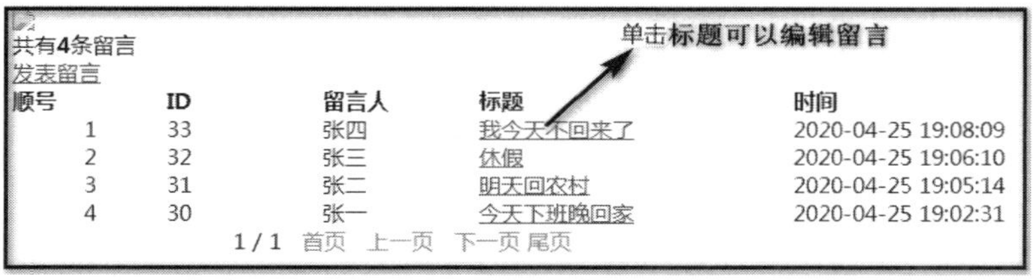

图 6-4

图 6-5

4. 编辑留言

单击主页面“标题”进入留言内容界面，如图 6-6 所示。

图 6-6

单击界面上“编辑”超链接，进入“编辑留言”界面，如图 6-7 所示。

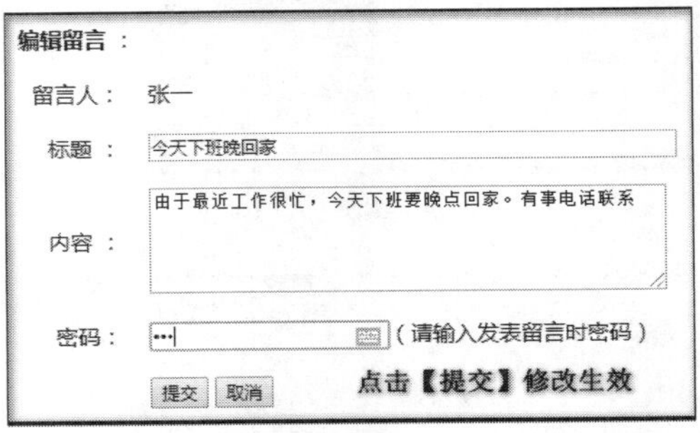

图 6-7

单击界面上“删除”超链接，删除留言，如图 6-8 所示。

图 6-8

至此，PHP 操作 MySQL 数据库已告一段落，最后给出了一个实践案例。案例虽然简单，但对数据库的操作都有了，如增加、删除、修改、查询等，要求读者把这个案例看明白。

上面所讲的示例或案例都属于 PHP 语言开发中基础且大众化的。下面所要讲述的案例属于 PHP 语言开发中非基础性且个性化的，极具实战性且在实际应用中扮演着关键的角色。

注：下面这些案例来自作者的实践。

6.4 PHP 获取 MySQL 数据库存储程序的输出（out）参数值

在实际应用中，很多情况是把一些需求或者功能部署到数据库中完成，凡能让数据库承担的尽量让数据库承担，这是比较对路的开发思想。总之，充分挖掘和利用数据库的潜力是开发者必须要树立的思想。例如下面的案例，就是充分挖掘和利用数据库提供的存储程序（存储过程、存储函数和触发器等）。

流水号的生成通过一个存储过程实现，PHP 只需直接使用即可，如果把流水号生成部署到应用程序代码（一般是后台代码）中，这样做不是不可以，但这样在无形中增加了后台代码的复杂度，且很有可能消耗一些无谓的网络资源以及其他资源。

上述就是 PHP 获取数据库存储程序的 out 参数值的意义所在。当然，充分挖掘和利用数据库潜力的方式不止这一种，还有很多，关键在于开发者的构思。

从事项目应用开发的大原则之一就是凡能让数据库承担的尽量让数据库承担，以达到减少无谓资源消耗以及简化应用程序复杂度的目的。

PHP 获取 MySQL 数据库存储程序的输出参数值，为此需要创建一张表，代码如下：

```
CREATE TABLE IF NOT EXISTS cms_ykxt_lsh(
  rq varchar(8) NOT NULL,
  lsh decimal(10,0) NOT NULL,
  PRIMARY KEY(rq)
) ENGINE=InnoDB DEFAULT CHARSET=utf8;                                    [000261]
```

注：上面的代码可以放到 Navicat for MySQL 中执行。

6.4.1　PHP（PDO 驱动）获取 MySQL 存储过程的输出参数值

下面是一段 MySQL 数据库存储过程的代码，主要功能是生成当天唯一流水号，这个流水号（dtid out varchar）将被 PHP 获取。

生成流水号数据库存储过程代码如下：

```
drop PROCEDURE IF EXISTS lsid;
DELIMITER $$
CREATE PROCEDURE lsid(OUT lid VARCHAR(20))  BEGIN
CREATE TABLE IF NOT EXISTS cms_ykxt_lsh(
  rq varchar(8) NOT NULL,
  lsh decimal(10,0) NOT NULL,
  PRIMARY KEY(rq)
) ENGINE=InnoDB DEFAULT CHARSET=utf8;

select CONVERT(DATE_FORMAT(sysdate(),'%y%m%d') ,char) into @l_fwqsj_str;
select count(*) into @l_sss from cms_ykxt_lsh;
if @l_sss = 0 then
   insert into cms_ykxt_lsh(rq,lsh) values(@l_fwqsj_str,1);
else
   select rq into @ll_xflsh_rq from cms_ykxt_lsh;
   if @ll_xflsh_rq = @l_fwqsj_str then
          update cms_ykxt_lsh set lsh = lsh + 1;
   else
          update cms_ykxt_lsh set rq = @l_fwqsj_str,lsh = 1;
   end if;
end if;
select rq,CONVERT(lsh,char) into @ll_xflsh_rq,@ll_opid_char from cms_ykxt_lsh;
select CONCAT(@ll_xflsh_rq,@ll_opid_char) into lid;
END$$
DELIMITER ;                                                              [000262]
```

PHP 获取这个当天唯一流水号的代码如下：

```
   <?php
   //PDO 驱动连接 mysql
①  $hostname='mysql:host=localhost:3307;dbname=jiaowglxt';
   //localhost:3307 要换成自己的，localhost 为网站服务器，指的是本机，3307 为数据库端口号，默认为 3306
   //jiaowglxt 为数据库名称，请更换为自己的
②  $username='root'; //root 为数据库登录账户，为默认，如果不是这个请更换为自己的
③  $password=''; // 数据库登录密码，当前为空，如果不为空请更换成自己的
   $options['PDO::MYSQL_ATTR_INIT_COMMAND'] = "set names utf8";
   $options[ 'PDO::ATTR_ERRMODE' ] = PDO::ERRMODE_SILENT;
   try{
   $conn_id = new PDO($hostname, $username, $password, $options);
   //$conn_id->beginTransaction();
   $sql="call LSID(@dtid)";   // 执行 mysql 存储过程 SQL
```

```
$conn_id->query($sql); //执行sql语句
//$conn_id->commit();
//$conn_id->rollback();
$sql="select @dtid";  //获取值SQL
$result_id = $conn_id->prepare($sql);
$result_id->execute(); //所有的准备工作完成后执行。
$dtwyid=$result_id->fetchAll();
echo $dtwyid[0][0] ."</br>";
//$dtwyid是一个二维数组，$dtwyid[0][0]就是得到的值。
//此刻，这个值已经被返回给了PHP，在PHP里可以对这个值进行处理。
}catch(PDOException $e){
   echo($e->getMessage());
}
?>                                                              [000263]
```

我们对上面代码段中的几行重点代码进行分析。

代码行①：其中“localhost:3307”要换成自己的；“localhost”为网站服务器，指的是本机；“3307”为数据库端口号，默认为 3306；“jiaowglxt”为数据库名称，请更换为自己的。

代码行②：其中“root”为数据库登录账户，为默认，如果不是这个请更换为自己的。

代码行③：其中“‘’”为数据库登录密码，当前为空，如果不为空请更换成自己的。

注：上面的代码提供了 PHP 通过 PDO 驱动连接 MySQL 的方法，可以放到 Navicat for MySQL 中执行。

6.4.2 PHP（PDO 驱动）获取 MySQL 数据库存储函数的返回值

下面是一段 MySQL 数据库存储函数的代码，主要功能是生成当天唯一流水号，这个流水号（dtid varchar）将被 PHP 获取。

生成流水号数据库存储函数代码如下：

```
drop function IF EXISTS maxid;
delimiter $$
create function maxid(x int) returns VARCHAR(40)
begin
declare l_fwqsj_str varchar(40);
declare l_sss int;
declare ll_xflsh_rq varchar(40);
declare lid varchar(40);
declare ll_opid_char varchar(40);
select CONVERT(DATE_FORMAT(sysdate(),'%y%m%d') ,char) into l_fwqsj_str;
select count(*) into l_sss from cms_ykxt_lsh;
if l_sss = 0 then
   insert into cms_ykxt_lsh(rq,lsh) values(l_fwqsj_str,1);
else
   select rq into ll_xflsh_rq from cms_ykxt_lsh;
   if ll_xflsh_rq = l_fwqsj_str then
         update cms_ykxt_lsh set lsh = lsh + 1;
   else
         update cms_ykxt_lsh set rq = l_fwqsj_str,lsh = 1;
   end if;
end if;
select rq,CONVERT(lsh,char) into ll_xflsh_rq,ll_opid_char from cms_ykxt_lsh;
select CONCAT(ll_xflsh_rq,ll_opid_char) into lid;
return lid;
end
$$
delimiter ;                                                     [000264]
```

PHP 获取这个当天唯一流水号的代码如下：

```
<?php
//PDO 驱动连接 mysql
$hostname='mysql:host=localhost:3307;dbname=jiaowglxt';
//localhost:3307 要换成自己的，localhost 为网站服务器，指的是本机，3307 为数据库端口号，默认为 3306
//jiaowglxt 为数据库名称，请更换为自己的
$username='root'; //root 为数据库登录账户，为默认，如果不是这个请更换为自己的
$password=''; // 数据库登录密码，当前为空，如果不为空请更换成自己的
$options['PDO::MYSQL_ATTR_INIT_COMMAND'] = "set names utf8";
$options['PDO::ATTR_ERRMODE'] = PDO::ERRMODE_SILENT;
try{
$conn_id = new PDO($hostname, $username, $password, $options);
$conn_id->beginTransaction();
$sql="select maxid(0)";  // 执行 mysql 存储函数 SQL
$result_id = $conn_id->prepare($sql);
$result_id->execute(); // 所有的准备工作完成后执行。
$conn_id->commit();
//$conn_id->rollback();
$dtwyid=$result_id->fetchAll();
echo $dtwyid[0][0] ."</br>";
//$dtwyid 是一个二维数组，$dtwyid[0][0] 就是得到的值。
// 此刻，这个值已经被返回给了 PHP，在 PHP 里可以对这个值进行处理。
}catch(PDOException $e){
   echo($e->getMessage());
}
?>                                                              [000265]
```

注：关于上述代码的分析，读者可参考 6.4.1 节，不再赘述。

6.4.3 PHP（mysqli 驱动）获取 MySQL 存储过程的 out 参数值

下面是一段 MySQL 数据库存储过程的代码，主要功能是生成当天唯一流水号，这个流水号（dtid out varchar）将被 PHP 获取。

生成流水号数据库存储过程代码如下：

```
drop PROCEDURE IF EXISTS lsid;
DELIMITER $$
CREATE PROCEDURE lsid(OUT lid VARCHAR(20))  BEGIN
CREATE TABLE IF NOT EXISTS cms_ykxt_lsh(
  rq varchar(8) NOT NULL,
  lsh decimal(10,0) NOT NULL,
  PRIMARY KEY(rq)
) ENGINE=InnoDB DEFAULT CHARSET=utf8;
select CONVERT(DATE_FORMAT(sysdate(),'%y%m%d') ,char) into @l_fwqsj_str;
select count(*) into @l_sss from cms_ykxt_lsh;
if @l_sss = 0 then
   insert into cms_ykxt_lsh(rq,lsh) values(@l_fwqsj_str,1);
else
   select rq into @ll_xflsh_rq from cms_ykxt_lsh;
   if @ll_xflsh_rq = @l_fwqsj_str then
           update cms_ykxt_lsh set lsh = lsh + 1;
   else
           update cms_ykxt_lsh set rq = @l_fwqsj_str,lsh = 1;
   end if;
end if;
select rq,CONVERT(lsh,char) into @ll_xflsh_rq,@ll_opid_char from cms_ykxt_lsh;
select CONCAT(@ll_xflsh_rq,@ll_opid_char) into lid;
END$$
DELIMITER ;                                                     [000266]
```

PHP 获取这个当天唯一流水号代码如下：

```
<?php
//mysqli 驱动连接 mysql
① $hostname='localhost'; //localhost 要换成自己的，localhost 为网站服务器，指的是本机
② $username='root'; //root 为数据库登录账户，为默认，如果不是这个请更换为自己的
③ $password=''; //数据库登录密码，当前为空，如果不为空请更换成自己的
④ $database ='jiaowglxt'; //jiaowglxt 为数据库名称，请更换成自己的
⑤ $port=3307; //3307 为数据库端口号，默认 3306，请更换成自己的
try{
$conn_id = @mysqli_connect($hostname, $username, $password, $database, $port);
$conn_id->autocommit(false) ;
$sql="call LSID(@dtid)";  //执行 mysql 存储过程 SQL
@mysqli_query($conn_id, $sql);
$conn_id->commit();
//$conn_id->rollback();
$sql="select @dtid";  //获取值 SQL
$result_id = @mysqli_query($conn_id, $sql);
$dtwyid=$result_id->fetch_all();
echo $dtwyid[0][0] ." </br>";
//$dtwyid 是一个二维数组，$dtwyid[0][0] 就是得到的值。
//此刻，这个值已经被返回给了 PHP，在 PHP 里可以对这个值进行处理。
}catch(PDOException $e){
   echo($e->getMessage());
}
?>                                                                          [000267]
```

我们分析一下几行重要的代码。

代码行①：其中“localhost”要换成自己的，“localhost”为网站服务器，指的是本机。

代码行②：其中“root”为数据库登录账户，为默认，如果不是这个请更换为自己的。

代码行③：其中“‘’”为数据库登录密码，当前为空，如果不为空请更换成自己的。

代码行④：其中“jiaowglxt”为数据库名称，请更换成自己的。

代码行⑤：其中“3307”为数据库端口号，默认 3306，请更换成自己的。

注意：上面的代码提供了 PHP 通过 mysqli 驱动连接 MySQL 的方法，读者可以拿来借鉴。可以放到 Navicat for MySQL 中执行。

6.4.4 PHP（mysqli 驱动）获取 MySQL 存储函数的返回值

下面是一段 MySQL 数据库存储函数的代码，主要功能是生成当天唯一流水号，这个流水号（dtid varchar）将被 PHP 获取。

生成流水号数据库存储函数代码如下：

```
drop function IF EXISTS maxid;
delimiter $$
create function maxid(x int) returns VARCHAR(40)
begin
declare l_fwqsj_str varchar(40);
declare l_sss int;
declare ll_xflsh_rq varchar(40);
declare lid varchar(40);
declare ll_opid_char varchar(40);
select CONVERT(DATE_FORMAT(sysdate(),'%y%m%d') ,char) into l_fwqsj_str;
select count(*) into l_sss from cms_ykxt_lsh;
if l_sss = 0 then
   insert into cms_ykxt_lsh(rq,lsh) values(l_fwqsj_str,1);
else
   select rq into ll_xflsh_rq from cms_ykxt_lsh;
   if ll_xflsh_rq = l_fwqsj_str then
         update cms_ykxt_lsh set lsh = lsh + 1;
```

```
    else
            update cms_ykxt_lsh set rq = l_fwqsj_str,lsh = 1;
    end if;
end if;
select rq,CONVERT(lsh,char) into ll_xflsh_rq,ll_opid_char from cms_ykxt_lsh;
select CONCAT(ll_xflsh_rq,ll_opid_char) into lid;
return lid;
end
$$
delimiter ;                                                    [000268]
```

PHP 获取这个当天唯一流水号的代码如下：

```
<?php
//mysqli 驱动连接 mysql
$hostname='localhost'; //localhost 要换成自己的，localhost 为网站服务器，指的是本机
$username='root'; //root 为数据库登录账户，为默认，如果不是这个请更换为自己的
$password=''; // 数据库登录密码，当前为空，如果不为空请更换成自己的
$database ='jiaowglxt'; //jiaowglxt 为数据库名称，请更换成自己的
$port=3307; //3307 为数据库端口号，默认 3306，请更换成自己的
try{
$conn_id = @mysqli_connect($hostname, $username, $password, $database, $port);
$conn_id->autocommit(false) ;
$sql="select maxid(0)";   // 执行 mysql 存储过程 SQL
$result_id = @mysqli_query($conn_id, $sql);
$conn_id->commit();
//$conn_id->rollback();
$dtwyid=$result_id->fetch_all();
echo $dtwyid[0][0] ."</br>"; //$dtwyid 是一个二维数组，$dtwyid[0][0] 就是得到的值。
// 此刻，这个值已经被返回给了 PHP，在 PHP 里可以对这个值进行处理。
}catch(PDOException $e){
    echo($e->getMessage());
}
?>                                                             [000269]
```

注：关于上述代码的分析，读者可参考 6.4.3 小节，不再赘述。

6.5　本章小结

本章主要介绍了 PHP 操作 MySQL 数据库的基本操作和 PHP 如何获取数据库信息，然后是一个实践案例（一个留言板的简单管理），最后是从实践项目中提炼的“关于 PHP 如何获取 MySQL 数据库存储程序的输出参数值”，这些都属于基础，掌握了它们，才能使用 PHP 熟练地驾驭 MySQL 数据库。

对于本章中给出的示例，要求全部看懂，尤其是实践案例，它是一个小应用，其中的分页技术及原理务必掌握，只有这样才能深刻理解 PHP 是如何开发应用的。

本章中给出的“PHP 获取 MySQL 数据库存储程序的输出参数值”，要求读者把这部分看明白，这部分内容是作者从实际的应用项目中提炼出来的，极具实用价值，尤其是 PHP 连接 MySQL 数据库的各种手段，在这里基本都全了。建议读者自己的项目采用 PDO 驱动，好处是支持多种数据库类型及连接池等，可以在自己的代码中控制数据库的提交与回滚机制，经测试相当稳定。关于在自己的代码中控制数据库的提交与回滚机制，在这里多说几句，这是任何数据库的应用项目开发必不可少的，这意味着数据库将按照你的意愿行事，听从你的指挥。

接下来进入第 7 章 PHP mysqli 扩展与 PDO 驱动，专题讨论 PHP 的 MySQLi 与 PDO 驱动扩展。

第 7 章

PHP mysqli 扩展与 PDO 驱动

在使用 PHP 开发应用项目时，可能已经了解了 PHP 与 MySQL 数据库之间的连接交互，也可能正准备学习。如今，PHP 的 MySQL 扩展已经停止开发，诸如 mysql->query(),mysql->connect() 等已被废弃，所以应用项目要尽量使用 PDO 和 mysqli 扩展。

以往，PHP 操作 MySQL 数据库常用的三种驱动扩展是 MySQL、mysqli 和 PDO，其中 MySQL 在 PHP 7 之后废弃了，PHP 7 及之后版本只支持 mysqli 和 PDO，表 7-1 给出了它们之间的主要特点。

表 7-1

项目	PDO	mysqli
支持的数据库类型	多　种（Oracle、Sybase ASE、SQL Server 及 MySQL 等）	仅支持 MySQL
API（Application Programming Interface 应用程序接口）	OOP（面向对象）	OOP+ 面向过程
命名参数	支持	不支持
连接	容易	容易
对象映射	支持	支持
连接池	支持	不支持

在本章将重点讲解以下内容。

- mysqli 扩展
- 使用 PDO 访问数据库
- 使用 ADODB 第三方插件连接数据库
- PHP 与连接 Oracle 数据库

注：本章所有代码均存为 UTF8 编码集格式（全书的代码均存为 UTF8 编码集格式）。

7.1　mysqli 扩展

很长时间以来，在 PHP 中一直使用它的 mysql 扩展来操作 MySQL 数据库，但随着 MySQL 的发展，mysql 扩展无法支持 MySQL 4.1 及其更高版本中的新特性，而对 mysql 扩展的不足，mysqli 扩展成了很好的替代品。

7.1.1　mysqli 简介

mysqli 扩展可以更好地支持 MySQL 4.1 及其更高版本的新特性。与 mysql 扩展相比，它有以下优点。

- 速度和安全更高，mysqli 扩展在速度上 mysql 扩展快了许多，同时 mysqli 扩展支持 MySQL 新版本中的密码哈希（Password Hashes）和验证程序，提高了应用程序的安全性。
- 更好地体现了面向对象，mysqli 扩展封装在类中，可以很容易地使用面向对象的方式使用它。
- 兼容性更强，MySqli 向下兼容，而且支持 MySQL 新版本中出现的新特性。
- 可以使用预准备语句，提高了重复使用语句的性能。
- 增强了调试功能，提高了开发效率。

开启 mysqli 扩展也很简单，将 PHP.INI 文件中的 extension=php_mysqli.dll（PHP 7 之前版本）或 extension=mysqli（PHP 7 及之后版本）前面的分号去掉即可。

查看 phpinfo 信息，在浏览器地址栏中输入 http://localhost/?phpinfo=-1，会看到 mysqli 扩展的详细信息，如图 7-1 所示（PHP 7 及之后版本）。

MysqlI Support	enabled
Client API library version	mysqlnd 5.0.12-dev - 20150407 - $Id: 401a40ebd5e281cf22215acdc170723a1519aaa9 $
Active Persistent Links	0
Inactive Persistent Links	0
Active Links	0

Directive	Local Value	Master Value
mysqli.allow_local_infile	On	On
mysqli.allow_persistent	On	On
mysqli.default_host	no value	no value
mysqli.default_port	3306	3306
mysqli.default_pw	no value	no value
mysqli.default_socket	no value	no value
mysqli.default_user	no value	no value
mysqli.max_links	Unlimited	Unlimited
mysqli.max_persistent	Unlimited	Unlimited
mysqli.reconnect	Off	Off
mysqli.rollback_on_cached_plink	Off	Off

图 7-1

7.1.2　使用 mysqli 扩展访问数据库

mysqli 扩展提供了面向对象和面向过程两种方式来连接数据库。

注：关于面向对象和面向过程，这里做一个简单描述。

面向过程就是按照解决问题所需的步骤一步一步地实现，或者按部就班地实现；而面向对象是把解决问题的步骤分解为各个对象，分解为对象的目的不是为了实现这个步骤，而是为了描述这个步骤具体包含哪些解决问题的行为。可以把面向过程比喻为“蛋炒饭”，顾客不爱吃只能倒掉重做；面向对象比喻为“盖饭”，顾客不爱吃可以更换，不至于倒掉重做。

对于软件系统而言，面向过程写出来的代码（很多东西被做“死”或者固化），后期维护相对较难（大量改动或者推倒重来）。而面向对象写出来的代码（很多东西被做“活”或者可调），后期维护相对较易（只把可调的东西换一换即可）。

1. 面向过程方式连接数据库

在 mysqli 扩展中，使用 mysqli_connect() 方法连接数据库，使用语法如下：

```
    mysqli_connect([string $host[,string $username[,string $passwd[,string
$dbname[,int $port[,string $socket]]]]]])
```

语法中各参数的含义如表 7-2 所示。

表 7-2

参数	描述
host	连接服务器的地址
username	连接数据库的用户名
passwd	连接数据库的密码
dbname	数据库名称
port	TCP 端口号
socket	UNIX 域 socket

下面通过一个示范来说明如何通过面向过程的方式连接数据库。

【示例 7-1】使用 mysqli_connect() 函数连接数据库。

代码如下：

```
<?php
$conn = mysqli_connect('localhost:3307','root','root','phpdemo');
if($conn) {
    echo '数据库连接成功';
}else{
    echo '数据库连接失败';
}
?>                                                          [000270]
```

mysqli_close() 函数是关闭与数据库服务器连接。

2. 面向对象方式连接数据库

在面向对象的方式中，mysqli 扩展被封装成一个类，构造方法如下：

```
    __construct()([string $host[,string $username[,string $passwd[,string $dbname =
""[,int $port[,string $socket]]]]]])
```

与 MySQL 连接需要通过其构造方法实例化 mysqli 类，请看下面的示范。

【示例 7-2】mysqli 扩展通过面向对象的方法连接数据库。

代码如下：

```
<?php
$mysqli = new mysqli('localhost:3307','root','root','phpdemo');
if(mysqli_connect_errno()) {
    echo 'Error: '.mysqli_connect_error();
}else{
    echo 'Success';
}
$mysqli->close();
?>                                                          [000271]
```

除此之外，也可以使用 mysqli 扩展提供的 connect() 方法连接数据库。

【示例 7-3】使用 mysqli 的 connect() 方法连接数据库。

代码如下：

```
<?php
$mysqli = new mysqli();
$mysqli->connect('localhost:3307','root','root','phpdemo');

if(mysqli_connect_errno()) {
    echo 'Error: '.mysqli_connect_error();
}else{
    echo 'Success';
}
```

```
$mysqli->close();
?>                                                                    [000272]
```

7.1.3　PHP 通过 mysqli 扩展实现对 MySQL 数据库的操作

在本小节的示例中针对数据库的操作均采用面向对象的方法，为此需准备一张表，建表及添加数据 SQL 如下。

```
SET FOREIGN_KEY_CHECKS=0;
-- ----------------------------
-- Table structure for lsh
-- ----------------------------
DROP TABLE IF EXISTS `lsh`;
CREATE TABLE `lsh` (
  `rq` varchar(18) NOT NULL,
  `lsh` decimal(10,0) NOT NULL,
  PRIMARY KEY (`rq`)
) ENGINE=InnoDB DEFAULT CHARSET=utf8;
-- ----------------------------
-- Records of lsh
-- ----------------------------
INSERT INTO `lsh` VALUES ('1904261', 10);
INSERT INTO `lsh` VALUES ('1904262', 20);
INSERT INTO `lsh` VALUES ('1904263', 30);
INSERT INTO `lsh` VALUES ('1904264', 40);                             [000273]
```

在 mysqli 扩展中，执行查询可以使用 query() 方法，使用语法如下：

```
mixed query(string $query[,int $resultmode])
```

1. 使用 query() 方法取得数据

【示例 7-4】使用 query() 方法取得数据并返回结果集对象，然后使用结果集对象的 fetch_array 方法访问该结果集。

代码如下：

```
<?php
header("Content-type:text/html;Charset=UTF-8");
//header("Content-type:text/html;Charset=GBK");
$mysqli = new mysqli();
$mysqli->connect('localhost:3307','root','','jiaowglxt');
if(mysqli_connect_errno()) {
    exit('Error: '.mysqli_connect_error());
}
$result = $mysqli->query("select * from lsh");
if($result) {
    if($result->num_rows>0) {
        while($row = $result->fetch_array()){
            echo $row[0].',';
        }
    }
}
$mysqli->close();
?>
query() 方法不但适用 SELECT 语句，同样也适用于 UPDATE、DELETE、INSERT 语句。      [000274]
```

2. 使用 query() 方法实现增删改操作

【示例 7-5】使用 query() 方法实现 insert（增加）、delete（删除）以及 update（更新）操作。

代码如下：

```
<?php
header("Content-type:text/html;Charset=UTF-8");
//header("Content-type:text/html;Charset=GBK");
```

```
    $mysqli = new mysqli(); // 实例化mysqli类
    // 连接数据库 localhost 为本机 3307 为数据库端口 root 为数据库登录账户  密码为空 jiaowglxt
为数据库名
    $mysqli->connect('localhost:3307','root','','jiaowglxt');
    if(mysqli_connect_errno()) {
        exit('错误信息：'.mysqli_connect_error());
    }
    $mysqli->query("insert into lsh values('2004266',1)");  // 插入
    $mysqli->query("insert into lsh values('2004267',2) ");
    $mysqli->query("insert into lsh values('2004268',3) ");
    $mysqli->query("insert into lsh values('2004269',4) ");
    $mysqli->query("insert into lsh values('测试',5) ");
    $mysqli->query("update lsh set lsh=50 where rq='2004261'");  // 更新
    $mysqli->query("delete from lsh where rq='2004262'");  // 删除
    $mysqli->close(); // 关闭连接
    ?>                                                              [000275]
```

3.mysqli 面向对象的示范代码

【示例 7-6】查询返回一行及多行数据。

代码如下：

```
    /*--------------------------------
     * 连接mysql数据库
    --------------------------------*/
    $mysqli=new mysqli();
    //root为MySQL数据库账户，密码为空，jiaowglxt为MySQL数据库名
    $mysqli->connect('localhost:3307','root','','jiaowglxt');
    $mysqli->set_charset("utf8"); // 设置字符集
    /*--------------------------------
     * 查询记录总数，只返回一行数据
    --------------------------------*/
    $sql = "select count(*) as jls from cms_ykxt_bmb2";
    $rs=$mysqli->query($sql);
    $row=mysqli_fetch_array($rs,MYSQLI_ASSOC);
    $rowcounts=$row['jls'];
    /*--------------------------------
     * 查询表数据，返回多行数据
    ---------------------------------*/
    $sql = "select syh ,bm ,zdl from cms_ykxt_bmb2";
    $rs=$mysqli->query($sql);
    $mysqli->close();
    while($row=mysqli_fetch_array($rs,MYSQLI_ASSOC)){
       $shopList[]=$row;
    }
    /*------------------------------------------
     * 显示数组内容
    ------------------------------------------*/
    echo "<pre>";
    print_r($shopList);
    echo "<pre>";                                                   [000276]
```

注意：上面代码涉及的操作表 cms_ykxt_bmb2 请参阅 4.1 节。

7.1.4 预准备语句

使用预准备语句可以提高重复使用语句的性能，在 PHP 中，使用 prepare() 方法来进行预准备查询语句，使用 execute() 方法来执行预准备语句。PHP 有两种预准备语句：分别是绑定结果和绑定参数。

1. 绑定结果

所谓绑定结果就是把 PHP 脚本中的自定义变量绑定到结果集中的相应字段上，这些变量就代表所查询出来的记录。

【示例 7-7】使用预准备语句将脚本中自定义变量绑定到结果集对应的字段上并输出结果集内容。

代码如下：

```
<?php
   //header("Content-type:text/html; charset=GBK");
   header("Content-type:text/html; charset=UTF-8");
   $mysqli = new mysqli("127.0.0.1:3307", "root","", "jiaowglxt");
   $mysqli->set_charset("utf8"); //设置字符集
   $query = "SELECT syh, bm, zd1 FROM cms_ykxt_bmb2 ORDER BY syh";
   $stmt = $mysqli->prepare($query);
   $stmt->execute();
    $stmt->bind_result($zd1, $zd2, $zd3); //将结果集中的syh、bm、zd1字段值依次绑定给
变量$zd1, $zd2, $zd3。
   while($stmt->fetch()) {
      echo "$zd1, $zd2, $zd3<br />"; //输出变量$zd1, $zd2, $zd3的值
   }
   $stmt->close();
   $mysqli->close();
?>
                                                                    [000277]
```

注意：上面代码涉及的操作表 cms_ykxt_bmb2 请参阅 4.1 节。

```
输出结果略…
```

使用自定义变量绑定结果集，脚本中定义的变量要与结果集中的变量（字段）相对应。

2. 绑定参数

绑定参数是指将 PHP 脚本中定义的变量作为 SQL 语句中的参数来使用，参数使用“?”代替，绑定参数使用 bind_param() 方法。该方法使用格式如下：

```
bool bind_param(string $types,mixed &$var1[,mixed &$var2,mixed &$var3,...])
```

参数说明：

- types 是绑定变量的数据类型，可以接受 4 种数据类型，如表 7-3 所示。

表 7-3

字符名称	代表的数据类型
i	integer
d	double
s	string
b	blob

参数 types 代表的数据类型与绑定变量的数据类型要一一对应且一致。例如 bind_param(“si”,$rq,$lsh)，“ “si” ” 为 types 的写法，其中“s”与绑定变量“$rq”对应且表示 string（字符）型；“i”与绑定变量“$lsh”对应且表示 integer（整数）型。

- var1 是绑定的变量，它的数量必须与 SQL 语句中的参数数量保持一致。

【示例 7-8】使用绑定参数向数据库表添加数据。

在这里使用 7.1.3 节中的 lsh 表，代码如下：

```
<?php
header("Content-type:text/html; charset=UTF-8");
$mysqli = new mysqli('localhost:3307','root','','jiaowglxt');
```

```
$mysqli->set_charset("utf8"); //设置字符集
$result = $mysqli->prepare('insert into lsh values(?,?)');
//绑定参数
$result->bind_param("si",$rq,$lsh);
$rq = '202004260002' ;
$lsh = 40;
//开始执行预准备语句
$result->execute();
//关闭预准备语句
$result->close();
//断开数据库连接
$mysqli->close();
?>                                                              [000278]
```

7.1.5 执行多个查询

mysqli 扩展提供了 multi_query() 方法，它可以一次性执行多个查询语句。以往都是一次性只能执行一个查询语句，返回一个查询结果，而 multi_query() 方法可以一次性执行多个查询语句，每个查询语句之间使用分号“;”隔开，这样一来，返回的查询结果就有多个，然后分别处理每一个。

既然 PHP 的 mysqli 提供了一次性多查询手段，也就是把分散查转变为集中查，为开发者又多提供了一个查询手段选择余地，完全可以应用到实际的开发中，将需要的查询结果一次性地查出来并集中处理，省去了分散查的麻烦。

其使用格式如下：

```
bool multi_query(string $query)
```

$query 中的每个查询语句之间用分号“;”隔开即可。

【示例 7-9】使用 multi_query() 方法一次性取出 cms_ykxt_bmb2 表和 lsh 表所有信息。

代码如下：

```
<?php
error_reporting(7);//设置错误提示级别
//error_reporting(0);//设置错误提示级别
header("Content-type:text/html; charset=UTF-8");
$mysqli = new mysqli('localhost:3307','root','','jiaowglxt');
$mysqli->set_charset("utf8"); //设置字符集
$query = 'SELECT syh,bm,zdl FROM cms_ykxt_bmb2 ORDER BY syh;'; //注意在单引号内的
SQL语句末尾不要忘了写分号";"
$query .= 'select rq from lsh; '; //注意在单引号内的SQL语句末尾不要忘了写分号";"
$query .= 'select lsh from lsh'; //$query里每个查询语句使用；隔开，最后一个语句不用写
分号";"
if($mysqli->multi_query($query)) {
do{
        if($result = $mysqli->store_result()) {
            while($row = $result->fetch_row()) {
                echo $row[0];
                echo '<br>';
            }
            $result->close();
        }
        //不同结果集中间用分割线分开
        if($mysqli->more_results()) {
            echo '--------------------<br>' ;
        }
    }
while($mysqli->next_result());
}
```

```
//断开数据库连接
$mysqli->close();
?>                                                        [000279]
```

输出结果略…

上例中，store_result() 方法是取得一个结果集，more_result() 方法是从一个多查询中检查是否还有更多的查询结果，next_result() 方法是从一个多查询结果中定位到下一个查询结果。

在 7.1 节详细介绍了 PHP 的 mysqli 扩展库如何访问 MySQL 数据库，接下来介绍 PHP 的 PDO 扩展库如何访问数据库。Mysqli 只支持访问 MySQL 数据库，而 PDO 则支持访问多种类型数据库，如 Oracle、Sybase ASE、SQL Server 以及 MySQL 等。

7.2　使用 PDO 访问数据库

PDO（PHP Data Objects）是一个轻量级的、具有兼容接口的 PHP 数据库连接拓展，是一个 PHP 官方的 PECL 库，随着 PHP 7.1 发布，需要 PHP 5 的面向对象支持，因而在更早的版本上无法使用。

PDO 扩展在 PHP 5 中加入，PHP 6 中将默认使用 PDO 连接数据库，所有非 PDO 扩展将在 PHP 6 中被从扩展中移除。该扩展提供 PHP 内置类 PDO 来对数据库进行访问，不同数据库使用相同的方法名，解决数据库连接不统一的问题。

PDO 具有以下优点。

- 简单，使用 PDO 可以轻松地与各种数据库进行交互。
- 灵活性。因为 PDO 在运行时必须加载必需的数据库驱动程序，所以不需要在每次使用不同数据库时重新配置和重新编译 PHP。
- 面向对象特性。PDO 利用 PHP 5 的面向对象特性，可以获得更强大、更高效的数据库通信。
- 高性能。PDO 是用 C 语言来编写的，编译为 PHP，与用 PHP 编写的其他解决方案相比，虽然其他功能都相同，但提供了更高的性能。

PDO 支持 PHP 7.1 及更高版本，而且在 PHP 7.2 下 PDO 扩展默认为开启状态。为了启用对某个数据库的支持，需要打开对应的扩展，以 MySQL 为例，需打开 extension=php_pdo_mysql.dll。

目前 PDO 支持 9 个数据库，以及可以通过 FreeTDS 和 ODBC 访问的任何数据库，具体如表 7-4 所示。

表 7-4

PHP 的 PDO 支持的数据库类型	描述
Firebird	可以通过 FIREBIRD 驱动程序访问
FreeTDS	可以通过 DBLTB 驱动程序访问，它不是数据库，而是一组 UNIX 库，使得基于 UNIX 的程序可以与 MicrosoftSQL 和 Sybase 通信
IDB DB2	可以通过 ODBC 驱动程序访问
Interbase6	可以通过 FIREBIRD 驱动程序访问
Microsoft SQL Server	可以通过 ODBC 驱动程序访问
MySQL	可以通过 MySQL 驱动程序访问

续上表

PHP 的 PDO 支持的数据库类型	描述
ODBC3	可以通过 ODBC 驱动程序访问
Oracle	可以通过 OCI 驱动程序访问，PHP 5 从 Oracle 版本 8 到 11g 都支持，目前的 PHP 7 可以支持到 Oracle 12c
PostgreSQL	可以通过 PGSQL 驱动程序访问
SQLite2.X 和 3.X	可以通过 SQLITE 驱动程序访问
Sybase	可以通过 ODBC 驱动程序访问

修改 PHP.INI 文件中的下列内容来开启连接不同数据库的 PDO。

```
extension=pdo_mysql      ;MySQL
extension=pdo_oci        ;Oracle Database 8i 到 11g Instant Client
extension=oci8_12c       ;Oracle Database 12c Instant Client
extension=pdo_odbc       ; Microsoft SQL Server 和 IDB DB2 等
extension=pdo_pgsql      ;PostgreSQL
extension=pdo_sqlite     ;SQLite2.X 和 3.X
```

查看 phpinfo 信息，在浏览器地址栏中输入 http://localhost/?phpinfo=-1，会看到 PDO 扩展的详细信息，如图 7-2 所示。

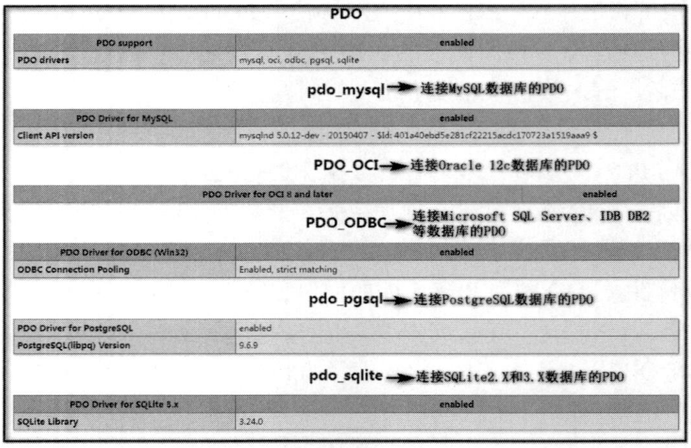

图 7-2

7.2.1 PDO 连接 MySQL 数据库

与 MySQL 数据库连接需要通过实例化 PDO 类来自动调用 PDO 类的构造方法，这一点与 mysqli 对象式访问 MySQL 数据库的做法一样。PDO 构造方法（函数）格式如下：

```
PDO::__construct()(string $dsn[,string $username[,string $password[,array
 $driver_options]]])
```

构造函数的参数说明如表 7-5 所示。

表 7-5

参数	描述
dsn	连接数据库的名称，包括主机、端口号、数据库名称
username	连接数据库的用户名
password	连接数据库的密码
driver_options	连接的其他选项

下面通过一个例子介绍如何使用 PDO 连接 MySQL 数据库，代码如下：

```
<?php
header("Content-type:text/html; charset=UTF-8");
// 指定 dsn 数据源
$dsn = 'mysql:host=localhost:3307;dbname=jiaowglxty';
// 连接数据库的用户名
$username = 'root';
// 连接数据库的密码
$password = '';
try{
    // 创建 PDO 对象
    $pdo = new pdo($dsn,$username,$password);
    if($pdo){
            echo '成功…';
    }else{
            echo '失败…';
    }
}catch(pdoException $e){
    // 输出异常
    echo '失败…'."<BR/>";
     exit( 'Error:' .$e->getMessage());
}
?>                                                                  [C00280]
```

最后输出结果为：

```
成功…
```

7.2.2　使用 PDO 执行 SQL 语句

PDO 执行 SQL 语句的方法有两个：分别是 exec() 方法和 query() 方法。exec() 方法主要用于对数据库的增删改等 DML（insert、delete 及 update）操作，query() 方法主要用于查询（select）操作，下面分别介绍。

1.exec() 方法

语法格式如下：

```
int exec( string $statement)
```

statement 是需要执行的 SQL 语句，exec() 方法被执行后返回执行 SQL 语句时受影响的行数，通常使用在对数据库的 DML（insert、delete 和 update）操作上。

【示例 7-10】使用 exec() 方法执行 SQL 语句并返回受影响的数据表行数。

这里使用之前的表 cms_ykxt_bmb2，代码如下：

```
<?php
header("Content-type:text/html; charset=UTF-8”);
$dsn = 'mysql:host=localhost:3307;dbname=jiaowglxt';
$username = 'root';
$password = '';
try{
$pdo = new pdo($dsn,$username,$password);
    $result = $pdo->exec("delete from cms_ykxt_bmb2 where syh in ('gdd0001',
'gdd0002', 'gdd0003')”);
    echo '受影响的行数为：'.$result;
    // 最后输出结果为：受影响的行数为：3
}catch(pdoException $e){
     exit( 'Error:'.$e->getMessage());
}
?>                                                                  [000281]
```

最后输出结果为：

```
受影响的行数为：3
```

2.query() 方法

query() 方法通常用于 SELECT 操作，它返回一个结果集。语法格式如下：

```
pdoStatement query( string statement)
```

其中，参数 statement 是需要执行的 SQL 语句，query() 方法返回的是一个 pdoStatement 对象。

【示例 7-11】使用 query() 方法执行 SQL 语句并输出查询出的结果内容。

这里仍使用表 cms_ykxt_bmb2，代码如下：

```
<?php
header("Content-type:text/html; charset=UTF-8");
$dsn = 'mysql:host=localhost:3307;dbname=jiaowglxt';
$username = 'root';
$password = '';
$params = array (PDO::MYSQL_ATTR_INIT_COMMAND => 'SET NAMES \'UTF8\'',PDO::ATTR_
ERRMODE => PDO::ERRMODE_EXCEPTION);
//通过 PDO::MYSQL_ATTR_INIT_COMMAND => 'SET NAMES \'UTF8\'' 或
//$pdo->query('set names utf8;'); 设置 PDO 字符集都可以。
try{
    $pdo = new pdo($dsn,$username,$password,$params);
//$pdo->query('set names utf8;'); //设置 PDO 字符集
   $result = $pdo->query("select syh,bm,zd1 from cms_ykxt_bmb2");
   foreach($result as $row){
           echo $row['syh'].'-'.$row['bm'].'-'.$row['zd1'].'<br/>';
           echo $row[0].'-'.$row[1].'-'.$row[2].'<br/>';
   }
}catch(pdoException $e){
    exit( 'Error:'.$e->getMessage());
}
?>                                                               [000282]
```

最后输出结果为：

```
gcc11-配件库 11-gcc0001
gcc11-配件库 11-gcc0001
gdd0004-沧州车间 -gdd0004
gdd0004-沧州车间 -gdd0004
gdd0005-德州车间 -gdd0005
gdd0005-德州车间 -gdd0005
其他略…
```

通过上面的示例可以看出，使用数组遍历语句 foreach 可以直接获取 query() 方法返回的结果集，尽管如此，PHP 的 PDO 依然提供了 fetch() 和 fetchAll() 方法获取 query() 方法返回的结果集。纵观众多的应用项目，大都使用 fetch() 和 fetchAll() 方法获取 query() 方法返回的结果集，而没有直接使用 foreach 遍历获取。为什么呢，因为 query() 方法返回的结果集只能被使用一次，而通过 fetch() 和 fetchAll() 方法获取后的结果集可以永续存在，反复使用。

下面分别介绍这两种获取结果集的方法。

（1）fetch() 方法获取 query() 方法返回结果集的第一行数据

fetch() 方法是取得结果集中第一行数据并以关联数组和数字数组联合在一起的形式返回，下面通过一个示例来说明 fetch() 方法的使用。

【示例 7-12】以关联数组 + 数字数组联合在一起的格式获取 query() 方法返回结果集的第一行数据并输出。

代码如下：

```
<?php
header( "Content-type:text/html; charset=UTF-8" );
$dsn = 'mysql:host=localhost:3307;dbname=jiaowglxt';
$username = 'root';
$password = '';
$params = array (PDO::MYSQL_ATTR_INIT_COMMAND => 'SET NAMES \'UTF8\'',PDO::ATTR_
ERRMODE => PDO::ERRMODE_EXCEPTION);
//通过 PDO::MYSQL_ATTR_INIT_COMMAND => 'SET NAMES \'UTF8\'' 或
//$pdo->query('set names utf8;'); 设置 PDO 字符集都可以。
try{
    $pdo = new pdo($dsn,$username,$password,$params);
//$pdo->query('set names utf8;'); //设置 PDO 字符集
   $result = $pdo->query( "select syh,bm,zd1 from cms_ykxt_bmb2" );
   $rs=$result->fetch();
   echo  "<pre>" ;
   print_r($rs);
   echo  "<pre>" ;
   echo $rs['syh'].'-'.$rs['bm'].'-'.$rs['zd1'].'<br/>';
   echo $rs[0].'-'.$rs[1].'-'.$rs[2].'<br/>';
}catch(pdoException $e){
    exit( 'Error:'.$e->getMessage());
}
?>
                                                                        [000283]
```

最后输出结果为：

```
Array
(
    [syh] => gcc11
    [0] => gcc11
    [bm] => 配件库 11
    [1] => 配件库 11
    [zd1] => gcc0001
    [2] => gcc0001
)
gcc11- 配件库 11-gcc0001
gcc11- 配件库 11-gcc0001
```

（2）fetchAll() 方法获取 query() 方法返回结果集的全部数据

fetchAll 是取得结果集中所有数据并以关联数组 + 数字数组联合在一起的形式返回，下面通过一个示例来说明 fetchAll() 方法的使用。

【示例 7-13】以关联数组 + 数字数组联合在一起的格式获取 query() 方法返回的结果集全部数据并输出。

代码如下：

```
<?php
header("Content-type:text/html; charset=UTF-8");
$dsn = 'mysql:host=localhost:3307;dbname=jiaowglxt';
$username = 'root';
$password = '';
$params = array (PDO::MYSQL_ATTR_INIT_COMMAND => 'SET NAMES \'UTF8\'',PDO::ATTR_
ERRMODE => PDO::ERRMODE_EXCEPTION);
//通过 PDO::MYSQL_ATTR_INIT_COMMAND => 'SET NAMES \'UTF8\'' 或
//$pdo->query('set names utf8;'); 设置 PDO 字符集都可以。
try{
    $pdo = new pdo($dsn,$username,$password,$params);
    //$pdo->query('set names utf8;'); //设置 PDO 字符集
$result1 = $pdo->query("select syh,bm,zd1 from cms_ykxt_bmb2");
//通过 foreach 直接遍历 $result1 这个 pdoStatement 对象
 echo "第一部分：通过 foreach 直接遍历" . '$result1'."这个 pdoStatement 对象<br/>";
foreach($result1 as $row){
echo $row['syh'].'-'.$row['bm'].'-'.$row['zd1'].'<br/>';
```

```
echo $row[0].'-'.$row[1].'-'.$row[2].'<br/>';
}
$result = $pdo->query("select syh,bm,zd1 from cms_ykxt_bmb2");
$rs=$result->fetchAll();
//通过print_r() 直接输出 $rs 数组
echo "第二部分：直接输出数组格式<br/>";
echo "<pre>";
print_r($rs);
echo "<pre>";
//通过 foreach 遍历 $rs 数组
echo "第三部分：通过 foreach 遍历这个数组<br/>";
foreach($rs as $row){
echo $row['syh'].'-'.$row['bm'].'-'.$row['zd1'].'<br/>';
echo $row[0].'-'.$row[1].'-'.$row[2].'<br/>';
}
}catch(pdoException $e){
    echo 'errorCode 为：'.$pdo->errorCode()."<BR/>";
    exit( '错误：'.$e->getMessage());
}
?>                                                              [000284]
```

最后输出结果为：

```
第一部分：通过 foreach 直接遍历 $result1 这个 pdoStatement 对象
gcc11-配件库 11-gcc0001
gcc11-配件库 11-gcc0001
gdd0004-沧州车间-gdd0004
gdd0004-沧州车间-gdd0004
gdd0005-德州车间-gdd0005
gdd0005-德州车间-gdd0005
…（略）
gdd0016-检测车间-gdd0016
gdd0016-检测车间-gdd0016
第二部分：直接输出数组格式
Array
(
    [0] => Array
        (
            [syh] => gcc11
            [0] => gcc11
            [bm] => 配件库 11
            [1] => 配件库 11
            [zd1] => gcc0001
            [2] => gcc0001
        )

    [1] => Array
        (
            [syh] => gdd0004
            [0] => gdd0004
            [bm] => 沧州车间
            [1] => 沧州车间
            [zd1] => gdd0004
            [2] => gdd0004
        )

    [2] => Array
        (
            [syh] => gdd0005
            [0] => gdd0005
            [bm] => 德州车间
            [1] => 德州车间
            [zd1] => gdd0005
            [2] => gdd0005
```

```
        )
    [3]=>Array()
    [4]=>Array()
    [5]=>Array()
    [6]=>Array()
    [7]=>Array()
    [8]=>Array()
    [9]=>Array()
    [10]=>Array()
    [11]=>Array()
    [12]=>Array()
    [13] => Array
        (
            [syh] => gdd0016
            [0] => gdd0016
            [bm] => 检测车间
            [1] => 检测车间
            [zd1] => gdd0016
            [2] => gdd0016
        )
)
第三部分：通过 foreach 遍历这个数组
gcc11-配件库 11-gcc0001
gcc11-配件库 11-gcc0001
gdd0004-沧州车间 -gdd0004
gdd0004-沧州车间 -gdd0004
gdd0005-德州车间 -gdd0005
gdd0005-德州车间 -gdd0005
…（略）
gdd0016-检测车间 -gdd0016
gdd0016-检测车间 -gdd0016
```

注：上面输出结果中的“第二部分：直接输出数组格式”部分为关联数组 + 数字数组，两种数组被联合在一起。由于篇幅的限制，[3] 到 [12] Array 里的内容略。

7.2.3　PDO 对错误的处理

PDO 提供了两个方法可以取得发生的错误信息，分别是 errorCode() 方法和 errorInfo() 方法。

1. errorCode() 方法

errorCode() 方法可以返回发生的错误代码，根据这些代码查找错误的具体信息，错误的具体信息由异常的“$e->getMessage()”给出，来看下面的示例。

【示例 7-14】使用 errorCode() 方法显示错误代码并通过异常的 $e->getMessage() 给出错误具体信息。

这里使用一个不存在的表 cms_ykxt_bmb3，代码如下：

```
<?php
header("Content-type:text/html; charset=UTF-8");
$dsn = 'mysql:host=localhost:3307;dbname=jiaowglxt';
$username = 'root';
$password = '';
$params = array (PDO::MYSQL_ATTR_INIT_COMMAND => 'SET NAMES \'UTF8\'',PDO::ATTR_
ERRMODE => PDO::ERRMODE_EXCEPTION);
//通过 PDO::MYSQL_ATTR_INIT_COMMAND => 'SET NAMES \'UTF8\'' 或
//$pdo->query('set names utf8;'); 设置 PDO 字符集都可以。
try{
    $pdo = new pdo($dsn,$username,$password,$params);
    //$pdo->query('set names utf8;'); //设置 PDO 字符集
```

```
    $result1 = $pdo->query("select syh,bm,zd1 from cms_ykxt_bmb3"); // 表 cms_ykxt_
bmb3 不存在
    // 通过 foreach 直接遍历 $result1 这个 pdoStatement 对象
     echo "第一部分：通过 foreach 直接遍历" . '$result1'."这个 pdoStatement 对象<br/>";
    foreach($result1 as $row){
    echo $row['syh'].'-'.$row['bm'].'-'.$row['zd1'].'<br/>';
    echo $row[0].'-'.$row[1].'-'.$row[2].'<br/>';
    }
    $result = $pdo->query("select syh,bm,zd1 from cms_ykxt_bmb2");
    $rs=$result->fetchAll();
    // 通过 print_r() 直接输出 $rs 数组
    echo "第二部分：直接输出数组格式<br/>";
    echo "<pre>";
    print_r($rs);
    echo "<pre>";
    // 通过 foreach 遍历 $rs 数组
    echo "第三部分：通过 foreach 遍历这个数组<br/>";
    foreach($rs as $row){
    echo $row['syh'].'-'.$row['bm'].'-'.$row['zd1'].'<br/>';
    echo $row[0].'-'.$row[1].'-'.$row[2].'<br/>';
    }
    }catch(pdoException $e){
        echo 'errorCode 为：'.$pdo->errorCode()."<BR/>"; // 输出：errorCode 为：42S02
        exit( '错误 :'.$e->getMessage());
    }
    ?>                                                                    [000285]
```

在上面的示例中故意使用一个不存在的表 cms_ykxt_bmb3，最后输出结果为：

```
    errorCode 为：42S02
    错误 :SQLSTATE[42S02]: Base table or view not found: 1146 Table 'jiaowglxt.cms_
ykxt_bmb3' doesn't exist
```

这个示例说明 try{} 大括号内的代码一旦发生执行错误就会自动触发 pdoException 异常，然后执行“catch(pdoException $e){}”大括号里的代码。

关于 PHP 的错误与异常请参阅前述有关章节。

2. errorInfo() 方法

errorInfo() 方法可以返回发生错误的具体信息，是一个数字数组，来看下面的示例。

【示例 7-15】使用 errorInfo() 方法显示错误的具体信息。

这里使用一个不存在的表 cms_ykxt_bmb3，代码如下：

```
    <?php
    header("Content-type:text/html; charset=UTF-8");
    $dsn = 'mysql:host=localhost:3307;dbname=jiaowglxt';
    $username = 'root';
    $password = '';
    $params = array (PDO::MYSQL_ATTR_INIT_COMMAND => 'SET NAMES \'UTF8\'',PDO::ATTR_
ERRMODE => PDO::ERRMODE_EXCEPTION);
    // 通过 PDO::MYSQL_ATTR_INIT_COMMAND => 'SET NAMES \'UTF8\'' 或
    //$pdo->query('set names utf8;'); 设置 PDO 字符集都可以。
    try{
        $pdo = new pdo($dsn,$username,$password,$params);
        //$pdo->query('set names utf8;'); // 设置 PDO 字符集
    $result1 = $pdo->query("select syh,bm,zd1 from cms_ykxt_bmb3"); // 表 cms_ykxt_
bmb3 不存在
    // 通过 foreach 直接遍历 $result1 这个 pdoStatement 对象
     echo "第一部分：通过 foreach 直接遍历" . '$result1'."这个 pdoStatement 对象<br/>";
    foreach($result1 as $row){
    echo $row['syh'].'-'.$row['bm'].'-'.$row['zd1'].'<br/>';
    echo $row[0].'-'.$row[1].'-'.$row[2].'<br/>';
    }
```

```
    $result = $pdo->query("select syh,bm,zd1 from cms_ykxt_bmb2");
    $rs=$result->fetchAll();
    //通过 print_r() 直接输出 $rs 数组
    echo "第二部分：直接输出数组格式<br/>";
    echo "<pre>";
    print_r($rs);
    echo "<pre>";
    //通过 foreach 遍历 $rs 数组
    echo "第三部分：通过 foreach 遍历这个数组<br/>";
    foreach($rs as $row){
    echo $row['syh'].'-'.$row['bm'].'-'.$row['zd1'].'<br/>';
    echo $row[0].'-'.$row[1].'-'.$row[2].'<br/>';
    }
    }catch(pdoException $e){
        print_r($pdo->errorInfo());
        exit( '错误:'.$e->getMessage());
    }
    ?>                                                          [000286]
```

输出结果：

```
    Array
    (
        [0] => 42S02
        [1] => 1146
        [2] => Table 'jiaowglxt.cms_ykxt_bmb3' doesn't exist
    )
    错误:SQLSTATE[42S02]: Base table or view not found: 1146 Table 'jiaowglxt.cms_
ykxt_bmb3' doesn't exist
```

7.2.4　PDO 对事务的处理

PDO 可以实现对事务处理，使用 beginTransaction 来开启事务，这样 MySQL 数据库的自动提交模式（autocommit）会自动关闭，直到事务提交或回滚以后才能恢复。PDO 使用 commit() 方法实现事务提交，使用 rollBack() 方法实现事务的回滚，下面通过两个示例来说明 PDO 的事务处理。

【示例 7-16】通过 PDO 执行对数据库的插入和删除操作实现简单的事务处理。

在这里仍使用 cms_ykxt_bmb2 表，代码如下：

```
    <?php
    header("Content-type:text/html; charset=UTF-8");
    $dsn = 'mysql:host=localhost:3307;dbname=jiaowglxt';
    $username = 'root';
    $password = '';
    $params = array (PDO::MYSQL_ATTR_INIT_COMMAND => 'SET NAMES \'UTF8\'',PDO::ATTR_
ERRMODE => PDO::ERRMODE_EXCEPTION);
    //通过 PDO::MYSQL_ATTR_INIT_COMMAND => 'SET NAMES \'UTF8\'' 或
    //$pdo->query('set names utf8;'); 设置 PDO 字符集都可以。
    try{
        $pdo = new pdo($dsn,$username,$password,$params);
       //$pdo->query('set names utf8;'); //设置 PDO 字符集
       if($pdo){ //MySQL 数据库连接成功
               //开始事务
                       $pdo->beginTransaction();
                       $pdo->exec("insert into cms_ykxt_bmb2 values('gdd0017','红外车
间1', 'gdd0017')");
                       $pdo->exec("insert into cms_ykxt_bmb2 values('gdd0018','红外车
间2', 'gdd0018')");
                       $pdo->exec("insert into cms_ykxt_bmb2 values('gdd0019','红外车
间3', 'gdd0019')");
                       $pdo->exec("delete from cms_ykxt_bmb2 where syh='gcc11'");
```

```
                    //提交事务
                    $pdo->commit();
            echo "数据库更新操作完毕…<br/>";
    }else{ //连接失败
            echo 'MySQL 数据库连接失败…';
    }
}catch(pdoException $e){
    //回滚事务
    $pdo->rollBack();
    exit( 'Error:'.$e->getMessage());
}
?>                                                                  [000287]
```

【示例 7-17】通过 PDO 执行对数据库的更新操作实现相对复杂的事务处理。

为此创建一张商品表并加入些数据，SQL 语句如下：

```
SET FOREIGN_KEY_CHECKS=0;

-- ----------------------------
-- Table structure for cms_product
-- ----------------------------
DROP TABLE IF EXISTS `cms_product`;
CREATE TABLE `cms_product` (
  `product_id` int(11) NOT NULL COMMENT '唯一 ID',
  `product_name` varchar(30) DEFAULT NULL COMMENT '商品名称',
  `product_price` decimal(8,2) DEFAULT NULL COMMENT '商品单价',
  PRIMARY KEY (`product_id`)
) ENGINE=InnoDB DEFAULT CHARSET=utf8 CHECKSUM=1 DELAY_KEY_WRITE=1 ROW_
FORMAT=DYNAMIC COMMENT='商品信息表';

-- ----------------------------
-- Records of cms_product
-- ----------------------------
INSERT INTO `cms_product` VALUES ('1', '各式男西服', '230.09');
INSERT INTO `cms_product` VALUES ('2', '各式女西服', '250.22');
INSERT INTO `cms_product` VALUES ('3', '各式旅游鞋', '230.09');
INSERT INTO `cms_product` VALUES ('4', '各式男衬衣', '250.22');
INSERT INTO `cms_product` VALUES ('5', '各式女裙', '230.09');
INSERT INTO `cms_product` VALUES ('6', '各式女鞋', '250.22');
INSERT INTO `cms_product` VALUES ('7', '各式男防寒服', '230.09');
INSERT INTO `cms_product` VALUES ('8', '各式女防寒服', '250.22');
INSERT INTO `cms_product` VALUES ('9', '各式男腰带', '230.09');
INSERT INTO `cms_product` VALUES ('10', '各式女包', '250.22');        [000288]
```

注意：将上面字码放入 Navicat for MySQL 中执行即可。

具体实现代码如下：

```
<?php
header("Content-type:text/html; charset=UTF-8");
$dsn = 'mysql:host=localhost:3307;dbname=jiaowglxt';
$username = 'root';
$password = '';
$params = array (
PDO::MYSQL_ATTR_INIT_COMMAND => 'SET NAMES \'UTF8\'',
PDO::ATTR_ERRMODE => PDO::ERRMODE_EXCEPTION,
PDO::ATTR_AUTOCOMMIT=>0); // PDO::ATTR_AUTOCOMMIT=>0 关闭自动提交
//通过 PDO::MYSQL_ATTR_INIT_COMMAND => 'SET NAMES \'UTF8\'' 或
//$pdo->query('set names utf8;'); 设置 PDO 字符集都可以。
try{
    $pdo = new pdo($dsn,$username,$password,$params);
//这是通过设置属性方法进行关闭自动提交和上面的功能一样
//$pdo->setAttribute(PDO::ATTR_AUTOCOMMIT, 0);
//这是通过设置属性方法开启异常处理和上面的功能一样
//$pdo->setAttribute(PDO::ATTR_ERRMODE, PDO::ERRMODE_EXCEPTION);
```

```
}catch(PDOException $e){
echo "数据库连接失败：".$e->getMessage();
exit;
}
/*
* 事务处理
* 给商品 ID（product_id）为 1 的商品降价 10 元
* 给商品 ID（product_id）为 2 的商品加价 10 元
* 将商品 ID（product_id）为 3 的商品去除
*/
try{
$pdo->beginTransaction();// 开启事务处理
$price=10;
$sql="update cms_product set product_price= product_price -{$price} where product_id=1";
$affected_rows=$pdo->exec($sql);
if(!$affected_rows) throw new PDOException("给商品 ID 为 1 的商品降价失败");// 错误抛出异常
$sql="update cms_product set product_price= product_price +{$price} where product_id=2";
$affected_rows=$pdo->exec($sql);
if(!$affected_rows) throw new PDOException("给商品 ID 为 2 的商品加价失败");

$sql="delete from cms_product where product_id=3";
$affected_rows=$pdo->exec($sql);
if(!$affected_rows) throw new PDOException("去除商品 ID 为 3 的商品失败");

echo "价格调整成功！";
$pdo->commit();// 价格调整成功就提交
}catch(PDOException $e){
echo $e->getMessage();
$pdo->rollback();
}
// 恢复自动提交
$pdo->setAttribute(PDO::ATTR_AUTOCOMMIT,1);
// 设置错误报告模式 ERRMODE_SILENT ERRMODE_WARNING
$pdo->setAttribute(PDO::ATTR_ERRMODE, PDO::ERRMODE_SILENT);
$pdo->setAttribute(PDO::ATTR_ERRMODE, PDO::ERRMODE_WARNING);
?>                                                                  [000289]
```

7.2.5　PDO 访问 MySQL 数据库总结

1. 使用 PDO 的步骤

（1）连接数据库

```
$DSN = "mysql:host= 服务器 IP 地址 / 名称 ;port= 端口号 ;dbname= 数据库名 ";
或者
$DSN = "mysql:host= 服务器 IP 地址 / 名称 : 端口号 ;dbname= 数据库名 ";
$Options = array(PDO::MYSQL_ATTR_INIT_COMMAND=>'SET NAMES \'UTF8\'');
$pdo = new pdo($DSN,"用户名","密码",$Options);
```

（2）执行 SQL 语句

```
$result1 = $pdo->exec("增删改语句"); 返回数字：表示该语句影响的行数；返回 false：表示执行失败。
$result2 = $pdo->query("各种 SQL 语句，包括增删改语句" );
往往习惯上 query() 方法用于执行 select 这种有数据返回的语句，也可以执行增删改语句。
$result2 这个结果，如果返回 false，表示执行失败；如果返回了结果集（pdo 结果集），通常称之为 pdostatement 对象，表示执行成功。另外，此结果集还需要进一步处理，就像 mysql_query() 返回结果需要进一步处理一样。
```

（3）断开连接

如果需要断开连接，可通过 $pdo = null;（销毁对象）实现。

2. PDO 对象的常见操作（方法）

PDO 对象的常见操作如表 7-6 所示。

表 7-6

PDO 对象的其他常见操作	描述
$pdo->lastInsertId();	获得最后一次自增长的 ID 值，前提是数据表某列值具有自增功能
$pdo->beginTransaction();	开始一个事务
$pdo->commit();	提交一个事务
$pdo->rollBack();	回滚一个事务
$pdo->setAttribute(属性名，属性值);	设置 PDO 的属性值
$pdo->__construct()	建立一个 PDO 连接数据库的实例
$pdo->errorCode()	获取错误码
$pdo->errorInfo()	获取错误的信息
$pdo->exec()	执行 SQL 语句，并返回所影响的条目数，一般被用于执行 insert、delete、update 及 create 等
$pdo->getAttribute()	获取一个“数据库连接对象”的属性
$pdo->getAvailableDrivers()	获取有效的 PDO 驱动器名称
$pdo->prepare()	PDO 预处理，生成一个“查询对象”
$pdo->query()	执行 SQL 语句，并返回一个结果集对象，将这个结果集对象称为 PDOStatement，一般被用于 select 查询
$pdo->quote()	为某个 SQL 中的字符串添加引号
$pdo->setAttribute()	为一个“数据库连接对象”设定属性

在 PHP 代码中，要想使用事务，示范代码如下：

```
$pdo->beginTransaction();
$pdo->exec( sql 语句 1);
$pdo->exec( sql 语句 2);
…
if( 正确 ){
    $pdo->commit();
}else{
    $pdo->rollback();
}
```

3. PDO 的错误处理

PDO 发生的错误有两种处理模式，一种是默认模式，另一种是异常模式，分别介绍如下。

（1）默认模式

默认模式就是发生错误后，并不产生错误提示或输出，而是需要“人为”地通过代码去获取并判断。比如：

$pdo -> exec($sql);，这条语句可能出错，也可能不出错，可以做后续判断。

$Code = $pdo->errorCode();，获取前一次执行 SQL 语句的“错误代号”，如果没有错误，就是 0。可以参考如下代码：

```
if($Code == 0){
    echo " 执行成功 ";
}else{
    $info = $pdo->errorInfo();// 获取错误信息，但这里结果是一个数组，其中下标为 2 的就是错误提示内容。
    Echo " 失败，请参考错误提示：".$info[2];
}
```

（2）异常模式

异常模式是一种特别的语法形式，类似下面的代码：

```
<?php
    //这里可以定义 PDO 连接数据库的变量，
    //$DSN = "mysql:host=服务器地址/名称;port=端口号;dbname=数据库名";
    //$Options = array(PDO::MYSQL_ATTR_INIT_COMMAND=>' SET NAMES \' UTF8\' ' );
try{
    //在这里可以使用 PDO 连接数据库
    $pdo = new pdo($DSN,"用户名","密码",$Options);
    //这里可以用 PDO 执行 SQL 语句
    $pdo -> exec("update 表 set 列='值'where  列='值'");
    //这个范围内的语句，一旦出错，就会立即进入 catach 范围
}
catch(Exception  $e){
    //如果 try 范围的语句发生错误，就会执行这个 catch 范围的语句，否则就不会执行。
    //其中 $e 是一个记录错误信息的"对象"，跟 $pdo->errorinfo() 类似。可以这样：
    echo "失败，请参考错误提示：" .$e->GetMessage();
}
后续代码…
?>
```

4. PDO 的结果集对象

当使用 PDO 对象的 query() 方法执行一条有返回数据的语句（如 select、desc 及 show），如果执行成功返回的就是“PDO 结果集对象”，称为 pdostatement 对象。

“PDO 结果集对象”，基本上可以理解为该对象中存放了很多数据，需要取出来。与最原始的 mysql_query() 对比一下。

PHP 原始的 mysql_query() 查询写法，如：$result = mysql_query(“select...”);

PDO 查询写法，如：$result = $pdo->query(“select...”);

PHP 原始的查询写法与 PDO 查询写法在本质上是一样的，PDO 结果集对象的常用方法如表 7-7 所示。

表 7-7

PDO 结果集对象的常用方法	描述
$stmt = $pdo->query(“ select...”);	$stmt 为获得的结果集对象
$stmt->rowCount();	返回受上一条 SQL 语句影响的行数，即返回对结果集对象影响的行数
$stmt->columnCount() ;	返回结果集对象的列数
$stmt->fetch([返回类型]);	从结果集对象中取出一行数据，结果是一个一维数组
$stmt->fetchAll([返回类型]);	返回包含所有结果集行的数组，即取出所有数据，结果是一个二维数组
$stmt->fetchColumn([$i]);	可以取出指定的第 i 个列的数据（$i 默认是 0）
$stmt->errorCode();	默认模式下，获取与语句句柄上最后一个操作关联的 SQLSTATE，即错误代号
$stmt->errorInfo();	默认模式下，获取与语句句柄上最后一个操作相关联的扩展错误信息，是一个一维数组
$stmt->closeCursor();	关闭结果集，清理资源，使语句能够再次执行
$stmt->bindColumn()	将列绑定到 PHP 变量
$stmt->bindParam()	将参数绑定到指定的变量名
$stmt->bindValue()	将值绑定到参数
$stmt->execute()	执行准备好的 SQL 语句
$stmt->fetchObject()	获取下一行并将其作为对象返回
$stmt->getAttribute()	获取语句属性
$stmt->getColumnMeta()	返回结果集中列的元数据

续上表

PDO 结果集对象的常用方法	描述
$stmt->nextRowset()	前进到多行集语句句柄中的下一行集
$stmt->setAttribute()	设置语句属性
$stmt->setFetchMode()	设置此语句的默认获取模式

通过“$stmt = $pdo->query(“select...”);”返回的 PDO 结果集对象 $stmt，$stmt 的类型由 PDO 的“PDO::ATTR_DEFAULT_FETCH_MODE”参数控制，通过“$pdo->setAttribute(PDO::ATTR_DEFAULT_FETCH_MODE, 属性值);”来设置，“PDO::ATTR_DEFAULT_FETCH_MODE”参数的属性值如表 7-8 所示。

表 7-8

PDO::ATTR_DEFAULT_FETCH_MODE 参数的属性值	描述
PDO::FETCH_ASSOC	表示返回关联数组
PDO::FETCH_NUM	表示返回索引数组
PDO::FETCH_BOTH	表示返回前二者皆有的数组，这是默认值
PDO::FETCH_OBJ	表示返回对象

注意：关于 PDO 所提供的属性参数（属性名）很多，具体每个属性参数（属性名）的含义及其设置这里不做详解。

关于 PDO::setAttribute() 方法，该方法用于设置 PDO 的属性，其语法格式如下：

```
bool PDO::setAttribute ( $attribute, $value );
```

其中，$attribute 为要设置的属性名（参数），$value 为要设置的值（混合类型）。PDO::setAttribute() 方法可设属性（参数）及可设值如表 7-9 所示。

表 7-9

Attribute（可设属性）	处理者	可设值	说明
PDO::ATTR_CASE	PDO	PDO::CASE_LOWER PDO::CASE_NATURAL PDO::CASE_UPPER	用于指定列名称的大小写。 PDO::CASE_LOWER 会使列名称小写。 PDO::CASE_NATURA（默认值），显示数据库返回的列名称。 PDO::CASE_UPPER 会使列名称大写。 可以使用 PDO::setAttribute 设置此属性
PDO::ATTR_DEFAULT_FETCH_MODE	PDO	PDO::FETCH_ASSOC PDO::FETCH_NUM PDO::FETCH_BOTH PDO::FETCH_OBJ	指定返回结果集的类型。 PDO::FETCH_ASSOC 返回关联数组。 PDO::FETCH_NUM 返回索引数组。 PDO::FETCH_BOTH 返回关联和索引数组。 PDO::FETCH_OBJ 返回对象。 可以使用 PDO::setAttribute 设置此属性
PDO::ATTR_DEFAULT_STR_PARAM	PDO	PDO::PARAM_STR_CHAR PDO::PARAM_STR_NATL	指定使用的字符集。 PDO::PARAM_STR_CHAR 标记了字符使用的是常规字符集（regular character set），自 PHP 7.2.0 起。 PDO::PARAM_STR_NATL 标记了字符使用的是国家字符集（national character set），自 PHP 7.2.0 起。 可以使用 PDO::setAttribute 设置此属性
PDO::ATTR_ERRMODE	PDO	PDO::ERRMODE_SILENT PDO::ERRMODE_WARNING PDO::ERRMODE_EXCEPTION	指定驱动程序报告失败的方式。 PDO::ERRMODE_SILENT（默认值）设置错误代码和信息。 PDO::ERRMODE_WARNING 引发 E_WARNING。 PDO::ERRMODE_EXCEPTION 会引发异常。 可以使用 PDO::setAttribute 设置此属性

续上表

Attribute（可设属性）	处理者	可设值	说明
PDO::ATTR_ORACLE_NULLS	PDO	PDO::NULL_NATURAL PDO::NULL_EMPTY_STRING PDO::NULL_TO_STRING	指定在获取数据时如何返回 NULL 和空字符串。 PDO::NULL_NATURAL 不执行任何转换。 PDO::NULL_EMPTY_STRING 将空字符串转换为 NULL。 PDO::NULL_TO_STRING 将 NULL 转换为空字符串。 可以使用 PDO::setAttribute 设置此属性
PDO::ATTR_STATEMENT_CLASS	PDO	请参阅 PDO 文档。	设置从 PDOStatement 派生的用户提供的语句类，不能与持久 PDO 实例一起使用，需要 array(string classname,array(mixed constructor_args))。 有关详细资料，请参阅 PDO 文档
PDO::ATTR_STRINGIFY_FETCHES	PDO	True 或 False	检索数据时，将数值转换为字符串。 可以使用 PDO::setAttribute 设置此属性
PDO::ATTR_AUTOCOMMIT	PDO	True 或 False	可用于 OCI、Firebird 和 MySQL，是否自动提交每个语句。 如果此值为 false，PDO 将试图禁用自动提交，以便数据库连接开始一个事务。 在设置成 true 时，PDO 会自动尝试停止接受委托，并开始新的事务。对于 MySQL 数据库而言，恢复数据库的自动提交状态。 例如：设置数据库为非自动提交，即关闭自动提交 $pdo->setAttribute(PDO::ATTR_AUTOCOMMIT,0);
PDO::MYSQL_ATTR_USE_BUFFERED_QUERY	PDO	True 或 False	在 MySQL 中提供，使用缓冲查询。 如使用缓存： $pdo->setAttribute(PDO::MYSQL_ATTR_USE_BUFFERED_QUERY, true);
PDO::ATTR_PERSISTENT	PDO	True 或 False	当前对 MySQL 服务器的连接是否是持久连接。持久连接缓存可以避免每次脚本需要与数据库会话时建立一个新连接的开销，必须在传递给 PDO 构造函数的驱动选项数组中设置 PDO::ATTR_PERSISTENT。例如： $dbh = new PDO(‘mysql:host=localhost;dbname=test’, $user, $pass, array(PDO::ATTR_PERSISTENT => true)); TRUE：是持久连接，在 WAMP 环境搭建好后，Apache 和 Mysqld 都已自动做好，因此，读者无需关心它们。 FALSE：默认的，非持久连接。 不同脚本的执行间距非常短，同时每个脚本都要操作数据库，在这种情况下需要使用持久连接
PDO::SQLSRV_ATTR_CLIENT_BUFFER_MAX_KB_SIZE	Microsoft Drivers for PHP for SQL Server	1 到 PHP 内存限制。	设置使用客户端游标时保留的结果集的缓冲区大小。 如果未在 php.ini 文件中指定，则默认值为 10 240 KB。 不允许使用零和负数。 有关创建客户端游标查询的详细信息，请参阅游标类型（PDO_SQLSRV 驱动程序）

续上表

Attribute（可设属性）	处理者	可设值	说明
PDO::SQLSRV_ATTR_DECIMAL_PLACES	Microsoft Drivers for PHP for SQL Server	介于 0 和 4 之间（含 0 和 4）的整数	指定设置提取的 Money 值格式时的小数位数。 将忽略任何负整数或大于 4 的值。 此选项仅在 PDO::SQLSRV_ATTR_FORMAT_DECIMALS 为 true 时适用。 还可以在语句级别设置此选项。如果是这样，语句级别选项将覆盖此选项。 有关详细信息，请参阅设置十进制字符串和 Money 值格式（PDO_SQLSRV 驱动程序）
PDO::SQLSRV_ATTR_DIRECT_QUERY	Microsoft Drivers for PHP for SQL Server	True 或 False	指定直接或已准备的查询执行。 有关详细信息，请参阅 PDO_SQLSRV 驱动程序中的直接语句执行和预定语句执行。
PDO::SQLSRV_ATTR_ENCODING	Microsoft Drivers for PHP for SQL Server	PDO::SQLSRV_ENCODING_UTF8 PDO::SQLSRV_ENCODING_SYSTEM	设置驱动程序用于与服务器通信的字符集编码。 不支持 PDO::SQLSRV_ENCODING_BINARY。 默认值为 PDO::SQLSRV_ENCODING_UTF8
PDO::SQLSRV_ATTR_FETCHES_DATETIME_TYPE	Microsoft Drivers for PHP for SQL Server	True 或 False	指定是否以 PHP DateTime 对象形式检索日期和时间类型。如果保留 false，则默认行为是将它们作为字符串返回。 还可以在语句级别设置此选项。如果是这样，语句级别选项将覆盖此选项。 有关详细信息，请参阅如何使用 PDO_SQLSRV 驱动程序以 PHP DateTime 对象形式检索日期和时间类型
PDO::SQLSRV_ATTR_FETCHES_NUMERIC_TYPE	Microsoft Drivers for PHP for SQL Server	True 或 False	处理带有数值 SQL 类型（bit、integer、smallint、tinyint、float 或 real）的列的数值提取。 当打开了连接选项标志 ATTR_STRINGIFY_FETCHES，返回值将是一个字符串，即使 SQLSRV_ATTR_FETCHES_NUMERIC_TYPE 处于打开状态。 如果绑定列中返回的 PDO 类型是 PDO_PARAM_INT，即使 SQLSRV_ATTR_FETCHES_NUMERIC_TYPE 处于关闭状态，整数列的返回值也是 int
PDO::SQLSRV_ATTR_FORMAT_DECIMALS	Microsoft Drivers for PHP for SQL Server	True 或 False	指定是否在合适时向十进制字符串添加前导零。如已设置，此选项将启用用于设置 Money 类型格式的 PDO::SQLSRV_ATTR_DECIMAL_PLACES 选项。如果保留 false，使用的默认行为是返回精确的精度，并为小于 1 的值省略前导零。 还可以在语句级别设置此选项。如果是这样，语句级别选项将覆盖此选项。 有关详细信息，请参阅设置十进制字符串和 Money 值格式（PDO_SQLSRV 驱动程序）
PDO::SQLSRV_ATTR_QUERY_TIMEOUT	Microsoft Drivers for PHP for SQL Server	integer	设置查询超时（以秒为单位）。 默认值为 0，这意味着该驱动程序将无限期地等待结果。 不允许使用负数

目前来看，PHP 通过 PDO 连接数据库是趋势，业界大都采用此方式，主要原因是 PDO 对事务的控制能力非常好且支持多类型的数据库。要求读者对本节涉及的知识点，尤其是总结里的内容搞明白。

接下来介绍 PHP 通过第三方插件 ADODB 连接和访问数据库。

7.3　使用 ADODB 第三方插件连接数据库

ADODB（Active Data Objects Data Base）是一种 PHP 存取数据库的中间组件。

虽然 PHP 是构建 Web 系统强有力的工具，但是 PHP 存取数据库的功能，一直未能标准化，每一种数据库都使用不同且不兼容的应用程序接口（API）。为了填补这个缺憾，ADODB 出现了。一旦存取数据库的接口予以标准化，就能隐藏各种数据库的差异，若转换至其他不同的数据库，将变得十分容易。

目前 ADODB 最新版本是 V5.20.17，支持的数据库种类非常多，例如：MySQL、PostgreSQL、Interbase、Informix、Oracle、MS SQL Server、Foxpro、Access、ADO、Sybase 及 DB2 等。

使用 ADODB 最大的优点之一是：不管后端数据库如何，存取数据库的方式都一致，开发设计人员不必为了某一套数据库，而必须再学习另一套不同的存取方法，这大大减轻了开发人员的知识负担，以往的技术知识以后仍可继续使用；转移数据库平台时，程序代码也不必做太大的改动。

ADODB 与 PDO 一样，也是数据库抽象层，ADODB 提供了完整的方法和属性让工程师去控制资料库系统，而且只要记住它的功能即可。因为不同的资料库系统，只要修改一个属性值即可，ADODB 会自动依据设定的值获取正确的 PHP 函数。此外，再配合资料库系统修改 SQL 指令，PHP 系统就可以在最短的时间内更换到另一个资料库系统，如果在撰写程序时，能妥善规划 SQL 指令，就更快了。

7.3.1　使用 ADODB 连接数据库

关于 ADODB 的下载与部署，可在 HTTP://sourceforge.net/projects/adodb/files/ 网站中下载 ADODB 的新版本，下载完成后会得到一个压缩包，将其解压到项目中的合适位置，之后只要在项目中引入 adodb.inc.php 这个 ADODB 的核心文件，即可在项目中使用。

在 PHP 中可以这样操作 ADODB，首先确定好要连接的数据库类型，然后选择服务器以及数据库，最后关闭连接。

通过 NewADOConnection() 函数来实现对数据库的连接。例如，连接 MySQL 数据库的代码如下：

```
$conn = NewADOConnection("mysql");  // 指示使用 mysql 驱动
```

或

```
$conn = NewADOConnection("mysqli");  // 指示使用 mysqli 驱动。PHP7 及之后版本必须这样。
```

其中“ “mysql” ”指示 ADODB 使用 PHP 的 mysql 驱动，“ “mysqli” ”指示 ADODB 使用 PHP 的 mysqli 驱动。如果当前 PHP 版本为 7 或更高，则指示 ADODB 使用 PHP 的 mysqli 驱动。然后使用 Connect 方法来实现数据库的连接服务器并选择数据库，代码如下：

```
$conn->Connect($db_host,$db_user,$db_psw,$db_name)
```

其中，参数依次为服务器主机名 : 数据库端口号（默认 3306）、连接数据库所用用户名称、用户密码及数据库名。

最后使用 Close() 方法来关闭与数据库的连接，以有效地释放资源，这里不再赘述。

7.3.2 使用 ADODB 执行查询

连接上 MySQL 数据库以后，用于直接执行 SQL 语句的方法有 Execute()、Query()、GetArray()、GetRow()、GetOne() 及 SelectLimit() 等。其中 Execute() 和 Query() 方法可用于执行任何类型的 SQL 语句，而 GetArray()、GetRow() 和 GetOne() 只能用来执行查询（select）语句。

GetArray() 返回由查询出全部数据的关联与索引兼具的二维数组构成的结果集，这个结果集是一个由关联与索引构成的二维数组。

GetRow() 返回由查询出第一行数据的关联与索引兼具的一维数组构成的结果集，这个结果集是一个由关联与索引构成的一维数组。

GetOne() 返回由查询出第一行第一列的值构成的结果集，这个结果集其实就是一个值。

SelectLimit() 返回表中从第几行取然后取多少行，返回的是结果集对象。一般在分页或只取出几条记录的情况下使用 SelectLimit() 方法。

对结果集操作的方法有两类，一类是移动结果集指针，包括 MoveFirst（移动到第一条记录）、MoveLast（移动到最后一条记录）、MoveNext（移动到下一条记录）及 MovePrevious（移动到上一条记录）；另一类是顺序取结果集记录，主要是 FetchRow() 方法。

ADODB 中提供了一个不错的函数 rs2html()，用于将记录集生成 HTML 表格并输出。

下面通过示例的形式分别介绍。

注意：在 PHP 脚本中，可以加入形如“$conn->debug = true;”的语句来跟踪和调试应用程序。

1. GetArray() 方法的使用

GetArray() 方法，返回结果集全部数据的关联与索引兼具的二维数组，来看下面的示例。

【示例 7-18】使用 ADODB 的 GetArray() 方法输出查询返回的数据。

这里使用前面用过的表 cms_product，代码如下：

```
<?php
    header("Content-type:text/html; charset=UTF-8");
    $hostname_mysql = 'localhost:3307';
    $hostname_pdo_mysql = 'mysql:host=localhost:3307;dbname=jiaowglxt';
    $username = 'root';
    $password = '';
    $dbname='jiaowglxt';
    $params = array (
    PDO::MYSQL_ATTR_INIT_COMMAND => 'SET NAMES \'UTF8\'',PDO::ATTR_ERRMODE =>
PDO::ERRMODE_EXCEPTION,PDO::ATTR_AUTOCOMMIT=>0);
// PDO::ATTR_AUTOCOMMIT=>0 关闭自动提交
//通过 PDO::MYSQL_ATTR_INIT_COMMAND => 'SET NAMES \'UTF8\'' 或
//$pdo->query('set names utf8;'); 设置 PDO 字符集都可以。
require_once 'adodb5/adodb.inc.php'; // 引入 adodb 核心文件
//$conn = NewADOConnection("mysql"); // 指示使用 mysql 驱动
$conn = NewADOConnection("mysqli"); // 指示使用 mysqli 驱动
//$conn = NewADOConnection("pdo"); // 指示使用 PDO 驱动
//连接数据库
    $conn->Connect($hostname_mysql,$username,$password,$dbname);    //mysqli 驱动
//$conn->Connect($hostname_pdo_mysql,$username,$password,$params); //PDO 驱动
    $conn->Execute("set names utf8"); //设置 UTF-8 编码
    $result = $conn-> GetArray("select * from cms_product"); //执行 SQL 语句
//输出结果集数组
    echo "<pre> ";
    print_r($result);
```

```
    echo "<pre> ";
?>                                                                  [000290]
```

输出结果：

```
Array
(
    [0] => Array
        (
            [0] => 1
            [product_id] => 1
            [1] => 各式男西服
            [product_name] => 各式男西服
            [2] => 210.09
            [product_price] => 210.09
        )

    [1] => Array
        (
            [0] => 2
            [product_id] => 2
            [1] => 各式女西服
            [product_name] => 各式女西服
            [2] => 270.22
            [product_price] => 270.22
        )

    [2] => Array
        (
            [0] => 4
            [product_id] => 4
            [1] => 各式男衬衣
            [product_name] => 各式男衬衣
            [2] => 250.22
            [product_price] => 250.22
        )
    [3] => Array()
    [4] => Array()
    [5] => Array()
    [6] => Array()
    [7] => Array()
[8] => Array
(
            [0] => 10
            [product_id] => 10
            [1] => 各式女包
            [product_name] => 各式女包
            [2] => 250.22
            [product_price] => 250.22
        )
)
```

2. GetRow() 方法的使用

GetRow() 方法，返回结果集第一行数据的关联与索引兼具的一维数组，看下面的示例。

【示例 7-19】使用 ADODB 的 GetArray() 方法输出查询返回的数据。

这里使用前面用过的表 cms_product，代码如下：

```
<?php
    header("Content-type:text/html; charset=UTF-8");
    $hostname_mysql = 'localhost:3307';
    $hostname_pdo_mysql = 'mysql:host=localhost:3307;dbname=jiaowglxt';
    $username = 'root';
    $password = '';
```

```
    $dbname='jiaowglxt';
    $params = array (
    PDO::MYSQL_ATTR_INIT_COMMAND => 'SET NAMES \'UTF8\'',PDO::ATTR_ERRMODE =>
PDO::ERRMODE_EXCEPTION,PDO::ATTR_AUTOCOMMIT=>0);
  // PDO::ATTR_AUTOCOMMIT=>0 关闭自动提交
  //通过 PDO::MYSQL_ATTR_INIT_COMMAND => 'SET NAMES \'UTF8\'' 或
  //$pdo->query('set names utf8;'); 设置 PDO 字符集都可以。
  require_once 'adodb5/adodb.inc.php'; //引入 adodb 核心文件
  //$conn = NewADOConnection("mysql"); //指示使用 mysql 驱动
  $conn = NewADOConnection("mysqli"); //指示使用 mysqli 驱动
  //$conn = NewADOConnection("pdo"); //指示使用 PDO 驱动
  //连接数据库
    $conn->Connect($hostname_mysql,$username,$password,$dbname);       //mysqli
驱动
  //$conn->Connect($hostname_pdo_mysql,$username,$password,$params); //PDO 驱动
    $conn->Execute("set names utf8"); //设置 UTF-8 编码
    $result = $conn->getrow("select * from cms_product"); //执行 SQL 语句
  //输出结果集数组
    echo "<pre> ";
    print_r($result);
    echo "<pre> ";
  ?>                                                              [000291]
```

输出结果：

```
Array
(
    [0] => 1
    [product_id] => 1
    [1] => 各式男西服
    [product_name] => 各式男西服
    [2] => 210.09
    [product_price] => 210.09
)
```

3. MoveNext 方法的使用

可以通过 MoveNext 的方法配合循环来输出所有数据，来看下面的示例。

【示例 7-20】使用 ADODB 的 Query () 及 movenext() 方法配合循环输出数据。

这里仍然使用前面用过的表 cms_product，代码如下：

```
<?php
    header("Content-type:text/html; charset=UTF-8");
    $hostname_mysql = 'localhost:3307';
    $hostname_pdo_mysql = 'mysql:host=localhost:3307;dbname=jiaowglxt';
    $username = 'root';
    $password = '';
    $dbname='jiaowglxt';
    $params = array (
    PDO::MYSQL_ATTR_INIT_COMMAND => 'SET NAMES \'UTF8\'',PDO::ATTR_ERRMODE =>
PDO::ERRMODE_EXCEPTION,PDO::ATTR_AUTOCOMMIT=>0);
  // PDO::ATTR_AUTOCOMMIT=>0 关闭自动提交
  //通过 PDO::MYSQL_ATTR_INIT_COMMAND => 'SET NAMES \'UTF8\'' 或
  //$pdo->query('set names utf8;'); 设置 PDO 字符集都可以。
  //引入 adodb 核心文件
    require_once 'adodb5/adodb.inc.php';
  //指示使用 mysqli 驱动
    $conn = NewADOConnection("mysqli");
  //连接数据库
  //mysqli 驱动
    $conn->Connect($hostname_mysql,$username,$password,$dbname);
  //设置 UTF-8 编码
    $conn->Execute("set names utf8");
    $result = $conn->Query("select * from cms_product");
```

```
    while(!$result->EOF){ // 判断是否为文件结尾
    print_r($result->fields) ;
    echo "<br/>";
    $result->MoveNext(); // 移动到下一条记录
    }
    //$result->MoveFirst // 移动到第一条记录
    //$result->MoveLast // 移动到最后一条记录
    //$result->MoveNext // 移动到下一条记录
    //$result->MovePrevious // 移动到上一条记录
    $result->MoveFirst();
    while(!$result->EOF){ // 判断是否为文件结尾
    $rows=$result->fields;
    echo $rows[0]."-".$rows[1]."-".$rows[2]."<br/>";
    $result->MoveNext(); // 移动到下一条记录
    }
?>                                                                    [000292]
```

输出结果：

```
Array([0]=>1 [product_id] => 1 [1] => 各式男西服 [product_name] => 各式男西服 [2]
=> 210.09 [product_price] => 210.09 )
Array([0]=>2 [product_id] => 2 [1] => 各式女西服 [product_name] => 各式女西服 [2]
=> 270.22 [product_price] => 270.22 )
Array([0]=>4 [product_id] => 4 [1] => 各式男衬衣 [product_name] => 各式男衬衣 [2]
=> 250.22 [product_price] => 250.22 )
Array([0]=>5 [product_id] => 5 [1] => 各式女裙 [product_name] => 各式女裙 [2] =>
230.09 [product_price] => 230.09 )
Array([0]=>6 [product_id] => 6 [1] => 各式女鞋 [product_name] => 各式女鞋 [2] =>
250.22 [product_price] => 250.22 )
Array([0]=>7 [product_id] => 7 [1] => 各式男防寒服 [product_name] => 各式男防寒服 [2]
=> 230.09 [product_price] => 230.09 )
Array([0]=>8 [product_id] => 8 [1] => 各式女防寒服 [product_name] => 各式女防寒服 [2]
=> 250.22 [product_price] => 250.22 )
Array([0]=>9 [product_id] => 9 [1] => 各式男腰带 [product_name] => 各式男腰带 [2]
=> 230.09 [product_price] => 230.09 )
Array([0]=>10 [product_id] => 10 [1] => 各式女包 [product_name] => 各式女包 [2] =>
250.22 [product_price] => 250.22 )
1- 各式男西服 -210.09
2- 各式女西服 -270.22
4- 各式男衬衣 -250.22
5- 各式女裙 -230.09
6- 各式女鞋 -250.22
7- 各式男防寒服 -230.09
8- 各式女防寒服 -250.22
9- 各式男腰带 -230.09
10- 各式女包 -250.22
```

上面结果说明 $result->fields 返回的是一个关联 + 索引一维数组。

4. FetchRow() 方法的使用

可以通过 FetchRow 的方法配合循环来输出所有数据，来看下面的示例。

【示例 7-21】使用 ADODB 的 FetchRow() 方法配合循环输出数据。

这里仍然使用前面用过的表 cms_product，代码如下：

```
<?php
    header("Content-type:text/html; charset=UTF-8");
    $hostname_mysql = 'localhost:3307';
    $hostname_pdo_mysql = 'mysql:host=localhost:3307;dbname=jiaowglxt';
    $username = 'root';
    $password = '';
    $dbname='jiaowglxt';
    $params = array (
    PDO::MYSQL_ATTR_INIT_COMMAND => 'SET NAMES \'UTF8\'',PDO::ATTR_ERRMODE =>
PDO::ERRMODE_EXCEPTION,PDO::ATTR_AUTOCOMMIT=>0);
```

```
    // PDO::ATTR_AUTOCOMMIT=>0 关闭自动提交
    //通过 PDO::MYSQL_ATTR_INIT_COMMAND => 'SET NAMES \'UTF8\'' 或
    //$pdo->query('set names utf8;'); 设置 PDO 字符集都可以。
    //引入 adodb 核心文件
        require_once 'adodb5/adodb.inc.php';
    //指示使用 mysqli 驱动
        $conn = NewADOConnection("mysqli");
    //连接数据库
    //mysqli 驱动
        $conn->Connect($hostname_mysql,$username,$password,$dbname);
    //设置 UTF-8 编码
        $conn->Execute("set names utf8");
        $result = $conn->Query("select * from cms_product");
        while($row=$result->FetchRow()){
        print_r($row);
        echo "<br/>";
    }
    ?>                                                    [000293]
```

输出结果：

```
    Array ( [0] => 1 [product_id] => 1 [1] => 各式男西服 [product_name] => 各式男西服 [2]
=> 210.09 [product_price] => 210.09 )
    Array ( [0] => 2 [product_id] => 2 [1] => 各式女西服 [product_name] => 各式女西服 [2]
=> 270.22 [product_price] => 270.22 )
    Array ( [0] => 4 [product_id] => 4 [1] => 各式男衬衣 [product_name] => 各式男衬衣 [2]
=> 250.22 [product_price] => 250.22 )
    Array ( [0] => 5 [product_id] => 5 [1] => 各式女裙 [product_name] => 各式女裙 [2]
=> 230.09 [product_price] => 230.09 )
    Array ( [0] => 6 [product_id] => 6 [1] => 各式女鞋 [product_name] => 各式女鞋 [2]
=> 250.22 [product_price] => 250.22 )
    Array ( [0] => 7 [product_id] => 7 [1] => 各式男防寒服 [product_name] => 各式男防寒
服 [2] => 230.09 [product_price] => 230.09 )
    Array ( [0] => 8 [product_id] => 8 [1] => 各式女防寒服 [product_name] => 各式女防寒
服 [2] => 250.22 [product_price] => 250.22 )
    Array ( [0] => 9 [product_id] => 9 [1] => 各式男腰带 [product_name] => 各式男腰带 [2]
=> 300.03 [product_price] => 300.03 )
    Array ( [0] => 100 [product_id] => 100 [1] => Scort's lovely cat names tiger
[product_name] => Scort's lovely cat names tiger [2] => 222.11 [product_price] =>
222.11 )
    Array ( [0] => 101 [product_id] => 101 [1] => Scort's lovely cat names tiger
[product_name] => Scort's lovely cat names tiger [2] => 222.11 [product_price] =>
222.11 )
    Array ( [0] => 102 [product_id] => 102 [1] => Scort's lovely cat names tiger
[product_name] => Scort's lovely cat names tiger [2] => 222.11 [product_price] =>
222.11 )
```

上面结果说明 $result->FetchRow() 返回的是一个由关联 + 索引构成的一维数组。

5. SelectLimit() 方法的使用

可以使用 SelectLimit() 方法来取出指定范围的记录，其语法格式如下：

```
SelectLimit($sql,$numrows=-1,$offset=-1)
```

其中，$sql 为要执行的 SQL 语句，$numrows 为取记录的条数，即取多少条记录，$offset 为从哪条开始取，即从第几条开始取。

SelectLimit() 方法返回表中从第几行取然后取出指定的行数，返回的是一个结果集对象，其一般在分页或只取出几条记录的情况下使用，来看下面的示例。

【示例 7-22】使用 SelectLimit() 方法输出指定范围的记录。

这里仍然使用前面用过的表 cms_product，输出第 5 行（含当前行）后的 3 行数据，代码如下：

```
<?php
    header("Content-type:text/html; charset=UTF-8");
    $hostname_mysql = 'localhost:3307';
    $hostname_pdo_mysql = 'mysql:host=localhost:3307;dbname=jiaowglxt';
    $username = 'root';
    $password = '';
    $dbname='jiaowglxt';
    $params = array (
    PDO::MYSQL_ATTR_INIT_COMMAND => 'SET NAMES \'UTF8\'',PDO::ATTR_ERRMODE =>
PDO::ERRMODE_EXCEPTION,PDO::ATTR_AUTOCOMMIT=>0);
require_once './adodb5/adodb.inc.php'; // 引入 adodb 核心文件
    $conn->Connect($hostname_mysql,$username,$password,$dbname);          //mysqli
驱动
    $conn->Execute("set names utf8"); // 设置 UTF-8 编码
$sql="select * from cms_product";
$result = $conn->SelectLimit($sql,3,5); // 执行 SQL 语句
while (!$result->EOF) { // 通过 while 循环遍历记录集
    print_r($result->fields);
    echo "<BR/>";
    $result->MoveNext();// 将指针移动到下一条记录，否则出现死循环。
}
$result->Close();// 关闭以便释放内存
?>                                                                    [000294]
```

输出结果：

```
Array ( [0] => 7 [product_id] => 7 [1] => 各式男防寒服 [product_name] => 各式男防寒
服 [2] => 230.09 [product_price] => 230.09 )
Array ( [0] => 8 [product_id] => 8 [1] => 各式女防寒服 [product_name] => 各式女防寒
服 [2] => 250.22 [product_price] => 250.22 )
Array ( [0] => 9 [product_id] => 9 [1] => 各式男腰带 [product_name] => 各式男腰带 [2]
=> 300.03 [product_price] => 300.03 )
```

6. rs2html() 函数的使用

可以使用 rs2html() 函数来快速输出一个包含结果集的表格，其语法格式如下。

```
function rs2html($adorecordset,[$tableheader_attributes], [$col_titles])
```

语法格式中 $adorecordset 是查询出的记录集，$tableheader_attributes 负责控制表格属性，如 cellpadding、cellspacing 及 border 等属性，$col_titles 是一个数组类型，负责更换数据库列名称，使用自定义的列名，来看下面的示例。

【示例 7-23】使用 rs2html() 函数把记录集转换为 HTML 表格的形式输出。

这里仍然使用前面用过的表 cms_product，代码如下：

```
<?php
    header("Content-type:text/html; charset=UTF-8");
    $hostname_mysql = 'localhost:3307';
    $hostname_pdo_mysql = 'mysql:host=localhost:3307;dbname=jiaowglxt';
    $username = 'root';
    $password = '';
    $dbname='jiaowglxt';
    $params = array (
    PDO::MYSQL_ATTR_INIT_COMMAND => 'SET NAMES \'UTF8\'',PDO::ATTR_ERRMODE =>
PDO::ERRMODE_EXCEPTION,PDO::ATTR_AUTOCOMMIT=>0);
// PDO::ATTR_AUTOCOMMIT=>0 关闭自动提交
//通过 PDO::MYSQL_ATTR_INIT_COMMAND => 'SET NAMES \'UTF8\'' 或
//$pdo->query('set names utf8;'); 设置 PDO 字符集都可以。
include('./adodb5/tohtml.inc.php');       // 使用 rs2html 时，必须要引入此文件
include('./adodb5/adodb.inc.php');        // 引入 adodb 核心文件
//指示使用 mysqli 驱动
// $conn = newADOConnection("mysqli");
    $conn = ADOnewConnection("mysqli");
```

```
    $conn->debug=true;      // 打开 ADOdb 调试
    // 连接数据库
    //mysqli 驱动
        $conn->Connect($hostname_mysql,$username,$password,$dbname);
    // 设置 UTF-8 编码
    $rs = $conn->Execute("set names utf8");
    $sql = 'select * from cms_product ';
    $rs = $conn->Execute($sql);
    rs2html($rs,'border=9 cellpadding=3',array('商品 ID','商品名称','商品价格')); //
使用
    rs2html 输出一个表格
    ?>                                                                    [000295]
```

浏览器将输出如图 7-3 所示。

(mysqli): set names utf8

(mysqli): select * from cms_product

商品ID	商品名称	商品价格
1	各式男西服	210.09
2	各式女西服	270.22
4	各式男衬衣	250.22
5	各式女裙	230.09
6	各式女鞋	250.22
7	各式男防寒服	230.09
8	各式女防寒服	250.22
9	各式男腰带	230.09
10	各式女包	250.22

图 7-3

根据运行结果可以看到，rs2html() 是一个独立的函数，相当于 PHP 中的 odbc_result_all() 函数。该函数会输出整个 ADORecordSet（记录集），$ADORecordSet 如同一个 HTML 表格。$tableheader_attributes 允许控制表格里的参数，如 cellpadding、cellspacing 及 border 等的属性。最后，可以通过 $col_titles 数组，更换数据库列名称，使用自定义的列名。

7.3.3 使用 ADODB 执行数据库增、删、改操作

ADODB 对不同的数据库操作进行了封装，提供了一套统一的库函数，可以方便使用这些库函数来完成对数据库的增删查改操作，同样可以使用 Execute() 函数来执行 SQL 语句，来看下面的代码。

```
    <?php
        header("Content-type:text/html; charset=UTF-8");
        $hostname_mysql = 'localhost:3307';
        $hostname_pdo_mysql = 'mysql:host=localhost:3307;dbname=jiaowglxt';
        $username = 'root';
        $password = '';
        $dbname='jiaowglxt';
        $params = array (
        PDO::MYSQL_ATTR_INIT_COMMAND => 'SET NAMES \'UTF8\'',PDO::ATTR_ERRMODE =>
PDO::ERRMODE_EXCEPTION,PDO::ATTR_AUTOCOMMIT=>0);
    // PDO::ATTR_AUTOCOMMIT=>0 关闭自动提交
    // 通过 PDO::MYSQL_ATTR_INIT_COMMAND => 'SET NAMES \'UTF8\'' 或
    //$pdo->query('set names utf8;'); 设置 PDO 字符集都可以。
    include('./adodb5/adodb.inc.php');          // 引入 adodb 核心文件
    // 指示使用 mysqli 驱动
```

```
    // $conn = newADOConnection("mysqli");
       $conn = ADOnewConnection("mysqli");
       $conn->debug=true;     //打开 ADOdb 调试
    //连接数据库
    //mysqli 驱动
    $conn->Connect($hostname_mysql,$username,$password,$dbname);
    $name = "Scort";
    $title = "This my theme";
    $message = $conn->qstr("Scort's lovely cat names tiger");//魔术引用处理字符串中的特殊字符
    //echo $message . "<br/>";
    $sql1 = "INSERT INTO cms_product VALUES(102,".$message.",222.11)";
    $sql2 = "delete from cms_product where product_id=10";
    $sql3 = "update cms_product set product_price=300.03 where product_id=9";
    $rs   = $conn->Execute("set names utf8");
    $rs   = $conn->Execute($sql1);
    $rs   = $conn->Execute($sql2);
    $rs   = $conn->Execute($sql3);
    echo "<pre>";
    print_r($rs); //查看结果集信息
    echo "<pre>";
    ?>                                                    [000296]
```

输出结果如图 7-4 所示。

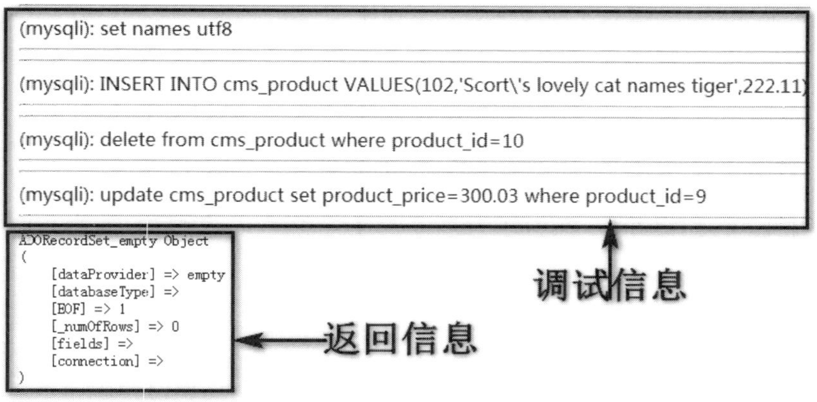

图 7-4

上面的代码没有使用事务控制，PHP ADODB 是支持事务控制的，开启事务通过 BeginTrans() 方法实现，提交事务通过 CommitTrans() 实现，回滚事务通过 RollbackTrans() 方法实现。下面通过一个小例子来说明 PHP ADODB 如何实现事务处理功能，示例代码如下：

```
    <!DOCTYPE html PUBLIC "-//W3C//DTD XHTML 1.0 Transitional//EN" "http://www.w3.org/TR/xhtml1/DTD/xhtml1-transitional.dtd">
    <html xmlns="http://www.w3.org/1999/xhtml">
    <head>
    <meta http-equiv="Content-Type" content="text/html; charset=gb2312" />
    <title>处理事务</title>
    <style type="text/css">
    body,td,th {
      font-size: 12px;
    }
    body {
      margin-left: 10px;
      margin-top: 10px;
      margin-right: 10px;
      margin-bottom: 10px;
```

```
}
</style>
</head>
<body>
<?php
   header("Content-type:text/html; charset=UTF-8");
   $hostname_mysql = 'localhost:3307';
   $hostname_pdo_mysql = 'mysql:host=localhost:3307;dbname=jiaowglxt';
   $username = 'root';
   $password = '';
   $dbname='jiaowglxt';
   $params = array (
   PDO::MYSQL_ATTR_INIT_COMMAND => 'SET NAMES \'UTF8\'',PDO::ATTR_ERRMODE =>
PDO::ERRMODE_EXCEPTION,PDO::ATTR_AUTOCOMMIT=>0);
   $DB_TYPE='mysqli';
require_once './adodb5/adodb.inc.php'; //引入adodb核心文件
   $conn=NewADOConnection($DB_TYPE);//建立数据库对象
   $conn->Connect($hostname_mysql,$username,$password,$dbname);//mysqli驱动
   $conn->Execute("set names utf8"); //设置UTF-8编码
  $conn->BeginTrans(); //开始事务处理
  $sql = 'delete from cms_product where product_id = 8';        //sql删除语句
  $rst = $conn -> execute($sql) or die('execute error: '.$conn -> ErrorMsg());
//执行删除语句
  $num = $conn -> Affected_rows(); //查看被更新的记录数
  if(false !== $rst){ //如果$rst不为假
    if($num != 0){ //如果$num不为0，说明删除成功
      $conn -> CommitTrans(); //执行提交
      echo '删除成功！';
      exit();
    }else{//如果$num为0，说明没有删除记录
      echo '没有数据，或数据已删除';
      exit();
    }
  }else{//如果发生意外
    $conn -> RollbackTrans();//执行回滚操作
    echo '出现意外。';
  }
/*
//$result = $conn->SelectLimit($sql,3,5); //执行SQL语句
//while (!$result->EOF) { //通过while循环遍历记录集
//    print_r($result->fields);
// echo "<BR/>";
//    $result->MoveNext();//将指针移动到下一条记录，否则出现死循环。
//}
//$result->Close();//关闭以便释放内存
*/
?>
</body>
</html>                                                        [000297]
```

输出结果：

```
删除成功！
没有数据，或数据已删除
```

7.3.4 ADODB 公用变量

ADODB 提供内置的缓存机制，CacheExecute() 方法用于每次查询数据时，把相应的结果序列化后保存到文件中，以后同样的查询语句就可以不用直接查询数据库，而是从缓存文件中获取，从而提高 Web 系统的性能。那么，$ADODB_CACHE_DIR 用于设置存放缓存文件的目录，它是 ADODB 公用变量之一。

```
define('ADODB_FETCH_DEFAULT',0);
define('ADODB_FETCH_NUM',1);
define('ADODB_FETCH_ASSOC',2);
define('ADODB_FETCH_BOTH',3);
```

以上常量是在 adodb.inc.php 里定义的，也就是 $ADODB_FETCH_MODE 变量可以设置的值。该值告诉 ADODB 返回的记录集类型是 ADODB_FETCH_NUM（索引数组）的，还是 ADODB_FETCH_ASSOC（关联数组）的，或者二者兼具，即 ADODB_FETCH_BOTH 或 ADODB_FETCH_DEFAULT。

$ADODB_FETCH_MODE 相当于 PDO 的 PDO::ATTR_DEFAULT_FETCH_MODE，用于设置返回记录集的类型，它也是 ADODB 公用变量之一。

上述简单介绍了 $ADODB_CACHE_DIR 和 $ADODB_FETCH_MODE 的作用，它们是 ADODB 中的公用变量，下面分别介绍。

1. $ADODB_CACHE_DIR 变量

如果使用数据缓存功能，那么存储数据都会被保存在这个变量指定的文件夹目录里。所以在使用例如 CacheExecute() 函数以前，应设定好 $ADODB_CACHE_DIR 变量。出于安全考虑，在使用 $ADODB_CACHE_DIR 之前，最好关闭 PHP.INI 中的 register_globals。

2. $ADODB_FETCH_MODE 变量

$ADODB_FETCH_MODE 变量决定了结果集以哪种方式将数据传给数组。结果集在被建立时，如 Execute()、SelectLimit() 把本变量的值保存起来，之后改变本变量并不会对之前的结果集有影响，只会对新建立的结果集起作用。

以下为 ADODB 定义好的常量。

```
define('ADODB_FETCH_DEFAULT',0);
define('ADODB_FETCH_NUM',1);
define('ADODB_FETCH_ASSOC',2);
define('ADODB_FETCH_BOTH',3);
```

下面来看一个体现 $ADODB_FETCH_MODE 参数特性的例子代码。

```
<?php
    header("Content-type:text/html; charset=UTF-8");
    $hostname_mysql = 'localhost:3307' ;
    $hostname_pdo_mysql = 'mysql:host=localhost:3307;dbname=jiaowglxt' ;
    $username = 'root' ;
    $password = '' ;
    $dbname=' jiaowglxt' ;
    $params = array (
    PDO::MYSQL_ATTR_INIT_COMMAND => 'SET NAMES \' UTF8\' ' ,PDO::ATTR_ERRMODE =>
PDO::ERRMODE_EXCEPTION,PDO::ATTR_AUTOCOMMIT=>0);
// PDO::ATTR_AUTOCOMMIT=>0 关闭自动提交
//通过 PDO::MYSQL_ATTR_INIT_COMMAND => 'SET NAMES \'UTF8\'' 或
//$pdo->query('set names utf8;'); 设置 PDO 字符集都可以。
include('./adodb5/adodb.inc.php');        //引入 adodb 核心文件
//指示使用 mysqli 驱动
//  $conn = newADOConnection("mysqli");
    $conn = &ADOnewConnection("mysqli");
    $conn->debug=true;      //打开 ADOdb 调试
//连接数据库
//mysqli 驱动
$conn->Connect($hostname_mysql,$username,$password,$dbname);
$sql = 'select * from cms_product ';
$rs  = $conn->Execute("set names utf8");
$ADODB_FETCH_MODE = ADODB_FETCH_ASSOC;   //设置结果集返回模式为 ASSOC
$rs_assoc   = $conn->GetAll($sql);       //取得整个数据的结果集数组
```

```
$ADODB_FETCH_MODE = ADODB_FETCH_NUM;      //设置结果集返回模式为NUM
$rs_num = $conn->GetAll($sql);    //取得整个数据的结果集数组
$ADODB_FETCH_MODE = ADODB_FETCH_BOTH;     //设置结果集返回模式为BOTH,ASSOC和NUM兼具
$rs_both = $conn->GetAll($sql);   //取得整个数据的结果集数组
$ADODB_FETCH_MODE = ADODB_FETCH_DEFAULT; //设置结果集返回模式为BOTH,ASSOC和NUM兼具
$rs_default = $conn->GetAll($sql);        //取得整个数据的结果集数组
echo 'ADODB_FETCH_ASSOC-关联数组'."<BR/>";
echo "<pre>";
print_r($rs_assoc);
echo "<pre>";
echo 'ADODB_FETCH_NUM-索引数组'."<BR/>";
echo "<pre>";
print_r($rs_num);
echo "<pre>";
echo 'ADODB_FETCH_BOTH-关联 + 索引数组'."<BR/>";
echo "<pre>";
print_r($rs_both);
echo "<pre>";
echo 'ADODB_FETCH_DEFAULT-关联 + 索引数组'."<BR/>";
echo "<pre>";
print_r($rs_default);
echo "<pre>";
?>                                                        [000298]
```

输出结果：

```
略…
```

在执行 Execute 语句之前，4 次修改 ADODB_FETCH_MODE 的值，最后输出 4 个 SQL 语句返回的结果集。从以上代码中可以发现，虽然是在修改 $ADODB_FETCH_MODE 为 NUM 之后输出 $rs_assoc 结果集的，但是 $rs_assoc 结果集返回的还是 ASSOC 方式，可以看出 ADOdb 在执行 Execute() 时就已经将 $ADODB_FETCH_MODE 的值保存起来了。

如果不设定 $ADODB_FETCH_MODE 的值，ADOdb 将默认为 $ADODB_FETCH_BOTH，为了代码的可移植性，建议固定 $ADODB_FETCH_MODE 的值为 NUM 或 ASSOC，因为有许多驱动程序不支持 $ADODB_FETCH_BOTH。

7.3.5 ADODB 中的 GetMenu() 和 Render() 函数使用方法

ADODB 中的两个函数是 GetMenu()（建立下拉菜单）和 Render()（分页）。这两个函数给应用开发省了不少麻烦，下面分别介绍。

1. GetMenu() 函数

GetMenu() 语法格式如下：

```
GetMenu($name, [$default_str=''], [$blank1stItem=true], [$multiple_select=false], [$size=0], [$moreAttr=''])
```

该函数会建立一个 HTML 下拉框菜单 (<select><option><option></select>)。数据集的第一列 (fields[0]) 将会作为 <option> 里的显示字符串。如果数据集有超过一个以上的字段，第二列 (fields[1]) 将设定成回传给 Web 服务器的值（value）。GetMenu() 函数将以 $name 成为下拉菜单 name 属性的值，即下拉菜单名称。

GetMenu() 函数第 3 个参数的值为 true 或 false，false 表示下拉列表的第一行不为空，true 表示第一行为空行。

GetMenu() 函数第 4 个参数的值为 true 或 false，false 表示单选，true 表示多选。

可以使用 $moreAttr 去增加其他的属性，如 JavaScript 或样式表，来看下面的示例。

在这里仍然使用 cms_product 表来演示 GetMenu() 函数的用法，表中的 product_name 列用于显示，product_id 列用于 value，代码如下：

```
<html>
<head>
<meta http-equiv="Content-Type" content="text/html; charset=UTF-8">
</head>
<body>
<h3>选择商品</h3>
    <?php
    header("Content-type:text/html; charset=UTF-8");
    $hostname_mysql = 'localhost:3307';
    $hostname_pdo_mysql = 'mysql:host=localhost:3307;dbname=jiaowglxt';
    $username = 'root';
    $password = '';
    $dbname='jiaowglxt';
    $params = array (
    PDO::MYSQL_ATTR_INIT_COMMAND => 'SET NAMES \'UTF8\'',PDO::ATTR_ERRMODE =>
PDO::ERRMODE_EXCEPTION,PDO::ATTR_AUTOCOMMIT=>0);
// PDO::ATTR_AUTOCOMMIT=>0 关闭自动提交
//通过 PDO::MYSQL_ATTR_INIT_COMMAND => 'SET NAMES \'UTF8\'' 或
//$pdo->query('set names utf8;'); 设置 PDO 字符集都可以。
include('./adodb5/adodb.inc.php');         //引入 adodb 核心文件
//指示使用 mysqli 驱动
//  $conn = newADOConnection("mysqli");
    $conn = ADOnewConnection("mysqli");
//连接数据库
//mysqli 驱动
$conn->Connect($hostname_mysql,$username,$password,$dbname);
$conn->Execute("set names utf8");
    $strSQL = "select product_name, product_id from cms_product"; //SQl 语句
    $rs = $conn->Execute($strSQL); //执行 SQL 语句
    ?>
<form method='post' action=''>
  请选择购买商品：
<!-- 调用 getMenu() 函数 -->
    <?php
//GetMenu() 的第 3 个参数的值为 true 或 false，false 表示下拉列表的第一行不为空，true 表示第
一行为空行。
// 第 4 个参数的值为 true 或 false，false 表示单选，true 表示多选。
    $p_name='ABCDE';
    echo $rs->GetMenu($p_name,'',true,false);
    ?>
  <input type='submit' name='submit' value='提交' />
</form>

<?php
if(isset($_POST[$p_name])){ //判断表单是否被提交
    echo '您选择的商品是：'.$_POST[$p_name]; //输出提交的表单值
}
?>

</body>
</html>                                                           [000299]
```

浏览器将输出如图 7-5 所示的结果。

图 7-5

查看页面源代码，可以看出页面中是由 GetMenu() 生成的下拉框菜单，代码如下：

```
<html>
<head>
<meta http-equiv="Content-Type" content="text/html; charset=UTF-8">
</head>
<body>
<h3>选择商品</h3>
<form method='post' action=''>
请选择购买商品：
<!-- 调用 getMenu() 函数 -->
<select name="ABCDE" >
<option></option>
<option value="1">各式男西服</option>
<option value="2">各式女西服</option>
<option value="4">各式男衬衣</option>
<option value="5">各式女裙</option>
<option value="6">各式女鞋</option>
<option value="7">各式男防寒服</option>
<option value="8">各式女防寒服</option>
<option value="9">各式男腰带</option>
<option value="100">Scort's lovely cat names tiger</option>
<option value="101">Scort's lovely cat names tiger</option>
<option value="102">Scort's lovely cat names tiger</option>
</select>
<input type='submit' name='submit' value='提交' />
</form>
</body>
</html>                                                          [000300]
```

2. 分页函数 Render()

ADODB 在 ADODB_Pager 类中提供一个封装好的 Render() 函数，该函数可以快速地传入数据并以分页的形式输出，方便了调试和查看数据，代码如下：

```
<?php
//-------------------- 步骤 1：连接 MySQL 数据库 -----------------
   header("Content-type:text/html; charset=UTF-8");
   $hostname_mysql = 'localhost:3307';
   $hostname_pdo_mysql = 'mysql:host=localhost:3307;dbname=jiaowglxt';
   $username = 'root';
   $password = '';
   $dbname='jiaowglxt';
   $params = array (
   PDO::MYSQL_ATTR_INIT_COMMAND => 'SET NAMES \'UTF8\'',PDO::ATTR_ERRMODE =>
PDO::ERRMODE_EXCEPTION,PDO::ATTR_AUTOCOMMIT=>0);
```

```
    // PDO::ATTR_AUTOCOMMIT=>0 关闭自动提交
    //通过 PDO::MYSQL_ATTR_INIT_COMMAND => 'SET NAMES \'UTF8\'' 或
    //$pdo->query('set names utf8;'); 设置 PDO 字符集都可以。
    require_once './adodb5/adodb.inc.php'; //引入 adodb 核心文件
    require_once './adodb5/adodb-pager.inc.php'; //要使用 Render() 函数必须引入 adodb-
pager.inc.php 文件
    //指示使用 mysqli 驱动
    // $conn = newADOConnection("mysqli");
       $conn = ADOnewConnection("mysqli");
    //连接数据库
    //mysqli 驱动
    $conn->Connect($hostname_mysql,$username,$password,$dbname);
    $conn->Execute("set names utf8");//设置字符集
    //-------------------- 步骤 2: 发送数据库查询操作 ----------------
    #组织 SQL 语句
    $sql = "select * from cms_product";
    $pager = new ADODB_Pager($conn,$sql);
    $pager->Render(4); //定义每页显示行数，不填则为默认值 10
    ?>
                                                                        [000301]
```

浏览器将输出如图 7-6 所示的结果。

|< << >> >|

product_id	product_name	product_price
1	各式男西服	210.09
2	各式女西服	270.22
4	各式男衬衣	250.22
5	各式女裙	230.09

Page 1/3

图 7-6

7.3.6　ADODB 访问 MySQL 数据库总结

1. 如何配置和使用 ADODB PHP

（1）下载 ADODB For PHP 类库压缩包

（2）解压到网站目录下任何文件夹下

（3）引入 ADODB 配置文件

（4）配置需要的数据库连接

（5）使用内置方法操作链接的数据库

2. 连接 MySQL 数据库

（1）定义数据库变量

```
    $DB_TYPE="mysqli"; //指示 MySQL 数据库驱动类型，mysql 表示原始的 mysql 驱动，mysqli 表示
mysqli 驱动。如果当前运行的为 PHP7 或之后版本，则必须使用 mysqli，即 $DB_TYPE="mysqli";
    $DB_HOST="localhost:3307"; // 网站服务器主机
    $DB_USER="root";//数据库登录账户
    $DB_PASS=""; //数据库账户登录密码
    $DB_DATABASE="jiaowglxt";//数据库名
```

（2）调取 ADODB 核心文件 adodb.inc.php

```
    require_once("./adodb/adodb.inc.php");
    require_once ("./adodb5/tohtml.inc.php");          //使用 rs2html() 输出 HTML 表格时，
必须要引入此文件
```

（3）建立数据库对象及连接

```
$db=NewADOConnection("$DB_TYPE");// 建立数据库对象
$db->Connect($DB_HOST,$DB_USER,$DB_PASS,$DB_DATABASE);    // 建立连接对象
$db->debug = true;// 开启数据库的 DEBUG 调试，默认值是 false
```

（4）设置返回记录集的格式

```
$ADODB_FETCH_MODE = ADODB_FETCH_ASSOC;// 返回记录集的格式为关联数组
可选返回记录集的格式如下。
define('ADODB_FETCH_DEFAULT',0);
define('ADODB_FETCH_NUM',1);
define('ADODB_FETCH_ASSOC',2);
define('ADODB_FETCH_BOTH',3);
```

以上常量，在 adodb.inc.php 里定义好了，也就是可用 $ADODB_FETCH_MODE=2 或 $ADODB_FETCH_MODE= ADODB_FETCH_ASSOC 设置返回记录集的格式为关联数组。

```
ADODB_FETCH_NUM 表示返回记录集的格式为索引数组。
ADODB_FETCH_ASSOC 表示返回的记录集格式为关联数组。
ADODB_FETCH_BOTH 和 ADODB_FETCH_DEFAULT 表示返回记录集的格式为以上两种兼具，某些数据库不支持。
比如：
    $ADODB_FETCH_MODE = ADODB_FETCH_NUM;
    $rs1 = $db->Execute('select * from table');
    $ADODB_FETCH_MODE = ADODB_FETCH_ASSOC;
    $rs2 = $db->Execute('select * from table');
    print_r($rs1->fields); // 返回的数组是：array([0]=>'v0',[1] =>'v1')。
    print_r($rs2->fields); // 返回的数组是：array(['col1']=>'v0',['col2'] =>'v1')。
```

3. MySQL 数据库连接时及连接后的处理

连接数据库的方法有 Connect、PConnect 及 NConnect，一般使用 Connect。

比如连接时：

```
$db=NewADOConnection("$DB_TYPE");// 建立数据库对象
if (!@$db->Connect("$DB_HOST", "$DB_USER", "$DB_PASS", "$DB_DATABASE")) {
    exit('<a href="/">不能连接数据库，目前服务器很忙，请稍候再访问…</a>');
}
```

连接后就要使用数据库对象的方法，假如创建的数据库对象为 $db，数据库对象方法的访问方式为 $db-> 数据库对象方法，这些数据库对象方法如下。

- Execute($sql)

```
$db->execute($sql) 用于执行 SQL 语句，可以是任意类型的 SQL，习惯上用于执行 insert（增）、delete（删）、update（改）及 create（建）等类型语句。
```

- Query($sql)

```
$db->query($sql) 用于执行 SQL 语句，可以是任意类型的 SQL，习惯上用于有返回结果集的语句，即 select（查询）。
```

- GetArray($sql)

```
$db->GetArray($sql) 返回由查询出全部数据的关联与索引兼具的二维数组构成的结果集，这个结果集是一个由关联与索引构成的二维数组。
```

- GetRow($sql)

```
$db->GetRow($sql) 返回由查询出第一行数据的关联与索引兼具的一维数组构成的结果集，这个结果集是一个由关联与索引构成的一维数组。
```

- GetOne($sql)

```
$db->GetOne($sql) 返回由查询出第一行第一列的值构成的结果集，这个结果集其实就是一个值。
```

- SelectLimit($sql,$numrows,$offset)

SelectLimit() 方法参数说明如表 7-10 所示。

表 7-10

SelectLimit 方法参数	说明
$sql	执行的 SQL 语句字符串
$numrows	取几条记录
$offset	从第几条开始取

一般在分页或只取出几条记录的情况下使用 SelectLimit() 方法。

下面给出 MySQL 数据库连接后处理的示范文本代码。

（1）取出多个记录

```
$sql = "Select * FROM table orDER BY id DESC";
if (!$rs = $db->Execute($sql)){ //执行SQL语句，并把结果返回给$rs变量
    echo $db->ErrorMsg();//显示出错信息
    $db->Close();//关闭数据库
    exit();//退出
}
while (!$rs->EOF) { //通过while循环遍历记录集
    //print_r($rs->fields)
   //$rs->fields['列名'],返回的是这个列值。
   echo $rs->fields['col1'] . '<br/>';
    $rs->MoveNext();//将指针移动到下一条记录，否则出现死循环。
}
$rs->Close();//关闭以便释放内存
```

（2）插入新记录

```
$sql = "insert into table (col1,col2) values(3,'3')";
$db->Execute($sql);
```

（3）更新记录

```
$sql = "Update table SET col2='5' Where col1=3";
$db->Execute($sql);
```

（4）删除记录

```
$sql = "Delete FROM table Where col1=3";
$db->Execute($sql);
```

（5）通过 GetRow() 取单条记录

```
//$db->GetRow($sql) 取结果集第一条记录，并返回一个数组，出错返回 false
$sql ="Select col1,col2 FROM table";//SQL语句
$data_arry = $db->GetRow($sql); //执行SQL语句
if ($data_arry == false) {//判断是否查出记录
    echo '没有找到此记录';
    exit();//退出
} else { //查出了记录
    echo $data_arry['col1'] . '-' . $data_arry['col2'] . '<br>'; //输出记录内容
}
```

（6）通过 FetchRow() 取单条记录

```
$sql ="Select col1,col2 FROM table"; //SQL语句
if (!$rs = $db->Execute($sql)) { //执行SQL语句并判断是否执行成功。
    echo $db->ErrorMsg();//输出错误信息。
    $db->Close();//关闭连接，释放内存。
    exit();//退出
}
if (!$result = $rs->FetchRow()) {//获取第一行记录并判断是否获取成功
    echo '没有找到此记录';
    exit();//退出
} else {//获取成功
```

```
    echo $data_arry['col1'] . '-' . $data_arry['col2'] . '<br>'; //输出内容
}
```

上面（5）和（6）都是取单条记录，区别是（5）的 GetRow() 返回的结果集就一条，（6）的 FetchRow() 是从返回的多条记录的结果集中取当前记录指针所指向的记录（默认为第一条）。

（7）取单个字段值

```
//$db->GetOne($sql) 取出第一条记录的第一个字段的值，出错则返回 false
$sql1 = "Select COUNT(*) FROM table"; //SQL 语句
$record_nums = $db->GetOne($sql1);// 执行 SQL
echo $record_nums; // 输出第一行第一列的值
$sql2 = "Select col1,col2 FROM table"; //SQL 语句
$result = $db->GetOne($sql2); // 执行 SQL
echo $result;// 输出第一行 col1 列的值
```

（8）获取自增 ID 的流水号

```
ADODB 提供了两个方法获取类似流水号的 ID，这两个方法是 Insert_ID() 和 GenID()。
$db->Insert_ID() 方法不需要参数，返回刚刚插入的那条记录的 ID 值，仅支持带 auto-increment 功能的数据库，如 PostgreSQL、MySQL 和 MS SQL。
```

示范代码如下。

```
$sql = "Insert table (col1,col2) values(3, '4')";//SQL 语句
$db->Execute($sql);// 执行 SQL 语句
$data_id = $db->Insert_ID(); // 获取该表最后的自增 ID 值
echo $data_id;// 输出这个值
$db->GenID($tableName ='lsh',$startID=1)，该方法产生一个 ID 值。$tableName 用于产生此 ID 的表，$startID 用于设置起始值，一般不用设置，它会把 $seqName 中的值自动加 1。
Insert_ID() 和 GenID()，一般用 GenID，使用它的好处是可以立即得到一个 ID 值且支持全部数据库，因为 GenID() 不依赖于数据库的自增功能。
先创建一个表名为 lsh 的表，里面只有一个字段，"id,decimal(10,0),NOT NULL"，然后插入一条值为 0 的记录。lsh 表的唯一字段名必须使用 "id"，不能是别的，这一点要注意。否则，该方法不起作用。
DROP TABLE IF EXISTS `lsh`;
CREATE TABLE `lsh` (`id` decimal(10,0) NOT NULL) ENGINE=InnoDB DEFAULT CHARSET=utf8;
insert into lsh values(0);
上面的建表代码放在 Navicat for MySQL 中执行即可。
GenID() 示范代码如下。
$lsh = $db->GenID('lsh'); // 从 lsh 表获取最后值，这个最后值 = 当前值 + 1
$sql = "Insert table (col1,col2) values($lsh, '4')";//SQL 语句，$lsh 被用在此 SQL 语句中。
$db->Execute($sql);
建议使用 GenID() 获得自增 ID 的流水号。
```

（9）获取记录总数

$rs->RecordCount()，属于结果集（记录集）对象的方法，只能对返回的结果集（记录集）对象操作，用于取出记录集总数，无须参数。

$rs->RecordCount() 是把查询返回的记录集用 count() 数组的方法取得数据的行数量，如果取大量数据，效率比较慢，建议使用 SQL 中的 COUNT(*) 方法获取记录集的行数量。

注意，$sql = "Select COUNT(*) FROM table", 用此 SQL 时，不要在 SQL 里加 ORDER BY，否则会降低执行速度。

获取记录总数示范代码如下：

```
$sql = "Select * FROM table";
if (!$rs = $db->Execute($sql)){
    echo $db->ErrorMsg();
    $db->Close();
    exit();
```

```
}
$record_nums = $rs->RecordCount();
Echo "总行数为".$record_nums;
```

（10）对同一结果集进行多次同样循环处理的方法

如果想对某一结果集，要进行多次同样的循环处理，可以通过 $rs->MoveFirst() 方法实现。对同一结果集进行多次同样循环处理的示范代码如下：

```
$sql = "Select * FROM table"; //SQL 语句
if (!$rs = $db->Execute($sql)) {  //执行 SQL 语句并判断执行是否成功
    echo $db->ErrorMsg();
    $db->Close();
    exit();
}
$username_ary = array();// 定义一个空数组
while (!$rs->EOF) {  //while 循环，如果 $rs->EOF 为 true，说明到了末尾，退出循环。
    $username_ary[] = $rs->fields['col1'] // 将 col1 列的值赋给 $username_ary 数组
    echo $rs->fields['col1'] . '<br>';// 输出 col1 列的值
    $rs->MoveNext();// 将指针指到下一条记录
}
$username_ary = array_unique($username_ary); // 对 $username_ary 数组重新索引
$rs->MoveFirst();// 将指针指回第一条记录
while (!$rs->EOF) { // 重新循环处理
    echo $rs->fields['col2'] . '<br>'; 输出 col2 列的值
    $rs->MoveNext();// 将指针指到下一条记录
}
$rs->Close();// 关闭记录集释放内存
// 对数据库操作完毕后，要关闭这个数据库对象
$db->Close();// 关闭数据库对象
// 在关闭数据库对象时也可以书写下面的代码，建议这样做。
if (isset($db)) {
    $db->Close();// 关闭数据库对象
}
```

（11）PHP ADODB 实现智能插入功能

```
$arr1=array('col1'=>'1','col2'=>'2','col3'=>'3');// 构造一个关联数组，数组键对应表的字段，键值为插入表的值。
$db->AutoExecute("table1",$arr1,"INSERT");// 向表 table1 插入 $arr1 定义的信息。
```

（12）PHP ADODB 对象方式获取数据库内容

```
$sql="SELECT * FROM table1";
$rs2=$db->Execute($sql);
while($row=$rs2->FetchNextObject()){
echo $row->COL1;
}
```

注：“$row->”后面的字段名必须使用大写。

（13）PHP ADODB HTML 代码方式显示内容

```
require_once './adodb5/tohtml.inc.php';// 使用 rs2html 时，必须要引入此文件
$sql="SELECT * FROM table1";
$rs2=$db->Execute($sql);
echo rs2html($rs2);
```

（14）PHP ADODB 实现内容自动分页功能

```
include_once("adodb5/adodb-pager.inc.php");
session_start();
$sql="SELECT * FROM table1";
$pager=new ADODB_Pager($db,$sql);
$pager->Render(2);
```

4. 关于 ADODB 对数据库进行增删改操作要事先对字符型信息使用 qstr() 处理的说明

在进行添加、修改、删除记录操作时，要对字符串型的输入内容使用 $db->qstr() 进行处理，主要是对特殊字符如单双引号等，该转义的要转义，同时在字符串两端加上单引号，比如 $db->qstr(“SET NAMES‘UTF8’”)，结果是把“SET NAMES’UTF8’”这个字符串处理成“‘SET NAMES \’UTF8\‘’”，这样处理是正确的，要把字符串中的两个单引号还原为本意的单引号。即把“SET NAMES’UTF8’”字符串中的两个“‘”单引号转义（还原本意），然后在两端加上“‘”单引号，最后的结果就是“‘SET NAMES \’UTF8\‘’”。

$db->qstr(“SET NAMES‘UTF8’”) 的前提是 PHP.INI 中的“magic_quotes”值为“OFF”，如果这个值不确定，可以使用 $db->qstr($content,get_magic_quotes_gpc())，其中“$content”为待处理的形如“SET NAMES‘UTF8’”这样的字符串，书写 SQL 时，尤其是 update 语句，不该加单引号的就不加，例如下面正确的代码：

```
    $content="SET NAMES'UTF8'";
    $sql = "Update table SET content=" . $db->qstr($content, get_magic_quotes_
gpc()) ." Where id=2";
    $db->Execute($sql);
```

不正确的代码如下：

```
    $content="SET NAMES'UTF8'";
    $sql = "Update table SET content='".$db->qstr($content, get_magic_quotes_gpc())
."' Where id=2";
    $db->Execute($sql);
```

错在哪里，在“content=”后加了一个“‘”单引号，在“Where”前面加了一个“‘”单引号，这样做是不对的，因为 $db->qstr($content, get_magic_quotes_gpc()) 已经把“SET NAMES‘UTF8’”变为“‘SET NAMES \’UTF8\‘’”了，不需要再加了。

正确的真实的 SQL 语句如下：

```
    Update table SET content='SET NAMES \'UTF8\'' Where id=2
```

错误的真实的 SQL 语句如下：

```
    Update table SET content=''SET NAMES \'UTF8\''' Where id=2
```

这样的 SQL 发到数据库肯定是报错的，因此关于这一点请读者在实际开发中注意。

当代码量达到一定规模，复杂度达到一定程度，如果出现了类似这样的小失误，纠起错误来往往是很费心费力的，因此，在实际开发中一定要注意这些小小的失误。

对于 ADODB 的理解，可以是这样：其实 ADODB 为数据库连接及命令执行提供了一个标准接口，这个接口要建立在比它低一级的接口之上，是接口的接口，就 MySQL 数据库来说，ADODB 提供的接口要依赖于 PHP 为 MySQL 数据库提供的 mysql 或 mysqli 或 PDO 接口，没有这些接口，ADODB 提供的接口不能独立工作，其他数据库也是一样。也就是说，ADODB 为这些数据库提供的接口要依赖于 PHP 为这些数据库提供的比它低一级的接口。ADODB 所提供接口的意义在于：发送给数据库的同一个命令或 SQL 语句经过 ADODB 处理后基本达到各类数据库均可接受的目的，免去了开发人员在书写命令前要先问问这个数据库是否支持的问题，为可能的数据库嫁接需求（更换数据库）提供了便利，即不需要维护大量的数据库操作命令或者 SQL 语句。当然，ADODB 也不是万能的，像某类数据库，如 Oracle，不支持表字段的自增功能，MySQL 数据库下利用表字段自增功能书写的 SQL 语句放到 Oracle 下就不正常了，因为 Oracle 数据库没有像 MySQL 那样的表字段自增功能，而是序列，这个问题属于数据库间功能差异的问题，如果指望 ADODB 把这条 MySQL 下正常执行的 SQL 自动过渡到 Oracle 下，这是不可能的，只能人工调整，类似这样的问题非人力不可为，是任何接口程序包括 ADODB 都解决不了的。

总之，ADODB 是一个很不错的接口，商用也不存在任何问题，建议使用。

由于 Oracle 数据库目前仍占据着较大的市场份额，且 PHP 应用项目除 MySQL 外，也不乏采用 Oracle 作为应用数据库，因此，接下来专题讨论 PHP 与 Oracle 数据库的有关问题。

7.4　PHP 与 Oracle 数据库

在一般中小型的 PHP 应用项目中，使用较多的数据库是 MySQL，原因是 PHP 和 MySQL 结合得非常好。但对于较大型的项目来说，数据库选型一般是 Oracle，PHP 访问 Oracle 不存在任何问题。因此，我们接下来把 PHP 访问 Oracle 作为专题来讲，项目人员完全可以借鉴参考其中的一些做法，这些做法均来自作者的实践。

7.4.1　PHP 通过 PDO 驱动连接 Oracle 数据库

众所周知，MySQL 与 PHP 是黄金搭档，MySQL 以其方便、灵活的 SQL 语法，完美支持了 PHP 的项目应用，但其在事务处理能力上的限制，尤其是大并发的需求，单靠 MySQL 本身解决起来非常不易，这需要在数据模型设计上未雨绸缪。而 Oracle 对于并发需求较高的应用（同一时刻并发上万左右），一个单实例数据库靠自身的事务能力就可以应对了，如果做成 RAC（集群数据库，多实例数据库）那就更不得了了（同一并发几万、几十万都不在话下，这样的应用场景除了铁道 12306 节假日的互联网售票以及淘宝双 11 等的促销，估计这样的应用场景不是很多了）。

因此，选取 Oracle 将给数据库设计减少很多不必要的麻烦。下面，开始介绍 PHP（注：5.5 以上的版本）连接 Oracle 11g 的步骤。

（1）安装 Oracle 11g 的客户端软件，这是必须的。

PHP 连接 Oracle 11g，访问的是 Oracle 11g 客户端配置，而非 Oracle 11g 主目录，因此，Oracle 11g 客户端软件必须安装，其安装过程略。

（2）修改 PHP.INI 文件，将如下列出前的“;”去掉。

```
;extension=php_oci8.dll
;extension=php_oci8_11g.dll
;extension=php_pdo_oci.dll
```

（3）重启 Apache。

下面通过示例来展示如何连接 Oracle 数据库并进行数据库增、删、改、查操作。

为此需要准备一个数据环境，SQL 语句如下：

```
drop index dwb_syh
/
drop  TABLE dwb cascade constraints
/
CREATE TABLE dwb(
syh char(20) DEFAULT NULL,
dw char(30) DEFAULT NULL,
zd1 char(30) DEFAULT NULL,
zd2 char(30) DEFAULT NULL,
```

```
    zaiyong char(10) DEFAULT NULL,
    zd3 number(10,2) DEFAULT NULL)
    /
    CREATE UNIQUE INDEX dwb_syh ON dwb (syh )
    /
    drop index lbkp_syh
    /
    drop TABLE lbkp cascade constraints
    /
    CREATE TABLE lbkp (
    syh char(20) DEFAULT NULL,
    rybh char(10) DEFAULT NULL,
    yp char(30) DEFAULT NULL,
    qx number(5,0) not NULL,
    qlr date DEFAULT NULL,
    dqr date DEFAULT NULL,
    gf char(1) DEFAULT NULL,
    js number(5,1) DEFAULT 1,
    sl number(5,1) DEFAULT NULL,
    zd1 char(20) DEFAULT NULL,
    zd2 number(8,2) DEFAULT NULL)
    /
    CREATE UNIQUE INDEX lbkp_syh ON lbkp(syh )
    /
    Create Or Replace Procedure bgrq_qbbg (ls_rq in Varchar2) as
    ls_date date:=to_date(ls_rq,'yyyy-mm-dd');
    BEGIN

       Update lbkp Set qlr = dqr where dqr <= ls_date and ltrim(rtrim(gf))='0' and
ltrim(rtrim(zd1))='0';
       commit;
       update lbkp set dqr = add_months(qlr,qx)   where qlr<=ls_date and
ltrim(rtrim(gf))='0' and ltrim(rtrim(zd1))='0';
       commit;
    END;
    /
    Create Or Replace Procedure bgrq_qbbg2 (ls_rq in Varchar2,ls_rq2 out Varchar2)
as
    ls_date date:=to_date(ls_rq,'yyyy-mm-dd');
    BEGIN

       Update lbkp Set qlr = dqr where dqr <= ls_date and ltrim(rtrim(gf))='0' and
ltrim(rtrim(zd1))='0';
       commit;
       update lbkp set dqr = add_months(qlr,qx)   where qlr<=ls_date and
ltrim(rtrim(gf))='0' and ltrim(rtrim(zd1))='0';
       commit;
      -- PHP 要获取 ls_rq2 输出变量值，这个值通过下面的 SQL 得到
      SELECT DW into ls_rq2 from DWB WHERE SYH='tj0129';
    END;
    /
    Create Or Replace Procedure bgrq_qbbg3 (ls_rq in out Varchar2) as
    ls_date date:=to_date(ls_rq,'yyyy-mm-dd');
    BEGIN

       Update lbkp Set qlr = dqr where dqr <= ls_date and ltrim(rtrim(gf))='0' and
ltrim(rtrim(zd1))='0';
       commit;
       update lbkp set dqr = add_months(qlr,qx)   where qlr<=ls_date and
ltrim(rtrim(gf))='0' and ltrim(rtrim(zd1))='0';
       commit;
      -- PHP 要获取 ls_rq 输出变量值（ls_rq 同时也作为输入变量使用），这个值通过下面的 SQL 得到
      SELECT DW into ls_rq from DWB WHERE SYH='tj0129';
```

```
    END;
    /                                                              [000302]
```

注意：上面的 SQL 放在 SQL*Plus 或 SQL Developer 中执行。

1. 通过形如“:syh,:dw”的 PDO 预处理方式向数据库添加（insert）数据

【示例 7-24】PHP 通过 PDO 驱动连接 Oracle 数据库并通过形如“:syh,:dw”的 PDO 预处理方式向数据库添加（insert）数据，然后输出。

代码如下：

```
    <?php
       header("Content-type:text/html;charset=utf-8");
        /*oracle 连接字串，在下面的字串里 ($tns)，需要调整的有：
         1、"PORT = 1521"——Oracle 默认端口为 1521，如果不是则调整为实际的。
         2、"SERVICE_NAME = orcl"——其中 "orcl" 为数据库实例名，如果实际环境不是 "orcl" 则调
整为实际的。
         除了上述以外，其他的保持原样。
    */
    $tns = "(DESCRIPTION =
        (ADDRESS_LIST =
          (ADDRESS =(PROTOCOL = TCP)(HOST = LOCALHOST)(PORT = 1521))
        )
        (CONNECT_DATA =
          (SERVICE_NAME = dalin2)
        )
     )";
    $db_username = "gcc"; //oracle 账户名
    $db_password = "gcc";//oracle 账户密码
    $str1 = "tj0124";
    $str2 = "唐山 24";
    $str3 = "tj0114";
    $str4 = "唐山 14";
    try{
        $conn = new pdo("oci:dbname=".$tns,$db_username,$db_password);
        // 开始事务
        $conn->beginTransaction();
        // 往 ORACLE 添加或更新数据需 iconv('UTF-8','gb2312//IGNORE', '唐山'),将 UTF-8 转
换为 GB2312
        //$conn->exec("insert into dwb(syh,dw) values('".$str1."','".iconv('UTF-
8','gb2312//IGNORE', $str2)."')");
        //$conn->exec("update dwb set dw='".iconv('UTF-8','gb2312//IGNORE', $str4)."'
where trim(syh)='".$str3."'");

    //- 添加数据的预处理方式 1
        $stmt = $conn->prepare("INSERT INTO dwb(syh,dw) VALUES(:syh,:dw)");
        $stmt->bindParam(":syh", $syh);
        $stmt->bindParam(":dw", $dw);

        // 插入一行
        $syh = "tj0126";
        $dw1 = "车间名称 2";
        $dw = "'".iconv('UTF-8','gb2312//IGNORE', $dw1)."'";
        $stmt->execute();

        // 用不同的值插入另一行
        $syh = "tj0127";
        $dw1 = "车间名称 3";
        $dw = "'".iconv('UTF-8','gb2312//IGNORE', $dw1)."'";
        $stmt->execute();

        $syh = "tj0128";
        $dw1 = "车间名称 4";
        $dw = "'".iconv('UTF-8','gb2312//IGNORE', $dw1)."'";
```

```
        $stmt->execute();
    //提交事务
        $conn->commit();
    //查询数据库表
        $conn->exec("SET CHARACTER SET gb2312");
        $rs = $conn->query("SELECT SYH,DW FROM DWB");
        //var_dump($rs);
        while($row = $rs->fetch())
        {
                //从 oracle 调出数据时需 iconv('gb2312', 'UTF-8', "$row[1]")，将 GB2312 转
换为 UTF-8
                        echo "syh=$row[0]," ."dw=".iconv('gb2312', 'UTF-8//IGNORE',
"$row[1]")."<br/>";
                        //echo "syh=$row[0]," ."dw="."$row[1]"."<br/>";
        }
    }catch(pdoException $e){
        //$conn->rollBack();
        echo($e->getMessage());
    }
    $conn = null;
    ?>                                                                  [000303]
```

输出结果：

```
syh=tj0126 ,dw='车间名称2'
syh=tj0127 ,dw='车间名称3'
syh=tj0128 ,dw='车间名称4'
```

2. 通过形如“?, ?”的 PDO 预处理方式向数据库添加（insert）数据

【示例 7-25】PHP 通过 PDO 驱动连接 Oracle 数据库并通过形如“?, ?”的 PDO 预处理方式向数据库添加（insert）数据，然后输出。

代码如下：

```
    <?php
       header("Content-type:text/html;charset=utf-8");
       /*oracle 连接字串，在下面的字串里 ($tns)，需要调整的有：
        1、"PORT = 1521"——Oracle 默认端口为 1521，如果不是则调整为实际的。
        2、"SERVICE_NAME = orcl"——其中 "orcl" 为数据库实例名，如果实际环境不是 "orcl" 则调
整为实际的。
        除了上述以外，其他的保持原样。
    */
    $tns = "(DESCRIPTION =
        (ADDRESS_LIST =
          (ADDRESS =(PROTOCOL = TCP)(HOST = LOCALHOST)(PORT = 1521))
        )
        (CONNECT_DATA =
          (SERVICE_NAME = dalin2)
        )
     )";
    $db_username = "gcc"; //oracle 账户名
    $db_password = "gcc";//oracle 账户密码
    $str1 = "tj0124";
    $str2 = "唐山24";
    $str3 = "tj0114";
    $str4 = "唐山14";
    try{
        $conn = new pdo("oci:dbname=".$tns,$db_username,$db_password);
        //开始事务
        $conn->beginTransaction();
        //往 ORACLE 添加或更新数据需 iconv('UTF-8','gb2312//IGNORE', '唐山'),将 UTF-8 转
换为 GB2312
        //$conn->exec("insert into dwb(syh,dw) values('".$str1."','".iconv('UTF-
8','gb2312//IGNORE', $str2)."')");
```

```
    //$conn->exec("update dwb set dw='".iconv('UTF-8','gb2312//IGNORE', $str4)."'
where trim(syh)='".$str3."'");

    //- 添加数据的预处理方式 2
        $stmt = $conn->prepare("INSERT INTO dwb(syh,dw) VALUES(?, ?)");
        $stmt->bindParam(1, $syh);
        $stmt->bindParam(2, $dw);
        // 插入一行
        $syh = "tj0129";
        $dw1 = "车间名称 5";
        $dw = "'".iconv('UTF-8','gb2312//IGNORE', $dw1)."'";
        $stmt->execute();
        // 用不同的值插入另一行
        $syh = "tj0130";
        $dw1 = "车间名称 6";
        $dw = "'".iconv('UTF-8','gb2312//IGNORE', $dw1)."'";
        $stmt->execute();
    // 提交事务
        $conn->commit();
    // 查询数据库表
        $conn->exec("SET CHARACTER SET gb2312");
        $rs = $conn->query("SELECT SYH,DW FROM DWB");
        //var_dump($rs);
        while($row = $rs->fetch())
        {
                // 从 oracle 调出数据时需 iconv('gb2312', 'UTF-8', "$row[1]")，将 GB2312 转
换为 UTF-8
                        echo "syh=$row[0]," ."dw=".iconv('gb2312', 'UTF-8//IGNORE',
"$row[1]")."<br/>";
                        //echo "syh=$row[0]," ."dw="."$row[1]"."<br/>";
        }
    }catch(pdoException $e){
        //$conn->rollBack();
        echo($e->getMessage());
    }
    $conn = null;
    ?>                                                                    [000304]
```

输出结果：

```
    syh=tj0126 ,dw='车间名称 2'
    syh=tj0127 ,dw='车间名称 3'
    syh=tj0128 ,dw='车间名称 4'
    syh=tj0129 ,dw='车间名称 5'
    syh=tj0130 ,dw='车间名称 6'
```

3. 通过形如“:syh”的 PDO 预处理方式更新数据

【示例 7-26】PHP 通过 PDO 驱动连接 Oracle 数据库并通过形如“:syh”的 PDO 预处理方式更新数据，然后输出。

代码如下：

```
    <?php
      header("Content-type:text/html;charset=utf-8");
      /*oracle 连接字串，在下面的字串里($tns)，需要调整的有：
       1、"PORT = 1521"——Oracle 默认端口为 1521，如果不是则调整为实际的。
       2、"SERVICE_NAME = orcl"——其中"orcl"为数据库实例名，如果实际环境不是"orcl"则调
整为实际的。
       除了上述以外，其他的保持原样。
    */
    $tns = "(DESCRIPTION =
        (ADDRESS_LIST =
          (ADDRESS =(PROTOCOL = TCP)(HOST = LOCALHOST)(PORT = 1521))
        )
```

```
        (CONNECT_DATA =
          (SERVICE_NAME = dalin2)
        )
      )";
    $db_username = "gcc"; //oracle 账户名
    $db_password = "gcc";//oracle 账户密码
    $str1 = "tj0124";
    $str2 = " 唐山 24";
    $str3 = "tj0114";
    $str4 = " 唐山 14";
    try{
        $conn = new pdo("oci:dbname=".$tns,$db_username,$db_password);
        // 开始事务
        $conn->beginTransaction();
        // 往 ORACLE 添加或更新数据需 iconv('UTF-8','gb2312//IGNORE', ' 唐山 '), 将 UTF-8 转
换为 GB2312
        //$conn->exec("insert into dwb(syh,dw) values('".$str1."','".iconv('UTF-
8','gb2312//IGNORE', $str2)."')");
        //$conn->exec("update dwb set dw='".iconv('UTF-8','gb2312//IGNORE', $str4)."'
where trim(syh)='".$str3."'");
    //- 更新数据的预处理方式 1
        $stmt = $conn->prepare("update dwb set dw = :dw where trim(syh)=:syh");
        $stmt->bindParam(":syh", $syh);
        $stmt->bindParam(":dw", $dw);
        // 更新一行
        $syh = "tj0126";
        $dw1 = " 更新车间名称 1";
        $dw = "'".iconv('UTF-8','gb2312//IGNORE', $dw1)."'";
        $stmt->execute();
    // 提交事务
        $conn->commit();
    // 查询数据库表
        $conn->exec("SET CHARACTER SET gb2312");
        $rs = $conn->query("SELECT SYH,DW FROM DWB");
        //var_dump($rs);
        while($row = $rs->fetch())
        {
                // 从 oracle 调出数据时需 iconv('gb2312', 'UTF-8', "$row[1]"), 将 GB2312 转
换为 UTF-8
                        echo "syh=$row[0]," ."dw=".iconv('gb2312', 'UTF-8//IGNORE',
"$row[1]")."<br/>";
                        //echo "syh=$row[0]," ."dw="."$row[1]"."<br/>";
        }
    }catch(pdoException $e){
        //$conn->rollBack();
        echo($e->getMessage());
    }
    $conn = null;
    ?>                                                              [000305]
```

输出结果：

```
    syh=tj0126 ,dw=' 更新车间名称 1'
    syh=tj0127 ,dw=' 车间名称 3'
    syh=tj0128 ,dw=' 车间名称 4'
    syh=tj0129 ,dw=' 车间名称 5'
    syh=tj0130 ,dw=' 车间名称 6'
```

4. 通过形如“?”的 PDO 预处理方式更新数据

【示例 7-27】PHP 通过 PDO 驱动连接 Oracle 数据库并通过形如“?” 的 PDO 预处理方式更新数据，然后输出。

代码如下：

```
<?php
   header("Content-type:text/html;charset=utf-8");
   /*oracle 连接字串，在下面的字串里（$tns），需要调整的有：
    1、"PORT = 1521"——Oracle 默认端口为 1521，如果不是则调整为实际的。
    2、"SERVICE_NAME = orcl"——其中 "orcl" 为数据库实例名，如果实际环境不是 "orcl" 则调整为实际的。
    除了上述以外，其他的保持原样。
*/
$tns = "(DESCRIPTION =
   (ADDRESS_LIST =
     (ADDRESS =(PROTOCOL = TCP)(HOST = LOCALHOST)(PORT = 1521))
   )
   (CONNECT_DATA =
     (SERVICE_NAME = dalin2)
   )
 )";
$db_username = "gcc"; //oracle 账户名
$db_password = "gcc";//oracle 账户密码
$str1 = "tj0124";
$str2 = "唐山 24";
$str3 = "tj0114";
$str4 = "唐山 14";
try{
   $conn = new pdo("oci:dbname=".$tns,$db_username,$db_password);
   //开始事务
   $conn->beginTransaction();
   //往 ORACLE 添加或更新数据需 iconv('UTF-8','gb2312//IGNORE', '唐山'),将 UTF-8 转换为 GB2312
   //$conn->exec("insert into dwb(syh,dw) values('".$str1."','".iconv('UTF-8','gb2312//IGNORE', $str2)."')");
   //$conn->exec("update dwb set dw='".iconv('UTF-8','gb2312//IGNORE', $str4)."' where trim(syh)='".$str3."'");
//-更新数据的预处理方式 2
   $stmt = $conn->prepare("update dwb set dw = ? where trim(syh)= ?");
   $stmt->bindParam(1, $dw);
   $stmt->bindParam(2, $syh);
   //更新一行
   $syh = "tj0127";
   $dw1 = "更新车间名称 zzz";
   $dw = "'".iconv('UTF-8','gb2312//IGNORE', $dw1)."'";
   $stmt->execute();
//提交事务
   $conn->commit();
//查询数据库表
   $conn->exec("SET CHARACTER SET gb2312");
   $rs = $conn->query("SELECT SYH,DW FROM DWB");
   //var_dump($rs);
   while($row = $rs->fetch())
   {
         //从 oracle 调出数据时需 iconv('gb2312', 'UTF-8', "$row[1]"),将 GB2312 转换为 UTF-8
               echo "syh=$row[0]," ."dw=".iconv('gb2312', 'UTF-8//IGNORE', "$row[1]")."<br/>";
               //echo "syh=$row[0]," ."dw="."$row[1]"."<br/>";
   }
}catch(pdoException $e){
   //$conn->rollBack();
   echo($e->getMessage());
}
$conn = null;
?>
```

[000306]

输出结果：

```
syh=tj0126 ,dw='更新车间名称1'
syh=tj0127 ,dw='更新车间名称zzz'
syh=tj0128 ,dw='车间名称4'
syh=tj0129 ,dw='车间名称5'
syh=tj0130 ,dw='车间名称6'
```

5. 通过形如“?”的 PDO 预处理方式调用存储过程

【示例 7-28】PHP 通过 PDO 驱动连接 Oracle 数据库并通过形如“?”的 PDO 预处理方式调用存储过程。

代码如下：

```
<?php
   header("Content-type:text/html;charset=utf-8");
   /*oracle 连接字串，在下面的字串里（$tns），需要调整的有：
    1、"PORT = 1521"——Oracle 默认端口为 1521，如果不是则调整为实际的。
    2、"SERVICE_NAME = orcl"——其中"orcl"为数据库实例名，如果实际环境不是"orcl"则调整为实际的。
    除了上述以外，其他的保持原样。
*/
$tns = "(DESCRIPTION =
   (ADDRESS_LIST =
     (ADDRESS =(PROTOCOL = TCP)(HOST = LOCALHOST)(PORT = 1521))
   )
   (CONNECT_DATA =
     (SERVICE_NAME = dalin2)
   )
 )";
$db_username = "gcc"; //oracle 账户名
$db_password = "gcc";//oracle 账户密码
$str1 = "tj0124";
$str2 = "唐山24";
$str3 = "tj0114";
$str4 = "唐山14";
try{
    $conn = new pdo("oci:dbname=".$tns,$db_username,$db_password);
    //开始事务
    $conn->beginTransaction();
    //往 ORACLE 添加或更新数据需 iconv('UTF-8','gb2312//IGNORE', '唐山'),将 UTF-8 转换为 GB2312
    //$conn->exec("insert into dwb(syh,dw) values('".$str1."','".iconv('UTF-8','gb2312//IGNORE', $str2)."')");
    //$conn->exec("update dwb set dw='".iconv('UTF-8','gb2312//IGNORE', $str4)."' where trim(syh)='".$str3."'");
//-调用存储过程方式 1
    $stmt = $conn->prepare("CALL bgrq_qbbg(?)");
    $stmt->bindParam(1, $value, pdo::PARAM_STR, 40);
    $value = "2020-04-30";
    // 调用存储过程
    $stmt->execute();
//提交事务
    $conn->commit();
//查询数据库表
    $conn->exec("SET CHARACTER SET gb2312");
    $rs = $conn->query("SELECT SYH,DW FROM DWB");
    //var_dump($rs);
    while($row = $rs->fetch())
    {
           //从 oracle 调出数据时需 iconv('gb2312', 'UTF-8', "$row[1]"),将 GB2312 转换为 UTF-8
                   echo "syh=$row[0]," ."dw=".iconv('gb2312', 'UTF-8//IGNORE', "$row[1]")."<br/>";
```

```
                    //echo "syh=$row[0]," ."dw="."$row[1]"."<br/>";
        }
    }catch(pdoException $e){
        //$conn->rollBack();
        echo($e->getMessage());
    }
    $conn = null;
    ?>
```

[000307]

输出结果：

```
略…
```

6. 通过形如“:”的 PDO 预处理方式调用存储过程

【示例 7-29】PHP 通过 PDO 驱动连接 Oracle 数据库并通过形如“:” 的 PDO 预处理方式调用存储过程。

代码如下：

```
<?php
    header("Content-type:text/html;charset=utf-8");
    /*oracle 连接字串，在下面的字串里 ($tns)，需要调整的有：
     1、"PORT = 1521"——Oracle 默认端口为 1521，如果不是则调整为实际的。
     2、"SERVICE_NAME = orcl"——其中 "orcl" 为数据库实例名，如果实际环境不是 "orcl" 则调
整为实际的。
     除了上述以外，其他的保持原样。
    */
    $tns = "(DESCRIPTION =
        (ADDRESS_LIST =
          (ADDRESS =(PROTOCOL = TCP)(HOST = LOCALHOST)(PORT = 1521))
        )
        (CONNECT_DATA =
          (SERVICE_NAME = dalin2)
        )
     )";
    $db_username = "gcc"; //oracle 账户名
    $db_password = "gcc";//oracle 账户密码
    $str1 = "tj0124";
    $str2 = "唐山 24";
    $str3 = "tj0114";
    $str4 = "唐山 14";
    try{
        $conn = new pdo("oci:dbname=".$tns,$db_username,$db_password);
        // 开始事务
        $conn->beginTransaction();
        // 往 ORACLE 添加或更新数据需 iconv('UTF-8','gb2312//IGNORE', '唐山'), 将 UTF-8 转
换为 GB2312
        //$conn->exec("insert into dwb(syh,dw) values('".$str1."','".iconv('UTF-
8','gb2312//IGNORE', $str2)."')");
        //$conn->exec("update dwb set dw='".iconv('UTF-8','gb2312//IGNORE', $str4)."'
where trim(syh)='".$str3."'");
    //- 调用存储过程方式 2
        $stmt = $conn->prepare("CALL bgrq_qbbg(:rq)");
        $stmt->bindParam(":rq", $value, pdo::PARAM_STR, 40);
        $value = "2020-04-30";
        // 调用存储过程
        $stmt->execute();
    //提交事务
        $conn->commit();
    //查询数据库表
        $conn->exec("SET CHARACTER SET gb2312");
        $rs = $conn->query("SELECT SYH,DW FROM DWB");
        //var_dump($rs);
        while($row = $rs->fetch())
```

```
    {
            //从 oracle 调出数据时需 iconv('gb2312', 'UTF-8', "$row[1]")，将 GB2312 转
换为 UTF-8
                    echo  "syh=$row[0]," ."dw=".iconv('gb2312', 'UTF-8//IGNORE',
"$row[1]")."<br/>";
                    //echo "syh=$row[0]," ."dw="."$row[1]"."<br/>";
    }
}catch(pdoException $e){
    //$conn->rollBack();
    echo($e->getMessage());
}
$conn = null;
?>                                                                      [000308]
```

输出结果：

```
略…
```

7. 通过形如“:rq,:v_sl”的 PDO 预处理方式调用带输出参数的存储过程

【示例 7-30】PHP 通过 PDO 驱动连接 Oracle 数据库并通过形如“:rq,:v_sl”的 PDO 预处理方式调用带输出参数的存储过程，输入输出参数是不同的变量。

代码如下：

```
<?php
   header("Content-type:text/html;charset=utf-8");
   /*oracle 连接字串，在下面的字串里（$tns），需要调整的有：
    1、"PORT = 1521"——Oracle 默认端口为 1521，如果不是则调整为实际的。
    2、"SERVICE_NAME = orcl"——其中"orcl"为数据库实例名，如果实际环境不是"orcl"则
调整为实际的。
    除了上述以外，其他的保持原样。
*/
$tns = "(DESCRIPTION =
   (ADDRESS_LIST =
     (ADDRESS =(PROTOCOL = TCP)(HOST = LOCALHOST)(PORT = 1521))
   )
   (CONNECT_DATA =
     (SERVICE_NAME = dalin2)
   )
 )";
$db_username = "gcc"; //oracle 账户名
$db_password = "gcc";//oracle 账户密码
$str1 = "tj0124";
$str2 = "唐山 24";
$str3 = "tj0114";
$str4 = "唐山 14";
try{
    $conn = new pdo("oci:dbname=".$tns,$db_username,$db_password);
    //开始事务
    $conn->beginTransaction();
    //往 ORACLE 添加或更新数据需 iconv('UTF-8','gb2312//IGNORE', '唐山'),将 UTF-8 转
换为 GB2312
    //$conn->exec("insert into dwb(syh,dw) values('".$str1."','".iconv('UTF-
8','gb2312//IGNORE', $str2)."')");
    //$conn->exec("update dwb set dw='".iconv('UTF-8','gb2312//IGNORE', $str4)."'
where trim(syh)='".$str3."'");
//-调用带输出参数的存储过程方式 1，输入输出参数是不同的变量
    $stmt = $conn->prepare("CALL bgrq_qbbg2(:rq,:v_sl)");
    $stmt->bindParam(":rq", $value, pdo::PARAM_STR, 40);
    $stmt->bindParam(":v_sl",$vv_sl,pdo::PARAM_INPUT_OUTPUT, 40);
    $value = "2022-12-31";
    // 调用存储过程
    $stmt->execute();
```

```
        print "存储过程将把 ls_rq2 变量值返回 PHP，通过<br/>SELECT DW into ls_rq2 from DWB
WHERE SYH= 'tj0129 ' <br/>把 DWB 表中 syh='tj0129' 的 dw 列值赋给 ls_rq2，<br/>最终 PHP 获取
到了 ls_rq2 变量的值" . "<br/>";
        print "PHP 获取到存储过程返回的来值是：" . iconv('gb2312', 'UTF-8//IGNORE', $vv_
sl) . "<br/>";
    //提交事务
        $conn->commit();
    //查询数据库表
        $conn->exec("SET CHARACTER SET gb2312");
        $rs = $conn->query("SELECT SYH,DW FROM DWB");
        //var_dump($rs);
        while($row = $rs->fetch())
        {
                //从 oracle 调出数据时需 iconv('gb2312', 'UTF-8', "$row[1]")，将 GB2312 转
换为 UTF-8
                        echo "syh=$row[0]," ."dw=".iconv('gb2312', 'UTF-8//IGNORE',
"$row[1]")."<br/>";
                        //echo "syh=$row[0]," ."dw="."$row[1]"."<br/>";
        }
    }catch(pdoException $e){
        //$conn->rollBack();
        echo($e->getMessage());
    }
    $conn = null;
    ?>                                                                          [000309]
```

输出结果如图 7-7 所示。

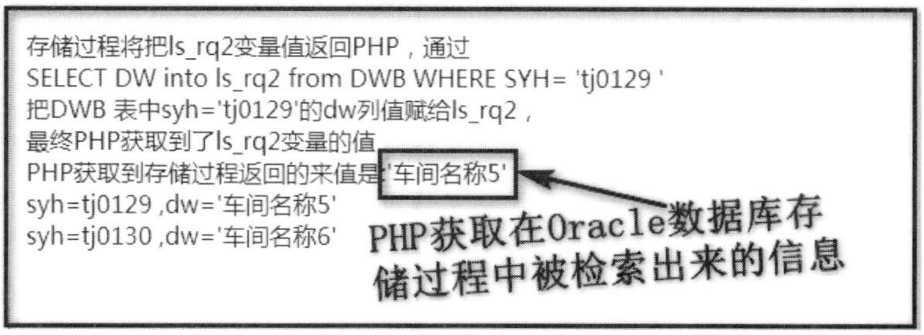

图 7-7

8. 通过形如“?,?”的 PDO 预处理方式调用带输出参数的存储过程

【示例 7-31】PHP 通过 PDO 驱动连接 Oracle 数据库并通过形如“?,?”的 PDO 预处理方式调用带输出参数的存储过程，输入输出参数是不同的变量。

代码如下：

```
    <?php
      header("Content-type:text/html;charset=utf-8");
       /*oracle 连接字串，在下面的字串里（$tns），需要调整的有：
        1、"PORT = 1521"——Oracle 默认端口为 1521，如果不是则调整为实际的。
        2、"SERVICE_NAME = orcl"——其中 "orcl" 为数据库实例名，如果实际环境不是 "orcl" 则调
整为实际的。
        除了上述以外，其他的保持原样。
    */
    $tns = "(DESCRIPTION =
        (ADDRESS_LIST =
          (ADDRESS =(PROTOCOL = TCP)(HOST = LOCALHOST)(PORT = 1521))
        )
        (CONNECT_DATA =
          (SERVICE_NAME = dalin2)
        )
      )";
```

```
    $db_username = "gcc"; //oracle 账户名
    $db_password = "gcc";//oracle 账户密码
    $str1 = "tj0124";
    $str2 = " 唐山 24";
    $str3 = "tj0114";
    $str4 = " 唐山 14";
    try{
        $conn = new pdo("oci:dbname=".$tns,$db_username,$db_password);
        // 开始事务
        $conn->beginTransaction();
        // 往 ORACLE 添加或更新数据需 iconv('UTF-8','gb2312//IGNORE', ' 唐山 '), 将 UTF-8 转
换为 GB2312
        //$conn->exec("insert into dwb(syh,dw) values('".$str1."','".iconv('UTF-
8','gb2312//IGNORE', $str2)."')");
        //$conn->exec("update dwb set dw='".iconv('UTF-8','gb2312//IGNORE', $str4)."'
where trim(syh)='".$str3."'");

    //- 调用带输出参数的存储过程方式 2，输入输出参数是不同的变量
        $stmt = $conn->prepare("CALL bgrq_qbbg2(?,?)");
        $stmt->bindParam(1, $value, pdo::PARAM_STR, 40);
        $stmt->bindParam(2,$vv_sl,pdo::PARAM_INPUT_OUTPUT, 40);
        $value = "2023-12-31";
        // 调用存储过程
        $stmt->execute();
        print " 存储过程将把 ls_rq2 变量值返回 PHP，通过 <br/>SELECT DW into ls_rq2 from DWB
WHERE SYH= 'tj0129 ' <br/> 把 DWB 表中 syh='tj0129' 的 dw 列值赋给 ls_rq2，<br/> 最终 PHP 获取
到了 ls_rq2 变量的值 " . "<br/>";
        print "PHP 获取到存储过程返回的来值是 :" . iconv('gb2312', 'UTF-8//IGNORE', $vv_
sl) . "<br/>";
    // 提交事务
        $conn->commit();
    // 查询数据库表
        $conn->exec("SET CHARACTER SET gb2312");
        $rs = $conn->query("SELECT SYH,DW FROM DWB");
        //var_dump($rs);
        while($row = $rs->fetch())
        {
                // 从 oracle 调出数据时需 iconv('gb2312', 'UTF-8', "$row[1]")，将 GB2312 转
换为 UTF-8
                        echo "syh=$row[0]," ."dw=".iconv('gb2312', 'UTF-8//IGNORE',
"$row[1]")."<br/>";
                        //echo "syh=$row[0]," ."dw="."$row[1]"."<br/>";
        }
    }catch(pdoException $e){
        //$conn->rollBack();
        echo($e->getMessage());
    }
    $conn = null;
    ?>                                                              [000310]
```

输出结果同上。

9. 通过形如“?” 的 PDO 预处理方式调用带输出参数的存储过程

【示例 7-32】 PHP 通过 PDO 驱动连接 Oracle 数据库并通过形如“?” 的 PDO 预处理方式调用带输出参数的存储过程，输入输出参数是同一个变量。

代码如下：

```
    <?php
      header("Content-type:text/html;charset=utf-8");
      /*oracle 连接字串，在下面的字串里 ($tns)，需要调整的有:
       1、"PORT = 1521"——Oracle 默认端口为 1521，如果不是则调整为实际的。
       2、"SERVICE_NAME = orcl"——其中 "orcl" 为数据库实例名，如果实际环境不是 "orcl" 则调
整为实际的。
```

```
        除了上述以外，其他的保持原样。
    */
    $tns = "(DESCRIPTION =
        (ADDRESS_LIST =
          (ADDRESS =(PROTOCOL = TCP)(HOST = LOCALHOST)(PORT = 1521))
        )
        (CONNECT_DATA =
          (SERVICE_NAME = dalin2)
        )
     )";
    $db_username = "gcc"; //oracle 账户名
    $db_password = "gcc";//oracle 账户密码
    $str1 = "tj0124";
    $str2 = "唐山 24";
    $str3 = "tj0114";
    $str4 = "唐山 14";
    try{
        $conn = new pdo("oci:dbname=".$tns,$db_username,$db_password);
        // 开始事务
        $conn->beginTransaction();
        // 往 ORACLE 添加或更新数据需 iconv('UTF-8','gb2312//IGNORE', '唐山'), 将 UTF-8 转
换为 GB2312
        //$conn->exec("insert into dwb(syh,dw) values('".$str1."','".iconv('UTF-
8','gb2312//IGNORE', $str2)."')");
        //$conn->exec("update dwb set dw='".iconv('UTF-8','gb2312//IGNORE', $str4)."'
where trim(syh)='".$str3."'");
    //- 调用带输出参数的存储过程方式 3, 输入输出参数是同一个变量
        $stmt = $conn->prepare("CALL bgrq_qbbg3(?)");
        $stmt->bindParam(1, $value, pdo::PARAM_STR|pdo::PARAM_INPUT_OUTPUT, 40);
        $value = "2024-12-31";
        // 调用存储过程
        $stmt->execute();
        print "存储过程将把 ls_rq (存储过程的 in out 输入输出型变量) 变量值返回 PHP, <br/> 通过
SELECT DW into ls_rq from DWB WHERE SYH= 'tj0129 ' <br/> 把 DWB 表中 syh='tj0129' 的 dw
列值赋给 ls_rq, <br/> 最终 PHP 获取到了 ls_rq 变量的值 " . "<br/>";
        print "PHP 获取到存储过程返回的来值是 :" . iconv('gb2312', 'UTF-8//IGNORE',$value)
. "<br/>";
    // 提交事务
        $conn->commit();
    // 查询数据库表
        $conn->exec("SET CHARACTER SET gb2312");
        $rs = $conn->query("SELECT SYH,DW FROM DWB");
        //var_dump($rs);
        while($row = $rs->fetch())
        {
              // 从 oracle 调出数据时需 iconv('gb2312', 'UTF-8', "$row[1]"), 将 GB2312 转
换为 UTF-8
                    echo "syh=$row[0]," ."dw=".iconv('gb2312', 'UTF-8//IGNORE',
"$row[1]")."<br/>";
                    //echo "syh=$row[0]," ."dw="."$row[1]"."<br/>";
        }
    }catch(pdoException $e){
        //$conn->rollBack();
        echo($e->getMessage());
    }
    $conn = null;
    ?>                                                                    [000311]
```

输出结果如图 7-8 所示。

图 7-8

10. 通过形如“:rq”的 PDO 预处理方式调用带输出参数的存储过程

【示例 7-33】PHP 通过 PDO 驱动连接 Oracle 数据库并通过形如“:rq”的 PDO 预处理方式调用带输出参数的存储过程，输入输出参数是同一个变量。

代码如下：

```
<?php
   header("Content-type:text/html;charset=utf-8");
    /*oracle 连接字串，在下面的字串里（$tns），需要调整的有：
     1、"PORT = 1521"——Oracle 默认端口为 1521，如果不是则调整为实际的。
     2、"SERVICE_NAME = orcl"——其中 "orcl" 为数据库实例名，如果实际环境不是 "orcl" 则调
整为实际的。
      除了上述以外，其他的保持原样。
   */
   $tns = "(DESCRIPTION =
      (ADDRESS_LIST =
        (ADDRESS =(PROTOCOL = TCP)(HOST = LOCALHOST)(PORT = 1521))
      )
      (CONNECT_DATA =
        (SERVICE_NAME = dalin2)
      )
    )";
   $db_username = "gcc"; //oracle 账户名
   $db_password = "gcc";//oracle 账户密码
   $str1 = "tj0124";
   $str2 = "唐山 24";
   $str3 = "tj0114";
   $str4 = "唐山 14";
   try{
      $conn = new pdo("oci:dbname=".$tns,$db_username,$db_password);
      // 开始事务
      $conn->beginTransaction();
      // 往 ORACLE 添加或更新数据需 iconv('UTF-8','gb2312//IGNORE', '唐山'), 将 UTF-8 转
换为 GB2312
      //$conn->exec("insert into dwb(syh,dw) values('".$str1."','".iconv('UTF-
8','gb2312//IGNORE', $str2)."')");
      //$conn->exec("update dwb set dw='".iconv('UTF-8','gb2312//IGNORE', $str4)."'
where trim(syh)='".$str3."'");
   //- 调用带输出参数的存储过程方式 4，输入输出参数是同一个变量
      $stmt = $conn->prepare("CALL bgrq_qbbg3(:rq)");
      $stmt->bindParam(":rq", $value, pdo::PARAM_STR|pdo::PARAM_INPUT_OUTPUT, 40);
      $value = "2025-12-31";
      // 调用存储过程
      $stmt->execute();
      print "存储过程将把 ls_rq（存储过程的 in out 输入输出型变量）变量值返回 PHP，<br/>通过
SELECT DW into ls_rq from DWB WHERE SYH= 'tj0129 ' <br/>把 DWB 表中 syh='tj0129' 的 dw
列值赋给 ls_rq，<br/>最终 PHP 获取到了 ls_rq 变量的值" . "<br/>";
      print "PHP 获取到存储过程返回的来值是：" . iconv('gb2312', 'UTF-8//IGNORE',$value)
. "<br/>";
   // 提交事务
```

```
        $conn->commit();
    //查询数据库表
        $conn->exec("SET CHARACTER SET gb2312");
        $rs = $conn->query("SELECT SYH,DW FROM DWB");
        //var_dump($rs);
        while($row = $rs->fetch())
        {
                //从 oracle 调出数据时需 iconv('gb2312', 'UTF-8', "$row[1]"), 将 GB2312 转
换为 UTF-8
                        echo "syh=$row[0]," ."dw=".iconv('gb2312', 'UTF-8//IGNORE',
"$row[1]")."<br/>";
                        //echo "syh=$row[0]," ."dw="."$row[1]"."<br/>";
        }
    }catch(pdoException $e){
        //$conn->rollBack();
        echo($e->getMessage());
    }
    $conn = null;
    ?>                                                                    [000312]
```

输出结果同图 7-8。

7.4.2 PHP 获取 Oracle 数据库存储程序返回值

1. PHP 获取 Oracle 数据库存储过程的 out 参数值

下面是一段 Oracle 数据库存储过程的代码，主要功能是生成当天唯一流水号，这个流水号（dtid out varchar2）将被获取到 PHP 里。为此需要创建一张流水号表及一个存储过程，SQL 如下：

```
    drop  TABLE cms_ykxt_lsh cascade constraints
    /
    CREATE TABLE cms_ykxt_lsh(
      rq varchar2(8) NOT NULL,
      lsh decimal(10,0) NOT NULL,
      PRIMARY KEY(rq)
    )
    /
    create or replace procedure lsid(dtid out varchar2) is
    l_fwqsj_str  varchar2(8);
    l_sss number(10):=0;
    ll_xflsh_rq varchar2(8);
    ll_opid_char varchar2(10);
    begin
    select to_char(sysdate,'yyyymmdd') into l_fwqsj_str from dual;
    select count(*) into l_sss from cms_ykxt_lsh;
    if l_sss = 0 then
        insert into cms_ykxt_lsh(rq,lsh) values(l_fwqsj_str,1);
    else
        select rq into ll_xflsh_rq from cms_ykxt_lsh;
        if ll_xflsh_rq = l_fwqsj_str then
                update cms_ykxt_lsh set lsh = lsh + 1;
         commit;
        else
                update cms_ykxt_lsh set rq = l_fwqsj_str,lsh = 1;
         commit;
        end if;
    end if;
    select rq,to_char(lsh) into ll_xflsh_rq,ll_opid_char from cms_ykxt_lsh;
    select ll_xflsh_rq || ll_opid_char into dtid from dual;
    end ;
    /                                                                     [000313]
```

注意：上面的 SQL 放在 SQL*Plus 或 SQL Developer 中执行。

PHP 通过调用 Oracle 存储过程来获取当天唯一流水号，代码如下：

```
<?php
   header("Content-type:text/html;charset=utf-8");
$tns ='(DESCRIPTION =
   (ADDRESS_LIST =
     (ADDRESS =(PROTOCOL = TCP)(HOST = LOCALHOST)(PORT = 1521))
   )
   (CONNECT_DATA =
     (SERVICE_NAME = dalin2)
   )
 )';
//连接 oracle
$db_username='gcc';
$db_password='gcc';
try{
$conn_id = new PDO("oci:dbname=".$tns,$db_username,$db_password);
//$conn_id->beginTransaction();
$sql="call LSID(:dtid)";  //执行 Oracle 存储过程 SQL
$result_id = $conn_id->prepare($sql); //PDO 预处理
$result_id ->bindParam(":dtid",$dtid,PDO::PARAM_INPUT_OUTPUT, 40); //绑定变量，将:dtit 与变量 $dtit 绑定，绑定后，存储过程的输出变量':dtit'的值会自动赋值给 $dtit。
$result_id->execute(); //所有的准备工作完成后执行。
//$conn_id->commit();
//$conn_id->rollback();
echo "当前当天唯一流水号：".$dtid ."</br>"; //$dtid 的值就是存储过程的返回值。此刻，这个值已经被返回给了 PHP，在 PHP 里可以对这个值进行处理。
}catch(PDOException $e){
   echo($e->getMessage());
}
?>                                                              [000314]
```

输出结果如图 7-9 所示。

图 7-9

2. PHP 获取 Oracle 数据库存储函数的返回值

下面是一段 Oracle 数据库存储函数的代码，主要功能是生成当天唯一流水号，这个流水号（dtid varchar2）将被获取到 PHP 里。

```
drop  TABLE cms_ykxt_lsh cascade constraints
/
CREATE TABLE cms_ykxt_lsh(
  rq varchar2(8) NOT NULL,
  lsh decimal(10,0) NOT NULL,
  PRIMARY KEY(rq)
)
/
create or replace FUNCTION maxid(v1 varchar2) Return varchar2 as
l_fwqsj_str  varchar2(8);
l_sss number(10):=0;
ll_xflsh_rq varchar2(8);
ll_opid_char varchar2(10);
dtid  varchar2(40);
```

```
    -- 自制事务
    PRAGMA AUTONOMOUS_TRANSACTION ;
    begin
    select to_char(sysdate,'yyyymmdd') into l_fwqsj_str from dual;
    select count(*) into l_sss from cms_ykxt_lsh;
    if l_sss = 0 then
      execute immediate 'insert into cms_ykxt_lsh(rq,lsh) values(' || l_fwqsj_str
|| ',1)';
       execute immediate 'commit';
    else
       select rq into ll_xflsh_rq from cms_ykxt_lsh;
       if ll_xflsh_rq = l_fwqsj_str then
                   execute immediate 'update cms_ykxt_lsh set lsh = lsh + 1';
             execute immediate 'commit';
       else
             execute immediate 'update cms_ykxt_lsh set rq =' ||  l_fwqsj_str ||
',lsh = 1' ;
             execute immediate 'commit';
       end if;
    end if;
    select rq,to_char(lsh) into ll_xflsh_rq,ll_opid_char from cms_ykxt_lsh;
    select ll_xflsh_rq || ll_opid_char into dtid from dual;
    return dtid;
    end ;
    /                                                                      [000315]
```

PHP 通过调用 Oracle 存储函数来获取当天唯一流水号，代码如下：

```
    <?php
      header("Content-type:text/html;charset=utf-8");
    $tns ='(DESCRIPTION =
       (ADDRESS_LIST =
         (ADDRESS =(PROTOCOL = TCP)(HOST = LOCALHOST)(PORT = 1521))
       )
       (CONNECT_DATA =
         (SERVICE_NAME = dalin2)
       )
     )';
    //连接 oracle
    $db_username='gcc';
    $db_password='gcc';
    try{
    $conn_id = new PDO("oci:dbname=".$tns,$db_username,$db_password);
    //$conn_id->beginTransaction();
    $sql="select maxid('1') as dtmaxid from dual";  //执行 Oracle 存储函数 SQL
    $result_id = $conn_id->prepare($sql); //PDO 预处理
    $result_id->execute(); //所有的准备工作完成后执行。
    //$conn_id->commit();
    //$conn_id->rollback();
    $dtid =$result_id->fetchAll();
    echo  "当前当天唯一流水号：".$dtid[0][0] ."</br>"; //$dtid 是一个二维数组，$dtid[0][0]
就是想得到的值。此刻，这个值已经被返回给了 PHP，在 PHP 里可以对这个值进行处理了。
    }catch(PDOException $e){
       echo($e->getMessage());
    }
    ?>                                                                     [000316]
```

输出结果如图 7-10 所示。

图 7-10

7.5 本章小结

本章主要介绍了 PHP 操作数据库的一些常见类库，包括 mysqli、PDO 和 ADODB。Mysqli 是 PHP 的标配，为操作 MySQL 数据库量身打造，只支持 MySQL 数据库；PDO 是一种数据库抽象层，支持多类型数据库，使用它可以轻松地与各种数据库交互；ADODB 也是一种数据库抽象层，它能够使应用程序在不同数据库系统之间的移植变得容易。最后介绍了 PHP 与 Oracle 之间的互动。

本章介绍的 PHP 操作数据库的几种类库，其中 PDO 是趋势，如果应用系统决定永久使用 MySQL 数据库，那就使用 ADODB 或直接使用 mysqli 类库；如果应用系统决定永久使用非 MySQL 数据库，如 Oracle，那就使用 PDO 类库；除此以外，可以考虑使用 ADODB。依据笔者的经验，ADODB 是一个很不错的选择，使用它的原因其实并不是为了数据库移植，而是它所提供的返回数据的样式多样性，基本满足需要。如果使用 mysql、mysqli 以及 PDO，往往需要应用程序对返回的数据进行二次加工，这是不便的，而 ADODB 在这方面做得很好。

接下来进入第 8 章 PHP 与 XML 之间的互动。

第 8 章

PHP 与 XML 之间的互动

XML（Extensible Markup Language）由万维网联盟在 1998 年 2 月推出，它与 HTML 一样，都是由 SGML(Standard Generalized Markup Language, 标准通用标记语言）发展而来，并对其语法进行了修改，使之更加简洁和规范。

XML 是 Internet 环境中跨平台的、依赖于内容的技术，是当前处理结构化文档信息的有力工具。它也是一种简单的数据存储语言，使用一系列简单的标记描述数据，而这些标记可以用简单的方式建立且易于掌握和使用。

XML 的设计宗旨是传输数据，而不是显示数据。XML 标签没有被预定义，需要自定义标签。XML 具有自我描述性，是 W3C 推荐的数据传输标准。

XML 与 HTML 的主要区别如下。

（1）XML 不是 HTML 的替代。

（2）XML 和 HTML 为不同的目的而设计。

（3）XML 被设计用来结构化、存储以及传输信息，其焦点是数据的内容；而 HTML 被设计用来显示数据，其焦点是数据的外观。HTML 旨在显示信息，而 XML 旨在传输信息。

（4）XML 本身不会做任何事情。

XML 只是包装纯粹的信息，需要借助软件或者程序才能把它传送、接收和显示。

（5）XML 不需要预定义标签

HTML 中使用的标签都是预定义的，如 <p>、<h1>、<table> 等，而 XML 不需要，自定义。

那么，XML 到底用来干什么？下面简要说明几点。

（1）XML 把数据从 HTML 分离

通过 XML，数据能够存储在独立的 XML 文件中，这样就可以专注于使用 HTML/CSS 进行显示和布局，并确保修改底层数据不再需要对 HTML 进行任何改变。

（2）XML 简化数据共享

在现实的世界中，计算机系统和数据使用不兼容格式来存储数据，而 XML 数据以纯文本格式进行存储，因此提供了一种独立于软件和硬件的数据存储方法，这让不同的应用程序实现数据共享变得更加容易。

（3）XML 简化数据传输

对开发人员来说，最具挑战的是互联网上不兼容系统之间交换数据，如果以 XML 格式交换数据则降低了这种复杂性。

（4）XML 简化平台变更

升级到新的系统（硬件或软件平台），非常费时，一般需要转换大量的数据，不兼容的数据经常会丢失。如果以 XML 格式且以文本格式存储，这使得 XML 在不损失数据的情况下，更容易扩展或升级到新的应用程序或系统平台等。

（5）为盲人或其他残障人士服务

通过 XML，数据可供各种阅读设备使用，比如，语音设备、阅读器等。这样一来，盲人或其他残障人士就可以享受到 XML 带来的便利。

总之，XML 的应用无处不在，它在接口开发方面发挥着独特的优势，接口间相互传送的数据格式几乎全部采用 XML。

对于 PHP 而言，PHP 和其他语言如 C++ 的相互通信 ，使用的数据格式均为 XML。首先 PHP 对获取到的 XML 格式数据进行解析、分离，然后再做进一步的处理，比如，展示到网页上或者转换为其他形式的数据保存到数据库等。这些处理依赖于需求，但前提是离不开 PHP 与 XML 之间的协作。

本章主要介绍内容如下。

- XML 语法。
- 使用 PHP 的 SimpleXML 创建和解析 XML。
- 使用 PHP 的 DOMDocument 创建 XML 和解析 XML。
- XML 的应用——RSS。

8.1 XML 语法

XML 语言功能十分强大，继承了 SGML 的特点，打破了 HTML 的局限性，具有以下特点。

- 简单性、平台无关性、广泛性，可用于 Internet 上的各种应用。
- 兼容 SGML，多数 SGML 应用都可转化为 XML。
- 易于创建，只需新建文档重命名为 XML 文档即可。
- 结构简单，可以更加灵活地进行编程。
- 结构严谨，易于解析。
- 将用户界面与结构化数据分开，可以集成来自不同源的数据。

在本节主要讲解“XML 文档结构”及“使用 PHP 创建 XML 文档”。

8.1.1 XML 文档结构

XML 文档由一个声明语句开始，该语句用于指定该文档所遵循的 XML 规范，使用编码集等信息。声明语句如下：

```
<?xml version="1.0" encoding="GBK"?>
```

version 说明该文档使用 XML1.0 规范，通过参数 encoding 指定文档使用的编码集为 GBK。

声明之后需要加入文档的根元素，根元素用于描述文档的功能，它的标签名支持自定义，并且可以在根元素中加入对该文档信息的一些配置。

根元素定义完毕后，即可在其中加入 XML 内容，这些内容可以定义 XML 文档中的功能和属性，格式如下：

```
<标签>内容<标签>
```

标签支持自定义，也支持嵌套，代码如下：

```
<?xml version="1.0" encoding="GBK"?>
<song>
    <name>superstar</name>
    <desc>
            <singer>S.H.E</singer>
    </desc>
</song>
```

上面的代码中，通过声明语句定义了 XML 版本为 1.0 版，文档的编码为 GBK，使用 song 定义根路径，标签 name 的内容为 superstar，在 desc 标签中嵌套了标签 singer，singer 标签的内容为 S.H.E。

8.1.2 使用 PHP 创建 XML 文档

使用 PHP 语言创建输出 XML 文档时，需要使用数组存放 XML 标签名与内容，二者分别作为数组元素的键名与键值，通过 PHP 创建 XML 文档，代码如下：

```
<?php
header('Content_Type:application/xml;charset=utf-8'); //设置页面解析方式
error_reporting(7);//设置错误提示级别
$array1=array(array('song'=>'superstar'),array('desc'=> array('singer'=>'S.H.E')));//设置文档内容
$xml1=records_to_xml_1($array1,"sunyang"); //调用方法，形成 XML 格式数据，用于页面显示
$xml2=records_to_xml_2($array1,"sunyang"); //调用方法，形成 XML 格式数据，用于写入文件或传输
echo $xml1; //为 XML 内容，用于页面展示
echo "<br/>";
echo $xml2; //为 XML 内容，可以将此内容写入文本文件或网络传输等
$myfile = fopen("newfile-1.txt", "w") or die("Unable to open file!"); //创建写入文件newfile-1.txt
fwrite($myfile,$xml2); //把内容写入文件
fclose($myfile);//关闭文件
function records_to_xml_1($array,$xmlname){                    //将记录转换为 XML 文档方法
    $xml.='< ?xml version="1.0" encoding="gbk"?>'."<br />";          //XML 文档声明语句
    $xml.="< $xmlname>"." <br />"; //XML 文档根元素
    foreach($array as $value){ //遍历文档内容数组
            if(is_array($value)){ //如果数组元素的值仍为数组
                    foreach($value as $k=>$v){ //再次对其循环遍历
                            if(is_array($v)){ //如果数组元素的值仍为数组
                                    foreach($v as $kk=>$vv){ //继续对其循环遍历
                                            $xml.="     < $k> <br />
                                                    < $kk>$vv< /$kk> <br />
                                                < /$k> <br /> ";//设置该元素
                                    }
                            }else{
                                    $xml.="    
                                    < $k>$v < /$k> <br />"; //若非数组则直接设置该元素
                            }
                    }
            }else{
                    $xml.="< $key>$value< /$key> <br />"; //若非数组则直接设置该元素
            }
    }
    $xml.="< /$xmlname>"." <br />"; //根元素结束
    return $xml; //返回文档内容
}
```

```
    function records_to_xml_2($array,$xmlname){                           //将记录转换为 XML
文档方法
        $xml.='< ?xml version="1.0" encoding="gbk"?>' . "\r\n";        //XML 文档声明语句
        $xml.="< $xmlname >"."\r\n"; //XML 文档根元素
        foreach($array as $value){ //遍历文档内容数组
                if(is_array($value)){ //如果数组元素的值仍为数组
                        foreach($value as $k=>$v){ //再次对其循环遍历
                                if(is_array($v)){ //如果数组元素的值仍为数组
                                        foreach($v as $kk=>$vv){ //继续对其循环遍历
                                                $xml.= chr(32).chr(32)." < $k>
\r\n ".chr(32).chr(32).chr(32).chr(32). chr(32).chr(32)."< $kk>$vv< /$kk>  \r\n
".chr(32).chr(32).chr(32)."< /$k>  \r\n ";//设置该元素
                                        }
                                }else{
                                        $xml.=chr(32).chr(32)."< $k>$v < /$k>  \r\n ";
//若非数组则直接设置该元素
                                }
                        }
                }else{
                        $xml.="< $key>$value< /$key>  \r\n "; //若非数组则直接设置该元素
                }
        }
        $xml.="< /$xmlname>"."  \r\n"; //根元素结束
        return $xml; //返回文档内容
    }
    ?>                                                                            [000317]
```

运行结果如图 8-1 所示。

图 8-1

8.2 使用 PHP 的 SimpleXML 创建和解析 XML

在 8.1 节中使用不借助任何工具的 PHP 最原始的方式生成了 XML 文件，但实现方式相对烦琐。除了上面最原始的方式操作 XML 文件以外，PHP 还提供了多种处理 XML 的方法。

SimpleXML 是 PHP 用于解析 XML 文档的函数类库，它可以将 XML 内容转化为一个对象，然后对其进行相应的处理。SimpleXML 通过 simplexml_load_string() 函数将 XML 文档中的标签内容转换为对象数组，该对象数组的键名为 XML 文档中的标签名，值为标签体的内容，如果在标签内包含有另一个标签，则使用多维数组方式来处理。simplexml_load_string() 函数的语法如下：

```
object simplexml_load_string(string $data[,string $class_name])
```

涉及的参数及说明如下。

- data：指定 XML 文档的内容。
- class_name：指定将文档内容转换为指定类型的对象。

下面说明 PHP 的 SimpleXML 如何创建和解析 XML。

8.2.1　使用 SimpleXML 把非来自数据库的信息生成 XML 文档及解析

下面使用 PHP 自身的 SimpleXML 功能把非来自数据库的信息生成 XML 文档，然后解析生成的这个文档，具体实现过程看下面的介绍。

1. 生成 XML 文档

使用 SimpleXML 拟生成 XML 文档的内容如下：

```
<?xml version="1.0" encoding="UTF-8"?>
<country>
    <province>
            <name people="100000" feature=" 首都 "> 北京 </name>
            <city>
                    <name> 海淀 </name>
                    <name> 朝阳 </name>
            </city>
    </province>
    <province>
            <name people="200000" feature=" 省份 "> 河北省 </name>
            <city>
                    <name> 石家庄 </name>
                    <name> 衡水市 </name>
            </city>
    </province>
</country>
                                                                    [000318]
```

使用 SimpleXML 生成以上 XML 文档内容的 PHP 代码如下：

```
<?php
// 载入一个 xml 格式的字符串并将其解析为 SimpleXMLElement 对象
// 此处 simplexml_load_string 方法实际作用等同于 new SimpleXMLElement
$xml = simplexml_load_string("<?xml version=\"1.0\" encoding=\"UTF-
8\"?><country></country>");
// 添加省份节点 province
$province = $xml->addChild('province');
// 设置 province 添加子节点 name，值为 北京
$name = $province->addChild('name',' 北京 ');

// 为 name 节点设置属性 people，值为 100000
$name->addAttribute('people',100000);
// 为 name 节点设置属性 feature，值为 首都
$name->addAttribute('feature',' 首都 ');

// 为 province 节添加子节点 city
$city = $province->addChild('city');
// 添加的 city 的子节点 name, 值为 " 海淀 "
$city->addChild('name',' 海淀 ');
// 添加的 city 的子节点 name, 值为 " 朝阳 "
$city->addChild('name',' 朝阳 ');

$province = $xml->addChild('province');
$name = $province->addChild('name',' 河北省 ');
$name->addAttribute('people',200000);
$name->addAttribute('feature',' 省份 ');
$city = $province->addChild('city');
$city->addChild('name',' 石家庄 ');
$city->addChild('name',' 衡水市 ');
// 将 SimpleXMLElement 对象 $xml 转换成一个 XML 格式并写入 zh_cn.xml 文件
$xml->asXML('zh_cn.xml');
?>
                                                                    [000319]
```

上面代码生成的 XML 文档文件为 zh_cn.xml，使用浏览器打开该文件，如图 8-2 所示。

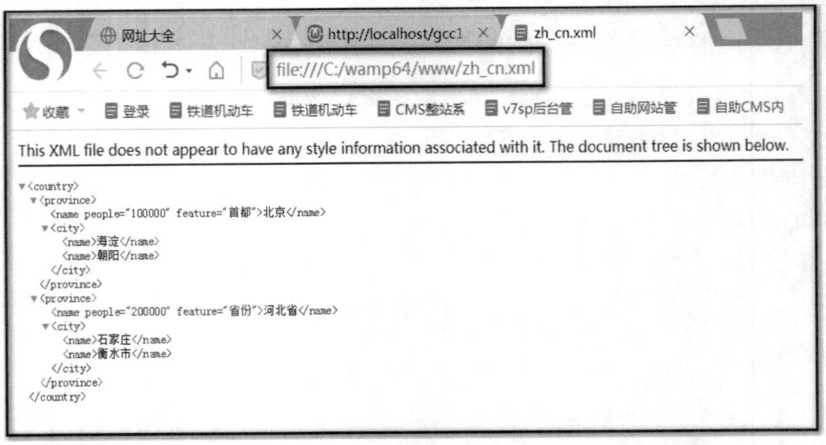

图 8-2

2. 解析刚刚生成的 XML 文档

使用 SimpleXML 解析上例生成的 zh_cn.xml 文件，PHP 代码如下：

```
<?php
//载入一个 zh_cn.xml 文件并解析为 SimpleXMLElement 对象
$xml = simplexml_load_file('zh_cn.xml');
foreach($xml as $v) {
    //输出地区名称
    echo 'name: '.$v->name . "<br />";
    //输出属性 (people,feature)
    $attr = $v->name->attributes();
    echo 'people: '.$attr['people'] . "<br />";
    echo 'feature: '.$attr['feature'] ."<br />";

//循环输出小地区
    foreach($v->city->name as $name) {
            echo "city: ".$name . "<br />";
    }
}
?>
```

[000320]

输出结果如图 8-3 所示。

图 8-3

如果只想输某一层级的节点内容，可使用 SimpleXML 提供的 xpath 方法。例如只取出 city 节点的内容，代码如下：

```
<?php
$xml = simplexml_load_file('zh_cn.xml');
//此处是关键
$cont = $xml->xpath('/country/province/city/name'); //第三级节点或者说第三层节点（根为第一级）
//$cont = $xml->xpath('/country/province/name');  //第二级节点或者说第二层节点（根为第一级）
//循环输出 city
foreach($cont as $v) {
    echo $v ." <br />";
}
?>
```
[000321]

输出结果如图 8-4 所示。

图 8-4

8.2.2　使用 SimpleXML 把来自数据库的信息生成 XML 文档及解析

下面使用 PHP 自身的 SimpleXML 功能把来自数据库的信息生成 XML 文档，然后解析生成的这个文档，具体实现过程看下面的介绍。

1. 生成 XML 文档

本示例拟使用来自 MySQL 数据库中的表信息来生成 XML 格式文档。假设系统中有一张学生信息表 cms_student，需要提供给第三方使用，并有 id，name，sex，age 分别记录学生的姓名、性别、年龄等信息。建表 SQL 如下：

```
-- ----------------------------
-- Table structure for cms_student
-- ----------------------------
DROP TABLE IF EXISTS `cms_student`;
CREATE TABLE `cms_student` (
  `id` int(11) NOT NULL AUTO_INCREMENT,
  `name` varchar(50) NOT NULL,
  `sex` varchar(10) NOT NULL,
  `age` smallint(3) NOT NULL DEFAULT 0,
  PRIMARY KEY (`id`)
) ENGINE=MyISAM AUTO_INCREMENT=13 DEFAULT CHARSET=utf8;
-- ----------------------------
-- Records of cms_student
-- ----------------------------
INSERT INTO `cms_student` VALUES ('1', '张一', '女', '20');
INSERT INTO `cms_student` VALUES ('2', '张二', '男', '19');
INSERT INTO `cms_student` VALUES ('3', '张三', '女', '21');
INSERT INTO `cms_student` VALUES ('4', '张四', '女', '20');
```

```
INSERT INTO `cms_student` VALUES ('5', '李一', '女', '18');
INSERT INTO `cms_student` VALUES ('6', '李二', '男', '20');
INSERT INTO `cms_student` VALUES ('7', '李三', '女', '22');
INSERT INTO `cms_student` VALUES ('8', '李四', '女', '19');
INSERT INTO `cms_student` VALUES ('9', '王一', '女', '20');
INSERT INTO `cms_student` VALUES ('10', '王二', '女', '18');
INSERT INTO `cms_student` VALUES ('11', '王三', '女', '20');
INSERT INTO `cms_student` VALUES ('12', '王四', '男', '22');                [000322]
```

生成 XML 文档的 PHP 代码如下：

```
<?php
   //header("Content-type:text/html; charset=GBK");
   header("Content-type:text/html; charset=UTF-8");
/*--------------------------------
 *php7 及之后版本连接 mysql 数据库
--------------------------------*/
$mysqli=new mysqli();
$mysqli->connect('localhost:3307','root','','jiaowglxt'); // root 为 MySQL 数据库账
户，密码为空，jiaowglxt 为 MySQL 数据库名
$mysqli->set_charset("utf8"); //设置字符集
/*-------------------------------
 * php7 之前版本，连接 mysql 数据库
-------------------------------*/
//$link = @mysql_connect("localhost:3307", "root", "") or die("Could not
connect:" . mysql_error());
//@mysql_select_db("jiaowglxt") or die("Could not use jiaowglxt:" . mysql_
error());
//mysql_query("set names utf8"); //设置字符集
/*--------------------------------
 * 查询表数据，返回多行数据
---------------------------------*/
$sql = "select * from cms_student";
/*--------------------------------
 *php7 及之后版本，执行查询并循环输出为数组
---------------------------------*/
$rs=$mysqli->query($sql);
$mysqli->close();
while($row=mysqli_fetch_array($rs,MYSQLI_ASSOC)){
$arr[] = array(
 'name' => $row['name'],
 'sex' => $row['sex'],
 'age' => $row['age']
);
}
/*------------------------------------------
 *php7 之前版本，执行查询并循环输出为数组
------------------------------------------*/
//$result = mysql_query($sql);
//mysql_close($link);
//while($row = mysql_fetch_assoc($result)) {
//$arr[] = array(
// 'name' => $row['name'],
// 'sex' => $row['sex'],
// 'age' => $row['age']
//);
//}
/*--------------------------------------------------------------
// 载入一个 xml 格式的字符串并将其解析为 SimpleXMLElement 对象
// 此处 simplexml_load_string 方法实际作用等同于 new SimpleXMLElement
----------------------------------------------------------------*/
$xml = simplexml_load_string("<?xml version=\"1.0\" encoding=\"UTF-8\"?><root></
root>");
foreach($arr as $dat) {
```

```
    // 添加二级节点
    $province = $xml->addChild('data');
    // 设置 province 添加子节点 name
    $name = $province->addChild('name',$dat['name']);
    $sex = $province->addChild('sex',$dat['sex']);
    $age = $province->addChild('age',$dat['age']);
    }
    // 将 SimpleXMLElement 对象 $xml 转换成一个 XML 格式并写入 zh_cn.xml 文件
    $xml->asXML('zh_cn2.xml');
    //header("Content-type: text/xml");
     ?>
                                                                    [000323]
```

上面代码生成的 XML 文档文件为 zh_cn2.xml，使用浏览器打开该文件，如图 8-5 所示。

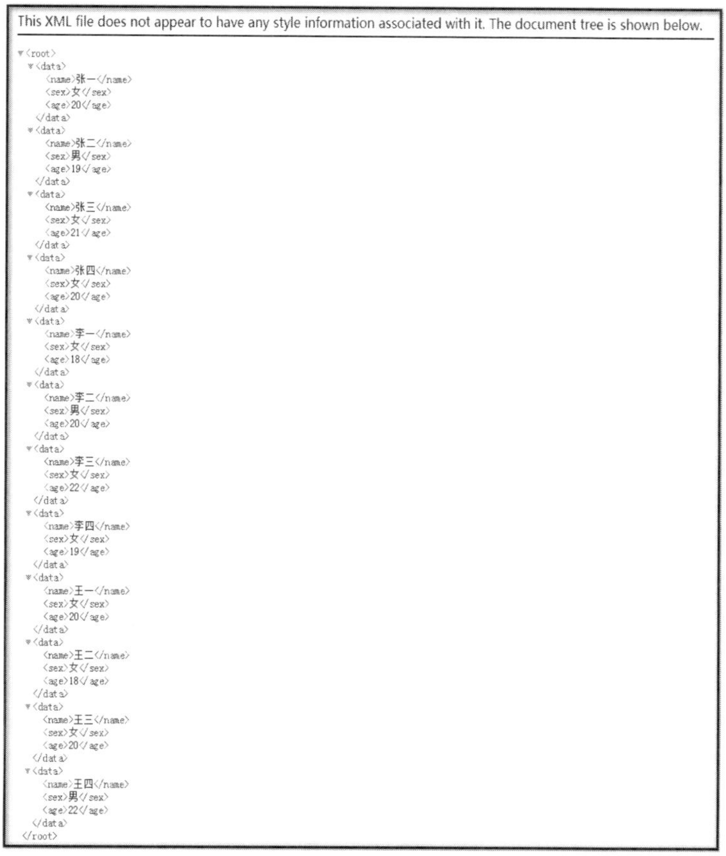

图 8-5

2. 解析刚刚生成的文档

（1）使用 SimpleXML 解析为普通文本并输出

使用 SimpleXML 解析上例生成的 zh_cn2.xml 文件，解析为普通文本并输出，PHP 代码如下：

```
<?php
// 载入一个 zh_cn2.xml 文件并解析为 SimpleXMLElement 对象
$xml = simplexml_load_file('zh_cn2.xml');
foreach($xml as $v) {
    // 输出姓名
    echo '姓名：'.$v->name . "<br />";
    // 输出姓名
```

```
    echo '性别：'.$v->sex . "<br />";
    //输出姓名
    echo '年龄：'.$v->age . "<br />";
}
?>                                                          [000324]
```

输出结果如图 8-6 所示。

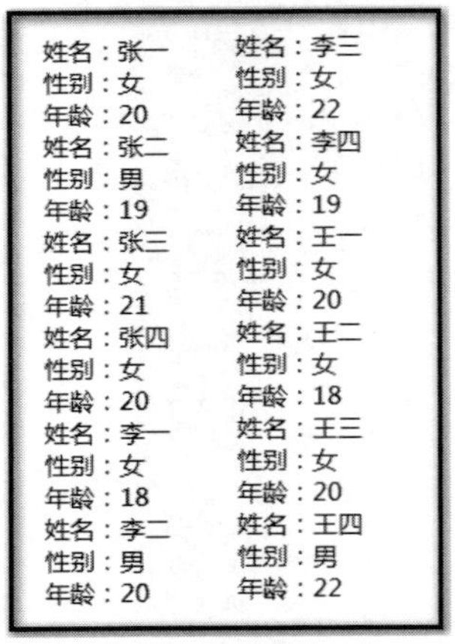

图 8-6

（2）使用 XMLReader 解析为数组并输出

使用 XMLReader 解析上面生成的 zh_cn2.xml 文件，将其转换为一个数组后输出数组内容，PHP 代码如下：

```
<?php
   header("Content-type:text/html;Charset=UTF-8");
$xmlwd = 'cms_student.xml';
$reader = new XMLReader();  //实例化 XMLReader
$reader->open($xmlwd); //获取 XML
$i=1;
while($reader->read()) {
if($reader->nodeType == XMLReader::TEXT) { //判断 node 类型
$m = $i%3;
if($m==1)
$name = $reader->value;  //读取 node 值
if($m==2)
   $sex = $reader->value;
if($m==0){
$age = $reader->value;
$arr[] = array(
 'name' => $name,
 'sex' => $sex,
 'age' => $age
);
}
$i++;
}
}
echo "<pre>";
print_r($arr);
echo "<pre>";
?>                                                          [000325]
```

在上面代码中获取的数据（$arr 数组）如何做进一步处理，由需求来定，比如写入数据等处理。

最后输出结果如图 8-7 所示。

```
Array
(
    [0] => Array
        (
            [name] => 张一
            [sex] => 女
            [age] => 20
        )

    [1] => Array
        (
            [name] => 张二
            [sex] => 男
            [age] => 19
        )

    [2] => Array
        (
            [name] => 张三
            [sex] => 女
            [age] => 21
        )

    [3] => Array
        (
            [name] => 张四
            [sex] => 女
            [age] => 20
        )

    [4] => Array
        (
            [name] => 李一
            [sex] => 女
            [age] => 18
        )

    [5] => Array
        (
            [name] => 李二
            [sex] => 男
            [age] => 20
        )

    [6] => Array
        (
            [name] => 李三
            [sex] => 女
            [age] => 22
        )

    [7] => Array
        (
            [name] => 李四
            [sex] => 女
            [age] => 19
        )

    [8] => Array
        (
            [name] => 王一
            [sex] => 女
            [age] => 20
        )

    [9] => Array
        (
            [name] => 王二
            [sex] => 女
            [age] => 18
        )

    [10] => Array
        (
            [name] => 王三
            [sex] => 女
            [age] => 20
        )

    [11] => Array
        (
            [name] => 王四
            [sex] => 男
            [age] => 22
        )

)
```

图 8-7

SimpleXML 的优点是开发简单，缺点是它将整个 XML 载入内存后再进行处理，所以在解析超多内容的 XML 文档时可能会力不从心。如果是读取小文件，SimpleXML 是很好的选择。在 PHP 中除了使用 SimpleXML 可以解析与生成 XML 文件以外，还可以使用其他方法操作 XML。

XML 解析器也是处理 XML 不错的选择，它不是将整个 XML 文档载入内存后再处理，而是边解析边处理，所以性能上要好于 SimpleXML。目前网上已有基于 XML 解析器作进一步封装使用起来更方便的 XML 类库。

XMLReader 也可以用来处理 XML，它是 PHP 5 之后的扩展，它就像游标一样在文档流中移动。XMLReader 和 XML Parser 类似，都是边读边操作，但使用 XMLReader 可以随意从读取器提取节点，可控性更好。由于 XMLReader 基于 libxml，所以有些函数要参考文档看看是否适用于 libxml 版本。

PHP 提供了多种 XML 的处理方式，开发人员应根据具体的需求来选择最适合的解析方式。

8.3 使用 PHP 的 DOMDocument 创建 XML 和解析 XML

DOMDocument 是 PHP 另一款处理 XML 的类库，它是一次性将 XML 载入内存，所以内存问题同样需要注意。

DOMDocument 操作 XML 要比 SimpleXML 复杂。如果把 DOMDocument 里的节点、属性看作是枝叶，那么 DOMDocument 的 DOMDocument 就是根，节点和属性都挂载在这个对象下面。

下面来说明 PHP 的 DOMDocument 类库如何创建 XML 文档，以及使用 PHP 的 XMLReader 类库解析 XML 文档。

8.3.1 使用 DOMDocument 生成 XML

下面即将给出的示例拟使用 MySQL 数据库中的表信息来生成 XML 格式文档。假设 MySQL 数据库系统中有一张学生信息表 cms_student2，需要提供给第 n 方使用，并有 id，name，sex，age 分别记录学生的姓名、性别、年龄等信息。

建表 SQL 如下：

```
-- ----------------------------
-- Table structure for cms_student2
-- ----------------------------
DROP TABLE IF EXISTS `cms_student2`;
CREATE TABLE `cms_student2` (
  `id` int(11) NOT NULL AUTO_INCREMENT,
  `name` varchar(50) NOT NULL,
  `sex` varchar(10) NOT NULL,
  `age` smallint(3) NOT NULL DEFAULT 0,
  PRIMARY KEY (`id`)
) ENGINE=MyISAM AUTO_INCREMENT=13 DEFAULT CHARSET=utf8;
-- ----------------------------
-- Records of cms_student2
-- ----------------------------
INSERT INTO `cms_student2` VALUES ('1', '张一', '女', ‘20’);
INSERT INTO `cms_student2` VALUES ('2', '张二', '男', '19');
INSERT INTO `cms_student2` VALUES ('3', '张三', '女', '21');
INSERT INTO `cms_student2` VALUES ('4', '张四', '女', '20');
INSERT INTO `cms_student2` VALUES ('5', '李一', '女', ‘18’);
INSERT INTO `cms_student2` VALUES ('6', '李二', '男', '20');
INSERT INTO `cms_student2` VALUES ('7', '李三', '女', '22');
INSERT INTO `cms_student2` VALUES ('8', '李四', '女', '19');
INSERT INTO `cms_student2` VALUES ('9', '王一', '女', '20');
INSERT INTO `cms_student2` VALUES ('10', '王二', '女', '18');
INSERT INTO `cms_student2` VALUES ('11', '王三', '女', '20');
INSERT INTO `cms_student2` VALUES ('12', '王四', '男', '22');                [000326]
```

创建 createxml.php 文件，保存为 UTF-8 编码集格式，代码如下：

```
<?php
   //header("Content-type:text/html; charset=GBK");
   header("Content-type:text/html; charset=UTF-8");
/*-------------------------------
 *php7 及之后版本连接 mysql 数据库
-------------------------------*/
$mysqli=new mysqli();
$mysqli->connect('localhost:3307','root','','jiaowglxt'); // root 为 MySQL 数据库账户，密码为空，jiaowglxt 为 MySQL 数据库名
$mysqli->set_charset("utf8"); //设置字符集
```

```
    /*--------------------------------
     * php7 之前版本，连接 mysql 数据库
    --------------------------------*/
    //$link = @mysql_connect("localhost:3307", "root", "") or die("Could not
connect:" . mysql_error());
    //@mysql_select_db("jiaowglxt") or die("Could not use jiaowglxt:" . mysql_
error());
    //mysql_query("set names utf8"); //设置字符集
    /*--------------------------------
     * 查询表数据，返回多行数据
    --------------------------------*/
    $sql = "select * from cms_student2";
    /*--------------------------------
     *php7 及之后版本，执行查询并循环输出为数组
    --------------------------------*/
    $rs=$mysqli->query($sql);
    $mysqli->close();
    while($row=mysqli_fetch_array($rs,MYSQLI_ASSOC)){
    $arr[] = array(
     'name' => $row['name'],
     'sex' => $row['sex'],
     'age' => $row['age']
    );
    }
    /*------------------------------------------
     *php7 之前版本，执行查询并循环输出为数组
    ------------------------------------------*/
    //$result = mysql_query($sql);
    //mysql_close($link);
    //while($row = mysql_fetch_assoc($result)) {
    //$arr[] = array(
    // 'name' => $row['name'],
    // 'sex' => $row['sex'],
    // 'age' => $row['age']
    //);
    //}
    /*------------------------------------------------------------
    这个时候，数据就保存在 $arr 中，可以使用 print_r 打印下数据测试。
    接着，建立 xml，循环数组，将数据写入到 xml 对应的节点中。
    ------------------------------------------------------------*/
    $doc = new DOMDocument('1.0', 'UTF-8');  // 声明版本和编码
    $doc->formatOutput = true;
    $r = $doc->createElement("root");
    $doc->appendChild($r);
    foreach($arr as $dat) {
    $b = $doc->createElement("data");
    $name = $doc->createElement("name");
    $name->appendChild($doc->createTextNode($dat['name']));
    $b->appendChild($name);
    $sex = $doc->createElement("sex");
    $sex->appendChild($doc->createTextNode($dat['sex']));
    $b->appendChild($sex);
    $age = $doc->createElement("age");
    $age->appendChild($doc->createTextNode($dat['age']));
    $b->appendChild($age);
    $r->appendChild($b);
    }
    header("Content-type: text/xml");
     // 在页面上输出 xml
     echo $doc->saveXML();
     // 将 xml 保存成文件
     $doc->save("cms_student2.xml");
    ?>                                                          [000327]
```

上面的代码调用了 PHP 内置类 DOMDocument 来处理与生成 XML 文档。最终生成的 XML 格式如图 8-8 所示。

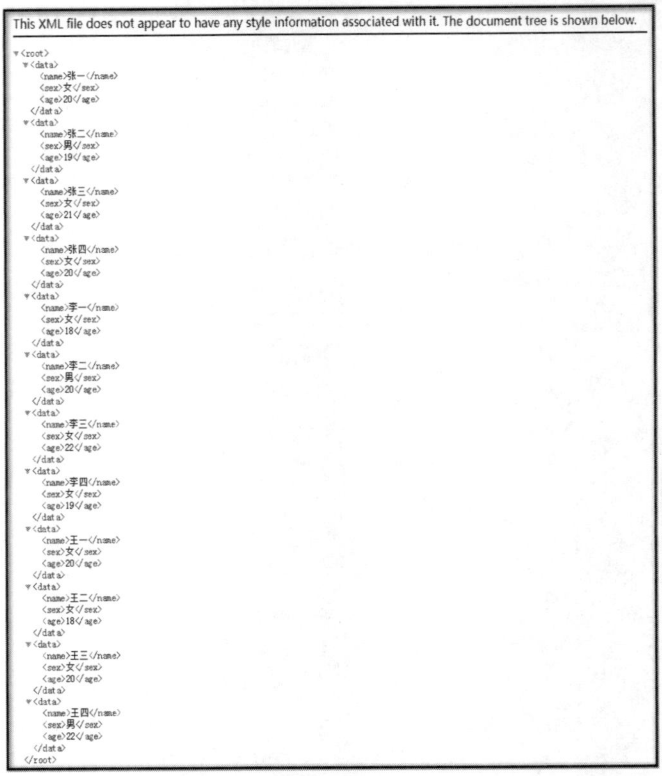

图 8-8

8.3.2 使用 XMLReader 解析 XML 为数组并输出

现在假设要从第三方获取学生信息，数据格式是 XML，需要使用 PHP 解析 XML，然后将解析后的数据显示或者写入本地数据库。而这里关键的一步是解析 XML。

PHP 中有很多方法可以解析 XML，其中 PHP 提供了内置的 XMLReader 类可以循序地浏览 XML 档案的节点，可以想象成游标走过整份文档的节点，并抓取需要的内容。使用 XMLReader 是高效的，尤其是读取非常大的 XML 数据，相对其他方法，使用 XMLReader 消耗内存非常少。

这里使用刚刚生成的 cms_student2.xml 文件，代码如下：

```
<?php
   header("Content-type:text/html;Charset=UTF-8");
$xmlwd = 'cms_student2.xml';
$reader = new XMLReader();  //实例化 XMLReader
$reader->open($xmlwd); //获取 XML
$i=1;
while($reader->read()) {
if($reader->nodeType == XMLReader::TEXT) { //判断 node 类型
$m = $i%3;
if($m==1)
$name = $reader->value;  //读取 node 值
```

```
    if($m==2)
        $sex = $reader->value;
    if($m==0){
    $age = $reader->value;
    $arr[] = array(
     'name' => $name,
     'sex' => $sex,
     'age' => $age
    );
    }
    $i++;
    }
    }
    echo "<pre>";
    print_r($arr);
    echo "<pre>";
    ?>                                                    [000328]
```

在上面代码中，为了将数据 name，sex 和 age 分开，使用 $i%3 来判断取模，因为在获取的 xml 中，节点 data 下的信息以 3 个子节点存在。

至于获取的数据（$arr 数组）如何做进一步处理，由需求来定，比如写入数据库等。

最后输出结果如图 8-9 所示。

```
Array
(
    [0] => Array
        (
            [name] => 张一
            [sex] => 女
            [age] => 20
        )

    [1] => Array
        (
            [name] => 张二
            [sex] => 男
            [age] => 19
        )

    [2] => Array
        (
            [name] => 张三
            [sex] => 女
            [age] => 21
        )

    [3] => Array
        (
            [name] => 张四
            [sex] => 女
            [age] => 20
        )

    [4] => Array
        (
            [name] => 李一
            [sex] => 女
            [age] => 18
        )

    [5] => Array
        (
            [name] => 李二
            [sex] => 男
            [age] => 20
        )

    [6] => Array
        (
            [name] => 李三
            [sex] => 女
            [age] => 22
        )

    [7] => Array
        (
            [name] => 李四
            [sex] => 女
            [age] => 19
        )

    [8] => Array
        (
            [name] => 王一
            [sex] => 女
            [age] => 20
        )

    [9] => Array
        (
            [name] => 王二
            [sex] => 女
            [age] => 18
        )

    [10] => Array
        (
            [name] => 王三
            [sex] => 女
            [age] => 20
        )

    [11] => Array
        (
            [name] => 王四
            [sex] => 男
            [age] => 22
        )

)
```

图 8-9

至此，通过使用 PHP 自身提供的类库（SimpleXML、DOMDocument 和 XMLReader）实现 XML 文档的建立与解析已告一段落，接下来介绍 XML 的一个典型应用——RSS2.0。

8.4　XML 的应用——RSS

RSS（Really Simple Syndication，简易信息整合）是一种描述和同步网站内容的格式，是当前使用最广泛的 XML 应用之一，RSS 是将用户及其订阅的内容传送给它们的通信协同格式。目前广泛应用于网上新闻类的信息。

RSS 是 Web 2.0 的一种典型应用，它将被动的信息获取变成主动信息获取，把以网站运营为中心的信息发布变成以用户为中心的信息定制，还可以将网络上的闲散信息聚合起来形成聚合平台。

如果没有 RSS，用户每天都要到网站上查看是否有更新的内容，这对于用户来说很浪费时间，通过一个 RSS feed（RSS 连接地址），可以使用 RSS 阅读器方便地查看网站是否有更新。例如使用 Blog 时，一些用户会关注其他的 Blog 用户，如果需要及时了解其他 Blog 的更新情况，只要订阅这些用户的 RSS feed 就可以同时查看到多个 Blog 的更新情况。

关于 RSS2.0，融入了文档频道和项的概念。

RSS 实际上是一种 XML 语言，因此它遵循 XML 语言的相关规范。RSS 文档的根元素是 <RSS>，并且包含一个表示其版本的 version 属性，例如，<RSS version= “2.0” >。整个 RSS 文档都必须包含在 <RSS> 标签中，包括文档频道元素 <channel> 及其子元素。其中频道元素为 RSS 文档的基础元素，除了可以表示频道内容本身外，还可以通过项 <item> 的形式包含表示频道元数据的元素，项是频道的主要元素，用于设置频道中经常变化的部分。

在本节主要介绍 RSS 2.0，最后给出一个 RSS 2.0 实践案例。

8.4.1 为什么使用 RSS

RSS 是 Web 2.0 的一种典型应用，它将被动的信息获取变成主动信息获取，把以网站运营为中心的信息发布变成以用户为中心的信息定制，还可以将网络上的闲散信息聚合起来形成聚合平台。

RSS 实际上是一种 XML 语言，因此它遵循 XML 语言的相关规范。

RSS 文档的根元素是 <RSS>，并且包含一个表示其版本的 version 属性，例如，<RSS version= “2.0” >。整个 RSS 文档都必须包含在 <RSS> 标签中，包括文档频道元素 <channel> 及其子元素。其中，频道元素为 RSS 文档的基础元素，除了可以表示频道内容本身外，还可以通过项 <item> 的形式包含表示频道元数据的元素，项是频道的主要元素，用于设置频道中经常变化的部分。

接下来我们了解一下 RSS 2.0 频道和项的相关元素。

8.4.2 RSS 2.0 中的频道

RSS 2.0 中的频道是使用 <channel> 标签来定义的，一般包含 3 个主要元素。

- <title>：频道的标题。
- <link>：与该频道有关的站点的 URL。
- <description>：频道的简介。

以上 3 个元素提供关于频道本身的信息。

RSS 2.0 中其他频道元素解释说明如表 8-1 所示。

表 8-1

RSS 2.0 其他频道元素	描述
<image>	指定与频道同时显示的图片
<language>	频道的语言（如 en-us、cn）
<copyright>	频道的版权信息
<managingEditor>	负责编辑该频道内容人员的 E-mail
<WebMaster>	负责有关频道技术发布人员的 E-mail
<pubDate>	频道内容的发布日期
<lastBuildDate>	频道内容最后修改的日期
<category>	产生该频道的类别
<generator>	产生该频道的系统名称
<docs>	指明该 RSS 文档所使用的文本格式
<ttl>	以分钟数据指明该频道的存活时间
<rating>	关于该频道的 PICS 评价
<textInput>	定义与频道一起显示的输入框

其中 <image> 元素经常使用，它还包括几个子元素，如表 8-2 所示。

表 8-2

<image> 子元素	描述
<url>	必需元素，表示该 <image> 元素所指定图像的 URL
<title>	必需元素，图像的标题
<link>	必需元素，站点的 URL
<width>	表示图像的宽度，最大值为 188，默认值为 88
<height>	表示图像的高度，最大值为 400，默认值为 31
<description>	包含文本，图片的 title 属性

8.4.3　RSS 2.0 中的项

RSS 2.0 中的项是使用 <item> 标签来定义的，用于指定 RSS 文档中所包含的信息，项有 3 个必需的子元素。

- <title>：定义项的标题。
- <link>：定义项所代表网页的地址。
- <descripiton>：项的简介。

上述 3 个元素用于提供项本身的信息。

项还包括几个可选子元素，如表 8-3 所示。

表 8-3

RSS 2.0 项可选子元素	描述
<author>	记录项作者的 E-mail 地址
<category>	定义项所属类别
<comment>	关于项的注释页 URL
<encloseure>	与该项有关的媒体文件
<guid>	为项定义一个唯一标识符
<pubDate>	该项的发布时间
<source>	为该项指定一个第三方来源

8.4.4 使用 PHP 实现订阅

1. 通过 PHP 生成 RSS 2.0 文档实现订阅

通过 PHP 生成 RSS 2.0 文档，然后通过 RSS 阅读器把这个 RSS 2.0 文档添加到订阅频道中即可。

下面是一个简单的 RSS 2.0 文档，然后将这个文档生成。

```
<?xml version="1.0" encoding="UTF-8" ?>
<rss version="2.0">                                          //RSS 文档根元素
<channel>                                                    // 频道元素
  <title>ShopNC</title>                                      // 频道名
  <link>http://www.shopnc.net</link>                         // 频道地址
  <description>ShopNC 官方动态频道 </description>            // 频道简介
  <item>                                                     // 定义项
    <title>ShopNC 创业版商城新版本发布 </title>              // 项名称
    <link>http://www.shopnc.net</link>                       // 项地址
    <description>ShopNC 创业版商城 V1.3 版本发布了 </description>    // 项简介
  </item>
</channel>
</rss>
```
[000329]

生成上述 RSS 文档的代码如下，保存为 rss2.0.php，UTF-8 编码集格式。这里使用前述的 PHP 类库 SimpleXML 负责生成。

```
<?php
// 载入一个 xml 格式的字符串并将其解析为 SimpleXMLElement 对象
// 此处 simplexml_load_string 方法实际作用等同于 new SimpleXMLElement
$xml = simplexml_load_string("<?xml version=\"1.0\" encoding=\"UTF-8\"?><rss version=\"2.0\"></rss>");
// 添加 channel 节点
$channel = $xml->addChild('channel');
// 为 channel 节点添加子节点 title，值为 ShopNC
$title = $channel->addChild('title','ShopNC');
// 为 channel 节点添加子节点 link，值为 http://www.shopnc.net
$link = $channel->addChild('link','http://www.shopnc.net');
// 为 channel 节点添加子节点 description，值为 ShopNC 官方动态频道
$description = $channel->addChild('description','ShopNC 官方动态频道 ');
// 为 channel 节点添加子节点 description，值为 ShopNC 官方动态频道
$description = $channel->addChild('description','ShopNC 官方动态频道 ');
// 为 channel 节点添加子节点 item（项）
$item = $channel->addChild('item');
// 添加 item 的子节点 title，值为 "ShopNC 创业版商城新版本发布 "
$item->addChild('title','ShopNC 创业版商城新版本发布 ');
// 添加 item 的子节点 link，值为 "http://www.shopnc.net"
$item->addChild('link','http://www.shopnc.net ');
// 添加 item 的子节点 description，值为 "ShopNC 创业版商城 V1.3 版本发布了 "
$item->addChild('description',' ShopNC 创业版商城 V1.3 版本发布了 ');
// 将 SimpleXMLElement 对象 $xml 转换成一个 XML 格式并写入 zh_cn.xml 文件
$xml->asXML('rss2.0.xml');
?>
```
[000330]

RSS 订阅的 URL 路径为“http://localhost/rss2.0.xml”。

在 RSS 阅读器上将上述 URL 路径添加到订阅频道中，下面是使用 QuiteRSS 阅读器的订阅效果，如图 8-10 所示。

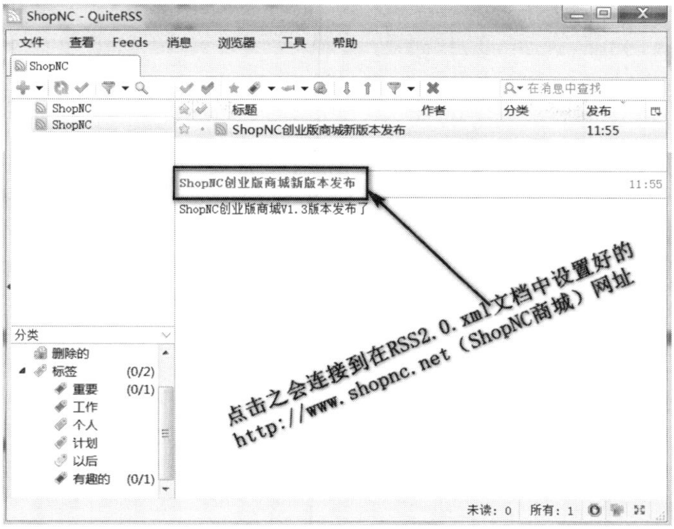

图 8-10

单击图 6-10 中的"ShopNC 创业版商城新版本发布"，链接到 http://www.shopnc.net（ShopNC 商城）网址，该网址是在生成的 RSS 2.0.xml 文档中 "<item>" 标签中设置的，如图 8-11 所示。

图 8-11

2. 通过在 PHP 文件中嵌入 RSS 2.0 文档实现订阅

下面是一个简单的 RSS 2.0 文档（同上），然后将这个文档嵌入 PHP 文件中。

```
<?xml version="1.0" encoding="UTF-8" ?>
<rss version="2.0">                                  //RSS 文档根元素
<channel>                                            // 频道元素
  <title>ShopNC</title>                              // 频道名
  <link>http://www.shopnc.net</link>                 // 频道地址
  <description>ShopNC 官方动态频道 </description>    // 频道简介
  <item>                                             // 定义项
    <title>ShopNC 创业版商城新版本发布 </title>      // 项名称
    <link>http://www.shopnc.net</link>               // 项地址
    <description>ShopNC 创业版商城 V1.3 版本发布了 </description>    // 项简介
  </item>
</channel>
</rss>                                                               [000331]
```

将上面 RSS 2.0 文档字码嵌入 PHP 文件中，代码如下：

```
<?php
header("Content-type:text/html; charset=UTF-8");
$xml = <<<EOF
<?xml version="1.0" encoding="UTF-8" ?>
<rss version="2.0">
<channel>
  <title>ShopNC</title>
  <link>http://www.shopnc.net</link>
  <description>ShopNC 官方动态 </description>
  <item>
    <title>ShopNC 创业版商城新版本发布 </title>
    <link> http://www.shopnc.net</link>
    <description>ShopNC 创业版商城 V1.3 版本发布 </description>
  </item>
</channel>
</rss>
EOF;
echo $xml;
?>
```
[000332]

将上面代码保存为 rss.php 文件，rss.php 文件的编码集为 UTF-8。RSS 订阅文件 URL 路径为 http://localhost/rss.php。

在 RSS 阅读器将上述 URL 路径添加到订阅频道中，下面是使用 QuiteRSS 阅读器的订阅效果，如图 8-12 所示。

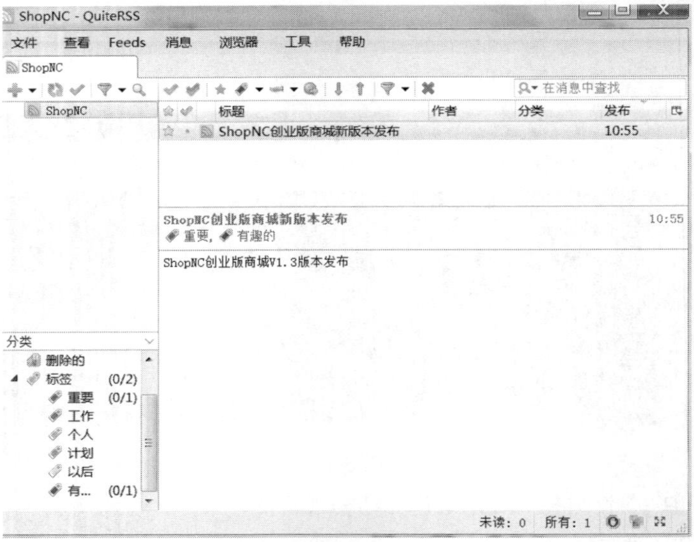

图 8-12

单击图 8-12 中的“ShopNC 创业版商城新版本发布”，链接到 http://www.shopnc.net（ShopNC 商城）网址，该网址是被嵌入到 PHP 脚本中的 RSS 2.0 格式字码里“<item>”标签设置好的，如图 8-11 所示。

8.4.5 实践案例：使用 PHP 动态生成 RSS 2.0 XML

当下 RSS 2.0 比较流行，RSS 2.0 是用 XML 来书写的，如果给自己的网站写一个 XML 文件，通过每增加一条内容靠手动写进 XML 文件，这显然不好；如果使用 PHP 自动生成

RSS 2.0 的 XML 就好了。

RSS 2.0 文件格式如下：

```
<?xml version="1.0" encoding="UTF-8" ?> // 开始标签部分，即后面说到的 temp1.xml
<rss version="2.0">
    <title> 网页标题 </title>
    <link>http://www.***.com</link>
    <description> 有关描述 </description>
    <channel>
            <item>  // 主体部分，后面说到的 temp2.xml
                    <title>{title}</title>
                    <link>{link}</link>
                    <description>{maintext}</description>
            </item>
    </channel> // 结束标签部分，后面说到的 temp3.xml
</rss>
                                                                        [000333]
```

给以上这段代码起个名字叫 temp.xml，保存为 UTF-8 编码集。

PHP 生成静态页面的原理是：PHP 读取 temp.xml 模板文件，解析处理后将得出的“结果”再填充回模板（如果想生成 HTML 静态页面，echo“结果”即可），然后用 fopen() 函数建立一个新文件 rss_gcc.xml，用 fwrite() 将“结果”写进新文件。

还看上面的 temp.xml 模板文件，在 <channel> 标签内的 <item> 项应该有很多，在 PHP 程序里这部分要写一个循环，网站或博客每增加一篇文章就要向 rss_gcc.xml 追加一个 <item> 项。所以把 temp.xml 文件开始、主体及结束 3 个部分分为 3 个文件 temp1.xml、temp2.xml 及 temp3.xml 并在 PHP 程序里分别加载，否则，每次循环，fwrite() 都会将开始标签和结束部分标签也向 rss_gcc.xml 写一次，而这两部分标签在 rss_gcc.xml 文件里只能出现一次，否则 rss_gcc.xml 文件在浏览器里不能正常执行。

把 temp.xml 文件拆分为 temp1.xml、temp2.xml 及 temp3.xml，各自内容如下。

（1）temp1.xml

```
<?xml version="1.0" encoding="UTF-8" ?>
<rss version="2.0">
    <title> 网页标题 </title>
    <link>http://www.***.com</link>
    <description> 有关描述 </description>
    <channel>
```

（2）temp2.xml

```
            <item>
                    <title>{title}</title>
                    <link>{link}</link>
                    <description>{maintext}</description>
            </item>
```

（3）temp3.xml

```
    </channel>
</rss>
```

为了这个示例准备数据如下：

```
SET FOREIGN_KEY_CHECKS=0;
-- ----------------------------
-- Table structure for admin_content_1
-- ----------------------------
DROP TABLE IF EXISTS `admin_content_1`;
CREATE TABLE `admin_content_1` (
  `id` int(20) NOT NULL AUTO_INCREMENT,
```

```
  `title` varchar(255) DEFAULT NULL,
  PRIMARY KEY (`id`)
) ENGINE=MyISAM AUTO_INCREMENT=218 DEFAULT CHARSET=utf8;

-- ----------------------------
-- Records of admin_content_1
-- ----------------------------
INSERT INTO `admin_content_1` VALUES ('2', '沙特与美油价博弈，输赢者谁？');
INSERT INTO `admin_content_1` VALUES ('3', '原油反弹 商品转多大幕开启');
INSERT INTO `admin_content_1` VALUES ('4', 'EIA 原油库存增加低于预期 原油飙升');
INSERT INTO `admin_content_1` VALUES ('29', '哈维灾情超乎想象：化工厂爆炸炼油业停摆');
INSERT INTO `admin_content_1` VALUES ('7', '学校简介');
INSERT INTO `admin_content_1` VALUES ('8', '质量管理体系认证证书 A');
INSERT INTO `admin_content_1` VALUES ('9', '教学教务即将上线');
INSERT INTO `admin_content_1` VALUES ('10', '教学教务提醒您今天下大雨');
INSERT INTO `admin_content_1` VALUES ('12', '金价 1300 关口岌岌可危 能否守稳先看这一数据！');
INSERT INTO `admin_content_1` VALUES ('14', '注册协议');
INSERT INTO `admin_content_1` VALUES ('15', '用户服务协议');
INSERT INTO `admin_content_1` VALUES ('16', '风险提示');
INSERT INTO `admin_content_1` VALUES ('20', '哈维飓风搅动原油市场 也许风雨过后不见彩虹');
INSERT INTO `admin_content_1` VALUES ('21', '黄金重返 1320 上方 今晚非农之夜恐杀机四伏');
INSERT INTO `admin_content_1` VALUES ('22', '美国五年来首次动用战略石油储备 缓解飓风哈维造成的供应中断');
INSERT INTO `admin_content_1` VALUES ('23', 'LME 期铜周四涨至近三年高位，令 8 月月线升幅达到 6.6%');
INSERT INTO `admin_content_1` VALUES ('24', '原油技术分析：上探 100 日均线 但反弹未逆转下行风险');
INSERT INTO `admin_content_1` VALUES ('25', '黄金技术分析：短期风险偏上行 突破 1325 料看向 1337');
INSERT INTO `admin_content_1` VALUES ('26', '黄金回吐连日涨幅 但朝鲜局势仍提供支撑');
INSERT INTO `admin_content_1` VALUES ('27', '通胀不及预期美元承压 黄金获提振重拾升势');
INSERT INTO `admin_content_1` VALUES ('28', '套利胡子：环保督查助长商品多头火焰 双焦"金九银十"值得期待');
INSERT INTO `admin_content_1` VALUES ('31', '央行外汇风险准备金率调至 0 专家：降低远期购汇成本');
INSERT INTO `admin_content_1` VALUES ('32', '朝鲜又发导弹！日元、黄金急升 晚间“恐怖数据”来袭');
INSERT INTO `admin_content_1` VALUES ('33', '美联储本周议息：或启动缩表 预计利率维持不变');
INSERT INTO `admin_content_1` VALUES ('34', '受助于全球需求增长预期 原油期货创 7 月末以来最大周线升幅');
INSERT INTO `admin_content_1` VALUES ('217', '天津 96 中学荣誉资质介绍');    [000334]
```

注：上面的代码可以放到 Navicat for MySQL 中执行。

下面介绍 PHP 程序代码 test.php，保存为 UTF-8 编码集。

```
<?php
//header("Content-type:text/html; charset=GBK");
header("Content-type:text/html; charset=UTF-8");
$fp=fopen("temp1.xml","r");
$content = fread($fp,filesize("temp1.xml")); // 读入打开文件的内容;
$filename = "rss_gcc.xml"; // 拟生成的 XML 文件
$handle = fopen($filename,"w"); //fopen，即打开文件，若文件不存在，则自动创建;
if(!is_writable($filename)){die("文件: ".$filename."不可写，请检查其属性后重试！");}
if(!fwrite($handle,$content)){die("生成文件".$filename."失败！");}
/*--------------------------------
 *php7 及之后版本连接 mysql 数据库
--------------------------------*/
$mysqli=new mysqli();
$mysqli->connect('localhost:3307','root','','jiaowglxt'); // root 为 MySQL 数据库账户，密码为空，jiaowglxt 为 MySQL 数据库名
```

```
    $mysqli->set_charset("utf8"); //设置字符集
    /*------------------------------
     * php7之前版本，连接mysql数据库
    -------------------------------*/
    //$link = @mysql_connect("localhost:3307", "root", "") or die("Could not
connect:" . mysql_error());
    //@mysql_select_db("jiaowglxt") or die("Could not use jiaowglxt:" . mysql_
error());
    //mysql_query("set names utf8"); //设置字符集
    /*--------------------------------
     * 查询表数据，返回多行数据
    --------------------------------*/
    $sql = "select * from admin_content_1";
    /*--------------------------------
     *php7及之后版本，执行查询
    --------------------------------*/
    $rs=$mysqli->query($sql);
    $k=$rs->num_rows;  //结果集行数

    /*--------------------------------
     *php7之前版本，执行查询
    --------------------------------*/
    //$rs = mysql_query($sql);
    //$k= mysql_num_rows($rs);  //结果集行数
    $i=0;
    while($i<$k)
    {
    $sql2="select * from admin_content_1 order by id desc limit $i,1";
    /*--------------------------------
     *php7及之后版本
    --------------------------------*/
    $result = $mysqli->query($sql2);
    //$a = mysqli_fetch_array($result);
    $a = $result->fetch_array();
    $b=$a[0];
    $title = $a[1];
    $maintext=$a[1];
    /*--------------------------------
     *php7之前版本，执行查询
    --------------------------------*/
    //$result = mysql_query($sql2);
    //$a = mysql_fetch_array($result);
    //$b=$a['id'];
    ////$b=$a[0];
    //$title = $a['title'];
    //$maintext=$a['title'];
    $link = "http://www.gcc.org/news.php?target='$b'";
    $i++;
    $fp = fopen("temp2.xml","r");
    $content = fread($fp,filesize("temp2.xml"));
    $content = str_replace("{title}",$title,$content); #替换模板变量中的数据;
    $content = str_replace("{link}",$link,$content);
    $content = str_replace("{maintext}",$maintext,$content);
    $filename = "rss_gcc.xml";
    $handle = fopen($filename,"a"); //注意这里是a，不是w，因为要追加不是覆盖数据。
    if(!is_writable($filename)){die("文件: ".$filename."不可写，请检查其属性后重试！");}
    if(!fwrite($handle,$content)){die("生成文件".$filename."失败！");}
    }
    /*--------------------------------
     *php7及之后版本，关闭连接
    --------------------------------*/
    $mysqli->close();
    /*--------------------------------
```

```
 *php7之前版本，关闭连接
----------------------------------*/
//mysql_close($link);
$fp = fopen("temp3.xml","r");
$content = fread($fp,filesize("temp3.xml"));
$filename = "rss_gcc.xml";
$handle = fopen($filename,"a");
if(!is_writable($filename)){die("文件："．$filename."不可写，请检查其属性后重试！");}
if(!fwrite($handle,$content)){die("生成文件".$filename."失败！");}
fclose($handle);
die("成功！");
?>                                                                     [000335]
```

使用浏览器打开生成的 rss_gcc.xml，如图 8-13 所示。

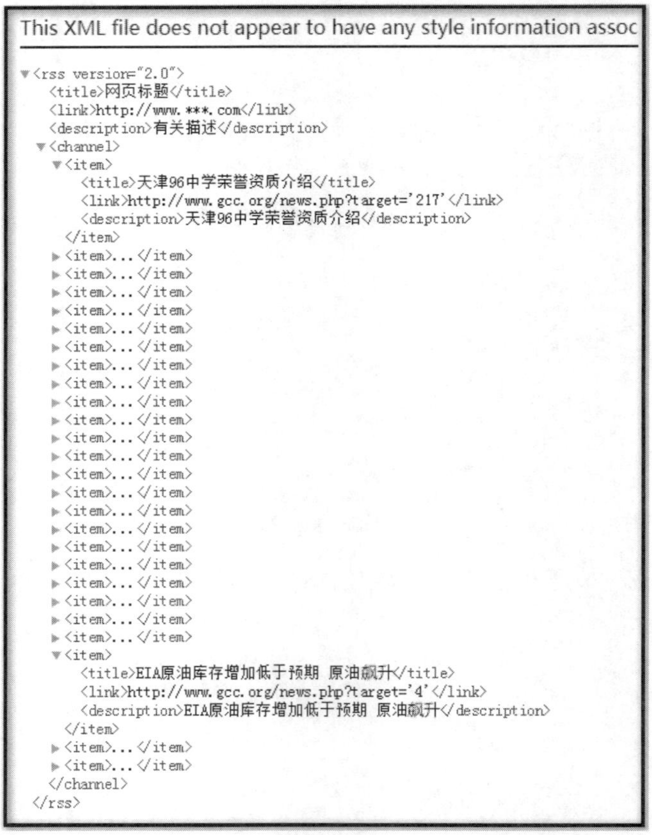

```
This XML file does not appear to have any style information assoc
▼<rss version="2.0">
   <title>网页标题</title>
   <link>http://www.***.com</link>
   <description>有关描述</description>
  ▼<channel>
    ▼<item>
       <title>天津96中学荣誉资质介绍</title>
       <link>http://www.gcc.org/news.php?target='217'</link>
       <description>天津96中学荣誉资质介绍</description>
     </item>
    ▶<item>...</item>
    ▶<item>...</item>
    ▶<item>...</item>
    ▶<item>...</item>
    ▶<item>...</item>
    ▶<item>...</item>
    ▶<item>...</item>
    ▶<item>...</item>
    ▶<item>...</item>
    ▶<item>...</item>
    ▶<item>...</item>
    ▶<item>...</item>
    ▶<item>...</item>
    ▶<item>...</item>
    ▶<item>...</item>
    ▶<item>...</item>
    ▶<item>...</item>
    ▶<item>...</item>
    ▶<item>...</item>
    ▶<item>...</item>
    ▶<item>...</item>
    ▶<item>...</item>
    ▼<item>
       <title>EIA原油库存增加低于预期 原油飙升</title>
       <link>http://www.gcc.org/news.php?target='4'</link>
       <description>EIA原油库存增加低于预期 原油飙升</description>
     </item>
    ▶<item>...</item>
    ▶<item>...</item>
   </channel>
 </rss>
```

图 8-13

8.4.6 实践案例：PHP 通过 RSS 类动态生成 RSS 2.0 XML

RSS（也称聚合内容）是一种描述和同步网站内容的格式。RSS 可以是以下 3 个解释的其中一个。

- Really Simple Syndication。
- RDF(Resource Description Framework) Site Summary。
- Rich Site Summary。

但这 3 个解释都是指同一种 Syndication（联合）的技术。RSS 目前广泛用于网上新闻频道（blog 博客和 wiki 维客）。使用 RSS 订阅能更快地获取信息，网站提供 RSS 输出，有利于让用户获取网站内容的最新更新。网络用户可以在客户端借助于支持 RSS 的聚合工具软件（RSS 阅读器），在不打开网站内容页面的情况下阅读支持 RSS 输出的网站内容。

从技术上来说，一个 RSS 文件就是一段规范的 XML 数据，该文件一般以 rss 和 xml 或者 rdf 作为扩展名，下面是一段 RSS 文件的内容示例，代码如下：

```
<?xml version="1.0" encoding="UTF-8"?>
<rss version="2.0">
<channel>
<title>PHP 程序员教程网 </title>
<link>http://www.phpernote.com/</link>
<description> 本站是一个 php 程序员的工作生活笔记 !</description>
<item>
<title>RSS Tutorial</title>
<link> 网站地址 /rss</link>
<description>New RSS tutorial on W3School</description>
</item>
<item>
<title>XML Tutorial</title>
<link> 网站地址 /xml</link>
<description>New XML tutorial on W3School</description>
</item>
</channel>
</rss>
                                                          [000336]
```

下面我们来看一下使用 PHP 动态生成 RSS 的代码示例。

rss_class.php 文件要存为 ANSI 编码集格式，保存为 UTF-8 编码集会报错，原因是 PHP 文件保存为 UTF-8 格式后，其文件头存在 BOM（BOM 头是放在 UTF-8 编码文件的头部的，占用 3 个字节，用来标识该文件属于 UTF-8 编码），即出现额外的被隐藏的空白字符，由于 PHP 不能识别这个 BOM 头导致报错，但不影响 PHP 程序的执行。如果必须存为 UTF-8 编码集，则必须将其头部的 BOM 去掉。

```
<?php
/**
** php 动态生成 RSS 类
**/
define("TIME_ZONE","");
define("FEEDCREATOR_VERSION","www.phpernote.com");// 的网址
class FeedItem extends HtmlDescribable{
   var $title,$description,$link;
   var $author,$authorEmail,$image,$category,$comments,$guid,$source,$creator;
   var $date;
   var $additionalElements=Array();
}

class FeedImage extends HtmlDescribable{
   var $title,$url,$link;
   var $width,$height,$description;
}
class HtmlDescribable{
   var $descriptionHtmlSyndicated;
   var $descriptionTruncSize;
   function getDescription(){
         $descriptionField=new FeedHtmlField($this->description);
         $descriptionField->syndicateHtml=$this->descriptionHtmlSyndicated;
         $descriptionField->truncSize=$this->descriptionTruncSize;
         return $descriptionField->output();
   }
}
```

```
    class FeedHtmlField{
        var $rawFieldContent;
        var $truncSize,$syndicateHtml;
        function FeedHtmlField($parFieldContent){
                if($parFieldContent){
                        $this->rawFieldContent=$parFieldContent;
                }
        }
        function output(){
                if(!$this->rawFieldContent){
                        $result="";
                }    elseif($this->syndicateHtml){
                        $result="<![CDATA[".$this->rawFieldContent."]]>";
                }else{
                        if($this->truncSize and is_int($this->truncSize)){
                                $result=FeedCreator::iTrunc(htmlspecialchars($this-
>rawFieldContent),$this->truncSize);
                        }else{
                                $result=htmlspecialchars($this->rawFieldContent);
                        }
                }
                return $result;
        }
    }
    class UniversalFeedCreator extends FeedCreator{
        var $_feed;
        function _setFormat($format){
                switch(strtoupper($format)){
                        case "2.0":
                                // fall through
                        case "RSS2.0":
                                $this->_feed=new RSSCreator20();
                                break;
                        case "0.91":
                                // fall through
                        case "RSS0.91":
                                $this->_feed=new RSSCreator091();
                                break;
                        default:
                                $this->_feed=new RSSCreator091();
                                break;
                }
                $vars=get_object_vars($this);
                foreach($vars as $key => $value){
                        // prevent overwriting of properties "contentType","encoding";
do not copy "_feed" itself
                        if(!in_array($key, array("_feed","contentType","encoding"))){
                                $this->_feed->{$key}=$this->{$key};
                        }
                }
        }
        function createFeed($format="RSS0.91"){
                $this->_setFormat($format);
                return $this->_feed->createFeed();
        }
        function saveFeed($format="RSS0.91",$filename="",$displayContents=true){
                $this->_setFormat($format);
                $this->_feed->saveFeed($filename,$displayContents);
        }

        function useCached($format="RSS0.91",$filename="",$timeout=3600){
                $this->_setFormat($format);
                $this->_feed->useCached($filename,$timeout);
```

```
        }

    }
    class FeedCreator extends HtmlDescribable{
        var $title,$description,$link;
        var $syndicationURL,$image,$language,$copyright,$pubDate,$lastBuildDate,$edi
tor,$editorEmail,$webmaster,$category,$docs,$ttl,$rating,$skipHours,$skipDays;
        var $xslStyleSheet="";
        var $items=Array();
        var $contentType="application/xml";
        var $encoding="UTF-8";
        var $additionalElements=Array();
        function addItem($item){
                $this->items[]=$item;
        }
        function clearItem2Null(){
                $this->items=array();
        }
        function iTrunc($string,$length){
                if(strlen($string)<=$length){
                        return $string;
                }
                $pos=strrpos($string,".");
                if($pos>=$length-4){
                        $string=substr($string,0,$length-4);
                        $pos=strrpos($string,".");
                }
                if($pos>=$length*0.4){
                        return substr($string,0,$pos+1)." ...";
                }
                $pos=strrpos($string," ");
                if($pos>=$length-4){
                        $string=substr($string,0,$length-4);
                        $pos=strrpos($string," ");
                }
                if($pos>=$length*0.4){
                        return substr($string,0,$pos)." ...";
                }
                return substr($string,0,$length-4)." ...";
        }
        function _createGeneratorComment(){
                return "<!-- generator=\"".FEEDCREATOR_VERSION."\" -->\n";
        }
        function _createAdditionalElements($elements,$indentString=""){
                $ae="";
                if(is_array($elements)){
                        foreach($elements AS $key => $value){
                                $ae.= $indentString."<$key>$value</$key>\n";
                        }
                }
                return $ae;
        }
        function _createStylesheetReferences(){
                $xml="";
    if($this->cssStyleSheet) $xml .= "<?xml-stylesheet href=\"".$this-
>cssStyleSheet."\" type=\"text/css\"?>\n";
    if($this->xslStyleSheet) $xml .= "<?xml-stylesheet href=\"".$this-
>xslStyleSheet."\" type=\"text/xsl\"?>\n";
                return $xml;
        }
        function createFeed(){}
        function _generateFilename(){
                $fileInfo=pathinfo($_SERVER["PHP_SELF"]);
```

```
        return substr($fileInfo["basename"],0,-(strlen($fileInfo["extension"])+1))."
.xml";
        }
        function _redirect($filename){
                Header("Content-Type:".$this->contentType."; charset=".$this-
>encoding."; filename=".basename($filename));
                Header("Content-Disposition:inline; filename=".basename($filename));
                readfile($filename,"r");
                die();
        }
        function useCached($filename="",$timeout=3600){
                $this->_timeout=$timeout;
                if($filename==""){
                        $filename=$this->_generateFilename();
                }
                if(file_exists($filename) &&(time()-filemtime($filename) < $timeout)){
                        $this->_redirect($filename);
                }
        }
        function saveFeed($filename="",$displayContents=true){
                if($filename==""){
                        $filename=$this->_generateFilename();
                }
                $feedFile=fopen($filename,"w+");
                if($feedFile){
                        fputs($feedFile,$this->createFeed());
                        fclose($feedFile);
                        if($displayContents){
                                $this->_redirect($filename);
                        }
                }else{
    echo "<br /><b>Error creating feed file, please check write permissions.</b><br
/>";
                }
        }
    }
    class FeedDate{
        var $unix;
        function FeedDate($dateString=""){
                if($dateString=="") $dateString=date("r");
                if(is_integer($dateString)){
                        $this->unix=$dateString;
                        return;
                }
    if(preg_match("~(?:(?:Mon|Tue|Wed|Thu|Fri|Sat|Sun),\\s+)?(\\
d{1,2})\\s+([a-zA-Z]{3})\\s+(\\d{4})\\s+(\\d{2}):(\\d{2}):(\\d{2})\\
s+(.*)~",$dateString,$matches)){
                $months=Array("Jan"=>1,"Feb"=>2,"Mar"=>3,"Apr"=>4,"May"=>5,"Jun"=>6,
"Jul"=>7,"Aug"=>8,"Sep"=>9,"Oct"=>10,"Nov"=>11,"Dec"=>12);
    $this->unix=mktime($matches[4],$matches[5],$matches[6],$months[$matches[2]],$ma
tches[1],$matches[3]);
    if(substr($matches[7],0,1)=='+' OR substr($matches[7],0,1)=='-'){
        $tzOffset=(substr($matches[7],0,3) * 60 + substr($matches[7],-2)) * 60;
    }else{
        if(strlen($matches[7])==1){
                $oneHour=3600;
                $ord=ord($matches[7]);
                if($ord < ord("M")){
                        $tzOffset=(ord("A") - $ord - 1) * $oneHour;
                        } elseif($ord >= ord("M") && $matches[7]!="Z"){
                                        $tzOffset=($ord - ord("M")) * $oneHour;
                                        } elseif($matches[7]=="Z"){
                                                $tzOffset=0;
```

```
                                        }
                                }
                                switch($matches[7]){
                                        case "UT":
                                        case "GMT":   $tzOffset=0;
                                }
                        }
                        $this->unix += $tzOffset;
                        return;
                }
    if(preg_match("~(\\d{4})-(\\d{2})-(\\d{2})T(\\d{2}):(\\d{2}):(\\d{2})
(.*)~",$dateString,$matches)){
    $this->unix=mktime($matches[4],$matches[5],$matches[6],$matches[2],$matches[3],
$matches[1]);
    if(substr($matches[7],0,1)=='+' OR substr($matches[7],0,1)=='-'){
                                $tzOffset=(substr($matches[7],0,3) * 60 +
substr($matches[7],-2)) * 60;
    }else{
        if($matches[7]=="Z"){
                $tzOffset=0;
                }
        }
        $this->unix += $tzOffset;
                return;
                }
                $this->unix=0;
        }
        function rfc822(){
                $date=gmdate("Y-m-d H:i:s",$this->unix);
                if(TIME_ZONE!="") $date .= " ".str_replace(":","",TIME_ZONE);
                return $date;
        }
        function iso8601(){
                $date=gmdate("Y-m-d H:i:s",$this->unix);
                $date=substr($date,0,22) . ':' . substr($date,-2);
                if(TIME_ZONE!="") $date=str_replace("+00:00",TIME_ZONE,$date);
                return $date;
        }
        function unix(){
                return $this->unix;
        }
    }
    class RSSCreator10 extends FeedCreator{
        function createFeed(){
         $feed="<?xml version=\"1.0\" encoding=\"".$this->encoding."\"?>\n";
                $feed.= $this->_createGeneratorComment();
                if($this->cssStyleSheet==""){
                        $cssStyleSheet="http://www.w3.org/2000/08/w3c-synd/style.
css";
                }
                $feed.= $this->_createStylesheetReferences();
                $feed.= "<rdf:RDF\n";
                $feed.= "xmlns=\"http://purl.org/rss/1.0/\"\n";
                $feed.=  "xmlns:rdf=\"http://www.w3.org/1999/02/22-rdf-syntax-
ns#\"\n";
                $feed.= "xmlns:slash=\"http://purl.org/rss/1.0/modules/slash/\"\n";
                $feed.= "xmlns:dc=\"http://purl.org/dc/elements/1.1/\">\n";
                $feed.= "<channel rdf:about=\"".$this->syndicationURL."\">\n";
                $feed.= "<title>".htmlspecialchars($this->title)."</title>\n";
   $feed.=  "<description>".htmlspecialchars($this->description)."</
description>\n";
                $feed.= "<link>".$this->link."</link>\n";
                if($this->image!=null){
```

```
                    $feed.= "<image rdf:resource=\"".$this->image->url."\" />\n";
                }
                $now=new FeedDate();
                $feed.= "<dc:date>".htmlspecialchars($now->iso8601())."</dc:date>\n";
                $feed.= "<items>\n";
                $feed.= "<rdf:Seq>\n";
                for($i=0;$i<count($this->items);$i++){
        $feed.= "<rdf:lirdf:resource=\"".htmlspecialchars($this->items[$i]->link)."\"/>\n";
                }
                $feed.= "</rdf:Seq>\n";
                $feed.= "</items>\n";
                $feed.= "</channel>\n";
                if($this->image!=null){
                    $feed.= "<image rdf:about=\"".$this->image->url."\">\n";
                    $feed.= "<title>".$this->image->title."</title>\n";
                    $feed.= "<link>".$this->image->link."</link>\n";
                    $feed.= "<url>".$this->image->url."</url>\n";
                    $feed.= "</image>\n";
                }
                $feed.= $this->_createAdditionalElements($this->additionalElements,"    ");
                for($i=0;$i<count($this->items);$i++){
                $feed.= "<item rdf:about=\"".htmlspecialchars($this->items[$i]->link)."\">\n";
                //$feed.= "<dc:type>Posting</dc:type>\n";
                    $feed.= "<dc:format>text/html</dc:format>\n";
                    if($this->items[$i]->date!=null){
                        $itemDate=new FeedDate($this->items[$i]->date);
    $feed.= "<dc:date>".htmlspecialchars($itemDate->iso8601())."</dc:date>\n";
                    }
                    if($this->items[$i]->source!=""){
    $feed.= "<dc:source>".htmlspecialchars($this->items[$i]->source)."</dc:source>\n";
                    }
                    if($this->items[$i]->author!=""){
    $feed.= "<dc:creator>".htmlspecialchars($this->items[$i]->author)."</dc:creator>\n";
                    }
    $feed.= "<title>".htmlspecialchars(strip_tags(strtr($this->items[$i]->title,"\n\r","  "))))."</title>\n";
    $feed.= "<link>".htmlspecialchars($this->items[$i]->link)."</link>\n";
    $feed.= "<description>".htmlspecialchars($this->items[$i]->description)."</description>\n";
    $feed.= $this->_createAdditionalElements($this->items[$i]->additionalElements,"        ");
    $feed.= "</item>\n";
                }
                $feed.= "</rdf:RDF>\n";
                return $feed;
        }
    }
    class RSSCreator091 extends FeedCreator{
        var $RSSVersion;
        function RSSCreator091(){
                $this->_setRSSVersion("0.91");
                $this->contentType="application/rss+xml";
        }
        function _setRSSVersion($version){
                $this->RSSVersion=$version;
        }
        function createFeed(){
                $feed="<?xml version=\"1.0\" encoding=\"".$this->encoding."\"?>\n";
```

```
                $feed.= $this->_createGeneratorComment();
                $feed.= $this->_createStylesheetReferences();
                $feed.= "<rss version=\"".$this->RSSVersion."\">\n";
                $feed.= "<channel>\n";
    $feed.= "<title>".FeedCreator::iTrunc(htmlspecialchars($this->title),100)."</
title>\n";
                $this->descriptionTruncSize=500;
                $feed.= "<description>".$this->getDescription()."</description>\n";
                $feed.= "<link>".$this->link."</link>\n";
                $now=new FeedDate();
                $feed.= "            <lastBuildDate>".htmlspecialchars($now-
>rfc822())."</lastBuildDate>\n";
                $feed.= "<generator>".FEEDCREATOR_VERSION."</generator>\n";
                if($this->image!=null){
                        $feed.= "<image>\n";
                        $feed.= "<url>".$this->image->url."</url>\n";
    $feed.="<title>".FeedCreator::iTrunc(htmlspecialchars($this->image-
>title),100)."</title>\n";
    $feed.= "<link>".$this->image->link."</link>\n";
                if($this->image->width!=""){
                        $feed.= " <width>".$this->image->width."</width>\n";
                        }
                        if($this->image->height!=""){
                                $feed.= "<height>".$this->image->height."</height>\n";
                        }
                        if($this->image->description!=""){
    $feed.= "<description>".$this->image->getDescription()."</description>\n";
                        }
                $feed.= "</image>\n";
                }
                if($this->language!=""){
                        $feed.= "<language>".$this->language."</language>\n";
                }
                if($this->copyright!=""){
    $feed.= "<copyright>".FeedCreator::iTrunc(htmlspecialchars($this-
>copyright),100)."</copyright>\n";
                }
                if($this->editor!=""){
                        $feed.= "         <managingEditor>".FeedCreator::iTrunc(htmlsp
ecialchars($this->editor),100)."</managingEditor>\n";
        }
                if($this->webmaster!=""){
    $feed.= "<webMaster>".FeedCreator::iTrunc(htmlspecialchars($this-
>webmaster),100)."</webMaster>\n";
                }
                if($this->pubDate!=""){
                        $pubDate=new FeedDate($this->pubDate);
        $feed.= "<pubDate>".htmlspecialchars($pubDate->rfc822())."</pubDate>\n";
                }
                if($this->category!=""){
                $feed.= "<category>".htmlspecialchars($this->category)."</
category>\n";
                }
                if($this->docs!=""){
    $feed.= "<docs>".FeedCreator::iTrunc(htmlspecialchars($this->docs),500)."</
docs>\n";
                }
                if($this->ttl!=""){
                $feed.= "<ttl>".htmlspecialchars($this->ttl)."</ttl>\n";
                }
                if($this->rating!=""){
    $feed.= "<rating>".FeedCreator::iTrunc(htmlspecialchars($this->rating),500)."</
rating>\n";
```

```
            }
            if($this->skipHours!=""){
    $feed.= "<skipHours>".htmlspecialchars($this->skipHours)."</skipHours>\n";
            }
            if($this->skipDays!=""){
    $feed.= "<skipDays>".htmlspecialchars($this->skipDays)."</skipDays>\n";
            }
            $feed.= $this->_createAdditionalElements($this->additionalElements,"    ");
            for($i=0;$i<count($this->items);$i++){
                $feed.= "<item>\n";
    $feed.= "<title>".FeedCreator::iTrunc(htmlspecialchars(strip_tags($this->items[$i]->title)),100)."</title>\n";
    $feed.= "<link>".htmlspecialchars($this->items[$i]->link)."</link>\n";
    $feed.= "<description>".$this->items[$i]->getDescription()."</description>\n";
            if($this->items[$i]->author!=""){
    $feed.= "<author>".htmlspecialchars($this->items[$i]->author)."</author>\n";
                }
                if($this->items[$i]->category!=""){
    $feed.= "<category>".htmlspecialchars($this->items[$i]->category)."</category>\n";
                }
                if($this->items[$i]->comments!=""){
    $feed.= "<comments>".htmlspecialchars($this->items[$i]->comments)."</comments>\n";
                }
                if($this->items[$i]->date!=""){
                    $itemDate=new FeedDate($this->items[$i]->date);
    $feed.= "<pubDate>".htmlspecialchars($itemDate->rfc822())."</pubDate>\n";
                }
                if($this->items[$i]->guid!=""){
    $feed.= "<guid>".htmlspecialchars($this->items[$i]->guid)."</guid>\n";
                }
    $feed.= $this->_createAdditionalElements($this->items[$i]->additionalElements,"        ");
    $feed.= "</item>\n";
            }
            $feed.= "</channel>\n";
            $feed.= "</rss>\n";
            return $feed;
        }
    }
    class RSSCreator20 extends RSSCreator091{
        function RSSCreator20(){
            parent::_setRSSVersion("2.0");
        }
    }
    ?>
                                                            [000337]
```

上面为 PHP 生成 RSS 文档的通用类，在代码中要加载 PHP 文件（rss_class.php），下面为示例代码。将示例代码保存为 rss_gcc_2.php，UTF-8 编码集，在浏览器地址栏中输入 http://localhost/rss_gcc_2.php，启动这个文件。

```
    <?php
        //header("Content-type:text/html; charset=GBK");
        header("Content-type:text/html; charset=UTF-8");
        @include_once './rss_class.php'; //加载上面的 rss_class.php 文件
        @$rss = new UniversalFeedCreator();
        $rss->title="页面标题";
        $rss->link="网址 http://";
        $rss->description="rss 标题";
        $a = array('Tom','Mary','Peter','Jack');
        foreach ($a as $value) {
```

```
            $item=new FeedItem();
            $item->title=$value;
            $item->link='http://www.shopnc.net/';
            $item->description =$value;
            $rss->addItem($item);
        }
        @$rss->saveFeed("RSS2.0","./rss_gcc_2.xml");
?>                                                                    [000338]
```

上面代码中把 $a 数组做成了“死数据”，但在实际应用中要把 $a 做成“活数据”。运行结果如图 8-14 所示。

图 8-14

注意：去掉 UTF-8 编码集格式文件 BOM 头被隐藏字符的 PHP 代码。

在浏览器地址栏中输入 http://localhost/checkbom.php 或 http://localhost/checkbom.php?dir=目录或某目录下某文件，前者表示去除当前目录下的所有文件（含子目录及文件）的 BOM，后者表示去除指定目录下的所有文件（含子目录及文件）的 BOM，或去除某目录某文件的 BOM。例如：

- http://localhost/checkbom.php 表示去除整个网站目录下的所有文件（含子目录及文件）的 BOM；
- http://localhost/checkbom.php?dir=./ly 表示去除 ./ly 目录下的的所有文件（含子目录及文件）的 BOM；
- http://localhost/checkbom.php?dir=./ly/rss_class.php 表示去除 ./ly 目录下 rss_class.php 文件的 BOM。

下面给出去除 BOM 的 PHP 代码，代码文件命名为 checkbom.php。

```
<?php
header("Content-type:text/html; charset=UTF-8");
error_reporting(0);// 禁止错误显示
/* 清除 rom*/
if(isset($_GET['dir'])){
```

```
        $basedir=$_GET['dir'];
    }else{
        $basedir = '.';
    }
    //die($basedir);
    $auto = 1;
    checkdir($basedir);
    function checkdir($basedir){
        if(is_dir($basedir)){
                if($dh = opendir($basedir)){
                        while(($file = readdir($dh)) !== false){
                                if($file != '.' && $file != '..'){
                                        if(!is_dir($basedir."/".$file)){
                                                echo "文件   $basedir/$file  " .
checkBOM("$basedir/$file")." <br>";
                                        }else{
                                                $dirname = $basedir."/".$file;
                                                checkdir($dirname);
                                        }
                                }
                        }
                        closedir($dh);
                }
        }else{//目录不存在
                if(file_exists($basedir)){
                        echo "文 件   $basedir  " . checkBOM("$basedir")."
<br>";
                }else{
                        die("文件或目录  " . $basedir."   不存在");
                }
        }
    }
    function checkBOM($filename){
        global $auto;
        $contents = file_get_contents($filename);
        $charset[1] = substr($contents, 0, 1);
        $charset[2] = substr($contents, 1, 1);
        $charset[3] = substr($contents, 2, 1);
         if(ord($charset[1]) == 239 && ord($charset[2]) == 187 && ord($charset[3])
== 191){
            if($auto == 1){
                $rest = substr($contents, 3);
                rewrite ($filename, $rest);
                return "<font color=red>BOM found, automatically removed.</font>";
            }else{
                return ("<font color=red>BOM found.</font>");
            }
        }
        else return ("BOM Not Found.");
    }//end function
    function rewrite($filename, $data){
        $filenum = fopen($filename, "w");
        flock($filenum, LOCK_EX);
        fwrite($filenum, $data);
        fclose($filenum);
    }
    ?>
```

[000339]

通俗来讲，RSS 就是信息的定制。通过 PHP 或其他工具生成 RSS 2.0 XML 文档，就完成了信息定制；然后通过 XML 阅读器就可以获取 RSS 2.0 XML 文档中定制的信息，其最大的优势就是方便快捷。对于有信息定制需求的人来说，通过开发者使用 PHP 或其他工具为其制作专用的 RSS 2.0 XML 文档，然后信息定制需求者就可以通过 XML 阅读器获取自己想要的、来自方方面面的且整合以后的最新信息或消息，方便而且快捷，不至于迷失在信息的海洋里。

8.5　本章小结

XML 的应用非常广泛，尤其是 RSS。对于开发者而言，通过 XML 和 RSS 可以很方便地为最终用户开发订阅应用，为自己网站的“广播”提供了极大的便利；对于最终用户而言，通过第三方的 XML 及 RSS 阅读器，不用登录到源网站就可以阅览到该网站提供的最新信息或者说自己最为关注的信息。

本章所提供的示例、范例以及案例大都来自实践，很有借鉴意义，因此希望读者把本章提供的所有示例、范例以及案例代码搞清楚，使用起来才能得心应手。

接下来进入第 9 章 PHP 的辅助技术。

第 9 章

PHP 的辅助技术

关于对 PHP 辅助技术的定义，目前没有标准，也没有规范。至于把哪些类技术归为 PHP 辅助技术，本书对 PHP 辅助技术的定义是：把 PHP 标准规范技术以外且使用率较高的技术统称为辅助技术，像前述章节都属于 PHP 标准规范内的技术。

本章所涉及的 PHP 辅助技术包括如下。

- PHP 代码优化技术
- 图像处理技术
- PHP 调试工具 Xdebug
- PHP 生成 PDF 技术
- PHP 生成 Excel 技术
- PHP memcache 缓存管理技术

在实际应用开发中或已投入运营的线上应用，往往都离不开这些辅助技术，而且承担的角色至关重要，比如 PHP 的缓存管理技术。

9.1 PHP 代码优化技术

对于 PHP 代码的优化，目的只有一个，那就是提高 PHP 代码的运行效率。关于优化技巧与方法，除了遵循一些标准的规范外，还有两个很重要的工具，就是 Zend Opcache 和启用页面压缩技术。

9.1.1 Zend OPcache

PHP 的加速插件有 3 个：Zend Optimizer、Zend Guard Loader 和 Zend Opcache。但它们其实是一个，针对不同的 PHP 版本，它们的称呼不同而已。Zend Optimizer 是针对 PHP 5.3.X 之前用的插件名称；Zend Guard Loader 是针对 PHP 5.3.x 到 PHP 5.6 之间的插件名称；Zend Opcache 是针对 PHP 5.6 之后包括 PHP 7.0 之后使用的插件名称。目前使用的 PHP 基本都是 PHP 5.6 起步，启用 Zend Opcache。

PHP 自 5.5+ 版本以上，可以使用 PHP 自带的 Zend OPcache 开启性能加速，但默认是关闭的。对于 PHP 5.5 以下版本（PHP 5.2、PHP 5.3 及 PHP 5.4）也可以使用 Zend OPcache，但需要自行下载扩展，这里不做详细说明。

Zend OPcache，通过 Opcache 缓存和优化提供更快的 PHP 执行过程。它将预编译的脚本文件存储在共享内存中供以后使用，从而避免了从磁盘读取代码并进行编译的时间消耗。同时，它还应用了一些代码优化模式，使得代码执行更快。

Zend OPcache 最核心的部分是 Opcache 缓存，当解释器完成对脚本代码的分析后，便将它们生成可以直接运行的中间代码，也称为操作码（OperateCode 或 OPCode）。

操作码缓存（Cache）的目的是避免重复编译，减少 CPU 和内存开销。如果动态信息的性能瓶颈不在于 CPU 和内存，而在于 I/O 操作。比如，数据库查询带来的磁盘 I/O 开销，那么操作码缓存的性能提升非常有限。

操作码缓存器（Optimizer+，APC 2.0+ 或其他）使用共享内存进行存储，并且可以直接从中执行文件，而不用在执行前“反序列化”代码，这带来显著的性能加速，通常降低了整体服务器的内存消耗。

下面介绍 Windows 下的配置。

打开 PHP.INI 文件，找到“[opcache]”项，代码如下：

```
[opcache]
; 扩展 dll 库位置
zend_extension="c:/wamp64/bin/php/php7.3.1/ext/php_opcache.dll"
; 开关打开
opcache.enable=1
; 开启 CLI
opcache.enable_cli=1
; 可用内存 , 酌情而定 , 单位为：Mb
opcache.memory_consumption=512
; 存储字符串的内存量 ( 单位 :MB)
opcache.interned_strings_buffer=8
; 对多缓存文件限制 , 命中率不到 100% 的话 , 可以试着提高这个值
opcache.max_accelerated_files=10000
; Opcache 会在一定时间内去检查文件的修改时间 , 这里设置检查的时间间隔（周期）, 默认为 2, 单
位为秒
opcache.revalidate_freq=1
; 打开快速关闭 , 打开这个在 PHP Request Shutdown 的时候回收内存的速度会提高
; 自 PHP7.2 开始被取消了
opcache.fast_shutdown=1
```

上面参数中的“opcache.fast_shutdown”设置，自 PHP 7.2 开始被取消了。

在 PHP.INI 的 [opcache] 项中，除上述的参数外，还有几个其他参数设置，保留默认状态即可。

通过 phpinfo（http://localhost/?phpinfo=-1）查看 opcache 是否被启用，如图 9-1 所示。

在 phpinfo 中如果看到图 9-1 的信息，说明开启了 Zend OPcache 。

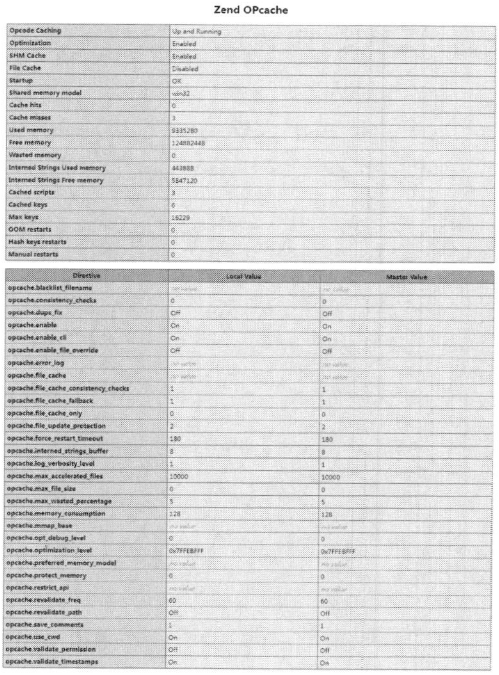

Zend OPcache

Opcode Caching	Up and Running
Optimization	Enabled
SHM Cache	Enabled
File Cache	Disabled
Startup	OK
Shared memory model	win32
Cache hits	0
Cache misses	3
Used memory	9335280
Free memory	124882448
Wasted memory	0
Interned Strings Used memory	443888
Interned Strings Free memory	5847120
Cached scripts	3
Cached keys	6
Max keys	16229
OOM restarts	0
Hash keys restarts	0
Manual restarts	0

Directive	Local Value	Master Value
opcache.blacklist_filename	no value	no value
opcache.consistency_checks	0	0
opcache.dups_fix	Off	Off
opcache.enable	On	On
opcache.enable_cli	On	On
opcache.enable_file_override	Off	Off
opcache.error_log	no value	no value
opcache.file_cache	no value	no value
opcache.file_cache_consistency_checks	1	1
opcache.file_cache_fallback	1	1
opcache.file_cache_only	0	0
opcache.file_update_protection	2	2
opcache.force_restart_timeout	180	180
opcache.interned_strings_buffer	8	8
opcache.log_verbosity_level	1	1
opcache.max_accelerated_files	10000	10000
opcache.max_file_size	0	0
opcache.max_wasted_percentage	5	5
opcache.memory_consumption	128	128
opcache.mmap_base	no value	no value
opcache.opt_debug_level	0	0
opcache.optimization_level	0x7FFEBFFF	0x7FFEBFFF
opcache.preferred_memory_model	no value	no value
opcache.protect_memory	0	0
opcache.restrict_api	no value	no value
opcache.revalidate_freq	60	60
opcache.revalidate_path	Off	Off
opcache.save_comments	1	1
opcache.use_cwd	On	On
opcache.validate_permission	Off	Off
opcache.validate_timestamps	On	On

图 9-1

9.1.2　启用页面压缩技术

PHP 将网页在服务端进行压缩，然后传送到客户端的浏览器进行解压显示，这样可以提高网页的打开速度，用户体验度也提高了。

1. 使用 ob_gzhandler 进行页面压缩

（1）压缩之前，首先要使用 ob_start() 函数将内容输出到缓冲区内，代码如下：

```
<?php
error_reporting(7);
header("Content-type:text/html; charset=UTF-8");
ob_start();  // 将内容输出到缓冲区内
$i=0;
$string = '';
while($i < 10) {
    $string .= 'ShopNC 多用户商城创业版本 V1.0 正式版本正式发布了 <br>';
   $i++;
}
echo $string;
//输出压缩成果
ob_end_flush();
?>
```

[000340]

然后查看返回的响应标头信息（Response Headers），如图 9-2 所示。

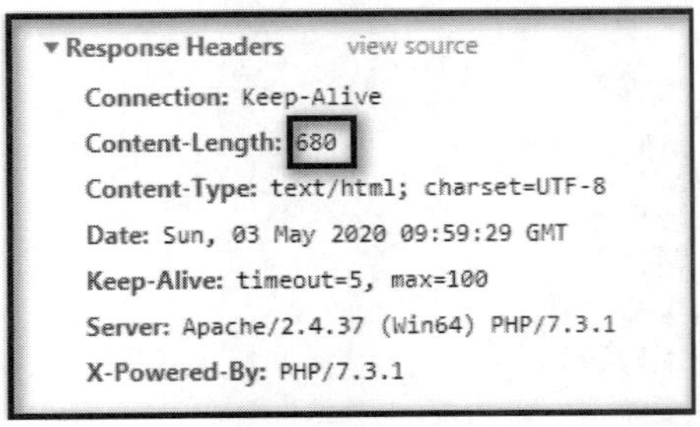

图 9-2

响应标头（Response Headers）信息文本如下：

```
Connection: Keep-Alive
Content-Length: 680
Content-Type: text/html; charset=UTF-8
Date: Sun, 03 May 2020 09:59:29 GMT
Keep-Alive: timeout=5, max=100
Server: Apache/2.4.37 (Win64) PHP/7.3.1
X-Powered-By: PHP/7.3.1
```

发往浏览器的页面大小为 680 个字节数。

（2）启用 PHP 内置的 ob_gzhandler 函数对页面进行压缩，然后输出，代码如下：

```
<?php
header("Content-type:text/html; charset=UTF-8");
error_reporting(7);
if(extension_loaded('zlib')){ //检查是否启用了 zlib 扩展库
   ob_start('ob_gzhandler');      //压缩
}else{
   ob_start();
}
$i=0;
$string = '';
while($i < 10) {
    $string .= 'ShopNC 多用户商城创业版本 V1.0 正式版本正式发布了 <br>';
   $i++;
}
echo $string;
//输出压缩成果
ob_end_flush();
?>
```

[000341]

上面代码中的“ob_start(‘ob_gzhandler’)”，其中“ob_gzhandler”是一个回调函数，一旦 ob_start() 函数被执行，则开启了输出内存缓存机制，会把 echo 的内容首先放到网站服务器上的这个内存缓存中，并自动调用“ob_gzhandler”回调函数，该函数的功能是用来对缓存中的数据实施压缩。

查看上面代码执行后返回的响应标头（Response Headers）信息，如图 9-3 所示。

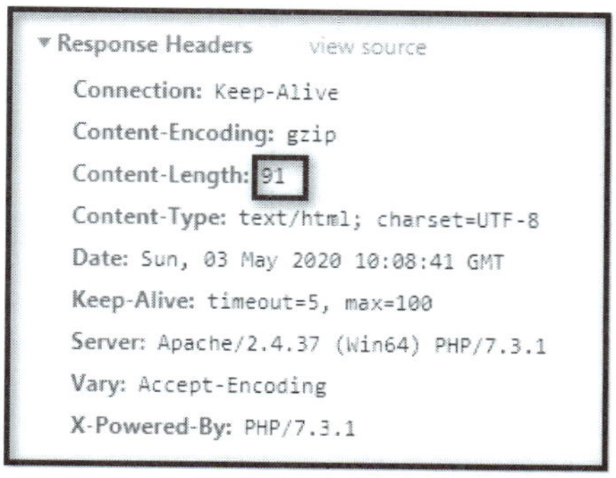

图 9-3

响应标头（Response Headers）信息文本如下。

```
Connection: Keep-Alive
Content-Encoding: gzip
Content-Length: 91
Content-Type: text/html; charset=UTF-8
Date: Sun, 03 May 2020 10:08:41 GMT
Keep-Alive: timeout=5, max=100
Server: Apache/2.4.37 (Win64) PHP/7.3.1
Vary: Accept-Encoding
X-Powered-By: PHP/7.3.1
```

可以看到页面大小由 680 个字节数压缩到 91 字节数，压缩率 =680－91/680×100=86.62%。

2. 自定义压缩函数来实现压缩

上例中，启用 PHP 内置的 ob_gzhandler 函数对页面进行压缩，而本例启用自定义函数 ob_gzip 来实现压缩，然后输出到浏览器。代码的执行原理是：首先通过 PHP 的 ob_start() 函数将准备 echo 的内容，即 $string 的值输出到网站服务器内存缓冲区，而非客户端浏览器，并自动启用 ob_gzip_gcc($abcd) 回调函数来压缩缓冲区的内容。这里需要说明的是：ob_gzip_gcc($abcd) 回调函数一旦执行，则缓冲区的内容被该回调函数的参数变量 $abcd 获取，即把已经 echo 到缓冲区的内容赋给 ob_gzip_gcc($abcd) 回调函数的参数变量 $abcd，然后将压缩后的结果（$abcd_abcd）再返回缓冲区（此时缓冲区里的内容已经被压缩），最后由 PHP 的 ob_end_flush() 函数负责将缓冲区内容发往浏览器输出。

上例（通过 PHP 内置的 ob_gzhandler() 函数实现压缩）的执行原理也是这样，唯一的区别是上例启用 PHP 内置的压缩函数 ob_gzhandler()，而本例启用自定义的压缩函数 ob_gzip_gcc()，它们的压缩效果一样，示例代码如下。

```
<?php
error_reporting(7);
header("Content-type:text/html; charset=UTF-8");
ob_start('ob_gzip_gcc');
$i=0;
$string = '';
while($i < 10) {
    $string .= 'ShopNC 多用户商城创业版本 V1.0 正式版本正式发布了 <br>';
```

```
        $i++;
    }
    echo $string;
    //输出压缩成果
    ob_end_flush();
    /*自定义函数*/
    function ob_gzip_gcc($abcd)
    {
        if(!headers_sent() &&                          // 如果页面头部信息还没有输出
            extension_loaded("zlib") && // 而且zlib扩展已经加载到php中
            strstr($_SERVER["HTTP_ACCEPT_ENCODING"],"gzip"))        //浏览器支持经过
GZI压缩的页面
        {
                        //用zlib提供的gzencode()函数执行级别为9的压缩，这个参数值范围是0-9，
0表示无压缩，
                //9表示最大压缩，当然压缩程度越高越费服务器资源
            $abcd_abcd = gzencode($abcd,9);
            //向浏览器发送一些头部信息，告诉浏览器该页面已经用GZIP压缩过了
            header("Content-Encoding:gzip");
            header("Vary:Accept-Encoding");
        }
        return $abcd_abcd;
    }
    ?>                                                                    [000342]
```

看一下返回的响应标头（Response Headers）信息，除 Date 项外，其他和图 9-3 的相同，文本信息也相同。

响应标头（Response Headers）信息文本如下：

```
    Connection: Keep-Alive
    Content-Encoding: gzip
    Content-Length: 91
    Content-Type: text/html; charset=UTF-8
    Date: Sun, 03 May 2020 13:57:22 GMT
    Keep-Alive: timeout=5, max=100
    Server: Apache/2.4.37 (Win64) PHP/7.3.1
    Vary: Accept-Encoding
    X-Powered-By: PHP/7.3.1
```

可以发现页面大小已经被压缩到 91 个字节。

当然启用页面压缩也存在一定的弊端，在压缩时会占用一定的服务器资源，在客户端显示时浏览器需要解压也会占用一定的客户端资源。

在本节讲解了代码优化技术的“Zend OPCache”和“启用页面压缩”“Zend OPCache”默认是关闭的，建议开启它；对于页面压缩，要根据实际情况定，一般对存在 echo 大量信息的页面实施页面压缩，比如，通过 echo 输出数据库结果集且结果集数据量非常大的页面，应当对页面压缩后再发往浏览器，其他情况不必。

9.2 图像处理技术

PHP 中的 GD 库为用户提供了强大的图像处理功能，比如，生成缩略图、验证码及为上传的图片加上水印等。本节将重点介绍以下内容。

- 开启 GD 库
- 创建图像
- 生成图像验证码

- 产生缩略图

9.2.1　开启 GD 库

PHP 需要开启 GD 库来实现对图片的处理操作。

GD 库是一个开源的动态创建图像的函数库，使用 GD 库，可以创建和操作多种不同格式的图像文件，还可以直接将图像流输出到浏览器。

默认情况下，GD 库没有开启。开启 GD 库很简单，在 PHP.INI 中，将“;extension=php_gd2.dll”前面的分号去掉，重启 Web 服务器即可。

注意：较低的 GD 库版本支持的图像格式较少，所以建议使用较新版本的 GD 库，至少是 2.0 以上的版本。

一般来说，很少有服务器不开启 GD 库的，只有个别配置的主机环境可能未做过设置。检查 PHP 是否开启 GD 库，方法如下。

方法 1：将下面的程序保存为一个扩展名为 .PHP 的文件，代码如下：

```
<?php
phpinfo();
?>
```

把上述代码保存为 phpinfo.php，然后传到服务器的网站目录下，在浏览器访问这个文件，URL 输入 HTTP://localhost/phpinfo.php，然后搜索这个页面中是否存在 GD 库，如果搜不到，说明没有装 GD 库，如图 9-4 所示。

gd

GD Support	enabled
GD Version	bundled (2.1.0 compatible)
FreeType Support	enabled
FreeType Linkage	with freetype
FreeType Version	2.9.1
GIF Read Support	enabled
GIF Create Support	enabled
JPEG Support	enabled
libJPEG Version	9 compatible
PNG Support	enabled
libPNG Version	1.6.34
WBMP Support	enabled
XPM Support	enabled
libXpm Version	30512
XBM Support	enabled
WebP Support	enabled

Directive	Local Value	Master Value
gd.jpeg_ignore_warning	1	1

图 9-4

方法 2：通过 function_exists 函数判断，代码如下：

```
<?php
if(@function_exists(imagecreate)==1){
    echo 'gd 库已开启！ ';
}else{
    echo 'gd 库已未开启！ ';
}
?>
```

上述代码，通过判断 PHP 中是否存在“imagecreate”函数。该函数是处理图像的主要函数，如果不存在，说明当前 PHP 不支持 GD 库或者 GD 库未开启。

把上述代码保存为 gdinfo.php，然后传到服务器的网站目录下，在浏览器访问这个文件（http://xxx.xxx.xxx/gdinfo.php）。

方法 3：仍通过 function_exists 函数判断，代码如下。

该方法通过判断 PHP 中是否存在“gb_info”函数。该函数是处理图像的主要函数，如果不存在，说明当前 PHP 不支持 GD 库或者 GD 库未开启。

```
<?php
if(!function_exists('gd_info')){
    echo "不支持 GD 库";
}else{
    echo "支持";
}
?>                                                    [000344]
```

把上述代码保存为 gdinfo.php，然后传到服务器的网站目录下，在浏览器访问这个文件，URL 输入 HTTP://localhost/gdinfo.php。

通过上面的方法可以判断 GD 库是否开启，使用 gb_info() 函数来判断当前的 GD 库可以对哪些格式的图像进行操作。

【示例 9-1】通过 gd_info() 函数获取 PHP GD 库信息。

代码如下：

```
<?php
if(!extension_loaded('gd')){
    exit('GD 库未开启');
}
echo "<pre>";
print_r(gd_info());
echo "<pre>";
?>                                                    [000345]
```

结果输出：

```
Array
(
    [GD Version] => bundled (2.1.0 compatible)
    [FreeType Support] => 1
    [FreeType Linkage] => with freetype
    [GIF Read Support] => 1    //表示支持 GIF 图像的读操作
    [GIF Create Support] => 1 //表示支持 GIF 图像的写操作
    [JPEG Support] => 1        //表示支持 JPEG 图像的读写操作
    [PNG Support] => 1         //表示支持 PNG 图像的读写操作
    [WBMP Support] => 1        //表示支持 WBMP 图像的读写操作
    [XPM Support] => 1         //表示支持 XPM 图像的读写操作
    [XBM Support] => 1         //表示支持 XBM 图像的读写操作
    [WebP Support] => 1        //表示支持 WebP 图像的读写操作
    [BMP Support] => 1         //表示支持 BMP 图像的读写操作
    [JIS-mapped Japanese Font Support] =>
)
```

9.2.2 创建图像

在实际应用中，少不了创建图像的开发，大多用于验证码的背景图。下面介绍 PHP 创建图像的实例。

【示例 9-2】创建一个 200×100 的 PNG 格式的图像。

代码如下：

```
<?php
/*
 * 声明图像格式为 PNG 格式
 */
ob_clean();
header("Content-type:image/png");
/**
 * 创建了一个图像，它的宽为 200px，高为 100px
 * 如果系统不支持 imagecreate 函数，则返回错误信息
 */
$im = @imagecreate(200, 100)
    or die("Cannot Initialize new GD image stream");
/**
 * 设置图像的背景颜色为黑色，后三个参数分别为红色、绿色、蓝色，都为 0 则表示黑色
 */
$background_color = imagecolorallocate($im, 0, 0, 0);
/**
 * 设置字体颜色为白色
 */
$text_color = imagecolorallocate($im, 255, 255, 255);
/**
 * 在位置为 x:10,y:20 的地方输出字体 ShopNC V1.0
 */
imagestring($im, 5, 10, 20,  "ShopNC V1.0", $text_color);
/**
 * 以 PNG 格式将图像输出到浏览器
 */
imagepng($im);
/**
 * 最后销毁图像，释放与 image 关联的内存
 */
imagedestroy($im);
?>                                                                      [000346]
```

执行以上代码，输出结果如图 9-5 所示。

图 9-5

9.2.3 生成图像验证码

在实际应用中，登录系统少不了验证码。下面介绍制作用户登录验证码。

【示例 9-3】生成带有背景图的图像验证码。

首先创建一个尺寸为 70×21 的空白图像，其背景颜色随机产生，然后随机产生一个 4 位的验证码，每位的取值范围从 A 到 Z 的 26 个英文字母中随机产生，把背景图和 4 位的验证码相互“干扰”一下，让登录者看得不是很清楚，需仔细看才能看清楚。最后，将验证码存入会话保留起来，用于和输入的比对。验证码制作代码如下：

```
<?php
/**
 * 验证码
 *
 * @copyright  Copyright(c) 2007-2017 ShopNC Inc.(http://www.shopnc.net)
 * @license    http://www.shopnc.net
 * @link       http://www.shopnc.net
 * @since      File available since Release v1.1
 */
ob_clean();
/* 忽略产生的错误 */
error_reporting(0);

/* 开启 SESSION，产生一个 SESSIONID */
Session_start();

/* 验证码置空 */
$_SESSION['seccode'] = "";

/* 验证码图像宽度 */
$width = 70;
/* 验证码图像高度 */
$height = 21;
$noisenum = 30;
/* 创建一个尺寸为 70×21 的空白图像  */
$image = imageCreate(70, 21);
/* 背景颜色随机产生 */
$back = imagecolorallocate($image, mt_rand(150,255), mt_rand(150,255), mt_
rand(150,255));

/* 画一矩形并以 $back 填充 其左上角坐标为 0，0，右下角坐标为 $width，$height */
imageFilledRectangle($image, 0, 0, $width, $height, $back);
/* 验证码随机数范围 */
$textall=range('A','Z');

/* 产生 4 位 随机元素*/
for($i=0;$i<4;$i++) {
    $code .= $textall[array_rand($textall)];
}
/* 画干扰点 */
for($i=0; $i<$noisenum; $i++){
    $randColor = imageColorAllocate($image, rand(0, 255), rand(0, 255), rand(0,
255));
    imageSetPixel($image, rand(0, $width), rand(0, $height), $randColor);
}
/* 设置字体颜色 */
for($i = 0; $i < strlen($code); $i++){
    imageString($image,5,$i*$width/4+mt_rand(1,5),$height/4,$code[$i],imageColor
Allocate($image,mt_rand(0,150),mt_rand(0,150),mt_rand(0,150)));
}
/* 随机码存入 SESSION 中 */
$_SESSION['seccode'] = $code;
/* 输出图像格式 */
@header("Content-type:image/png");
/* 以 PNG 格式将图像输出到浏览器 */
imagePng($image);
/* 最后销毁图像，释放与 image 关联的内存 */
imagedestroy($image);
?>                                                                    [000347]
```

上述代码取名为 yzm.php，保存在网站根目录下（WWW 目录）。在下面的 HTML 页面中调用 yzm.php。

```
<html>
<head>
<meta charset="UTF-8">
<title>验证码测试</title>
<script type="text/javascript">
    function create_code() {
            document.getElementById('code').src = 'yzm.php?n=' + Math.random()
* 10000;
    };
    function focu() {
            $("#uname").focus();
            $("#yanzhengma").focus();
     };
    //验证码验证
</script>
</head>
<body>
<form method="post" id="login_form"  onkeydown="if(event.keyCode==13){return
false;}">
<label for="yanzhengma" class="control-label fa-label"style="position:absolute;
left:4px; top:6px; width:7px; height:19px">
<i class=""></i>
</label>
<input placeholder="请在此输入验证码" name="yanzhengma" type="text"
id="yanzhengma"
onchange=" javascript:focu();"  oninput=" javascript:focu();"  />
<img id="code" name="code" src="yzm.php"><a style="cursor:pointer"
onclick="create_code();">看不清？换一张</a>
</form>
</body>
</html>                                                              [000348]
```

上述页面代码取名为 yzm.html，保存在网站根目录下并在浏览器地址栏中输入 http://localhost/yzm.html，运行结果如图 9-6 所示。

图 9-6

9.2.4　产生缩略图

所谓缩略图，就是把原图缩小并保持原图风貌，网站里存在大量图片，如果把原图发往浏览器并显示在很小的区域内，这是不可取的，因为原图字节肯定比其缩略图字节大，会加大网络传输量，从而降低浏览器响应速度或者用户体验。通常的做法是把原图变为缩略图后再传送，这样做的好处是降低网络传输量，这就是把原图转换为缩略图的意义所在。

下面是产生缩略图的简单示例。

【示例 9-4】把 23KB 大小的 38.jpg 转换为 2KB 大小的 38-1.jpg 缩略图。

生成缩略图的总体思路是：首先得到原图的物理位置→取得原图的尺寸→确定缩略图的尺寸→如果缩略图尺寸大于原图，则以原图尺寸生成缩略图→等比例缩小图像，以差别较大的边的比例为缩小的比例，防止将图片切割→创建一个图像源→按目标尺寸新建一个真彩色图像→将源图像填充到新建的目标图像中→生成为缩略图，精确度为 80 →销毁源文件图像→销毁目标图像→结束，生成缩略图代码如下：

```
<?php
/**
 * 缩略图实例
 */
ob_clean();
/* 需要处理的缩略图 */
$filename = '38.jpg';

/* 取得原图完整路径 */
$filepath = dirname(realpath(__FILE__)).DIRECTORY_SEPARATOR.$filename;
/* 取得原图的尺寸 */
$img_info = getimagesize($filepath);
$src_width = $img_info[0];
$src_height = $img_info[1];

/* 缩略图的尺寸 */
$new_width = 100;
$new_height = 40;

/* 如果缩略图尺寸大于原图，则以原图尺寸生成缩略图 */
$new_width = $new_width > $src_width ? $src_width :$new_width;
$new_height = $new_height > $src_height ? $src_height :$new_height;

/* 等比例缩小图像，以差别较大的边的比例为缩小的比例，防止将图片切割 */
$radio = min($new_width/$src_width,$new_height/$src_height);
$desc_width = $src_width*$radio;
$desc_height = $src_height*$radio;

/* 创建一个图像源 */
$src_img = imagecreatefromjpeg($filepath);
if(!$src_img) exit('生成失败');

/* 按目标尺寸新建一个真彩色图像 */
$dst_img = imagecreatetruecolor($desc_width,$desc_height);

/* 将源图像填充到新建的目标图像中 */
imagecopyresampled($dst_img,$src_img,0,0,0,0,$desc_width,$desc_height,$src_
width,$src_height);

/* 生成到缩略图，精确度为 80 */
imagejpeg($dst_img,'38-1.jpg',80);

/* 销毁源文件图像 */
imagedestroy($src_img);
/* 销毁目标图像 */
imagedestroy($dst_img);
?>                                                              [000349]
```

原图风貌如图 9-7 所示。

图 9-7

缩略图如图 9-8 所示。

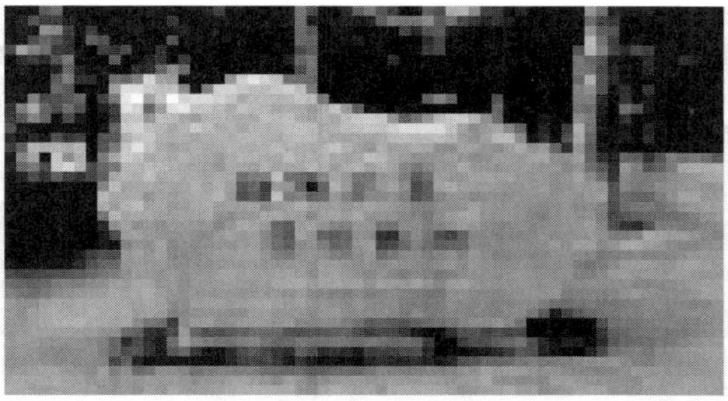

图 9-8

9.3　PHP 调试工具 Xdebug

对于有丰富开发经验的程序员来说，echo、print_r()、var_dump() 和 printf() 函数已经足够使用，但对于 PHP 初学者来说，不但容易犯错，而且很难找到错误的具体位置，还难以驾驭 echo、print_r() 等输出语句。如果能有一个调试工具来监控程序的运行，并告诉错误的详细信息，那么能更快地了解 PHP 程序的错误状况并更快地修正错误。Xdebug 就是这样的一个调试程序。

Xdebug 是一款开放源代码的 PHP 调试程序，用来跟踪、调试和分析 PHP 程序的运行状况。具体功能包括：跟踪执行过程、显示内存占用和变量值，以及判断程序的执行效率等。

在本节将主要讨论 Xdebug 安装，Xdebug 基本使用以及 Xdebug 的特制函数等。

9.3.1　Xdebug 安装

下面以 Apache 2.4.37、PHP 7.3.1 和 Windows 7 平台为例来介绍 Xdebug 的安装过程，具体步骤如下：

（1）自 PHP 5.6.4 之后，其 Xdebug 都自带，如果没有则在 Xdebug 的官网（https://xdebug.org/download）下载与 PHP 版本相对应的 php_xdebug.dll。笔者在这里用的是 php_xdebug-2.7.0beta1-7.3-vc15-x86_64.dll。

注意：PHP 自 5.6.4 之后版本与 Xdebug 版本对照，如表 9-1 所示。

表 9-1

PHP 版本	Xdebug 版本
PHP 5.6.4	php_xdebug-2.5.5-5.6-vc11-x86_64.dll
PHP 7.0.33	php_xdebug-2.6.1-7.0-vc14-x86_64.dll
PHP 7.1.26	php_xdebug-2.6.1-7.1-vc14-x86_64.dll
PHP 7.2.14	php_xdebug-2.6.1-7.2-vc15-x86_64.dll
PHP 7.3.1	php_xdebug-2.7.0beta1-7.3-vc15-x86_64.dll

（2）将下载的 dll 文件放入 PHP 文件夹下的 zend_ext 目录中。

（3）在 PHP 配置文件 PHP.INI 中添加关于 Xdebug 的设置，代码如下：

```
[Xdebug]
```

```
    zend_extension="c:/wamp64/bin/php/php7.3.1/zend_ext/php_xdebug-2.7.0beta1-7.3-vc15-x86_64.dll"
    ;【说明】：标明 Xdebug 库所在位置
    xdebug.profiler_enable_trigger = Off
    ;【说明】：默认值也是 0（Off），如果设为 1（On） 则当在请求中包含 XDEBUG_PROFILE 参数时才会生成性能报告文件。例如 ;http://localhost/index.php?XDEBUG_PROFILE=1，如果这样，必须关闭 xdebug.profiler_enable。;使用该功能就捕获不到页面发送的 ajax 请求，如果需要捕获页面发送的 AJAX 请求的话，就必须开启 ;xdebug.profiler_enable 功能。
    xdebug.profiler_output_name = cachegrind.out.%t.%p
    ;【说明】：指定 Xdebug 性能分析文件的文件名格式
    xdebug.trace_output_name= trace.out.%s
    ;【说明】：指定 Xdebug 效能监测文件的文件名格式
    xdebug.auto_trace=on
    ;【说明】：启用代码自动跟踪
    xdebug.collect_params=on
    ;【说明】：允许收集传递给函数的参数变量
    xdebug.collect_return=on
    ;允许收集函数调用的返回值
    xdebug.trace_output_dir="c:\wamp64\trace"
    ;【说明】：指定堆栈跟踪文件的存放目录
    xdebug.profiler_enable=on
    ;【说明】：是否启用 Xdebug 的性能分析，并创建性能信息文件
    xdebug.profiler_output_dir="c:/wamp64/tmp"
    ;【说明】：指定性能分析信息文件的输出目录
    xdebug.remote_enable=on
    ;【说明】：是否开启远程调试
    xdebug.remote_host=localhost
    ;【说明】：指定远程调试的主机名
    xdebug.remote_handler=dbgp
    ;【说明】：指定远程调试的处理协议
    xdebug.remote_port = 9000
    ;【说明】：指定远程调试的端口号
    xdebug.show_exception_trace= On
    ;【说明】：开启远程调试自动启动
    xdebug.remote_autostart= On
    ;【说明】：收集变量
    xdebug.collect_vars= On
    ;【说明】：收集返回值
    xdebug.idekey = PHPSTORM
    ;【说明】：指定传递给 DBGp 调试器处理程序的 IDE Key
    xdebug.show_local_vars= On
    ;【说明】：显示默认的错误信息
    xdebug.default_enable = On
    ;【说明】：用于 zend studio 远程调试的应用层通信协议
    xdebug.max_nesting_level = 10000
    ;【说明】：如果设得太小，函数中有递归调用自身次数太多时会报超过最大嵌套数错
```

在以上 Xdebug 设置中，“1”代表“On”，表示启用；“0”代表“Off”，表示关闭。

关于“xdebug.trace_output_name” 及“xdebug.profiler_output_name”所指定的文件名格式的说明如表 9-2 所示。

表 9-2

符号	含义	配置样例	样例文件名
%c	当前工作目录的 crc32 校验值	trace.%c	trace.1258863198.xt
%p	当前服务器进程的 pid	trace.%p	trace.5174.xt
%r	随机数	trace.%r	trace.072db0.xt
%s	脚本文件名	cachegrind.out.%s	cachegrind.out.C__wamp64_www_rss_gcc_2_php.xt

续上表

符号	含义	配置样例	样例文件名
%t	Unix 时间戳（秒）	trace.%t	trace.1179434742.xt
%u	Unix 时间戳（微秒）	trace.%u	trace.1179434749_642382.xt
%H	$_SERVER[‘HTTP_HOST’]	trace.%H	trace.kossu.xt
%R	$_SERVER[‘REQUEST_URI’]	trace.%R	trace._test_xdebug_test_php_var=1_var2=2.xt
%S	session_id（来自 $_COOKIE 如果设置了的话）	trace.%S	trace.c70c1ec2375af58f74b390bbdd2a679d.xt
%%	% 字符	trace.%%	trace.%.xt

下面给出 PHP 7.3.1 Xdebug 建议的设置。

```
    [xdebug]
    zend_extension=" c:/wamp64/bin/php/php7.3.1/zend_ext/php_xdebug-2.7.0beta1-7.3-vc15-x86_64-ls.dll"
    ;标明 Xdebug 库所在位置
    xdebug.profiler_enable = 1
    ;是否启用 Xdebug 的性能分析，并创建性能信息文件
    xdebug.profiler_enable_trigger = Off
    ;默认值也是 0(Off),如果设为 1(On) 则当在请求中包含 XDEBUG_PROFILE 参数时才会生成性能报告文件。例如
    ;http://localhost/index.php?XDEBUG_PROFILE=1, 如果这样，必须关闭 xdebug.profiler_enable。
    ;使用该功能就捕获不到页面发送的 ajax 请求，如果需要捕获页面发送的 AJAX 请求的话，就必须开启
    ;xdebug.profiler_enable 功能。
    xdebug.trace_output_name= trace.out.%s
    ; 指定 Xdebug 效能监测文件的文件名格式
    xdebug.trace_output_dir="c:/wamp64/trace2/"
    ;指定堆栈跟踪文件的存放目录
    xdebug.profiler_output_name = cachegrind.out.%s
    ;指定 Xdebug 性能分析文件的文件名格式
    xdebug.profiler_output_dir ="c:/wamp64/xdebug_tmp2"
    ;指定性能分析信息文件的输出目录
    xdebug.auto_trace=1
    ;启用代码自动跟踪
    xdebug.collect_params=1
    ;允许收集传递给函数的参数变量
    xdebug.collect_return=1
    ;允许收集函数调用的返回值
    xdebug.remote_autostart=1
    ;收集变量
    xdebug.collect_vars=1
    ;收集返回值
    xdebug.show_local_vars=1
    ;显示默认的错误信息
    xdebug.max_nesting_level = 10000
    ;如果设得太小，函数中有递归调用自身次数太多时会报超过最大嵌套数错
```

（4）重新启动 Apache 服务器

在本地运行 PHP 程序时，在“xdebug.profiler_output_dir”指定的目录中（c:\wamp64\tmp）同样产生一些调试信息的文件，这些文件统称为性能分析文件，这些性能分析文件的文件名格式为 cachegrind.out.xxx，可以直接查看，但内容很难理解，如图 9-9 所示。

在“xdebug.trace_output_dir”指定的目录中（C:\wamp64\trace）产生一些调试信息的文件，这些文件统称为函数调用跟踪信息输出文件，如图 9-10 所示。函数调用跟踪信息输出文件

中包含函数运行的时间、函数调用的参数值、返回值以及所在的文件和位置等信息，其文件名格式为 trace.XXXX.xt。

注意：Xdebug 的性能分析文件一般需借助第三方软件释义，推荐的第三方软件是 WinCacheGrind（下载地址：http://sourceforge.net/projects/wincachegrind/）来打开 Xdebug 生成的性能分析文件，其释义效果还不错。

关于 PHP 代码的本地或远程调试，可以使用 PhpStorm 软件（JetBrains 公司开发的一款商业的 PHP 集成开发工具），通过与 Xdebug 的配合实现 PHP 代码的本地或远程调试。

关于 PhpStorm 软件的使用，这里给出一点建议：一旦 Xdebug 生成了 cachegrind.out.xxx 性能文件，应该马上进行性能分析，分析完成后可以清除该文件。为了提高分析结论的准确性，还需要多次在不同背景条件下生成性能文件，然后比对每次的某个性能参数值，便得出更加客观的分析结论。假如某个 PHP 文件，每次都表现为“耗时”较长，说明该文件存在性能问题，就需要分析是什么原因引起以及有没有优化的可能性。

```
version: 1
creator: xdebug 2.9.5 (PHP 7.3.13)
cmd: C:\wamp64\www\rss2.php
part: 1
positions: line

events: Time Memory

fl=(1) php:internal
fn=(1) php::define
5 0 24

fl=(1)
fn=(1)
6 0 24

fl=(2) C:\wamp64\www\rss.php
fn=(2) include_once::C:\wamp64\www\rss.php
1 0 0
cfl=(1)
cfn=(1)
calls=1 0 0
5 0 24
cfl=(1)
cfn=(1)
calls=1 0 0
6 0 24

fl=(1)
fn=(3) php::{zend_pass}
3 0 0

fl=(1)
fn=(3)
9 0 0
```

图 9-9

```
TRACE START [2020-05-04 12:24:19]
    0.0150     410248   -> {main}() C:\wamp64\www\rss_gcc_2.php:0
    0.0155     410248     -> header() C:\wamp64\www\rss_gcc_2.php:3
    0.0525     426936     -> include_once(C:\wamp64\www\rss_class.php) C:\wamp64\www\rss_gcc_2.php:4
    0.0530     426936       -> define() C:\wamp64\www\rss_class.php:5
    0.0530     426960       -> define() C:\wamp64\www\rss_class.php:6
    0.0620     427584     -> UniversalFeedCreator->addItem() C:\wamp64\www\rss_gcc_2.php:15
    0.0620     428280     -> UniversalFeedCreator->addItem() C:\wamp64\www\rss_gcc_2.php:15
    0.0620     428600     -> UniversalFeedCreator->addItem() C:\wamp64\www\rss_gcc_2.php:15
    0.0625     428920     -> UniversalFeedCreator->addItem() C:\wamp64\www\rss_gcc_2.php:15
    0.0625     428920     -> UniversalFeedCreator->saveFeed() C:\wamp64\www\rss_gcc_2.php:17
    0.0625     428920       -> UniversalFeedCreator->_setFormat() C:\wamp64\www\rss_class.php:82
    0.0625     428920         -> strtoupper() C:\wamp64\www\rss_class.php:54
    0.0625     429432         -> RSSCreator20->RSSCreator20() C:\wamp64\www\rss_class.php:58
    0.0625     429432           -> RSSCreator20->_setRSSVersion() C:\wamp64\www\rss_class.php:410
    0.0625     429432         -> get_object_vars() C:\wamp64\www\rss_class.php:69
    0.0650     430768       -> RSSCreator20->saveFeed() C:\wamp64\www\rss_class.php:83
    0.0650     430768         -> fopen() C:\wamp64\www\rss_class.php:170
    0.0730     431256         -> RSSCreator20->createFeed() C:\wamp64\www\rss_class.php:172
    0.0730     431320           -> RSSCreator20->_createGeneratorComment() C:\wamp64\www\rss_class.php:317
    0.0730     431368           -> RSSCreator20->_createStylesheetReferences() C:\wamp64\www\rss_class.php:318
    0.0760     431416           -> htmlspecialchars() C:\wamp64\www\rss_class.php:321
    0.0760     431576           -> RSSCreator20->iTrunc() C:\wamp64\www\rss_class.php:321
    0.0760     431448           -> RSSCreator20->getDescription() C:\wamp64\www\rss_class.php:323
    0.0760     431544             -> FeedHtmlField->FeedHtmlField() C:\wamp64\www\rss_class.php:22
    0.0760     431544             -> FeedHtmlField->output() C:\wamp64\www\rss_class.php:25
    0.0760     431544               -> htmlspecialchars() C:\wamp64\www\rss_class.php:43
    0.0765     431704               -> FeedCreator::iTrunc() C:\wamp64\www\rss_class.php:43
    0.0765     431568           -> FeedDate->FeedDate() C:\wamp64\www\rss_class.php:325
    0.0765     431568             -> date() C:\wamp64\www\rss_class.php:185
    0.0765     433760             -> preg_match() C:\wamp64\www\rss_class.php:190
    0.0765     434416             -> mktime() C:\wamp64\www\rss_class.php:192
    0.0770     434416             -> substr() C:\wamp64\www\rss_class.php:193
    0.0770     434416             -> substr() C:\wamp64\www\rss_class.php:194
    0.0770     434416             -> substr() C:\wamp64\www\rss_class.php:194
    0.0860     433480           -> FeedDate->rfc822() C:\wamp64\www\rss_class.php:326
    0.0860     433480             -> gmdate() C:\wamp64\www\rss_class.php:230
    0.0860     433736           -> htmlspecialchars() C:\wamp64\www\rss_class.php:326
    0.0860     433608           -> RSSCreator20->_createAdditionalElements() C:\wamp64\www\rss_class.php:378
    0.0865     433608           -> strip_tags() C:\wamp64\www\rss_class.php:381
    0.0865     433640           -> htmlspecialchars() C:\wamp64\www\rss_class.php:381
    0.0865     433768           -> RSSCreator20->iTrunc() C:\wamp64\www\rss_class.php:381
    0.0865     433608           -> htmlspecialchars() C:\wamp64\www\rss_class.php:382
    0.0865     433672           -> FeedItem->getDescription() C:\wamp64\www\rss_class.php:383
    0.0865     433768             -> FeedHtmlField->FeedHtmlField() C:\wamp64\www\rss_class.php:22
    0.0865     433768             -> FeedHtmlField->output() C:\wamp64\www\rss_class.php:25
    0.0865     433768               -> htmlspecialchars() C:\wamp64\www\rss_class.php:45
    0.0870     433672           -> RSSCreator20->_createAdditionalElements() C:\wamp64\www\rss_class.php:400
    0.0870     433672           -> strip_tags() C:\wamp64\www\rss_class.php:381
    0.0870     433704           -> htmlspecialchars() C:\wamp64\www\rss_class.php:381
    0.0870     433832           -> RSSCreator20->iTrunc() C:\wamp64\www\rss_class.php:381
    0.0870     433736           -> htmlspecialchars() C:\wamp64\www\rss_class.php:382
    0.0870     433736           -> FeedItem->getDescription() C:\wamp64\www\rss_class.php:383
    0.0870     433832             -> FeedHtmlField->FeedHtmlField() C:\wamp64\www\rss_class.php:22
    0.0875     433832             -> FeedHtmlField->output() C:\wamp64\www\rss_class.php:25
    0.0875     433832               -> htmlspecialchars() C:\wamp64\www\rss_class.php:45
    0.0875     433864           -> RSSCreator20->_createAdditionalElements() C:\wamp64\www\rss_class.php:400
    0.0875     433864           -> strip_tags() C:\wamp64\www\rss_class.php:381
    0.0875     433896           -> htmlspecialchars() C:\wamp64\www\rss_class.php:381
    0.0875     434024           -> RSSCreator20->iTrunc() C:\wamp64\www\rss_class.php:381
    0.0875     433864           -> htmlspecialchars() C:\wamp64\www\rss_class.php:382
    0.0875     433864           -> FeedItem->getDescription() C:\wamp64\www\rss_class.php:383
    0.0875     433960             -> FeedHtmlField->FeedHtmlField() C:\wamp64\www\rss_class.php:22
    0.0880     433960             -> FeedHtmlField->output() C:\wamp64\www\rss_class.php:25
    0.0880     433960               -> htmlspecialchars() C:\wamp64\www\rss_class.php:45
    0.0880     433864           -> RSSCreator20->_createAdditionalElements() C:\wamp64\www\rss_class.php:400
    0.0880     433992           -> strip_tags() C:\wamp64\www\rss_class.php:381
    0.0880     434024           -> htmlspecialchars() C:\wamp64\www\rss_class.php:381
    0.0880     434152           -> RSSCreator20->iTrunc() C:\wamp64\www\rss_class.php:381
    0.0880     433992           -> htmlspecialchars() C:\wamp64\www\rss_class.php:382
    0.0880     433992           -> FeedItem->getDescription() C:\wamp64\www\rss_class.php:383
    0.0880     434088             -> FeedHtmlField->FeedHtmlField() C:\wamp64\www\rss_class.php:22
    0.0885     434088             -> FeedHtmlField->output() C:\wamp64\www\rss_class.php:25
    0.0885     434088               -> htmlspecialchars() C:\wamp64\www\rss_class.php:45
    0.0885     433992           -> RSSCreator20->_createAdditionalElements() C:\wamp64\www\rss_class.php:400
    0.0885     433936         -> fputs() C:\wamp64\www\rss_class.php:172
    0.0890     433168         -> fclose() C:\wamp64\www\rss_class.php:173
    0.0910     432816         -> RSSCreator20->_redirect() C:\wamp64\www\rss_class.php:175
    0.0910     432896           -> basename() C:\wamp64\www\rss_class.php:152
    0.0915     432912           -> header() C:\wamp64\www\rss_class.php:152
    0.0915     432880           -> basename() C:\wamp64\www\rss_class.php:153
    0.0915     432960           -> header() C:\wamp64\www\rss_class.php:153
    0.0915     432976           -> readfile() C:\wamp64\www\rss_class.php:154
    0.0990     343136
TRACE END   [2020-05-04 12:24:19]
```

图 9-10

（5）通过“<?php　phpinfo();?>”查看 PHP 信息中 Xdebug 的配置信息，如图 9-11 所示。

xdebug

xdebug support	enabled
Version	2.9.5
Support Xdebug on Patreon, GitHub, or as a business	

Debugger	enabled
IDE Key	PHPSTORM

Directive	Local Value	Master Value
xdebug.auto_trace	On	On
xdebug.cli_color	0	0
xdebug.collect_assignments	Off	Off
xdebug.collect_includes	On	On
xdebug.collect_params	1	1
xdebug.collect_return	On	On
xdebug.collect_vars	On	On
xdebug.coverage_enable	On	On
xdebug.default_enable	On	On
xdebug.dump.COOKIE	*no value*	*no value*
xdebug.dump.ENV	*no value*	*no value*
xdebug.dump.FILES	*no value*	*no value*
xdebug.dump.GET	*no value*	*no value*
xdebug.dump.POST	*no value*	*no value*
xdebug.dump.REQUEST	*no value*	*no value*
xdebug.dump.SERVER	*no value*	*no value*
xdebug.dump.SESSION	*no value*	*no value*
xdebug.dump_globals	On	On
xdebug.dump_once	On	On
xdebug.dump_undefined	Off	Off
xdebug.file_link_format	*no value*	*no value*
xdebug.filename_format	*no value*	*no value*
xdebug.force_display_errors	Off	Off
xdebug.force_error_reporting	0	0
xdebug.gc_stats_enable	Off	Off
xdebug.gc_stats_output_dir	C:\Windows\Temp	C:\Windows\Temp
xdebug.gc_stats_output_name	gcstats.%p	gcstats.%p
xdebug.halt_level	0	0
xdebug.idekey	PHPSTORM	PHPSTORM
xdebug.max_nesting_level	10000	10000
xdebug.max_stack_frames	-1	-1
xdebug.overload_var_dump	2	2
xdebug.profiler_append	Off	Off
xdebug.profiler_enable	On	On
xdebug.profiler_enable_trigger	Off	Off
xdebug.profiler_enable_trigger_value	*no value*	*no value*
xdebug.profiler_output_dir	c:/wamp64/xdebug_tmp2	c:/wamp64/xdebug_tmp2
xdebug.profiler_output_name	cachegrind.out.%s	cachegrind.out.%s
xdebug.remote_addr_header	*no value*	*no value*
xdebug.remote_autostart	On	On
xdebug.remote_connect_back	Off	Off
xdebug.remote_cookie_expire_time	3600	3600
xdebug.remote_enable	On	On
xdebug.remote_host	localhost	localhost
xdebug.remote_log	*no value*	*no value*
xdebug.remote_log_level	7	7
xdebug.remote_mode	req	req
xdebug.remote_port	9000	9000
xdebug.remote_timeout	200	200
xdebug.scream	Off	Off
xdebug.show_error_trace	Off	Off
xdebug.show_exception_trace	On	On
xdebug.show_local_vars	On	On
xdebug.show_mem_delta	Off	Off
xdebug.trace_enable_trigger	Off	Off
xdebug.trace_enable_trigger_value	*no value*	*no value*
xdebug.trace_format	0	0
xdebug.trace_options	0	0
xdebug.trace_output_dir	c:/wamp64/trace/	c:/wamp64/trace/
xdebug.trace_output_name	trace.out.%s	trace.out.%s
xdebug.var_display_max_children	128	128
xdebug.var_display_max_data	512	512
xdebug.var_display_max_depth	3	3

图 9-11

如果出现图 7-11 的信息，说明开通了 Xdebug。

9.3.2　Xdebug 基本使用

安装并设置好 Xdebug 后，来看看如何使用 Xdebug。先来编写一个错误程序看看 Xdebug 的实际效果，代码如下：

```
<?php
    require_once("ShopNC.php");    // 导入一个不存在的文件 ShopNC.php
?>
```

通过浏览器发现此时 PHP 输出的错误信息变成了彩色（深色部分），如图 9-12 所示。

(!) Warning: require_once(ShopNC.php): failed to open stream: No such file or directory in C:\wamp64\www\slt.php on line 2

Call Stack

#	Time	Memory	Function	Location
1	0.0060	408408	{main}( )	...\slt.php:0

(!) Fatal error: require_once(): Failed opening required 'ShopNC.php' (include_path='.;C:\php\pear') in C:\wamp64\www\slt.php on line 2

Call Stack

#	Time	Memory	Function	Location
1	0.0060	408408	{main}( )	...\slt.php:0

图 9-12

从图 9-12 可以看到，开通 Xdebug 扩展后，PHP 输出的信息除了样式改变外，其他没有变化。下面再写一个稍微复杂一点的错误程序，代码如下：

```
<?php
    function requirefile(){
            require("ShopNC.php"); // 由于 shopnc.php 文件不存在而出现运行期错误。
    }
    class myBug{
            function requirebug(){
                    requirefile();
            }
    }
    $num = new myBug;
    $num->requirebug();
?>                                                                    [000350]
```

上述代码的执行过程是：实例化类 myBug，类中的方法 requirebug() 被执行，requirebug() 方法中的 requirefile() 函数被执行，requirefile() 函数中的 require(“ShopNC.php”) 被执行。程序运行到这里，由于 ShopNC.php 文件不存在而出现运行错误。

浏览器将输出如图 9-13 所示的结果。

(!) Warning: require(ShopNC.php): failed to open stream: No such file or directory in C:\wamp64\www\slt.php on line 3

Call Stack

#	Time	Memory	Function	Location
1	0.0075	408952	{main}( )	...\slt.php:0
2	0.0080	408992	myBug->requirebug( )	...\slt.php:11
3	0.0080	408992	requirefile( )	...\slt.php:7

(!) Fatal error: require(): Failed opening required 'ShopNC.php' (include_path='.;C:\php\pear') in C:\wamp64\www\slt.php on line 3

Call Stack

#	Time	Memory	Function	Location
1	0.0075	408952	{main}( )	...\slt.php:0
2	0.0080	408992	myBug->requirebug( )	...\slt.php:11
3	0.0080	408992	requirefile( )	...\slt.php:7

图 9-13

由图 9-13 可以看到，Xdebug 会一步步地跟踪程序的执行，直到跟踪到程序出错的具体位置。对于复杂的程序，Xdebug 也能帮助理清思路，这对开发 PHP 项目将非常有利。

9.3.3 Xdebug 的特制函数

Xdebug 扩展加载后，会对原有的 PHP 函数进行覆盖重写，以增强调试方面的功能。下面分别介绍几种 Xdebug 的特制函数。

（1）var_dump() 函数

var_dump() 函数显示关于一个或多个表达式的结构信息，包括表达式的类型与值。数组将递归展开值通过缩进显示其结构。为了防止程序直接将结果输出到浏览器，可以使用输出控制函数（output-control functions）来捕获此函数的输出，并把它们保存到一个例如 string 类型的变量中。在原先的 PHP 中，var_dump() 函数会打印出数组的内容，如果不使用“<pre> <.pre>”标签将数组内容括起来，则输出信息将是最原始的没有经过排版的、并给解读增加负担的数据。在加载了 Xdebug 扩展后，var_dump() 函数将返回一组经过排版后的数组信息，这些信息在输出时将变得非常美观且易于浏览，如图 9-14 所示。

```
C:\wamp64\www\gcc1.php:4:
array (size=3)
  'wctc' => string '网城天创' (length=12)
  'rcrt' => string '融创软通' (length=12)
  'rjxy' => string '软件学院' (length=12)
```

图 9-14

（2）xdebug_time_index() 函数

xdebug_time_index() 函数用于获得脚本执行时间，它是 Xdebug 自带的函数，可以高效快速地测试出某段脚本的执行时间。

（3）memory_get_usage() 函数和 xdebug_memory_usage() 函数

当想知道程序执行到某个特定阶段到底占用了多大内存时，为此 PHP 提供了函数 memory_get_usage()。该函数只有当 PHP 编译时开启了“--enable-memory-limit”参数才有效（注：PHP 自 5.2.5 版本起，默认开启“--enable-memory-limit”）。Xdebug 同样提供了函数 xdebug_memory_usage() 来实现这样的功能。

这两个函数功能相同，不同的是，在未开通 Xdebug 的情况下执行 xdebug_memory_usage() 函数会报错，而 memory_get_usage() 函数，在未开启“--enable-memory-limit”的情况下会报错，与是否开通了 Xdebug 无关。

（4）xdebug_peak_memory_usage() 函数

Xdebug 还提供了一个 xdebug_peak_memory_usage() 函数来查看内存占用的峰值。该函数会返回此函数被调用时当前脚本所使用内存的高峰值，即脚本当前的内存使用数。

Xdebug 提供了各种自带的函数，并可对一些已有的 PHP 函数进行覆写，可以方便地用于调试排错。

Xdebug 结合第三方软件（WinCacheGrind）跟踪程序的运行，通过对日志文件的分析，可以快速找到瓶颈所在，为改善程序运行效率提供帮助。

下面介绍另一个 PHP 的辅助技术，即 PHP 如何将信息生成 PDF 格式文件。

9.4　PHP 生成 PDF 技术

PDF（Portable Document Format，便携式文档格式）是一种电子文件格式，与操作系统平台无关，由 Adobe 公司开发而成。PDF 文件不管是在 Windows、UNIX 还是在苹果公司的 Mac OS 操作系统中都是通用的。这一性能使它成为在 Internet 上进行电子文档发行和数字化信息传播的理想文档格式。越来越多的电子图书、产品说明、公司文告、网络资料、电子邮件开始使用 PDF 格式文件。

既然 PDF 格式文件用途这么广泛，作为 PHP 也是当仁不让的，通过 PHP 可以制作出精美的 PDF。在本节将主要介绍以下内容。

- PHP 通过 PDFlib 生成 PDF 文件。
- PHP 通过 FPDF 生成 PDF 文件。
- PHP 通过 MPDF 生成 PDF 文件。

9.4.1　PHP 通过 PDFlib 生成 PDF 文件

PDFlib 是用于创建 PDF 文档的开发库，可在多种平台上使用，包括 UNIX、Windows、Mac 系统，可以使用 PDFlib 快速地生成 PDF 文件，安装和使用步骤如下：

（1）进入 HTTP://www.pdflib.com，下载自己需要的版本，当前的最新版本为 PDFlib 9.0.2，笔者下载的是 Windows Server x64 and Windows 7/8/10 x64 for PHP 专用包。

（2）解压，将 PDFlib920\bind\php\php-730-nts-VC15\php_pdflib.dll 文件复制到 PHP 安装目录中的扩展包目录下（笔者的是 C:\wamp64\bin\php\php7.3.1\ext），然后在 PHP 配置文件 PHP.INI 的扩展中添加一行 extension= php_pdflib.dll，最后重启 Apache 服务器。运行 phpinfo() 函数，若出现如下信息说明 PDFlib 库安装成功，如图 9-15 所示。

PDFlib

PDFlib Support	enabled
PDFlib GmbH Binary-Version	9.2.0
PECL Version	4.1.2
Revision	$Revision$

图 9-15

（3）运行 PDFlib\bind\php\index.html 可以发现，官方提供了大量的实例，并且这些实例均为开源的 PHP 程序，包括文字写入、图片写入、表格写入等，可以满足日常的大多数应用，如图 9-16 所示。

图 9-16

（4）运行 businesscard:Block processing example，可以看到写入 PDF 文件成功，如图 9-17 所示。

图 9-17

PDFlib 提供的示例这里不做分析，可以去试用。

9.4.2 PHP 通过 FPDF 生成 PDF 文件

PDFlib 功能非常强大，但需要更改服务器的配置才支持 PHP 生成 pdf 文件，但这对于虚拟空间的 Web 用户来说无法做到，这里就需要用到 FPDF。

FPDF 是采用 PHP 开发的一个 PDF 文件生成类，它不需要更改服务器的配置，并且具有可选择的 unit 大小、页面格式和页边距、页眉和页脚管理、自动分页、自动换行与文本自动对齐、支持 JPEG 与 PNG 图片格式、支持着色和文件超链接、支持 TrueType,Type1 与 encoding 以及支持页面压缩等特性。

1. 下载并安装 FPDF

通过 FPDF 官网 www.fpdf.org 可以下载 FPDF 的最新版本。这里以 FPDF 1.7 版本为例进行讲解。

下载压缩文件后，解压该文件到指定的项目文件夹后就完成了 FPDF 的安装。在需要编写 FPDF 的文件中引入 FPDF 类和 font 文件夹即可创建 PDF 文档。

2. 使用 FPDF

FPDF 类库提供了多个方法，常用来创建与编辑 PDF 文档的方法如下。

（1）FPDF($orientation=‘P’,$unit=‘mm’,$format=‘A4’)

创建 PDF 文件的核心方法，该方法可以设定页面方向、尺寸单位和页面格式大小等。方法中的参数及值如表 9-3 所示。

表 9-3

参数名称	参数描述	可选参数值
orientation	页面方向	P\L，P 表示纵向，L 表示横向
unit	尺寸单位	Pt 点，mm 毫米，cm 厘米 in 寸
format	页面格式大小	A3、A4、A5、Letter、legal

（2）Open()

开始创建 PDF 文档。

（3）AddPage($orientation=‘’)

创建一个新的 PDF 页面。参数 orientation 表示页面方式，可选值为横向 P 或纵向 L。

（4）SetFont($family,$style= ‘’ ,$size=0)

设置字体类型。每个 PDF 文档必须指定一次字体类型。该函数参数如表 9-4 所示。

表 9-4　SetFont 方法参数说明

参数名称	参数描述	可选参数值
family	字体名称	Courier(固定宽度)，Helvetica or Arial，Times Symbol，ZapfDingbats。
Style	字体类型	空白字符串（普通），B 粗体，I 斜体，U 底线
size	字号	默认值为 12

（5）Ouput($name= ‘’ ,$dest= ‘’)

在 PDF 中输出内容，参数如表 9-5 所示。

表 9-5　Ouput 方法参数说明

参数名称	参数描述	可选参数值
name	输出 PDF 文件的名称	无
dest	选择下载模式	D：以给定的名称下载 F：以默认的名称存储到本地的服务器下 I：直接打开文件可以使用默认给定的名称另存为文件 S：以字符流的形式下载并打开

在使用 FPDF 制作 PDF 文档时，有一个问题必须解决，就是中文乱码的问题。当把开发编写好的代码，无论是后台的还是前端的，存为 UTF-8 编码集格式的文件时，就意味着这个文件的内容或者代码属于 UTF-8 字符集，而资料上说 FPDF 不支持 UTF-8，体现在 FPDF 没有为 UTF-8 字符集提供中文字体，的确这样。因此，在执行这些 UTF-8 编码集格式的文件时，导致生成的 PDF 文档中存在中文乱码，如何解决这个问题呢？按照资料的说法，要给 FPDF 增加 GBK 的中文字体，然后通过 PHP 的 iconv 函数将准备写入 PDF 文档的 UTF-8 字符集汉字字符转换为 GBK 字符集的汉字字符，再以 GBK 字符集的中文字体写入 PDF 文件，经测试，资料说得没错，这样处理后，中文显示输出就正常了。

下面的 PHP 文件是按照资料说法处理好的，主要功能是：加载 FPDF 的“fpdf.php”文件并增加 GBK 中文字体以及创建一个新的继承类，继承 FPDF 类中的所有方法和属性并在继承类中增加几个方法，完整代码如下：

```
    <?php
    // 加载 FPDF 的运行库 fpdf.php
    require_once('fpdf.php');
    //-----------------------Big5 中文字体 ---------------------------
    $Big5_widths = array(' '=>250,'!'=>250,'"'=>408,'#'=>668,'$'=>490,'%'=>875,'&'=
>698,'\''=>250,
        ' ( ' = > 2 4 0 , ' ) ' = > 2 4 0 , ' * ' = > 4 1 7 , ' + ' = > 6 6 7 , ' , ' = > 2 5 0 , ' -
'=>313,'.'=>250,'/'=>520,'0'=>500,'1'=>500,
        '2'=>500,'3'=>500,'4'=>500,'5'=>500,'6'=>500,'7'=>500,'8'=>500,'9'=>500,':'=
>250,';'=>250,
        '<'=>667,'='=>667,'>'=>667,'?'=>396,'@'=>921,'A'=>677,'B'=>615,'C'=>719,'D'=
>760,'E'=>625,
        'F'=>552,'G'=>771,'H'=>802,'I'=>354,'J'=>354,'K'=>781,'L'=>604,'M'=>927,'N'=
>750,'O'=>823,
        'P'=>563,'Q'=>823,'R'=>729,'S'=>542,'T'=>698,'U'=>771,'V'=>729,'W'=>948,'X'=
>771,'Y'=>677,
        'Z'=>635,'['=>344,'\\'=>520,']'=>344,'^'=>469,'_'=>500,'`'=>250,'a'=>469,'b'
=>521,'c'=>427,
```

```
        'd'=>521,'e'=>438,'f'=>271,'g'=>469,'h'=>531,'i'=>250,'j'=>250,'k'=>458,'l'=
>240,'m'=>802,
        'n'=>531,'o'=>500,'p'=>521,'q'=>521,'r'=>365,'s'=>333,'t'=>292,'u'=>521,'v'=
>458,'w'=>677,
        'x'=>479,'y'=>458,'z'=>427,'{'=>480,'|'=>496,'}'=>480,'~'=>667);
    //------------------------GB 中文字体--------------------------
    $GB_widths = array(' '=>207,'!'=>270,'"'=>342,'#'=>467,'$'=>462,'%'=>797,'&'=>7
10,'\''=>239,
        '('=>374,')'=>374,'*'=>423,'+'=>605,','=>238,'-
'=>375,'.'=>238,'/'=>334,'0'=>462,'1'=>462,
        '2'=>462,'3'=>462,'4'=>462,'5'=>462,'6'=>462,'7'=>462,'8'=>462,'9'=>462,':'=
>238,';'=>238,
        '<'=>605,'='=>605,'>'=>605,'?'=>344,'@'=>748,'A'=>684,'B'=>560,'C'=>695,'D'=
>739,'E'=>563,
        'F'=>511,'G'=>729,'H'=>793,'I'=>318,'J'=>312,'K'=>666,'L'=>526,'M'=>896,'N'=
>758,'O'=>772,
        'P'=>544,'Q'=>772,'R'=>628,'S'=>465,'T'=>607,'U'=>753,'V'=>711,'W'=>972,'X'=
>647,'Y'=>620,
        'Z'=>607,'['=>374,'\\'=>333,']'=>374,'^'=>606,'_'=>500,'`'=>239,'a'=>417,'b'
=>503,'c'=>427,
        'd'=>529,'e'=>415,'f'=>264,'g'=>444,'h'=>518,'i'=>241,'j'=>230,'k'=>495,'l'=
>228,'m'=>793,
        'n'=>527,'o'=>524,'p'=>524,'q'=>504,'r'=>338,'s'=>336,'t'=>277,'u'=>517,'v'=
>450,'w'=>652,
        'x'=>466,'y'=>452,'z'=>407,'{'=>370,'|'=>258,'}'=>370,'~'=>605);
    //创建 PDF_Chinese 继承类 继承 FPDF 类
    class PDF_Chinese extends FPDF
    {
    function AddCIDFont($family, $style, $name, $cw, $CMap, $registry)
    {
        $fontkey = strtolower($family).strtoupper($style);
        if(isset($this->fonts[$fontkey]))
                $this->Error("Font already added: $family $style");
        $i = count($this->fonts)+1;
        $name = str_replace(' ','',$name);
        $this->fonts[$fontkey] = array('i'=>$i, 'type'=>'Type0', 'name'=>$name,
'up'=>-130, 'ut'=>40, 'cw'=>$cw, 'CMap'=>$CMap, 'registry'=>$registry);
    }

    function AddCIDFonts($family, $name, $cw, $CMap, $registry)
    {
        $this->AddCIDFont($family,'',$name,$cw,$CMap,$registry);
        $this->AddCIDFont($family,'B',$name.',Bold',$cw,$CMap,$registry);
        $this->AddCIDFont($family,'I',$name.',Italic',$cw,$CMap,$registry);
        $this->AddCIDFont($family,'BI',$name.',BoldItalic',$cw,$CMap,$registry);
    }

    function AddBig5Font($family='Big5', $name='MSungStd-Light-Acro')
    {
        // Add Big5 font with proportional Latin
        $cw = $GLOBALS['Big5_widths'];
        $CMap = 'ETenms-B5-H';
        $registry = array('ordering'=>'CNS1', 'supplement'=>0);
        $this->AddCIDFonts($family,$name,$cw,$CMap,$registry);
    }

    function AddBig5hwFont($family='Big5-hw', $name='MSungStd-Light-Acro')
    {
        // Add Big5 font with half-witdh Latin
        for($i=32;$i<=126;$i++)
                $cw[chr($i)] = 500;
        $CMap = 'ETen-B5-H';
        $registry = array('ordering'=>'CNS1', 'supplement'=>0);
```

```
    $this->AddCIDFonts($family,$name,$cw,$CMap,$registry);
}

function AddGBFont($family='GB', $name='STSongStd-Light-Acro')
{
    // Add GB font with proportional Latin
    $cw = $GLOBALS['GB_widths'];
    $CMap = 'GBKp-EUC-H';
    $registry = array('ordering'=>'GB1', 'supplement'=>2);
    $this->AddCIDFonts($family,$name,$cw,$CMap,$registry);
}

function AddGBhwFont($family='GB-hw', $name='STSongStd-Light-Acro')
{
    // Add GB font with half-width Latin
    for($i=32;$i<=126;$i++)
            $cw[chr($i)] = 500;
    $CMap = 'GBK-EUC-H';
    $registry = array('ordering'=>'GB1', 'supplement'=>2);
    $this->AddCIDFonts($family,$name,$cw,$CMap,$registry);
}

function GetStringWidth($s)
{
    if($this->CurrentFont['type']=='Type0')
            return $this->GetMBStringWidth($s);
    else
            return parent::GetStringWidth($s);
}

function GetMBStringWidth($s)
{
    // Multi-byte version of GetStringWidth()
    $l = 0;
    $cw = &$this->CurrentFont['cw'];
    $nb = strlen($s);
    $i = 0;
    while($i<$nb)
    {
            $c = $s[$i];
            if(ord($c)<128)
            {
                    $l += $cw[$c];
                    $i++;
            }
            else
            {
                    $l += 1000;
                    $i += 2;
            }
    }
    return $l*$this->FontSize/1000;
}

function MultiCell($w, $h, $txt, $border=0, $align='L', $fill=0)
{
    if($this->CurrentFont['type']=='Type0')
            $this->MBMultiCell($w,$h,$txt,$border,$align,$fill);
    else
            parent::MultiCell($w,$h,$txt,$border,$align,$fill);
}

function MBMultiCell($w, $h, $txt, $border=0, $align='L', $fill=0)
```

```
{
    // Multi-byte version of MultiCell()
    $cw = &$this->CurrentFont['cw'];
    if($w==0)
            $w = $this->w-$this->rMargin-$this->x;
    $wmax = ($w-2*$this->cMargin)*1000/$this->FontSize;
    $s = str_replace("\r",'',$txt);
    $nb = strlen($s);
    if($nb>0 && $s[$nb-1]=="\n")
            $nb--;
    $b = 0;
    if($border)
    {
            if($border==1)
            {
                    $border = 'LTRB';
                    $b = 'LRT';
                    $b2 = 'LR';
            }
            else
            {
                    $b2 = '';
                    if(is_int(strpos($border,'L')))
                            $b2 .= 'L';
                    if(is_int(strpos($border,'R')))
                            $b2 .= 'R';
                    $b = is_int(strpos($border,'T')) ? $b2.'T' : $b2;
            }
    }
    $sep = -1;
    $i = 0;
    $j = 0;
    $l = 0;
    $nl = 1;
    while($i<$nb)
    {
            // Get next character
            $c = $s[$i];
            // Check if ASCII or MB
            $ascii = (ord($c)<128);
            if($c=="\n")
            {
                    // Explicit line break
                    $this->Cell($w,$h,substr($s,$j,$i-$j),$b,2,$align,$fill);
                    $i++;
                    $sep = -1;
                    $j = $i;
                    $l = 0;
                    $nl++;
                    if($border && $nl==2)
                            $b = $b2;
                    continue;
            }
            if(!$ascii)
            {
                    $sep = $i;
                    $ls = $l;
            }
            elseif($c==' ')
            {
                    $sep = $i;
                    $ls = $l;
            }
```

```
            $l += $ascii ? $cw[$c] : 1000;
            if($l>$wmax)
            {
                    // Automatic line break
                    if($sep==-1 || $i==$j)
                    {
                            if($i==$j)
                                    $i += $ascii ? 1 : 2;
                            $this->Cell($w,$h,substr($s,$j,$i-
$j),$b,2,$align,$fill);
                    }
                    else
                    {
                            $this->Cell($w,$h,substr($s,$j,$sep-
$j),$b,2,$align,$fill);
                            $i = ($s[$sep]==' ') ? $sep+1 : $sep;
                    }
                    $sep = -1;
                    $j = $i;
                    $l = 0;
                    $nl++;
                    if($border && $nl==2)
                            $b = $b2;
            }
            else
                    $i += $ascii ? 1 : 2;
    }
    // Last chunk
    if($border && is_int(strpos($border,'B')))
            $b .= 'B';
    $this->Cell($w,$h,substr($s,$j,$i-$j),$b,2,$align,$fill);
    $this->x = $this->lMargin;
}

function Write($h, $txt, $link='')
{
    if($this->CurrentFont['type']=='Type0')
            $this->MBWrite($h,$txt,$link);
    else
            parent::Write($h,$txt,$link);
}

function MBWrite($h, $txt, $link)
{
    // Multi-byte version of Write()
    $cw = &$this->CurrentFont['cw'];
    $w = $this->w-$this->rMargin-$this->x;
    $wmax = ($w-2*$this->cMargin)*1000/$this->FontSize;
    $s = str_replace("\r",'',$txt);
    $nb = strlen($s);
    $sep = -1;
    $i = 0;
    $j = 0;
    $l = 0;
    $nl = 1;
    while($i<$nb)
    {
            // Get next character
            $c = $s[$i];
            // Check if ASCII or MB
            $ascii = (ord($c)<128);
            if($c=="\n")
            {
```

```
                    // Explicit line break
                    $this->Cell($w,$h,substr($s,$j,$i-$j),0,2,'',0,$link);
                    $i++;
                    $sep = -1;
                    $j = $i;
                    $l = 0;
                    if($nl==1)
                    {
                            $this->x = $this->lMargin;
                            $w = $this->w-$this->rMargin-$this->x;
                            $wmax = ($w-2*$this->cMargin)*1000/$this->FontSize;
                    }
                    $nl++;
                    continue;
            }
            if(!$ascii || $c==' ')
                    $sep = $i;
            $l += $ascii ? $cw[$c] : 1000;
            if($l>$wmax)
            {
                    // Automatic line break
                    if($sep==-1 || $i==$j)
                    {
                            if($this->x>$this->lMargin)
                            {
                                    // Move to next line
                                    $this->x = $this->lMargin;
                                    $this->y += $h;
                                    $w = $this->w-$this->rMargin-$this->x;
                                    $wmax = ($w-2*$this->cMargin)*1000/$this-
>FontSize;

                                    $i++;
                                    $nl++;
                                    continue;
                            }
                            if($i==$j)
                                    $i += $ascii ? 1 : 2;
                            $this->Cell($w,$h,substr($s,$j,$i-$j),0,2,'',0,$link);
                    }
                    else
                    {
                            $this->Cell($w,$h,substr($s,$j,$sep-
$j),0,2,'',0,$link);
                            $i = ($s[$sep]==' ') ? $sep+1 : $sep;
                    }
                    $sep = -1;
                    $j = $i;
                    $l = 0;
                    if($nl==1)
                    {
                            $this->x = $this->lMargin;
                            $w = $this->w-$this->rMargin-$this->x;
                            $wmax = ($w-2*$this->cMargin)*1000/$this->FontSize;
                    }
                    $nl++;
            }
            else
                    $i += $ascii ? 1 : 2;
    }
    // Last chunk
    if($i!=$j)
            $this->Cell($l/1000*$this->FontSize,$h,substr($s,$j,$i-
$j),0,0,'',0,$link);
  }
```

```
    function _putType0($font)
    {
        // Type0
        $this->_newobj();
        $this->_out('<</Type /Font');
        $this->_out('/Subtype /Type0');
        $this->_out('/BaseFont /'.$font['name'].'-'.$font['CMap']);
        $this->_out('/Encoding /'.$font['CMap']);
        $this->_out('/DescendantFonts ['.($this->n+1).' 0 R]');
        $this->_out('>>');
        $this->_out('endobj');
        // CIDFont
        $this->_newobj();
        $this->_out('<</Type /Font');
        $this->_out('/Subtype /CIDFontType0');
        $this->_out('/BaseFont /'.$font['name']);
        $this->_out('/CIDSystemInfo <</Registry '.$this->_textstring('Adobe').'
/Ordering '.$this->_textstring($font['registry']['ordering']).' /Supplement
'.$font['registry']['supplement'].'>>');
        $this->_out('/FontDescriptor '.($this->n+1).' 0 R');
        if($font['CMap']=='ETen-B5-H')
                $W = '13648 13742 500';
        elseif($font['CMap']=='GBK-EUC-H')
                $W = '814 907 500 7716 [500]';
        else
                $W = '1 ['.implode(' ',$font['cw']).']';
        $this->_out('/W ['.$W.']>>');
        $this->_out('endobj');
        // Font descriptor
        $this->_newobj();
        $this->_out('<</Type /FontDescriptor');
        $this->_out('/FontName /'.$font['name']);
        $this->_out('/Flags 6');
        $this->_out('/FontBBox [0 -200 1000 900]');
        $this->_out('/ItalicAngle 0');
        $this->_out('/Ascent 800');
        $this->_out('/Descent -200');
        $this->_out('/CapHeight 800');
        $this->_out('/StemV 50');
        $this->_out('>>');
        $this->_out('endobj');
    }
    }
    ?>                                                              [000351]
```

在下面的示例中要加载上面的这个 zhongw.php 文件，来看下面输出 PDF 文件的示例代码。

【示例 9-5】生成含有图片及文本文字的 PDF 文档。

下面的代码文件名为 pdf1.php，存为 UTF-8 编码集格式。

代码如下：

```
<?php
error_reporting(7);
header("Content-type:text/html; charset=utf-8");
//设置字体文件夹
//define('FPDF_FONTPATH','font/');
//引入 FPDF 类库
require ('./zhongw.php');
//实例化 FPDF 对象，设定纵向 A4 纸张，纸张使用毫米来计算距离
$pdf = new PDF_Chinese('p','mm','A4');
//增加 GB 字体
$pdf->AddGBFont();
```

```
    // 开始创建 PDF
    $pdf->Open();
    // 新建一个页面
    $pdf->AddPage();
    // 设定 PDF 文档的标题
    $pdf->SetTitle('Hello ShopNC');
    // 设定文档的作者
    $pdf->SetAuthor('ShopNC Team');
    // 设定文档的主题
    $pdf->SetSubject('ShopNC Test');
    // 设关键字
    $pdf->SetKeywords('multishop');
    // 设定字形
    $pdf->SetFont('GB', 'B',20);
    // 输出文档信息
    $pdf->Cell(150,250,iconv("UTF-8", "GBK//IGNORE", "使用 FPDF 制作 PDF 文件，解决中文乱
码..."), 1, 0, 'C');
    $pdf->Ln();
    // 插入图片
    $pdf->Image('./img/charts2.png',20,15,120,100);
    // 输出文字，允许下载
    $pdf->Output('demo.pdf','D');
    ?>                                                                    [000352]
```

运行结果如图 9-18 所示。

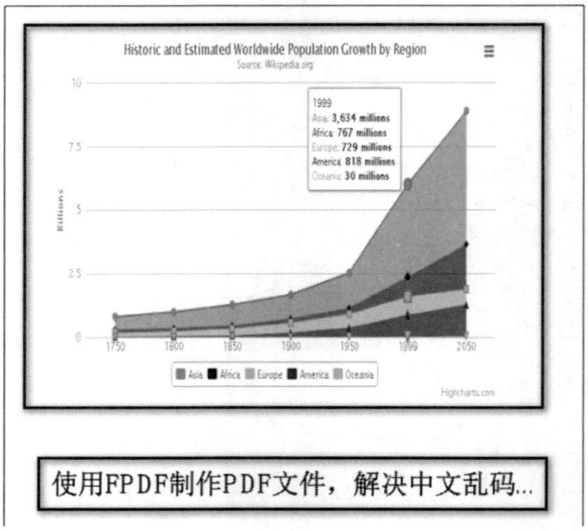

图 9-18

下面再看一个绘制表格的示例，该示例和上个示例同样，需要首先加载 zhongw.php。

【示例 9-6】绘制一个产品表格。

下面的代码文件名为 pdf2.php，存为 UTF-8 编码集格式。

代码如下：

```
    <?php
    error_reporting(7);
    header("Content-type:text/html; charset=utf-8");
    // 设置字体文件夹
    //define('FPDF_FONTPATH','font/');
    // 引入 FPDF 类库
    require ('./zhongw.php');
    // 实例化 FPDF 对象，设定纵向 A4 纸张，纸张使用毫米来计算距离
    $pdf = new PDF_Chinese('p','mm','A4');
```

```
//增加 GB 字体
$pdf->AddGBFont();
//开始创建 PDF
$pdf->Open();
//新建一个页面
$pdf->AddPage();

//设定字形
$pdf->SetFont('GB','B',20);
//设定表格说明
$pdf->Cell(150,10,iconv("UTF-8", "GBK//IGNORE",'产品列表'),0,1,'C');
$pdf->Ln(5);
//设定表头
$thead=array('名称','ID号','价格','会员','颜色');
//填写表内信息
$info=array();
$info[0] = array('产品1','001','10.00','100','blue');
$info[1] = array('产品2','002','70.00','100','red');
$info[2] = array('产品3','004','20.00','20','red');
$info[3] = array('产品4','004','30.00','100','none');
//设定表头数据字形
$pdf->SetFont('GB','B',15);
//输出表头
for($i=0;$i<count($thead);$i++)
    $pdf->Cell(30,8, iconv("UTF-8", "GBK//IGNORE",$thead[$i]),1,0,'C');
$pdf->Ln();
//设定表内字体类型并显示数据
$pdf->SetFont('GB','I',13);
foreach($info as $r)
{
    $pdf->Cell(30,8, iconv("UTF-8", "GBK//IGNORE",$r[0]),1,0,'C');
    $pdf->Cell(30,8, iconv("UTF-8", "GBK//IGNORE",$r[1]),1,0,'C');
    $pdf->Cell(30,8, iconv("UTF-8", "GBK//IGNORE",$r[2]),1,0,'C');
    $pdf->Cell(30,8, iconv("UTF-8", "GBK//IGNORE",$r[3]),1,0,'C');
    $pdf->Cell(30,8, iconv("UTF-8", "GBK//IGNORE",$r[4]),1,0,'C');
    $pdf->Ln();
}
//输出
$pdf->Output();                                                    [000353]
```

运行结果如图 9-19 所示。

产品列表

名称	ID号	价格	会员	颜色
产品1	*001*	*10.00*	*100*	*blue*
产品2	*002*	*70.00*	*100*	*red*
产品3	*004*	*20.00*	*20*	*red*
产品4	*004*	*30.00*	*100*	*none*

图 9-19

以上只是演示了两个简单的示例，在实际应用中不可能这么简单，往往会与数据库挂钩，但把这两个简单示例搞清楚，无论多么复杂的应用都可以应对。FPDF 的功能很强大，有很多东西还需要读者自己去研究和发现。

9.4.3 PHP 通过 MPDF 生成 PDF 文件

MPDF 也是一个很强大的 PDF 生成库，基于 FPDF 技术能基本兼容 HTML 标签和 CSS3

样式，相对于 FPDF 使用方便，代码简单但生成时间相对 FPDF 长一些。可以将 HTML 代码直接转化成 PDF 格式输出到 WEB 前端或直接下载。

FPDF 更像积木，所有想要实现的功能，需要使用基础的方法进行构造，生成时间相对比 MPDF 短。另外，FPDF 是不支持中文字符集，这是它的一大短板，像上面的示例，必须加入中文字体才能处理中文。

1. MPDF 下载

MPDF 6.0.1 下载地址是 HTTPS://github.com/mpdf/mpdf，下载→解压，将解压后的目录复制到网站根目录下（笔者的网站根目录是 C:\wamp64\www）。

2. 安装 Composer

由于 MPDF 依赖很多外部工具库，而这些外部工具库如果人为一个一个地找，将非常麻烦，而且找来的并不一定匹配。先前 PHP 没有 Composer 依赖库自动查找工具，如果项目或应用需要第三方外部工具库的支持，只能人为找，基本上找 10 个能有一个匹配上就很幸运了，大部分情况是找了一大堆结果没有一个合适的，有时让人很茫然，也很无奈。像 Java 就很好地解决了这个问题，通过把项目部署到 Maven 中，项目所需的第三方工具库由 Maven 自动查找，匹配率能达到 97% 以上。为什么不是 100% 呢，下面简要介绍一下 Composer。

Composer 是一个非常流行的 PHP 依赖管理工具，在项目中通过 composer.json 文件来声明所依赖的外部工具库，执行它（在 cmd 命令窗口中执行 composer install 命令），它会自动安装这些工具库及项目所依赖的库文件，假如在 composer.json 文件中声明了 MPDF，在 cmd 命令窗口中执行 composer install 命令，composer 会自动搜寻 MPDF 所依赖的第三方工具库，完全类似于 Java 的 Maven。

Composer 要求 PHP 版本在 5.3.2 以上才能运行。有关 Composer 更详细的说明请读者参阅有关资料。

本安装将在 Windows 环境下实施，具体安装步骤如下：

（1）配置 PATH。笔者的 PHP 在 C:\wamp64\bin\php\php7.3.1 目录下面，通过“我的电脑”→“属性”→“高级系统设置”→“环境变量”→“修改 PATH”，将 PHP 所在目录设置到 PATH 中。

（2）下载 Composer 安装包，配置 PHP 文件。

① Composer 安装包下载地址：HTTPS://getcomposer.org/download/，如图 9-20 所示。

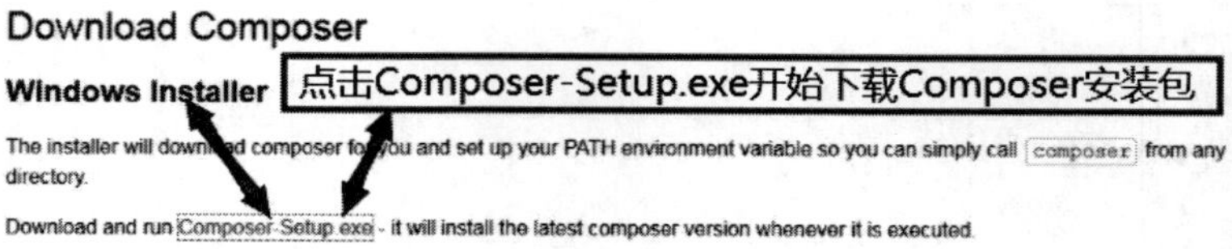

图 9-20

② 在 php.ini 文档中打开 extension=php_openssl.dll。

③ 根据操作系统位（32 和 64），下载 php_ssh2.dll 和 php_ssh2.pdb 的 nts（非线程保护）版本，下载网址：HTTP://windows.php.net/downloads/pecl/releases/ssh2/0.12/。

④ 把 php_ssh2.dll 和 php_ssh2.pdb 文件放进 php 的 ext 文件夹。

⑤ 重启 apache 和 php。

（3）具体安装

① 双击 Composer-Setup.exe，在弹出的窗口中单击 Next 按钮，如图 9-21 所示。

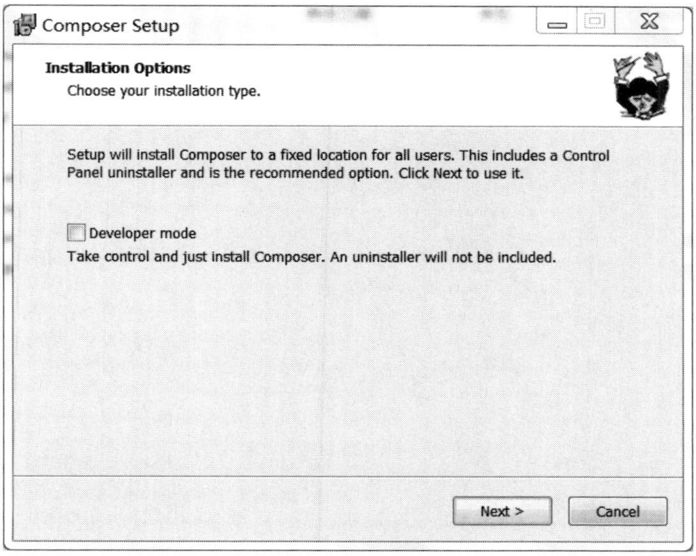

图 9-21

② 选择 php.exe 所在文件夹的路径，如图 9-22 所示。

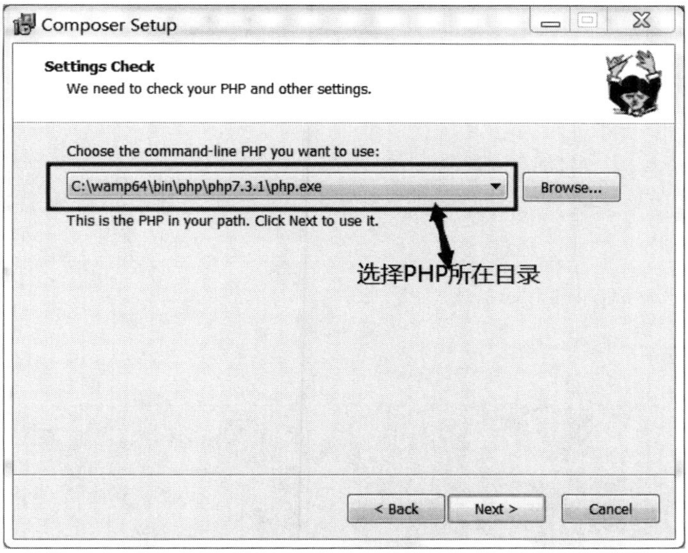

图 9-22

③ 单击 Next 按钮，如图 9-23 所示。

④ 单击图 9-23 的 Next 按钮，如图 9-24 所示。

⑤ 单击图 9-24 的 Install 按钮。

⑥ 打开 cmd，直接输入 composer，如图 9-25 所示，表示安装成功。

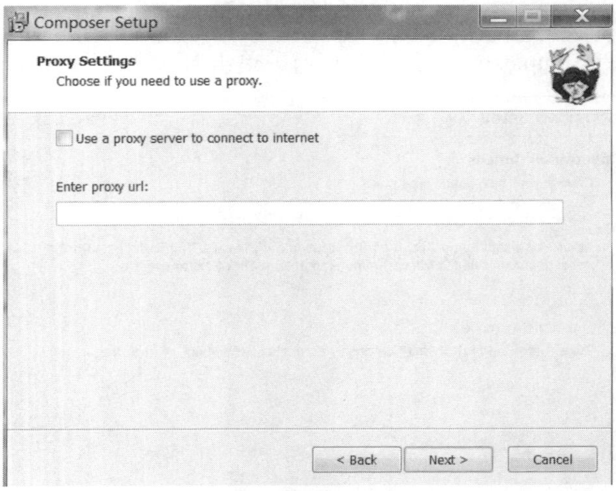

图 9-23

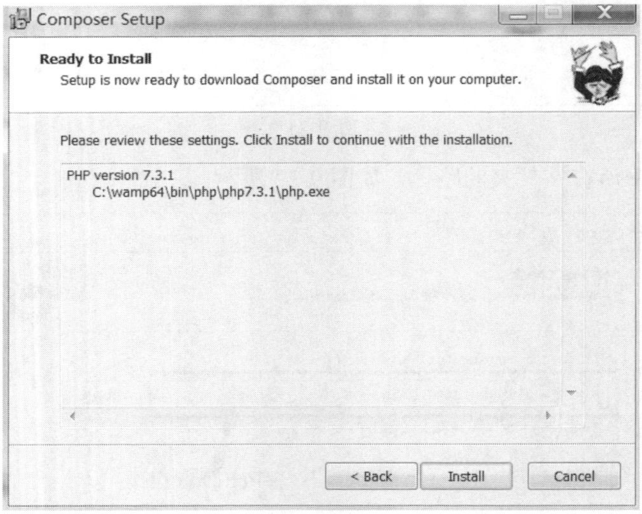

图 9-24

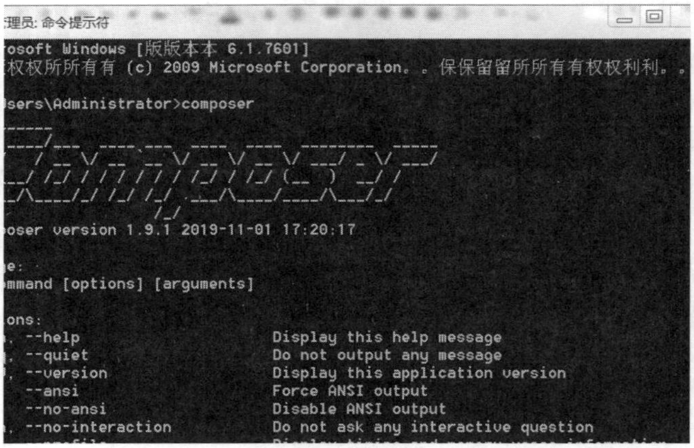

图 9-25

3. 使用 composer

（1）在 cmd 命令行中，进入网站根目录下的 mpdf-development 目录（笔者的是 C:\wamp64\www\mpdf-development）。

（2）在 cmd 命令窗口中执行 composer install 命令，它会自动访问 mpdf-development 文件夹中的 composer.json 文件，并下载 composer.json 文件中设定的所有组件，如图 9-26 所示。

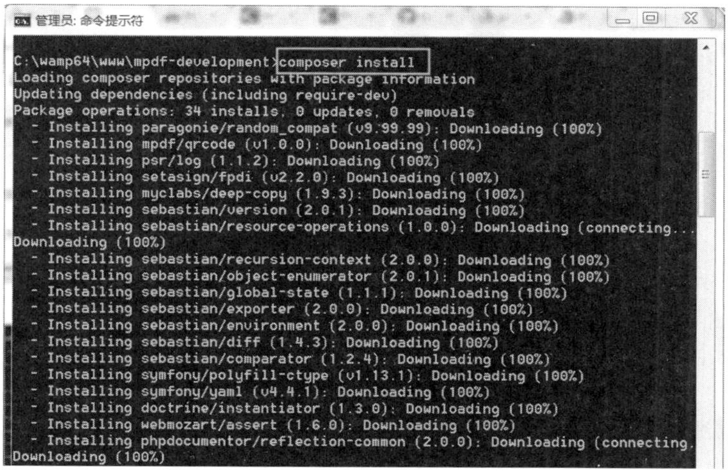

图 9-26

最终结果是在 mpdf-development 目录中增加了 vendor 文件夹，如图 9-27 所示。

图 9-27

4. PHP 使用 MPDF 生成 PDF 文件示例

下面将介绍 4 个示例，各有侧重点，第 1 个是输出带有背景图的 HTML 风格的 PDF 文档；第 2 个是绘制带页眉 / 页脚的 PDF 文档；这两个示例侧重 HTML 风格。第 3 个是保存

PDF 文件到指定目录，侧重如何将生成的 PDF 文档保存；第 4 个是给 PDF 增加页码并通过 HTML 自身实现页眉 / 页脚，侧重复杂一些的 PDF 制作。

这 4 个示例的总体实现思路是：加载 MPDF 类库→设置中文支持→将 HTML 字串赋给变量→将变量值写入 PDF →输出 PDF。在这 4 个示例中，HTML 字串的不同决定输出结果的不同。

【示例 9-7】绘制带有背景图的 HTML 风格的 PDF 文档。

这个示例的用意是 HTML 字串的不同获取方式及不同 HTML 风格的 PDF 文档。

下面这段代码将绘制 A4 幅面大小且完全遵照 HTML 页面风格特点，即 $html 中的字符串完全是依照 HTML 规范书写，在浏览器中输出什么样的风格则 PDF 就是什么样的风格，代码如下。

注：下面代码文件取名为 mpdf1.php。

```
<?php
require_once './vendor/autoload.php';
        $mpdf = new \Mpdf\Mpdf([
            'mode' => 'UTF-8',
            'format' => 'A4',
            'orientation' => 'L'
        ]);
        $mpdf->SetDisplayMode('fullpage');
        $mpdf->autoScriptToLang = true;
        $mpdf->autoLangToFont = true;
        //设置背景图
        $html = '<style>
                    body {
                    background: url("./img/qhdx.png") center no-repeat;
                    background-size: cover;
                    background-image-resize: 6;
                    background-image-resolution: 300dpi;
                    }
                </style>
            <body style="margin: 0;padding: 0; background-color: #0e84b5;">
               <div style="border:0px solid crimson;text-align: left;font-size:
30px;font-weight: bold;padding-left: 233px;">PHP 使用 MPDF 生成 PDF 文件示例 </div>
            </body>';
        $mpdf->WriteHTML($html);
        $mpdf->Output('mypdf.pdf','I');
?>                                                                          [000354]
```

运行结果如图 9-28 所示。

图 9-28

【示例 9-8】绘制带页眉 / 页脚的 PDF 文档。

这个示例的用意是 HTML 字串的不同获取方式及不同 HTML 风格的 PDF 文档。

下面这段代码将绘制 PDF 文档幅面大小和每页页面大小均为 A4 且把 HTML 文件（fangc_edit.html）所要展示的风格加入 PDF，再加入页眉和页脚，代码如下：

```
<?php
/**
 * PHP 使用 mpdf 导出 PDF 文件
 * @param $content  string PDF 文件内容 若为 html 代码，css 内容分离 非 id，class 选择器可能失效，解决办法直接写进标签 style 中
 * @param $filename string 保存文件名
 * @param $css   string css 样式内容
 */
function export_pdf_by_mpdf($content, $filename, $css = '')
{
 set_time_limit(0);
require_once __DIR__ . '/vendor/autoload.php';
 // 实例化 mpdf

       $_obj_mpdf = new \Mpdf\Mpdf([
            'mode' => 'UTF-8',
            'format' => 'A4',
            'orientation' => 'L'
        ]);
      $_obj_mpdf = new \Mpdf\Mpdf([
            'mode' => 'UTF-8',
            'format' => 'A4',
            'orientation' => 'L'
        ]);

        $_obj_mpdf->autoScriptToLang = true;// 支持中文设置
        $_obj_mpdf->autoLangToFont = true;// 支持中文设置
// 设置字体，解决中文乱码
$_obj_mpdf->useAdobeCJK = true;


 // 设置 PDF 页眉内容 (自定义编辑样式)
 $header = '<table width="95%" style="margin:0 auto;border-bottom: 1px solid #4F81BD; vertical-align: middle; font-family:serif; font-size: 9pt; color: #000088;">
     <tr><td width="10%"></td><td width="80%" align="center" style="font-size:16px;color:#A0A0A0"> 页 眉 </td><td width="10%" style="text-align: right;"></td></tr></table>';
 // 设置 PDF 页脚内容 (自定义编辑样式)
 $footer = '<table width="100%" style=" vertical-align: bottom; font-family:serif; font-size: 9pt; color: #000088;"><tr style="height:30px"></tr><tr>
     <td width="10%"></td><td width="80%" align="center" style="font-size:14px;color:#A0A0A0"> 页脚 </td><td width="10%" style="text-align: left;">
    页码：{PAGENO}/{nb}</td></tr></table>';
 // 添加页眉和页脚到 PDF 中
 $_obj_mpdf->SetHTMLHeader($header);
 $_obj_mpdf->SetHTMLFooter($footer);
 $_obj_mpdf->SetDisplayMode('fullpage');// 设置 PDF 显示方式
 //$_obj_mpdf->WriteHTML('<pagebreak sheet-size="210mm 297mm" />');// 设置 PDF 的尺寸 A4 纸规格尺寸：210mm*297mm
 !empty($css) && $_obj_mpdf->WriteHTML($css, 1);// 设置 PDF css 样式
 $_obj_mpdf->WriteHTML($content);// 将 $content 内容写入 PDF
 //$_obj_mpdf->DeletePages(1,1);// 删除 PDF 第一页 (由于设置 PDF 尺寸导致多出的一页)
 // 输出 PDF 直接下载 PDF 文件
 //$_obj_mpdf->Output($filename, true);  // 客户端下载方式
 $_obj_mpdf->Output($filename , 'D'); // 客户端下载方式
 //$_obj_mpdf->Output($filename , 'f');// 直接输出为文件，保存在服务器上
```

```
    //$_obj_mpdf->Output();// 输出 PDF 浏览器预览文件 可右键保存
    exit;
  }
  /*
  $html = '<style>body{
                    background: url("./img/qhdx.png") center no-repeat;
                    background-size: cover;
                    background-image-resize: 6;
                    background-image-resolution: 300dpi;
                    }
                </style>
            <body style="margin: 0;padding: 0; background-color: #0e84b5;">
              <div style="border:0px solid crimson;text-align: left;font-size:
30px;font-weight: bold;padding-left: 233px;">
                <b style="color: red">厉害了，我的国！ <br/>PHP 使用 MPDF 生成 PDF
文件示例，加入页眉和页脚。</b></div>
            </body>';
  */
  $html=file_get_contents('./fangc_edit.html');
  $mpdf_name = 'mpdf-1.pdf';
  export_pdf_by_mpdf($html, $mpdf_name);
  ?>                                                                   [000355]
```

将上面代码做成 mpdf.php，其中涉及的 fangc_edit.html 文件代码如下：

```
  <!DOCTYPE html>
  <html lang="en">
  <head>
      <meta charset="utf-8">
        <meta name="viewport" content="width=device-width, initial-scale=1.0,
maximum-scale=1.0">
      <title>{$SITE_NAME}{lang('admin')}</title>
      <link href="{ADMIN_THEME}luos/css/bootstrap.min.css" rel="stylesheet">
        <link href="{ADMIN_THEME}luos/css/font-awesome.min93e3.css?v=4.4.0"
rel="stylesheet">
      <link href="{ADMIN_THEME}luos/css/animate.min.css" rel="stylesheet">
      <link href="{ADMIN_THEME}luos/css/style.min.css" rel="stylesheet">
      <link href="{ADMIN_THEME}luos/css/login.min.css" rel="stylesheet">

      <script>
          if(window.top!==window.self){window.top.location=window.location};
      </script>
      <script type="text/javascript" src="{ADMIN_THEME}js/jquery.min.js"></script>
      <script type="text/javascript">
          $(function(){
              $("#user").focus();
              window.onload = function() {
                  if (!window.applicationCache) {
                      alert("你的浏览器不支持 HTML5，推荐使用 Chrome 或 IE 高版本浏览器");
                  }
              }
          });
      </script>
  </head>
  <body class="signin" >
  <div class="signinpanel">
      <div class="row">
          <div class="col-sm-7">
              <div class="signin-info">
                  <div class="logopanel m-b">
                      <h1>G.C.CMS 网站管理系统</h1>
                  </div>
                  <div class="m-b"></div>
                  <h4>G.C.C 工作室研发</h4>
```

```
                <ul class="m-b">
                    <li><i class="fa fa-arrow-circle-o-right m-r-xs"></i> 完全免费 </li>
                    <li><i class="fa fa-arrow-circle-o-right m-r-xs"></i> 彻底开源 </li>
                    <li><i class="fa fa-arrow-circle-o-right m-r-xs"></i> 无版权纠纷 </li>
                    <li><i class="fa fa-arrow-circle-o-right m-r-xs"></i> 纯公益CMS 产品 </li>
                </ul>
            </div>
        </div>
        <div class="col-sm-5">
            <form method="post"  action="{url('admin/login/index')}" >
                <h4 class="no-margins">后台登录 </h4>
                    <input type="text" class="form-control uname" id="user" name="username" placeholder="用户名 " />
                    <input type="password" class="form-control pword m-b" name="password" placeholder="密码 " />
                <a href="{SITE_URL}" target="_blank">访问前台 </a>
                 <button id="submit" name="submit"  class="btn btn-success btn-block">{lang('a-login')}</button>
            </form>
        </div>
    </div>
    <div class="signup-footer">
        <div class="pull-left">
            &copy; {date('Y')} G.C.CMS 网站管理系统
        </div>
    </div>
</div>
</body>
</html>
                                                                [000356]
```

将上面代码做成 fangc_edit.html 文件，存放在 mpdf.php 同一目录内，然后运行 mpdf.php（http://localhost/mpdf-development/mpdf.php），结果如图 9-29 所示。

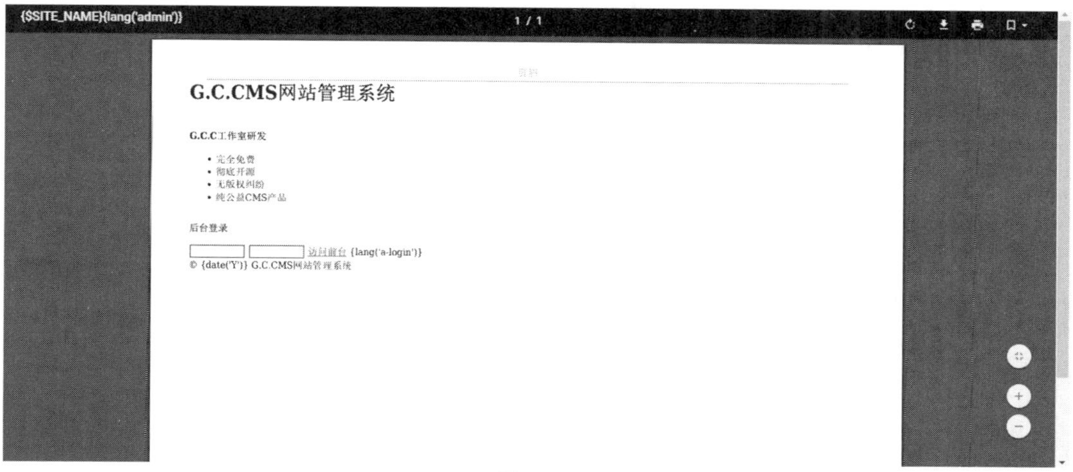

图 9-29

【示例 9-9】保存 PDF 文件到指定目录。

这个示例的用意是将 PDF 如何输出为不同保存方式的文件，代码如下：

```
<?php
require_once __DIR__ . '/vendor/autoload.php';

function test_pdf(){
        $mpdf = new \Mpdf\Mpdf();
        $mpdf->autoScriptToLang = true;// 支持中文设置
        $mpdf->autoLangToFont = true;// 支持中文设置
        $mpdf->WriteHTML('<h1>厉害了，我的国！ Hello Chinese</h1>
           <p style="color: blue;font-size: 14px;">http://www.shopNC.net</p>');
        $path = 'mpdf-2.pdf';
        $mpdf->Output();// 直接在页面显示 pdf 页面内容
        $mpdf->Output($path,'f');// 保存 pdf 文件到指定目录
    //$_obj_mpdf->Output($path, true);  // 客户端下载方式
    //$_obj_mpdf->Output($path , 'D'); // 客户端下载方式
    //$_obj_mpdf->Output($path , 'f');// 直接输出为文件，保存在服务器上
    //$_obj_mpdf->Output();// 输出 PDF 浏览器预览文件 可右键保存
    }
test_pdf();
?>                                                                  [000357]
```

【示例 9-10】给 PDF 增加页码并通过 HTML 自身实现页眉 / 页脚。

这个示例的用意是如何增加 PDF 文档页码，代码如下：

```
<?php
// 加载 MPDF 类库
require_once __DIR__ . '/vendor/autoload.php';
       $mpdf = new \Mpdf\Mpdf([
             'mode' => 'UTF-8',
             'format' => 'A4',
             'orientation' => 'L'
           ]);
// 支持中文
$mpdf->useAdobeCJK = true;
$mpdf->autoScriptToLang = true;
$mpdf->autoLangToFont = true;
$html = '<h1>你好 Cuber</h1>';
//HTML 字串，字串的作用：实现页眉页脚
$html_page = '
<html>
<head>
<style>
    @page {
        size: auto;
        odd-header-name: html_myHeader1;
        even-header-name: html_myHeader2;
        odd-footer-name: html_myFooter1;
        even-footer-name: html_myFooter2;
    }
    @page chapter2 {
        odd-header-name: html_Chapter2HeaderOdd;
        even-header-name: html_Chapter2HeaderEven;
        odd-footer-name: html_Chapter2FooterOdd;
        even-footer-name: html_Chapter2FooterEven;
    }
    @page noheader {
        odd-header-name: _blank;
        even-header-name: _blank;
        odd-footer-name: _blank;
        even-footer-name: _blank;
    }
    div.chapter2 {
        page-break-before: right;
        page: chapter2;
```

```
        }
        div.noheader {
            page-break-before: right;
            page: noheader;
        }
    </style>
    </head>
    <body>
        <htmlpageheader name="myHeader1" style="">
             <div style="text-align: right; border-bottom: 1px solid #000000; font-weight: bold; font-size: 10pt;">
                My document  我的文档 -1
            </div>
        </htmlpageheader>
        <htmlpageheader name="myHeader2" style="">
            <div style="border-bottom: 1px solid #000000; font-weight: bold;  font-size: 10pt;">
                My document 我的文档 -2
            </div>
        </htmlpageheader>
        <htmlpageheader name="Chapter2HeaderOdd" >
            <div style="text-align: right;">Chapter 2  第二章 -1</div>
        </htmlpageheader>
        <htmlpageheader name="Chapter2HeaderEven" >
            <div>Chapter 2  第二章 -2</div>
        </htmlpageheader>
        <htmlpagefooter name="Chapter2FooterOdd" >
            <div style="text-align: right;">Chapter 2 Footer  第 2 章页脚 -1</div>
        </htmlpagefooter>
        <htmlpagefooter name="Chapter2FooterEven" >
            <div>Chapter 2 Footer  第 2 章页脚 -2</div>
        </htmlpagefooter>
       在这里写本页内容 ...
        <div class="chapter2">
                                                    Text of Chapter 2  第二章正文
        </div>
       在这里写本页内容 ...
        <div class="noheader">
                                                    No-Header page  没有标题页
        </div>
       在这里写本页内容 ...
    </body>
    </html>
    ';
    $mpdf->WriteHTML($html);
    $mpdf->AddPage(); // 增加页
    $mpdf->WriteHTML($html_page);
    $mpdf->Output();
    ?>
                                                                        [000358]
```

在本节讲解了 PHP 制作 PDF 文档的三种方式：PHP 通过 PDFlib 生成 PDF 文件、PHP 通过 FPDF 生成 PDF 文件及 PHP 通过 MPDF 生成 PDF 文件。它们各有千秋，其中第三种方式“PHP 通过 MPDF 生成 PDF 文件”，由于其对中文及 HTML、CSS 等相对支持较好，建议优先使用。

另外，需要说明一点的是本书并没有把这三种方式的所有功能都讲解出来，里面还有很多需要探究的东西，这项任务就交由读者来完成吧。

接下来介绍 PHP 的另一大辅助技术，也是使用较多的一项技术，即 PHP 生成 Excel 技术。

9.5 PHP 生成 Excel 技术

在实际应用开发中，把数据库信息或有关信息经处理后导出为 Excel 报表，几乎成为应用项目的标配，人们的日常生活和工作都离不开 Excel，因此，把信息转换为 Excel 表格已显得非常重要。

在本节将主要讲解以下内容。

- PHPExcel 类库。
- PHP 读 / 写 CSV 文件。

注：本节示例代码文件均放在 ./ Examples 中。

9.5.1 PHPExcel 类库

PHPExcel 是相当强大的 MS Office Excel 文档生成类库，当需要输出比较复杂格式数据时，PHPExcel 是个不错的选择。

PHPExcel 的最新版本在官网下载 HTTP://phpexcel.codeplex.com/ 或 HTTPS://codeload.github.com/PHPOffice/PHPExcel/zip/1.8，笔者使用的是当前的最新版本 1.8。解压后目录结构如图 9-30 所示。

图 9-30

Classess 文件夹内存放的是 PHPExcel 类库，实现对 Excel 的操作都是由这些类库来完成的。Documentation 中存放的主要是 PHPExcel 的开发手册。Examples 中存放的是 PHPExcel 的使用案例。

下面对 Examples\01simple-download-xlsx.php 中的代码进行剖析（看代码注释），介绍 PHPExcel 的基本使用，代码如下：

```
<?php
/** 设置错误报告级别 */
error_reporting(E_ALL); // 显示全部错误
ini_set('display_errors', TRUE); // 显示错误
ini_set('display_startup_errors', TRUE); // 显示启动时的错误
date_default_timezone_set('PRC'); // 设置中华人民共国时区 .Asia/Shanghai: 亚洲 / 上海,Asia/Chongqing: 亚洲 / 重庆
if (PHP_SAPI == 'cli')
    die(' 此示例只能从 Web 浏览器运行 ');
/** 调取 PHPExcel */
require_once '../Classes/PHPExcel.php';
```

```
    //实例化 PHPExcel 类
    $objPHPExcel = new PHPExcel();
    // 设置文档属性
    $objPHPExcel->getProperties()->setCreator("Maarten Balliauw")
    ->setLastModifiedBy("Maarten Balliauw")
    ->setTitle("Office 2007 XLSX Test Document")
    ->setSubject("Office 2007 XLSX Test Document")
    ->setDescription("Test document for Office 2007 XLSX, generated using PHP
classes.")
    ->setKeywords("office 2007 openxml php")
    ->setCategory("Test result file");
    // 向第一个工作表添加数据
    $objPHPExcel->setActiveSheetIndex(0)
                ->setCellValue('A1', '你好！')   //设置 A 列第 1 行的内容
                ->setCellValue('B2', '世界！')   //设置 B 列第 2 行的内容
                ->setCellValue('C1', '你好！')   //设置 C 列第 1 行的内容
                ->setCellValue('D2', '世界！'); //设置 D 列第 2 行的内容
    $objPHPExcel->setActiveSheetIndex(0)
                ->setCellValue('A4', 'PHP 生成 EXCEL 表格示范一')   //设置 A 列第 4 行的内容
                ->setCellValue('A5', 'PHP 生成 EXCEL 表格示范二'); //设置 A 列第 5 行的内容

    //重命名工作表
    $objPHPExcel->getActiveSheet()->setTitle('简单的');
    //将活动工作表索引设置为第一个工作表，以便 Excel 将其作为第一个工作表打开
    $objPHPExcel->setActiveSheetIndex(0);
    //将输出重定向到客户端的 web 浏览器 (Excel2007
    //设置输出为 excel
    header('Content-Type: application/vnd.ms-excel');
    //设置下载的文件名
    header('Content-Disposition: attachment;filename="simple-01.xlsx"');
    //如果你在为 IE 9 服务，那么可能需要下面处理
    header('Cache-Control: max-age=1');
    //如果您是通过 SSL 服务于 IE，那么可能需要以下处理
    header ('Expires: Mon, 26 Jul 1997 05:00:00 GMT'); //过去的日期
    header ('Last-Modified: '.gmdate('D, d M Y H:i:s').' GMT'); //总是修改
    header ('Cache-Control: cache, must-revalidate'); // HTTP/1.1
    header ('Pragma: public'); // HTTP/1.0
    //设置输出 EXCEL 类型为 Excel2007 文档
    $objWriter = PHPExcel_IOFactory::createWriter($objPHPExcel, 'Excel2007');
    //$objWriter = new \PHPExcel_Writer_HTML($objPHPExcel); //用于浏览器显示
    $objWriter->save('php://output'); // 输出
    exit;
    ?>                                                              [000359]
```

当运行该文件时生成 Excel 文件并提示下载，如图 9-31 所示。

图 9-31

打开发现内容成功写到了 Excel，如图 9-32 所示。

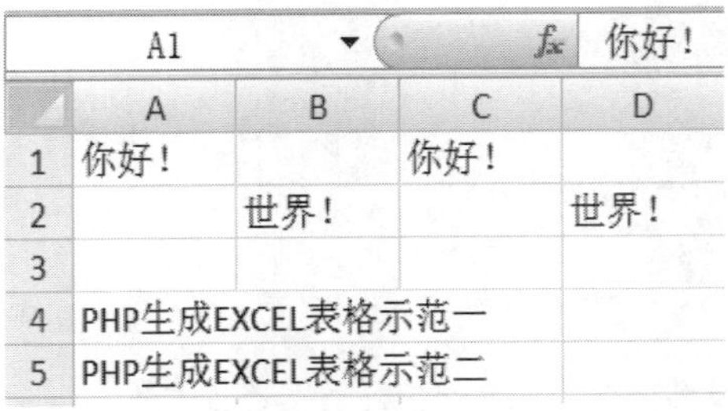

图 9-32

以上只是PHPExcel的简单应用，它还可以写入图片到Excel中，可以生成pdf和csv文件，可以去查看安装包中内置的示例。下面给出几个典型示例（非安装包提供）均以 Excel 2007 类型文件为准，并使用上面代码生成的 simple-01.xlsx 文件。

【示例 9-11】PHPExcel 读 / 写操作。

代码如下：

```
<?php
require_once '../Classes/PHPExcel.php';
echo "<P>测试 phpexcel</P>";
//读数据
$filename = './simple-01.xlsx'; //上面代码生成的 EXCEL 文件
$objReader = PHPExcel_IOFactory::createReaderForFile($filename); //准备打开文件
$objPHPExcel = $objReader->load($filename);   //载入文件
$objPHPExcel->setActiveSheetIndex(0);          //设置第一个 Sheet
$data = $objPHPExcel->getActiveSheet()->getCell('A4')->getValue();   //获取单元格
A4 的值
echo $data;
//写数据
$objPHPExcel->getActiveSheet()->setCellValue('A4','Hello-Hello-Hello');//指定要
写的单元格位置
$objWriter = PHPExcel_IOFactory::createWriter($objPHPExcel,'Excel2007');
//将打开的 excel 文件另存
$savefilename = './save-simple-01.xlsx'; //另存为文件
$objWriter->save($savefilename);
$objWriter = new \PHPExcel_Writer_HTML($objPHPExcel); //用于浏览器显示
$objWriter->save('php://output');
?>                                                                    [000360]
```

运行结果如图 9-33 所示。

图 9-33

【示例 9-12】PHPExcel 循环读出每个单元格的数据并处理为数组。

代码如下：

```
    <?php
    // 载入 PHPExcel.php
    require_once '../Classes/PHPExcel.php';
    $reader = PHPExcel_IOFactory::createReader('Excel2007'); //准备打开 Excel2007 类型
文件
    $PHPExcel = $reader->load("./simple-01.xlsx "); // 载入 excel 文件
    $sheet = $PHPExcel->getSheet(0); // 读取第一个工作表
    $highestRow = $sheet->getHighestRow(); // 取得总行数
    $highestColumm = $sheet->getHighestColumn(); // 取得总列数

    /** 循环读取每个单元格的数据 */
    for ($row = 1; $row <= $highestRow; $row++)     //行号从 1 开始
    {
       echo "<br/>第".$row."行---->";
        for ($column = 'A'; $column <= $highestColumm; $column++)  //列数是以 A 列开始
        {
                $dataset_1[] = ($sheet->getCell($column.$row)->getValue() ? $sheet-
>getCell($column.$row)->getValue() : "值空");
                $dataset_2[] = ($sheet->getCell($column.$row)->getValue() ? $sheet-
>getCell($column.$row)->getValue() : "值空");
                echo $column.$row.":". ($sheet->getCell($column.$row)->getValue() ?
                $sheet->getCell($column.$row)->getValue() : "值空
    ");
    }
    $dataset[]=$dataset_1;
    $dataset_1=array();
    }
    echo "<br/><br/>将 EXCEL 数据转换为数组内容如下：<br/>";
    echo "<pre>";
    print_r($dataset);
    echo "<pre>";
    ?>                                                                     [000361]
```

运行结果如图 9-34 所示。

【示例 9-13】PHPExcel 循环读出每个单元格的数据并生成数组。

代码如下：

```
    <?PHP
    include  '../Classes/PHPExcel/IOFactory.php';
    $inputFileName = './simple-01.xlsx ';
    date_default_timezone_set('PRC');
    // 读取 excel 文件
    try {
    $inputFileType = PHPExcel_IOFactory::identify($inputFileName);
    $objReader = PHPExcel_IOFactory::createReader($inputFileType);
    $objPHPExcel = $objReader->load($inputFileName);
    } catch(Exception $e) {
    die('加载文件发生错误："'.pathinfo($inputFileName,PATHINFO_BASENAME).'":'.$e-
>getMessage());
    }

    // 确定要读取的 sheet
    $sheet = $objPHPExcel->getSheet(0);
    $highestRow = $sheet->getHighestRow();
    $highestColumn = $sheet->getHighestColumn();

    // 获取一行的数据
    for ($row = 1; $row <= $highestRow; $row++){
    //将一行数据写入数组
```

```
    $rowData = $sheet->rangeToArray('A' . $row . ':' . $highestColumn . $row, NULL,
TRUE, FALSE);
    //rowData 是一个二维数组，excel 一行数据，得到数据后自行处理。
    $dataset[]=$rowData[0];
    //echo "<pre>";
    //var_dump($rowData);
    //echo "<pre>";
    }
    echo "<pre>";
    print_r($dataset);
    echo "<pre>";
    ?>
```
[000362]

运行结果如图 9-35 所示。

```
第1行---->A1:你好！B1:值空   C1:你好！D1:值空
第2行---->A2:值空   B2:世界！C2:值空   D2:世界！
第3行---->A3:值空   B3:值空   C3:值空   D3:值空
第4行---->A4:PHP生成EXCEL表格示范一B4:值空   C4:值空   D4:值空
第5行---->A5:PHP生成EXCEL表格示范二B5:值空   C5:值空   D5:值空

将EXCEL数据转换为数组内容如下：

Array
(
    [0] => Array
        (
            [0] => 你好!
            [1] => 值空
            [2] => 你好!
            [3] => 值空
        )

    [1] => Array
        (
            [0] => 值空
            [1] => 世界!
            [2] => 值空
            [3] => 世界!
        )

    [2] => Array
        (
            [0] => 值空
            [1] => 值空
            [2] => 值空
            [3] => 值空
        )

    [3] => Array
        (
            [0] => PHP生成EXCEL表格示范一
            [1] => 值空
            [2] => 值空
            [3] => 值空
        )

    [4] => Array
        (
            [0] => PHP生成EXCEL表格示范二
            [1] => 值空
            [2] => 值空
            [3] => 值空
        )

)
```

图 9-34

```
Array
(
    [0] => Array
        (
            [0] => 你好!
            [1] =>
            [2] => 你好!
            [3] =>
        )

    [1] => Array
        (
            [0] =>
            [1] => 世界!
            [2] =>
            [3] => 世界!
        )

    [2] => Array
        (
            [0] =>
            [1] =>
            [2] =>
            [3] =>
        )

    [3] => Array
        (
            [0] => PHP生成EXCEL表格示范一
            [1] =>
            [2] =>
            [3] =>
        )

    [4] => Array
        (
            [0] => PHP生成EXCEL表格示范二
            [1] =>
            [2] =>
            [3] =>
        )

)
```

图 9-35

【示例 9-14】PHPExcel 创建 Excel 文档并改变 Excel 文档属性，包括设置行高等，存为 Excel 2007 文档文件。

代码如下：

```
<?php
/** Error reporting */
error_reporting(E_ALL);
ini_set('display_errors', TRUE);
ini_set('display_startup_errors', TRUE);
date_default_timezone_set('PRC');
/** 引入 PHPExcel */
require_once '../Classes/PHPExcel.php';
```

```
    // 创建 Excel 文件对象
    $objPHPExcel = new PHPExcel();
    // 设置文档信息，这个文档信息 windows 系统可以右键文件属性查看
    $objPHPExcel->getProperties()->setCreator("作者 XXX")
        ->setLastModifiedBy("最后更改者")
        ->setTitle("文档标题")
        ->setSubject("文档主题")
        ->setDescription("文档的描述信息")
        ->setKeywords("设置文档关键词")
        ->setCategory("设置文档的分类");
    //根据 excel 坐标，添加数据
    $objPHPExcel->setActiveSheetIndex(0)
        ->setCellValue('A1', '你们好！')
        ->setCellValue('B2', '亲爱的读者')
        ->setCellValue('C1', '请认真阅读')
        ->setCellValue('D2', '本节示例。');
    // 混杂各种符号，编码为 UTF-8
    $objPHPExcel->setActiveSheetIndex(0)
        ->setCellValue('A4', 'Miscellaneous-glyphs')
        ->setCellValue('A5', 'éàèùâêîôûëïüÿäöüç');
    $objPHPExcel->getActiveSheet()->setCellValue('A8',"此行被设置了行高 50");
    $objPHPExcel->getActiveSheet()->getRowDimension(8)->setRowHeight(50); //设置行高
    $objPHPExcel->getActiveSheet()->getStyle('A8')->getAlignment()->setWrapText(true);
    $value = "以下为自动换行：\n1 生成 Excel2007 文档 \n2 修改属性值 \n3 重命名工作 sheet";
    $objPHPExcel->getActiveSheet()->setCellValue('A10', $value);
    $objPHPExcel->getActiveSheet()->getRowDimension(10)->setRowHeight(-1); // 设置行高
    $objPHPExcel->getActiveSheet()->getStyle('A10')->getAlignment()->setWrapText(true);
    $objPHPExcel->getActiveSheet()->getStyle('A10')->setQuotePrefix(true);
    // 重命名工作 sheet
    $objPHPExcel->getActiveSheet()->setTitle('第一个 sheet');
    // 设置第一个 sheet 为工作的 sheet
    $objPHPExcel->setActiveSheetIndex(0);
    // 保存 Excel 2007 格式文件，保存路径为当前路径，名字为 export.xlsx
    $objWriter = PHPExcel_IOFactory::createWriter($objPHPExcel, 'Excel2007');
    $objWriter->save( 'export2007.xlsx');
    $objWriter = new \PHPExcel_Writer_HTML($objPHPExcel); // 用于浏览器显示
    $objWriter->save('php://output'); // 输出
    ?>                                                                        [000363]
```

运行结果如图 9-36 所示。

图 9-36

【示例 9-15】PHPExcel 编辑 Excel 文件，加入图片及页面输出、下载与另存。

代码如下：

```
<?php
// 本文件是什么编码集格式，这个地方就要设置什么编码集格式，本文件为 UTF-8 编码集格式
//header("Content-type:text/html; charset=UTF-8");
error_reporting(E_ALL);
ini_set('display_errors', TRUE);
ini_set('display_startup_errors', TRUE);
date_default_timezone_set('PRC');
if (PHP_SAPI == 'cli') die('此示例只能从 Web 浏览器运行');
/** Include PHPExcel */
require_once '../Classes/PHPExcel.php';
// 读取 Excel 文件方式一
$objPHPExcel = PHPExcel_IOFactory::load('./export2007.xlsx');

// 读取 Excel 文件方式二
//$inputFileName = './export2007.xlsx';
//$inputFileType = PHPExcel_IOFactory::identify($inputFileName);
//$objReader = PHPExcel_IOFactory::createReader($inputFileType);
//$objPHPExcel = $objReader->load($inputFileName);

// 读取 Excel 文件方式三
//$reader = PHPExcel_IOFactory::createReader('Excel2007'); // 准备打开 Excel2007 类
型文件
//$objPHPExcel = $reader->load("./export2007.xlsx"); // 载入 excel 文件

// 读取 Excel 文件方式四
//$objReader = PHPExcel_IOFactory::createReaderForFile("./export2007.xlsx"); //
准备打开文件
//$objPHPExcel = $objReader->load("./export2007.xlsx");    // 载入文件

//$objPHPExcel = new \PHPExcel();
// 写内容写法 1
$objPHPExcel->getProperties()->setCreator("作者：XXX")
->setLastModifiedBy("最后更改者 :XXX")
->setTitle("文档标题")
->setSubject("文档主题")
->setDescription("PDF 的测试文档，使用 PHP 类生成。")
->setKeywords("设置文档关键词")
->setCategory("设置文档的分类");

$objPHPExcel->setActiveSheetIndex(0)
->setCellValue('A1', '组编号')
->setCellValue('B1', '组名')
->setCellValue('C1', '组长')
->setCellValue('D1', '年龄')
->setCellValue('E1', '性别')
->setCellValue('F1', '学号')
->setCellValue('G1', '班级')
->setCellValue('H1', '联系方式')
->setCellValue('I1', '组员人数')
->setCellValue('A2', '#1')
->setCellValue('B2', 'php 猎人小分队')
->setCellValue('C2', '方 XX')
```

```
    ->setCellValue('D2', '22')
    ->setCellValue('E2', '女')
    ->setCellValue('F2', '130341107')
    ->setCellValue('G2', '130341A')
    ->setCellValue('H2', '11122233567')
    ->setCellValue('I2', '6')
    ->setCellValue('A3', '#2')
    ->setCellValue('B3', '梅菜扣肉')
    ->setCellValue('C3', '刘XX')
    ->setCellValue('D3', '21')
    ->setCellValue('E3', '女')
    ->setCellValue('F3', '130341108')
    ->setCellValue('G3', '130341B')
    ->setCellValue('H3', '11122233567')
    ->setCellValue('I3', '6');

    $objPHPExcel->setActiveSheetIndex(0);
    //写内容写法2
    $objWorksheet = $objPHPExcel->getActiveSheet();
    $objWorksheet->getCell('A4')->setValue('#3');
    $objWorksheet->getCell('B4')->setValue(' Ta们');
    $objWorksheet->getCell('C4')->setValue('李XX ');
    $objWorksheet->getCell('D4')->setValue('20');
    $objWorksheet->getCell('E4')->setValue('男');
    $objWorksheet->getCell('F4')->setValue('130341117');
    $objWorksheet->getCell('G4')->setValue('130341A ');
    $objWorksheet->getCell('H4')->setValue('13355566789');
    $objWorksheet->getCell('I4')->setValue('6');

    $objWorksheet->getCell('A5')->setValue('#4');
    $objWorksheet->getCell('B5')->setValue(' 特投工作室');
    $objWorksheet->getCell('C5')->setValue('田XX ');
    $objWorksheet->getCell('D5')->setValue('22');
    $objWorksheet->getCell('E5')->setValue('男');
    $objWorksheet->getCell('F5')->setValue('130341130');
    $objWorksheet->getCell('G5')->setValue('130341A ');
    $objWorksheet->getCell('H5')->setValue('13700988789');
    $objWorksheet->getCell('I5')->setValue('6');

    $objWorksheet->getCell('A8')->setValue('');
    $objWorksheet->getCell('A10')->setValue('');



    $objPHPExcel->getActiveSheet()->setTitle('简单的01');
    $objPHPExcel->getActiveSheet()->setShowGridLines(false);    //表格线有无 true：有，
false：无
    //加入图片
    $objDrawing = new PHPExcel_Worksheet_Drawing();
    $objDrawing->setName('stamp');
    $objDrawing->setDescription('图片');
    $objDrawing->setPath('logo.png');
    $objDrawing->setCoordinates('J1');
    $objDrawing->setOffsetX(10);
    $objDrawing->setRotation(36);
    $objDrawing->setHeight(73);
    $objDrawing->getShadow()->setVisible(true);
    $objDrawing->getShadow()->setDirection(45);
```

```
    $objDrawing->setWorksheet($objWorksheet);
    $objWorksheet->setTitle('简单的');

    // 页面输出
    $objWriter2 = new \PHPExcel_Writer_HTML($objPHPExcel); // 用于 html 显示
    //$objWriter2->setFont('arialunicid0-chinese-simplified'); // 设置字体，经测试不可用
    $objWriter2->save('php://output');

    // 下载及另存
    /*
    header("Content-Type: application/vnd.ms-excel");
    header("Content-Type: application/octet-stream");
    header("Content-Type: application/download");
    header('Content-Disposition:inline;filename="simple-03.xlsx"');
    header("Content-Transfer-Encoding: binary");
    header("Expires: Mon, 26 Jul 1997 05:00:00 GMT");
    header("Last-Modified: " . gmdate("D, d M Y H:i:s") . " GMT");
    header("Cache-Control: must-revalidate, post-check=0, pre-check=0");
    header("Pragma: no-cache");

    $objWriter1 = PHPExcel_IOFactory::createWriter($objPHPExcel, 'Excel2007'); // 用
于生成 excel 文件
    //$objWriter1->setFont('arialunicid0-chinese-simplified'); // 设置字体，经测试不可用
    $objWriter1->save('php://output');
    // 保存在服务器上
    $objWriter1->save('simple-06.xlsx ');
    */
    exit;
    ?>                                                                        [000364]
```

页面输出结果如图 9-37 所示。

组编号	组名	组长	年龄	性别	学号	班级	联系方式	组员人数
#1	php猎人小分队	方XX	22	女	130341107	130341A	11122233567	6
#2	梅菜扣肉	刘XX	21	女	130341108	130341B	11122233567	6
#3	Ta们	李XX	20	男	130341117	130341A	13355566789	6
#4	特投工作室	田XX	22	男	130341130	130341A	13700988789	6

图 9-37

注：关于 PHPExcel 各种读写相关的参考，我们专门制作了一个电子文档，读者从可从本书下载包中找到。

9.5.2 PHP 读 / 写 csv 文件

PHPExcel 功能非常强大，但其体积也很大，使用也比较复杂，一般应用于较大型的项目。对于小型的项目，就没有必要使用。一个简单的做法是：让 PHP 把内容生成 csv 文件或读取 csv 文件内容，csv 文件默认是以 Excel 打开的，这样就间接地实现了对 Excel 的存取，可以满足一些 Excel 应用，下面列举几个示例。

【示例 9-16】输出为下载 csv 文件。

代码如下：

```
<?php
    header("Content-Type:text/csv");
    header("Content-Disposition: attachment; filename=test.csv");
    header('Cache-Control:must-revalidate,post-check=0,pre-check=0');
    header('Expires:0');
    header('Pragma:public');
    echo iconv('utf-8','GBK','用户名')
   .","  . iconv('utf-8','GBK','口令') .","
   . iconv('utf-8','GBK','性别') .","
   . iconv('utf-8','GBK','水平'). "\n";

    echo iconv('utf-8','GBK','张一')
   .","  . iconv('utf-8','GBK','qazwsx') .","
   . iconv('utf-8','GBK','男') .","
   . iconv('utf-8','GBK','较高'). "\n";

    echo iconv('utf-8','GBK','张二')
   .","  . iconv('utf-8','GBK','zxcvbn') .","
   . iconv('utf-8','GBK','女') .","
   . iconv('utf-8','GBK','一般'). "\n";
?>                                                              [000365]
```

运行时会出现下载提示框，如图 9-38 所示。

图 9-38

打开后内容如图 9-39 所示。可以看到内容成功写入了 csv 文件中。

	A	B	C	D
1	用户名	口令	性别	水平
2	张一	qazwsx	男	较高
3	张二	zxcvbn	女	一般

图 9-39

【示例 9-17】直接生成 csv 文件。

代码如下：

```
<?php
$u1=iconv('utf-8','GBK','用户名');
$p1=iconv('utf-8','GBK','口令');
$s1=iconv('utf-8','GBK','性别');
$w1=iconv('utf-8','GBK','水平');
$arr1=array($u1,$p1,$s1,$w1);
$u2=iconv('utf-8','GBK','张一');
$p2=iconv('utf-8’,’ GBK’,’ zxcvbn’);
$s2=iconv('utf-8','GBK','男');
$w2=iconv('utf-8','GBK','较高');
$arr2=array($u2,$p2,$s2,$w2);
```

```
$u3=iconv('utf-8','GBK','张二');
$p3=iconv('utf-8','GBK','qwerty');
$s3=iconv('utf-8','GBK','女');
$w3=iconv('utf-8','GBK','一般');
$arr3=array($u3,$p3,$s3,$w3);
$fp = fopen('./file1.csv', 'w');
//fputcsv 可以用数组循环的方式进行实现
fputcsv($fp,$arr1);
fputcsv($fp,$arr2);
fputcsv($fp,$arr3);
fclose($fp);
?>                                                          [000366]
```

运行后在当前目录生成 file1.csv，文件内容如图 9-40 所示。

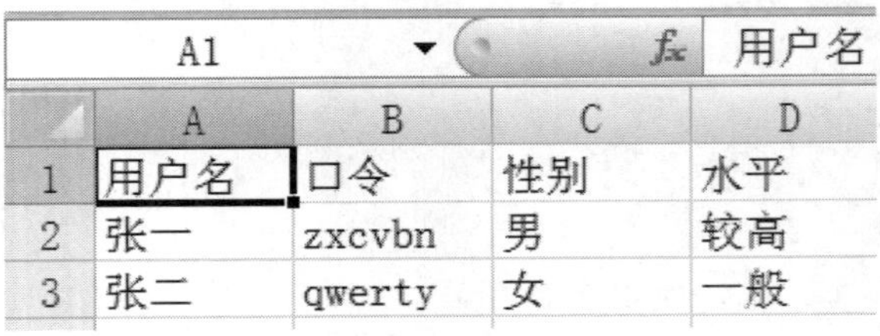

	A	B	C	D
1	用户名	口令	性别	水平
2	张一	zxcvbn	男	较高
3	张二	qwerty	女	一般

图 9-40

【示例 9-18】csv 文件的读取和写入，完全通过数组的方式操作。

读取示例 9-17 中生成的 file1.csv 文件，要求读取后的内容在页面显示，同时将读取的内容写入另一个文件 file2.csv。

代码如下：

```
<?php
$fp = fopen("./file2.csv", "w");
if (($handle = fopen("./file1.csv", "r")) !== FALSE) { // 判断文件是否打开
   while(! feof($handle)) //循环
   {
      $row=fgetcsv($handle); //读 csv 文件，每次读一行转为数组
      if($row){ //判断是否有效
            fputcsv($fp,$row); //写到另一个 csv 文件
            foreach($row AS $v)
            {
                  $v1="'".iconv('GBK','utf-8',$v)."'"; //将 csv 的 GBK 转 UTF-8
                  $v2[]=$v1; //变为数组
            }
            $v3[]=$v2; //形成二维数组
            unset($v2); //销毁
      }
   }
   //在页面显示 csv 文件内容
            echo "<pre>";
            print_r($v3);
            echo "<pre>";
  }// End of IF
  fclose($handle);
  fclose($fp);
?>                                                          [000367]
```

运行结果如图 9-41 所示。

写入后的 file2.csv 文件内容如图 9-42 所示。

在本节主要讲解了 PHP 对 Excel 文件的操作，包括 PHPExcel 类库、PHP 读写 CSV 文件，列举了一些示例来说明 PHP 如何对 Excel 文件进行操作等，引入 PHP memcache 内存缓存管理，

其主要作用就是通过减少对数据库的直接访问，达到提升应用系统性能及效率的目的。

```
Array
(
    [0] => Array
        (
            [0] => '用户名'
            [1] => '口令'
            [2] => '性别'
            [3] => '水平'
        )

    [1] => Array
        (
            [0] => '张一'
            [1] => 'zxcvbn'
            [2] => '男'
            [3] => '较高'
        )

    [2] => Array
        (
            [0] => '张二'
            [1] => 'qwerty'
            [2] => '女'
            [3] => '一般'
        )

)
```

图 9-41

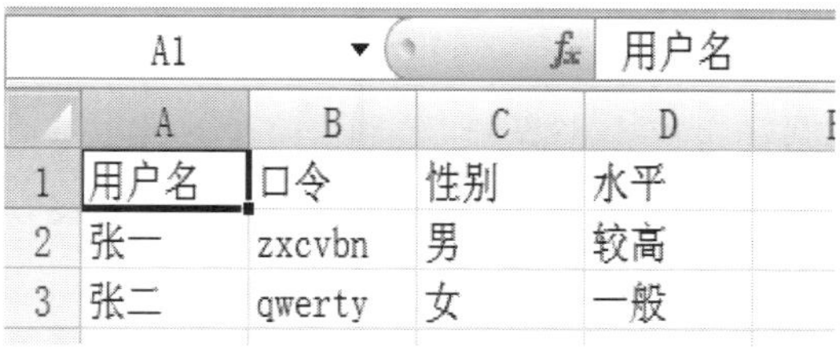

	A	B	C	D
1	用户名	口令	性别	水平
2	张一	zxcvbn	男	较高
3	张二	qwerty	女	一般

图 9-42

9.6　PHP MemCache 缓存管理技术

MemCache 内存缓存管理，主要是把从数据库查询出的结果集缓存在内存，如果再次发出同样的查询且该查询所涉及的数据在数据库中未发生变化，此刻，该查询将不会访问数据库而直接将缓存在内存中与该查询对应的数据（曾经被该查询从数据库中查出来的数据）返回。这样一来，减少了对数据库的访问频率，达到减轻数据库负载的目的。

在前述讲解的 PHP 的 Opcache，也是一个内存缓存管理，自 PHP 5 以后提供。主要的作用是针对 PHP 程序代码编译，把编译结果缓存在内存，当程序代码未发生变化则直接从缓存中调取，避免了重复编译。而 MemCache 针对的是对数据库的查询，如果查询数据未产生变化则直接从内存调取，避免了重复访问数据库，二者都是为了改善并提升应用系统效率而开设的手段，职责不同，目的相同。

在实际应用中，往往二者（MemCache 和 Opcache）兼具。

关于缓存，除此之外还有很多，如文件缓存（Smarty 的缓存机制）以及应用系统为自身设计的其他各式各样的缓存，等等。它们的目的相同，改善并提升系统效率。

下面来讨论 MemCache 内存缓存管理。

- memcache 概述。
- WAMP 环境——Apache/2.4.37(Win64) php/7.3.1 Memcache 的安装。
- 实践案例（摘自一个应用系统）。

9.6.1 memcache 概述

Memcache 内存缓存管理，其宗旨是避免数据库的重复访问，从而改善并提升系统效率。

（1）memcache 工作原理如图 9-43 所示。

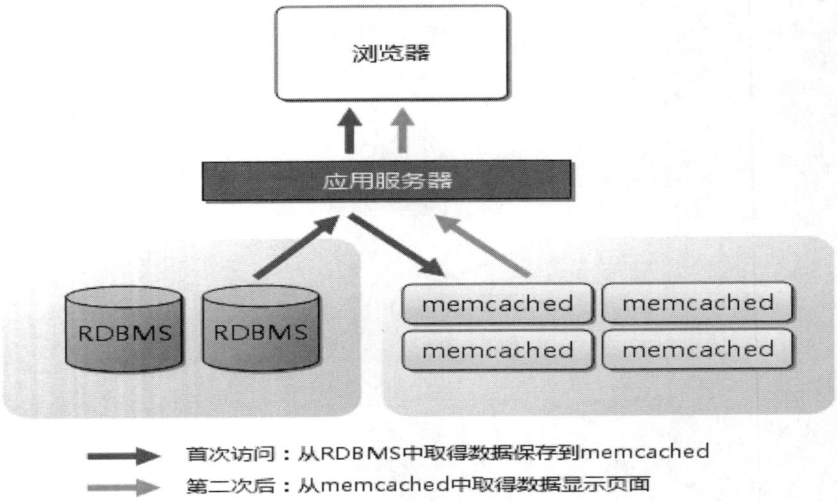

图 9-43

Memcache 的用途在于——将第一次从数据库获取的数据放入内存，当第二次访问同样的数据，就不用从数据库获取，而是直接从内存读取。这样，通过减少数据库的访问而达到缓解数据库压力以及迅速响应前端的目的，这就是 Memcache 的意义所在。但同时增加了服务器内存消耗，解决这个问题的方法一般是单做一台 Memcache 应用服务器，将 Web 服务器与 Memcache 服务器分离并采用分布式管理即可。

（2）Memcache 默认端口为 11211。

（3）存入方式。

key（键），value（值），是否压缩，time（过期时间）。

注：不只是字符串、视频、声音、图片、文字等都可以存。

（4）Apache 消耗 CPU 多但用的内存很少，而 MemCache 消耗内存比较多，CPU 消耗较少。

9.6.2 WAMP 环境——Apache/2.4.37(Win64) php/7.3.1 Memcache 的安装

Memcache 需要单独安装，并非 PHP 的标配，网上下载 memcached-win64-1.4.4-14.zip 或 memcached.zip，解压后有一个“memcached.exe”文件，这就是安装文件，如图 9-44 所示。

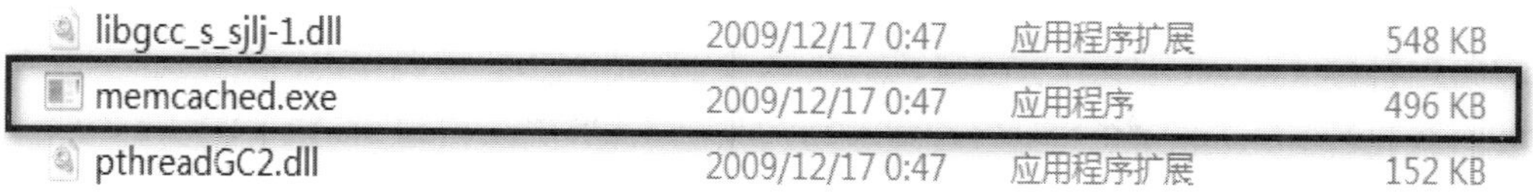

图 9-44

1. Windows 安装 memcached 服务

下载地址：百度搜索“memcached-win64-1.4.4-14.zip”。将下载好的文件解压到某个文件夹下，打开 cmd 命令行，进入 memcached 目录，执行 memcached -d install 命令，安装服务。

如果在没有安装过的情况下，出现“failed to install service or service already installed”错误，可能是 cmd.exe 需要用管理员身份运行。

2. 安装 memcache 扩展

确认合适的版本，将适合 PHP 版本的 php_memcache.dll 文件放于 wamp\bin\php\php7.3.1\ext 下（此处注意：因为 WAMP 环境为 32 位，因此对应的扩展文件为 ×86，否则扩展不成功）。

在浏览器地址栏中输入 http://localhost/?phpinfo=-1，如图 9-45 所示。

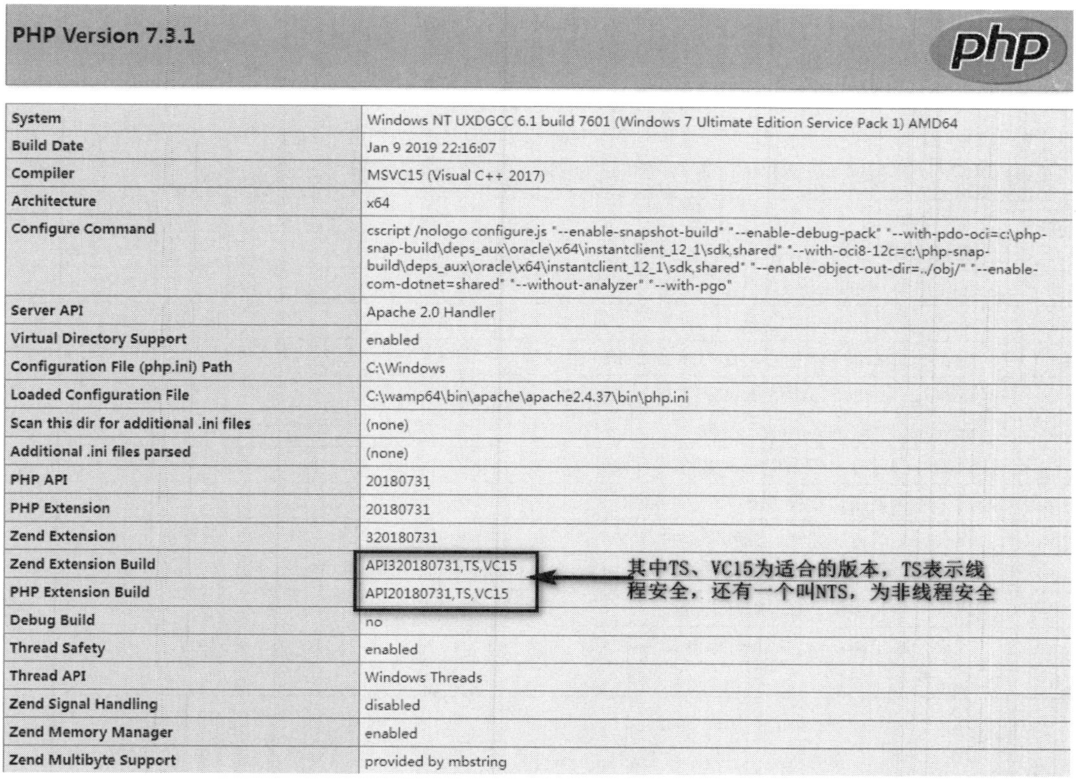
PHP Version 7.3.1

System	Windows NT UXDGCC 6.1 build 7601 (Windows 7 Ultimate Edition Service Pack 1) AMD64
Build Date	Jan 9 2019 22:16:07
Compiler	MSVC15 (Visual C++ 2017)
Architecture	x64
Configure Command	cscript /nologo configure.js "--enable-snapshot-build" "--enable-debug-pack" "--with-pdo-oci=c:\php-snap-build\deps_aux\oracle\x64\instantclient_12_1\sdk,shared" "--with-oci8-12c=c:\php-snap-build\deps_aux\oracle\x64\instantclient_12_1\sdk,shared" "--enable-object-out-dir=../obj/" "--enable-com-dotnet=shared" "--without-analyzer" "--with-pgo"
Server API	Apache 2.0 Handler
Virtual Directory Support	enabled
Configuration File (php.ini) Path	C:\Windows
Loaded Configuration File	C:\wamp64\bin\apache\apache2.4.37\bin\php.ini
Scan this dir for additional .ini files	(none)
Additional .ini files parsed	(none)
PHP API	20180731
PHP Extension	20180731
Zend Extension	320180731
Zend Extension Build	API320180731,TS,VC15
PHP Extension Build	API20180731,TS,VC15
Debug Build	no
Thread Safety	enabled
Thread API	Windows Threads
Zend Signal Handling	disabled
Zend Memory Manager	enabled
Zend Multibyte Support	provided by mbstring

图 9-45

按照图 9-45 中的标识下载（PHP 7 及之后版本的 Memcache 扩展库下载地址：https://github.com/nono303/PHP7-memcache-dll）TS、VC15 的 Memcache 扩展库。扩展库分为 x64（64 位）和 x86（32 位），根据自己机器的 Windows 操作系统位决定采用哪个扩展库。

PHP7.3.1 的 Memcache 扩展库文件名为“php-7.3.x_memcache.dll”，非官方发布，官方发布只到 PHP 5.5，将此文件放到 PHP 扩展目录中（如果使用的是 WAMP 集成环境，位置在 bin\php\php7.3.1\ext）。然后，打开当前 PHP.INI 文件（如果使用的是 WAMP 集成环境，位置在 bin\apache\apache2.4.37\bin），在最后加入一个 [Memcache] 项，内容如下。

```
[Memcache]
extension=php_memcache.dll
memcache.allow_failover = 0
; memcache.max_failover_attempts = 20
memcache.chunk_size = 32768
memcache.default_port = 11211
; memcache.hash_strategy = consistent
memcache.hash_strategy = standard
memcache.hash_function = crc32
memcache.protocol = ascii
; memcache.protocol = binary
; memcache.redundancy = 1
; memcache.session_redundancy = 2
memcache.compress_threshold = 20000
memcache.lock_timeout = 1
```

[Memcache] 中的内容保持默认，重启 WAMP。

3. 启动 memcached 服务

执行以下代码：

```
memcached -d start
```

memcached 命令参数说明如表 9-7 所示。

表 9-7

参数	描述
-p	监听的端口
-l	连接的 IP 地址，默认是本机
-d	start 启动 memcached 服务
-d	restart 重起 memcached 服务
-d	stop|shutdown 关闭正在运行的 memcached 服务
-d	install 安装 memcached 服务
-d	uninstall 卸载 memcached 服务
-u	以的身份运行（仅在以 root 运行时有效）
-m	最大内存使用，单位 MB，默认 64MB
-M	内存耗尽时返回错误，而不是删除项
-c	最大同时连接数，默认是 1 024
-f	块大小增长因子，默认是 1.25
-n	最小分配空间，key+value+flags 默认是 48
-h	显示帮助

例如：

```
memcached  -d install          //安装 memcached 文件。
memcached  -d start            //开启 memcached(可在任务管理器中查看进程)。
memcached  -d stop            //停止 memcached。
```

4. 检查 PHP 的 memcache 扩展是否安装成功

在 phpinfo()（http://localhost/?phpinfo=-1）中有 memcache 即为安装成功，如图 9-46 所示。

memcache

memcache support	enabled
Version	4.0.5.2
Revision	$Revision$

Directive	Local Value	Master Value
memcache.allow_failover	0	0
memcache.chunk_size	32768	32768
memcache.compress_threshold	20000	20000
memcache.default_port	11211	11211
memcache.hash_function	crc32	crc32
memcache.hash_strategy	standard	standard
memcache.lock_timeout	1	1
memcache.max_failover_attempts	20	20
memcache.prefix_host_key	0	0
memcache.prefix_host_key_remove_subdomain	0	0
memcache.prefix_host_key_remove_www	1	1
memcache.prefix_static_key	no value	no value
memcache.protocol	ascii	ascii
memcache.redundancy	1	1
memcache.session_prefix_host_key	0	0
memcache.session_prefix_host_key_remove_subdomain	0	0
memcache.session_prefix_host_key_remove_www	1	1
memcache.session_prefix_static_key	no value	no value
memcache.session_redundancy	2	2
memcache.session_save_path	no value	no value

图 9-46

注意：PHP 的 Memcache 扩展库文件（php???_memcache.dll）要与环境中 PHP 的版本一致，且与环境机器位数（32 位、64 位）一致，否则无效。PHP 7 及之后版本的内存缓存扩展库下载地址：https://github.com/nono303/PHP7-memcache-dll。

下面给出一个 PHP 框架内 Memcache 缓存管理使用范例（除了实例化部分，框架外 Memcache 也适用）。

```
<?php
// 实例化 memcache
    $mem = new Memcache;
// 连接到指定服务器
    $mem->connect("127.0.0.1", 11211);
//Memcache::set 方法有四个参数，第一个参数是 key，第二个参数是 value，第三个参数可选，表示是否压缩保存，第四个参数可选，用来设置一个过期自动销毁的时间（秒）。
    $mem->set('test','123',0,60);
//Memcache::add 方法的作用和 Memcache::set 方法类似，区别是如果 Memcache::add 方法的返回值为 false，表示这个 key 已经存在，而 Memcache::set 方法则会直接覆写。
    $mem->add('test','123',0,60);
//Memcache::get 方法的作用是获取一个 key 值，Memcache::get 方法有一个参数，表示 key。
    $mem->get('test');// 输出为 '123'
//Memcache::replace 方法的作用是对一个已有的 key 进行覆写操作，Memcache::replace 方法有四个参数，作用和 Memcache::set 方法的相同。
    $mem->replace('test','456',0,60);
//Memcache::delete 方法的作用是删除一个 key 值，Memcache::delete 方法有两个参数，第一个参数表示 key，第二个参数可选，表示删除延迟的时间。
    $mem->delete('test',60);
?>                                                        [000368]
```

对于内存缓存，比较常用的是 memcache 和 memcached 扩展，而 memcache 和 memcached 的守护进程 mencached 同名，容易混淆。

- Memcache 是完全在 PHP 框架内开发的。
- Memcached 是使用 lib memcached 的。
- Memcached 比 memcache 多几个方法，使用方式上都差不多。

memcache 是原生实现的，支持 OO（面向对象） 和非 OO（面向过程）接口并存，而 memcached 是建立在 libmemcached 基础上的，只支持 OO 接口。

注：推荐使用 PHP 框架外 memcached 扩展，如果使用 PHP 框架外 memcached 扩展，则 PHP 框架内的 memcache 扩展就不用在 PHP.INI 中设置了；如果使用 PHP 框架内的 Memcache 扩展，前提是 memcached 服务必须开启，原因是二者的守护进程都是 mencached，相当于充当了 memcached 服务的客户端。总之，不论使用哪个，memcached 服务必须开启。使用时可以二选一，而本节提供了两种扩展的安装方法。

5．举例

（1）PHP 框架内的 Memcache 使用

具体实现代码如下：

```
<?php
header("content-type:text/html; charset=utf-8");
error_reporting(7);
// 第一种连接服务器缓存方式
/*
$memcache = new Memcache;
$memcache->connect('127.0.0.1', 11211);
*/
// 第二种连接服务器缓存方式，两种方式任选其一
///*
if(!function_exists('memcache_connect')){
    die(' 不能连接缓存服务器 ...');
}
$memcache=@memcache_connect('127.0.0.1','11211',1);
//*/
  if(empty($memcache)){
   die(' 缓存服务器连接不成功 ...');
  }else{

    // 设置此脚本使用的唯一标识符
    $key = 'aQAZWSXb';
    /* 删除 memcached 中对象 */
    $memcache->delete($key);
    // 往 memcached 中写入对象
    $memcache->add($key, ' 这是 key 内容 :ABCDEFGqwertyzxcvbn');
    /* 替换标识符 key 对象的内容 */
    //$memcache->replace($key," 这是新的内容 ");
    $val = $memcache->get($key);
    echo $val;
}
?>
```
[000369]

（2）PHP 框架外的 Memcachd 单独使用示例

如果单独使用 PHP 框架外的 Memcachd，则必须有一个被引入的 PHP 文件，这个 PHP 文件充当 PHP 框架外 Memcachd 的客户端。这个文件通常命名为 memcached-client.php，UTF-8 编码，代码如下：

```
<?php
define("MEMCACHE_SERIALIZED", 1<<0);
define("MEMCACHE_COMPRESSED", 1<<1);
define("COMPRESSION_SAVINGS", 0.20);
```

```
class memcached
{
   var $stats;
   var $_cache_sock;
   var $_debug;
   var $_host_dead;
   var $_have_zlib;
   var $_compress_enable;
   var $_compress_threshold;
   var $_persistant;
   var $_single_sock;
   var $_servers;
   var $_buckets;
   var $_bucketcount;
   var $_active;
   function memcached ($args)
   {
      $this->set_servers($args['servers']);
      $this->_debug = $args['debug'];
      $this->stats = array();
      $this->_compress_threshold = $args['compress_threshold'];
      $this->_persistant = isset($args['persistant']) ? $args['persistant'] : false;
      $this->_compress_enable = true;
      $this->_have_zlib = function_exists("gzcompress");

      $this->_cache_sock = array();
      $this->_host_dead = array();
   }
   //**** add()
   function add ($key, $val, $exp = 0)
   {
      return $this->_set('add', $key, $val, $exp);
   }
   //**** decr()
   function decr ($key, $amt=1)
   {
      return $this->_incrdecr('decr', $key, $amt);
   }
   //**** delete()
   function delete ($key, $time = 0)
   {
      if (!$this->_active)
         return false;

      $sock = $this->get_sock($key);
      if (!is_resource($sock))
         return false;

      $key = is_array($key) ? $key[1] : $key;

      $this->stats['delete']++;
      $cmd = "delete $key $time\r\n";
      if(!fwrite($sock, $cmd, strlen($cmd)))
      {
         $this->_dead_sock($sock);
         return false;
      }
      $res = trim(fgets($sock));

      if ($this->_debug)
         printf("MemCache: delete %s (%s)\n", $key, $res);

      if ($res == "DELETED")
```

```
            return true;
        return false;
    }
    //**** disconnect_all()
    function disconnect_all ()
    {
        foreach ($this->_cache_sock as $sock)
            fclose($sock);

        $this->_cache_sock = array();
    }
    //**** enable_compress()
    function enable_compress ($enable)
    {
        $this->_compress_enable = $enable;
    }
    //**** forget_dead_hosts()
    function forget_dead_hosts ()
    {
        $this->_host_dead = array();
    }
    //**** get()
    function get ($key)
    {
        if (!$this->_active)
            return false;

        $sock = $this->get_sock($key);

        if (!is_resource($sock))
            return false;

        $this->stats['get']++;

        $cmd = "get $key\r\n";
        if (!fwrite($sock, $cmd, strlen($cmd)))
        {
            $this->_dead_sock($sock);
            return false;
        }

        $val = array();
        $this->_load_items($sock, $val);

        if ($this->_debug)
            foreach ($val as $k => $v)
                printf("MemCache: sock %s got %s => %s\r\n", $sock, $k, $v);

        return $val[$key];
    }
    //**** get_multi()
    function get_multi ($keys)
    {
        if (!$this->_active)
            return false;

        $this->stats['get_multi']++;

        foreach ($keys as $key)
        {
            $sock = $this->get_sock($key);
            if (!is_resource($sock)) continue;
            $key = is_array($key) ? $key[1] : $key;
```

```
        if (!isset($sock_keys[$sock]))
        {
            $sock_keys[$sock] = array();
            $socks[] = $sock;
        }
        $sock_keys[$sock][] = $key;
    }
    // Send out the requests
    foreach ($socks as $sock)
    {
        $cmd = "get";
        foreach ($sock_keys[$sock] as $key)
        {
            $cmd .= " ". $key;
        }
        $cmd .= "\r\n";

        if (fwrite($sock, $cmd, strlen($cmd)))
        {
            $gather[] = $sock;
        } else
        {
            $this->_dead_sock($sock);
        }
    }
    // Parse responses
    $val = array();
    foreach ($gather as $sock)
    {
        $this->_load_items($sock, $val);
    }

    if ($this->_debug)
        foreach ($val as $k => $v)
            printf("MemCache: got %s => %s\r\n", $k, $v);

    return $val;
}
//**** incr()
function incr ($key, $amt=1)
{
    return $this->_incrdecr('incr', $key, $amt);
}
//**** replace()
function replace ($key, $value, $exp=0)
{
    return $this->_set('replace', $key, $value, $exp);
}
//**** run_command()
function run_command ($sock, $cmd)
{
    if (!is_resource($sock))
        return array();

    if (!fwrite($sock, $cmd, strlen($cmd)))
        return array();

    while (true)
    {
        $res = fgets($sock);
        $ret[] = $res;
        if (preg_match('/^END/', $res))
            break;
```

```
        if (strlen($res) == 0)
            break;
    }
    return $ret;
}
//**** set()
function set ($key, $value, $exp=0)
{
    return $this->_set('set', $key, $value, $exp);
}
//**** set_compress_threshold()
function set_compress_threshold ($thresh)
{
    $this->_compress_threshold = $thresh;
}
//**** set_debug()
function set_debug ($dbg)
{
    $this->_debug = $dbg;
}
//**** set_servers()
function set_servers ($list)
{
    $this->_servers = $list;
    $this->_active = count($list);
    $this->_buckets = null;
    $this->_bucketcount = 0;

    $this->_single_sock = null;
    if ($this->_active == 1)
        $this->_single_sock = $this->_servers[0];
}
//**** private methods
//**** _close_sock()
function _close_sock ($sock)
{
    $host = array_search($sock, $this->_cache_sock);
    fclose($this->_cache_sock[$host]);
    unset($this->_cache_sock[$host]);
}
//**** _connect_sock()
function _connect_sock (&$sock, $host, $timeout = 0.25)
{
    list ($ip, $port) = explode(":", $host);
    if ($this->_persistant == 1)
    {
        $sock = @pfsockopen($ip, $port, $errno, $errstr, $timeout);
    } else
    {
        $sock = @fsockopen($ip, $port, $errno, $errstr, $timeout);
    }

    if (!$sock)
        return false;
    return true;
}
//**** _dead_sock()
function _dead_sock ($sock)
{
    $host = array_search($sock, $this->_cache_sock);
    list ($ip, $port) = explode(":", $host);
    $this->_host_dead[$ip] = time() + 30 + intval(rand(0, 10));
    $this->_host_dead[$host] = $this->_host_dead[$ip];
```

```
      unset($this->_cache_sock[$host]);
   }
   //**** get_sock()
   function get_sock ($key)
   {
      if (!$this->_active)
         return false;

      if ($this->_single_sock !== null)
         return $this->sock_to_host($this->_single_sock);

      $hv = is_array($key) ? intval($key[0]) : $this->_hashfunc($key);

      if ($this->_buckets === null)
      {
         foreach ($this->_servers as $v)
         {
            if (is_array($v))
            {
               for ($i=0; $i<$v[1]; $i++)
                  $bu[] = $v[0];
            } else
            {
               $bu[] = $v;
            }
         }
         $this->_buckets = $bu;
         $this->_bucketcount = count($bu);
      }

      $realkey = is_array($key) ? $key[1] : $key;
      for ($tries = 0; $tries<20; $tries++)
      {
         $host = $this->_buckets[$hv % $this->_bucketcount];
         $sock = $this->sock_to_host($host);
         if (is_resource($sock))
            return $sock;
         $hv += $this->_hashfunc($tries . $realkey);
      }

      return false;
   }
   //**** _hashfunc()
   function _hashfunc ($key)
   {
      $hash = 0;
      for ($i=0; $i<strlen($key); $i++)
      {
         $hash = $hash*33 + ord($key[$i]);
      }

      return $hash;
   }
   //**** _incrdecr()
   function _incrdecr ($cmd, $key, $amt=1)
   {
      if (!$this->_active)
         return null;

      $sock = $this->get_sock($key);
      if (!is_resource($sock))
         return null;
```

```
        $key = is_array($key) ? $key[1] : $key;
        $this->stats[$cmd]++;
        if (!fwrite($sock, "$cmd $key $amt\r\n"))
            return $this->_dead_sock($sock);

        stream_set_timeout($sock, 1, 0);
        $line = fgets($sock);
        if (!preg_match('/^(\d+)/', $line, $match))
            return null;
        return $match[1];
    }
    //**** _load_items()
    function _load_items ($sock, &$ret)
    {
        while (1)
        {
            $decl = fgets($sock);
            if ($decl == "END\r\n")
            {
                return true;
            } elseif (preg_match('/^VALUE (\S+) (\d+) (\d+)\r\n$/', $decl, $match))
            {
                list($rkey, $flags, $len) = array($match[1], $match[2], $match[3]);
                $bneed = $len+2;
                $offset = 0;

                while ($bneed > 0)
                {
                    $data = fread($sock, $bneed);
                    $n = strlen($data);
                    if ($n == 0)
                        break;
                    $offset += $n;
                    $bneed -= $n;
                    $ret[$rkey] .= $data;
                }

                if ($offset != $len+2)
                {
                    // Something is borked!
                    if ($this->_debug)
                            printf("Something is borked!  key %s expecting %d got %d
length\n", $rkey, $len+2, $offset);

                    unset($ret[$rkey]);
                    $this->_close_sock($sock);
                    return false;
                }

                $ret[$rkey] = rtrim($ret[$rkey]);

                if ($this->_have_zlib && $flags & MEMCACHE_COMPRESSED)
                    $ret[$rkey] = gzuncompress($ret[$rkey]);

                if ($flags & MEMCACHE_SERIALIZED)
                    $ret[$rkey] = unserialize($ret[$rkey]);

            } else
            {
                if ($this->_debug)
                    print("Error parsing memcached response\n");
                return 0;
            }
```

```
        }
    }
    //**** _set()
    function _set ($cmd, $key, $val, $exp)
    {
       if (!$this->_active)
          return false;

       $sock = $this->get_sock($key);
       if (!is_resource($sock))
          return false;

       $this->stats[$cmd]++;

       $flags = 0;

       if (!is_scalar($val))
       {
          $val = serialize($val);
          $flags |= MEMCACHE_SERIALIZED;
          if ($this->_debug)
             printf("client: serializing data as it is not scalar\n");
       }

       $len = strlen($val);

       if ($this->_have_zlib && $this->_compress_enable &&
           $this->_compress_threshold && $len >= $this->_compress_threshold)
       {
          $c_val = gzcompress($val, 9);
          $c_len = strlen($c_val);

          if ($c_len < $len*(1 - COMPRESS_SAVINGS))
          {
             if ($this->_debug)
                    printf("client: compressing data; was %d bytes is now %d
bytes\n", $len, $c_len);
             $val = $c_val;
             $len = $c_len;
             $flags |= MEMCACHE_COMPRESSED;
          }
       }
       if (!fwrite($sock, "$cmd $key $flags $exp $len\r\n$val\r\n"))
          return $this->_dead_sock($sock);

       $line = trim(fgets($sock));

       if ($this->_debug)
       {
          if ($flags & MEMCACHE_COMPRESSED)
             $val = 'compressed data';
          printf("MemCache: %s %s => %s (%s)\n", $cmd, $key, $val, $line);
       }
       if ($line == "STORED")
          return true;
       return false;
    }
    //**** sock_to_host()
    function sock_to_host ($host)
    {
       if (isset($this->_cache_sock[$host]))
          return $this->_cache_sock[$host];
```

```
        $now = time();
        list ($ip, $port) = explode (":", $host);
        if (isset($this->_host_dead[$host]) && $this->_host_dead[$host] > $now ||
            isset($this->_host_dead[$ip]) && $this->_host_dead[$ip] > $now)
           return null;

        if (!$this->_connect_sock($sock, $host))
           return $this->_dead_sock($host);

        // Do not buffer writes
        stream_set_write_buffer($sock, 0);

        $this->_cache_sock[$host] = $sock;

        return $this->_cache_sock[$host];
    }
}
?>                                                                      [000370]
```

下面代码只做一个简单的演示，将数据（实际应用一般是数据库查询返回来的结果集）写入缓存，然后在取出显示。

将下面代码命名为 memcached-1.php，存为 UTF-8 编码的 PHP 文件。

```
<?php
    header("content-type:text/html; charset=utf-8");
    error_reporting(7);
    //包含 memcached 类文件
    require_once("./memcached-client.php");
    $options = array(
        'servers' => array('127.0.0.1:11211'), //memcached 服务的地址、端口，可用多
个数组元素表示多个 memcached 服务
        'debug' => false,  //是否打开 debug
        'compress_threshold' => 10240,  //超过多少字节的数据时进行压缩
        'persistant' => false  //是否使用持久连接
        );
    $mc = new memcached($options);
    $key = 'aZXCVWERTb';
    /*删除 memcached 中对象*/
    $mc->delete($key);
    // 往 memcached 中写入对象
    $mc->add($key, '这是 key 内容:ABCDEFGHIJKLMNOPQRSTUVWXYZ0123456789');
    /*替换标识符 key 对象的内容*/
    $mc->replace($key,"这是新的内容:ABCDEFGHIJKLMNOPQRSTUVWXYZ0123456789-ABCDEFGH
IJKLMNOPQRSTUVWXYZ0123456789");
    $val = $mc->get($key);
    echo $val;
?>                                                                      [000371]
```

在浏览器地址栏中输入 http://localhost/memcached-1.php，运行结果如 9-47 所示。

图 9-47

9.6.3　PHP 缓存管理案例（摘自一个应用系统）

本案例使用 PHP 框架内 Memcache 缓存管理，其工作原理如下。

第一步：将所有查询 SQL 的首次查询返回的结果集（从数据库里查数据，返回后的数据称为结果集或记录集都可以）写入缓存。

第二步：当再有查询过来，需判断两种情况。第一种情况是，SQL 语句的 MD5 键值是否存在，如果不存在，则说明数据表已经被更新，然后访问数据库，即从数据库中获取最新数据并重写缓存；第二种情况是，如果 SQL 语句对应的 MD5 键值存在，说明目前还没有其他进程（用户）对数据实施了更新。尽管如此，仍需要做进一步的判断，判断查询所涉及的表是否存在更新，如果表数据没有更新，则从缓存中取出该 SQL 的 MD5 键值所对应的数据，否则，访问数据库获取最新数据并更新缓存。

需要重点说明的是：在第一步中是重写缓存，在第二步中是更新缓存。一个重写，一个更新，这一点需注意。

注：下面的代码只能引入（加载），不能直接运行。

（1）缓存管理类：memcache.class.php

代码如下：

```
<?php
    /*  内存缓存管理  */
class Yc_Memcache{
 private $memcache=null;
 public function __construct(){
 }
 /**
     * 连接缓存服务器
     *
     * @param mixed $host
     * @param mixed $port
     * @param mixed $timeout
     */
 public  function connect($host,$port=11211,$timeout=1){
  if(!function_exists(memcache_connect)){
   return FALSE;
  }
  $this->memcache=@memcache_connect($host,$port,$timeout);
  if(empty($this->memcache)){
   return FALSE;
  }else{
   return TRUE;
  }
 }
     /**
     * 存放值
     *
     * @param mixed $key
     * @param mixed $var
     * @param mixed $flag   默认为 0 不压缩  压缩状态填写：MEMCACHE_COMPRESSED
     * @param mixed $expire  默认缓存时间（单位秒）
     */
 public function set($key,$var,$flag=0,$expire=10){

  $f=@memcache_set($this->memcache,$key,$var,$flag,$expire);
  if(empty($f)){
   return FALSE;
  }else{
```

```
        return TRUE;
      }
    }
        /**
        * 取出对应的 key 的 value
        *
        * @param mixed $key
        * @param mixed $flags
        * $flags 如果此值为 1 表示经过序列化，
        * 但未经过压缩，2 表明压缩而未序列化，
        * 3 表明压缩并且序列化，0 表明未经过压缩和序列化
        */
    public function get($key,$flags=0){
     $val=@memcache_get($this->memcache,$key,$flags);
     return $val;
    }
    /**
        * 删除缓存的 key
        *
        * @param mixed $key
        * @param mixed $timeout
        */
    public function delete($key,$timeout=1){
     $flag=@memcache_delete($this->memcache,$key);
     return $flag;
    }
        /**
        * 刷新缓存但不释放内存空间
        *
        */
    public function flush(){
     memcache_flush($this->memcache);
    }
        /**
        * 关闭内存连接
        *
        */
    public function close(){
     memcache_close($this->memcache);
    }
        /**
        * 替换对应 key 的 value
        *
        * @param mixed $key
        * @param mixed $var
        * @param mixed $flag
        * @param mixed $expire
        */
    public function replace($key,$var,$flag=0,$expire=1){
     $f=memcache_replace($this->memcache,$key,$var,$flag,$expire);
     return $f;
    }
        /**
        * 开启大值自动压缩
        *
        * @param mixed $threshold 单位 b
        * @param mixed $min_saveings 默认值是 0.2 表示 20% 压缩率
        */
    public function setCompressThreshold($threshold,$min_saveings=0.2){
      $f=@memcache_set_compress_threshold($this->memcache,$threshold,$min_
saveings);
     return $f;
    }
```

```
        /**
        * 用于获取一个服务器的在线 / 离线状态
        *
        * @param mixed $host
        * @param mixed $port
        */
     public function getServerStatus($host,$port=11211){
      $re=memcache_get_server_status($this->memcache,$host,$port);
      return $re;
     }
        /**
        * 缓存服务器池中所有服务器统计信息
        *
         * @param mixed $type 期望抓取的统计信息类型，可以使用的值有{reset, malloc, maps,
cachedump, slabs, items, sizes}
        * @param mixed $slabid  cachedump 命令会完全占用服务器通常用于 比较严格的调
        * @param mixed $limit 从服务端获取的实体条数
        */
     public function getExtendedStats($type='',$slabid=0,$limit=100){
      $re=memcache_get_extended_stats($this->memcache,$type,$slabid,$limit);
      return $re;
     }
    }
    ?>                                                                    [000372]
```

（2）缓存处理 center.php（只摘取了部分代码）。

下面的程序主要负责处理来自其他程序发出的请求，核心是从哪儿取得数据，是从缓存取还是从库里取，就由下面的代码进行处理。首先连接缓存服务器，如果连接失败，则库取数据并返回给请求者；如果连接成功，则将发过来的 SQL 通过 md5 加密形成键值，然后搜寻有没有该键值的结果集数据，如果没有则库取，然后，将返回的结果集写入缓存并返回给请求者；如果存在该键值的结果集数据，则缓存取并返回给请求者。

关于下面代码中的 flush_memcache() 刷新缓存函数，它的功能是清除缓存中数据（键及键值）。当有数据被更新（删除、插入和更新）时，会自动启动该函数，清除缓存中与该更新表相关的缓存数据（而不是所有数据），即将包含有该表名字串的所有缓存键清除。这样，确保任何时刻都能查出最新的数据，代价是直接访问了数据库（该付的代价也是要付的）。

```
    <?php
    // 引入缓存管理类文件
    //require_once("./memcache.class.php"); // 这个缓存类文件是在别的地方引入的
    function query_memcache($sql,$dongz,$table){// 缓存处理
       $mem=new Yc_Memcache(); // 实例化缓存类
       $f=$mem->connect('127.0.0.1'); // 连接到缓存服务器。
       if($f){ //*************** 连接指定服务器缓存成功 *************************
              if(strlen($table)==0){ //$table（表名）值为空。
                     $key = 'abcd-' . md5($sql); //$table(表名)为空,$KEY 的值以 'abcd'
打头。
              }else{//$table（表名）值不为空。
                     $key = $table . '-' . md5($sql); //$table（表名）不为空，$key 的
值以 $table 打头。
              }
              if(!($value = $mem->get($key))){ //Cache 中没有 $value（结果集），则从
MySQL 中获取。
                     //$microtime1 = microtime();      // 设置从数据库取之前的时间 返回当
前 Unix 时间戳的微秒数：
                     $conn = new MysqlClass(); // 实例化 MySql 类。
                     if($dongz=='select'){ //mysql 类中查询方式 select 函数。
                            $value = $conn->select($sql);
                     }else if($dongz=='select_num') {//mysql 类中查询方式 select_num
```

函数。

```
                        $value = $conn->select_num( $sql);
                }else if($dongz=='value') {//mysql 类中查询方式 value 函数。
                        $value = $conn->value($sql);
                }else if($dongz=='row') {//mysql 类中查询方式 row 函数。
                        $value = $conn->row($sql);
                }
            // 将 $Value 写入 MemCache
            $mem->set($key,$value,0,0);// 将结果集写入缓存。
            unset($conn); // 销毁 mysql 连接。
            }else{ //Cache 中存在 $value（结果集），则从 cache 中获取。
                $value = $mem->get($key);// 从缓存中取的结果集。
            }
            return $value;// 返回结果集。
            unset($mem);// 销毁缓存对象。
        }else{//************* 连接到指定服务器失败 ******************
            //alert(' 直接库取 ');
            $conn = new MysqlClass();// 实例化 MySql 类。
            if($dongz=='select'){// 同前。
                $value = $conn->select($sql); // 同前。
            }else if($dongz=='select_num') {// 同前。
                $value = $conn->select_num( $sql); // 同前。
            }else if($dongz=='value') {// 同前。
                $value = $conn->value($sql); // 同前。
            }else if($dongz=='row') {// 同前。
                $value = $conn->row($sql); // 同前。
            }
        //file_put_contents($htmlf,trim(file_get_contents($htmlf)));
        return $value;// 返回结果集。
        unset($conn);// 销毁 MySql 连接对象。
        }
    }
    function flush_memcache($table){// 清空某个缓存
        $mem=new Yc_Memcache();// 同前说明
        $f=$mem->connect('127.0.0.1'); // 同前说明。
        if($f){ // 同前说明。
            $allSlabs = $mem->getExtendedStats('slabs'); // 遍历 memcache 中已缓存的
slabs 算法的 key。
            foreach($allSlabs as $server => $slabs)
            {
                foreach($slabs as $slabId => $slabInfo){
                    if(isset($allSlabIds[$slabId])){       continue;       }
                    $allSlabIds[$slabId] = 1;
                }
            }
            foreach($allSlabIds as $slabId => $counter)
            {
                $cdump = $mem->getExtendedStats('cachedump',(int)$slabId);
                foreach($cdump AS $keys => $arrVal)
                {
                    if(!is_array($arrVal)) continue;
                    foreach($arrVal AS $k => $v)
                    {
                        if(strlen($table) != 0){
                            $biaom = substr($k,0,strpos($k,'-'));
                            if($table == $biaom || $biaom == 'abcd')
                            {
                                // 将与 $table（表名）相关的 key 删除，
达到下次能查出最新的数据（已被增、删、改了的数据）。
                                // 这就是为什么在生成 $key 时以 " 表名
"（$table）打头的原因。
                                $mem->delete($k,0);
                            }
```

```
                            }
                        }
                    }
                }
            }
            $mem->close(); // 关闭缓存对象，在这个地方不能销毁。
        }
        // 查询时调用 query_memcache() 函数直接从内存获取。
        $ll_rownum = query_memcache("select count(*) from ykxt_fk_tz"  ,'value',$table);
// 执行 select 操作

        // 数据库发生增、删、改时调用 flush_memcache() 函数清空某个缓存。
        try {
            $conn = new MysqlClass();
            $sql = "update  ".$table . "  set zhensxm='" .($_POST ['真 实 姓 名']) .
"',shoujh='" .($_POST ['手机号']) . "',shenfzh='" .($_POST ['身份证号']) . "' where
denglm='" .($_POST ['登录名']) . "'";
            //die($sql);
            $conn->query($sql); // 执行 update 操作
            flush_memcache($table); // 清理缓存中的数据
            if("" !=($_POST ['密码'])) {
                    $sql = "update  " . $table . "  set mim='" . create_hash(($_POST ['
密码'])) . "' where denglm='" .($_POST ['登录名']) . "'";
                    //die($sql);
                    $conn->query($sql); // 执行 update 操作
                    flush_memcache($table); // 清理缓存中的数据
            }
        unset($conn);
        $msg = "修改成功";
        }catch(Exception $e) {
            $msg = $e->getMessage();
        }
        ?>                                                                    [000373]
```

9.7　本章小结

本章讲解了 PHP 的辅助技术，包括 PHP 代码优化技术、图像处理技术、PHP Xdebug 调试技术、PHP 生成 PDF 技术、PHP 生成 EXCEL 技术以及 php memcache 缓存管理技术等，内容很多，基本把应用开发中的常用技术都纳入进来了，希望读者能够很好地领悟这些技术，对实践开发将起到抛砖引玉的作用。

接下来进入 PHP 的又一重要技术，即第 10 章 PHP 操作中文分词，也就是 PHP 的中文分词技术。

第 10 章 PHP 操作中文分词

可能有一些读者对中文分词比较陌生，在讲解本章主旨之前先来介绍中文分词的概念，中文分词（Chinese Word Segmentation）是指将一个汉字序列切分成一个一个单独的词。分词就是将连续的字序列按照一定的规范重新组合成词序列的过程。在英文的行文中，单词之间以空格作为自然分界符，可通过“空格”分界符来简单划界，而中文字与字之间不能有空格，因此，中文的字与字之间不像英文有一个明显的划界。

众所周知，英文以词为单位，词和词之间用空格隔开，而中文是以字为单位，句子中所有的字连起来才能描述一个意思。例如，英文句子“I am a student”，用中文则是：“我是一名学生。”对于英文，计算机通过空格很容易知道“student”是一个单词。对于中文，不能很容易明白“学”和“生”两个字合起来才表示一个词。把中文的汉字序列切分成有意义的词，就是中文分词，有些人也称为切词。“我是一个学生”，分词的结果应该是：“我”“是”“一个”“学生”。

中文分词是其他中文信息处理的基础，比如机器翻译（MT）、语音合成、自动分类、自动摘要、自动校对等，都需要用到分词。而在计算机搜索引擎领域，也离不开中文分词。

在本章将主要介绍以下内容。

- PHP 操作中文分词应用场景。
- PHP 的中文分词（切词）工具。
- MySQL 自身支持的全文检索。
- PHP Sphinx 中文全文检索。
- PHP Sphinx 索引的即时更新。
- PHP Sphinx 分布式索引。
- PHP Sphinx 实时索引。
- PHP+PHPANAL SIS+Sphinx 实现中文全文检索案例。

10.1 PHP 操作中文分词应用场景

PHP 操作中文分词的目的是构建自己的网站搜索引擎，而这必须借助于全文检索功能。当前的数据库，如 Oracle、MySQL 以及 Microsoft SQL Server 等，都提供全文检索功能，但都不能满足需求。目前在全文检索领域做得比较好的是“斯芬克斯（Sphinx）”，它是一个第三方全文检索工具，而 PHP（不只是 PHP，也包括 Java 及 Python 爬虫等），可以很好地和 Sphinx 联合起来共同实现完美的全文检索，从而为构建自己的网站搜索引擎打下坚实基础。

Sphinx 单一索引最大可包含 1 亿条记录，在 1000 万条记录情况下的查询速度为 0.x 秒（毫秒级）。Sphinx 创建索引的速度为：创建 n 百万条记录的索引只需几分钟，创建 n 千万条记录的索引可以在几十分钟内完成，而几十万条记录的增量索引，重建一次只需几十秒。这些指标是任何数据库无法比拟的。

因此，Sphinx 适用于海量数据的全文检索，尤其是中文信息（如文章、留言等）的海量数据全文检索，这些检索如果单靠数据库本身，是很困难的。

像各大搜索引擎，如百度使用自己开发的分词技术且开发语言使用的是 PHP、Google 使用美国一家名为 Basis Technology（http://www.basistech.com）公司提供的中文分词技术，以及中搜使用国内海量科技（http://www.hylanda.com）提供的分词技术等。很多的应用项目也同样离不开分词技术，尤其是中文分词技术，比如，京东和淘宝自己网站上的搜索引擎。

10.2　PHP 的中文分词（切词）工具

目前 PHP 中文分词（切词）工具主要有以下 3 个。

- scws（下载网址：HTTP://www.xunsearch.com/scws/index.php/）。
- phpanalysis（下载网址：https://github.com/feixuekeji/PHPAnalysis）。
- 结巴（下载网址：HTTPS://github.com/fxsjy/jieba/）。

PHP 的中文分词（切词）工具 phpanalysis 小巧简单且比较实用，其分词效果一点儿都不输给其他两种。后面将要介绍的 Sphinx 全文检索将采用 phpanalysis 中文分词。下面重点说明 phpanalysis 中文分词工具的下载、解压和测试。

（1）phpanalysis 下载，如图 10-1 所示。

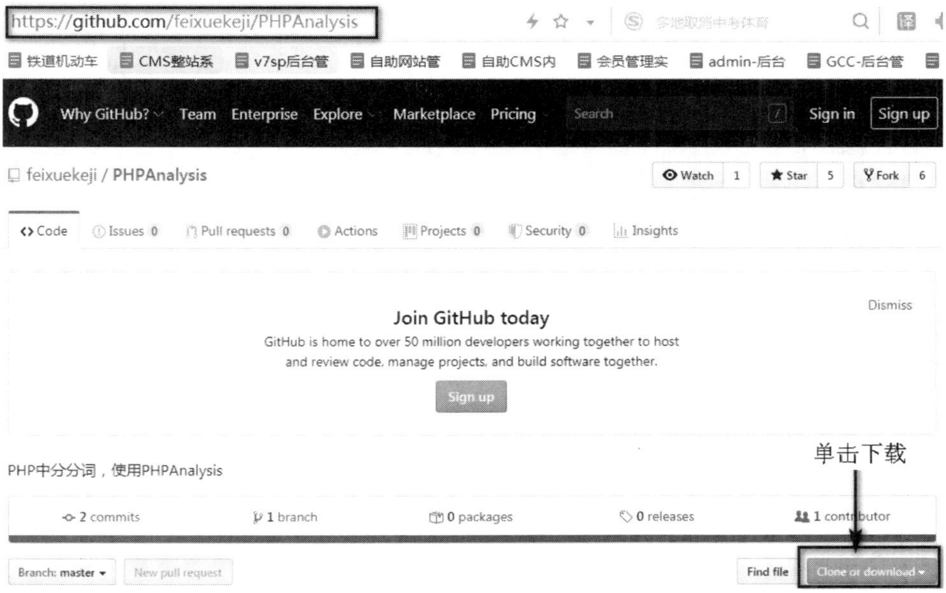

图 10-1

（2）将下载后的 PHPAnalysis-master.zip 文件解压，将解压后的文件复制到网站根目录下的某个文件夹，如图 10-2 所示。

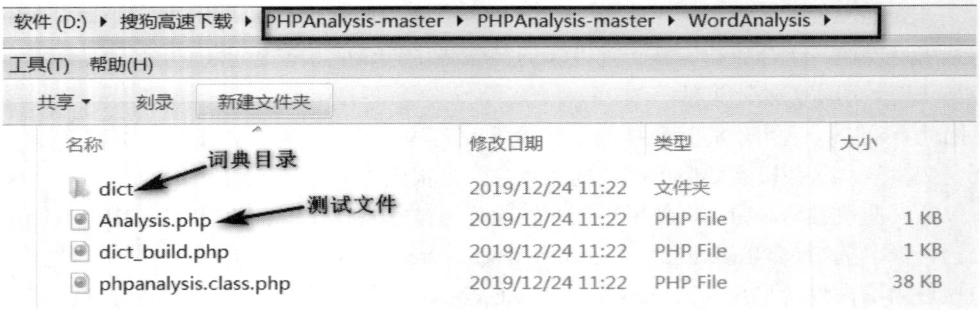

图 10-2

（3）测试

由于下载的文件中没有测试文件，从别的地方找到一个原版的测试文件 demo.php 并稍加改动，代码如下：

注：存为 demo.php，utf-8 编码，放在当前网站目录（WordAnalysis）下。

```
<?php
// 严格开发模式
ini_set('display_errors', 'On');
ini_set('memory_limit', '64M');
error_reporting(0);
$t1 = $ntime = microtime(true);
$endtime = '未执行任何操作，不统计！ ';
function print_memory($rc, &$infostr)
{
    global $ntime;
    $cutime = microtime(true);
    $etime = sprintf('%0.4f', $cutime - $ntime);
    $m = sprintf('%0.2f', memory_get_usage()/1024/1024);
    $infostr .= "{$rc}:  {$m} MB 用时：{$etime} 秒<br />\n";
    $ntime = $cutime;
}
header('Content-Type: text/html; charset=utf-8');
$memory_info = '';
print_memory('没任何操作', $memory_info);
require_once 'phpanalysis.class.php';
$str = (isset($_POST['source']) ? $_POST['source'] : '');
$loadtime = $endtime1  = $endtime2 = $slen = 0;
$do_fork = $do_unit = true;
$do_multi = $do_prop = $pri_dict = false;
if($str != '')
{
    //歧义处理
    $do_fork = empty($_POST['do_fork']) ? false : true;
    //新词识别
    $do_unit = empty($_POST['do_unit']) ? false : true;
    //多元切分
    $do_multi = empty($_POST['do_multi']) ? false : true;
    //词性标注
    $do_prop = empty($_POST['do_prop']) ? false : true;
    //是否预载全部词条
    $pri_dict = empty($_POST['pri_dict']) ? false : true;
    $tall = microtime(true);
    //初始化类
    PhpAnalysis::$loadInit = false;
    $pa = new PhpAnalysis('utf-8', 'utf-8', $pri_dict);
    print_memory('初始化对象', $memory_info);
    //载入词典
```

```
        $pa->LoadDict();
        print_memory('载入基本词典', $memory_info);
        //执行分词
        $pa->SetSource($str);
        $pa->differMax = $do_multi;
        $pa->unitWord = $do_unit;
        $pa->StartAnalysis( $do_fork );
        print_memory('执行分词', $memory_info);
        $okresult = $pa->GetFinallyResult(' ', $do_prop);
        print_memory('输出分词结果', $memory_info);
        $pa_foundWordStr = $pa->foundWordStr;
        $t2 = microtime(true);
        $endtime = sprintf('%0.4f', $t2 - $t1);
        $slen = strlen($str);
        $slen = sprintf('%0.2f', $slen/1024);
        $pa = '';
    }
    $teststr = "日前，由共和党人组成的独立政治团体"林肯计划"(Lincoln Project)发布了一个题为《美国在哀悼》的广告短片。这一时长 60 秒的视频列举事实，
    指出超 6 万美国人死于被白宫忽略的致命病毒、经济动荡也已导致超 2600 万美国人失业。短片中的旁白也提到，美国"正变得越发虚弱和贫穷"。
    综合美国《国会山报》、英国《卫报》等外媒 5 日报道，这段短片由"林肯计划"在 5 月 4 日发布到了社交媒体推特上，并由白宫顾问凯莉安娜·康威的丈夫、
    同时也是该团体创始成员的乔治·康威进行了转发。开头的一段旁白提到，"美国正在哀悼。如今，超过 6 万的美国人死于被美国总统忽视的一种致命病毒。
    随着经济混乱不堪，超过 2600 万美国人失业，这是几十年来最糟糕的经济形势。"旁白继续列出一些事实："今天下午，数百万美国人将会申请失业救济。
    当他们的积蓄花光时，很多人都会失去希望，也有百万人担心自己所爱的人无法在这场危机中存活下来。美国在现任总统的领导下变得更加虚弱和贫穷。
    "这部短片还展示了一家破旧的工厂、被担架床运走的遗体、美国人在雨中戴着口罩排队等画面。在早前接受采访时，曾主持美国国际开发署灾难响应工作
    的杰瑞米·孔尼迪克直言，美国联邦政府对新冠病毒的最初响应"是现代基本管理和领导方面最重大的失败之一"。《卫报》进一步指出，
    早期缺乏检测使新冠病毒在美国城市中传播并蔓延了 6 周的时间。此外，检测不足也在继续阻碍美国政府方面做出回应。
    新冠病毒将美国社会中长期存在着的社会不平等现象暴露无遗，并严重打击了低收入人群和有色人种。";
    ?>
    <!DOCTYPE html PUBLIC "-//W3C//DTD XHTML 1.0 Transitional//EN" "http://www.w3.org/TR/xhtml1/DTD/xhtml1-transitional.dtd">
    <html xmlns="http://www.w3.org/1999/xhtml">
    <head>
    <meta http-equiv="Content-Type" content="text/html; charset=utf-8" />
    <title>分词测试</title>
    </head>
    <body>
    <table width='90%' align='center'>
    <tr>
        <td>
    <hr size='1' />
    <form id="form1" name="form1" method="post" action="?ac=done" style="margin:0px;padding:0px;line-height:24px;">
       <b>源文本：</b>  <a href="dict_build.php" target="_blank">[更新词典]</a><br/>
        <textarea name="source" style="width:98%;height:150px;font-size:14px;"><?php echo (isset($_POST['source']) ? $_POST['source'] : $teststr); ?></textarea>
        <br/>
         <input type='checkbox' name='do_fork' value='1' <?php echo ($do_fork ? "checked='1'" : ''); ?>/>歧义处理
         <input type='checkbox' name='do_unit' value='1' <?php echo ($do_unit ? "checked='1'" : ''); ?>/>新词识别
         <input type='checkbox' name='do_multi' value='1' <?php echo ($do_multi ? "checked='1'" : ''); ?>/>多元切分
```

```
        <input type='checkbox' name='do_prop' value='1' <?php echo ($do_prop ? "checked='1'" : ''); ?>/>词性标注
        <input type='checkbox' name='pri_dict' value='1' <?php echo ($pri_dict ? "checked='1'" : ''); ?>/>预载全部词条
      <br/>
      <input type="submit" name="Submit" value="提交进行分词" />
           
      <input type="reset" name="Submit2" value="重设表单数据" />
    </form>
    <br />
    <textarea name="result" id="result" style="width:98%;height:120px;font-size:14px;color:#555"><?php echo (isset($okresult) ? $okresult : ''); ?></textarea>
    <br /><br />
    <b>调试信息：</b>
    <hr />
    <font color='blue'>字串长度：</font><?php echo $slen; ?>K <font color='blue'>自动识别词：</font><?php echo (isset($pa_foundWordStr)) ? $pa_foundWordStr : ''; ?><br />
    <hr />
    <font color='blue'>内存占用及执行时间：</font>(表示完成某个动作后正在占用的内存)<hr />
    <?php echo $memory_info; ?>
    总用时：<?php echo $endtime; ?> 秒
    </td>
    </tr>
    </table>
    </body>
    </html>                                                             [000374]
```

结果如图 10-3 所示。

图 10-3

10.3 MySQL 自身支持的全文检索

MySQL 所支持的 FULLTEXT 全文索引用于 MyISAM 和 InnoDB（后来支持的）引擎表，可以在 CREATE TABLE 时或之后使用 ALTER TABLE 或 CREATE INDEX 在 CHAR、VARCHAR 或 TEXT 列上创建。对于大的数据库，将数据装载到一个没有 FULLTEXT 索引的表中，然后再使用 ALTER TABLE（或 CREATE INDEX）创建索引，这是非常快的。如果将数据装载到一个已经有 FULLTEXT 索引的表中，将非常慢。

MySQL 全文搜索需借助 MATCH() 函数完成，下面通过一个具体的小示例来演示。

【示例 10-1】通过 MySQL 自身提供的 MATCH() 函数实现全文检索

该示例首先要创建一张数据表，表中的一个字段数据类型为 text（文本型），然后为这个表添加全文检索字段，插入数据，检索数据。在检索数据时，对查询条件中的 FULLTEXT 字段，必须使用 MATCH() 函数，这是 MySQL 数据库的规定。如果不使用 MATCH() 函数，则视为普通的查询而非全文检索查询。

（1）新建数据表

```
CREATE TABLE IF NOT EXISTS `tb_m4`(
  `id` int(4) NOT NULL AUTO_INCREMENT,
  `content` text NOT NULL,
  UNIQUE KEY `unique_tb_m4_id`(`id`)
) ENGINE=InnoDB  DEFAULT CHARSET=utf8 AUTO_INCREMENT=14 ;                    [000375]
```

这里的 content 就是一个 fulltext 索引类型的字段，如果建表时没有添加全文检索字段，可以通过 alert 来添加，如 ALTER TABLE `tb_m4` ADD FULLTEXT(`content`);。

（2）添加全文检索字段

```
ALTER TABLE `tb_m4` ADD FULLTEXT(`content`);                                 [000376]
```

（3）插入数据

```
INSERT INTO tb_m4(content) VALUES ('It appears good from here'),('The here and the past'),('Why are we hear'),
('An all-out alert'),('All you need is love'),('A good alert');              [000377]
```

（4）数据检索

```
SELECT * FROM tb_m4 WHERE MATCH(content) AGAINST('love');                    [000378]
```

上面就是 MySQL 的全文检索功能，注意：在全文索引上进行搜索不区分大小写。例如下面的查询语句：

```
SELECT * FROM tb_m4 WHERE content like '%love%';                             [000379]
```

和全文检索查出的结果相同，但它不是全文检索，只是一个普通的查询。

10.4　PHP Sphinx 中文全文检索

在前面提到，海量的数据搜索离开类似于 Sphinx 的全文检索是不行的，虽然数据库自身都提供了全文检索，但对于海量数据搜索还是力不从心。目前还没有听说哪家网站搜索引擎完全依靠某某数据库的全文检索功能，本节讨论的是达到 TB 级数据的检索，对于数据库自身提供的全文检索就不讨论了，只讨论能够完成 TB 级查询的 Sphinx。

10.4.1　Sphinx 简介

说到 Sphinx，就不得不提一下各大搜索引擎，如谷歌（Google）搜索引擎已经几十年了，全球各类大大小小类似的搜索引擎也陆续出现、消亡。目前国内以百度为大，搜狗、360 等也势在必争。如今，搜索引擎技术已发展得相当成熟，相继出现了很多开源的搜索引擎系统。比如，Solr、Lucene、Elasticsearch、Sphinx 等。

Sphinx 是俄罗斯人用 C++ 写的，速度很快，可以非常容易地与 SQL 数据库和脚本语言集成，内置 MySQL 和 PostgreSQL 数据库数据源的支持。它是一个独立的搜索引擎，并非 MySQL 的标配，意图为其他应用提供高速、低空间占用、高结果相关度的全文搜索功能。

当前系统内置 MySQL 和 PostgreSQL 数据库数据源的支持，也支持从标准输入读取特定格式的 XML 数据。通过修改源代码，用户可以自行增加新的数据源（如其他类型的 DBMS 的原生支持）。

搜索 API 支持 PHP、Python、Perl、Rudy 和 Java，并且也可以用作 MySQL 存储引擎。搜索 API 非常简单，可以移植到新的语言上。

Sphinx 的特性如下：

- 高速索引（在新款 CPU 上，近 10MB/s）。
- 高速搜索（2~4GB 的文本量中平均查询速度不到 0.1s）。
- 高可用性（单 CPU 上最大可支持 100GB 的文本，100M 文档）。
- 提供良好的相关性排名。
- 支持分布式搜索。
- 提供文档摘要生成。
- 提供从 MySQL 内部的插件式存储引擎上搜索。
- 支持每个文档多个全文检索域（默认最大 32 个）。
- 支持每个文档多属性。
- 支持断词。
- 支持单字节编码与 UTF-8 编码。
- 支持 MySQL（MyISAM 和 InnoDB 表都支持）。
- 支持 PostgreSQL。

10.4.2 Sphinx for windows 下载

从 Sphinx 官网上 HTTP://www.sphinxsearch.com/downloads.html 下载 sphinx-2.2.11-release-win64.zip（Windows 64 位版本）、sphinx-2.2.11-release-win32.zip（Windows 32 位版本）。将这个文件解压到 D:\sphinx 或其他位置，如果 D:\sphinx 下没有 data 和 log 子目录，则自行创建。

下载界面如图 10-4 所示。

图 10-4

单击“Archive versions”进入下载界面，如图 10-5 所示。

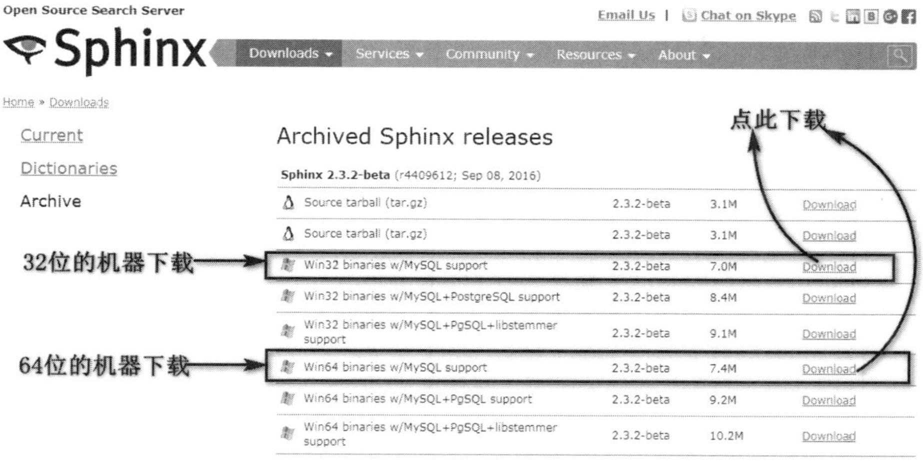

图 10-5

下载的压缩文件是“sphinx-2.3.2-beta-x64-bin.zip”，解压后的文件如图 10-6 所示。

图 10-6

10.4.3　Sphinx 的配置

先介绍一下 Sphinx 全文检索的一个需求。以网站的新闻文章表（tb_content）作为全文检索表，检索字段主要是标题（TITLE）与内容（CONTENTS）。

新闻文章表的结构及数据如下。

```
SET FOREIGN_KEY_CHECKS=0;
-- ----------------------------
-- Table structure for tb_content
-- ----------------------------
DROP TABLE IF EXISTS `tb_content`;
CREATE TABLE `tb_content` (
  `ARTICLESID` int(11) NOT NULL AUTO_INCREMENT,
  `TITLE` varchar(100) NOT NULL DEFAULT '',
```

```
`TITLECOLOR` varchar(20) DEFAULT NULL,
`AUTHOR` varchar(200) DEFAULT NULL,
`COMEFROM` varchar(200) DEFAULT NULL,
`KEYWORD` varchar(200) DEFAULT NULL,
`HTMLURL` varchar(200) DEFAULT NULL,
`CATALOGID` int(6) DEFAULT NULL,
`CONTENTS` mediumtext DEFAULT NULL,
`EDITUSERID` int(6) DEFAULT NULL,
`ADDTIME` int(10) DEFAULT NULL,
`UPDATETIME` int(10) DEFAULT NULL,
`HITS` int(6) DEFAULT NULL,
PRIMARY KEY (`ARTICLESID`)
) ENGINE=MyISAM AUTO_INCREMENT=7 DEFAULT CHARSET=utf8;

-- ----------------------------
-- Records of tb_content
-- ----------------------------
INSERT INTO `tb_content` VALUES ('1', 'TITLE- TITLE- TITLE ', 'TITLECOLOR-1 ', 'AUTHOR- AUTHOR', 'COMEFROM- COMEFROM', 'KEYWORD - KEYWORD', 'HTMLURL - HTMLURL', '1', 'CONTENTS = CONTENTS', '1', '1', '1', '1');
INSERT INTO `tb_content` VALUES ('2', 'TITLE- TITLE- TITLE ', 'TITLECOLOR-1 ', 'AUTHOR- AUTHOR', 'COMEFROM- COMEFROM', 'KEYWORD - KEYWORD', 'HTMLURL - HTMLURL', '1', 'CONTENTS = CONTENTS', '1', '1', '1', '1');
INSERT INTO `tb_content` VALUES ('3', 'TITLE- TITLE- TITLE ', 'TITLECOLOR-1 ', 'AUTHOR- AUTHOR', 'COMEFROM- COMEFROM', 'KEYWORD - KEYWORD', 'HTMLURL - HTMLURL', '1', 'CONTENTS = CONTENTS', '2', '1', '1', '1');
INSERT INTO `tb_content` VALUES ('4', 'TITLE', 'TITLECOLOR1', 'AUTHOR', 'COMEFROM', 'KEYWORD', 'HTMLURL', '1', 'CONTENTS', '7', '1', '1', '1');
INSERT INTO `tb_content` VALUES ('5', 'TITLE- TITLE', 'TITLECOLOR-2 ', 'AUTHOR-AUTHOR', 'COMEFROM-COMEFROM', 'KEYWORD-KEYWORD', 'HTMLURL-HTM', '1', 'CONTENTS = CONTENTS', '7', '3', '2', '2');
INSERT INTO `tb_content` VALUES ('6', 'TITLE- TITLE-TITLE ', 'TITLECOLOR-3 ', 'AUTHOR-AUTHOR-AUTHOR ', 'COMEFROM-COMEFROM-AUTHOR ', 'KEYWORD-KEYWORD-AUTHOR', 'HTMLURL-HTMLURL-AUTHOR', '1', 'CON-TENTS-CON-TENTS-AU-THOR ', '3', '4', '5', '7');
[000380]
```

在这个表中，主要对标题（TITLE）与内容（CONTENTS）字段进行全文检索，在检索过程中根据文章的栏目（CATALOGID），编辑（EDITUSERID），时间段（ADDTIME）进行条件性的全文检索，然后根据主键 ID（ARTICLESID），人气（HITS）进行排序显示，那么，应如何配置 Sphinx 来实现这一需求呢？下面开始讲述。

sphinx 是以 sphinx.conf 为配置文件，索引与搜索均以这个文件为依据进行，要进行全文检索，首先要配置好 sphinx.conf，告诉 sphinx 哪些字段需要进行索引，哪些字段需要在 where,orderby,groupby 中用到。

解压后无论有没有 sphinx.conf.in 示范文件，需创建一个空白内容的 sphinx.conf，存放在 D:/sphinx 根目录。

sphinx.conf 配置文件的结构如下：

```
#-- 第 1 套源名与索引
source 源名称 1{
…
}
index 索引名称 1{
source= 源名称 1
…
}
#-- 第 2 套源名与索引
source 源名称 2{
…
```

```
}
index 索引名称 2{
source = 源名称 2
…
}
#-- 第 3 套源名与索引
source 源名称 3{
…
}
index 索引名称 3{
source = 源名称 3
…
}
#-- 第 4 套源名与索引
#-- 第 5 套源名与索引
…
#-- 第 n 套源名与索引
indexer{
…
}
searchd{
…
}
```

从结构可以看出，sphinx 可以定义多个数据源与索引，不同的数据源与索引可以应用到不同表或不同应用的全文检索。

根据前面的需求，配置出 MySQL 数据库的 sphinx.conf，代码如下：

```
#######################################################################
# 数据源配置
#######################################################################
source sjy1
{
    type = mysql           # 数据库类型
    sql_host = 127.0.0.1 # 数据库所在服务器 ip 地址
    sql_user = root        # 数据库用户
    sql_pass =             # 数据库密码
    sql_db = jiaowglxt     # 数据库名
    sql_port= 3307         # 数据库端口 MySQL 默认 3306
    sql_query_pre=  SET NAMES utf8  # 执行 SQL（sql_query=...）前采用的编码集。
    # 获取数据的 sql 语句
    # 创建全文索引用的 SQL 语句，该 sql 语句将发往数据库。
    sql_query = \
SELECT  ARTICLESID,TITLE,TITLECOLOR,AUTHOR,CATALOGID,ADDTIME,EDITUSERID,UPDATE
TIME,\
HITS,COMEFROM,KEYWORD,HTMLURL,CONTENTS FROM tb_content
    sql_attr_uint= CATALOGID  #“CATALOGID”为表字段，用于设定全文检索后的过滤条件中的字
段，称之为全文检索属性字段，详细信息见表 8-2。
    sql_attr_uint= EDITUSERID  #“EDITUSERID”为表字段，用于设定全文检索后的过滤条件中的
字段，称之为全文检索属性字段，详细信息见表 8-2。
    sql_attr_uint  = HITS   #“HITS”为表字段，用于设定全文检索后的过滤条件中的字段，称之为
全文检索属性字段，详细信息见表 8-2。
    sql_attr_timestamp = ADDTIME  #“ADDTIME”为表字段，用于设定全文检索后的过滤条件中的
字段，称之为全文检索属性字段，详细信息见表 8-2。
    sql_attr_timestamp = UPDATETIME  #“ADDTIME”为表字段，用于设定全文检索后的过滤条件
中的字段，称之为全文检索属性字段，详细信息见表 8-2。
    sql_attr_timestamp = TITLECOLOR  #“ADDTIME”为表字段，用于设定全文检索后的过滤条件
中的字段，称之为全文检索属性字段，详细信息见表 8-2。
    # 下面的字段是搜索时需要去匹配的字段
    sql_field_string     = COMEFROM
    sql_field_string     = KEYWORD
    sql_field_string     = HTMLURL
    sql_field_string     = CONTENTS
```

```
    }
    ##########################################################################
    # 索引（根据需求索引可以建多个）
    ##########################################################################
    index sy1
    {
        source    = sjy1 # 声明数据源
        path    = D:/sphinx/data/sy1 # 索引文件存放路径及索引的文件名
        docinfo    = extern
        mlock    = 0 # searchd会将spa和spi预读取到内存中。但是如果这部分内存数据长时间没有访问，
则它会被交换到磁盘上。设置了mlock就不会出现这个问题，这部分数据会一直存放在内存中的。
        morphology    = none
        #stopwords    =
        min_word_len    = 1 # 索引的词最小长度
    #   min_prefix_len   = 1 # 最小前缀
    #   min_infix_len    = 1 # 最小中缀
        expand_keywords = 1 # 是否尽可能展开关键字的精确格式或者型号形式
        ngram_len = 1   # 对于非字母型数据的长度切割
        # 字符表和大小写转换规则
        charset_table = U+FF10..U+FF19->0..9, 0..9, U+FF41..U+FF5A->a..z, U+FF21..
U+FF3A->a..z,A..Z->a..z, a..z, U+0149, U+017F, U+0138, U+00DF, U+00FF, U+00C0..
U+00D6->U+00E0..U+00F6,U+00E0..U+00F6, U+00D8..U+00DE->U+00F8..U+00FE, U+00F8..
U+00FE, U+0100->U+0101, U+0101,U+0102->U+0103, U+0103, U+0104->U+0105, U+0105,
U+0106->U+0107, U+0107, U+0108->U+0109,U+0109, U+010A->U+010B, U+010B, U+010C-
>U+010D, U+010D, U+010E->U+010F, U+010F,U+0110->U+0111, U+0111, U+0112->U+0113,
U+0113, U+0114->U+0115, U+0115, U+0116->U+0117,U+0117, U+0118->U+0119, U+0119,
U+011A->U+011B, U+011B, U+011C->U+011D, U+011D,U+011E->U+011F, U+011F, U+0130-
>U+0131, U+0131, U+0132->U+0133, U+0133, U+0134->U+0135,U+0135, U+0136->U+0137,
U+0137, U+0139->U+013A, U+013A, U+013B->U+013C, U+013C,U+013D->U+013E, U+013E,
U+013F->U+0140, U+0140, U+0141->U+0142, U+0142, U+0143->U+0144,U+0144, U+0145-
>U+0146, U+0146, U+0147->U+0148, U+0148, U+014A->U+014B, U+014B,U+014C->U+014D,
U+014D, U+014E->U+014F, U+014F, U+0150->U+0151, U+0151, U+0152->U+0153,U+0153,
U+0154->U+0155, U+0155, U+0156->U+0157, U+0157, U+0158->U+0159, U+0159,U+015A-
>U+015B, U+015B, U+015C->U+015D, U+015D, U+015E->U+015F, U+015F, U+0160-
>U+0161,U+0161, U+0162->U+0163, U+0163, U+0164->U+0165, U+0165, U+0166->U+0167,
U+0167,U+0168->U+0169, U+0169, U+016A->U+016B, U+016B, U+016C->U+016D, U+016D,
U+016E->U+016F,U+016F, U+0170->U+0171, U+0171, U+0172->U+0173, U+0173, U+0174-
>U+0175, U+0175,U+0176->U+0177, U+0177, U+0178->U+00FF, U+00FF, U+0179->U+017A,
U+017A, U+017B->U+017C,U+017C, U+017D->U+017E, U+017E, U+0410..U+042F->U+0430..
U+044F, U+0430..U+044F,U+05D0..U+05EA, U+0531..U+0556->U+0561..U+0586, U+0561..
U+0587, U+0621..U+063A, U+01B9,U+01BF, U+0640..U+064A, U+0660..U+0669, U+066E,
U+066F, U+0671..U+06D3, U+06F0..U+06FF,U+0904..U+0939, U+0958..U+095F, U+0960..
U+0963, U+0966..U+096F, U+097B..U+097F,U+0985..U+09B9, U+09CE, U+09DC..U+09E3,
U+09E6..U+09EF, U+0A05..U+0A39, U+0A59..U+0A5E,U+0A66..U+0A6F, U+0A85..U+0AB9,
U+0AE0..U+0AE3, U+0AE6..U+0AEF, U+0B05..U+0B39,U+0B5C..U+0B61, U+0B66..U+0B6F,
U+0B71, U+0B85..U+0BB9, U+0BE6..U+0BF2, U+0C05..U+0C39,U+0C66..U+0C6F, U+0C85..
U+0CB9, U+0CDE..U+0CE3, U+0CE6..U+0CEF, U+0D05..U+0D39, U+0D60,U+0D61, U+0D66..
U+0D6F, U+0D85..U+0DC6, U+1900..U+1938, U+1946..U+194F, U+A800..U+A805,U+A807..
U+A822, U+0386->U+03B1, U+03AC->U+03B1, U+0388->U+03B5, U+03AD->U+03B5,U+0389-
>U+03B7, U+03AE->U+03B7, U+038A->U+03B9, U+0390->U+03B9, U+03AA->U+03B9,U+03AF-
>U+03B9, U+03CA->U+03B9, U+038C->U+03BF, U+03CC->U+03BF, U+038E->U+03C5,U+03AB-
>U+03C5, U+03B0->U+03C5, U+03CB->U+03C5, U+03CD->U+03C5, U+038F->U+03C9,U+03CE-
>U+03C9, U+03C2->U+03C3, U+0391..U+03A1->U+03B1..U+03C1,U+03A3..U+03A9->U+03C3..
U+03C9, U+03B1..U+03C1, U+03C3..U+03C9, U+0E01..U+0E2E,U+0E30..U+0E3A, U+0E40..
U+0E45, U+0E47, U+0E50..U+0E59, U+A000..U+A48F, U+4E00..U+9FBF,U+3400..U+4DBF,
U+20000..U+2A6DF,U+F900..U+FAFF, U+2F800..U+2FA1F, U+2E80..U+2EFF,U+2F00..U+2FDF,
U+3100..U+312F, U+31A0..U+31BF, U+3040..U+309F, U+30A0..U+30FF,U+31F0..U+31FF,
U+AC00..U+D7AF, U+1100..U+11FF, U+3130..U+318F, U+A000..U+A48F,U+A490..U+A4CF
    # 对于非字母型数据的长度切割，N-Gram是指不按照词典，而是按照字长来分词
    #ngrams_chars = U+4E00..U+9FBF, U+3400..U+4DBF, U+20000..U+2A6DF, U+F900..
U+FAFF,U+2F800..U+2FA1F, U+2E80..U+2EFF, U+2F00..U+2FDF, U+3100..U+312F, U+31A0..
U+31BF,U+3040..U+309F, U+30A0..U+30FF, U+31F0..U+31FF, U+AC00..U+D7AF, U+1100..
U+11FF,U+3130..U+318F, U+A000..U+A48F, U+A490..U+A4CF
```

```
}
########################################################################
# 索引器配置
########################################################################
indexer
{
    mem_limit = 32M   # 内存限制
}
########################################################################
#sphinx 服务进程
########################################################################
searchd
{
    listen             = 9312 # 监听端口，官方在 IANA 获得正式授权的 9312 端口
     listen            = 9306:mysql41   # 实时索引监听的端口
    read_timeout   = 5 # 请求超时
    max_children   = 30 # 同时可执行的最大 searchd 进程数
     #max_matches      = 100000
     max_packet_size = 32M
     read_buffer       = 1M
     subtree_docs_cache = 8M
     subtree_hits_cache = 16M
    workers            = threads   #for RT to work 多处理模式
     dist_threads      = 2
    seamless_rotate   = 1 # 是否支持无缝切换，做增量索引时通常需要
    preopen_indexes = 1 # 索引预开启，是否强制重新打开所有索引文件
    unlink_old        = 1 # 索引轮换成功之后，是否删除以 .old 为扩展名的索引拷贝
    log = d:/sphinx/log/searchd.log # 服务进程日志
    query_log    = d:/sphinx/log/query.log # 客户端查询日志
    pid_file    = d:/sphinx/log/searchd.pid # 进程 ID 文件
    binlog_path       = d:/sphinx/log # 二进制日志路径
}
                                                                    [000381]
```

注：上面的配置文件可以作为模板参考使用。

接下来对相关配置项进行说明。

（1）sphinx.conf 配置文件的 Source 部分配置项说明

sphinx.conf 配置文件的 Source 部分配置项说明如表 10-1 所示。

表 10-1

Source 配置项	描述
type	数据库类型，支持 MySQL 与 odbc
strip_html	是否去掉 html 标签
sql_host	数据库主机地址
sql_user	数据库用户名
sql_pass	数据库密码
sql_db	数据库名称
sql_port	数据库采用的端口
sql_query_pre	执行 sql 前要设置的字符集，用 utf8 必须 SET NAMES utf8
sql_query	全文检索要显示的内容，在这里尽可能不使用 where 或 group by，将 where 与 group by 的内容交给 sphinx，由 sphinx 进行条件过滤与 groupby 效率会更高。注意：select 后面的字段必须至少包括一个唯一主键（ARTICLESID）以及要全文检索的字段，计划原本在 where 中要用到的字段也要 select 出来，这里不用使用 order by
sql_attr_ 开头的	表示一些属性字段，原计划用在 where,order by,group by 中的字段要在这里定义

关于 Sphinx 所支持的属性类型，如表 10-2 所示。

表 10-2

属性	描述
sql_attr_uint | sql_attr_bigint	32 位无符号整数值和 64 位有符号整数值。可对所有整数数据库字段和 DATE 使用这两种类型
sql_attr_float	32 位浮点值。如果想要存储地理坐标，可使用此属性类型。需要注意的是，如果需要更高的精确度，则没有解决方法；字段四舍五入到七位小数
sql_attr_bool	一个布尔型（单个位）值，类似于 MySQL 的 tinyint 值
sql_attr_timestamp	一种 UNIX 时间戳，可表示从 1970-01-01 到 2038-01-19 的日期 / 时间值。在 Sphinx 中无法直接使用 DATE 或 DATETIME 列类型。必须使用 UNIX_TIMESTAMP() 函数将它们转换为时间戳。如果仅需要日期，可使用 TO_DAYS() 函数将 DATE 字段转换为一个整数
sql_attr_string	字符串，仅用于检索，用于 sql_query 指示的 select 语句的 where 中
sql_field_string	字符串，可作为全文本被索引，必须出现在 sql_query 指示的 select 列表中

根据原先的 SQL：

```
    select * from tb_content where title like ? and catalogid=? And edituserid=?
And addtime between ? and ? order by hits desc;
```

需要对 catalogid,edituserid,addtime,hits 进行属性定义（这 4 个字段也要在 select 的字段列表中），定义时不同的字段类型有不同的属性名称，具体可参考表 10-2 的说明。

（2）sphinx.conf 配置文件的 index 部分配置项说明

sphinx.conf 配置文件的 index 部分配置项说明如表 10-3 所示。

表 10-3

index 配置项	描述
source	数据源名
path	全文索引存放的目录，如 d:/sphinx/data/cgfinal，实际存放时会存放在 d:/sphinx/data 目录。如果有多套数据源及索引，那么分别在各自的“path”项创建全文索引存放的目录，如 d:/sphinx/data/cgfinal_1、d:/sphinx/data/cgfinal_2、d:/sphinx/data/cgfinal_n。注意：多套数据源及索引的 path 项的设置不能重复

其他说明：

其他的配置如 min_word_len,charset_type,charset_table,ngrams_chars,ngram_len，这些则是支持中文检索需要设置的内容。

如果检索的不是中文，则 charset_table,ngrams_chars,min_word_len 要设置不同的内容，具体官方网站的论坛中有很多，读者可以去那里看看。

10.4.4 运行 Sphinx

在正式运行 Sphinx 之前，有以下 3 项工作要做。

第一，为了确保索引有效，要对数据进行索引或重建索引。

第二，运行检索守护进程 searchd。

第三，安装检索守护进程 searchd 服务。

具体操作如下。

1. 对数据进行索引或重建索引

进入命令行，运行如下命令：

```
D:\sphinx\bin\indexer -c D:\sphinx\sphinx.conf sy1 --rotate                [000382]
```

注：上面的命令是对 sphinx.conf 中数据源 sjy1 的索引 sy1 操作，进行索引重建。另外，命令中的“D:\sphinx\bin\indexer”“D:\sphinx\sphinx.conf”及“sy1”要换成自己的。

运行结果如图 10-7 所示。

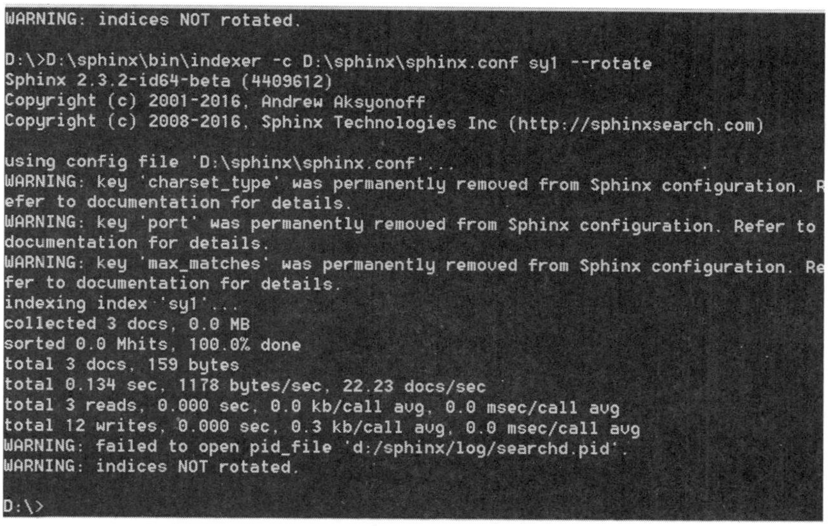

图 10-7

如果在 sphinx.conf 中配置了多个数据源，想一次性全部索引则进行如下操作。

```
D:\sphinx\bin\indexer -c D:\sphinx\sphinx.conf --all --rotate          [000383]
```

注：上面命令中的“D:\sphinx\bin\indexer”及“D:\sphinx\sphinx.conf”要换成自己的。

如果只是想对某个索引源进行索引，则输入如下命令：

```
D:\sphinx\bin\indexer -c D:\sphinx\sphinx.conf 索引名称（这里的索引名称是在 sphinx.
conf 中定义的索引名称）                                                    [000384]
```

注：上面命令中的“D:\sphinx\bin\indexer”及“D:\sphinx\sphinx.conf”要换成自己的。

2. 运行检索守护进程 searchd

进入命令行，运行如下命令：

```
D:\sphinx\bin\searchd -c D:\sphinx\sphinx.conf                           [000385]
```

注：上面命令中的“D:\sphinx\bin\searchd”及“D:\sphinx\sphinx.conf”要换成自己的。

此时，系统会在 9306 端口侦听 MySQL 的全文检索请求，所以如果你的 MySQL 与 sphinx 不在同一台机器，要保证 9306 端口不被防火墙阻隔。

3. 安装检索守护进程 searchd 服务

```
D:\sphinx\bin\searchd.exe  --config  D:\sphinx\sphinx.conf  --install    [000386]
```

注：上面命令中的“D:\sphinx\bin\searchd.exe”及“D:\sphinx\sphinx.conf”要换成自己的。

运行结果如图 10-8 所示。

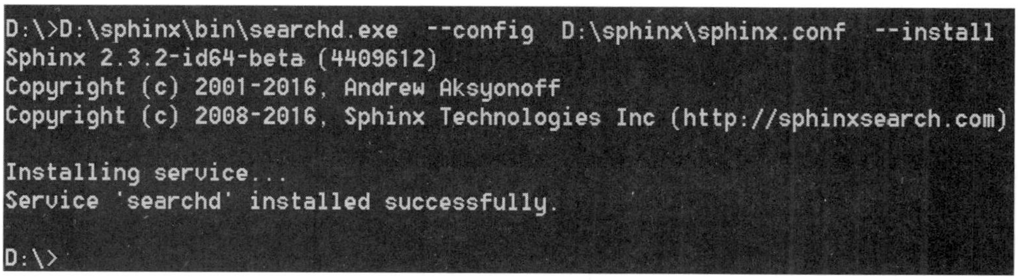

图 10-8

这样，检索守护进程 searchd 将随 Windows 的启动而自动启动该服务，如图 10-9 所示。

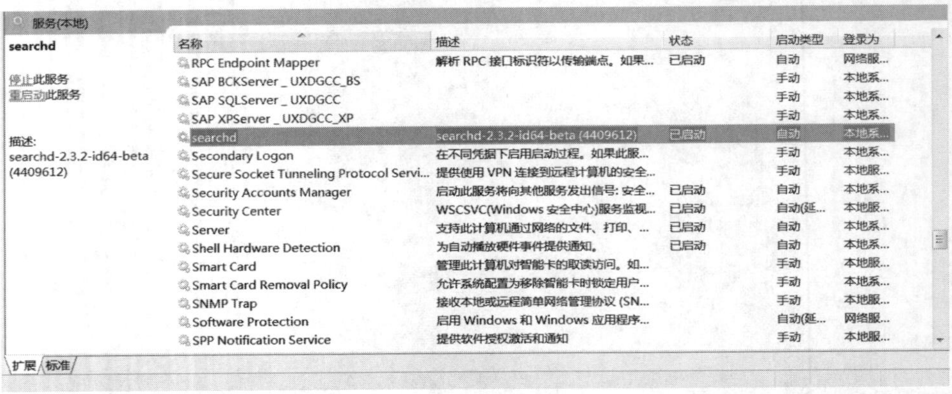

图 10-9

4. 删除检索守护进程 searchd 服务

```
D:\sphinx\bin\searchd.exe  --config  D:\sphinx\sphinx.conf  --delete    [000387]
```

注：上面命令中的“D:\sphinx\bin\searchd.exe”及“D:\sphinx\sphinx.conf”要换成自己的。

10.4.5 Sphinx 全文搜索结果匹配模式及搜索语法

Sphinx 为过滤搜索结果提供了丰富的匹配模式及搜索语法，某些搜索语法有点类似正则表达式（但不是正则表达式）。对于了解正则表达式的读者，理解起来较为容易。搜索语法文本将被用在 SQL 查询语句的 where 子句中，而且只有 Sphinx 能够识别该搜索语法文本。SQL 查询语句是由应用程序发出来的，对于应用程序部分将在后面的小节讲解。

关于 Sphinx 的全文搜索模式（匹配和排序等）以及全文搜索语法，由于内容很多及本文献篇幅的限制，只提供部分说明。

1. 匹配模式

Sphinx 全文搜索结果匹配模式说明如表 10-4 所示。

表 10-4

匹配模式	描述
SPH_MATCH_ALL	匹配所有查询词（默认模式）
SPH_MATCH_ANY	匹配任意查询词
SPH_MATCH_PHRASE	短语匹配
SPH_MATCH_BOOLEAN	布尔表达式匹配
SPH_MATCH_EXTENDED2	查询匹配一个 Sphinx 内部查询语言表达式

2. 布尔查询语法（Boolean query syntax）

布尔查询语法中允许使用的特殊操作符说明如表 10-5 所示。

表 10-5

操作符	描述
AND	hello&world，意思是匹配含有 hello 和 world
OR	hello|world ，意思是匹配含有 hello 或 world
NOT	hello-world 或 hello !world，意思是匹配包含 hello 且不包含 world
Grouping	(hello world)，意思是匹配含有 hello world

例如，(cat-dog)|(cat-mouse)，意思是匹配含有 cat-dog 或者含有 cat-mouse 的数据记录。

AND 是一个隐式操作符，hello world 就相当于 hello & world，意思是匹配含有 hello 和 word 的数据记录。

OR 的优先级高于 AND，looking for cat|dog|mouse 应解释为 looking for(cat|dog|mouse) 而不是 (looking for cat)|dog|mouse，意思是含有 looking 和 for 和含有 cat 或者 dog 或者 mouse 的数据记录。

-dog 隐式地包含了所有查询记录，是不会被执行的。这主要是考虑到技术上与性能上的原因，从技术上来说，sphinx 不能总保持所有文章的 ID 列表。从性能上来说，当结果集巨大（10~100M），执行这样的查询将耗费较长时间。

上述示例解释如表 10-6 所示。

表 10-6

示例文本	意思
hello&world	匹配含有 hello 和 world 的数据记录
hello|world	匹配含有 hello 或 world 的数据记录
hello-world 或 hello !world	匹配包含 hello 且不包含 world 的数据记录
(hello world)	匹配含有 hello world 的数据记录
(cat-dog)|(cat-mouse)	匹配含有 cat-dog 或者含有 cat-mouse 的数据记录
looking for cat|dog|mouse	含有 looking 和 for 和含有 cat 或者 dog 或者 mouse 的数据记录

3. 扩展查询语法（Extended query syntax）

Sphinx 全文搜索扩展查询语法允许使用的特殊操作符说明如表 10-7 所示。

表 10-7

操作符	描述
OR	hello|world，意思是：匹配含有 hello 或者 world
NOT	hello-world 或 hello!world，意思是：匹配含有 hello 且不含有 world
字段搜索操作符 @	@title hello @body world，意思是：匹配 title 中含有 hello 和 body 中含有 world
短语 (phrase) 搜索符	“hello world”，意思是：匹配含有 hello world
临近 (proximity) 搜索符	“hello world”~10，意思是匹配 10 个单词以内包含这 2 个单词

- 注释 1

AND 是一个隐式操作符，“hello world”表示 hello 与 world 都要出现在匹配的记录中。

- 注释 2

OR（|）的优先级高于 AND，所以“looking” AND “cat” | “dog” | “mouse” 的意思是“looking” AND(“cat” |“dog” |“mouse”) 而不是 (“looking” and “cat”)|“dog”|“mouse”。

- 注释 3

临近距离在串中标明了，主要是用来调整单词数量，应用在引号中的所有查询字串。“cat dog mouse” ~5 表示包括这 3 个单词在内，总共不能多于 8 个单词的间隔。比如，CAT aaa bbb ccc DOG eee fff MOUSE 就不能匹配这个查询，因为单词间隔刚好是 8 个。

- 注释 4

像“aaa” |(“bbb”　“ccc” |(“ddd”　“eee”)) 这样的括号嵌套查询目前还不支持，但以后会支持的。

- 注释 5

否定（如 NOT）只允许出现在顶层，不允许出现在括号内，如 (not “aaa”）。这点是不会改变的。因为支持否定嵌套查询会让短语排序（phrase ranking）的实现变得过于复杂。

4. 权重（Weight，匹配度）

采用什么权重功能取决于搜索模式（Search mode）。

在权重函数中有两个主要部分：phrase rank（短语排名）和 statistical rank（统计排名）。

短语排名是基于搜索词在文档和查询短语中的最长公共子序列（LCS）的长度。所以，如果在记录中有确切的短语匹配，记录的短语排名将有可能是最高的，等于查询单词的总个数。

统计排名是建立在经典的 BM25 算法基础之上，它只考虑词频。词在全部文档集合中以低频度出现或高频度出现在匹配的文档中，那么它获得的权重就越大，最终的 BM25 权重是一个介于 0~1 之间的小数。

好的子短语匹配得到好的排名，最好的匹配放到最顶端。一般基于排名的密切短语比其他任何单独的统计方式表现出较好的搜索质量。

在 SPH_MATCH_BOOLEAN 模式中，不需要计算权重，每条匹配记录的权重都是 1。

在 SPH_MATCH_ALL 和 SPH_MATCH_PHRASE 模式中，最终的权重是短语排名权重的总和。

在 SPH_MATCH_ANY 模式中，本质上是一样的，但它也增加了每个字段的匹配单词数量。在在这之前，短语排名权重乘以一个足够大的值以保证在任意一个字段的较高短语排名可以匹配排名较高者，即使它的字段权重比较低。

在 SPH_MATCH_EXTENDED 模式中，最终的权重是短语权重和 BM25 权重的总和，再乘以 1000 取整。

10.4.6 PHP 调用 Sphinx

PHP 调用 Sphinx，可以从以下两个方面入手。

（1）通过 Sphinx 官方提供的 API 接口（接口有 Python、Java、PHP 三种版本）。

（2）通过安装 SphinxSE，然后创建一个中介 sphinxSE 类型的表，再通过执行特定的 SQL 语句实现。

先说第一个，通过官方 API 调用 Sphinx（以 PHP 为例）。在 sphinx 安装目录有一个 API（\sphinx\share\doc\api）目录，里面有 3 个 PHP 文件：test.php，test2.php 和 sphinxapi.php，如图 10-10 所示。

图 10-10

sphinxapi.php 是调用 Sphinx 的接口封装文件，PHP 应用程序通过调用这个文件（sphinxapi.php）在 PHP 应用程序和 Sphinx 之间架起了一座桥梁；test.php 是一个在命令行下执行的查询示例文件，test2.php 是一个生成摘要的例子文件。

在命令行中执行 test.php（Linux 上没有 API 目录，需要从源程序包中复制 api 目录至 /usr/local/sphinx），命令如下。

```
    C:\wamp64\bin\php\php7.3.1\php.exe  -c  C:\wamp64\bin\apache\apache2.4.37\bin\
php.ini  D:\sphinx\share\doc\api\test.php -i syl COMEFROM                [000388]
```

注：上面命令中的“C:\wamp64\bin\php\php7.3.1\php.exe”“C:\wamp64\bin\apache\apache 2.4.37\bin\php.ini”及“D:\sphinx\share\doc\api\test.php”要换成自己的。

运行结果如图 10-11 所示。

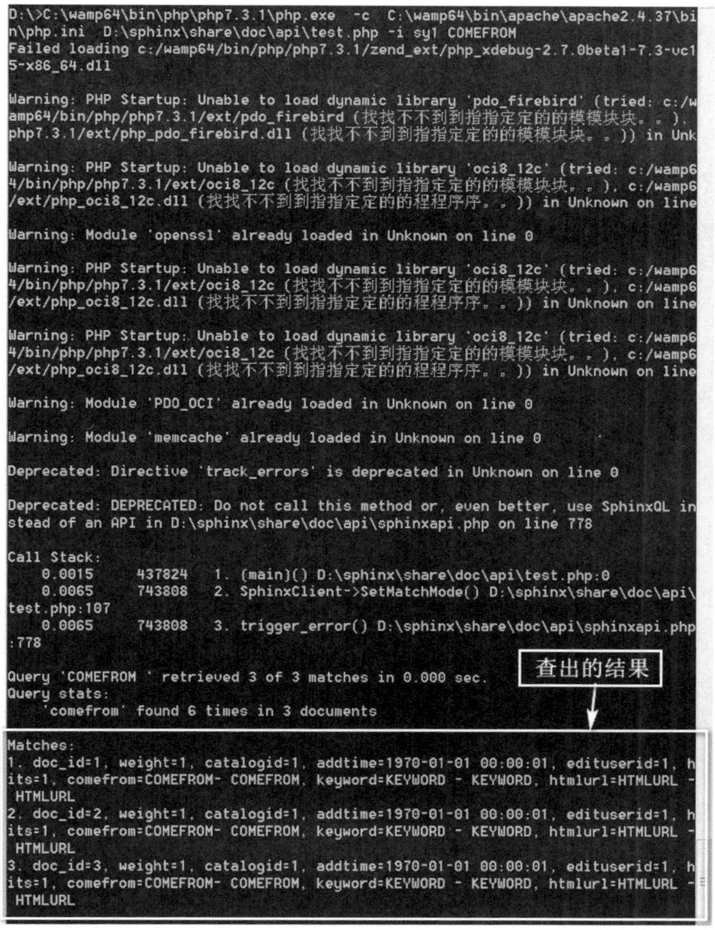

图 10-11

注意：如果在图 10-11 中出现类似“query failed：connection to localhost：9312 failed (errno=10061,msg=…)”的出错信息，可能的原因是在 test.php 和 sphinxapi.php 中，本地主机使用了 localhost，请将“localhost”改为“127.0.0.1”即可（当然还有其他原因导致）。

下面介绍 Sphinx 的 API 查询接口，主要有以下内容：

```
    //创建 Sphinx 的客户端接口对象
    $cl = new SphinxClient();
```

```
    //设置连接 Sphinx 主机名与端口
    $cl->SetServer('127.0.0.1',9312);
    //可选，为每一个全文检索字段设置权重，主要根据在 sql_query 中定义的字段的顺序，Sphinx 系统以后会调整，可以按字段名称来设定权重
    $cl->SetWeights(array(100, 1));
    //设 定 搜 索 模 式 ,SPH_MATCH_ALL,SPH_MATCH_ANY,SPH_MATCH_BOOLEAN,SPH_MATCH_EXTENDED,SPH_MATCH_PHRASE
    $cl->SetMatchMode(SPH_MATCH_ALL);
    //设定过滤条件 $attribute 是属性名，相当于字段名（用 SPH_MATCH_EXTENDED 时），$value 是值，$exclude 是布尔型，
    当为 true 时，相当于 $attribute!=$value，默认值是 false
    $cl->SetFilter($attribute, $values, $exclude);
    //设定 group by
    //根据分组方法，匹配的记录集被分流到不同的组，每个组都记录着组的匹配记录数以及根据当前排序方法本组中的最佳匹配记录。
    //最后的结果集包含各组的一个最佳匹配记录，和匹配数量以及分组函数值
    //结果集分组可以采用任意一个排序语句，包括文档的属性以及 sphinx 下面的几个内部属性
    //@id-- 匹配文档 ID
    //@weight, @rank, @relevance-- 匹配权重
    //@group--group by 函数值
    //@count-- 组内记录数量
    //$groupsort 的默认排序方法是 @group desc，就是按分组函数值大小倒序排列
    $cl->SetGroupBy($attribute, $func, $groupsort);
    //设定 order by 的内容，第一个参数是排序方法名，值有
    //SPH_SORT_RELEVANCE,SPH_SORT_ATTR_DESC,SPH_SORT_ATTR_ASC,SPH_SORT_TIME_SEGMENTS,SPH_SORT_EXTENDED
    //$sortby 的值如 "HITS desc"
    $cl->SetSortMode(SPH_SORT_EXTENDED, $sortby);
    //set count-distinct attribute for group-by queries,$distinct 为字符串
    $cl->SetGroupDistinct($distinct);
    //相当于 mysql 的 limit $offset,$limit
    $cl->SetLimits($start,$limit)
    /*--------------------------------------------------------------------------
    $q 是查询的关键字，即：在 10.4.5 《Sphinx 全文搜索结果匹配模式及搜索语法》里描述的【语法文本字符串】，这个【语法文本字符串】就用在这儿了；$index 是索引名称，当等于 * 时表示查询所有索引
    -------------------------------------------------------------------------*/
    $res = $cl->Query($q, $index);
```

至此，PHP 的“$res=$cl->Query($q,$index)”负责把数据从 Sphinx 的索引数据中取过来，数据量可能是几十万、几百万甚至几千万，而且很快。这个可能是几十万、几百万甚至几千万条数据量的数据，到底是什么结构呢？该数据是一个多维数组结构，通过“echo <pre>; print_r($res); echo <pre>;”展示后的结果如下：

```
    Array
    (
        [0] => Array
            (
                [error] =>
                [warning] =>
                [status] => 0
                [fields] => Array
                    (
                        [0] => title
                        [1] => author
                        [2] => comefrom
                        [3] => keyword
                        [4] => htmlurl
                        [5] => contents
                    )

                [attrs] => Array
                    (
```

```
                [titlecolor] => 2
                [catalogid] => 1
                [addtime] => 2
                [edituserid] => 1
                [updatetime] => 2
                [hits] => 1
                [comefrom] => 7
                [keyword] => 7
                [htmlurl] => 7
                [contents] => 7
            )

        [total] => 0
        [total_found] => 0
        [time] => 0.000
        [words] => Array
            (
                [thor] => Array
                    (
                        [docs] => 1
                        [hits] => 1
                    )

                [htm] => Array
                    (
                        [docs] => 1
                        [hits] => 1
                    )

            )

    )

[1] => Array
    (
        [error] =>
        [warning] =>
        [status] => 0
        [fields] => Array
            (
                [0] => title
                [1] => author
                [2] => comefrom
                [3] => keyword
                [4] => htmlurl
                [5] => contents
            )

        [attrs] => Array
            (
                [titlecolor] => 2
                [catalogid] => 1
                [addtime] => 2
                [edituserid] => 1
                [updatetime] => 2
                [hits] => 1
                [comefrom] => 7
                [keyword] => 7
                [htmlurl] => 7
                [contents] => 7
            )

        [matches] => Array
```

```
(
    [0] => Array
        (
            [id] => 4
            [weight] => 1392
            [attrs] => Array
                (
                    [titlecolor] => 0
                    [catalogid] => 1
                    [addtime] => 1
                    [edituserid] => 7
                    [updatetime] => 1
                    [hits] => 1
                    [comefrom] => COMEFROM
                    [keyword] => KEYWORD
                    [htmlurl] => HTMLURL
                    [contents] => CONTENTS
                )

        )

    [1] => Array
        (
            [id] => 1
            [weight] => 1352
            [attrs] => Array
                (
                    [titlecolor] => 0
                    [catalogid] => 1
                    [addtime] => 1
                    [edituserid] => 1
                    [updatetime] => 1
                    [hits] => 1
                    [comefrom] => COMEFROM- COMEFROM
                    [keyword] => KEYWORD - KEYWORD
                    [htmlurl] => HTMLURL - HTMLURL
                    [contents] => CONTENTS = CONTENTS
                )

        )

    [2] => Array
        (
            [id] => 2
            [weight] => 1352
            [attrs] => Array
                (
                    [titlecolor] => 0
                    [catalogid] => 1
                    [addtime] => 1
                    [edituserid] => 1
                    [updatetime] => 1
                    [hits] => 1
                    [comefrom] => COMEFROM- COMEFROM
                    [keyword] => KEYWORD - KEYWORD
                    [htmlurl] => HTMLURL - HTMLURL
                    [contents] => CONTENTS = CONTENTS
                )

        )

    [3] => Array
        (
```

```
                    [id] => 3
                    [weight] => 1352
                    [attrs] => Array
                        (
                            [titlecolor] => 0
                            [catalogid] => 1
                            [addtime] => 1
                            [edituserid] => 2
                            [updatetime] => 1
                            [hits] => 1
                            [comefrom] => COMEFROM- COMEFROM
                            [keyword] => KEYWORD - KEYWORD
                            [htmlurl] => HTMLURL - HTMLURL
                            [contents] => CONTENTS = CONTENTS
                        )

                )

            [4] => Array
                (
                    [id] => 5
                    [weight] => 1352
                    [attrs] => Array
                        (
                            [titlecolor] => 0
                            [catalogid] => 1
                            [addtime] => 3
                            [edituserid] => 7
                            [updatetime] => 2
                            [hits] => 2
                            [comefrom] => COMEFROM-COMEFROM
                            [keyword] => KEYWORD-KEYWORD
                            [htmlurl] => HTMLURL-HTM
                            [contents] => CONTENTS = CONTENTS
                        )

                )

        )

    [total] => 5
    [total_found] => 5
    [time] => 0.000
    [words] => Array
        (
            [contents] => Array
                (
                    [docs] => 5
                    [hits] => 9
                )

        )

)
```

从上面可以看出，Query 并不能全部取得想要的记录内容，比如 Title,Contents 字段就没有取出来。根据官方的说明是 sphinx 并没有连到 MySQL 去取记录，而是从自己的索引数据中取，因此如果想用 sphinxAPI 去取得想要的记录，一方面，还必须依据 Query 的结果进一步查询 MySQL；另一方面，在查询之前通过 Sphinx 提供的 indexer 命令刷新索引。也就是说，争取做到 MySQL 数据库与 Sphinx 同步，这样，才可以得到最终想要的结果集。

关于如何实现 MySQL 数据库与 Sphinx 同步，在后面章节介绍。

在前面介绍了 test.php，接下来介绍 test2.php，它是一个摘要生成的例子文件，如果本地机器已装好 sphinx，PHP 运行环境，可以通过浏览器来查看 test2.php 的运行效果。

假设要搜索关键词“COMEFROM”，通过 sphinx 可以取到搜索结果，在显示搜索结果时，希望将含有“COMEFROM”的进行红色或加粗显示。同时，不希望全部显示出来，只需显示一段摘要，如 Google 或百度，搜出来的结果不是全篇显示，只是部分显示，这个就是摘要的作用。

下面以 Sphinx2.3.2 版本里提供的 test2.php 为例来说明如何实现上述需求，以下是 test2.php（Sphinx2.3.2 版本）的代码。

```
    <?php

    //
    // $Id$
    //

    require ( "sphinxapi.php" );

    $docs = array
    (
        "this is my test text to be highlighted, and for the sake of the testing we
need to pump its length somewhat",
        "another test text to be highlighted, below limit",
        "test number three, without phrase match",
        "final test, not only without phrase match, but also above limit and with
swapped phrase text test as well",
    );
    $words = "test text";
    $index = "syl";
    $opts = array
    (
        "before_match"          => "<b>",
        "after_match"           => "</b>",
        "chunk_separator"       => " ... ",
        "limit"                         => 60,
        "around"                        => 3,
    );

    foreach ( array(0,1) as $exact )
    {
        $opts["exact_phrase"] = $exact;
        print "exact_phrase=$exact\n";

        $cl = new SphinxClient ();
        $res = $cl->BuildExcerpts ( $docs, $index, $words, $opts );
        if ( !$res )
        {
                die ( "ERROR: " . $cl->GetLastError() . ".\n" );
        } else
        {
                $n = 0;
                foreach ( $res as $entry )
                {
                        $n++;
                        print "n=$n, res=$entry\n";
                }
                print "\n";
```

```
        }
    }

    //
    // $Id$
    //

    ?>                                                                    [000389]
```

把上面代码中的“test1”改为自己的，“test1”是 sphinx.conf 中定义的索引，本节是“sy1”。

在命令行中运行这个文件，命令如下：

```
    C:\wamp64\bin\php\php7.3.1\php.exe   -c   C:\wamp64\bin\apache\apache2.4.37\bin\
php.ini  D:\sphinx\share\doc\api\test2.php  -i    COMEFROM                [000390]
```

运行结果如图 10-12 所示。

```
n=1, res=this is my <b>test</b> <b>text</b> to be highlighted,  ...
n=2, res=another <b>test</b> <b>text</b> to be highlighted, below limit
n=3, res=<b>test</b> number three, without phrase match
n=4, res=final <b>test</b>, not only  ... with swapped phrase <b>text</b> <b>tes
t</b> as well

exact_phrase=1
n=1, res=this is my <b>test text</b> to be highlighted,  ...
n=2, res=another <b>test text</b> to be highlighted, below limit
n=3, res=test number three, without phrase match
n=4, res=final test, not only without phrase match, but also above  ...
```

图 10-12

图 10-12 中的信息就是 test2.php 生成的摘要信息，在这里更需要关心的是这些信息是如何生成的，这段程序的核心在“$res = $cl->BuildExcerpts ($docs, $index, $words, $opts);”，其中“$docs”为要处理的文本，“$index”为 sphinx.conf 配置文件中定义的索引（sy1），“$words”为搜索关键词，“$opts”为奇偶数，通过“BuildExcerpts”处理后，将结果返回给 $res，然后对 $res 进行处理，处理后的信息如图 10-12 所示。

上面都是通过 PHP 命令的方式调用 Sphinx，下面具体介绍通过应用程序的方式调用 Sphinx，示例代码如下：

注：将下面的代码命名为：test-1.php。

```
    <?php
    header("Content-type:text/html;charset=UTF-8");
    include  'sphinxapi.php' ;
    $cl = new SphinxClient();
    $cl->SetServer( '127.0.0.1' ,9312);
    $cl->setArrayResult(true);
    //************************************** 第  一  个  结
果集*********************************
    //参数筛选
    //筛选 CATALOGID =1
    $cl->SetFilter("CATALOGID",array(1));
    //仅在 EDITUSERID 为 1、3、7 的子论坛中搜索
    ////$cl->SetFilter("EDITUSERID",array(1,3,7));
    //范围筛选
    //筛选发布时间为今天，参数为 int 时间戳
    ////$cl->SetFilterRange("ADDTIME",1,4);
    //筛选价格
    ////$cl->SetFilterRange("HITS",1,7);
    //分组
    //按照 TITLE 分组，并且按照 @count desc 排序
```

```
//$cl->SetGroupBy( "TITLE", SPH_GROUPBY_ATTR, "@count desc");
// 排序模式
// 按照 HITS desc 排序
////$cl->SetSortMode(SPH_SORT_ATTR_DESC,"HITS");
// 注意：会被 SetGroupBy 中的排序覆盖
// 匹配查询词中的任意一个
$cl->SetMatchMode(SPH_MATCH_ANY);
/*-------------------------------------------------------------------
SPH_MATCH_ALL, 匹配所有查询词（默认模式）;
SPH_MATCH_ANY, 匹配查询词中的任意一个；
SPH_MATCH_PHRASE, 将整个查询看作一个词组，要求按顺序完整匹配；
SPH_MATCH_BOOLEAN, 将查询看作一个布尔表达式
SPH_MATCH_EXTENDED2, 将查询看作一个内部查询语言的表达式
SPH_MATCH_FULLSCAN, 强制使用下文所述的"完整扫描"模式来对查询进行匹配。注意，在此模式下，
所有的查询词都被
忽略，尽管过滤器、过滤器范围以及分组仍然起作用，但任何文本匹配都不会发生。
从 0 开始查询，查询 30 条，返回结果最多为 1000
-------------------------------------------------------------------*/
$cl->setLimits(0,30,1000);
//*************************************** 第 一 个
查询*********************************
// 从名称为 sy1 的 sphinx 索引查询 "COMEFROM"
//$results=$cl->Query('COMEFROM',"sy1");
//echo "<pre>";
//print_r($results);
//echo "<pre>";
//die();

// 重新实例化 SphinxClient
$sp = new SphinxClient();
$sp->SetServer( '127.0.0.1' ,9312);
$sp->setArrayResult(true);
//*************************************** 第 二 个
查询*********************************
//$sp->SetGroupBy('TITLECOLOR', SPH_GROUPBY_ATTR ,'@count desc');
//$sp->SetFilter('TITLECOLOR','TITLECOLOR-1');
$sp->SetFilter('CATALOGID',array(1));
$sp->SetLimits(0,30,1000);
$sp->AddQuery('CONTENTS','sy1');
$sp->ResetFilters();// 重置筛选条件
$sp->ResetGroupBy();// 重置分组
//*************************************** 第 三 个
查询*********************************
//$sp->SetGroupBy('TITLECOLOR', SPH_GROUPBY_ATTR, '@count desc');
//$sp->setFilter('UPDATETIME',1);
$sp->setFilter('HITS', array(1));
$sp->setLimits(0, 30, 1000);
$sp->AddQuery('KEYWORD', 'sy1');
$sp->ResetFilters();// 重置筛选条件
$sp->ResetGroupBy();// 重置分组
//*************************************** 合 并 第 二 和 第 三 的 查 询
结果*********************************
$results = $sp->RunQueries();
echo "<pre>";
print_r($results);
echo "<pre>";
?>
                                                              [000391]
```

将上面代码保存为 test-1.php 文件，存在网站根目录下的子目录，比如子目录 php-sphinx，然后把 Sphinx 目录中的 sphinxapi.php 也复制到 php-sphinx 子目录中，在浏览器地址栏中输入 http://localhost/php-sphinx/test-1.php，运行结果如图 10-13 所示。

```
[1] => Array
    (
        [error] =>
        [warning] =>
        [status] => 0
        [fields] => Array
            (
                [0] => title
                [1] => author
                [2] => comefrom
                [3] => keyword
                [4] => htmlurl
                [5] => contents
            )

        [attrs] => Array
            (
                [titlecolor] => 2
                [catalogid] => 1
                [addtime] => 2
                [edituserid] => 1
                [updatetime] => 2
                [hits] => 1
                [comefrom] => 7
                [keyword] => 7
                [htmlurl] => 7
                [contents] => 7
            )

        [matches] => Array
            (
                [0] => Array
                    (
                        [id] => 4
                        [weight] => 1392
                        [attrs] => Array
                            (
                                [titlecolor] => 0
                                [catalogid] => 1
                                [addtime] => 1
                                [edituserid] => 7
                                [updatetime] => 1
                                [hits] => 1
                                [comefrom] => COMEFROM
                                [keyword] => KEYWORD
                                [htmlurl] => HTMLURL
                                [contents] => CONTENTS
                            )

                    )

                [1] => Array
                    (
                        [id] => 1
                        [weight] => 1352
                        [attrs] => Array
                            (
                                [titlecolor] => 0
                                [catalogid] => 1
                                [addtime] => 1
                                [edituserid] => 1
                                [updatetime] => 1
                                [hits] => 1
                                [comefrom] => COMEFROM- COMEFROM
                                [keyword] => KEYWORD - KEYWORD
                                [htmlurl] => HTMLURL - HTMLURL
                                [contents] => CONTENTS = CONTENTS
                            )

                    )

                [2] => Array
                    (
                        [id] => 2
                        [weight] => 1352
                        [attrs] => Array
                            (
                                [titlecolor] => 0
                                [catalogid] => 1
                                [addtime] => 1
                                [edituserid] => 1
                                [updatetime] => 1
                                [hits] => 1
                                [comefrom] => COMEFROM- COMEFROM
                                [keyword] => KEYWORD - KEYWORD
                                [htmlurl] => HTMLURL - HTMLURL
                                [contents] => CONTENTS = CONTENTS
                            )

                    )
```

图 10-13

由于界面幅面很大，没必要都截取下来，只截取了其中的部分。图 10-13 中的数据来自 10.4.3 节中的数据表 tb_content 中的数据。

注：在这里通过改变“$sp->AddQuery(‘CONTENTS’，‘sy1’);”中的“CONTENTS”不同值或“$results=$cl->Query(‘COMEFROM’,”sy1”);”中的“COMEFROM”不同值，来测试布尔查询语法及扩展查询语法。比如，把“CONTENTS”改为“CONTENTS|COMEFROM”或者“CONTENTS&COMEFROM”等，来看“[matches]”的变化。“[matches]”中的信息就是从 Sphinx 的索引中查出并返回的数据。因此从某种意义上说，Sphinx 使用的好坏取决于按照 Sphinx 查询语法书写出的搜索关键字写得到不到位。

1. 关于上面代码的说明

批量查询（或多查询）使 searchd 能够进行可能的内部优化，并且无论在任何情况下都会减少网络连接和进程创建方面的开销。相对于单独的查询，批量查询不会引入任何额外的开销。因此当 Web 页运行几个不同的查询时，一定要考虑使用批量查询。

例如，多次运行同一个全文查询，但使用不同的排序或分组设置，这会使 searchd 仅运行一次开销昂贵的全文检索和相关度计算，然后在此基础上产生多个分组结果。

有时不仅要简单地显示搜索结果，而且要显示一些与类别相关的计数信息，例如，按制造商分组后的产品数目，此时批量查询会节约大量的开销。若无批量查询，必须将这些本质上几乎相同的查询运行多次并取回相同的匹配项，最后产生不同的结果集。若使用批量查询，只需将这些查询简单地组成一个批量查询，Sphinx 会在内部优化这些冗余的全文搜索。

AddQuery() 在内部存储全部当前设置状态以及查询，可在后续的 AddQuery() 调用中改变设置。早先加入的查询不会被影响，实际上没有任何办法可以改变它们。

用上述代码，第一个查询在“sy1”索引上查询“COMEFROM”并将结果按相关度排序，第二个查询仍在“sy1”索引上查询“CONTENTS”，第三个查询还在“sy1”索引上搜索“KEYWORD”。注意，第二个 SetSortMode() 调用并不会影响上个查询（因为它已经被添加了），但后面的查询都会受影响。

此外，在 AddQuery() 之前设置的任何过滤，都会被后续查询继续使用。因此，如果在第一个查询前使用 SetFilter()，则通过 AddQuery() 执行的第二个查询（以及随后的批量查询）都会应用同样的过滤，除非先调用 ResetFilters() 来清除过滤规则。同时，还可以随时加入新的过滤规则。

AddQuery() 并不修改当前状态。也就是说，已有的全部排序、过滤和分组设置都不会因这个调用而发生改变，因此后续的查询很容易地复用现有设置。

AddQuery() 返回 RunQueries() 结果返回的数组中的一个下标。它是一个从 0 开始的递增整数，即第一次调用返回 0，第二次返回 1，依此类推。这个方便的特性在需要这些下标时不用手工记录它们。

2. 关于 setLimits() 重点说明

函数语法格式如下：

```
SetLimits($offset, $limit, $max_matches=1000, $cutoff=0)
```

setLimits() 参数说明如表 10-8 所示。

表 10-8

setLimits() 参数	描述
$offset	起始偏移量
$limit	从 $offset 开始获取的数量控制
$max_matches	控制服务端在当前请求中返回的数据的最大值
$cutoff	控制查询的数量限制（当 sphinx 的查询超过 $cutoff 就停止查询）

下面对这些参数进行解释说明。

（1）offset 和 limit

$offset 和 $limit 类似于 MySQL 的 limit 的两个参数，即定义了获取数据的偏移量和数量，一般分页时用得比较多。

（2）max_matches

max_matches 参数与 cutoff 参数容易产生混淆。

max_matches 是控制最终返回的索引结果的最大数量，比如，搜索某个字符串，一般最优的 1 000 个结果就够了，再往后就没有意义了，即便是百度或 Google，也不会返回所有的索引结果。而 max_matches 就是控制这个 1 000 的数量值，1 000 个文档是如何得到的呢，它是根据搜索的字符串在 sphinx 的倒排列表中查找，把所有满足条件的文档进行处理（排序，过滤），然后再取出前 max_matches 个，即便 max_matches 设置为 1，sphinx 还是要对所有满足条件的文档进程处理，然后再取前 max_matches 个。

该参数可以在每次的请求中设置，也可以在 sphinx 的配置文件中设置，后者的优先级高一些，即每次请求中的 max_matches 不能高于 sphinx 配置文件中的 max_matches。

（3）cutoff

cutoff 与 max_matches 相比，它也可以控制最终返回的最大数量。与 max_matches 不同的是，它从文档列表的开始索引满足条件的文档，当达到 cutoff 时，就不对后面的文档进行索引了，最终的处理（排序，过滤）也仅仅在 cutoff 中进行。

一旦设置了 cutoff，max_matches 的级别就低了，会以 cutoff 获取的文档作为处理（排序，过滤）基础，这也是为什么很多文档并没有被检索出的原因，去掉即可。

那么，什么时候应该用 cutoff 呢，很明显，cutoff 很大程度地减少了数据的索引量，提高了性能，但导致的结果是索引的精度损失。假如对索引精度要求不高，且不会导致很大精度损失的情况下，可以通过 cutoff 来提升索引性能。

10.4.7　Sphinx 连接 Oracle 的 sphinx.conf 配置实例

Sphinx 连接 Oracle 需通过 odbc 连接，即配置文件→数据源部分→数据类型为 odbc，为此需要建立一个 Oracle 的 odbc 连接，如何建立 oracle 的 odbc 连接，请读者查阅有关资料，在此不再赘述。

下面的“sphinx.conf”文件是在 10.4.3 节中的“sphinx.conf”的基础上加入 Oracle 数据源及索引。Sphinx 连接 Oracle 的 sphinx.conf 文件内容如下：

```
    ########################################################################
    #数据源配置
    ########################################################################
    source sjy1
    {
        type = mysql            #数据库类型
        sql_host = 127.0.0.1 #数据库所在服务器 ip 地址
        sql_user = root         #数据库用户
        sql_pass =              #数据库密码
        sql_db = jiaowglxt      #数据库名
        sql_port= 3307          #数据库端口 MySQL 默认 3306
        sql_query_pre=  SET NAMES utf8  #执行 SQL（sql_query=...）前采用的编码集。
        #获取数据的 sql 语句
        #创建全文索引用的 SQL 语句，该 sql 语句将发往数据库。
        sql_query = \
    SELECT  ARTICLESID,TITLE,TITLECOLOR,AUTHOR,CATALOGID,ADDTIME,EDITUSERID,UPDATE
TIME,\
    HITS,COMEFROM,KEYWORD,HTMLURL,CONTENTS FROM tb_content
        sql_attr_uint= CATALOGID   #“CATALOGID”为表字段，用于设定全文检索后的过滤条件中的字
段，称之为全文检索属性字段。
        sql_attr_uint= EDITUSERID   #“EDITUSERID”为表字段，用于设定全文检索后的过滤条件中的
字段，称之为全文检索属性字段。
        sql_attr_uint = HITS   #"HITS"为表字段，用于设定全文检索后的过滤条件中的字段，称之为全
文检索属性字段，详细信息见表 8-2。
        sql_attr_timestamp  =  ADDTIME   #"ADDTIME"为表字段，用于设定全文检索后的过滤条件中的
字段，称之为全文检索属性字段。
        sql_attr_timestamp  =  UPDATETIME   #"ADDTIME"为表字段，用于设定全文检索后的过滤条件
中的字段，称之为全文检索属性字段。
        sql_attr_timestamp  =  TITLECOLOR   #"ADDTIME"为表字段，用于设定全文检索后的过滤条件
中的字段，称之为全文检索属性字段。
        #下面的字段是搜索时需要去匹配的字段
        sql_field_string     = COMEFROM
        sql_field_string     = KEYWORD
        sql_field_string     = HTMLURL
        sql_field_string     = CONTENTS
    }
    ########################################################################
    #索引（根据需求索引可以建多个）
    ########################################################################
    index sy1
    {
        source   = sjy1 #声明数据源
```

```
    path    = D:/sphinx/data/sy1 #索引文件存放路径及索引的文件名
    docinfo    = extern
    mlock     = 0 # searchd会将spa和spi预读取到内存中。但是如果这部分内存数据长时间没有访问，
则它会被交换到磁盘上。设置了mlock就不会出现这个问题，这部分数据会一直存放在内存中的。
    morphology    = none
    #stopwords    =
    min_word_len   = 1 #索引的词最小长度
#   min_prefix_len   = 1 #最小前缀
#   min_infix_len    = 1 #最小中缀
    expand_keywords = 1 #是否尽可能展开关键字的精确格式或者型号形式
    ngram_len = 1  # 对于非字母型数据的长度切割
    #字符表和大小写转换规则
    charset_table = U+FF10..U+FF19->0..9, 0..9, U+FF41..U+FF5A->a..z, U+FF21..
U+FF3A->a..z,A..Z->a..z, a..z, U+0149, U+017F, U+0138, U+00DF, U+00FF, U+00C0..
U+00D6->U+00E0..U+00F6,U+00E0..U+00F6, U+00D8..U+00DE->U+00F8..U+00FE, U+00F8..
U+00FE, U+0100->U+0101, U+0101,U+0102->U+0103, U+0103, U+0104->U+0105, U+0105,
U+0106->U+0107, U+0107, U+0108->U+0109,U+0109, U+010A->U+010B, U+010B, U+010C-
>U+010D, U+010D, U+010E->U+010F, U+010F,U+0110->U+0111, U+0111, U+0112->U+0113,
U+0113, U+0114->U+0115, U+0115, U+0116->U+0117,U+0117, U+0118->U+0119, U+0119,
U+011A->U+011B, U+011B, U+011C->U+011D, U+011D,U+011E->U+011F, U+011F, U+0130-
>U+0131, U+0131, U+0132->U+0133, U+0133, U+0134->U+0135,U+0135, U+0136->U+0137,
U+0137, U+0139->U+013A, U+013A, U+013B->U+013C, U+013C,U+013D->U+013E, U+013E,
U+013F->U+0140, U+0140, U+0141->U+0142, U+0142, U+0143->U+0144,U+0144, U+0145-
>U+0146, U+0146, U+0147->U+0148, U+0148, U+014A->U+014B, U+014B,U+014C->U+014D,
U+014D, U+014E->U+014F, U+014F, U+0150->U+0151, U+0151, U+0152->U+0153,U+0153,
U+0154->U+0155, U+0155, U+0156->U+0157, U+0157, U+0158->U+0159, U+0159,U+015A-
>U+015B, U+015B, U+015C->U+015D, U+015D, U+015E->U+015F, U+015F, U+0160-
>U+0161,U+0161, U+0162->U+0163, U+0163, U+0164->U+0165, U+0165, U+0166->U+0167,
U+0167,U+0168->U+0169, U+0169, U+016A->U+016B, U+016B, U+016C->U+016D, U+016D,
U+016E->U+016F,U+016F, U+0170->U+0171, U+0171, U+0172->U+0173, U+0173, U+0174-
>U+0175, U+0175,U+0176->U+0177, U+0177, U+0178->U+00FF, U+00FF, U+0179->U+017A,
U+017A, U+017B->U+017C,U+017C, U+017D->U+017E, U+017E, U+0410..U+042F->U+0430..
U+044F, U+0430..U+044F,U+05D0..U+05EA, U+0531..U+0556->U+0561..U+0586, U+0561..
U+0587, U+0621..U+063A, U+01B9,U+01BF, U+0640..U+064A, U+0660..U+0669, U+066E,
U+066F, U+0671..U+06D3, U+06F0..U+06FF,U+0904..U+0939, U+0958..U+095F, U+0960..
U+0963, U+0966..U+096F, U+097B..U+097F,U+0985..U+09B9, U+09CE, U+09DC..U+09E3,
U+09E6..U+09EF, U+0A05..U+0A39, U+0A59..U+0A5E,U+0A66..U+0A6F, U+0A85..U+0AB9,
U+0AE0..U+0AE3, U+0AE6..U+0AEF, U+0B05..U+0B39,U+0B5C..U+0B61, U+0B66..U+0B6F,
U+0B71, U+0B85..U+0BB9, U+0BE6..U+0BF2, U+0C05..U+0C39,U+0C66..U+0C6F, U+0C85..
U+0CB9, U+0CDE..U+0CE3, U+0CE6..U+0CEF, U+0D05..U+0D39, U+0D60,U+0D61, U+0D66..
U+0D6F, U+0D85..U+0DC6, U+1900..U+1938, U+1946..U+194F, U+A800..U+A805,U+A807..
U+A822, U+0386->U+03B1, U+03AC->U+03B1, U+0388->U+03B5, U+03AD->U+03B5,U+0389-
>U+03B7, U+03AE->U+03B7, U+038A->U+03B9, U+0390->U+03B9, U+03AA->U+03B9,U+03AF-
>U+03B9, U+03CA->U+03B9, U+038C->U+03BF, U+03CC->U+03BF, U+038E->U+03C5,U+03AB-
>U+03C5, U+03B0->U+03C5, U+03CB->U+03C5, U+03CD->U+03C5, U+038F->U+03C9,U+03CE-
>U+03C9, U+03C2->U+03C3, U+0391..U+03A1->U+03B1..U+03C1,U+03A3..U+03A9->U+03C3..
U+03C9, U+03B1..U+03C1, U+03C3..U+03C9, U+0E01..U+0E2E,U+0E30..U+0E3A, U+0E40..
U+0E45, U+0E47, U+0E50..U+0E59, U+A000..U+A48F, U+4E00..U+9FBF,U+3400..U+4DBF,
U+20000..U+2A6DF,U+F900..U+FAFF, U+2F800..U+2FA1F, U+2E80..U+2EFF,U+2F00..U+2FDF,
U+3100..U+312F, U+31A0..U+31BF, U+3040..U+309F, U+30A0..U+30FF,U+31F0..U+31FF,
U+AC00..U+D7AF, U+1100..U+11FF, U+3130..U+318F, U+A000..U+A48F,U+A490..U+A4CF
    #对于非字母型数据的长度切割，N-Gram是指不按照词典，而是按照字长来分词
    #ngrams_chars = U+4E00..U+9FBF, U+3400..U+4DBF, U+20000..U+2A6DF, U+F900..
U+FAFF,U+2F800..U+2FA1F, U+2E80..U+2EFF, U+2F00..U+2FDF, U+3100..U+312F, U+31A0..
U+31BF,U+3040..U+309F, U+30A0..U+30FF, U+31F0..U+31FF, U+AC00..U+D7AF, U+1100..
U+11FF,U+3130..U+318F, U+A000..U+A48F, U+A490..U+A4CF
}
######################################################################
#数据源配置 oracle
######################################################################
source sjy_ora
{
    type= odbc
```

```
        sql_host=127.0.0.1
        sql_user=gcc #oracle 的用户
        sql_pass=gcc #oracle 的用户密码
        sql_db=dalin2 #oracle 的数据库名称
        odbc_dsn=DSN=ora11g;Driver={Oracle in OraDb11g_home1};Uid=gcc;Pwd=gcc
#'ora11g' 为建立好的 oracle 的 odbc 连接，'uid' 为 oracle 用户，'pwd' 为用户密码。
        sql_port=1521 #oracle 的监听端口
    sql_query_pre = delete from sph_counter
    sql_query_pre = commit
    sql_query_pre = insert INTO sph_counter SELECT 1, MAX(id) FROM cms_documents
    sql_query = \
    SELECT id, group_id,group_id2,((TO_DATE(TO_char(date_added,'YYYY-MM-DD'),'YYYY-
MM-DD HH24:MI:SS') - to_date('1970-01-01','yyyy-mm-dd')) * 86400 - 8*3600) AS date_
added, TITLE as title,CONTENT as content FROM cms_documents WHERE id<=(SELECT max_
doc_id FROM sph_counter WHERE counter_id=1)
    sql_attr_uint              = group_id
    sql_attr_uint              = group_id2
    sql_ranged_throttle        = 0
    # 下面的字段是搜索时需要去匹配的字段
        sql_field_string    = title
        sql_field_string    = content
    }
    ####################################################################
    # 索引（根据需求索引可以建多个）oracle
    ####################################################################
    index sy_ora
    {
        source   = sjy_ora # 声明数据源
        path   = D:/sphinx/data_ora/sy_ora # 索引文件存放路径及索引的文件名
        docinfo   = extern
        mlock   = 0 # searchd会将spa和spi预读取到内存中。但是如果这部分内存数据长时间没有访问,
则它会被交换到磁盘上。设置了 mlock 就不会出现这个问题，这部分数据会一直存放在内存中的。
        morphology   = none
        #stopwords   =
        min_word_len  = 1 # 索引的词最小长度
    #   min_prefix_len  = 1 # 最小前缀
    #   min_infix_len   = 1 # 最小中缀
        expand_keywords = 1 # 是否尽可能展开关键字的精确格式或者型号形式
        ngram_len = 1  # 对于非字母型数据的长度切割
        # 字符表和大小写转换规则
        charset_table = U+FF10..U+FF19->0..9, 0..9, U+FF41..U+FF5A->a..z, U+FF21..
U+FF3A->a..z,A..Z->a..z, a..z, U+0149, U+017F, U+0138, U+00DF, U+00FF, U+00C0..
U+00D6->U+00E0..U+00F6,U+00E0..U+00F6, U+00D8..U+00DE->U+00F8..U+00FE, U+00F8..
U+00FE, U+0100->U+0101, U+0101,U+0102->U+0103, U+0103, U+0104->U+0105, U+0105,
U+0106->U+0107, U+0107, U+0108->U+0109,U+0109, U+010A->U+010B, U+010B, U+010C-
>U+010D, U+010D, U+010E->U+010F, U+010F,U+0110->U+0111, U+0111, U+0112->U+0113,
U+0113, U+0114->U+0115, U+0115, U+0116->U+0117,U+0117, U+0118->U+0119, U+0119,
U+011A->U+011B, U+011B, U+011C->U+011D, U+011D,U+011E->U+011F, U+011F, U+0130-
>U+0131, U+0131, U+0132->U+0133, U+0133, U+0134->U+0135,U+0135, U+0136->U+0137,
U+0137, U+0139->U+013A, U+013A, U+013B->U+013C, U+013C,U+013D->U+013E, U+013E,
U+013F->U+0140, U+0140, U+0141->U+0142, U+0142, U+0143->U+0144,U+0144, U+0145-
>U+0146, U-0146, U+0147->U+0148, U+0148, U+014A->U+014B, U+014B,U+014C->U+014D,
U+014D, U+014E->U+014F, U+014F, U+0150->U+0151, U+0151, U+0152->U+0153,U+0153,
U+0154->U+0155, U+0155, U+0156->U+0157, U+0157, U+0158->U+0159, U+0159,U+015A-
>U+015B, U+015B, U+015C->U+015D, U+015D, U+015E->U+015F, U+015F, U+0160-
>U+0161,U+0161, U+0162->U+0163, U+0163, U+0164->U+0165, U+0165, U+0166->U+0167,
U+0167,U+0168->U+0169, U+0169, U+016A->U+016B, U+016B, U+016C->U+016D, U+016D,
U+016E->U+016F,U+016F, U+0170->U+0171, U+0171, U+0172->U+0173, U+0173, U+0174-
>U+0175, U+0175,U+0176->U+0177, U+0177, U+0178->U+00FF, U+00FF, U+0179->U+017A,
U+017A, U+017B->U+017C,U+017C, U+017D->U+017E, U+017E, U+0410..U+042F->U+0430..
U+044F, U+0430..U+044F,U+05D0..U+05EA, U+0531..U+0556->U+0561..U+0586, U+0561..
U+0587, U+0621..U+063A, U+01B9,U+01BF, U+0640..U+064A, U+0660..U+0669, U+066E,
U+066F, U+0671..U+06D3, U+06F0..U+06FF,U+0904..U+0939, U+0958..U+095F, U+0960..
```

```
U+0963, U+0966..U+096F, U+097B..U+097F,U+0985..U+09B9, U+09CE, U+09DC..U+09E3,
U+09E6..U+09EF, U+0A05..U+0A39, U+0A59..U+0A5E,U+0A66..U+0A6F, U+0A85..U+0AB9,
U+0AE0..U+0AE3, U+0AE6..U+0AEF, U+0B05..U+0B39,U+0B5C..U+0B61, U+0B66..U+0B6F,
U+0B71, U+0B85..U+0BB9, U+0BE6..U+0BF2, U+0C05..U+0C39,U+0C66..U+0C6F, U+0C85..
U+0CB9, U+0CDE..U+0CE3, U+0CE6..U+0CEF, U+0D05..U+0D39, U+0D60,U+0D61, U+0D66..
U+0D6F, U+0D85..U+0DC6, U+1900..U+1938, U+1946..U+194F, U+A800..U+A805,U+A807..
U+A822, U+0386->U+03B1, U+03AC->U+03B1, U+0388->U+03B5, U+03AD->U+03B5,U+0389-
>U+03B7, U+03AE->U+03B7, U+038A->U+03B9, U+0390->U+03B9, U+03AA->U+03B9,U+03AF-
>U+03B9, U+03CA->U+03B9, U+038C->U+03BF, U+03CC->U+03BF, U+038E->U+03C5,U+03AB-
>U+03C5, U+03B0->U+03C5, U+03CB->U÷03C5, U+03CD->U+03C5, U+038F->U+03C9,U+03CE-
>U+03C9, U+03C2->U+03C3, U+0391..U+03A1->U+03B1..U+03C1,U+03A3..U+03A9->U+03C3..
U+03C9, U+03B1..U+03C1, U+03C3..U+03C9, U+0E01..U+0E2E,U+0E30..U+0E3A, U+0E40..
U+0E45, U+0E47, U+0E50..U+0E59, U+A000..U+A48F, U+4E00..U+9FBF,U+3400..U+4DBF,
U+20000..U+2A6DF,U+F900..U+FAFF, U+2F800..U+2FA1F, U+2E80..U+2EFF,U+2F00..U+2FDF,
U+3100..U+312F, U+31A0..U+31BF, U+3040..U+309F, U+30A0..U+30FF,U+31F0..U+31FF,
U+AC00..U+D7AF, U+1100..U+11FF, U+3130..U+318F, U+A000..U+A48F,U+A490..U+A4CF
        #对于非字母型数据的长度切割，N-Gram是指不按照词典，而是按照字长来分词
        #ngrams_chars = U+4E00..U+9FBF, U+3400..U+4DBF, U+20000..U+2A6DF, U+F900..
U+FAFF,U+2F800..U+2FA1F, U+2E80..U+2EFF, U+2F00..U+2FDF, U+3100..U+312F, U+31A0..
U+31BF,U+3040..U+309F, U+30A0..U+30FF, U+31F0..U+31FF, U+AC00..U+D7AF, U+1100..
U+11FF,U+3130..U+318F, U+A000..U+A48F, U+A490..U+A4CF
    }

    ######################################################################
    #索引器配置
    ######################################################################
    indexer
    {
        mem_limit = 32M  #内存限制
    }
    ######################################################################
    #sphinx 服务进程
    ######################################################################
    searchd
    {
        listen          = 9312 # 监听端口，官方在IANA获得正式授权的9312端口
         listen          = 9306:mysql41  # 实时索引监听的端口
        read_timeout  = 5 #请求超时
        max_children  = 30 #同时可执行的最大searchd 进程数
         #max_matches     = 100000
         max_packet_size = 32M
         read_buffer     = 1M
         subtree_docs_cache = 8M
         subtree_hits_cache = 16M
        workers         = threads  #for RT to work 多处理模式
         dist_threads    = 2
        seamless_rotate  = 1 #是否支持无缝切换，做增量索引时通常需要
        preopen_indexes = 1 # 索引预开启，是否强制重新打开所有索引文件
        unlink_old      = 1 # 索引轮换成功之后，是否删除以.old为扩展名的索引拷贝
        log = d:/sphinx/log/searchd.log #服务进程日志
        query_log    = d:/sphinx/log/query.log #客户端查询日志
        pid_file    = d:/sphinx/log/searchd.pid #进程ID文件
        binlog_path      = d:/sphinx/log #二进制日志路径
    }                                                                    [000392]
```

下面做一个简单测试。为了测试 Sphinx 连接 Oracle 11g，需创建如下数据。

```
    drop  TABLE sph_counter cascade constraints
    /
    CREATE TABLE sph_counter (counter_id number(11) NOT NULL , max_doc_id number(11)
NOT NULL , PRIMARY KEY (counter_id));
    /
    drop  TABLE cms_documents cascade constraints
    /
```

```
    CREATE TABLE cms_documents (id number(11) NOT NULL,group_id number(11) NOT
NULL,group_id2 number(11) NOT NULL,date_added date NOT NULL,title varchar2(255) NOT
NULL,content varchar2(1024) NOT NULL,PRIMARY KEY (id))
    /
    INSERT INTO cms_documents VALUES (1, 1, 5, to_date('2017-11-21 09:33:57','yyyy-
MM-DD HH24:MI:SS'), 'tt2 添加 one', 'this d d is my t2 天津 document number one. also
checking search within phrases. ')
    /
    INSERT INTO cms_documents VALUES (2, 1, 6, to_date('2017-11-22 09:33:57','yyyy-
MM-DD HH24:MI:SS'), 't2 two 添加 d d', 'this is my tt document number two')
    /
    INSERT INTO cms_documents VALUES (3, 2, 7, to_date('2017-11-23 09:33:57','yyyy-
MM-DD HH24:MI:SS'), 'another doc 添 ', 'this is tt another group')
    /
    INSERT INTO cms_documents VALUES (4, 2, 8, to_date('2017-11-24 09:33:57','yyyy-
MM-DD HH24:MI:SS'), 'doc number four', 'this 天津 is to tt groups')
    /
    INSERT INTO cms_documents VALUES (5, 1, 5, to_date('2017-12-03 09:49:57','yyyy-
MM-DD HH24:MI:SS'), 'test one', 'this is my test document number one. also checking
search within phrases.')
    /
    INSERT INTO cms_documents VALUES (6, 1, 6, to_date('2017-12-03 09:49:57','yyyy-
MM-DD HH24:MI:SS'), 'test two', 'this is my test document number two')
    /
    INSERT INTO cms_documents VALUES (7, 2, 7, to_date('2017-12-03 09:49:57','yyyy-
MM-DD HH24:MI:SS'), 'another doc', 'this is another group')
    /
    INSERT INTO cms_documents VALUES (8, 2, 8, to_date('2017-12-03 09:49:57','yyyy-
MM-DD HH24:MI:SS'), 'doc number four', 'this is to test groups')
    /
    INSERT INTO cms_documents VALUES (9, 3, 9, to_date('2017-12-03 09:49:57','yyyy-
MM-DD HH24:MI:SS'), 'test one', 'this is my test document number one. also checking
search within phrases.')
    /
    INSERT INTO cms_documents VALUES (10,3,10, to_date('2017-12-03 09:49:57','yyyy-
MM-DD HH24:MI:SS'), 'test two', 'this is my test document number two')
    /
    INSERT INTO cms_documents VALUES (11, 4,11, to_date('2017-12-03 09:49:57','yyyy-
MM-DD HH24:MI:SS'), 'another doc', 'this is another group')
    /
    INSERT INTO cms_documents VALUES (12, 5,12, to_date('2017-12-03 09:49:57','yyyy-
MM-DD HH24:MI:SS'), 'doc number four', 'this is to test groups')
    /
    INSERT INTO cms_documents VALUES (13, 6,13, to_date('2017-12-03 09:50:57','yyyy-
MM-DD HH24:MI:SS'), 'test one', 'this is my test document number one. also checking
search within phrases.')
    /
    INSERT INTO cms_documents VALUES (14, 6,14, to_date('2017-12-03 09:50:57','yyyy-
MM-DD HH24:MI:SS'), 'test two', 'this is my test document number two')
    /
    INSERT INTO cms_documents VALUES (15, 7,15, to_date('2017-12-03 09:50:57','yyyy-
MM-DD HH24:MI:SS'), 'another doc', 'this is another group')
    /
    INSERT INTO cms_documents VALUES (16, 7,16, to_date('2017-12-03 09:50:57','yyyy-
MM-DD HH24:MI:SS'), 'doc number four', 'this is to test groups')
    /
    INSERT INTO cms_documents VALUES (17, 6,13, to_date('2017-12-03 09:51:57','yyyy-
MM-DD HH24:MI:SS'), 'test one', 'this is my test document number one. also checking
search within phrases.')
    /
    INSERT INTO cms_documents VALUES (18, 6,14, to_date('2017-12-03 09:51:57','yyyy-
MM-DD HH24:MI:SS'), 'test two', 'this is my test document number two')
```

```
/
INSERT INTO cms_documents VALUES (19, 7,15, to_date('2017-12-03 09:51:57','yyyy-MM-DD HH24:MI:SS'), 'another doc', 'this is another group')
/
INSERT INTO cms_documents VALUES (20, 7,16, to_date('2017-12-03 09:51:57','yyyy-MM-DD HH24:MI:SS'), 'doc number four', 'this is to test groups')
/
INSERT INTO cms_documents VALUES (21, 6,13, to_date('2017-12-03 09:51:57','yyyy-MM-DD HH24:MI:SS'), 'test one', 'this is my test document number one. also checking search within phrases.')
/
INSERT INTO cms_documents VALUES (22, 6,14, to_date('2017-12-03 09:52:57','yyyy-MM-DD HH24:MI:SS'), 'test two', 'this is my test document number two添加')
/
INSERT INTO cms_documents VALUES (23, 7,15, to_date('2017-12-03 09:53:57','yyyy-MM-DD HH24:MI:SS'), 'another doc', 'this is another group天津')
/
INSERT INTO cms_documents VALUES (24, 7,16, to_date('2017-12-03 09:54:57','yyyy-MM-DD HH24:MI:SS'), 'doc number four', 'this is to test groups')
/                                                                    [000393]
```

注意：将上面代码粘贴到 SQL*Plus 中即可。

测试过程如下。

首先建立或重建 Sphinx 索引，命令如下：

```
D:\sphinx\bin\indexer -c D:\sphinx\sphinx.conf sy_ora --rotate      [000394]
```

执行结果如图 10-14 所示。

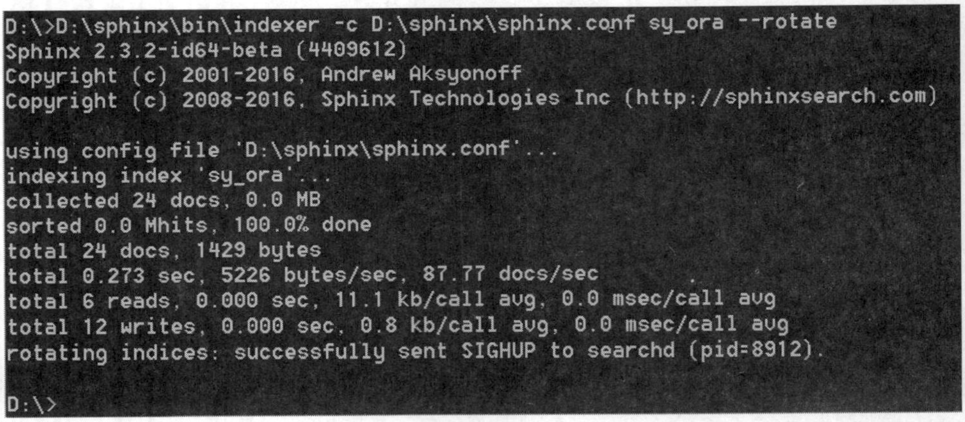

图 10-14

然后通过 PHP 命令执行 test.php（前面已有说明），看是否匹配出结果。在命令中，采用 sy_ora 索引，搜索关键字为“checking”，命令如下：

```
C:\wamp64\bin\php\php7.3.1\php.exe  -c  C:\wamp64\bin\apache\apache2.4.37\bin\php.ini  D:\sphinx\share\doc\api\test.php -i sy_ora checking      [000395]
```

执行结果如图 8-15 所示。

图 10-15 说明：Sphinx 成功连接了 Oracle 数据库，剩下的操作基本都相同，如果有不同，也就是细节上的问题，比如，Oracle 使用的字符集是 GB2312，而 MySQL 大多使用 UTF8。

```
Matches:
1. doc_id=1, weight=1, group_id=1, group_id2=5, title=tt2Ìí¼one, content=this d
 d is my t2 Ìí¼ document number one. also checking search within phrases.
2. doc_id=5, weight=1, group_id=1, group_id2=5, title=test one, content=this is
my test document number one. also checking search within phrases.
3. doc_id=9, weight=1, group_id=3, group_id2=9, title=test one, content=this is
my test document number one. also checking search within phrases.
4. doc_id=13, weight=1, group_id=6, group_id2=13, title=test one, content=this i
s my test document number one. also checking search within phrases.
5. doc_id=17, weight=1, group_id=6, group_id2=13, title=test one, content=this i
s my test document number one. also checking search within phrases.
6. doc_id=21, weight=1, group_id=6, group_id2=13, title=test one, content=this i
s my test document number one. also checking search within phrases.
```

图 10-15

另外，对于 Oracle 数据库而言，需要重点说明的是：如果全文索引的字段值包含中文，这意味着中文全文索引，在 Windows 下需调整一个注册表项或在 Windows 操作系统下加入一个环境变量 NLS_LANG=american_america.UTF8，二者选其一，否则，中文检索无效。注册表项调整具体如下：

修改注册表：HKEY_LOCAL_MACHINE\SOFTWARE\Wow6432Node\ORACLE\KEY_OraDb11g_home1 里的"NLS_LANGE"项，值为：american_america.UTF8。这样，即可进行中文全文检索。

10.4.8　Sphinx/searchd 命令参考

searchd 是 Sphinx 的两个关键工具之一。searchd 是系统实际上处理搜索的组件，运行时它表现的就像一种服务，它与客户端应用程序调用的 API 通信，负责接受查询、处理查询和返回数据集。

不同于 indexer，searchd 并不是设计用来在命令行或者一般的脚本中调用的。相反，它或者作为一个守护程序（daemon）被 init.d 调用（在 UNIX/Linux 类系统上），或者作为一种服务（在 Windows 类系统上），因此并不是所有的命令行选项都总是有效，这与构建时的选项有关。

调用语法：

```
$searchd[OPTIONS]
```

- --help（可以简写为 -h）列出可以在当前的 searchd 构建上调用的参数。
- --config<file>（可简写为 -c<file>）：使 searchd 使用指定的配置文件，与 indexer 的 --config 开关相同。
- --stop：用来停掉 searchd，使用 sphinx.conf 中所指定的 PID 文件，因此可能还需要用 --config 选项来确认 searchd 使用哪个配置文件。值得注意的是，调用 --stop 确保用 UpdateAttributes() 对索引进行的更动会反应到实际的索引文件中去。示例如下：

```
searchd --config /home/myuser/sphinx.conf --stop
```

- --status：用来查询运行中的 searchd 实例的状态，，使用指定的（也可以不指定，使用默认）配置文件中描述的连接参数。它通过配置好的第一个 UNIX 套接字或 TCP 端口与运行中的实例连接。一旦连接成功，它就查询一系列状态和性能计数器的值并把这些数据打印出来。在应用程序中，可以用 Status() 的 API 调用来访问相同的这些计数器。示例如下：

```
searchd --status
searchd --config /home/myuser/sphinx.conf --status
```

- --pidfile：用来显式指定一个 PID 文件。PID 文件存储着关于 searchd 的进程信息，这些信息用于进程间通信（如 indexer 需要知道这个 PID，以便在轮换索引时与 searchd 进行通信）searchd 在正常模式运行时会使用一个 PID（即不是使用 --console 选项启动的），但有可能存在 searchd 在控制台（--console）模式运行，而同时索引正在进行更新和轮换操作的情况，此时就需要一个 PID 文件。

```
searchd --config /home/myuser/sphinx.conf --pidfile /home/myuser/sphinx.pid
```

- --console：用来强制 searchd 以控制台模式启动；典型情况下，searchd 像一个传统的服务器应用程序那样运行，它把信息输出到（sphinx.conf 配置文件中指定的）日志文件中。但有时需要调试配置文件或者守护程序本身的问题，或者诊断一些很难跟踪的问题，这时强制它把信息直接输出到调用它的控制台或者命令行上会使调试工作容易些。同时，以控制台模式运行还意味着进程不会 fork（因此搜索操作都是串行执行的），也不会写日志文件。（要特别注意，searchd 并不是被主要设计用来在控制台模式运行的）。可以这样调用 searchd：

```
searchd --config /home/myuser/sphinx.conf --console
```

- --iostats：当使用日志时（必须在 sphinx.conf 中启用 query_log 选项）启用 --iostats 会对每条查询输出关于查询过程中发生的输入 / 输出操作的详细信息，会带来轻微的性能代价，并且会导致更大的日志文件。可以这样启动 searchd：

```
searchd --config /home/myuser/sphinx.conf --iostats
```

- --cpustats：使实际 CPU 时间报告（不光是实际度量时间（wall time））出现在查询日志文件（每条查询输出一次）和状态报告（累加之后）中。这个选项依赖 clock_gettime() 系统调用，因此可能在某些系统上不可用。可以这样启动 searchd：

```
searchd --config /home/myuser/sphinx.conf --cpustats
```

- --port portnumber（可简写为 -p）：指定 searchd 监听的端口，通常用于调试。该选项的默认值是 9 312，但有时用户需要它运行在其他端口上。在这个命令行选项中指定端口比配置文件中做的任何设置优先级都高。有效的端口范围为 0~65 535，但要使用低于 1024 的端口号可能需要权限较高的账户。使用示例如下：

```
searchd --port 9313
```

- --index <index>：强制 searchd 只提供针对指定索引的搜索服务。与上面的 --port 相同，主要用于调试，如果长期使用，则应该写在配置文件中。使用示例如下：

```
searchd --index myindex
```

searchd 在 Windows 平台上有一些特有的选项，与它作为 windows 服务所产生的额外处理有关，这些选项只存在于 Windows 二进制版本。

注意，在 Windows 上 searchd 默认以 --console 模式运行，除非用户将它安装成一个服务。

- --install：将 searchd 安装成一个微软管理控制台（Microsoft Management Console，控制面板 / 管理工具 / 服务）中的服务。如果一条命令指定了 --install，那么同时使用的其他所有选项，都会被保存下来，服务安装好后，每次启动都会调用这些命令。例如，调用 searchd 时，很可能希望用 --config 指定要使用的配置文件，那么在使用 --install 的同时也要加入这个选项。一旦调用这个选项，用户就可以在控制面板中的管理控制台中对 searchd 进行启动、停止等操作，因此一切可以开始、停止和重启服务的方法对 searchd 也都有效。示例如下：

```
C:\WINDOWS\system32> C:\Sphinx\bin\searchd.exe --install --config C:\Sphinx\
sphinx.conf
```

如果每次启动 searchd 都希望得到 I/O stat 信息，那么就应该把这个选项也用在调用 --install 的命令行中：

```
C:\WINDOWS\system32> C:\Sphinx\bin\searchd.exe --install --config C:\Sphinx\
sphinx.conf --iostats
```

- --delete：在微软管理控制台（Microsoft Management Console）和其他服务注册的地方删除 searchd，当然之前已经通过 --install 安装过 searchd 服务。注意，这个选项既不删除软件本身，也不删除任何索引文件。调用这个选项之后只是使软件提供的服务不能从 Windows 的服务系统中调用，也不能在机器重启后自动启动。如果调用时 searchd 正在作为服务运行中，那么现有的示例并不会被结束（一直会运行到机器重启或调用 --stop）。如果服务安装时（用 --servicename）指定了自定义的名字，那么在调用此选项卸载服务时也需要用 --servicename 指定相同的名字。示例如下：

```
C:\WINDOWS\system32> C:\Sphinx\bin\searchd.exe --delete --servicename <name>
```

在安装或卸载服务时指定服务的名字，这个名字会出现在管理控制台中。有一个默认的名字 searchd，但是若安装服务的系统可能有多个管理员登录，或同时运行多个 searchd 实例，那么要起一个描述性强的名字。注意，只有在与 --install 或者 --delete 同时使用时 --servicename 才有效，否则这个选项什么都不做。示例如下：

```
C:\WINDOWS\system32> C:\Sphinx\bin\searchd.exe --install --config C:\Sphinx\
sphinx.conf --servicename SphinxSearch
```

- --ntservice：在 Windows 平台，管理控制台将 searchd 作为服务调用时将这个选项传递给它。通常没有必要直接调用这个开关，它是为 Windows 系统准备的，当服务启动时，系统把这个参数传递给 searchd。然而理论上，也可以用这个开关从命令行将 searchd 启动成普通服务模式。

10.4.9　Sphinx/indexer.exe 及 searchd.exe 命令总结

关于 Sphinx 的 indexer.exe 及 searchd.exe 命令，在前面不止一次地用到，在这里有必要做一个简要总结。

1. 开启、停止守护进程命令

（1）启动守护进程

```
D:\sphinx\bin\searchd -c D:\sphinx\bin\csft_distributed.conf            [000396]
```

（2）停止守护进程

```
D:\sphinx\bin\searchd -c D:\sphinx\bin\csft_distributed.conf --stop     [000397]
```

2. 创建索引命令

（1）创建全部索引

```
D:\sphinx\bin\indexer --config D:\sphinx\bin\csft_distributed.conf --all --rotate
                                                                        [000398]
```

（2）创建指定索引

```
D:\sphinx\bin\indexer --config D:\sphinx\bin\csft_distributed.conf dist --rotate
                                                                        [000399]
```

10.5 PHP Sphinx 索引的即时更新

如果使用 Sphinx 构建自己的搜索引擎，Sphinx 索引的即时更新是必须要做的，否则失去使用 Sphinx 的意义。

Sphinx 通过增量索引实现索引数据的即时更新，在本节主要讲解 sphinx 增量索引的设置及示例。

10.5.1 sphinx 增量索引设置的说明

数据库中的既有数据很大，又不断有新数据加入数据库中，希望能够检索到。全部重建索引很消耗资源，因为可能更新的数据相对而言很少。例如，原来的数据有几百万条，而新增的只是几千条，为了这几千条而采取重建索引，没有必要，这是说的正常情况，特殊情况（数据迁移或增量索引失效等特殊情况）除外。对于新增的这几千条数据，可以使用“主索引＋增量索引”模式来实现近乎实时更新的目标。

该模式实现的基本原理是设置两个数据源和两个索引，为那些基本不更新的数据建立主索引，而对于那些新增的数据建立增量索引。主索引的更新频率可以设置得长一些（如设置在每天的午夜进行），而增量索引的更新频率，可以将时间设置得很短（几分钟左右），这样在用户搜索时，可以同时查询这两个索引的数据。

使用“主索引＋增量索引”方法有个简单的实现，在数据库中增加一个计数表，记录每次重新构建主索引时，被索引表的最后一个数据 id，这样在增量索引时只需索引这个 id 以后的数据即可，每次重新构建主索引时都更新这个表，记录最大索引表当前最大 id，下面通过示例来详细说明。

10.5.2 sphinx 增量索引示例

以 10.4.3 节中的 sphinx.conf 文件为准，再加一个数据源及索引，使用的数据通过下面的 SQL 创建。

```
    DROP TABLE IF EXISTS documents;
    CREATE TABLE documents
    (
        Id INTEGER PRIMARY KEY NOT NULL AUTO_INCREMENT,
        group_id        INTEGER NOT NULL,
        group_id2        INTEGER NOT NULL,
        date_added      DATETIME NOT NULL,
        title           VARCHAR(255) NOT NULL,
        content         TEXT NOT NULL
    );

    REPLACE INTO documents ( id, group_id, group_id2, date_added, title, content )
VALUES
        ( 1, 1, 5, NOW(), 'test one', 'this is my test document number one. also
checking search within phrases.' ),
        ( 2, 1, 6, NOW(), 'test two', 'this is my test document number two' ),
        ( 3, 2, 7, NOW(), 'another doc', 'this is another group' ),
        ( 4, 2, 8, NOW(), 'doc number four', 'this is to test groups' );

    DROP TABLE IF EXISTS tags;
    CREATE TABLE tags
    (
```

```
    docid INTEGER NOT NULL,
    tagid INTEGER NOT NULL,
    UNIQUE(docid,tagid)
);

INSERT INTO tags VALUES
    (1,1), (1,3), (1,5), (1,7),
    (2,6), (2,4), (2,2),
    (3,15),
    (4,7), (4,40);

DROP TABLE IF EXISTS sph_counter;
CREATE TABLE sph_counter
  (
       counter_id INTEGER PRIMARY KEY NOT NULL,
       max_doc_id INTEGER NOT NULL
  );                                                                [000400]
```

注意：将上面的 SQL 脚本放在 Navicat for MySQL 环境中执行即可。

接下来分步实施。

（1）在 MySQL 中创建一张计数表，代码如下：

```
DROP TABLE IF EXISTS sph_c;
CREATE TABLE sph_c(
c_id INTEGER PRIMARY KEY NOT NULL,
max_id INTEGER NOT NULL);                                           [000401]
```

（2）修改 sphinx.conf，增加如下代码。

```
#####################################################################
#                       增量索引部分
#####################################################################
source main_src{
  type                = mysql
  sql_host            = 127.0.0.1
  sql_user            = root
  sql_pass            =
  sql_db              = jiaowglxt  #所用的数据库
  sql_port            = 3307 #所用端口，默认是 3306
  sql_query_pre       = SET NAMES utf8 #执行的语句
  sql_query_pre       = SET SESSION query_cache_type=OFF
#下面的语句是更新 sph_c 表中的 max_id。
sql_query_pre = REPLACE INTO sph_c SELECT 1, MAX(id) FROM documents
sql_query = SELECT id, group_id, UNIX_TIMESTAMP(date_added) AS date_added,
title,content FROM documents WHERE id<=( SELECT max_id FROM sph_c WHERE c_id=1)
   sql_ranged_throttle    = 0
#下面的字段是搜索时需要去匹配的字段
   sql_field_string     = title
   sql_field_string     = content
}

#注意：数据源 delta_src 中的 sql_query_pre 的个数需和 main_src 对应，否则可能搜索不出相应
结果
source delta_src:main_src{ # delta_src继承自 main_src
   sql_ranged_throttle = 100
   sql_query_pre= SET NAMES utf8
   sql_query_pre= SET SESSION query_cache_type=OFF
sql_query= SELECT id, group_id, UNIX_TIMESTAMP(date_added) AS date_
added,title,content FROM documents WHERE id>( SELECT max_id FROM sph_c WHERE c_id=1)
}

#主索引
index main {
source= main_src
```

```
    path= D:/sphinx/data/main
    #charset_type=UTF-8
        docinfo    = extern
        mlock     = 0 # searchd会将spa和spi预读取到内存中。但是如果这部分内存数据长时间没有访问，
则它会被交换到磁盘上。设置了mlock就不会出现这个问题，这部分数据会一直存放在内存中的。
        morphology    = none
        #stopwords    =
        min_word_len   = 1 # 索引的词最小长度
        expand_keywords = 1 # 是否尽可能展开关键字的精确格式或者型号形式
        ngram_len = 1  # 对于非字母型数据的长度切割
        # 字符表和大小写转换规则
        charset_table = U+FF10..U+FF19->0..9, 0..9, U+FF41..U+FF5A->a..z, U+FF21..
U+FF3A->a..z,A..Z->a..z, a..z, U+0149, U+017F, U+0138, U+00DF, U+00FF, U+00C0..
U+00D6->U+00E0..U+00F6,U+00E0..U+00F6, U+00D8..U+00DE->U+00F8..U+00FE, U+00F8..
U+00FE, U+0100->U+0101, U+0101,U+0102->U+0103, U+0103, U+0104->U+0105, U+0105,
U+0106->U+0107, U+0107, U+0108->U+0109,U+0109, U+010A->U+010B, U+010B, U+010C-
>U+010D, U+010D, U+010E->U+010F, U+010F,U+0110->U+0111, U+0111, U+0112->U+0113,
U+0113, U+0114->U+0115, U+0115, U+0116->U+0117,U+0117, U+0118->U+0119, U+0119,
U+011A->U+011B, U+011B, U+011C->U+011D, U+011D,U+011E->U+011F, U+011F, U+0130-
>U+0131, U+0131, U+0132->U+0133, U+0133, U+0134->U+0135,U+0135, U+0136->U+0137,
U+0137, U+0139->U+013A, U+013A, U+013B->U+013C, U+013C,U+013D->U+013E, U+013E,
U+013F->U+0140, U+0140, U+0141->U+0142, U+0142, U+0143->U+0144,U+0144, U+0145-
>U+0146, U+0146, U+0147->U+0148, U+0148, U+014A->U+014B, U+014B,U+014C->U+014D,
U+014D, U+014E->U+014F, U+014F, U+0150->U+0151, U+0151, U+0152->U+0153,U+0153,
U+0154->U+0155, U+0155, U+0156->U+0157, U+0157, U+0158->U+0159, U+0159,U+015A-
>U+015B, U+015B, U+015C->U+015D, U+015D, U+015E->U+015F, U+015F, U+0160-
>U+0161,U+0161, U+0162->U+0163, U+0163, U+0164->U+0165, U+0165, U+0166->U+0167,
U+0167,U+0168->U+0169, U+0169, U+016A->U+016B, U+016B, U+016C->U+016D, U+016D,
U+016E->U+016F,U+016F, U+0170->U+0171, U+0171, U+0172->U+0173, U+0173, U+0174-
>U+0175, U+0175,U+0176->U+0177, U+0177, U+0178->U+00FF, U+00FF, U+0179->U+017A,
U+017A, U+017B->U+017C,U+017C, U+017D->U+017E, U+017E, U+0410..U+042F->U+0430..
U+044F, U+0430..U+044F,U+05D0..U+05EA, U+0531..U+0556->U+0561..U+0586, U+0561..
U+0587, U+0621..U+063A, U+01B9,U+01BF, U+0640..U+064A, U+0660..U+0669, U+066E,
U+066F, U+0671..U+06D3, U+06F0..U+06FF,U+0904..U+0939, U+0958..U+095F, U+0960..
U+0963, U+0966..U+096F, U+097B..U+097F,U+0985..U+09B9, U+09CE, U+09DC..U+09E3,
U+09E6..U+09EF, U+0A05..U+0A39, U+0A59..U+0A5E,U+0A66..U+0A6F, U+0A85..U+0AB9,
U+0AE0..U+0AE3, U+0AE6..U+0AEF, U+0B05..U+0B39,U+0B5C..U+0B61, U+0B66..U+0B6F,
U+0B71, U+0B85..U+0BB9, U+0BE6..U+0BF2, U+0C05..U+0C39,U+0C66..U+0C6F, U+0C85..
U+0CB9, U+0CDE..U+0CE3, U+0CE6..U+0CEF, U+0D05..U+0D39, U+0D60,U+0D61, U+0D66..
U+0D6F, U+0D85..U+0DC6, U+1900..U+1938, U+1946..U+194F, U+A800..U+A805,U+A807..
U+A822, U+0386->U+03B1, U+03AC->U+03B1, U+0388->U+03B5, U+03AD->U+03B5,U+0389-
>U+03B7, U+03AE->U+03B7, U+038A->U+03B9, U+0390->U+03B9, U+03AA->U+03B9,U+03AF-
>U+03B9, U+03CA->U+03B9, U+038C->U+03BF, U+03CC->U+03BF, U+038E->U+03C5,U+03AB-
>U+03C5, U+03B0->U+03C5, U+03CB->U+03C5, U+03CD->U+03C5, U+038F->U+03C9,U+03CE-
>U+03C9, U+03C2->U+03C3, U+0391..U+03A1->U+03B1..U+03C1,U+03A3..U+03A9->U+03C3..
U+03C9, U+03B1..U+03C1, U+03C3..U+03C9, U+0E01..U+0E2E,U+0E30..U+0E3A, U+0E40..
U+0E45, U+0E47, U+0E50..U+0E59, U+A000..U+A48F, U+4E00..U+9FBF,U+3400..U+4DBF,
U+20000..U+2A6DF,U+F900..U+FAFF, U+2F800..U+2FA1F, U+2E80..U+2EFF,U+2F00..U+2FDF,
U+3100..U+312F, U+31A0..U+31BF, U+3040..U+309F, U+30A0..U+30FF,U+31F0..U+31FF,
U+AC00..U+D7AF, U+1100..U+11FF, U+3130..U+318F, U+A000..U+A48F,U+A490..U+A4CF

    # 这个是支持中文必须要设置的
    #chinese_dictionary =D:/sphinx/xdict
    #... 其他可以默认
    }
    # delta 可全部继承主索引，然后更改 source 和 path 如下
    index delta:main { # 增量索引
    source = delta_src
    path= D:/sphinx/data/delta
    }
                                                                    [000402]
```

其他的配置默认，如果设置了分布式索引，那么更改对应的索引名称即可。

（3）重新建立索引

如果 sphinx 正在运行，那么首先停止运行，然后，根据 sphinx.conf 配置文件来建立所有索引；最后，启动服务。

```
D:\sphinx\bin\searchd --stop D:\sphinx\sphinx.conf
D:\sphinx\bin\indexer -c  D:\sphinx\sphinx.conf --all
D:\sphinx\bin\searchd -c  D:\sphinx\sphinx.conf
D:\sphinx\bin\indexer -c  D:\sphinx\sphinx.conf --all -rotate                [000403]
```

这样就不需要停 searchd，索引后也不再需要重启 searchd。

注：如果在 Windows 服务中一直启动 searchd，则无须在 DOS 命令窗口中启停 searchd。

如果想测试增量索引是否成功，往数据库表中插入数据，查找是否能够检索到。这时检索应为空，然后，单独重建 delta 索引。

```
D:\sphinx\bin\indexer -c D:\sphinx\sphinx.conf delta --rotate                [000404]
```

向索引表 documents 添加数据 SQL 如下：

```
REPLACE INTO documents (group_id, group_id2, date_added, title, content ) VALUES
    (1, 5, NOW(), 'test one', 'this is my test document number one. also
checking search within phrases.' ),
    (1, 6, NOW(), 'test two', 'this is my test document number two' ),
    (2, 7, NOW(), 'another doc', 'this is another group' ),
    (2, 8, NOW(), 'doc number four', 'this is to test groups' );         [000405]
```

查看是否将新的记录进行了索引。如果成功，此时，再用 D:\sphinx\bin\search 工具来检索，能够看到，在 main 索引中检索到的结果为 0，而在 delta 中检索到结果。当然，前提条件是，检索的词只在后来插入的数据中存在。

接下来的问题是如何让增量索引与主索引合并。

（4）索引合并

合并两个已有索引有时比重新索引所有数据有效，虽然索引合并时，待合并的两个索引都会被读入内存一次，合并后的内容需写入磁盘一次，即合并 100GB 和 1GB 的两个索引，将导致 202GB 的 IO 操作

命令原型：

```
indexer --merge DSTINDEX SRCINDEX [--rotate]
```

将 SRCINDEX 合并到 DSTINDEX, 所以只有 DSTINDEX 会改变，如果两个索引都正在提供服务，那么“--rotate”参数是必需的。例如，将 delta 合并到 main 中：

```
indexer --merge main delta                                                   [000406]
```

（5）索引自动更新

关于 Sphinx 索引自动更新，这里对 Windows 和 UNIX 两大操作系统分别说明。

① Windows 系统下

建立两个 bat 脚本文件 :build_gcc1_index.bat 和 build_delta_index.bat，存放在 D:\sphinx\bin 下。

脚本文件 build_gcc1_index.bat 如下：

```
rem 停止正在运行的 searchd
rem D:\sphinx\bin\searchd  -c D:\sphinx\sphinx.conf --stop
rem 建立主索引
D:\sphinx\bin\indexer  -c D:\sphinx\sphinx.conf main --rotate
rem 启动 searchd 守护程序
rem D:\sphinx\bin\searchd  -c D:\sphinx\sphinx.conf                           [000407]
```

脚本文件 build_delta_index.bat 如下：

```
rem 停止 sphinx 服务
```

```
    rem D:\sphinx\bin\searchd -c D:\sphinx\sphinx.conf --stop
    rem 重新建立索引 delta
    D:\sphinx\bin\indexer -c D:\sphinx\sphinx.conf delta --rotate
    rem 将 delta 合并到 main 中
    D:\sphinx\bin\indexer  --merge main delta  -c D:\sphinx\sphinx.conf
    rem 启动 searchd 守护程序
    rem D:\sphinx\bin\searchd  -c D:\sphinx\sphinx.conf                   [000408]
```

需要脚本能够自动运行，以实现 delta 索引每 30 分钟重新建立和 main 索引只在午夜 2：30 时重新建立。Windows 下设定定时任务，比较简单，读者参考有关资料。

② Unix 下

建立两个脚本 :build_main_index.sh 和 build_delta_index.sh。

脚本文件 build_main_index.sh 如下：

```
    #!/bin/sh
    # 停止正在运行的 searchd
    /usr/local/sphinx/bin/searchd -c /usr/local/sphinx/etc/sphinx.conf --stop >>
usr/local/sphinx/var/log/sphinx/searchd.log
    # 建立主索引
    /usr/local/sphinx/bin/indexer  -c /usr/local/sphinx/etc/sphinx.conf main >> /
usr/local/sphinx/var/log/sphinx/mainindex.log
    # 启动 searchd 守护程序
    /usr/local/sphinx/bin/searchd  -c /usr/local/sphinx/etc/sphinx.conf  >> /usr/
local/sphinx/var/log/sphinx/searchd.log                                  [000409]
```

脚本文件 build_delta_index.sh 如下：

```
    #!/bin/sh
    # 停止 sphinx 服务，将输出重定向
    /usr/local/sphinx/bin/searchd -c /usr/local/sphinx/etc/sphinx.conf --stop >>
usr/local/sphinx/var/log/sphinx/searchd.log
    # 重新建立索引 delta ，将输出重定向
    /usr/local/sphinx/bin/indexer  -c /usr/local/sphinx/etc/sphinx.conf delta >> /
usr/local/sphinx/var/log/sphinx/deltaindex.log
    # 将 delta 合并到 main 中
    /usr/local/sphinx/bin/indexer  --merge main delta  -c /usr/local/sphinx/etc/
sphinx.conf >> /usr/lcoal/sphinx/var/log/sphinx/deltaindex.log
    # 启动服务
    /usr/local/sphinx/bin/searchd  -c /usr/local/sphinx/etc/sphinx.conf  >> /usr/
local/sphinx/var/log/sphinx/searchd.log                                  [000410]
```

脚本写好后，需要编译 chmod +x filename ，这样才能运行。即：

```
    chmod +x build_main_index.sh
    chmod +x build_delta_index.sh                                        [000411]
```

最后，需要脚本能够自动运行，以实现 delta 索引每 30 分钟重新建立和 main 索引只在午夜 2：30 时重新建立。

每 30 分钟运行 /usr/local/sphinx/etc/ 下的 build_delta_index.sh 脚本，输出重定向，命令如下：

```
    */30 * * * */bin/sh/usr/local/sphinx/etc/build_delta_index.sh > /dev/null 2>&1
                                                                         [000412]
```

每天的凌晨 2：30 分运行 /usr/local/sphinx/etc 下的 build_main_inde.sh 脚本，输出重定向，命令如下：

```
    30 2 * * * /bin/sh /usr/local/sphinx/etc/build_main_index.sh > /dev/null 2>&1
                                                                         [000413]
```

保存好后，重新启动服务

```
    # service crond stop
    # service crond start                                                [000414]
```

到现在为止，如果脚本写的没有问题，那么 build_delta_index.sh 将每 30 分钟运行一次，而 build_main_index.sh 将在凌晨 2：30 分才运行。

要验证的话，可以查看重定向相关文件中的记录是否增多，也可以查看 /usr/local/sphinx/var/log 下的 searchd.log，每次重建索引都有记录。

10.5.3 关于索引合并的一些建议

关于索引合并，两个索引合并时，都要读入然后还要写一次硬盘，IO 操作量很大。由于在 PHP 的 API 调用中使用 Query($query,$index)，而 $index 可以设置多个索引，如 Query($query,"main;delta")。因此，在实际应用项目中不建议也尽量避免这样做（合并索引），可以将一个大的索引化整为 n，即拆分多个相对较小的索引。这样一来，就没必要进行合并，查询时，可以在命令的索引列表中列示，即 Query($query,”main;delta;SY1;SY2;…;SYn”)，最终与合并索引查询效果是一样的。如果非要合并，争取做到合并不要那么频繁。

接下来，继续围绕 Sphinx，进入 PHP Sphinx 的分布式索引。

10.6 PHP Sphinx 分布式索引

Sphinx 的索引类型（type），包括 plain，distributed 和 rt，分别代表普通索引、分布式索引和增量索引，默认是 plain（普通索引）。像前述的都是普通索引。

关于分布式索引，一般的应用场景是超大数据量搜索，估计到了 TB 级的搜索，靠单台机器肯定不能满足需求，在这种情况下考虑使用 Sphinx 的分布式索引。说到分布式，可以讲遍布全球，无处不在。分布式，通俗地讲就是把原来一个人干的活儿分成多人干，这样活儿就好干了。对于 Sphinx 也是一样，单台服务器干不过来的活儿，让多台服务器干，这就是 Sphinx 的分布式。

在本节主要介绍 Sphinx 分布式工作原理及索引配置。

10.6.1 Sphinx 分布式索引原理

为提高可伸缩性，Sphinx 提供了分布式检索能力。分布式检索可以改善查询延迟问题（缩短查询时间）和提高多服务器、多 CPU 或多核环境下的吞吐率（每秒可以完成的查询数）。这对于大量数据（十亿级的记录数和 TB 级的文本量）上的搜索应用来说很关键。

其关键思想是对数据进行水平分区（Horizontally Partition，HP），然后并行处理。分区不能自动完成，需要做如下部署。

第 1 步：在每台不同服务器上设置 Sphinx 程序（indexer 和 searchd），每台服务器上的 Sphinx 构成一个 Sphinx 实例。

第 2 步：让这些实例对数据的不同部分做索引（并检索）。

第 3 步：在 searchd 的一些实例上配置一个特殊的分布式索引。

第 4 步：然后对这个索引进行查询。

这个特殊索引只包括对其他本地或远程索引的引用，因此不能对它执行重新建立索引的操作。相反，如果要对这个特殊索引进行重建，要重建的是那些被这个索引引用到的索引，即 Sphinx.conf 配置文件中的分布式索引里的那些设置。

当 searchd 收到一个对分布式索引的查询（如 $cl->Query($query, “dist_1”) 时，它做如下操作：

第 1 步：连接到远程代理。

第 2 步：执行查询。

第 3 步：（在远程代理执行搜索的同时）对本地索引进行查询。

第 4 步：接收来自远程代理的搜索结果。

第 5 步：将所有结果合并，删除重复项。

第 6 步：将合并后的结果返回给客户端。

在应用程序看来，普通索引和分布式索引完全没有区别。也就是说，分布式索引对应用程序而言是完全透明的，实际上也无须知道查询使用的索引是分布式的还是本地的。

集群中的任何一个 searchd 实例都可以同时作为主控端（master，对搜索结果做聚合）和从属端（只做本地搜索）。具体有如下几点好处：

第 1 步：集群中的每台机器都可以作为主控端来搜索整个集群，搜索请求可以在主控端之间获得负载平衡，相当于实现了一种 HA（High Availability，高可用性），可以应对某个节点失效的情况。

第 2 步：如果在单台多 CPU 或多核机器上使用，一个作为代理对本机进行搜索的 searchd 实例就可以利用全部的 CPU 或者核。

10.6.2 Sphinx 分布式索引配置

Sphinx 分布式索引的几项配置说明如下。

1. type

索引类型，包括 plain、distributed 和 rt。分别是普通索引、分布式索引、增量索引。默认是 plain。

2. agent

分布式索引（distributed index）中的远程代理和索引声明。

3. agent_blackhole

分布式索引（distributed index）中声明远程黑洞代理。例如，agent_blackhole = testbox:9312:testindex1,testindex2。

4. agent_connect_timeout

远程代理的连接超时时间。例如，agent_connect_timeout = 1000 。

5. agent_query_timeout

远程查询超时时间，例如，agent_query_timeout = 3000。

关于 dist_threads 这项配置，是指定几台分布式机器，dist_threads 本身的意思是并发查询线程数，应该和分布式服务器台数无关。

另外，如果索引的数据量不大，但是查询量非常大，这个情况可考虑分布式架构，即使用 proxy 在前端代理，后面使用多台 sphinx 服务器，分担请求；如果前端的请求不大，但是后端的数据量很大，比如，索引的数据量都超过服务器的内存大小，这个情况就可以考虑使用分布式索引。

启动分布式索引，将 index 块 type 项设置为 distributed，即分布式索引，然后，将整个索引数据分布在几台服务器上，这一点有点类似 Oracle 及 MySQL 的分区表。在分布式索引块里的每一个 agent，指明了远程代理服务器的 IP 地址、端口号及索引，如 agent=10.69.73.154:9313:index_3307_0，意思是这台远程服务器的 IP 地址为 10.69.73.154，使用端口 9313，该服务器上的 Sphinx 索引是 index_3307_0。

如果被索引数据量很大，且请求量也很大，那么就可以使用分布式架构 + 分布式索引，两种模式混用。

下面是分布式索引典型配置，内容如下：

```
    // 前面的内容略（与前述无异）
    // 该分布式索引使用了从 10.69.10.1 到 10.69.10.8，计 8 台服务器，这 8 台服务器可以部署到全球任
何一个地方（百度、谷歌就是这么干的）
    index dist_1
     {
              type      = distributed
              agent     = 10.69.10.1:9313:index_3307_0
              agent     = 10.69.10.1:9313:index_3307_0_delta
              agent     = 10.69.10.2:9314:index_3307_1
              agent     = 10.69.10.2:9314:index_3307_1_delta
              agent     = 10.69.10.3:9316:index_3308_0
              agent     = 10.69.10.3:9316:index_3308_0_delta
              agent     = 10.69.10.4:9317:index_3308_1
              agent     = 10.69.10.4:9317:index_3308_1_delta
              agent     = 10.69.10.5:9319:index_3309_0
              agent     = 10.69.10.5:9319:index_3309_0_delta
              agent     = 10.69.10.6:9320:index_3309_1
              agent     = 10.69.10.6:9320:index_3309_1_delta
              agent     = 10.69.10.7:9321:index_3310_1
              agent     = 10.69.10.7:9321:index_3310_1_delta
              agent     = 10.69.10.8:9322:index_3311_1
              agent     = 10.69.10.8:9322:index_3311_1_delta
              agent     = 分布式服务器 IP: 端口号 : 分布式服务器上的 Sphinx 的索引
              agent_query_timeout              = 100000
     }
    indexer
     {
         mem_limit              = 1024M
     }
    searchd
     {
         listen                 = 9312
         read_timeout           = 5
         max_children           = 30
         max_matches            = 6000
         seamless_rotate        = 1
         preopen_indexes        = 1
         unlink_old             = 1
         compat_sphinxql_magics=0
         query_log_format       = sphinxql
         pid_file             = /usr/local/coreseek/var/log/searchd_mysql.pid
         log                    = /usr/local/coreseek/var/log/searchd_mysql.log
         query_log              = /usr/local/coreseek/var/log/query_mysql.log
        #workers               = threads
         dist_threads = 6  # 并发查询线程数
     }
```

10.7 PHP Sphinx 实时索引

在 10.4.8 节的第六部分是实时索引 [realtime index] 的配置，实时索引不需要数据源的配

置，而且可以通过 sphinxSql 对索引进行增删改查，sphinxSql 的详细介绍见后，实时索引典型配置如下。

```
    index gcc_rt
    {
    # 指定索引类型为 real-time index
       type=rt
    # 索引文件保存地址
       path=D:/sphinx/data/gcc_rt
      docinfo          = extern
       mlock           = 0
       morphology              = none
       min_word_len    = 1
    # 指定 UTF-8 编码
       charset_type    = UTF-8
    # 指定 UTF-8 的编码表
       charset_table = 0..9, A..Z->a..z, _, &, a..z, U+410..U+42F->U+430..U+44F,
U+430..U+44F
    # 一元分词
       ngram_len                = 1
    # 需要分词的字符
       ngram_chars              = U+3000..U+2FA1F
       html_strip               = 0
      rt_mem_limit             = 32M
    # 索引列
       rt_field         = content
       rt_field         = addr
    # 用于构成查询条件的属性列
       rt_attr_string         = province
    rt_attr_string        = city
       rt_attr_uint            = rank
     }
```

将上面的文本加入 Sphinx.conf 中，位置放在 10.4.8 节的第六部分。然后重启 searchd 服务，或者在命令行中输入命令“D:/sphinx/bin/searchd -c D:/sphinx/sphinx.conf ”启动 searchd 守护进程（如果在 Windows 服务中重启了 searchd 服务，就无须在 DOS 命令窗口启动 searchd 守护进程）。

既然 Sphinx 提供的这个索引类型允许 PHP（还有其他开发语言，如 Java、Python 爬虫等）把数据库（不一定是 MySQL，可能是 Oracle、Sybase 等）中的某个被用来全文检索表的数据，可以在你想要的任意时刻加入这个索引中，并被用来全文搜索，这就是实时索引的概念。

下面是将实时索引应用于 PHP 文件中的实例。

该实例的功能是：通过 PHP 操作，把 MySQL 中被用来全文搜索的表 documents 的数据，加入 Sphinx 的 RT（实时）索引中。

```
<?php
header('Content-type:text/html;charset=UTF-8');
/*-**********PHP7 之前版本连接 mysql 数据库链接 *************
@$link = mysql_connect('localhost', 'root', 'rootroot');
@mysql_query('set names utf8');
@mysql_select_db('jiaowglxt', $link);
//sphinx mysql 数据库实时索引链接
$sphinxLink = @mysql_connect('localhost:9306');
*******************************************************-*/
///*-**********PHP7 及之后版本连接 mysql 数据库链接 *************
@$link = @mysqli_connect("localhost:3307", "root", "");
@mysqli_select_db($link ,"jiaowglxt");
@mysqli_set_charset($link,"utf8"); // 设置 mysql 的字符集，以屏蔽乱码
//sphinx mysql 数据库实时索引链接
$sphinxLink = @mysqli_connect('localhost:9306');
//*******************************************************-*/
```

```
    /*-**********PHP7 之前版本 *************
    $sets = mysql_query('select * from documents', $link);
    //遍历数据建立索引
    while($row = mysql_fetch_assoc($sets)) {
    $sphinxSql = "insert into gcc_rt(id,content,addr,rank,province,city)
values({$row['id']}, '{$row['content']}', '{$row['title']}',{$row['group_
id']},'{$row['group_id']}','{$row['group_id2']}')";
    $res = mysql_query($sphinxSql, $sphinxLink);
    }
    ****************************************-*/
    ///*-**********PHP7 及之后版本 *************
    $sets = mysqli_query($link ,'select * from documents');
    //遍历数据建立索引
    while($row = mysqli_fetch_assoc($sets)) {        // 逐行获取结果集中的记录
    $sphinxSql = "insert into gcc_rt(id,content,addr,rank,province,city)
values({$row['id']}, '{$row['content']}', '{$row['title']}',{$row['group_
id']},'{$row['group_id']}','{$row['group_id2']}')";
    $res = mysqli_query($sphinxLink ,$sphinxSql);
    }
    //****************************************-*/
    //测试实时索引的效果
    $key = 'this';
    $sql = "select * from gcc_rt where match('{$key}')";
    /*-**********PHP7 之前版本 *************
    $rs = mysql_query($sql, $sphinxLink);
    while($row = mysql_fetch_assoc($rs)) {
        var_dump($row);
    }
    ****************************************-*/

    ///*-**********PHP7 及之后版本 *************
    $rs = mysqli_query($sphinxLink ,$sql);
    while($row = mysqli_fetch_assoc($rs)) {
        var_dump($row);
    }
    //****************************************-*/
    ?>                                                              [000415]
```

运行结果如图 10-16 所示。

图 10-16

此时，如果在 DOS 命令行中输入“mysql -P 9306 -h 127.0.0.1”，如图 10-17 所示。

```
C:\wamp64\bin\mariadb\mariadb10.3.12\bin>mysql -P 9306 -h 127.0.0.1
Welcome to the MariaDB monitor.  Commands end with ; or \g.
Your MySQL connection id is 1
Server version: 2.3.2-id64-beta (4409612)

Copyright (c) 2000, 2018, Oracle, MariaDB Corporation Ab and others.

Type 'help;' or '\h' for help. Type '\c' to clear the current input statement.

MySQL [(none)]> _
```

图 10-17

在图 10-17 中，可以像操作 MySQL 数据库一样对 Sphinx 的实时索引 gcc_rt 进行增、删、改、查。例如，输入下面的命令。

```
select * from gcc_rt where match( 'this' );                    [000416]
```

命令的意思是在 content 和 addr 两列数据中，把匹配上“this”，即含有“this”的记录找出来，找出的结果如图 10-18 所示。

```
MySQL [(none)]> select * from gcc_rt where match('this');
+------+------+----------+------+
| id   | rank | province | city |
+------+------+----------+------+
|    1 |    1 | 1        | 5    |
|    2 |    1 | 1        | 6    |
|    3 |    2 | 2        | 7    |
|    4 |    2 | 2        | 8    |
|    5 |    1 | 1        | 5    |
|    6 |    1 | 1        | 6    |
|    7 |    2 | 2        | 7    |
|    8 |    2 | 2        | 8    |
|    9 |    1 | 1        | 5    |
|   10 |    1 | 1        | 6    |
|   11 |    2 | 2        | 7    |
|   12 |    2 | 2        | 8    |
|   13 |    1 | 1        | 5    |
|   14 |    1 | 1        | 6    |
|   15 |    2 | 2        | 7    |
|   16 |    2 | 2        | 8    |
|   17 |    1 | 1        | 5    |
|   18 |    1 | 1        | 6    |
|   19 |    2 | 2        | 7    |
|   20 |    2 | 2        | 8    |
+------+------+----------+------+
20 rows in set (0.031 sec)
```

图 10-18

在图 10-18 中，之所以 content 和 addr 两列未展示出来，是因为 gcc_rt 实时索引把这两列设为了 rt_field（索引列），也就是将来会依据这两列并在这两列数据中进行全文搜索。

下面是 PHP 处理 Sphinx 实时索引的一个类库，该类库中融入了笔者的一些思想，该类库提供了对 Sphinx 实时索引的增、删、改、查。

由于该类库代码过长，只保留部分，读者可以下载本文献代码号版（电子版）获得完整代码。

```
<?php
```

```
/*-******************************PHP 操作 Sphinx 示范语句 **********************
*' articleRt '为实时索引的索引名
* $sphinx = new SphinxRt('articleRt','127.0.0.1:9306');
*  //打开调试信息
* $sphinx->debug = true;
*  //查询
* $prodList = $sphinx->where($condition)->order($orderCondition)->group('prod_
uid')->search();
* //插入数据
* $sphinxData['title'] = $title;
* $sphinxData['content'] = $content;
* $sphinx->insert($sphinxData);
**************************************************************-*/
header('Content-type:text/html;charset=UTF-8');
error_reporting(E_ERROR); //屏蔽错误
ini_set("display_errors","Off"); //屏蔽警告
/*-****************php7 之前版本连接 mysql 数据库链接 ***************************
@$link = mysql_connect('localhost', 'root', ''); //连接 mysql 数据库
@mysql_query('set names utf8');// 查询使用的字符集
@mysql_select_db('jiaowglxt', $link);// 连接 mysql 数据库
*************************************************************-*/
///*-**********PHP7 及之后版本连接 mysql 数据库链接 *******************************
@$link = @mysqli_connect("localhost:3307", "root", "");
@mysqli_select_db($link ,"jiaowglxt");
@mysqli_set_charset($link,"utf8"); // 设置 mysql 的字符集，以屏蔽乱码
*************************************************************-*/
//实例化实时索引处理类
$sphinx = new SphinxRt('gcc_rt','127.0.0.1:9306');
//开启调试模式
$sphinx->debug = true;
//按条件清空索引数据示例
$key = 'this';
$condition="where  match('$key') and rank>0";
$sphinx->delby($condition);
//一次性清空索引数据示例
$sphinx->truncate();
//创建实时索引示例——将 mysql 数据库中的 documents 表数据加入到实时索引中
/*-****************php7 之前版本查询数据库 **************************************
$sets = mysql_query('select * from documents', $link); //查询 mysql 表中的数据
//遍历数据建立索引
while($row = mysql_fetch_assoc($sets)) {
$sphinxData['content']= $row['content'];
$sphinxData['addr']=$row['title'];
$sphinxData['rank']=settype($row['group_id'],"int");
$sphinxData['province']=$row['group_id'];
$sphinxData['city']=$row['group_id2'];
$sphinx->insert($sphinxData); // 插入实时索引数据
}
**************************************************************-*/

///*-**********PHP7 及之后版本 ************************************************
$sets = mysqli_query($link ,'select * from documents');
//遍历数据建立索引
while($row = mysqli_fetch_assoc($sets)) {        // 逐行获取结果集中的记录
$sphinxData['content']= $row['content'];
$sphinxData['addr']=$row['title'];
$sphinxData['rank']=settype($row['group_id'],"int");
$sphinxData['province']=$row['group_id'];
$sphinxData['city']=$row['group_id2'];
$sphinx->insert($sphinxData); // 插入实时索引数据
}
//**************************************************************-*/
//更新索引数据示例
```

```
    $data1=array('content'=>'thisismmmanother-groupggg',
    'addr'=>'anovvvvther-doccccc',
    'rank'=>199,
    'province'=>'fffff',
    'city'=>'ccccc'
    );
    $id=3; // 更新 id=3 的实时索引记录
    $sphinx->update($data1,$id,true);
    // 实时索引数据查询示例
    $key = 'this'; // 全文检索字符串
    $condition="where  match('$key') and rank>0"; // 查询条件
    $orderCondition=" city asc "; // 排序条件
    $groupCondition =" city "; // 分组条件
    $prodList = $sphinx->where($condition)->search(); // 只是按查询条件查询，不包括分组、
排序。
    //$prodList  =  $sphinx->where($condition)->order($orderCondition)-
>group($groupCondition)->search(); // 发出查询。
    var_dump($prodList); // 显示查询结果。
    //----------------------------------------
    // 注：完整代码请从下载包中获取。
    //----------------------------------------
    ?>                                                              [000417]
```

注：将上面脚本代码的代码号版是完整的，请扫码下载代码号版。

将上面脚本代码存在网站根目录，取名为 sphinx_rt.php，然后在浏览器地址栏输入：http://localhost/sphinx_rt.php.php，运行结果如图 10-19 和图 10-20 所示。

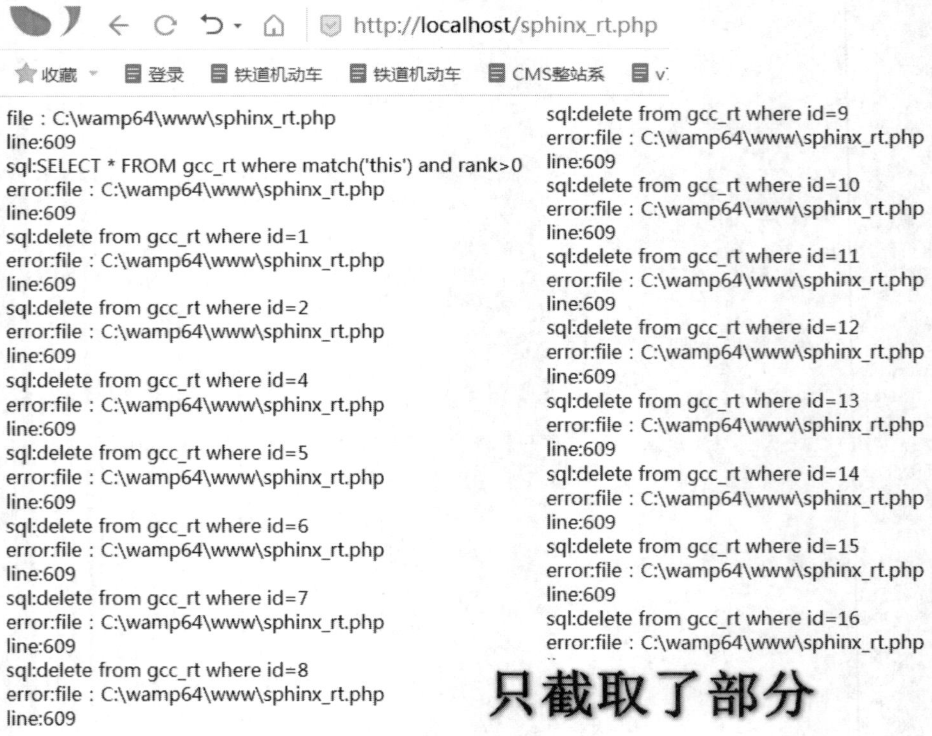

图 10-19

图 10-20

10.8 实践案例：PHP + PHPANALYSIS + Sphinx 实现中文全文检索

本案例将 phpanalysis 中文分词工具与 Sphinx 全文检索联合起来使用，即在 Sphinx 中引入 phpanalysis 中文分词工具。

Sphinx 所涉及的数据表就是它本身提供的测试数据（example.sql），也是本案例所使用的数据。读者可根据需要扩充表“documents”的数据。

Sphinx 的索引使用 10.5 节中设置的“main”主索引，在将下面案例数据维护进 MySQL 数据库后，需重建 main 索引（命令：D:\sphinx\bin\indexer -c D:\sphinx\sphinx.conf main --rotate），“sphinx.conf”文件为本章至此一直在用的，建议仍使用这个文件。

本案例的主导思想是：输入搜索关键字，然后通过 phpanalysis 对输入的关键字进行中文分词，把分词结果作为 Sphinx 的搜索文本，最后输出关键字搜索结果。

案例使用的测试数据如下：

```
-- ----------------------------
-- Table structure for documents
-- ----------------------------
DROP TABLE IF EXISTS `documents`;
CREATE TABLE `documents` (
  `id` int(11) NOT NULL AUTO_INCREMENT,
  `group_id` int(11) NOT NULL,
  `group_id2` int(11) NOT NULL,
  `date_added` datetime NOT NULL,
```

```
  `title` varchar(255) NOT NULL,
  `content` text NOT NULL,
  PRIMARY KEY(`id`)
) ENGINE=InnoDB AUTO_INCREMENT=25 DEFAULT CHARSET=utf8;
-- ----------------------------
-- Records of documents
-- ----------------------------
INSERT INTO `documents` VALUES('1', '1', '5', '2017-11-21 09:33:57', 'tt2 添加one', 'this d d is my t2 天津 document number one. also checking search within phrases. ');
INSERT INTO `documents` VALUES('2', '1', '6', '2017-11-22 09:33:57', 't2 two 添加d d', 'this is my tt document number two');
INSERT INTO `documents` VALUES('3', '2', '7', '2017-11-23 09:33:57', 'another doc 添', 'this is tt another group');
INSERT INTO `documents` VALUES('4', '2', '8', '2017-11-24 09:33:57', 'doc number four', 'this 天津 is to tt groups');
INSERT INTO `documents` VALUES('5', '1', '5', '2017-12-03 09:49:15', 'gcc one', 'this is my gcc document number one. also checking search within phrases.');
INSERT INTO `documents` VALUES('6', '1', '6', '2017-12-03 09:49:15', 'gcc two', 'this is my gcc document number two');
INSERT INTO `documents` VALUES('7', '2', '7', '2017-12-03 09:49:15', 'another doc', 'this is another group');
INSERT INTO `documents` VALUES('8', '2', '8', '2017-12-03 09:49:15', 'doc number four', 'this is to gcc groups');
INSERT INTO `documents` VALUES('9', '3', '9', '2017-12-03 09:49:59', 'gcc one', 'this is my gcc document number one. also checking search within phrases.');
INSERT INTO `documents` VALUES('10', '3', '10', '2017-12-03 09:49:59', 'gcc two', 'this is my gcc document number two');
INSERT INTO `documents` VALUES('11', '4', '11', '2017-12-03 09:49:59', 'another doc', 'this is another group');
INSERT INTO `documents` VALUES('12', '5', '12', '2017-12-03 09:49:59', 'doc number four', 'this is to gcc groups');
INSERT INTO `documents` VALUES('13', '6', '13', '2017-12-03 09:50:21', 'gcc one', 'this is my gcc document number one. also checking search within phrases.');
INSERT INTO `documents` VALUES('14', '6', '14', '2017-12-03 09:50:21', 'gcc two', 'this is my gcc document number two');
INSERT INTO `documents` VALUES('15', '7', '15', '2017-12-03 09:50:21', 'another doc', 'this is another group');
INSERT INTO `documents` VALUES('16', '7', '16', '2017-12-03 09:50:21', 'doc number four', 'this is to gcc groups');
INSERT INTO `documents` VALUES('17', '6', '13', '2017-12-03 09:51:11', 'gcc one', 'this is my gcc document number one. also checking search within phrases.');
INSERT INTO `documents` VALUES('18', '6', '14', '2017-12-03 09:51:22', 'gcc two', 'this is my gcc document number two');
INSERT INTO `documents` VALUES('19', '7', '15', '2017-12-03 09:51:22', 'another doc', 'this is another group');
INSERT INTO `documents` VALUES('20', '7', '16', '2017-12-03 09:51:22', 'doc number four', 'this is to gcc groups');
INSERT INTO `documents` VALUES('21', '6', '13', '2017-12-03 09:51:11', 'gcc one', 'this is my gcc document number one. also checking search within phrases.');
INSERT INTO `documents` VALUES('22', '6', '14', '2017-12-03 09:52:11', 'gcc two', 'this is my gcc document number two添加');
INSERT INTO `documents` VALUES('23', '7', '15', '2017-12-03 09:53:11', 'another doc', 'this is another group天津');
INSERT INTO `documents` VALUES('24', '7', '16', '2017-12-03 09:54:11', 'doc number four', 'this is to gcc groups');
                                                                  [000418]
```

注意：将上面的脚本代码放在 Navicat for MySQL 中执行即可。

phpanalysis 负责将源文本（类似于百度上输入的搜索文本）进行分词（切词），然后将分词结果作为 Sphinx 的全文检索源。

以 10.2 节中的 phpanalysis 为蓝本，phpanalysis 的解压缩文件已经被部署到网站根目录下的某个子目录，修改这个子目录下的 demo.php，使其被引入 Sphinx。在此之前，必须把 Sphinx 目录里的 sphinxapi.php（sphinx\share\doc\api\）文件复制到 phpanalysis 的网站子目录下（C:\WAMP64\www\WordAnalysis）。

修改后的 demo.php 代码如下：

```
<?php
header('Content-Type:text/html; charset=UTF-8');
// 严格开发模式
ini_set('display_errors', 'On');
ini_set('memory_limit', '128M');
error_reporting(E_ALL);
$t1 = $ntime = microtime(true);
$endtime = '未执行任何操作，不统计！ ';
function print_memory($rc, &$infostr)
{
    global $ntime;
    $cutime = microtime(true);
    $etime = sprintf('%0.4f', $cutime - $ntime);
    $m = sprintf('%0.2f', memory_get_usage()/1024/1024);
    $infostr .= "{$rc}: {$m} MB 用时：{$etime} 秒<br />\n";
    $ntime = $cutime;
}
$memory_info = '';
print_memory('没任何操作', $memory_info);
require_once 'phpanalysis.class.php';
$str =(isset($_POST['source']) ? $_POST['source'] :'');
$loadtime = $endtime1  = $endtime2 = $slen = 0;
$do_fork = $do_unit = true;
$do_multi = $do_prop = $pri_dict = false;
if($str != '')
{
    //歧义处理
    $do_fork = empty($_POST['do_fork']) ? false :true;
    //新词识别
    $do_unit = empty($_POST['do_unit']) ? false :true;
    //多元切分
    $do_multi = empty($_POST['do_multi']) ? false :true;
    //词性标注
    $do_prop = empty($_POST['do_prop']) ? false :true;
    //是否预载全部词条
    $pri_dict = empty($_POST['pri_dict']) ? false :true;
    $tall = microtime(true);
    //初始化类
    phpAnalysis::$loadInit = false;
    $pa = new phpAnalysis('UTF-8', 'UTF-8', $pri_dict);
    print_memory('初始化对象', $memory_info);
    //载入词典
    $pa->LoadDict();
    print_memory('载入基本词典', $memory_info);
    //执行分词
    $pa->SetSource($str);
    $pa->differMax = $do_multi;
    $pa->unitWord = $do_unit;
    $pa->StartAnalysis( $do_fork);
    print_memory('执行分词', $memory_info);
    $okresult = $pa->GetFinallyResult(' ', $do_prop);
   $okk = explode(' ',$okresult);
   $at="";
        foreach( $okk as $k => $v)
        {
            $at .= '|"'.$v.'"';
```

```
        }
    $at=str_replace('|""|',"'",$at)."'";


include 'sphinxapi.php';
$cl = new SphinxClient();
$cl->SetServer('localhost',9312);
$cl->setArrayResult(true);
$cl->setLimits(0,30,1000);
//参数筛选
//筛选 group_id=1
//$cl->SetFilter("group_id",array(1));
//-----------------------------------------
//仅在 group_id2 为 5、6、7 的记录中搜索
//$cl->SetFilter("group_id2",array(5,6,7));
//-----------------------------------------
//时间范围筛选
//筛选时间参数为 int 时间戳
//$cl->SetFilterRange("date_added",1511228037,1512266051);
//-----------------------------------------
//筛选 group_id2 大于 4 小于 20 的记录
//$cl->SetFilterRange("group_id2",4,20);
//-----------------------------------------
//分组
//按照 group_id2 分组，并且按照 @count desc 排序
//$cl->SetGroupBy( "group_id2", SPH_GROUPBY_ATTR, "@count desc");
//按照 group_id2 分组，并且按照 group_id desc 排序
//$cl->SetGroupBy( "group_id2", SPH_GROUPBY_ATTR, "group_id desc");
//-----------------------------------------------
//排序模式
//按照 group_id2 desc 排序
//$cl->SetSortMode(SPH_SORT_ATTR_DESC,"group_id2");
//-----------------------------------------------
//从 0 开始返回 30 条，返回结果最多为 1000 条，索引记录条数最多 2000 条。
$cl->setLimits(0,30,1000,2000);
//-----------------------------------------------
//$cl->SetMatchMode(SPH_MATCH_ALL);  //匹配所有查询词（默认模式）
//$result = $cl->Query('天津','main');
//-----------------------------------------------
//$cl->SetMatchMode(SPH_MATCH_ANY); //匹配任意查询词
//$result = $cl->Query('COMEFROM','main');
//-----------------------------------------------
//$cl->SetMatchMode(SPH_MATCH_PHRASE); //短语匹配
//$result = $cl->Query('添加 d','main');
//-----------------------------------------------
//$cl->SetMatchMode(SPH_MATCH_BOOLEAN); //布尔表达式匹配
//$result = $cl->Query('"添加"|"天津"','main');
//-----------------------------------------------
//$cl->SetMatchMode(SPH_MATCH_EXTENDED2); //查询匹配一个 Sphinx 内部查询语言表达式
//$result = $cl->Query('"添加"|"天津"','main');
//-----------------------------------------------
$cl->SetMatchMode(SPH_MATCH_EXTENDED2); //查询匹配一个 Sphinx 内部查询语言表达式
$result = $cl->Query($at,'main');
echo "<pre>";
//var_dump($result);
print_r($result);
echo "<pre>";
//  print_memory('输出分词结果', $memory_info);
    $pa_foundWordStr = $pa->foundWordStr;
    $t2 = microtime(true);
    $endtime = sprintf('%0.4f', $t2 - $t1);
    $slen = strlen($str);
    $slen = sprintf('%0.2f', $slen/1024);
```

```
    $pa = '';
    }
    $gccstr = "中国铁路北京局集团公司天津 document";
    ?>
    <!DOCTYPE html PUBLIC "-//W3C//DTD XHTML 1.0 Transitional//EN"  "http://www.
w3.org/TR/xhtml1/DTD/xhtml1-transitional.dtd">
    <html xmlns="http://www.w3.org/1999/xhtml">
    <head>
    <meta http-equiv="Content-Type" content="text/html; charset=UTF-8" />
    <title>分词测试</title>
    </head>
    <body>
    <table width='90%' align='center'>
    <tr>
        <td>
    <hr size='1' />
    <form id="form1" name="form1" method="post" action="?ac=done" style="margin:0px
;padding:0px;line- height:24px;">
    <b>源 文 本：</b>  <a href="dict_build.php" target="_blank">[更新词典]</a>
<br/>
    <textarea name="source" style="width:98%;height:150px;font-size:14px;">
    <?php echo(isset($_POST ['source']) ? $_POST['source'] :$gccstr); ?>
    </textarea><br/>
    <input type='checkbox' name='do_fork' value='1' <?php echo($do_fork ?
"checked='1'" :''); ?>/> 歧义处理
    <input type='checkbox' name='do_unit' value='1' <?php echo($do_unit ?
"checked='1'" :''); ?>/> 新词识别
    <input type='checkbox' name='do_multi' value='1' <?php echo($do_multi ?
"checked='1'" :''); ?>/>
    多元切分
    <input type='checkbox' name='do_prop' value='1' <?php echo($do_prop ?
"checked='1'" :''); ?>/> 词性标注
    <input type='checkbox' name='pri_dict' value='1' <?php echo($pri_dict ?
"checked='1'" :''); ?>/>
    预载全部词条
    <br/>
    <input type="submit" name="Submit" value="提交进行分词" />   &nbs
p; 
    <input type="reset" name="Submit2" value="重设表单数据" />
    </form>
    <br />
    <textarea name="result" id="result" style="width:98%;height:120px;font-
size:14px;color:#555">
    <?php echo(isset($at) ? $at :''); ?>
    </textarea>
    <br /><br />
    <b>调试信息：</b>
    <hr />
    <font color='blue'>字串长度：</font><?php echo $slen; ?>K <font color='blue'>自动
识别词：</font>
    <?php echo(isset($pa_foundWordStr)) ? $pa_foundWordStr :''; ?><br />
    <hr />
    <font color='blue'>内存占用及执行时间：</font>(表示完成某个动作后正在占用的内存)<hr />
    <?php echo $memory_info; ?>
    总用时：<?php echo $endtime; ?> 秒
    </td>
    </tr>
    </table>
    </body>
    </html>
                                                                            [000419]
```

运行结果如图 10-21 所示。

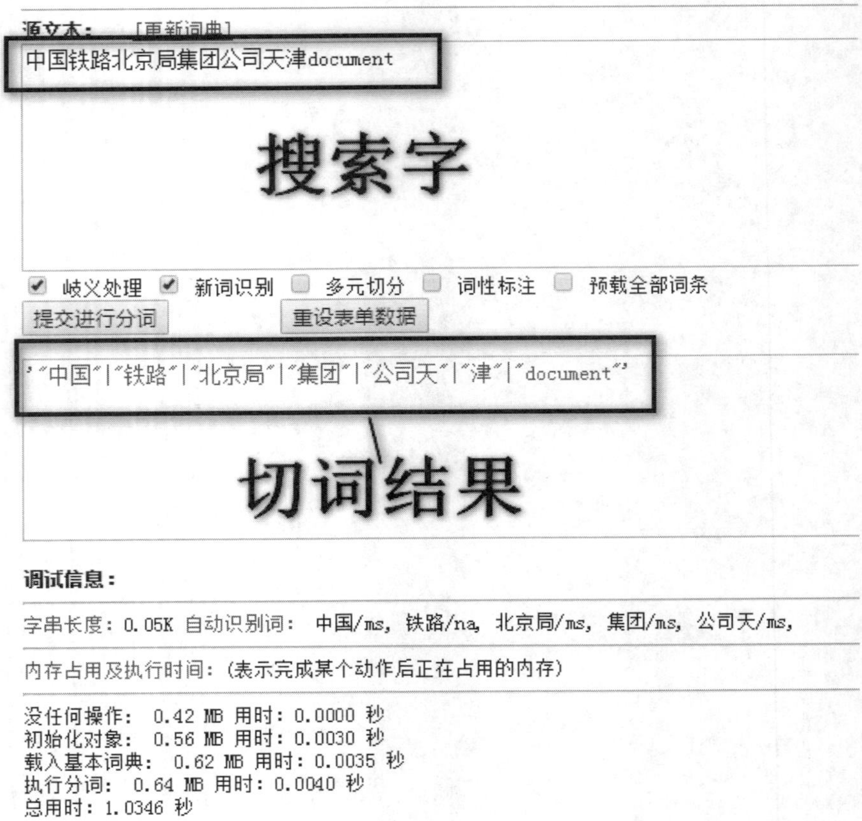

图 10-21

图 10-21 中的切词结果，是经过处理后的格式，此种格式的含义是：匹配“北京”或者“铁路”或者“北京局”或者“集团”或者“公司天”或者“津”或者“document”等。其中，“公司天”切得不合理，没有把“天津”切出来。格式中的“|”表示“或者”的意思。

关于不同匹配模式下的各种操作符的使用请参阅 10.4.5 节。本案例采用的匹配模式是“$cl->SetMatchMode(SPH_MATCH_EXTENDED2);” 即“SPH_MATCH_EXTENDED2”匹配模式，在此匹配模式下，将处理后的分词（切词）结果赋值给变量“$at”，最后，“$result=$cl->Query($at,’main’);”。检索出的结果如图 10-22 所示。

对于操作中文分词，当然，不只是 PHP 可以操作中文分词，像 Java、Python（爬虫）等，都可以操作中文分词，其应用是非常广泛的，只要做网站就离不开自己的搜索引擎，如果使用 PHP 开发网站，那就必须使用 PHP 的技术来操作中文分词并借助 Sphinx 的全文检索技术，实现海量级数据的快速检索，从而构建属于自己的搜索引擎。

如果使用 PHP 及 Sphinx（全文搜索）以及 phpanalysis（切词）来构建自己的网站，那么，就请将本章所提供的示例、实例以及范例等搞清楚。尤其是 Sphinx 的搜索语法，要做到灵活运用。

希望本章内容对读者能有所帮助。

```
ror] =>
rning] =>
atus] => 0
elds] => Array
 (
     [0] => group_id
     [1] => date_added
     [2] => title
     [3] => content
 )

trs] => Array
 (
     [title] => 7
     [content] => 7
 )

tches] => Array
 (
     [0] => Array
         (
             [id] => 1
             [weight] => 1500
             [attrs] => Array
                 (
                     [title] => tt2添加one
                     [content] => this d d is my t2 天津 document num
                 )

         )

     [1] => Array
         (
             [id] => 2
             [weight] => 1500
             [attrs] => Array
                 (
                     [title] => t2 two 添加 dd
                     [content] => this is my tt document number two
                 )

         )

     [2] => Array
         (
             [id] => 5
             [weight] => 1500
             [attrs] => Array
                 (
                     [title] => gcc one
                     [content] => this is my gcc document number one.
                 )

         )

     [3] => Array
         (
             [id] => 6
             [weight] => 1500
             [attrs] => Array
                 (
                     [title] => gcc two
                     [content] => this is my gcc document number two
                 )

         )

[total] => 12
[total_found] => 12
[time] => 0.000
[words] => Array
    (
        [中国] => Array
            (
                [docs] => 0
                [hits] => 0
            )

        [铁路] => Array
            (
                [docs] => 0
                [hits] => 0
            )

        [北京局] => Array
            (
                [docs] => 0
                [hits] => 0
            )

        [集团] => Array
            (
                [docs] => 0
                [hits] => 0
            )

        [公司天] => Array
            (
                [docs] => 0
                [hits] => 0
            )

        [津] => Array
            (
                [docs] => 0
                [hits] => 0
            )

        [document] => Array
            (
                [docs] => 12
                [hits] => 12
            )
```

只截取了部分

图 10-22

后记

2014 年，我应约同天津市网城天创科技有限责任公司合作，维护其 ShopNC 电商系统，后来负责该公司新职员工的技术培训工作，主攻方向 PHP，其间撰写了培训教材。当年 PHP 最高版本为 5.x，实际使用的是 4.x，像后来的 WAMP 集成安装环境还没出现。可以讲，当年 PHP 的使用是相当麻烦的，尤其是 LAMP 及 WAMP 环境搭建，没有一次性成功过，哪像现在一键式安装。

2016 年，在天津市大学软件学院及北京的一家培训机构（专门做 PHP 培训的）从事培训工作，主攻方向 PHP+Oracle，其间也代课过 Java Web，对 Java 研究得不是很深，但也略知一二。PHP 和 Java 都是用来写后台的，感觉 PHP 比起 Java 来，那真是好用多了，也比较容易上手而且快。PHP 和 Java 各有各的优势，也各有各的缺点。像 PHP，好理解，上手快，因此其开发成本远远低于 Java，缺点就是每次请求，PHP 代码都需重新编译，即重复编译，降低了代码的所谓执行效率；而 Java 不存在这个问题，源代码是一次性编译的，每次请求都是执行编译好的代码，无须重复编译，提高了代码的执行效率。后来的 PHP 5.x 及之后版本，已经弥补了这一不足，通过 PHP_OPCACHE 实现。Java 的缺点是其系统过于庞大，上手速度比不上 PHP，导致其开发成本相对较高。另外，Java 源代码被破译的可能性很小，几乎为 0，而 PHP 则不是这样，在源代码安全性上，Java 高于 PHP。

这些年，笔者一直深耕 PHP，后来研究了早期的“织梦”（后来织梦改名为 DEDE CMS），对早期的织梦实施了改造，加入 memcached（内存缓存）、支持 Oracle 连接及扩展了 Excute 方法，使其支持 Oracle 数据库等。在 SQL 语句执行上，无论何种数据库，都要支持 memcached（早期的织梦不支持 memcached）。同时，也在其他很多地方进行了优化，在此就不一一细说了，最后形成了属于我自己的通用开发模板，宗旨是：使用这个开发模板，让开发者只关注需求，其他的事情由模板来做，极大地提升了开发效率，但遗憾的是没敢往外推广，怕引起知识产权纠纷，只限内部使用。再后来，使用这个模板开发了几个应用项目，包括《铁道机车（含机动车）油卡管理系统》及《大中小学学生成绩分析与教师考核评价系统》，这两个系统均为团队开发。

关于撰写这部著作，先前撰写的是培训教材，还不足以达到出版标准，只是内部使用。随着对 PHP 更加深入地了解，同时也积累了一定的经验，我一直认为 Web 领域，PHP 是首选的开发工具，其前景非常好。于是，在 2017 年萌生了这个想法，写 PHP，侧重实战。

本书在撰写过程中，偏实践实作，能不能打动读者，能不能满足 Web 从业者的需要，能不能让读者从中获益，对此作者还是比较自信的。

本书确保其中的知识点都是经过实测的，读者可以放心。另外，书中的代码以电子版的形式随书提供给读者，这样省去了敲写的麻烦。另外，这些代码不乏实际应用价值，拿来即用权限已授予读者。